YUAN... ...N
ZHUCANG YU JIAGONG

园艺产品贮藏与加工

袁学军　赵丽芹　主编

中国农业科学技术出版社

图书在版编目（CIP）数据

园艺产品贮藏与加工 ／ 袁学军，赵丽芹主编. --北京：中国农业科学
技术出版社，2024.4
ISBN 978-7-5116-6183-8

Ⅰ.①园… Ⅱ.①袁…②赵… Ⅲ.①园艺作物-贮藏②园艺作物-加工
Ⅳ.①S609

中国版本图书馆 CIP 数据核字（2022）第 250454 号

责任编辑	姚 欢
责任校对	王 彦
责任印制	姜义伟　王思文

出 版 者	中国农业科学技术出版社
	北京市中关村南大街 12 号　　邮编：100081
电　　话	（010）82106631（编辑室）　　　（010）82106624（发行部）
	（010）82109709（读者服务部）
网　　址	https://castp.caas.cn
经 销 者	各地新华书店
印 刷 者	北京建宏印刷有限公司
开　　本	185 mm×260 mm　1/16
印　　张	24.25
字　　数	560 千字
版　　次	2024 年 4 月第 1 版　2024 年 4 月第 1 次印刷
定　　价	68.00 元

《园艺产品贮藏与加工》
参编人员

主　编

　　袁学军（海南热带海洋学院）

　　赵丽芹（内蒙古农业大学）

副主编

　　罗宏伟（海南热带海洋学院）

　　杨　杨（内蒙古农业大学）

　　唐卿雁（云南农业大学）

参　编

　　赵　冰（中国农业大学）

　　张绍玲（南京农业大学）

　　朱国鹏（海南大学）

　　刘东杰（仲恺农业工程学院）

　　苏　琳（内蒙古农业大学）

　　张　坤（集美大学）

前　　言

园艺产品贮藏加工是一门综合性学科，具有很强的理论性、应用性和实践性，根据"产教结合、工学结合，专业教育与创业教育相融合"的人才培养要求，从实用目的出发，既要有最新理论，又要有最新技术，做到理论和实践有机联系成为一体，所以本教材是根据各学校同行老师们多年的教学经验和科研成果积累，以及参阅国内外大量文献资料的基础上编写而成。

园艺产品贮藏加工技术有力推动了我国农业现代化进程，社会对园艺产品贮藏加工技术人才的需求也越来越大，为适应这种人才需求的形势变化，很多高校在种植类、园林类及食品类专业中均开设了园艺产品贮藏加工学这门课程。园艺产品贮藏加工学是园艺等种植类专业的核心课程，也是食品类专业的专业必修或选修课程，所以本书不仅可供园艺等种植类专业本科生使用，也可供食品类等相关专业的本科生作为教材，同时还可作为从事该专业领域的科技工作者参考使用。

本教材第一章绪论由海南热带海洋学院袁学军编写，第二章园艺产品品质特征由内蒙古农业大学杨杨编写，第三章园艺产品采后生理由云南农业大学唐卿雁编写，第四章影响园艺产品贮藏的因素由集美大学张坤编写，第五章园艺产品采后处理及运销由仲恺农业工程学院刘东杰编写，第六章园艺产品贮藏病害防治由海南热带海洋学院罗宏伟编写，第七章园艺产品的贮藏方式由内蒙古农业大学杨杨和赵丽芹编写，第八章园艺产品贮藏各论由内蒙古农业大学杨杨编写，第九章园艺产品加工过程中化学成分的变化由海南大学朱国鹏编写，第十章园艺产品加工用水的要求与处理由南京农业大学张绍玲编写，第十一章园艺产品加工原料的预处理由仲恺农业工程学院刘东杰编写，第十二章园艺产品加工添加剂的应用由中国农业大学赵冰编写，第十三章园艺产品加工各论由海南热带海洋学院袁学军编写，附录园艺产品贮藏加工实验由集美大学张坤和内蒙古农业大学苏琳编写。

华中农业大学食品科学技术学院潘思轶教授在百忙中对本教材给予了悉心指导和审阅，在此深表感谢！

由于作者水平有限，不妥之处在所难免，恳请读者批评指正。

编著者
2023 年 8 月

1

目　录

第一章　绪论···1
　　一、园艺产品贮藏加工的概念·······························1
　　二、园艺产品贮藏加工的意义·······························1
　　三、园艺产品贮藏加工的现状·······························1
　　四、园艺产品贮藏加工发展的趋势···························3
第二章　园艺产品品质特征···5
　第一节　园艺产品的化学组分·······························5
　第二节　风味物质···5
　　一、香味物质···6
　　二、甜味物质···6
　　三、酸味物质···8
　　四、涩味物质···9
　　五、苦味物质··10
　　六、辣味物质··11
　　七、鲜味物质··11
　第三节　营养物质··11
　　一、维生素··12
　　二、矿物质··13
　　三、淀粉··14
　第四节　色素类物质······································14
　　一、叶绿素··15
　　二、类胡萝卜素··15
　　三、花青素··16
　　四、黄酮类··16
　第五节　质构物质··16
　　一、水分··17
　　二、果胶物质··17
　　三、纤维素和半纤维素··································18
　第六节　酶类物质··19
　　一、氧化还原酶··19

二、果胶酶 …………………………………………………………………………20

三、纤维素酶 ………………………………………………………………………20

四、淀粉酶和磷酸化酶 ……………………………………………………………20

第三章　园艺产品采后生理 ……………………………………………………………22

第一节　呼吸作用与贮藏 ……………………………………………………………22

一、呼吸作用的概念 ………………………………………………………………22

二、呼吸的类型 ……………………………………………………………………23

三、与呼吸有关的概念 ……………………………………………………………23

四、影响呼吸强度的因素 …………………………………………………………24

第二节　采后蒸腾生理及其调控 ……………………………………………………25

一、蒸腾与失重 ……………………………………………………………………25

二、蒸腾作用对采后贮藏品质的影响 ……………………………………………26

三、影响采后蒸腾作用的因素 ……………………………………………………26

四、结露现象及其危害 ……………………………………………………………29

第三节　园艺产品激素生理 …………………………………………………………29

一、乙烯的生物合成途径及其调控 ………………………………………………29

二、脱落酸 …………………………………………………………………………33

三、生长素 …………………………………………………………………………34

四、赤霉素 …………………………………………………………………………34

五、细胞分裂素 ……………………………………………………………………34

第四节　园艺产品休眠与生长生理 …………………………………………………35

一、休眠 ……………………………………………………………………………35

二、生长 ……………………………………………………………………………39

第四章　影响园艺产品贮藏的因素 ……………………………………………………41

第一节　自身因素 ……………………………………………………………………41

一、种类 ……………………………………………………………………………41

二、品种 ……………………………………………………………………………42

三、成熟度或发育年龄 ……………………………………………………………43

四、田间生长发育状况 ……………………………………………………………44

第二节　生态因素 ……………………………………………………………………46

一、温度 ……………………………………………………………………………46

二、光照 ……………………………………………………………………………47

三、降雨 ……………………………………………………………………………48

四、土壤 ……………………………………………………………………………49

五、地理条件 ………………………………………………………………………49

第三节　农业技术因素 ………………………………………………………………50

一、施肥···50

二、灌溉···53

三、病虫害防治···54

四、修剪和疏花疏果···56

第四节　贮藏条件的影响···57

一、温度···57

二、湿度···57

三、O_2和CO_2···58

第五章　园艺产品采后处理及运销·································59

第一节　园艺产品采收···59

一、采收成熟度的确定···59

二、采收方法···61

第二节　园艺产品采后处理·······································63

一、整理与挑选···63

二、预冷···64

三、清洗和涂蜡···67

四、分级···68

五、包装···72

第三节　园艺产品运输···78

一、运输的目的和意义···78

二、运输对环境条件的要求·····································79

三、运输方式及工具···80

第四节　园艺产品市场销售·······································81

一、园艺产品的品质评价·······································81

二、园艺产品市场的特点及对策·································82

三、园艺产品销售渠道···82

第六章　园艺产品贮藏病害防治·································84

第一节　采后生理失调···84

一、温度失调···84

二、呼吸失调···86

三、其他生理失调···87

第二节　侵染性病害···88

一、病原种类···88

二、侵染过程···92

三、发病环境条件···94

四、防治措施···95

第七章　园艺产品的贮藏方式 ……………………………………………101

第一节　简易贮藏 ………………………………………………………101
一、沟藏 ……………………………………………………………………101
二、窖藏 ……………………………………………………………………101
三、土窑洞贮藏 ……………………………………………………………102

第二节　通风库贮藏 ……………………………………………………104
一、建筑设计 ………………………………………………………………105
二、通风系统 ………………………………………………………………106
三、绝缘结构 ………………………………………………………………107

第三节　机械冷藏库贮藏 ………………………………………………108
一、机械制冷的原理 ………………………………………………………108
二、库内冷却系统 …………………………………………………………109
三、冷藏库的设计与建筑 …………………………………………………110
四、冷藏库的消毒 …………………………………………………………111
五、冷藏库的管理 …………………………………………………………112

第四节　气调贮藏 ………………………………………………………113
一、气调贮藏的条件 ………………………………………………………113
二、气调贮藏的方法 ………………………………………………………116

第五节　减压贮藏 ………………………………………………………119

第六节　其他贮藏技术 …………………………………………………120
一、辐射处理 ………………………………………………………………120
二、电磁处理 ………………………………………………………………121

第八章　园艺产品贮藏各论 …………………………………………………122

第一节　果品的贮藏 ……………………………………………………122
一、苹果贮藏 ………………………………………………………………122
二、梨贮藏 …………………………………………………………………127
三、柑橘贮藏 ………………………………………………………………128
四、葡萄贮藏 ………………………………………………………………130
五、香蕉贮藏 ………………………………………………………………133
六、桃、李和杏贮藏 ………………………………………………………134
七、柿子贮藏 ………………………………………………………………135
八、荔枝贮藏 ………………………………………………………………136
九、板栗贮藏 ………………………………………………………………137
十、核桃贮藏 ………………………………………………………………138

第二节　蔬菜的贮藏 ……………………………………………………139
一、大白菜贮藏 ……………………………………………………………139

二、芹菜贮藏 ··· 142

三、番茄贮藏 ··· 143

四、甜椒贮藏 ··· 145

五、花椰菜贮藏 ·· 146

六、蒜薹贮藏 ··· 148

七、萝卜和胡萝卜贮藏 ·· 148

八、马铃薯贮藏 ·· 150

九、洋葱贮藏 ··· 151

十、姜贮藏 ·· 153

十一、西瓜贮藏 ·· 154

第三节　花卉贮藏保鲜 ·· 155

一、花卉保鲜剂处理技术 ·· 155

二、花卉种球、种苗采后处理技术 ·· 165

三、切花采收、分级和包装 ·· 168

第九章　园艺产品加工过程中化学成分的变化 ·· 178

一、水分 ·· 178

二、碳水化合物 ·· 179

三、有机酸 ·· 182

四、维生素 ·· 183

五、含氮物质 ··· 186

六、色素 ·· 186

七、单宁 ·· 188

八、糖苷类 ·· 189

九、矿物质 ·· 190

十、芳香物质 ··· 190

十一、酶 ·· 191

第十章　园艺产品加工用水的要求与处理 ·· 193

一、加工用水要求 ·· 193

二、加工用水处理 ·· 193

第十一章　园艺产品加工原料的预处理 ·· 197

一、原料的分级 ·· 197

二、原料的洗涤 ·· 197

三、原料去皮 ··· 198

四、原料的切分、去心、去核及修整 ·· 202

五、原料的破碎与提汁 ·· 202

六、工序间的护色处理 ·· 204

第十二章　园艺产品加工添加剂的应用 ………………………………………209
　　一、食品添加剂的概念 …………………………………………………………209
　　二、食品添加剂的种类及应用范围 ……………………………………………209
　　三、食品添加剂应用原则 ………………………………………………………211
　　四、食品添加剂使用方法 ………………………………………………………211
　　五、食品添加剂的应用及安全性 ………………………………………………211
第十三章　园艺产品加工各论 …………………………………………………213
　第一节　果蔬汁制作 ……………………………………………………………213
　　一、果汁和蔬菜汁的分类 ………………………………………………………213
　　二、蔬菜汁及蔬菜汁饮料的分类 ………………………………………………214
　　三、制汁工艺技术 ………………………………………………………………214
　　四、果蔬汁常见质量问题与控制 ………………………………………………218
　第二节　果酒酿造 ………………………………………………………………220
　　一、果酒（葡萄酒）的分类 ……………………………………………………220
　　二、果酒酿造理论 ………………………………………………………………222
　　三、酿造微生物及影响酒精发酵的主要因素 …………………………………225
　　四、葡萄酒酿造工艺技术 ………………………………………………………228
　　五、葡萄酒常见病害及控制 ……………………………………………………236
　第三节　果醋酿造 ………………………………………………………………237
　　一、果醋酿造理论 ………………………………………………………………237
　　二、果醋发酵微生物 ……………………………………………………………238
　　三、果醋加工技术 ………………………………………………………………239
　　四、果醋常见质量问题与控制 …………………………………………………241
　第四节　果蔬干制制作 …………………………………………………………242
　　一、果蔬干制的原理 ……………………………………………………………243
　　二、干燥过程 ……………………………………………………………………245
　　三、影响果蔬干制的因素 ………………………………………………………246
　　四、果蔬干制的前处理 …………………………………………………………247
　　五、干制果蔬的质量控制 ………………………………………………………249
　　六、园艺产品干制方法 …………………………………………………………251
　　七、干花制作流程 ………………………………………………………………253
　　八、园艺产品干制品贮藏及品质评价 …………………………………………255
　第五节　园艺产品腌制 …………………………………………………………257
　　一、腌制机理 ……………………………………………………………………257
　　二、蔬菜腌制品的分类 …………………………………………………………259
　　三、腌制品应注意的问题 ………………………………………………………264

四、盐渍菜类加工工艺技术 …………………………………………………… 266

五、酱菜类加工工艺技术 …………………………………………………… 269

六、蔬菜腌制品常见的败坏及控制 …………………………………………… 276

第六节　园艺产品糖制 ………………………………………………………… 277

一、糖制机理及糖的性质 …………………………………………………… 278

二、蜜制的工艺分类 ………………………………………………………… 282

三、糖制品的分类 …………………………………………………………… 284

四、糖制工艺技术 …………………………………………………………… 285

五、糖制品常见质量问题及控制 …………………………………………… 291

第七节　果蔬罐头 …………………………………………………………… 291

一、罐头食品的分类 ………………………………………………………… 292

二、罐藏容器 ………………………………………………………………… 293

三、罐头保藏理论 …………………………………………………………… 294

四、罐藏工艺技术 …………………………………………………………… 302

五、新含气调理加工技术 …………………………………………………… 310

六、罐头食品常见质量问题及控制 …………………………………………… 311

第八节　花卉产品加工 ……………………………………………………… 313

一、花（茉莉花）茶制作 …………………………………………………… 313

二、水果花茶的制作 ………………………………………………………… 314

三、花卉饮料制作 …………………………………………………………… 315

四、花（桂花）糕制作 ……………………………………………………… 316

五、鲜花（玫瑰）酱制备方法 ……………………………………………… 316

第九节　果蔬冷冻 …………………………………………………………… 316

一、冷冻保藏理论 …………………………………………………………… 317

二、果蔬冻结的方法及设备 ………………………………………………… 326

三、果蔬速冻加工技术 ……………………………………………………… 329

四、解冻 ……………………………………………………………………… 330

第十节　园艺产品其他加工 ………………………………………………… 331

一、果蔬轻度加工 …………………………………………………………… 331

二、淀粉的制取 ……………………………………………………………… 336

三、果胶的制取 ……………………………………………………………… 337

四、蛋白酶的提取 …………………………………………………………… 338

五、辣根过氧化物酶的提取 ………………………………………………… 339

六、风味物质的提取 ………………………………………………………… 340

七、食用香料的制备 ………………………………………………………… 342

八、天然色素的提取 ………………………………………………………… 343

九、有机酸（柠檬酸）的提取……………………………………………345

十、鞣质的提取……………………………………………………………346

十一、活性炭的制造………………………………………………………346

十二、籽油的提取…………………………………………………………347

十三、酒石酸氢钾的提取…………………………………………………348

十四、化妆品的生产………………………………………………………348

十五、饲料的加工…………………………………………………………349

附录　园艺产品贮藏加工实验……………………………………………351

实验一　果蔬一般物理性状的测定………………………………………351

实验二　果蔬产品感官评定………………………………………………352

实验三　果蔬冷害实验……………………………………………………353

实验四　果蔬催熟……………………………………………………………354

实验五　果蔬碱液去皮……………………………………………………355

实验六　果蔬含糖量的测定………………………………………………356

实验七　果蔬中可溶性固形物含量的测定………………………………357

实验八　果蔬中含酸量的测定……………………………………………357

实验九　果蔬中果胶物质含量的测定……………………………………359

实验十　果蔬呼吸强度的测定……………………………………………360

实验十一　泡菜的制作方法………………………………………………361

实验十二　果汁的制作……………………………………………………363

实验十三　果酒制作………………………………………………………364

实验十四　果醋制作………………………………………………………364

实验十五　苹果脯加工……………………………………………………366

实验十六　草莓酱制作……………………………………………………367

实验十七　酱黄瓜的制作…………………………………………………368

实验十八　糖醋大蒜………………………………………………………369

参考文献……………………………………………………………………370

第一章 绪论

一、园艺产品贮藏加工的概念

园艺产品：在果树、蔬菜和观赏植物的生产、栽培、繁育中所生产的产品。

园艺产品贮藏：应根据园艺产品的采前及采后生理特性，采取物理和化学方法，使园艺产品在贮藏中最大限度地保持其良好的品质和新鲜状态，并尽可能地延长其贮藏时间。

园艺产品加工：以园艺产品为对象，根据其组织特性、化学成分和理化性质，采用不同的加工技术和方法，制成各种加工产品的过程称为园艺产品加工。

二、园艺产品贮藏加工的意义

1. 园艺产品贮藏加工业是建设现代化农业的重要环节

通过园艺产品贮藏加工业的带动，把农业产前、产中、产后的各个环节相互链接在一起，延长农业产业链、价值链和就业链，促进农业产业化、农村城镇化、农民组织化。

2. 园艺产品贮藏加工业是农业结构战略性调整的重要导向

目前，我国园艺产品加工已从过去的只考虑对剩余物料进行加工的被动发展，转变为以市场为导向的现代园艺产品加工，按照市场的需求组织生产。园艺产品加工成为园艺生产规模、品种结构和区域布局调整的引导力量，为农业产业结构的战略性调整找准了方向，对推进我国农业产品出口结构的优化升级，提高我国农业的国际竞争力具有重要意义。

3. 园艺产品贮藏加工业是促进农民就业和增收的重要途径

发展园艺产品贮藏加工可以安置大量的农村富余劳动力，催生一大批相关配套企业，形成新的就业渠道，带动农民增收以及民营企业、县域经济的快速发展，推进农业产业化进程，实现一二三产业的持续、协调发展。

三、园艺产品贮藏加工的现状

我国是世界上第一大水果生产国和消费国，目前，水果已成为继粮食、蔬菜之后的第三大农业种植产业，果园总面积和水果总产量常年稳居全球首位。根据国家统计局数据显示，2021 年和 2022 年全国果园面积分别为 1 296.2 万 hm^2、1 300.9 万 hm^2，产量分别为 2.961 1 亿 t、3.129 6 亿 t，继续维持全球第一大水果生产国的地位。

蔬菜产业是农业的重要组成部分，是我国除粮食作物外栽培面积最广、经济地位最重要的作物。根据国家统计局数据显示，2013—2022 年中国蔬菜播种面积呈缓慢增长趋势。我国蔬菜播种面积从 2013 年的 1 883.6 万 hm^2 增长到 2022 年的 2 237.5 万 hm^2，增长 18.6%。随着播种面积的不断增长，我国蔬菜产量保持稳定的增长态势，从 2013 年的 6.319 7 亿 t 增长到 2022 年的 7.870 5 亿 t，增长 24.5%。

在贮藏保鲜方面，改革开放以前，我国广大的农村产地主要以沟藏、埋藏、窖藏、土窑洞贮藏等简易方式进行贮藏保鲜，以少量的通风贮藏库和少数的机械冷藏库贮藏为辅，这些都在当时的城镇居民淡季鲜果菜的供应上起了很大的作用。但改革开放以后，随着国民经济的大力发展，生产技术的不断日新月异，过去的贮藏保鲜设施及保鲜效果等已远远不能满足现代消费者的需要。因此，在我国科技人员的不懈研究努力下，初步形成了产地与销地、简易贮藏库、机械冷库与气调贮藏库同步发展的新格局，建立了一系列适合于中国国情的产地贮藏设施和相应的技术体系，如土窑洞加机械制冷、土窑洞简易气调贮藏技术，10 ℃冷凉库、简易冷藏库等及相配套的简易气调技术和通风降温管理系统。随着控温通风库等在柑橘产地大量推广，微型节能冷库在葡萄产区推广应用，给当地农民带来了可观的经济效益，并为中国农村机械制冷设施的普及开辟了新的途径。通风贮藏库由于投资少、节省能源，目前在我国北方自然冷源比较丰富的地区仍不失为一种有效的贮藏方式；大中型机械冷藏库在我国仍呈良好的发展态势，机械冷藏量在我国占贮藏果蔬总量的 1/3 左右。我国的气调贮藏虽然起步较晚，从 1978 年第一座试验性气调库在北京诞生以来，现在商业性的大型气调库已在山东、陕西、河北、新疆、河南、广州、沈阳等许多地区建成，并获得了显著的经济效益和良好的贮藏效果。正道集团于 1997 年建成的世界上第一座千吨级减压保鲜贮藏库，标志着我国贮藏保鲜技术已达国际领先水平。由于化工工业的进步，塑料薄膜和硅橡胶膜在园艺产品保鲜中得到了广泛应用，各种类型的塑料包装小袋或大帐，作为自发气调贮藏的主要设备发挥了积极作用。各种化学保鲜剂的研制及应用近些年在我国发展也很快，目前已有多种化学防腐剂、生物活性调节剂及生物涂膜类等防腐保鲜剂在贮藏保鲜中推广使用，对提高贮藏效果具有明显的辅助促进作用。此外某些前沿高新技术如采后生物技术等正逐步研究应用于园艺产品贮运领域。尽管我国在贮藏保鲜的设施及技术应用方面取得了迅猛的发展，有些个别技术已达国际先进水平，但与世界先进水平相比差距仍然很大，尤其在入贮前的采后处理等许多环节上仍存在很多问题，因此，对于一些薄弱环节仍需加大研究力度和大力依托当地经济的支持。

在园艺产品加工保藏方面，改革开放以来，园艺产品在加工的种类上日新月异，大、中、小加工企业在全国各地崛起，成为食品加工行业中发展速度最快、成绩最大的行业。园艺产品加工方法很多，除了过去常规的一些加工方法（如干制、腌制、糖制、罐藏、果汁加工、果酒酿造等）外，近几年随着高新技术在果蔬加工上的应用，还产生了果蔬脆片，果蔬的膨化制品、冻干制品，蔬菜汁和乳酸发酵菜汁等新的加工制品。在这些加工方法中园艺产品的罐藏依然占有优势。速冻加工虽历史不长，但经过多年迅速发展，目前我国的速冻蔬菜生产地主要集中在山东、浙江、江苏、广东及福建等东南沿海地区。随着经济的不断发展，我国的速冻蔬菜制品在国际市场所占的份额将越来越大，与此同时，国内对其需要也将迅速增长。我国的蔬菜腌制品在世界上享有盛誉，世界著名的三大腌菜即榨菜、酱菜和泡酸菜起源于我国，尤其榨菜仍是世界上的独特产品。腌制法虽是传统加工方法，但近些年随着市场需求的不断增加，腌制品产量稳步增长，尤其在传统的加工方法中引入了现代科学技术，改进了工艺，使得产品实现了低盐化、营养化、疗效化、多样化、天然化。脱水菜的加工可以说是改革开放以后发展最火的项目之一，现在我国已是世界脱水菜生产和出口的主要国家之一，出口总量约占世界总量的2/3，尤其现在利用真空冷冻干燥技术生产的冻干菜更有取代热风干燥菜之势，目前冻干菜的出口市场潜力很大。我国果蔬汁工业作为饮料工业的一个新兴行业，虽然起步较晚，但发展很快，其产品90%均出口。天然水果汁、海南的椰子汁等已成为深受欢迎的植物蛋白饮料。蔬菜汁加工目前我国还很落后，但蔬菜汁饮料加工势头正悄然兴起，前景正趋于广阔。我国的葡萄酒虽有悠久的酿造历史，新中国成立后曾建起过屈指可数的几家葡萄酒厂，全国的葡萄酒产量仅84.3 t，但改革开放以来，我国的葡萄酒生产取得了高水平、高速度的发展，在推广先进酿造工艺、引进现代化酿酒设备等方面逐渐与世界接轨，到2020年我国的葡萄酒产量就达11.13万 t，葡萄酒品种增加到十几种，建成了十几家现代化的葡萄酒厂。尽管如此，我国的园艺产品加工业与发达国家相比仍然差距很大，这主要表现在加工原料的品种选育、引种和原料基地的发展不快，加工工艺的机械化和现代化速度缓慢。大多数工厂企业依然是半机械化，糖制、腌制加工企业甚至仍是手工作坊的生产，在产品包装、设计等方面也与国外同类产品相差甚远，在加工技术和质量控制等方面存在问题，还需不懈努力，争取早日与国际全面接轨。

四、园艺产品贮藏加工发展的趋势

1. 提高认识，促进产品质量的提高

随着人们生活水平的提高和国外园艺产品对我国市场的冲击，要占领市场就必须在产品质量上下工夫，在生产的各个环节上下工夫，同时要提高对产品贮藏与加工的有效管理，提升产品质量，如新品种的选育、栽培管理技术的改进、病虫害的生物防治等，以达到提高园艺产品质量的目的。

2. 提高园艺产品贮藏加工技术水平

我国园艺产品资源丰富，但产品的贮藏与加工技术水平与发达国家相比还存在着一定的差距，要在科技开发与应用上加大力度，使我国的产品贮藏水平与产品加工质量得以提升，接近或达到发达国家水平，使我国园艺产品在国际市场上的份额逐渐增大。同时要在贮藏加工技术与设备上有大的改进与提高。

3. 加大野生资源的利用

我国有大量的野生种类和品种资源未达到科学有效的利用。在人们注重生活质量、注重保健养生的今天，更有必要对我国的各类野生资源进行合理的利用和开发。如山野菜、山野果的成品与半成品加工等。

4. 产业化经营水平日趋提高

发达国家已实现了园艺产品产、加、销一体化经营，具有加工品种专用化、原料基地化、质量体系标准化、生产管理科学化、加工技术先进化，以及大公司规模化、网络化、信息化经营等特点。

5. 加工技术与设备日趋高新化

近年来，生物技术、膜分离技术、高温瞬时杀菌技术、真空浓缩技术、微胶囊技术、微波技术、真空冷冻干燥技术、无菌贮藏与包装技术、超高压技术、超微粉碎技术、超临界流体萃取技术、膨化与挤压技术、基因工程技术及相关设备等已在园艺产品加工领域得到广泛应用。先进的无菌冷罐装技术与设备、冷打浆技术与设备等在美国、法国、德国、瑞典、英国等发达国家果蔬深加工领域被迅速应用，并得到不断提升。这些技术与设备的合理应用，使发达国家园艺产品加工增值能力得到明显提高。

6. 深加工产品趋于多样化

发达国家各种园艺产品深加工产品日益繁荣，产品质量稳定，产量不断增加，产品市场覆盖面不断扩大。在质量、档次、品种、功能及包装等方面已能满足各种消费群体和不同消费层次的需求。多样化的园艺产品深加工产品不但丰富了人们的日常生活，也拓展了园艺产品深加工空间。

7. 资源利用更加合理

在园艺产品加工过程中，往往产生大量废弃物，如风落果、不合格果，以及大量的果皮、果核、种子、叶、茎、花、根等下脚料。无废弃开发，已成为国际园艺产品加工业新热点。发达国家农产品加工企业均从环保和经济效益两个角度对加工原料进行综合利用，将农产品转化为高附加值产品。如美国利用废弃的柑橘果籽榨取食用油和蛋白质，从橘子皮中提取柠檬酸并且已形成规模化生产。美国艾地盟（ADM）公司在农产品加工利用方面具有较强的综合能力，已实现完全清洁生产（无废生产）。

8. 产品标准体系与质量控制体系更加完善

发达国家园艺产品加工企业均有科学的产品标准体系和全程质量控制体系，极其重视生产过程中食品安全体系的建立，普遍通过了ISO9000质量管理体系认证，实施科学的质量管理，采用GMP（良好生产操作规程）进行厂房、车间设计，同时在加工过程中实施了HACCP（危害分析和关键控制点）规范，使产品的安全、卫生与质量得到了严格控制与保证。国际上对食品的卫生与安全问题越来越重视，世界卫生组织（WHO）、联合国粮农组织（FAO）、国际标准化组织（ISO）、FAO/WHO国际食品法典委员会（CAC）、联合国欧洲经济委员会（ECE）、国际果汁生产商联合会（IFJU）、国际葡萄与葡萄酒组织（OIV）、经济合作与发展组织（OECD）等有关国际组织和许多发达国家均积极开展了果蔬及其加工品标准的制订工作。

复习题

1. 园艺产品贮藏加工的概念。
2. 园艺产品贮藏加工的意义。
3. 园艺产品贮藏加工发展的趋势。

第二章　园艺产品品质特征

第一节　园艺产品的化学组分

果品、蔬菜和花卉等园艺产品品质的好坏是影响产品贮藏寿命、加工品质好坏以及市场竞争力的主要因素，人们通常以色泽、风味、营养、质地与安全状况来评价其品质的优劣。

园艺产品的化学组成是构成品质的最基本的成分，同时它们又是生理代谢的积极参加者，它们在贮运加工过程中的变化直接影响着产品质量、贮运性能与加工品的品质，园艺产品的化学组分通常可分为五类（表2-1）。

表2-1　园艺产品的化学组分

分类	化学组分	在形成品质中的作用	分类	化学组分	在形成品质中的作用
色素物质	叶绿素	绿色	营养物质	水分	一般
	类胡萝卜素	橙色、黄色		糖类	一般
	花青素	红色、紫色、蓝色		脂肪	次要
	类黄酮素	白色、黄色		蛋白质	次要
风味物质	挥发性物质	各种芳香气味		维生素	重要
	糖	甜味		矿物质	重要
	酸	酸味	酶类物质	氧化还原酶	衰老、褐变
	单宁	涩味		果胶酶	硬度、软化
	糖苷	苦味		纤维素酶	软化
	氨基酸、核苷酸、肽	鲜味、酸味等		淀粉酶和磷酸化酶	甜味
	辣味物质	辣味			
质构物质	果胶物质	硬度、致密度			
	纤维素	粗糙、细嫩			
	水分	脆度			

第二节　风味物质

果蔬的风味（flavor）是构成果蔬品质的主要因素之一，果蔬因其独特的风味而备受人们的青睐。不同果蔬所含风味物质的种类和数量各不相同，风味各异，但构成果蔬的基本风味只有香、甜、酸、苦、辣、涩、鲜等几种。

一、香味物质

醇、酯、醛、酮和萜类等化合物是构成果蔬香味的主要物质，它们大多是挥发性的，且多具有芳香气味，故又称之为挥发性物质或芳香物质，也有人称之为精油。挥发性物质在果蔬中含量并不多，如香蕉65~338 mg/kg，树莓类1~22 mg/kg，草莓5~10 mg/kg，黄瓜17 mg/kg，番茄2~5 mg/kg，大蒜50~90 mg/kg，萝卜300~500 mg/kg，洋葱320~580 mg/kg，柠檬和柑橘中含量较高，分别为1.5%~2.0%和2.0%~3.0%。正是这些物质的存在赋予果蔬特定的香气与味感，它们的分子中都含有一定的基团如羟基、羧基、醛基、羰基、醚、酯、苯基、酰胺基等，这些基团称为"发香团"，它们的存在与香气的形成有关，但是与香气种类无关。

由于果蔬中挥发性物质的种类和数量不同，从而形成了各种果蔬特定的风味。香味物质多种多样，据分析苹果含有100多种芳香物质，香蕉含有200多种，草莓中已分离出150多种，葡萄中现已检测到78种。水果的香味物质以酯类、醛类、萜类、醇类、酮类和挥发性酸类物质为主；而蔬菜香味不如水果香气浓郁，在种类上也有很大差别，主要是一些含硫化合物（葱、蒜、韭菜等辛辣气味的来源）和高级醇、醛、萜等（表2-2）。

表2-2 几种果蔬的主要香味物质

名称	香味主体成分	名称	香味主体成分
苹果	乙酸异戊酯	萝卜	甲硫醇、异硫氰酸烯丙酯
梨	甲酸异戊酯	叶菜类	丙基硫醚烯-3-醇（叶醇）
香蕉	乙酸戊酯、异戊酸异戊酯	花椒	天竺葵醇、香茅醇
桃	乙酸乙酯、γ-癸酸内酯	蘑菇	辛烯-1-醇
柑橘	乙酸、乙醛、乙醇、丙酮、苯乙醇、甲酯、乙酯	大蒜	二烯丙基二硫化物、甲基烯丙基二硫化物、烯丙基
杏	丁酸戊酯	黄瓜	壬二烯-2,6-醇、壬烯-2-醛、2-己烯醛

果蔬的香味物质多在成熟时开始合成，进入完熟阶段时大量形成，产品风味也达到了最佳状态。但这些香气物质大多数不稳定，容易氧化变质，在贮运加工过程中，遇到较高的温度环境很容易挥发与分解。

二、甜味物质

糖分是果蔬中可溶性固形物的主要成分，直接影响果蔬的风味、口感和营养水平。糖及其衍生物糖醇类物质是构成果蔬甜味的主要物质，一些氨基酸、胺等非糖物质也具有甜味。蔗糖、果糖、葡萄糖是果蔬中主要的糖类物质，此外还含有甘露糖、半乳糖、木糖、核糖，以及山梨醇、甘露醇和木糖醇等。

果蔬的含糖量差异很大，其中水果含糖量较高，而蔬菜中除西瓜、甜瓜、番茄、胡萝卜等含糖量稍高外，大多都很低。大多水果的含糖量在 7%～18%，但海枣含糖量可高达鲜重的 64%，而蔬菜的含糖量大多在 5% 以下，常见果蔬含糖的种类及含量见表 2-3。

表 2-3 常见果蔬含糖的种类及含量

单位：g/100 g 鲜重

名称	蔗糖	转化糖	总糖
苹果	1.29～2.99	7.35～11.61	8.62～14.61
梨	1.85～2.00	6.52～8.00	8.37～10.00
香蕉	7.00	10.00	17.00
草莓	1.48～1.76	5.56～7.11	7.41～8.59
桃	8.61～8.74	1.77～3.67	10.38～12.41
杏	5.45～8.45	3.00～3.45	8.45～11.90
胡萝卜	—	—	3.30～12.00
番茄	—	—	1.50～4.20
南瓜	—	—	2.50～9.00
甘蓝	—	—	1.50～4.50
西瓜	—	—	5.50～11.00

果蔬的甜味不仅与糖的含量有关，还与所含糖的种类相关，各种糖的相对甜味差异很大（表 2-4），若以蔗糖的甜度为 100，果糖则为 173，葡萄糖为 74。不同果蔬所含糖的种类及各种糖之间的比例各不相同，甜度与味感也不尽一样，仁果类果实果糖含量占优势，核果类、柑橘类果实蔗糖含量较多，而成熟浆果类如葡萄、柿果以葡萄糖为主。

表 2-4 几种糖的相对甜度

名称	相对甜度	名称	相对甜度
果糖	173	木糖	40
蔗糖	100	半乳糖	32
葡萄糖	74	麦芽糖	32

果蔬甜味的强弱除了与含糖种类与含量有关，还受含糖量与含酸量之比（糖/酸比）的影响，糖酸比越高，甜味越浓，反之酸味增强，糖酸比值适宜，则甜酸适口（表 2-5）。如红星、红玉苹果的含糖量基本相同，红玉苹果含酸量约为 0.9%，而红星苹果的酸含量在 0.3% 左右，故红玉苹果有较强的酸味。

表 2-5　果蔬糖酸比值与风味的关系

风味	糖含量/（g/100 g 鲜重）	酸含量/（g/100 g 鲜重）	糖酸比值
甜	10	0.01~0.25	100.0~40.0
甜酸	10	0.25~0.35	40.0~28.6
微酸	10	0.35~0.45	28.6~22.2
酸	10	0.45~0.60	22.2~16.7
强酸	10	0.60~0.85	16.7~11.8

　　气候、土壤及栽培管理措施是影响果蔬含糖量的重要因素，通常光照好、营养充足、栽培措施合理条件下生长的果蔬，含糖量较高、品质好、贮运加工性能也好。故用作长期贮运或加工的果蔬应选择生长条件好、含糖量高的。

　　在成熟和衰老过程中，水果和一些果菜类的含糖量和含糖种类在不断发生变化，仁果类的苹果和梨以果糖占优势，到正常采收期蔗糖含量增高；核果类的桃、李、杏主要含有蔗糖，在成熟时蔗糖含量明显增加，特别是李，未熟时没有蔗糖，到黄熟时迅速增加；柑橘类果实，糖分的积累主要是蔗糖；以淀粉为贮藏性物质的果蔬，在其成熟或完熟过程中，含糖量会因淀粉类物质的水解而大量增加。不同生长、发育阶段的果蔬，其含糖量也各不相同。一般的果实都是充分成熟时含糖量达到最高值，生产上常常以此作为确定果蔬采收期的重要指标。在贮运过程中，果蔬中的糖含量会因呼吸消耗而不断降低，进而导致果蔬品质与贮运加工性能下降，如果能较好控制贮藏条件，糖分减少越慢，果蔬品质会越好。

三、酸味物质

　　酸味是因舌黏膜受氢离子刺激而引起的，因此凡在溶液中能解离出氢离子的化合物都有酸味。果蔬的酸味主要来自一些有机酸，其中柠檬酸、苹果酸、酒石酸在水果中含量较高，故又称为果酸，另外还有少量酒石酸、琥珀酸、α-酮戊二酸、延胡索酸、草酸、水杨酸和醋酸等。蔬菜的含酸量相对较少，除番茄等少数蔬菜外，大多都感觉不到酸味的存在，但有些蔬菜如菠菜、茭白、苋菜、竹笋含有较多量的草酸，由于草酸会刺激腐蚀人体消化道内的黏膜蛋白，还可与人体内的钙盐结合形成不溶性的草酸钙沉淀，降低人体对钙的吸收利用，故多食有害。

　　不同种类和品种的果蔬，有机酸种类和含量不同。如苹果含总酸量为 0.2%~1.6%，梨为 0.1%~0.5%，葡萄为 0.3%~2.1%，常见果蔬中的主要有机酸种类见表2-6。

　　果蔬酸味的强弱不仅与含酸量有关，还与酸根的种类、解离度、缓冲物质的有无、糖的含量有关。酒石酸表现出酸味的最低浓度为 75 mg/kg，苹果酸为 107 mg/kg，柠檬酸为 115 mg/kg。可见酒石酸呈现酸味所需的浓度最低，苹果酸次之，柠檬酸最高，故酒石酸酸度最高。此外，果蔬的酸味并不取决于酸的绝对含量，而是由它的 pH 值决定的，pH

值越低酸味越浓，缓冲物质的存在可以降低由酸引起的 pH 值降低和酸味的增强。

表 2-6 常见果蔬中的主要有机酸种类

名称	有机酸种类	名称	有机酸种类
苹果	苹果酸、少量柠檬酸	菠菜	草酸、苹果酸、柠檬酸
桃	苹果酸、柠檬酸、奎宁酸	甘蓝	柠檬酸、苹果酸、琥珀酸、草酸
梨	苹果酸，果心含柠檬酸	芦笋(石刁柏)	柠檬酸、苹果酸
葡萄	酒石酸、苹果酸	莴苣	苹果酸、柠檬酸、草酸
樱桃	苹果酸	甜菜叶	草酸、柠檬酸、苹果酸
柠檬	柠檬酸、苹果酸	番茄	柠檬酸、苹果酸
杏	苹果酸、柠檬酸	甜瓜	柠檬酸
菠萝	柠檬酸、苹果酸、酒石酸	甘薯	草酸

通常幼嫩的果蔬含酸量较高，随着发育与成熟，酸的含量会降低，在采后贮运过程中，这些有机酸可直接用作呼吸底物而被消耗，使果蔬的含酸量下降，如番茄贮藏后由酸变甜就是这个原因。由于酸的含量降低，使糖酸比提高，果蔬风味变甜、变淡，食用品质与贮运性能也下降，故糖酸比是衡量果蔬品质的重要指标之一。另外，糖酸比也是判断某些果蔬成熟度、采收期的重要参考指标。

果蔬中的有机酸，是合成能量 ATP 的主要来源，同时也是细胞内很多生化过程所需中间代谢物的提供者。某些蔬菜中还含有一些酚酸类物质如绿原酸、咖啡酸、阿魏酸、水杨酸等，在果蔬受到伤害时，这些物质会在伤口部位急速增加，其增加的程度与果蔬抗病能力的强弱有关，因为酚酸类物质可以抑制甚至杀死微生物。

四、涩味物质

果蔬的涩味主要来自于单宁类物质，当单宁含量（如涩柿）达 0.25% 左右时就可感到明显的涩味，当含量达到 1%～2% 时就会产生强烈的涩味。未熟果蔬的单宁含量较高，食之酸涩，难以下咽，但一般成熟果中可食部分的单宁含量通常在 0.03%～0.1%，食之具有清凉口感。除了单宁类物质外，儿茶素、无色花青素以及一些羟基酚酸等也具涩味。

单宁为高分子聚合物，组成它的单体主要有邻苯二酚、邻苯三酚与间苯三酚。根据单体间的连接方式与其化学性质的不同，可将单宁物质分为两大类，即水解型单宁与缩合型单宁。水解型单宁，也称为焦性没食子酸类单宁，组成单体间通过酯键连接。它们在稀酸、酶、煮沸等温和条件下水解为单体。缩合型单宁，又称为儿茶酚类单宁，它们是通过单体芳香环上 C—C 键连接而形成的高分子聚合物，当与稀酸共热时，进一步缩合成高分子无定型物质。它们在自然界中的分布很广，果蔬中的单宁就属此类。

涩味是由于可溶性的单宁使口腔黏膜蛋白质凝固，使之发生收敛性作用而产生的一种味感。随着果蔬的成熟，可溶性单宁的含量降低，或人为采取措施使可溶性单宁转变为不溶性单宁时，涩味减弱，甚至完全消失。无氧呼吸产物乙醛可与单宁发生聚合反应，使可溶性单宁转变为不溶性酚醛树脂类物质，涩味消失，所以生产上人们往往通过温水浸泡、乙醇或高浓度二氧化碳等，诱导柿果产生无氧呼吸而达到脱涩的目的。

单宁物质在空气中易被氧化成黑褐色醌类聚合物，碱能催化这一反应，一些果蔬如苹果、马铃薯、藕等在去皮或切片后，在空气中变黑就是这种现象，这是由于酶活性增强导致的酶促褐变。另外，单宁的氧化反应相当于在伤口处形成了一层保护膜，可适当阻止微生物的进一步侵染，利于伤口形成干疤而愈合。

五、苦味物质

苦味是4种基本味觉（酸、甜、苦、咸）中味感阈值最小的一种，是最敏感的一种味觉。单纯的苦味令人难以接受，当苦味物质与甜、酸或其他味感恰当组合时，就会赋予果蔬特定的风味。果蔬中的苦味主要来自一些糖苷类物质，由糖基与苷配基通过糖苷键连接而成。由于苷元（也叫苷配基）类型不同，组成的糖苷性质也差别很大。果蔬中的苦味物质组成不同，性质各异，有的有毒，有的具有特殊疗效，有的不具苦味。下面简单介绍几种常见的糖苷类物质。

（一）苦杏仁苷

苦杏仁苷是苦杏仁素（氰苯甲醇）与龙胆二糖形成的苷，具有强烈苦味，在医学上具有镇咳作用，普遍存在于桃、李、杏、樱桃、苦扁桃和苹果等果实的果核及种仁中。苦杏仁苷本身无毒，但生食桃仁、杏仁过多，会引起中毒，这是因为同时摄入的苦杏仁酶使苦杏仁苷水解为2分子葡萄糖、1分子苯甲醛和1分子剧毒的氢氰酸之故。

$$C_{20}H_{27}NO_{11}+2H_2O \rightarrow 2C_6H_{12}O_6+C_6H_5CHO+HCN$$

苦杏仁苷 　　　 葡萄糖 　 苯甲醛 　 氢氰酸

（二）黑芥子苷

黑芥子苷本身呈苦味，普遍存在于十字花科蔬菜中。在芥子酶作用下水解生成具有特殊辣味和香气的芥子油、葡萄糖及其他化合物，使苦味消失。这种变化在蔬菜的腌制中很重要，如萝卜在食用时呈现出辛辣味，调味品中芥末的刺鼻辛辣味是黑芥子苷水解为芥子油所致。

$$C_{10}H_{16}NS_2KO_9+H_2O \rightarrow CSNC_3H_5+C_6H_{12}O_6+KHSO_4$$

黑芥子苷 　　　　　 芥子油 　 葡萄糖

（三）茄碱苷

茄碱苷又称龙葵苷，主要存在于茄科植物中，以马铃薯块茎中含量较多。超过0.01%时就会感觉到明显的苦味，超过0.02%时即可使人食后中毒。因为茄碱苷分解后产生的茄碱是一种有毒物质，对红细胞有强烈的溶解作用。马铃薯所含的茄碱苷集中在薯皮和萌发的芽眼部位，当马铃薯块茎受日光照射表皮呈淡绿色时，茄碱含量显著增加，据分析可由0.006%增加到0.024%，所以，发绿和发芽的马铃薯应将皮部和芽眼削去方能食用。番茄和茄子果实中也含有茄碱苷，未熟绿色果实中含量较高，成熟时逐渐降低。

$$C_{45}H_{73}O_{15}N+3H_2O \rightarrow C_{27}H_{43}ON + C_6H_{12}O_6 + C_6H_{12}O_6 + C_6H_{12}O_5$$
　　　茄碱苷　　　　　　　　茄碱　　　　葡萄糖　半乳糖　鼠李糖

（四）柚皮苷和新橙皮苷

柚皮苷和新橙皮苷存在于柑橘类果实中，尤以白皮层、种子、囊衣和轴心部分为多，具有强烈的苦味。在柚皮苷酶作用下，可水解成糖基和苷配基，使苦味消失，这就是果实在成熟过程中苦味逐渐变淡的原因。据此，在柑橘加工业中常利用酶制剂来使柚皮苷和新橙皮苷水解，以降低橙汁的苦味。

六、辣味物质

辣味为刺激舌和口腔的触觉以及鼻腔的嗅觉而产生的综合性刺激感，适度的辣味具有增进食欲、促进消化液分泌的功效。辣椒、生姜及葱蒜等蔬菜含有大量的辣味物质，它们的存在与这些蔬菜的食用品质密切相关。

生姜中辣味的主要成分是姜酮、姜酚和姜醇，是由 C、H、O 所组成的芳香物质，其辣味有快感。辣椒中的辣椒素是由 C、H、O、N 所组成，属于无臭性的辣味物质。

葱蒜类蔬菜中辣味物质的分子中含有硫，有强烈的刺鼻辣味和催泪作用，其辛辣成分是硫化物和异硫氰酸酯类，它们在完整的蔬菜器官中以母体的形式存在，气味不明显，只有当组织受到挤压或破碎时，母体才在酶的作用下转化成具有强烈刺激性气味的物质，如大蒜中的蒜氨酸，它本身并无辣味，只有蒜组织受到挤压或破坏后，蒜氨酸才在蒜酶的作用下分解生成具有强烈辛辣气味的蒜素。

芥菜中的刺激性辣味成分是芥子油，为异硫氰酸酯类物质。它们在完整组织中是以芥子苷的形式存在，本身不具辣味，只有当组织破碎后，才在酶的作用下分解为葡萄糖和芥子油，芥子油具有强烈的刺激性辣味。

七、鲜味物质

果蔬的鲜味物质主要来自一些具有鲜味的氨基酸、酰胺和肽，其中以 L-谷氨酸、L-天冬氨酸、L-谷氨酰胺和 L-天冬酰胺最为重要，它们广泛存在于果蔬中，在梨、桃、葡萄、柿子、番茄中含量较为丰富。此外，竹笋中含有的天冬氨酸钠也具有天冬氨酸的鲜味。另一种鲜味物质谷氨酸钠是我们熟知的味精，其水溶液有浓烈的鲜味。谷氨酸钠或谷氨酸的水溶液加热到 120 ℃以上或长时间加热时，则发生分子内失水，缩合成有毒、无鲜味的焦性谷氨酸。

第三节　营养物质

果蔬是人体所需维生素、矿物质与膳食纤维的重要来源，此外有些果蔬还含有大量淀粉、糖、蛋白质等维持人体正常生命活动必需的营养物质。随着人们健康意识的不断增强，果蔬在人们膳食营养中的作用也日趋重要。

一、维生素

维生素是维持人体正常生命活动不可缺少的营养物质，它们大多是以辅酶或辅因子的形式参与生理代谢。维生素缺乏会引起人体代谢的失调，诱发生理病变。大多数维生素必须在植物体内合成，所以果蔬等园艺产品是人体获得维生素的主要来源。维生素的种类很多，其中近20种与人体健康和发育有关。通常按照溶解性把维生素分为水溶性与脂溶性两大类。前者包括维生素 C、维生素 B_1、维生素 B_2，后者包括维生素 A、维生素 E、维生素 K。

（一）水溶性维生素

1. 维生素 C

维生素 C 在体内主要参与氧化还原反应，在物质代谢中起电子传递的作用，可促进造血作用和抗体形成。维生素 C 还具有促进胶原蛋白合成的作用，可以防止毛细血管通透性、脆性的增加和坏血病的发生，故又称为抗坏血酸。维生素 C 是与人体关系最为密切的主要维生素之一，据报道人体所需维生素 C 的98%左右来自果蔬。

维生素 C 有还原型与氧化型两种形态，但氧化型维生素 C 的生理活性仅为还原型的 1/2，两者之间可以相互转化。还原型维生素 C 在抗坏血酸氧化酶的作用下，氧化成为氧化型维生素 C；而氧化型维生素 C 在低 pH 值条件下和还原剂存在时，能可逆地转变为还原型维生素 C。维生素 C 在 pH 值小于 5 的溶液中比较稳定，当 pH 值增大时，氧化型维生素 C 可继续氧化，生成无生理活性的 2,3-二酮古洛糖酸，此反应为不可逆反应。

维生素 C 为水溶性维生素，在人体内无累积作用，因此人们需要每天从膳食中摄取大量维生素，而果蔬是人体所需维生素 C 主要来源。不同果蔬维生素 C 含量差异较大，含量较高的果品有鲜枣、山楂、猕猴桃、草莓及柑橘类。在蔬菜中辣椒、绿叶蔬菜、花椰菜等含有较多量的维生素 C。柑橘中的维生素 C 大部分是还原型的，而在苹果、柿中氧化型占优势，所以在衡量比较不同果蔬维生素 C 营养时，仅仅以含量为标准是不准确的。

维生素 C 容易氧化，低温、低氧可有效防止果蔬贮藏中维生素 C 的损耗。在加工过程中，切分、漂烫、蒸煮是造成维生素 C 损耗的重要原因，应采取适当措施尽可能减少维生素 C 的损耗。此外在果蔬加工中，维生素 C 还常常用作抗氧化剂，防止加工产品的褐变。

2. 维生素 B_1（硫胺素）

维生素 B_1 在酸性条件中较稳定，在中性或碱性环境中遇热易被氧化或还原。维生素 B_1，是维持人体神经系统正常活动的重要成分，也是糖代谢的辅酶之一。当人体缺乏时常引起脚气病，发生周围神经炎、消化不良和心血管失调等。豆类中维生素 B_1 含量最多。

3. 维生素 B_2（核黄素）

维生素 B_2 耐热，在园艺产品加工中不易被破坏，在碱性条件下遇热不稳定，是一种感光物质，能维持眼睛健康，在氧化过程中起辅酶作用。核黄素在甘蓝、番茄中含量较多。

（二）脂溶性维生素

1. 维生素 A

新鲜果蔬中含有大量的胡萝卜素，它本身不具维生素 A 生理活性，但胡萝卜素在人和动物的肠壁以及肝脏中能转变为具有生物活性的维生素 A，因此胡萝卜素又被称为维生素 A 原。维生素 A 原也是与人体关系最为密切的主要维生素之一，据报道人体所需维生素 A 的 57% 左右来自果蔬。维生素 A 是一类含己烯环的异戊二烯聚合物，含有两个维生素 A 的结构部分，理论上可生成 2 分子的维生素 A，但胡萝卜素在体内的吸收率、转化率和利用率都很低，实际上 6 μg β-胡萝卜素只相当于 1 μg 维生素 A 的生物活性。除 β-胡萝卜素外，α-、γ-和羟基 β-胡萝卜素体内也能转化为维生素 A，但它们分子中只含有一个维生素 A 的结构，功效也只有 β-胡萝卜素的一半。

维生素 A 和胡萝卜素（维生素 A 原）比较稳定，但由于其分子的高度不饱和性，在果蔬加工中容易被氧化，加入抗氧化剂可以得到保护。在果蔬贮运时，冷藏、避免日光照射有利于减少胡萝卜素的损失。绿叶蔬菜、胡萝卜、南瓜、杏、柑橘、黄桃、杜果等黄色、绿色的果蔬含有较多量的胡萝卜素。

2. 维生素 E 和维生素 K

维生素 E 和维生素 K 性质稳定，这两种维生素存在于植物的绿色部分，莴苣中富含维生素 E，菠菜、甘蓝、花椰菜、青番茄中富含维生素 K。

二、矿物质

矿物质是人体结构的重要组分。

矿物质在果蔬中分布极广，占果蔬干重的 1%～5%，平均值为 5%，而一些叶菜的矿物质含量可高达 10%～15%，是人体摄取矿物质的重要来源。

果蔬中矿物质的 80% 是钾、钠、钙等金属成分，其中钾元素可占其总量的 50% 以上，它们进入人体后，与呼吸释放的 HCO_3^- 结合，可中和血液酸碱度，使血浆的 pH 值升高，因此果蔬又称为"碱性食品"。相反，谷物、肉类和鱼、蛋等食品中，磷、硫、氯等非金属成分含量很高，它们的存在会增加体内的酸性；同时这些食品富含淀粉、蛋白质与脂肪，它们经消化吸收后，最终氧化产物为 CO_2，CO_2 进入血液会使血液 pH 值降低，故又称之为"酸性食品"。过多食用酸性食品，会使人体液、血液的酸性增强，易造成体内酸碱平衡的失调，甚至引起酸性中毒，因此为了保持人体血液、体液的酸碱平衡，在鱼、肉等动物食品消费量不断增加的同时，更需要增加果蔬的食用量。

在食品矿物质中，钙、磷、铁与人体健康关系最为密切，人们通常以这 3 种元素的含量来衡量食品矿物质的营养价值。果蔬含有较多量的钙、磷、铁，尤其是某些蔬菜的含量很高，是人体所需钙、磷、铁的重要来源之一。

钙不仅是人体必需的营养物质，而且对果蔬自身的品质和耐贮性的影响也非常大。许多生理病害如苹果水心病、苦痘病、斑点病及大白菜干烧心等都与缺钙有关，采前喷钙和采后浸钙处理都有助于提高果蔬的品质与耐贮性。

三、淀粉

虽然果蔬不是人体所需淀粉的主要来源，但某些未熟的果实如香蕉、苹果以及地下根茎菜类含有大量的淀粉。未熟的香蕉中淀粉占 20%～25%，成熟后淀粉几乎全部转化为糖，下降到 1%，在非洲和某些亚洲国家与地区，香蕉常常作为主食来消费，是人们获取膳食能量的重要渠道。马铃薯在欧洲某些国家或地区是不可缺少的食品，是当地居民膳食淀粉的重要来源之一。

淀粉不仅是人类膳食的重要营养物质，淀粉含量及其采后变化还直接关系到果蔬自身的品质与贮运性能的强弱。富含淀粉的果蔬，淀粉含量越高，耐贮性越强；对于地下根茎菜，如藕、菱、芋头、山药、马铃薯等，淀粉含量与老熟程度成正比增加，含量越高，品质与加工性能也越好。对于青豌豆、菜豆、甜玉米，这些以幼嫩的豆荚或籽粒供鲜食的蔬菜，淀粉含量的增加意味着品质的下降。

一些富含淀粉的果实如香蕉、苹果，在后熟期间淀粉会不断地水解为低聚糖和单糖，食用品质上升。但是采后的果蔬光合作用停止，淀粉等大分子贮藏性物质不断地消耗，最终会导致果蔬品质与贮藏、加工性能的下降。贮藏温度对淀粉的转化影响很大，如青豌豆在采后高温下，经 2 d 后糖分能合成淀粉，淀粉含量可由 5%～6% 增加到 10%～11%。马铃薯在低温下变甜，再转入高温下，甜味消失，这主要是在磷酸化酶或磷酸酯酶的作用下，淀粉水解为葡萄糖的原因，而此反应是可逆的，研究表明，马铃薯贮藏在 0 ℃下，块茎还原糖含量可达 6% 以上，而贮藏在 5 ℃以上，往往不足 2.5%，这是因为葡萄糖在高温下又转变为淀粉。如果淀粉在淀粉酶和麦芽糖酶活动的情况下，其转化为葡萄糖则是不可逆的。

淀粉的含量与果蔬的品质及耐贮性密切相关，因此，淀粉含量又常常作为衡量某些果蔬品质与采收成熟度的参考指标。

第四节　色素类物质

色泽是人们评价果蔬质量的一个重要因素，在一定程度上反映了果蔬的新鲜程度、成熟度和品质的变化，因此，果蔬的色泽及其变化是评价果蔬品质和判断成熟度的重要外观指标。色素物质的含量及其采后的变化对于园艺产品品质有重要影响。如番茄、苹果和柑橘，其色泽越艳，外观和内在品质就越佳；菊花随着成熟开放时类胡萝卜素和花青苷增加而显色，衰老时则下降，从而色泽变淡。

构成园艺产品的色素种类很多，有时单独存在，有时几种色素同时存在，或显现或被遮盖，随着生长发育阶段、环境条件及贮藏加工方式不同，园艺产品的颜色也会发生变化。为了保持或提高园艺产品的贮藏和加工品的感官品质，就需要对构成园艺产品的基本色素及其变化做进一步的了解。

园艺产品的色素物质主要包括叶绿素类、类胡萝卜素、花色素和黄酮类色素等物质。花色是切花最重要的观赏指标之一。切花色泽由多种色素物质组成，主要有黄酮类色素和胡萝卜素类色素。前者包括水溶性的花青苷、黄酮、黄酮醇、苯基苯乙烯酮和噢呀等。花青素与糖结合成花青苷，显现红、蓝、紫和红紫等色。其他黄酮可呈现出由浅黄至深黄的颜色，故统称花黄色素。胡萝卜素类难溶于水，多以结晶或沉淀的形式存在于细胞质的质粒中，故又称为质粒色素类。存在于花瓣中的 β-胡萝卜素和堇菜黄质常与噢呀一起成色，是郁金香、月季、百合、紫罗兰和水仙等的黄色来源。有些切花的颜色由复合色素组成。另外，一些切花花瓣衰老时变褐、变黑是由于黄酮类色素与酚类的氧化作用以及单宁的积聚所致，月季、香豌豆、飞燕草、天竺葵等红色花瓣随切花组织细胞内液泡 pH 值升高而泛蓝衰老。下面分别对主要色素物质加以介绍。

一、叶绿素

园艺产品的绿色主要是由于存在叶绿素。叶绿素主要由叶绿素 a 和叶绿素 b 两种结构相似的色素物质组成，叶绿素 a 呈蓝绿色，叶绿素 b 为黄绿色，通常它们在植物体内以 3∶1 的比例存在。

叶绿素不溶于水，易溶于乙醇、丙酮、乙醚、氯仿、苯等有机溶剂。叶绿素不稳定，在酸性介质中形成脱镁叶绿素，绿色消失，呈现褐色；在碱性介质中叶绿素分解生成叶绿酸、甲醇和叶醇。叶绿酸呈鲜绿色，较稳定，与碱结合可生成绿色的叶绿酸钠（或钾）盐。在绿色蔬菜加工时，为了保持加工品的绿色，人们常用一些盐类如 $CuSO_4$、$ZnSO_4$ 等进行护绿。

在正常生长发育的果蔬中，叶绿素的合成作用大于分解作用，而果蔬进入成熟期和采收以后，叶绿素的合成停止，原有的叶绿素逐渐减少或消失，绿色消退，表现出果蔬的特有色泽。如香蕉和苹果在呼吸高峰期间叶绿素酶活性最高，而完熟的番茄叶绿素减少时测不出叶绿素酶活性。而对绿色果蔬来讲，尤其是绿叶蔬菜，绿色的消退，意味着品质的下降，低温、气调贮藏可有效抑制叶绿素的降解。

二、类胡萝卜素

类胡萝卜素广泛地存在于园艺产品中，其颜色表现为黄、橙、红。园艺产品中类胡萝卜素有 300 多种，但主要的有胡萝卜素、番茄红素、番茄黄素、辣椒红素、辣椒黄素和叶黄素等。

类胡萝卜素分子中都含有一条由异戊二烯组成的共轭多烯链，β-胡萝卜素在多烯链的两端分别连有一个 α-紫罗酮环和 β-紫罗酮环，理论上讲，在人或动物肝脏和肠壁中可转化为 2 分子的维生素 A，而 α-、γ-胡萝卜素的分子结构中只有一个紫罗酮环，故只能转化为 1 分子的维生素 A，但实际上胡萝卜素在体内利用率很低。除胡萝卜素外，其他色素分子结构中由于没有紫罗酮环，故不具维生素 A 活性。

胡萝卜素常与叶黄素、叶绿素同时存在，在胡萝卜、南瓜、番茄、辣椒、绿叶蔬菜、杏、黄桃中含量较高。果蔬中胡萝卜素的 85% 为 β-胡萝卜素，是人体膳食维生素 A 的主要来源。由于胡萝卜素分子的高度不饱和性，近年来有报道说胡萝卜素具有抗癌、防癌等营养保健功能。

番茄红素、番茄黄素存在于番茄、西瓜、柑橘、葡萄柚等果蔬中。番茄中番茄红素的最适合成温度为 16~24 ℃，29.4 ℃以上的高温会抑制番茄红素的合成，这是炎夏季节番茄着色不好的原因，但高温对其他果蔬番茄红素的合成没有抑制作用。

各种果蔬中均含有叶黄素，它与胡萝卜素、叶绿素共同存在于果蔬的绿色部分，只有叶绿素分解后，才能表现出黄色。辣椒黄素、辣椒红素存在于辣椒中，黄皮洋葱中也有，椒黄素表现为黄色或白色。

类胡萝卜素，耐热性强，即使与锌、铜、铁等金属共存时，也不易破坏，但在有氧条件下，易被脂肪氧化酶、过氧化物酶等氧化脱色，但完整的果蔬细胞中的类胡萝卜素比较稳定。

三、花青素

花青素是一类水溶性色素，以糖苷形式存在于植物细胞液中，呈现红、蓝、紫色。花青素的基本结构是一个2-苯基苯并吡喃环，随着苯环上取代基的种类与数目的变化，颜色也随之发生变化。当苯环上羟基数目增加时，颜色向蓝紫方向移动；而当甲氧基的数目增加时，颜色向红色方向移动。

花青素的颜色还随着pH值的增减而变化，呈现出酸红、中紫、碱蓝的趋势。因为在不同pH值条件下，花青素的结构也会发生变化。因此，同一种色素在不同果蔬中，可以表现出不同的颜色；而不同的色素在不同的果蔬中，也可以表现出相同的色彩。

花青素是一种感光色素，充足的光照有利于花青素的形成，因此山地、高原地带果品的着色往往好于平原地带。此外，花青素的形成和累积还受植物体内营养状况的影响，营养状况越好，着色越好，着色好的果品，风味品质也越佳。所以，着色状况也是判断果蔬品质和营养状况的重要参考指标。

花青素很不稳定，加热对它有破坏作用，遇金属铁、铜、锡则变色，所以果蔬在加工时应避免使用这些金属器具。但花青苷可与钙、镁、锰、铁、铝等金属结合生成蓝色或紫色的络合物，色泽变得稳定而不受pH值的影响。

四、黄酮类

黄酮类色素也称花黄素，也是一类水溶性的色素，呈无色或黄色，以游离或糖苷的形式存在于园艺产品的茎、叶、花、果组织中。它的基本结构为2-苯基苯并吡喃酮，与花青素一样，也属于"酚类色素"，但比花青素稳定。

比较重要的黄酮类色素有圣草苷、芸香苷、橙皮苷，它们存在于柑橘、芦笋、杏、番茄等果实中，是维生素P的重要组分，维生素P又称柠檬素，具有调节毛细血管透性的功能。柚皮苷存在于柑橘类果实中，是柑橘皮苦味的主要来源。

第五节　质构物质

园艺产品是典型的鲜活易腐品，它们的共同特性是含水量很高，细胞膨压大，对于这类商品，人们希望它们新鲜饱满、脆嫩可口。而对于叶菜、花菜等除脆嫩饱满外，组织致密、紧实也是重要的质量指标。因此，果蔬的质地主要体现为脆、绵、硬、软、细嫩、粗糙、致密、疏松等，它们与品质密切相关，是评价园艺产品品质的重要指标。在生长发育不同阶段，园艺产品的质地会有很大变化，因此质地又是判断园艺产品成熟度、确定采收期的重要参考依据。

园艺产品质地的好坏取决于组织的结构，而组织结构又与其化学组成密切有关，化学成分是影响园艺产品质地的最基本因素，下面具体介绍一些与园艺产品质地有关的化学成分。

一、水分

水分是影响园艺产品新鲜度、脆度和口感的重要成分，与园艺产品的风味品质有密切关系。新鲜果品、蔬菜的含水量大多在75%～95%，少数蔬菜如黄瓜、番茄、西瓜含水量高达96%，甚至98%，含水量较低的也在60%左右。

水分是园艺产品生长或生命活动的必要条件。含水量高的园艺产品，细胞膨压大，组织饱满脆嫩，食用品质和商品价值高。但采后由于水分的蒸散，园艺产品会大量失水，失水后会变得疲软、萎蔫，品质下降；采后水势降低，持水能力下降，缺水引起代谢过程的不可逆变化，从而导致衰老；另外，很多园艺产品采后一旦失水，就难以再恢复新鲜状态。因此为了保持采后园艺产品的新鲜品质，应采用如塑料薄膜包装、高湿贮藏等措施，尽可能减少采后失水。

正因为含水量高，园艺产品的生理代谢非常旺盛，物质消耗很快，极易衰老败坏；同时含水量高也给微生物的活动创造了条件，使得果蔬产品容易腐烂变质。因此，要做好园艺产品贮运工作，维持其新鲜品质，既要采用高湿、薄膜包装等措施防止果蔬失水，又需要配合低温、气调、防腐、保鲜等措施延缓自身的衰老速度，抑制病原微生物的侵害。

切花离开母体后，体内水分传导率降低，原因是自身代谢产物和空气导致的生理性堵塞以及微生物组织造成的病理性堵塞。此外，切花导管被气泡堵塞时也会形成所谓"气栓"而使吸水受阻。另外花茎切口处常有大量的微生物，其迅速繁殖的菌丝体会侵入导管，或者其代谢产物引起木质部导管堵塞。当切花的蒸腾作用超过吸水作用时，也会出现水分亏缺和萎蔫现象。切花保鲜，特别对蕾期采收的切花，其细胞和组织必须保持较高水分含量，才能保持高度的膨胀状态，否则，花瓣会凋萎。故采收后的切花必须保持一定的含水量。为了不让切花失水，必须保持90%～95%的相对湿度。

二、果胶物质

果胶物质存在于植物的细胞壁与中胶层，果蔬组织细胞间的结合力与果胶物质的形态、数量密切相关。果胶物质有3种形态，即原果胶、可溶性果胶与果胶酸，在不同生长发育阶段，果胶物质的形态会发生变化。

原果胶存在于未熟的果蔬中，是可溶性果胶与纤维素缩合而成的高分子物质，不溶于水，具有黏结性，它们在胞间层与蛋白质及钙、镁等形成蛋白质-果胶-阳离子黏合剂，使相邻的细胞紧密地黏结在一起，赋予未熟果蔬较大的硬度。

随着果实成熟，原果胶在原果胶酶的作用下，分解为可溶性果胶与纤维素。可溶性果胶是由多聚半乳糖醛酸甲酯与少量多聚半乳糖醛酸连接而成的长链分子，存在于细胞汁液中，相邻细胞间彼此分离，组织软化。但可溶性果胶仍具有一定的黏结性，故成熟的果蔬组织还能保持较好的弹性。

当果实进入过熟阶段时，果胶在果胶酶的作用下，分解为果胶酸与甲醇。果胶酸无黏结性，相邻细胞间没有了黏结性，组织变得松软无力，弹性消失。

果胶物质形态的变化是导致果蔬硬度下降的主要原因，在生产中硬度是影响果蔬贮运性能的重要因素。人们常常借助硬度来判断某些果蔬，如苹果、梨、桃、杏、柿、番茄等的成熟度，确定它们的采收期，同时也是评价它们贮藏效果的重要参考指标。

不同果蔬的果胶含量及果胶中甲氧基的含量差异很大。山楂中果胶的含量较高，并富含甲氧基，甲氧基具有很强的凝胶能力，人们常常利用山楂的这一特性来制作山楂糕。虽然有些蔬菜果胶含量很高，但由于甲氧基含量低，凝胶能力很弱，不能形成胶冻，当与山楂混合后，可利用山楂中果胶中甲氧基的凝胶能力，制成混合山楂糕，如胡萝卜山楂糕。

三、纤维素和半纤维素

纤维素、半纤维素是植物细胞壁中的主要成分，是构成细胞壁的骨架物质，它们的含量与存在状态，决定着细胞壁的弹性、伸缩强度和可塑性。幼嫩的果蔬中的纤维素，多为水合纤维素，组织质地柔韧、脆嫩，老熟时纤维素会与半纤维素、木质素、角质、栓质等形成复合纤维素，组织变得粗糙坚硬，食用品质下降。

纤维素是由葡萄糖分子通过 β-1,4 糖苷键连接而成的长链分子，主要存在于细胞壁中，具有保持细胞形状、维持组织形态的作用，具有支持功能。它们在植物体内一旦形成，就很少再参与代谢，但是对于某些果实如番茄、鳄梨、荔枝、香蕉、菠萝等在其成熟过程中，需要有纤维素酶与果胶酶及多聚半乳糖醛酸酶等共同作用才能软化。

半纤维素是由木糖、阿拉伯糖、甘露糖、葡萄糖等多种五碳糖和六碳糖组成的大分子物质，它们不很稳定，在果蔬体内可分解为组成单体。刚采收的香蕉，半纤维素含量约8%~10%，但成熟的香蕉果肉中，半纤维素含量仅为1%左右，所以半纤维素既具有纤维素的支持功能，又具有淀粉的贮藏功能。

纤维素、半纤维素是影响果蔬质地与食用品质的重要物质，同时它们也是维持人体健康不可缺少的辅助成分。纤维素、半纤维素、木质素等统称为粗纤维，又称膳食纤维，虽然它们不具营养功能，但能刺激肠胃蠕动，促进消化液的分泌，提高蛋白质等营养物质的消化吸收率，同时还可以防止或减轻如肥胖、便秘等许多现代文明病的发生，是维持人体健康必不可少的物质，故有人又将膳食纤维、水、碳水化合物、蛋白质、脂防、维生素、矿物质一起，统称为维持生命健康的"七大要素"。人体所需的膳食纤维主要来自果蔬，随着生活水平的不断提高，肉、蛋等动物产品的食用量增加，果蔬在人们日常膳食中的作用也日趋重要。

第六节 酶类物质

酶是园艺产品细胞内所产生的一类具有催化功能的蛋白质，体内的一切生化反应几乎都是在酶的参与下进行的。果蔬细胞中含有各种各样的酶，结构十分复杂，溶解在细胞汁液中。酶具有蛋白质的共同理化性质，它不能通过半透性膜，具有胶体性质。酶的活性易受温度、酸、碱、紫外线等影响。一切影响蛋白质变性的因素同样可以使酶变性失活。酶的种类约 2 000 种，以下介绍几种与园艺产品生理代谢过程有关的酶。

一、氧化还原酶

（一）抗坏血酸氧化酶（又称抗坏血酸酶）

抗坏血酸氧化酶存在时，可使 L-抗坏血酸氧化，变为 D-型抗坏血酸。在香蕉、胡萝卜和莴苣中广泛分布着这种酶，它与维生素 C 的消长有很大关系。

（二）过氧化氢酶（CAT）和过氧化物酶（POD）

过氧化氢酶和过氧化物酶两种酶广泛地存在于果蔬组织中。过氧化氢酶存在于水果、蔬菜中的铁蛋白内，可催化如下反应。

$$2H_2O_2 \rightarrow 2H_2O + O_2$$

由于呼吸中的过氧化氢酶的作用，可防止组织中的过氧化氢积累到有毒的程度。成熟时期随着果蔬氧化活性的增强，这两种酶的活性都有显著增高。杧果呼吸作用的增强直接和这两种酶的活性有关。过氧化氢酶和相应的氧化酶可能与乙烯生成有关，过氧化物酶与乙烯的自身催化合成、激素代谢平衡、细胞膜结构完整性、呼吸作用、脂质过氧化等作用有密切关系。

POD 的活性是果实成熟衰老的主要指标，研究结果显示，气调贮藏的金冠苹果的POD 活性有 2 个高峰。在跃变型果实中，随着果实的成熟，POD 同工酶的活性增强，许多果实和蔬菜在衰老期间，POD 活性的升高是导致叶菜类和果实黄化的一个原因。新鲜果品及其加工制品的 POD 活性高时，往往会引起变色和变味，人们常常用热处理的方法抑制这种酶的活性，以减少其不利影响。

（三）多酚氧化酶

多酚氧化酶（PPO）广泛存在于绝大多数果实中，它所催化的反应常常引起果肉、果心褐变，产生异味或使营养成分损失。这些情况都是生产者和消费者不希望看到的，因此 PPO 是影响果实品质的重要酶类化合物。众所周知，园艺产品一旦受到伤害，即发生褐变，这种现象多是由于多酚氧化酶进行催化的结果。PPO 在有氧存在条件下进行氧化生成醌，再氧化聚合，形成有色物质。

PPO 活性的降低标志着果实达到成熟阶段，并且适口性增强，种子开始成熟。研究认为，绿熟杏在 26 ℃存放期间，酚含量和 PPO 活性呈上升趋势；鸭梨在冷藏期间，主要底物绿原酸总体呈下降趋势，PPO 活性随着果心褐变先上升然后下降；荔枝在 4~5 ℃贮藏时，外果皮褐变加重，PPO 活性增强；柿子在 1 ℃下贮藏，开始 6 周 PPO 活性快速上升，随后略呈下降趋势。

采收过程或采后处理过程的机械伤会明显加重果实的褐变，所以要严格防止机械损伤。生产上可以通过降低温度、冷藏、采前采后处理的方式来降低 PPO 活性。在园艺产品加工生产上，要根据需要想办法抑制 PPO 活性，如可用二氧化硫、亚硫酸盐、抗坏血酸、柠檬酸等来降低 PPO 活性，抑制果蔬产品的褐变。

二、果胶酶

果实在成熟过程中，质地变化最为明显，其中果胶酶类起着重要作用。果实成熟时硬度降低，与半乳糖醛酸酶和果胶酯酶的活性增加成正相关。梨在成熟过程中，果胶酯酶活性开始增加时，即已达到初熟阶段。苹果中果胶酯酶活性因品种不同而有很大差异，也可能与耐贮性有关。香蕉在催熟过程中，果胶酯酶活性显著增加，特别是果皮由绿转黄时更为明显。番茄果肉成熟时变软，是受果胶酶类作用的结果。

三、纤维素酶

一般认为果实在成熟时纤维素酶促使纤维素水解引起细胞壁软化。但这一理论还没有被普遍证实。番茄在成熟过程中，可以观察到纤维素酶活性增加。而梨和桃在成熟时，纤维素分子团没有变化，苹果在成熟过程中，纤维素含量也不降低。研究发现，在未成熟的果实中，纤维素酶的活性很高，随着果实增大，其活性逐渐降低；而当果实从绿色转变到红色的成熟阶段时，纤维素酶活性几乎增加两倍。相反，多聚半乳糖醛酸酶活性则随着果实成熟到过熟都在继续增加，纤维素酶活性则维持不变。

四、淀粉酶和磷酸化酶

许多果实在成熟时淀粉逐渐减少或消失。未催熟的绿熟期香蕉淀粉含量可达 20%，成熟后下降到 1%以下。苹果和梨在采收前，淀粉含量达到高峰，开始成熟时，大部分品种下降到 1%左右。这些变化都是淀粉酶和磷酸化酶所引起的。研究发现，巴梨果实在-0.5 ℃贮藏 3 个月中，淀粉酶活性逐渐增加，但从贮藏库取出后的催熟过程中却不再增加。有人观察到，经过长期贮藏之后不能正常成熟的巴梨，果实中蛋白质的合成能力丧失，可能是由于某些酶的合成受低温抑制，从而造成"低温伤害"的现象。当杧果成熟时，可观察到淀粉酶的活性增加，淀粉被水解为葡萄糖。

果蔬成熟中的合成代谢还有其他酶类参加，如叶绿素酶、酯酶、脂氧合酶、磷酸酶、核糖核酸酶等。一些果实在成熟过程中酶活性变化见表 2-7。但尚无这些酶再合成的证据，合理地控制和利用这些酶的活性是果蔬贮藏保鲜中进行各种处理的基础。

表 2-7　一些果实成熟过程中酶活性的变化

酶	果实种类	增加倍数	酶	果实种类	增加倍数
叶绿素酶	香蕉（皮）	1.6	果胶甲酯酶	香蕉	增加
	苹果（皮）	2.8~3.0		番茄	1.4
酯酶	苹果（皮）	1.6		油梨	不多
脂氧合酶	苹果（皮）	4.0	淀粉酶	番茄	增加
	番茄	2.5~6.0		杧果	2.0
过氧化物酶	香蕉	2.7	6-磷酸葡萄糖脱氢酶	葡萄	不变
	番茄	3.0		樱桃	不变
	杧果	3.0		洋梨	减少
	洋梨	增加 3 个同工酶		杧果	增加
吲哚乙酸	洋梨	增加 2 个同工酶	苹果酸酶	洋梨	2.1
氧化酶	番茄	增加 1 个同工酶		苹果（皮）	4.0
	越橘	增加 1 个同工酶		葡萄	减少

复习题

1. 园艺产品的化学组分。
2. 园艺产品的风味物质。
3. 园艺产品的营养物质。
4. 园艺产品的色素类物质。
5. 园艺产品的质构物质。

第三章　园艺产品采后生理

第一节　呼吸作用与贮藏

呼吸是生命的基本特征，在呼吸过程中，呼吸底物在一系列酶的作用下，逐渐分解成简单的物质，最终形成 CO_2 和 H_2O。同时，释放出能量，这是一种异化作用。但呼吸并非一单纯的异化过程，因为一些呼吸作用的中间产物和所释放的能量又参与一些重要物质的合成过程，呼吸过程的中间代谢产物在物质代谢中起着重要的枢纽作用。

采后园艺产品是一个活的有机体，其生命代谢活动仍在有序地进行。组织的呼吸作用是提供各种代谢活动所需能量的基本保证。采后园艺产品的呼吸作用与采后品质变化、成熟衰老进程、贮藏寿命、货架寿命、采后生理性病害、采后处理和贮藏技术等有着密切的关系。

一、呼吸作用的概念

呼吸作用是指生活细胞经过某些代谢途径使有机物质分解，并释放出能量的过程。呼吸作用是采后园艺产品生命活动的重要环节，它不仅提供采后组织生命活动所需的能量，而且是采后各种有机物相互转化的中枢。园艺产品采后呼吸的主要底物是有机物质，如糖、有机酸和脂肪等。

根据呼吸过程是否有 O_2 的参与，可以将呼吸作用分为有氧呼吸和无氧呼吸两大类。

有氧呼吸是指生活细胞在 O_2 的参与下，把某些有机物彻底氧化分解，形成 CO_2 和 H_2O，同时释放出能量的过程。通常所说的呼吸作用就是指有氧呼吸。以葡萄糖作为呼吸底物为例，有氧呼吸可以简单表示如下。

$$C_6H_{12}O_6+6O_2 \rightarrow 6CO_2+6H_2O+能量$$

在呼吸过程中有相当一部分能量以热的形式释放，使贮藏环境温度提高，并有 CO_2 积累。因此，在园艺产品采后贮藏过程中要加以注意。

无氧呼吸指在无氧条件下，生活细胞把糖类等有机物降解为不彻底的氧化产物，同时释放出能量的过程。无氧呼吸可以产生酒精，也可产生乳酸。以葡萄糖为呼吸底物为例，其反应如下。

$$C_6H_{12}O_6 \rightarrow 2C_2H_5OH+2CO_2+能量$$
$$C_6H_{12}O_6 \rightarrow 2CH_3CHOHCOOH+能量$$

无氧呼吸的特征是不利用 O_2，底物氧化降解不彻底，仍以有机物的形式存在，因而，释放的能量比有氧呼吸的少。园艺产品采后贮藏过程中，尤其是气调贮藏时，如果贮藏环境通气性不良，或控制 O_2 过低，均易发生无氧呼吸，使产品品质劣变。

二、呼吸的类型

根据采后呼吸强度的变化曲线，呼吸作用又可以分为呼吸跃变型和非呼吸跃变型两种类型。

呼吸跃变型，其特征是在园艺产品采后初期，其呼吸强度渐趋下降，而后迅速上升，并出现高峰，随后迅速下降。通常达到呼吸跃变高峰时园艺产品的鲜食品质最佳，呼吸高峰过后，食用品质迅速下降。这类产品呼吸跃变过程伴随有乙烯跃变的出现，不同种类或品种出现呼吸跃变的时间和呼吸峰值的大小差异甚大，一般而言，呼吸跃变峰值出现的早晚与贮藏性密切相关。呼吸跃变型果实有苹果、杏、梨、猕猴桃、香蕉、李、桃、柿、榴莲、番荔枝、番木瓜、无花果、杧果、番石榴、油桃等；呼吸跃变型蔬菜有番茄、甜瓜、西瓜等；呼吸跃变型花卉有香石竹、满天星、香豌豆、月季、唐菖蒲、风铃草、金鱼草、蝴蝶兰、紫罗兰等。

非呼吸跃变型，采后组织成熟衰老过程中的呼吸作用变化平缓，不形成呼吸高峰，这类园艺产品称为非呼吸跃变型园艺产品。非呼吸跃变型果实有黑莓、杨桃、樱桃、葡萄、柠檬、枇杷、荔枝、菠萝、枣、龙眼、柑橘、石榴、刺梨。非呼吸跃变型蔬菜有茄子、秋葵、豌豆、辣椒、葫芦、黄瓜等。

三、与呼吸有关的概念

1. 呼吸强度

呼吸强度是用来衡量呼吸作用强弱的一个指标，又称呼吸速率，以单位数量植物组织、单位时间的 O_2 消耗量或 CO_2 释放量表示。

2. 呼吸商（RQ）

呼吸商是呼吸作用过程中释放出的 CO_2 与消耗的 O_2 在容量上的比值。由于植物组织可以用不同基质进行呼吸，不同基质的呼吸商不同，以葡萄糖为呼吸基质时，呼吸商为 1.0；若以苹果酸为基质，呼吸商为 2.3；当脂肪酸被氧化时，其呼吸商小于 1.0（约为 0.7）。可见，呼吸商越小，消耗的氧量越大，氧化时所释放的能量也越多。因此，可以从呼吸商的大小来判断可能的呼吸底物。

RQ 值也与呼吸状态即呼吸类型有关。当无氧呼吸发生时，吸入的氧气少，RQ>1，RQ 值越大，无氧呼吸所占的比例也越大；当有氧呼吸和无氧呼吸各占一半时，RQ>1.33 时，说明无氧呼吸占主导。

RQ 值还与贮藏温度有关。如华盛顿脐橙在 0~25 ℃范围内，RQ 值接近 1 或等于 1，在 38 ℃时，华盛顿脐橙 RQ 值接近 2.0。这表明，高温下可能存在有机酸的氧化或有无氧呼吸，也可能二者兼而有之。在冷害温度下，果实发生代谢异常，RQ 值杂乱无规律，如黄瓜在 1 ℃时，RQ=1，在 0 ℃，RQ 值有时小于 1，有时大于 1。

3. 呼吸温度系数

在生理温度范围内，温度升高 10 ℃时呼吸速率与原来温度下呼吸速率的比值即呼吸温度系数，它能反映呼吸速率随温度而变化的程度，该值越高，说明产品呼吸受温度影响越大，贮藏中越要严格控制温度。研究表明，园艺产品的在低温下呼吸温度系数较大。因此，维持适宜而稳定的低温，是搞好贮藏的前提。

4. 呼吸热

采后园艺产品进行呼吸作用的过程中，消耗的呼吸底物，一部分用于合成能量供组织生命活动所用，另一部分则以热量的形式释放出来，这一部分的热量称为呼吸热。贮藏过程中，果实、蔬菜和花卉释放的呼吸热会增加贮藏环境的温度，因此，在库房设计的制冷量计算时，需计入这部分热量。

5. 呼吸高峰

呼吸跃变型园艺产品采后成熟衰老进程中，在果实、蔬菜、花卉进入完熟期或衰老期时，其呼吸强度出现骤然升高，随后趋于下降，呈明显的峰形变化，这个峰即为呼吸高峰。呼吸高峰过后，组织很快开始衰老。

四、影响呼吸强度的因素

控制采后园艺产品的呼吸强度，是延长贮藏期和货架期的有效途径。影响呼吸强度的因素很多，概括起来主要有以下几个因素。

1. 种类和品种

不同种类和品种园艺产品的呼吸强度相差很大，这是由遗传特性所决定的。一般来说，热带、亚热带果实的呼吸强度比温带果实的呼吸强度大，高温季节采收的产品比低温季节采收的大。就种类而言，浆果的呼吸强度较大，柑橘类和仁果类果实的较小；蔬菜中叶菜类呼吸强度最大，果菜类次之，根菜类最小。在花卉上，月季、香石竹、菊花的呼吸强度从大到小，而表现出的贮藏寿命则依次增大。

2. 发育阶段与成熟度

一般而言，生长发育过程的植物组织、器官的生理活动很旺盛，呼吸代谢也很强。因此，不同发育阶段的果实、蔬菜和花卉的呼吸强度差异很大。如生长期采收的叶菜类蔬菜，此时营养生长旺盛，各种生理代谢非常活跃，呼吸强度也很大。不同采收成熟度的瓜果，呼吸强度也有较大差异。以嫩果供食的瓜果，其呼吸强度也大，而成熟瓜果的呼吸强度较小。

3. 温度

与所有的生物活动过程一样，采后园艺产品贮藏环境的温度会影响其呼吸强度。在一定的温度范围内，呼吸强度与温度成正相关关系。适宜的低温，可以显著降低产品的呼吸强度，并推迟呼吸跃变型园艺产品的呼吸跃变峰的出现，甚至不表现呼吸跃变。

过高或过低的温度对产品的贮藏不利。超过正常温度范围时，初期的呼吸强度上升，其后下降为0。这是由于在过高温度下，O_2 的供应不能满足组织对 O_2 消耗的需求，同时 CO_2 过多的积累又抑制了呼吸作用的进行。温度低于产品的适宜贮藏温度时，会造成低温伤害或冷害。

4. 湿度

湿度对呼吸的影响，就目前来看还缺乏系统深入的研究，但这种影响在许多贮藏实例中确有反映。大白菜、菠菜、温州蜜柑、红橘等采收后进行预贮，蒸发掉一小部分水分，有利于降低呼吸强度，增强贮藏性。洋葱贮藏时要求低湿，低湿可以减弱呼吸强度，保持器官的休眠状态，有利于贮藏。呼吸跃变型果实香蕉在相对湿度低于80%时，果实无呼吸跃变现象，不能正常后熟，若相对湿度大于90%时，呼吸作用表现为正常的跃变模式，果实正常后熟。

5. 环境气体成分（O_2、CO_2、C_2H_4）

正常空气中O_2所占的比例为20.9%，CO_2为0.03%。环境中O_2和CO_2的浓度变化，对呼吸作用有直接的影响。在不干扰组织正常呼吸代谢的前提下，适当降低环境O_2浓度，并提高CO_2浓度，可以有效抑制呼吸作用，减少呼吸消耗，更好地维持产品品质，这就是气调贮藏的理论依据。

C_2H_4是一种成熟衰老植物激素，它可以增强呼吸强度。园艺产品采后贮运过程中，由于组织自身代谢可以释放C_2H_4，并在贮运环境中积累，这对于一些敏感的呼吸作用产品有较大的影响。

6. 机械伤

任何机械伤，即便是轻微的挤压和擦伤，都会导致采后园艺产品呼吸强度不同程度的增加。机械伤对产品呼吸强度的影响因种类、品种以及受损伤的程度而不同。据观察伏令夏橙果实从不同高度跌落硬地面后，对呼吸强度产生了明显的影响。

7. 化学物质

有些化学物质，如青鲜素（MH）、矮壮素（CCC）、6-苄氨基嘌呤（6-BA）、赤霉素（GA）、2,4-D、重氮化合物、脱氢醋酸钠、一氧化碳等，对呼吸强度都有不同程度的抑制作用，其中的一些也作为园艺产品保鲜剂的重要成分。

第二节　采后蒸腾生理及其调控

新鲜果实、蔬菜和花卉组织一般含水量比较高（85%～95%），细胞汁液充足，细胞膨压大，使组织器官呈现坚挺、饱满的状态，具有光泽和弹性，表现出新鲜健壮的优良品质。如果组织水分减少，细胞膨压降低，组织萎蔫、疲软、皱缩，光泽消退，表观失去新鲜状态。

采收后的器官（果实、蔬菜和花卉）失去了母体和土壤供给的营养和水分补充，而其蒸腾作用仍在持续进行，蒸腾失水通常不能得到补充。如贮藏环境不适宜，贮藏器官就成为一个蒸发体，不断地蒸腾失水，逐渐失去新鲜度，并产生一系列的不良反应。因而采后蒸腾作用就成为园艺产品采后生理上的一大特征。

一、蒸腾与失重

蒸腾作用是指水分以气态状态，通过植物体（采后果实、蔬菜和花卉）的表面，从体内散发到体外的现象。蒸腾作用受组织结构和气孔行为的调控，它与一般的蒸发过程不同。

失重又称自然损耗，是指贮藏过程器官的蒸腾失水和干物质损耗，所造成重量减少，称为失重。蒸腾失水主要是由于蒸腾作用引致的组织水分散失；干物质消耗则是呼吸作用导致的细胞内贮藏物质的消耗。失水是贮藏器官失重的主要原因。

贮藏器官的采后蒸腾作用，不仅影响贮藏产品的表观品质，而且造成贮藏失重。

二、蒸腾作用对采后贮藏品质的影响

一般而言，当贮藏失重占贮藏器官重量的5%时，就呈现明显萎蔫状态。失重萎蔫在失去组织、器官新鲜度，降低产品商品性的同时，还减轻了重量。柑橘果实贮藏过程的失重有3/4是由于蒸腾失重所致，1/4是由于呼吸作用的消耗；苹果在2.7℃贮藏，每周由于呼吸作用造成的失重大约为0.05%，而由于蒸腾失水引发的失重约是0.5%。

水分是生物体内最重要的物质之一，它在代谢过程中发挥着特殊的生理作用，它可以使细胞器、细胞膜和酶得以稳定，细胞的膨压也是靠水和原生质膜的半渗透性来维持的。失水后，细胞膨压降低，气孔关闭，因而对正常的代谢产生不利影响。器官、组织的蒸腾失重造成的萎蔫，还会影响正常代谢机制，如呼吸代谢受到破坏，促使酶的活动趋于水解作用，从而加速组织的降解，促进组织衰老，并削弱器官固有的贮藏性和抗病性。另外，当细胞失水达一定程度时，细胞液浓度增高，H^+、NH_3^-和其他一些物质积累到有害程度，会使细胞中毒。水分状况异常还会改变体内激素平衡，使脱落酸和乙烯等与成熟衰老有关的激素合成增加，促使器官衰老脱落。因此，在园艺产品采后贮运过程中，减少组织的蒸腾失重就显得非常重要了。

三、影响采后蒸腾作用的因素

园艺产品采后蒸腾失重本身受内在因素和外界环境条件的影响。

（一）内在因素

1. 表面组织结构

表面组织结构对植物器官、组织的水分蒸腾具有明显的影响。蒸腾有两个途径，即自然孔道蒸腾和角质层蒸腾。

自然孔道蒸腾是指通过气孔和皮孔的水分蒸腾。通过植物皮孔进行的水分蒸腾叫皮孔蒸腾。皮孔多在茎和根上，不能自由开闭，而是经常开放。苹果、梨果实的表皮上也有皮孔，皮孔使较内层组织的胞间隙直接与外界相通，从而有利于各种气体的交换。但是，皮孔蒸腾量极微，约占总蒸腾量的0.1%。通过植物气孔进行的水分蒸腾叫气孔蒸腾。气孔多在叶面上，主要由它周围的保卫细胞和薄壁细胞的含水程度来调节其开闭，温度、光和CO_2等环境因子对气孔的关闭也有影响。当温度过低和CO_2增多时，气孔不易开放；光照刺激气孔开放，植物处于缺水条件时，气孔关闭。在切花上，常用8-羟基喹啉硫酸盐（或柠檬酸）等控制气孔开张，降低蒸腾失水，延长切花寿命。植物根上无气孔，但发现茄果类（番茄、青椒、茄子）和日本柿果实上也无气孔，依靠萼片上的气孔进行气体交换。

蒸腾是在表面进行的，气孔和皮孔就成为植物水分散失和气体交换的主要通道，气孔的自动启闭又可以对此进行调节，它是一个自动反馈系统。气孔面积很小，一般叶片气孔总面积不超过叶面积的1%，但气孔蒸腾符合小孔扩散规律，所以气孔蒸腾量比同面积自由水面的蒸发量大几十倍以上。角质层的结构和化学成分的差异对蒸腾有明显影响。角质的主要成分为高级脂肪酸，蜡质常附于角质层表面或埋在角质层内，它由脂肪酸和相应的醇所生成的酯或它们的混合物组成，其中还可能混有碳原子数相同的石蜡等物质，蜡质可溶于氯仿、乙醚等有机溶剂。角质层本身不易使水分透过，但角质层中间夹杂有吸水能力大的果胶质，同时角质层还有微细的缝隙，可使水分透过。角质层蒸腾在蒸腾中所占的比重，与角质层的厚薄有关，还与角质层中有无蜡质及其厚薄有关。果实的角质层有 $3\sim8\mu m$，果菜类有 $1\sim3\mu m$ 幼嫩器官表皮角质层未充分发育，透水性强，极易失水，据报道，嫩叶的角质层蒸腾可达总蒸腾量的 $1/3\sim1/2$。随着成熟，表皮角质层发育完整健全，有的还覆盖着致密的蜡质，这就有利于组织内水分的保持。相对于角质层蒸腾而言，气孔蒸腾的量和速度均要大得多。叶菜类蔬菜之所以极易脱水萎蔫，除了与比表面积有关外，也与气孔蒸腾在蒸腾失水中占优势有关。

2. 细胞的持水力

细胞保持水分的能力与细胞中可溶性物质的含量、亲水胶体的含量和性质有关。原生质中有较多的亲水性强的胶体，可溶性固形物含量高，使细胞渗透压高，因而保水力强，可阻止水分渗透到细胞壁以外，洋葱的含水量一般比马铃薯的高，但在相同贮藏条件（在 0℃下贮藏 3 个月）下，洋葱失重 1.1%，而马铃薯失重 2.5%，这同原生质胶体的持水力和表面组织结构有很大的关系。另外，胞间隙的大小可影响水分移动的速度，胞间隙大，水分移动时阻力小，因而移动速度快，有利于细胞失水。

3. 比表面积

比表面积一般指单位重量的器官所具有的表面积，单位是 cm^2/g。植物蒸腾作用的物理过程是水分蒸发，蒸发是在表面进行的。从这一点来说，比表面大，相同重量的产品所具有的蒸腾面积就大，因而失水多。不同园艺产品器官的比表面积差异很大，如叶的比表面积要比其他器官的多出很多倍，因此叶菜类在贮运过程中更容易失水萎蔫。同一种器官，个头越小，比表面积越大，蒸腾失水越严重。

（二）外界环境条件

1. 相对湿度

园艺产品的采后水分蒸发是以水蒸气的状态移动的，水蒸气是从高密度处向低密度处移动的。产后新鲜园艺产品组织内相对湿度在 99% 以上，因此，当其贮藏在一个相对湿度低于 99% 的环境中，水蒸气便会从组织内向贮藏环境移动。在同一贮藏温度下，贮藏环境越干燥，即相对湿度越低，水蒸气的流动速度越快，组织的失水也越快，猕猴桃果实 0℃贮藏过程的环境相对湿度与失重的关系见表 3-1。

表 3-1　猕猴桃果实 0 ℃贮藏的环境相对湿度与失重的关系

贮藏条件	环境相对湿度/%	失重1%所需的时间
大帐气调	98~100	3~6 个月
Air-wash 冷藏	95	6 周
普通冷藏	70	1 周

贮藏环境湿度过高容易导致组织败坏和有害微生物繁殖，过低又引起果实失水、萎蔫、退色，并丧失商品性。草莓果实在相对湿度大于95%条件下，果实腐烂率是相对湿度75%处理的3倍，贮藏于相对湿度55%~60%条件下的脐橙果实果皮褐变率显著低于相对湿度85%~90%处理。研究表明，苹果、香蕉、甜樱桃、荔枝、草莓和桃等果实的适宜湿度为90%~95%，而杧果、番木瓜、菠萝和杨梅等果实则为85%~90%。

贮藏环境中的空气湿度除了用相对湿度表示，还可以用水蒸气压表示。后者对于组织水分蒸发更为直接。水蒸气压即为单位体积中的水蒸气密度。相对湿度或水蒸气压都是用来表示环境空气干湿的程度，也是影响器官蒸腾失重的重要因素，但它们与环境温度密切相关，所以在两个温度不同的环境中，相对湿度相同，产品失重情况是不同的。在相同的相对湿度条件下，水蒸气压随着温度的升高而增大。器官或组织中的水分散失往往与果实中的水蒸气压和周围环境空气中的水蒸气压之差成正比。在一定的温度下，组织中水蒸气压大于空气实际水蒸气压时（即有水蒸气压差存在），水分便开始蒸发，空气从含水物体中吸取水分的能力就决定了饱和水蒸气压差的大小。采摘后新鲜园艺产品组织内部充满水，其水蒸气压一般是接近于饱和的，只要其水蒸气压高于周围空气的水蒸气压，组织内的水分便外溢。园艺产品含水量越高，组织内的水蒸气压也就越大，其水分向环境扩散就越快。

2. 温度

环境中的相对湿度是通过影响环境空气中的水蒸气压大小来实现的。当温度升高时，空气和饱和水蒸气压增大，可以容纳更多的水蒸气，这就必然导致产品更多地失水。例如，将果温为21 ℃的甜橙果实置于0 ℃冷库中，假设冷库的相对湿度和甜橙组织内的相对湿度均为100%，这时，甜橙内部的水蒸气压为2 500.71 Pa（18.76 mmHg），而冷库内的水蒸气压为610.65 Pa（4.58 mmHg），其水蒸气压差为1 890.06 Pa（14.18 mmHg），水汽就会从果实内部迅速散失到贮藏环境中去。如果果实的温度降到0 ℃，同样将其置于0 ℃冷库中，即使冷库内的相对湿度降至50%，此时的水蒸气压305.26 Pa（2.29 mmHg），二者的蒸气压差为305.26 Pa（2.29 mmHg），与21 ℃果温的甜橙相比，小了很多。因此，及时迅速降低采后园艺产品的温度对于维持其新鲜度是很重要的，这也是贮前进行预冷的主要理论依据。

此外，温度高，水分子移动快，同时由于温度高，细胞液的黏度下降，使水分子所受的束缚力减小，因而水分子容易自由移动，这些都有利于水分的蒸发。

3. 空气流速

贮藏环境中的空气流速也是影响产品失重的主要原因。空气流速对相对湿度的影响主要是改变空气的绝对湿度，将潮湿的空气带走，换之以吸湿力强的空气，使产品始终处于一个相对湿度较低的环境中。在一定的时间内，空气流速越快，产品水分损失越大。有报道分别在每小时5次、10次、15次、20次的人工空气对流体系中，贮藏柑橘22 d，由蒸发引起的果实失重，随着对流频率的增加而增大。

4. 其他因素

在采用真空冷却、真空浓缩、真空干燥等技术时都需要改变气压，气压越低，越易蒸发，故气压也是影响蒸腾的因子之一。

光照对产品的蒸腾作用有一定的影响，这是由于光照可刺激气孔开放，减小气孔阻力，促进气孔蒸腾失水；同时光照可使产品的体温增高，提高产品组织内水蒸气压，加大产品与环境空气的水蒸气压差，从而加速蒸腾速率。

四、结露现象及其危害

在贮藏中，产品表面常常出现水珠凝结的现象，特别是用塑料薄膜帐或袋贮藏产品时，帐或袋壁上结露现象更是严重。这种现象是由于当空气温度下降至露点以下时，过多的水汽从空气中析出而在产品表面上凝结成水珠，出现结露现象，或叫"出汗"现象。比如温度为 1 ℃时，空气相对湿度为 94.2%，当温度降为 0 ℃，空气湿度即达饱和，0 ℃就是露点；如温度继续下降至−1 ℃，则每立方米空气就要析出 0.5 g 水，此时相对湿度仍为 100%。

堆藏的园艺产品，由于呼吸等代谢活动仍进行，在通风散热不好时，堆内温、湿度均高于堆表面的，此时堆内湿热空气运动至堆表面时，与冷面接触，温度下降，部分水汽就在冷面上凝成水珠，出现结露现象。贮藏库内，温度波动也可造成结露现象。简易气调用薄膜帐封闭贮藏，帐内温、湿度均高于帐外，薄膜本身处于冷热的界面上，因此薄膜内侧总要凝结一些水珠，如内外温差增大，帐内凝结水就更多。这种凝结水本身是微酸性的，附着或滴落到产品表面上，极有利于病原菌孢子的传播、萌发和侵染。所以结露现象会导致贮藏产品腐烂损失的增加。在贮藏中，要尽可能防止结露现象的出现，防止的主要原则是设法消除或尽量减小温差。

第三节　园艺产品激素生理

迄今认为植物体内存在着五大类植物激素，即生长素（IAA）、赤霉素（GA）、细胞分裂素（CTK）、脱落酸（ABA）和乙烯（ETH），它们之间相互协调，共同作用，调节着植物生长发育的各个阶段。本节从最重要的成熟衰老激素——乙烯的生物合成及调控开始，介绍乙烯的生理作用、特性，乙烯与园艺产品贮藏的关系，以及其他激素与乙烯共同作用对园艺产品成熟衰老的调节。

一、乙烯的生物合成途径及其调控

乙烯（C_2H_4），在常温常压下为气体。植物对它非常敏感，空气中极其微量的乙烯就能显著地影响着植物生长、发育的许多方面，尤其对果实的成熟衰老起着重要的调控作用。因此，乙烯被认为是最重要的植物衰老激素。

（一）乙烯的发现和研究历史

据我国古书记载，促进青而涩的果实成熟，最好放在密封的米缸里；烟熏和焚香，能促进果实成熟；灶房薪烟气体可使果实成熟和显色。

在西方，Girardin 于 1864 年首次报道渗漏的燃气使法国某城市的树叶变黄。1900年，人们发现用加热器燃烧煤油可以使绿色的加利福尼亚柠檬变黄。1901 年，俄国科学家 Neljubow 首次研究表明，乙烯是燃气中的活跃成分。到 1924 年，Denny 发现，在一定的温度下使柠檬褪绿的最终原因是煤油炉产生的乙烯，而不是温度的升高。1934年，Gane 首先发现果实和其他植物组织也能产生少量的乙烯。后来又有许多人证明多种果实本身具有产生乙烯的能力，乙烯有加快果实后熟和衰老的作用。1935年之后的近 20 年，是对于乙烯作用地位争论非常激烈的时期。美国的 Hansen、英国的 Kidd 和 West 等一批植物生理学家认为乙烯是一种促进果实成熟的生长调节剂，而美国加州大学的 Biale 和 Uda 等则认为乙烯只是果实后熟中的一种副产物，对果实的成熟并非那么重要。两派的争论直到 1952 年 James 和 Martin 发明了气相色谱并检测出微量乙烯为止。这种精密仪器帮助人们认识到果实中乙烯的存在与成熟的关系，证明了乙烯的确是促进果实成熟衰老的一种植物激素。此后的 20 世纪 60 年代至 70 年代末，有关乙烯的问题（如果实成熟过程中为什么会产生乙烯，乙烯在何处产生，乙烯的生物合成途径及其调控等）成为植物生理研究的热门课题。

1964 年 Lieberman 等提出乙烯来源于蛋氨酸（Methionine，Met），但并不清楚其反应的中间步骤。直到 1979 年 Adams 和 Yang 发现 1-氨基环丙烷羧酸（ACC）是乙烯的直接前体，从而确定了乙烯生物合成的途径：蛋氨酸（Met）→S-腺苷蛋氨酸（SAM）→1-氨基环丙烷羧酸（ACC）→乙烯（ETH），成为乙烯研究的一个里程碑。

（二）乙烯的生物合成途径

乙烯来源于蛋氨酸分子中的 C_2 和 C_3，Met 与 ATP 通过腺苷基转移酶催化形成 SAM，这并非限速步骤，体内 SAM 一直维持着一定水平。SAM→ACC 是乙烯合成的关键步骤，催化这个反应的酶是 ACC 合成酶，专一以 SAM 为底物，需磷酸吡哆醛为辅基，强烈受到磷酸吡哆醛酶类抑制剂氨基乙氧基乙烯基甘氨酸（AVG）和氨基氧乙酸（AOA）的抑制。该酶在组织中的浓度非常低，为总蛋白量的0.000 1%，存在于细胞质中。果实成熟、受到伤害，吲哚乙酸和乙烯本身都能刺激 ACC 合成酶活性。最后一步是 ACC 在乙烯形成酶（EFE）的作用下，在有 O_2 的参与下形成乙烯，一般不成为限速步骤。EFE 是膜依赖的，其活性不仅需要膜的完整性，且需组织的完整性，组织细胞结构破坏（匀浆时）时合成停止。因此，跃变后的过熟果实细胞内虽然 ACC 大量积累，但由于组织结构瓦解，乙烯的生成降低了。多胺、低氧、解偶联剂［如氧化磷酸化解偶联剂二硝基苯酚（DNP）］、自由基清除剂和某些金属离子（特别是 Co^{2+}）都能抑制 ACC 转化成乙烯。

ACC 除了氧化生成乙烯，另一个代谢途径是在丙二酰基转移酶的作用下与丙二酰基结合，生成无活性的末端产物丙二酰基-ACC（MACC）。此反应是在细胞质中进行的，MACC 生成后，转移并贮藏在液泡中。果实遭受胁迫时，因 ACC 增高而形成的 MACC 在胁迫消失后仍然积累在细胞中，成为一个反映胁迫程度和进程的指标。果实成熟过程中也有类似的 MACC 积累，成为成熟的指标，乙烯的生物合成途径见图 3-1。

（三）乙烯的调控

果实生长停止后发生的一系列生理生化变化达到可食状态的过程。人们现已清楚，所有果实在发育期间都会有微量乙烯产生。跃变型果实在果实未成熟时乙烯含量很低，通常在果实进入成熟和呼吸高峰出现之前乙烯含量开始增加，并且出现一个与呼吸高峰

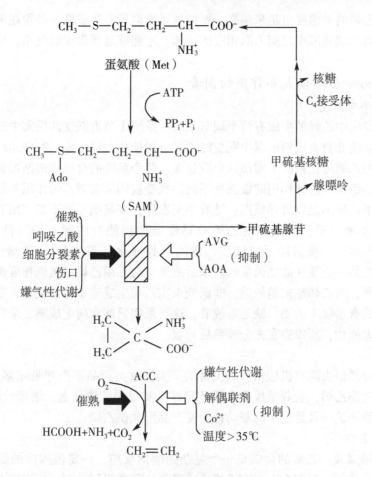

图 3-1　乙烯的生物合成途径

类似的乙烯高峰，同时果实内部的化学成分也发生一系列的变化。非跃变型果实在整个发育过程中乙烯含量没有很大的变化，在成熟期间乙烯产生量比跃变型果实少得多，常见跃变型和非跃变型果实内源乙烯浓度见表 3-2。

表 3-2　常见跃变型和非跃变型果实内源乙烯浓度　　单位：μL/（kg·h）

跃变型果实	乙烯浓度	跃变型果实	乙烯浓度	非跃变型果实	乙烯浓度
苹果	25~2 500	香蕉	0.05~2.1	柠檬	0.11~0.17
梨	80	杧果	0.04~3.0	酸橙	0.3~1.96
桃	0.9~20.7	西番莲	466~530	柑橘	0.13~0.32
油桃	3.6~602	李	0.14~0.23	菠萝	0.40~1.16
鳄梨	28.9~74.2	番茄	3.6~29.8		

果实对乙烯的敏感程度与果实的成熟度密切相关，许多幼果对乙烯的敏感度很低，要诱导其成熟，不仅需要较高的乙烯浓度，而且需要较长的处理时间，随着果实成熟度

的提高，对乙烯的敏感度也越来越高。要抑制跃变型果实的成熟，必须在果实内源乙烯的浓度达到启动成熟浓度之前采取相应的措施，才能够延缓果实的成熟，从而延长果实的贮藏寿命。

（四）影响乙烯合成和作用的因素

1. 果实的成熟度

跃变型果实中乙烯的生成有两个调节系统：系统Ⅰ负责跃变前果实中低速率合成的基础乙烯，系统Ⅱ负责成熟过程中跃变时乙烯自我催化大量生成，有些品种在短时间内系统Ⅱ合成的乙烯可比系统Ⅰ增加几个数量级。两个系统的合成都遵循蛋氨酸途径。不同成熟阶段的组织对乙烯作用的敏感性不同。跃变前的果实对乙烯作用不敏感，系统Ⅰ生成的低水平乙烯不足以诱导成熟；随着果实发育，在基础乙烯不断作用下，组织对乙烯的敏感性不断上升，当组织对乙烯敏感性增加到能对内源乙烯（低水平的系统Ⅰ）作用起反应时，便启动了成熟和乙烯的自我催化（系统Ⅱ），乙烯便大量生成，长期贮藏的产品一定要在此之前采收。采后的果实对外源乙烯的敏感程度也是如此，随成熟度的提高，对乙烯越来越敏感。非跃变果实乙烯生成速率相对较低，变化平稳，整个成熟过程只有系统Ⅰ活动，缺乏系统Ⅱ；这类果实只能在树上成熟，采后呼吸一直下降，直到衰老死亡，所以应在充分成熟后采收。

2. 伤害

贮藏前要严格去除有机械伤、病虫害的果实，这类产品不但呼吸旺盛，传染病害，还由于其产生伤乙烯，会刺激成熟度低且完好果实很快成熟衰老，缩短贮藏期。干旱、淹水、温度等胁迫以及运输中的震动都会使产品形成伤乙烯。

3. 贮藏条件

（1）贮藏温度　乙烯的合成是一个复杂的酶促反应，一定范围内的低温贮藏会大大降低乙烯合成。一般在 0 ℃左右乙烯生成很弱，后熟得到抑制，随温度上升，乙烯合成加速。如苹果在 10~25 ℃之间乙烯增加速度较快，荔枝在 5 ℃下，乙烯合成只有常温下的 1/10 左右；许多果实乙烯合成在 20~25 ℃最快。因此，采用低温贮藏是控制乙烯的有效方式。一般低温贮藏的产品 EFE 活性下降，乙烯产生少，ACC 积累；回到室温下，乙烯合成能力恢复，果实能正常后熟。但冷敏感果实于临界温度下贮藏时间较长时，如果受到不可逆伤害，细胞膜结构遭到破坏，EFE 活性就不能恢复，乙烯产量少，果实则不能正常成熟，使口感、风味或色泽受到影响，甚至失去实用价值。

此外，多数果实在 35 ℃以上时，高温抑制了 ACC 向乙烯的转化，乙烯合成受阻，有些果实如番茄则不出现乙烯峰。近来发现用 35~38 ℃热处理能抑制苹果、番茄、杏等果实的乙烯生成和后熟衰老。

（2）O_2　乙烯合成的最后一步是需氧的，低 O_2 可抑制乙烯产生。一般低于 8%，果实乙烯的生成和对乙烯的敏感性下降，一些果蔬在 3% O_2 中乙烯合成能降到空气中的 5% 左右。如果 O_2 浓度太低或在低 O_2 中放置太久，果实就不能合成乙烯，或丧失合成能力。如：香蕉在 O_2 10%~13% 时乙烯生成量开始降低，空气中 O_2<7.5% 时，便不能合成；从 5% O_2 中移至空气中后，乙烯合成恢复正常，能后熟；若 1% O_2 中放置 11d，移至空气中乙烯合成能力不能恢复，丧失原有风味。跃变上升期的国光苹果经低 O_2（O_2

1%~3%，$CO_2$0%）处理 10 d 或 15 d，ACC 明显积累，回到空气中 30~35 d，乙烯的产量不及对照的 1/100，ACC 含量始终高于对照；若处理时间短（4 d），回到空气中乙烯生成将逐渐恢复接近对照。

（3）CO_2 提高　CO_2 能抑制 ACC 向乙烯的转化和 ACC 的合成，CO_2 还被认为是乙烯作用的竞争性抑制剂，因此，适宜的高 CO_2 从抑制乙烯合成及乙烯的作用两方面都可推迟果实后熟。但这种效应在很大程度上取决于果实种类和 CO_2 浓度。3%~6% 的 CO_2 抑制苹果乙烯的效果最好，浓度在 6%~12% 效果反而下降。在油梨、番茄、辣椒上也有此现象。高 CO_2 做短期处理，也能大大抑制果实乙烯合成，如：苹果上用高 CO_2（O_2 15%~21%，CO_2 10%~20%）处理 4 d，回到空气中乙烯的合成能恢复；处理 10 d 或 15 d，转到空气中回升变慢。

在贮藏中，需创造适宜的温度、气体条件，既要抑制乙烯的生成和作用，也要使果实产生乙烯的能力得以保存，才能使贮后的果实能正常后熟，保持特有的品质和风味。

（4）乙烯　产品一旦产生少量乙烯，会诱导 ACC 合成酶活性，造成乙烯迅速合成，因此，贮藏中要及时排除已经生成的乙烯。采用高锰酸钾等作乙烯吸收剂，方法简单、价格低廉。一般采用活性炭、珍珠岩、砖块和沸石等小碎块为载体以增加反应面积，将它们放入饱和的高锰酸钾溶液中浸泡 15~20 min，自然晾干。制成的高锰酸钾载体暴露于空气中会氧化失效，晾干后应及时装入塑料袋中密封，使用时放到透气袋中。乙烯吸收剂用时现配更好，一般生产上采用碎砖块更为经济，用量约为果蔬的 5%。适当通风，特别是贮藏后期要加大通风量，也可减弱乙烯的影响。使用气调库时，焦炭分子筛气调机进行空气循环可脱除乙烯，效果更好。

对于自身产生乙烯少的非跃变果实或其他蔬菜、花卉等产品，绝对不能与跃变型果实一起存放，以避免受到这些果实产生的乙烯的影响。同一种产品，特别对于跃变型果实；贮藏时要选择成熟度一致，以防止成熟度高的产品释放的乙烯刺激成熟度低的产品，加速后熟和衰老。

4. 化学物质

一些药物处理可抑制内源乙烯的生成。ACC 合成酶是一种以磷酸吡哆醛为辅基的酶，强烈受到磷酸吡哆醛酶类抑制剂氨基乙氧基乙烯基甘氨酸（AVG）和氨基氧乙酸（AOA）的抑制。Ag^+ 能阻止乙烯与酶结合，抑制乙烯的作用，在花卉保鲜上常用银盐处理。Co^{2+} 和二硝基苯酚（DNP）能抑制 ACC 向乙烯的转化。还有某些解偶联剂、铜螯合剂、自由基清除剂、紫外线也破坏乙烯并消除其作用。最近发现多胺也具有抑制乙烯合成的作用。

有研究表明，一些环丙烯类化合物可以通过与乙烯受体的结合而表现出对乙烯效应的强烈抑制，这些化合物包括 1-MCP、CP、3,3-DMCP，其中以 1-MCP 对乙烯的抑制效果最佳，是这类环丙烯类乙烯受体抑制剂的优秀代表，现在已经被商业合成。1-MCP 易于合成，无明显难闻气味，所需浓度极低，在延缓果实采后衰老、提高果实贮藏品质方面展现了美好前景。

二、脱落酸

许多非跃变果实（如草莓、葡萄、伏令夏橙、枣等）在后熟中 ABA 含量剧增，且外源 ABA 促进其成熟，而乙烯则无效。但近来的研究又对跃变型果实中 ABA 的作用给予重视。苹果、杏等跃变果实中，ABA 积累发生在乙烯生物合成之前，ABA 首先刺激乙烯的生成，然后再间接对后熟起调节作用。果实的耐藏性与果肉中 ABA 含量有关，猕猴桃 ABA 积累后出现乙烯峰，外源 ABA 促进乙烯生成加速软化，用 $CaCl_2$ 浸果显著抑制了 ABA 合成的增加，延缓果实软化。还有研究表明，减压贮藏能抑制 ABA 积累。无论怎样，贮藏中减少 ABA 的生成能更进一步延长贮藏期。如果能了解抑制 ABA 产生有关的各种条件，将会使贮藏技术更为有效。

三、生长素

生长素可抑制果实成熟。IAA（吲哚乙酸）必须先经氧化而浓度降低后，果实才能成熟。它可能影响着组织对乙烯的敏感性。幼果中 IAA 含量高，对外源乙烯无反应；自然条件下，随着幼果发育、生长，IAA 含量下降，乙烯增加，最后达到敏感点，才能启动后熟。同时，乙烯抑制生长素合成及其极性运输，促进吲哚乙酸氧化酶活性，使用外源乙烯（10~36 mg/kg），就引起内源 IAA 减少。因此，成熟时外源乙烯也使果实对乙烯的敏感性更大。

外源生长素既有促进乙烯生成和后熟的作用，又有调节组织对乙烯的响应及抑制后熟的效应。在不同的浓度下表现的作用不同：1~10 μmol/L IAA 能抑制呼吸上升和乙烯生成，延迟成熟；100~1 000 μmol/L 刺激呼吸和乙烯产生，促进成熟，IAA 浓度越高，乙烯诱导就越快。外源生长素能促进苹果、梨、杏、桃等成熟，但却延缓葡萄成熟。可能是由于它对非跃变型果实（如葡萄）并不能引起乙烯生成，或者虽能增加生成乙烯，但生成量太少，不足以抵消生长素延缓衰老的作用；但对跃变型果实来说则能刺激乙烯生成，促进成熟。

四、赤霉素

幼小的果实中赤霉素含量高，种子是其合成的主要场所，果实成熟期间水平下降。在很多生理过程中，赤霉素和生长素一样，与乙烯和 ABA（脱落酸）有拮抗作用，在果实衰老中也是如此。初花期、着色期喷施或采后浸入外源赤霉素明显抑制一些果实（鳄梨、香蕉、柿子、草莓）呼吸强度和乙烯的释放，GA（赤霉素）处理减少乙烯生成是由于其能促进 MACC 积累，抑制 ACC 的合成。赤霉素还抑制柿果内 ABA 的积累。

外源赤霉素对有些果实的保绿、保硬有明显效果。GA 处理树上的橙和柿能延迟叶绿素消失和类胡萝卜素增加，还能使已变黄的脐橙重新转绿，使有色体重新转变为叶绿体；在番茄、香蕉、杏等跃变型果实中亦有效，但保存叶绿素的效果不如对橙的明显。

五、细胞分裂素

细胞分裂素是一种衰老延缓剂，明显推迟离体叶片衰老，但外源细胞分裂素对果实延缓衰老的作用不如对叶片那么明显，且与产品有关。如它可抑制跃变前或跃变中苹果和鳄梨乙烯的生成，使杏呼吸下降，但均不影响呼吸跃变出现的时间；抑制柿采后乙烯释放和呼吸强度，减慢软化（但作用均小于 GA）；但却加速香蕉果实软化，使其呼吸和乙烯都增加；对绿色油橄榄的呼吸、乙烯生成和软化均无影响。苄基腺嘌呤（BA）和激动素（KT）还可阻碍香石竹离体花瓣将外源 ACC 转变成乙烯。

细胞分裂素处理的保绿效果明显。苄基腺嘌呤或激动素处理香蕉果皮、番茄、绿色的橙，均能延缓叶绿素消失和类胡萝卜素的变化。甚至在高浓度乙烯中，细胞分裂素也延缓果实变色，如用激动素渗入香蕉切片，然后放在足以启动成熟的乙烯浓度下，虽然明显出现呼吸跃变、淀粉水解、果肉软化等成熟现象，但果皮叶绿素消失显著被延迟，形成了绿色成熟果。细胞分裂素对果实后熟的作用及推迟某些果实后熟的原因还不太清楚，可能主要是抑制了蛋白质的分解。

总之，许多研究结果表明果实成熟是几种激素平衡的结果。果实采后，GA、CTK、IAA 含量都高，组织抗性大，虽有 ABA 和乙烯，却不能诱发后熟，随着 GA、CTK、IAA 逐渐降低，ABA 和乙烯逐渐积累，组织抗性逐渐减小，ABA 或乙烯达到后熟的阈值，果实后熟启动。例如，苹果、梨、香蕉等果实在树上的成熟进程比采下后缓慢，用 50 mg/kg 乙烯利处理挂树鳄梨，48 h 不发生作用，但同样浓度处理采后果实，很快促熟。

第四节　园艺产品休眠与生长生理

一、休眠

（一）基本概念

植物在生长发育过程中遇到不良的条件时，为了保持生存能力，有的器官会暂时停止生长，这种现象称作"休眠"。如一些鳞茎、块茎类、根茎的蔬菜、花卉，木本植物的种子、坚果类果实（如板栗）都有休眠现象。

根据引起休眠的原因，将休眠分为两种类型。一种是内在原因引起的，即给予园艺产品适宜的发芽条件下也不会发芽，这种休眠称为"自发"休眠；另一种是由于外界环境条件不适，如低温、干燥所引起的，一旦遇到适宜的发芽条件即可发芽，称为"被动"休眠。

植物的休眠特性是长期进化过程中形成的。具有休眠特性的园艺产品在采收后，渐渐进入休眠状态，此时，细胞的原生质发生变化，代谢水平降低，生长停止，水分蒸腾减少、呼吸作用减缓，一切生命活动进入相对静止的状态，对不良环境的抵抗能力增加。这是植物在进化过程中形成的适应其生活条件的特性，借以度过严寒、酷暑、干旱缺水等不良环境条件，保持其生命力和繁殖力。植物的这一特性对产品的贮藏是十分有利的，对于保持产品本身的质量，延长贮藏寿命起到非常重要的作用。一旦器官脱离休眠而萌发，耐贮性就迅速下降。我们应当利用园艺产品的休眠特性，创造条件延长休眠期，以便达到延长贮藏期的目的。

休眠的器官，一般都是植物的繁殖器官。它们在经历了一段休眠期后，又会逐渐脱离休眠状态。脱离休眠后的器官如遇适合的环境条件就会迅速地发芽生长。休眠器官内在的营养物质迅速地分解转移，消耗芽的生长，本身则萎缩干枯，品质急剧下降，直至不堪食用或失去生命，如发芽的马铃薯在芽眼和皮层部分形成大量有毒的龙葵素，人畜不慎食用很容易引起中毒，洋葱、大蒜和生姜发芽后肉质会变空、变干失去食用价值。

通常，将园艺产品的休眠分为以下 3 个生理阶段。

第一个阶段为休眠前期，也可称休眠诱导期。此阶段是从生长向休眠的过渡阶段，产品采收之后，代谢旺盛，呼吸强度大，体内的物质由小分子向大分子转化，同时伴随着伤口的愈合，木栓层形成，表皮和角质层加厚，或形成膜质鳞片，可减少水分蒸发和增加自身的抵抗能力。在此期间，如果条件适宜，可抑制其进入下一阶段，促进芽的诱发生长，延迟休眠。

第二个阶段为生理休眠期，也可称深休眠或真休眠。此阶段产品新陈代谢下降到最低水平，生理活动处于相对静止状态，产品外层保护组织完全形成，水分蒸发进一步减少。在这一时期即使有适宜生长的条件也不会发芽。深休眠期的长短与种类和品种有关。

第三个阶段为复苏阶段，也可称为强迫休眠阶段。此阶段是由于不适宜的环境条件引起的生长发育被抑制，使器官处于休眠状态。此时，产品由休眠向生长过渡，体内的大分子物质开始向小分子转化，可以利用的营养物质增加，为发芽、伸长、生长提供了物质基础。如果外界条件一旦适宜，休眠会被打破，萌芽开始。此阶段我们可以利用低温强迫产品休眠，延长贮藏寿命。

（二）休眠期间的生理生化变化

休眠是植物在环境诱导下发生的一种特殊反应，它常伴随着机体内部生理机能、生物化学特性的相应改变。虽然对休眠产生机理的研究还有待发展，但多年来，许多研究者从生理生化的角度对休眠器官的组织结构、代谢机理、物质变化等方面进行了大量的研究，提供了许多有一定代表性的、从不同侧面反映休眠本质的认识。

1. 进入休眠前细胞中水的反应

原生质变化研究发现，细胞要进入休眠前，先有一个原生质的脱水过程，从而聚集起大量疏水性胶体。由于原生质几乎不能吸水膨胀，所以电解质也很难通过，同时还可观察到休眠期原生质和细胞壁分离，胞间连丝消失，细胞核也有所变化。因脂肪和类脂物质聚集在原生质和液泡的界面上，水分和细胞液难以透过原生质，这使细胞与细胞之间、组织与外界之间物质交换大大减少，保护组织加强，对气体的通透性下降，每个细胞形成独立的单位。

解除休眠时，就和以上情况完全相反，原生质中疏水胶体减少，亲水胶体增加，对水和氧的通透性加强。原生质吸水恢复正常状态，重新紧贴于细胞壁上，这时胞间连丝又出现，细胞核恢复正常，这一切就促进了细胞内外物质交换和各种生理生化过程的恢复。

研究发现，用高渗透压的糖液处理，使细胞产生质壁分离的形状，在不同的休眠阶段表现不同。正处于休眠中的细胞形成的质壁分离呈凸形，休眠前期和强迫休眠期多呈凹形，正在进入或正在脱离休眠的细胞呈混合型。据此，可以用人为处理的方法引起质壁分离，根据细胞所表现的形态来判别休眠所处的生理阶段。

2. 激素平衡与休眠

休眠是植物在漫长的进化过程中所形成的对自身生长发育特性的一种调节现象,植物内源生长激素的动态平衡正是调节休眠与生长的重要因素。赤霉素和细胞分裂素能解除许多器官的休眠。用赤霉素溶液处理新采收的马铃薯块茎切块,是两季生产作催芽的重要措施。

ABA 的作用恰与 GA 的相反。ABA 是一种强烈的生长抑制物质。现已经明确,植物组织内 ABA 水平的动态变化,对休眠芽形成和解除其休眠起着重要的作用。ABA 的作用是使一些特定水解酶的合成受阻,并可以抑制 GA 的合成。在许多种子和休眠芽中含有较高水平的 ABA,用 ABA 处理一些植物的茎,可使其芽变成休眠芽。当组织器官进入休眠时,发现 ABA 增加;随着休眠的解除,当 ABA 水平降低的同时,内源 GA 水平开始急剧增加。外源 GA 处理可促进休眠的解除。由此可知,高浓度的 ABA 和低浓度的 GA 诱导休眠;反之,低浓度的 ABA 和高浓度的 GA 则促进休眠解除。

当组织中的 ABA 和各种抑制因子的作用减弱,促进生长因子如 GA 等促使一些水解酶、呼吸酶的合成和活化,各种代谢开始活跃,为发芽和生长做好物质和能量准备。内源激素的动态平衡可以调节与休眠和生长相关的代谢活动,活化或抑制特定的蛋白质合成系统,直接或间接影响呼吸代谢,从而使整个机体的物质能量变化表现出特有的规律,实现了休眠与生长之间的转变。

3. 物质代谢与休眠

洋葱休眠时呼吸强度最低,也很恒定,经一段时间以后开始有所上升,到萌芽期进一步增强。马铃薯和洋葱在休眠期间,维生素 C 含量通常缓慢下降,到萌芽时,活跃生长的部位明显积累还原型维生素 C,维生素 C 可以保护促进生长的物质不被破坏,具有抗氧化的作用。同时也与一些酶的活性有密切的关系。由于赤霉素促进了许多水解酶的合成,在开始发芽的马铃薯、洋葱中,人们观察到,在整个休眠期含量都很少变化的贮藏物质(如洋葱的蔗糖和马铃薯的淀粉),此时发生了急剧的变化,洋葱单糖增加:马铃薯淀粉减少,糖含量上升。休眠结束时,含氮化合物的变化也表明了水解作用的增强。休眠的马铃薯内蛋白态氮较多,髓部主要是铵态氮,发芽前蛋白态氮减少,酰胺态氮增加。淀粉、脂肪,蛋白质水解时要释放出能量,水解生成的小分子物质一般是可溶性易移动的物质,这些物质和能量的提供是发芽所必需的,同时也表明了发芽时呼吸的变化和物质的消长是平行的。

4. 酶与休眠

许多研究结果表明,酶与休眠有直接关系。休眠过程中 DNA、RNA 都有变化,休眠期中没有 RNA 合成,打破休眠后才有 RNA 合成,GA 可以打破休眠,促进各种水解酶、呼吸酶的合成和活化,促进 RNA 合成,并且使各种代谢活动活跃起来,为发芽做物质准备。

研究发现,GA 能促进休眠器官中的酶蛋白的合成,如淀粉酶、蛋白酶、脂肪酶、核糖核酸酶等水解酶,异柠檬酸酶、苹果酸合酶等呼吸酶系。有研究指出,GA 是在 DNA 向 mRNA 进行转录的水平上起作用。还有人提出,核酸含量达到一定的水平时才开始打破休眠。事实上,洋葱和马铃薯休眠末期芽内的 DNA 和 RNA 含量都增多。

关于马铃薯块茎的呼吸酶系，已知有多酚氧化酶系、细胞色素氧化酶系和黄素蛋白酶系等。块茎肥大过程，细胞色素氧化酶构成主要的呼吸途径，此时多酚氧化酶的活性较高；但当块茎脱离休眠时，多酚氧化酶活性减退以至消失。酪氨酸酶为多酚氧化酶的一种，它能钝化生长素，可能是休眠与生长之间转变的原因之一。赤霉素处理可以降低多酚氧化酶的活性。这些结果显示，休眠与多酚氧化酶活性有着密切联系。

（三）休眠的调控

蔬菜在休眠期一过就会萌芽，从而使产品的重量减轻，品质下降。因此，必须设法控制休眠，防止发芽，延长贮藏期。影响休眠的因素可分为内因和外因两类，休眠的调控方法可从影响休眠的因素入手。

1. 园艺产品休眠期的长短

不同种类的园艺产品休眠期的长短不同，大蒜的休眠期为 2~3 个月，一般夏至收获后，到 9 月中旬后芽开始萌动，马铃薯的休眠期为 2~4 个月，洋葱的休眠期为 1.5~2.5 个月；板栗采后有 1 个月的休眠期。同时，休眠期的长短在蔬菜品种间也存在着差异。例如，我国不同品种马铃薯的休眠期可以分为 4 种情况：无休眠期的，如黑滨；休眠期较短的有 1 个月左右，如丰收白；休眠期中等的有 2~2.5 个月，如白头翁；休眠期长的有 3 个月以上，如克新 1 号。

2. 环境条件

低温、低氧、低湿和适当地提高 CO_2 浓度等改变环境条件抑制呼吸的措施都能延长休眠，抑制萌发。气调贮藏对抑制洋葱发芽和蒜薹薹苞膨大都有显著的效果。与此相反，适当的高温、高湿、高氧都可以加速休眠的解除，促进萌发，生产上催芽一般要提供适宜的温、湿环境也是同一道理。一般地，高温干燥对马铃薯、大蒜和洋葱的休眠有利，低温对板栗的休眠有利；用 0~5 ℃ 的低温处理可以使洋葱、玫瑰种子等解除深休眠，浓度为 5% 的 O_2 和浓度为 10% 的 CO_2 对抑制洋葱发芽和蒜薹薹苞膨大有一定的作用。

园艺产品的贮藏中，为了保持贮藏品质，必须抑制发芽、防止抽薹，延长贮藏期，这就需要让休眠果蔬的器官保持休眠。

3. 化学药剂

根据激素平衡调节的原理，可以利用外源提供抑制生长的激素，改变内源植物激素的平衡，从而可以延长休眠。早在 1939 年 Guthrie 就首先使用萘乙酸甲酯（MENA）防止马铃薯发芽，MENA 具有挥发性，薯块经它处理后，在 10 ℃ 下一年不发芽，在 15~21 ℃ 下也可以贮藏好几个月。在生产上使用时可以先将 MENA 喷到作为填充用的碎纸上，然后与马铃薯混在一块，或者把 MENA 药液与滑石粉或细土拌匀，然后撒到薯块上，当然也可将药液直接喷到薯块上。MENA 的用量与处理时期有关，休眠初期用量要多一些，但在块茎开始发芽前处理时，用量则可大大减少，美国 MENA 的用量为 100 mg/kg，苏联的用量为 0.1 mg/kg。我国上海等地的用量为 0.1~0.15 mg/kg。其他的生长调节剂也有抑制发芽的作用，但效果没有 MENA 好。CIPC（氯苯胺灵）是一种在采后使用的马铃薯抑芽剂，使用量为 1.4 g/kg，使用方法为将 CIPC 粉剂分层喷在马铃薯中，密封覆盖 24~48 h，CIPC 汽化后，打开覆盖物。要注意的是，CIPC 应该在薯块愈伤后再使用，因为它会干扰愈伤；CIPC 和 MENA 都不能在种薯上应用，使用时应与种薯分开。

马铃薯块催芽则常常用 GA、硫脲、2-氯乙醇等，如用 50 mg/L GA 采前喷洒，采后浸渍薯块 5~10 min，可抑制春薯进入生理休眠期而在短期内萌发，或用 0.5%~1% 的硫脲浸 4 h，再密闭 12 h，沙埋 10 d，或用 1.2% 的 2-氯乙醇浸渍后密闭 16~24 h，都对秋薯催芽有明显作用。

收获前用马来酰肼（MH）处理洋葱，根据 MH 不同的剂型使用浓度不同，一般 MH-30 使用浓度为 0.15%~0.25%，MH-40 为 0.3%~0.4%。MH 对其他块茎、鳞茎、大白菜、萝卜及甜菜块根也有抑芽效果，并可防止根菜糠心变质。MH 是用于洋葱、大蒜等鳞茎类蔬菜的抑芽剂。采前应用时，必须将 MH 喷到洋葱或大蒜的叶子上，药剂吸收后渗透到鳞茎内的分生组织中和转移到生长点，起到抑芽作用。一般鳞茎在采前两周有吸收与运转 MH 的功能，喷药过早，鳞茎还处于迅速生长过程中，MH 对鳞茎的膨大有抑制作用，会影响产量。MH 的浓度以 0.25% 为最好。

4. 辐射处理

采用辐照处理块茎、鳞茎类蔬菜，防止贮藏过程中发芽，已在世界范围获得公认和推广，用 60~150 Gy 的 γ 射线处理后可以使其长期不发芽，并在贮期中保持良好品质。辐射处理对抑制马铃薯、洋葱、大蒜和生姜发芽都有效。抑制洋葱发芽的 γ 射线辐射剂量为 40~100 Gy，在马铃薯上的应用辐射剂量为 80~100 Gy。

二、生长

（一）生长现象

生长是指园艺产品在采收以后出现的细胞、器官或整个有机体在数目、大小与重量的不可逆增加。许多蔬菜、花卉和果实采后贮藏过程中，普遍存在着成熟衰老与再生长的同步进行。一些组织在衰老的同时，输出其内含的精华，为新生部位提供生长所必需的贮藏物质和结构物质。如油菜、菠菜等蔬菜在假植贮藏过程中叶子长大；花椰菜、花卉采收以后花朵不断长大、开放；蒜薹薹苞的生长发育；板栗休眠期过后出现发芽现象；黄瓜出现大肚和种子的发育；菜豆的膨粒；结球白菜的爆球；马铃薯、洋葱的萌芽；花卉脱落，子房发育等。这些现象均是采后园艺产品成熟衰老进程中的部分组织再生长的典型实例。

（二）生长的调控

园艺产品采收后的生长现象在大多数情况下是不希望出现的，因此，必须采取措施加以有效地控制。植物的生长需要一定的光、温、湿、气和营养供给，将这些条件控制好，就可以比较好地控制它的生长。针对生长的条件，可采取以下措施控制生长。①避光，在人为的贮藏环境中去掉光的影响，如贮藏冷库、窑洞、气调库、地沟等贮藏场所都是可以避光贮藏的。②低温，给予一定的低温，但不能引起低温伤害，可以抑制园艺产品的生长。③控制湿度，一般情况下，为了防止园艺产品的失水现象，给予较高的湿度环境，对某些产品的生长是非常有利的。所以，要控制贮藏环境的湿度，既不能失水也不能促进生长，这也是一对矛盾，要妥善处理。④低氧气调贮藏，给予的低氧环境，如 5% 左右的氧含量，是能够抑制园艺产品生长的。⑤辐照、激素处理及其他措施，辐照可以很好地控制大蒜、洋葱等出现的发芽现象，激素处理可以抑制蒜薹基苞生长，盐水处理板栗（采后 30~50 d 用 2%盐加 2%纯碱混合水溶液浸洗 1 min，不阴干装筐或麻袋，并加入一些松针），可以抑制发芽。

复习题

1. 园艺产品采后生理活动的类型。
2. 呼吸的类型及特点。
3. 影响呼吸的主要因素。
4. 影响采后蒸腾作用的因素。
5. 影响乙烯合成和作用的因素。
6. 园艺产品休眠调控的措施。

第四章　影响园艺产品贮藏的因素

园艺产品贮藏的效果在很大程度上取决于采收后的处理措施、贮藏环境条件及管理水平。在适宜的温度、湿度和气体条件下，再加上科学的管理，就有可能保持园艺产品良好的商品质量，使贮藏期得以延长，损耗率降低。但是，园艺产品的质量与贮藏性的控制，仅仅依靠采收后的技术措施是难以达到预期目标的，因为园艺产品的质量状况、生理特性及其贮藏性等是在田间变化多端的生长发育条件下形成的。不同种类及品种园艺产品的生育特性、生态条件、农业技术措施等采前诸多因素都会或多或少地、直接或间接地对园艺产品的商品质量与贮藏性产生影响。因此，为了保持园艺产品良好的商品质量，提高贮藏效果，既要重视采收后贮藏运输中的各个技术环节，同时也要对影响园艺产品生长发育的采前诸多因素予以足够的重视。

第一节　自身因素

一、种类

园艺产品的种类很多，不同种类园艺产品的商品性状与贮藏特性差异很大。一般来说，产于热带地区或高温季节成熟并且生长期短的园艺产品，收获后呼吸旺盛、蒸腾失水快、干物质消耗多、易被病菌侵染而腐烂变质，表现为不耐贮藏；生长于温带地区的园艺产品生长期比较长，并且在低温冷凉季节成熟收获的园艺产品体内营养物质积累多，新陈代谢水平低，一般具有较好的耐藏性。按照园艺产品组织结构来比较，果皮和果肉为硬质的园艺产品较耐贮藏，而软质或浆质的耐藏性较差。例如，水果中以温带地区生长的苹果和梨最耐贮藏，桃、李、杏等由于都是在夏季成熟，采收季节气温高、果品呼吸作用旺盛，因此耐藏性较差；热带和亚热带生长的菠萝、荔枝、杨梅、枇杷、杜果等采后寿命短，也不能作长期贮藏。

蔬菜的可食部分来自植物的根、茎、叶、花、果实和种子，这些可食部分的组织和新陈代谢方式不同，采后的贮藏性有很大差异，耐贮顺序依次为根茎类＞果菜类＞花菜类＞叶菜类。根茎类蔬菜耐藏的原因是一部分具有生理休眠特性；另一部分在外界环境条件不适时具有强制休眠特性，在休眠状态下它们新陈代谢水平较低。果菜类主要是瓜类、果菜类和豆类，它们大多原产于热带和亚热带地区，不耐寒，贮藏温度低于 $8\sim10$ ℃时易发生冷害，其可食部分为幼嫩的果实，表层保护组织发育尚不完善，新陈代谢旺盛，容易失水和遭受微生物侵染，采后易发生养分的转移，果实容易变形和发生组织纤维化，如黄瓜变为棒槌形，豆荚变老等，因此很难贮藏。但有些瓜类蔬菜是在充分成熟时采收的,如南瓜、冬瓜等代谢强度已经下降,表层保护组织已充分长成,表皮上形成了厚厚的角质层、蜡粉或茸毛等,所以比较耐贮藏。花菜类是植物的繁殖器官,新陈代谢比较旺盛,因此很难贮藏,如新鲜的黄花菜,花蕾采后 1 d 就会开放,并很快腐烂。叶菜类是植物的同化器官,组织幼嫩,保护结构差、呼吸和蒸腾作用旺盛,采后极易萎蔫、黄化和败坏,也很难贮藏。

切花的种类是决定切花寿命的内在因素,现代花卉育种已把切花采后寿命的长短作为衡量切花品质的主要指标之一。不同种类的切花,采后寿命差别很大,如火鹤花的瓶插寿命可达 20~41 d,鹤望兰在室温下的货架寿命长达 14~30 d,而非洲菊的瓶插寿命一般仅为 3~8 d。

二、品种

同一种类不同品种的园艺产品,由于组织结构、生理生化特性、成熟收获时期不同,品种间的贮藏性也有很大差异。一般规律是,晚熟品种耐贮藏,中熟品种次之,早熟品种不耐贮藏。例如,苹果中的红魁、丹顶、祝光、嘎拉等早熟品种,它们的肉质疏松、风味偏酸,不耐贮藏,采收后应该及时上市销售,在冷藏条件下也只能短期存放;元帅系、金冠、乔纳金、津轻等中熟品种较早熟品种耐贮藏,在常温库可贮藏 1~2 个月,在冷藏条件下的贮藏期为 3~4 个月,富士系、秦冠、小国光、青香蕉等晚熟品种是我国当前苹果栽培的主体,它们不但品质优良,而且普遍具有耐贮藏的特点,在我国西北地区窑窖式果库中可贮藏 3~4 个月,在冷藏条件下的贮藏期更长,可达到 6 个月左右。

我国梨的耐藏品种很多,鸭梨、雪花梨、酥梨、长把梨、库尔勒香梨、兰州冬果梨、苹果梨等都是品质好而且耐贮藏的品种。

柑橘类果实中,一般宽皮橘类品种的贮藏性较差,但温州蜜柑、广东蕉柑是较耐贮藏的品种。甜橙的许多品种都较耐贮藏,如锦橙、雪橙、血橙、香水橙、大红甜橙等在适宜条件下可以贮藏 5~6 个月。大白菜中,筒形比圆球形的耐贮藏;青帮的比白帮的耐贮藏;晚熟的比早熟的耐贮藏,如小青口、青麻叶、抱头青等的生长期都较长,结球坚实、抗病性强、耐藏性好。芹菜中以天津的白庙芹菜、陕西的实秆绿芹、北京的棒儿芹等耐贮藏,而空秆类型的芹菜贮藏后容易变糠,纤维增多,品质变劣。菠菜中以尖叶(有刺种)菠菜较圆叶(无刺种)菠菜耐贮藏,如山东大叶、唐山尖小叶等。萝卜以青皮种耐贮藏,红皮种次之,白皮种最差。马铃薯中以休眠期长的品种克新一号、男爵等耐贮藏。

不同品种的切花瓶插寿命差异较大(表4-1)。资料表明,花烛、石竹、月季和百合等不同品种的瓶插寿命相差 1 倍。切花的寿命还与花茎的粗度和细胞膨胀度(即水分含量)有关,如具有粗茎遗传基因的非洲菊切花品种瓶插寿命长,这是因为具有粗茎的品种糖分积累多,维持呼吸作用的时间较长,花的茎秆坚固不易折断。切花采后寿命的差异还取决于植物的解剖与生理特性,例如,金浪月季切花容易萎蔫,瓶插寿命较短,原因是其叶片气孔在水分亏缺时关闭功能差,易于蒸腾失水。

表 4-1　某些切花品种瓶插寿命的差异

学名（拉丁学名）	品种名	瓶插寿命/d
六出花（Alstroemeria）	Rosario	17.0
	Pink Panther	8.0
花烛（Anthurium）	Poolster	30.0
	Nova-Aurora	15.0
石竹（Dianthus）	Pink Polka	16.0
	Rolesta	7.5
非洲菊（Gerbera）	Marleen	20.5
	Agnes	8.3
月季（Rosa）	Lorena	14.2
	Mini Rose	7.1
百合（Lilium）	Greenpeace	13.8
	Musical	7.2

　　园艺产品的贮藏性既然在很大程度上取决于种类和品种的遗传性，而遗传性又是一个很难改变的生物属性。一般来说，耐贮品种首先应是抗病性良好的品种，晚熟、耐低温，具有完整致密的外皮组织和结构良好的保护层，组织有一定的硬度和弹性，糖和其他营养物质含量高，能维持较长时间的呼吸消耗，或有较长的休眠期等。因此，要使园艺产品贮藏获得好的效果，必须重视选择耐藏的种类和品种，才能达到高效、低耗、节省人力和物力的目的。这一点对于长期贮藏的园艺产品显得尤为重要。

三、成熟度或发育年龄

　　成熟度是评判水果及许多种蔬菜成熟状况的重要指标。但是，对于一些蔬菜和花卉，如黄瓜、菜豆、辣椒、部分叶菜等在幼嫩或花朵没有开放的时候就收获，因此，对于蔬菜和花卉用发育年龄来指示成熟状况更为适宜。

　　在园艺产品的个体发育或者器官发育过程中，未成熟的果实、幼嫩的蔬菜和没有开放的花朵，它们的呼吸旺盛，各种新陈代谢都比较活跃。另外，该时期园艺产品表皮的保护组织尚未发育完全，或者结构还不完整，组织内细胞间隙也比较大，便于气体交换，体内干物质的积累也比较少。以上诸方面对园艺产品的贮藏性综合产生不利的影响。随着园艺产品的成熟或者发育年龄增大，干物质积累不断增加，新陈代谢强度相应降低，表皮组织如蜡质层、角质层加厚并且变得完整，有些果实如葡萄、番茄在成熟时细胞壁中胶层溶解，组织充满汁液而使细胞间隙变小，从而阻碍气体交换而使呼吸水平下降。苹果、葡萄、李、冬瓜等随着发育成熟，它们表皮的蜡质层才明显增厚，果面形成白色细密的果粉。对于贮藏的园艺产品来说，这不仅使其外观色彩更鲜艳，更重要的意义在于它的生物学保护功能，即对园艺产品的呼吸代谢、蒸腾作用、病菌侵染等产生抑制、防御作用，因而有利于园艺产品的贮藏。

用作贮藏的蔬菜，如青椒应在 9 月下旬（霜前 1 周）采收；番茄应在绿熟期至顶红期采收，此时干物质已充分积累，生理上处于跃变前期，具有一定的耐藏性。芹菜采收早影响产量和品质，采收晚会导致中空现象，且贮藏中叶柄易呈海绵状干枯；萝卜采收偏晚，在贮藏中极易发生糠心现象。香蕉、洋梨、猕猴桃等具有明显后熟作用的果实，必须在肉质硬实的时候采收才具备良好的贮藏性能。

近年来，许多切花都提倡蕾期采切，即在正常商业采收期之前采收。蕾期采收一方面有利于切花开放和控制发育；另一方面可减少田间处理和运输期间不利条件对切花的不良影响，从而提高切花品质和延长寿命。目前蕾期采切多用于香石竹、月季、非洲菊、鹤望兰、满天星、郁金香、唐菖蒲、金鱼草等切花。另外，菊花宜开放一半时采收，大丽花则宜全开时采收。

园艺产品的种类和品种很多，每种园艺产品都有其适宜的成熟收获期，收获过早或者过晚，对其商品质量及贮藏性都会产生不利的影响，只有达到一定成熟度或者发育年龄的园艺产品，收获后才会具有良好的品质和贮藏性能。适宜收获成熟度的确定，应根据各种园艺产品的生物学特性、采后用途、市场距离、贮运条件等因素综合考虑。

四、田间生长发育状况

园艺产品在田间的生长发育状况包括砧木、树龄与树势、果实大小、植株负载量、结果部位等，都会对园艺产品的贮藏性产生影响。

1. 砧木

砧木类型不同，果树根系对养分和水分的吸收能力不同，从而对果树的生长发育进程、对环境的适应性以及对果实产量、品质、化学成分和耐贮性直接造成影响。

山西果树研究所的试验表明：红星苹果嫁接在保德海棠上，果实色泽鲜红，最耐贮藏；嫁接在武乡海棠、沁源山定子和林檎砧木上的果实，耐贮性也较好。还有研究表明，苹果发生苦痘病与砧木的性质有关，如在烟台海滩地上嫁接于不同砧木上的国光苹果，发病轻的苹果砧木是烟台沙果、福山小海棠的，发病最重的是山荆子、黄三叶海棠、晚林檎和蒙山甜茶居中。还有人发现，矮生砧木上生长的苹果较中等树势的砧木上生长的苹果发生的苦痘病要轻。

四川省农业科学院园艺试验站育种研究室在不同砧木的比较试验中指出，嫁接在枳壳、红橘和香柑等砧木上的甜橙，耐贮性是最好和较好的；嫁接在酸橘、香橙和沟头橙砧木上的甜橙果实，耐贮性也较强，到贮藏后期其品质也比较好。

美国加州的华盛顿脐橙和伏令夏橙，其大小和品质也明显地受到了不同砧木的影响。嫁接在酸橙砧木上的脐橙比嫁接在甜橙上的果实要大得多；对果实中柠檬酸、可溶性固形物、蔗糖和总糖含量的调查结果表明：用酸橙作砧木的果实要比用甜橙作砧木的果实含量要高。

了解砧木对果实的品质和耐贮性的影响，有利于今后果园的规划，特别是在选择苗木时，应实行穗砧配套，只有这样，才能从根本上提高果实的品质，以利于采后的贮藏。

2. 树龄和树势

一般来说，幼龄树和老龄树结的果实不如盛果期树结的果实耐贮藏。这是由于幼龄树营养生长旺盛，结果数量少而致果实体积较大、组织疏松、果实中氮钙比值大，因而果实在贮藏期间的呼吸水平高、品质变化快、易感染寄生性病害和发生生理性病害。幼龄树对果实品质、贮藏性的影响往往容易被人们忽视，但对于老龄树的认识人们一般都比较清楚。老龄树地上、地下部分的生长发育均表现出衰老退化趋势，根部营养物质吸收能力变小，地上部光合同化能力降低，因此，果实体积小、干物质含量少、着色差、抗病力下降，其品质和贮藏性都发生不良变化。研究表明，11 年生的瑞光苹果树所结的果实比 35 年生的着色好，贮藏中虎皮病的发生概率要少 50% ~ 80%。另据报道，幼树上采收的富士苹果，贮藏中 60% ~ 70% 的果实发生苦痘病，苹果苦痘病发生的一般规律：幼树、长势旺盛的树、结果少的树所结的果实易发生。据对广东省汕头蕉村树的调查：2 ~ 3 年生的树所结的果实，可溶性固形物含量低，味较酸，风味差，贮藏中易受冷害而发生水肿病；而 5 ~ 6 年生树上结的果实，风味品质好，也比较耐贮藏。

3. 果实大小

同一种类和品种的果蔬，果实的大小与其耐贮性密切相关。一般来说，以中等大小和中等偏大的果实最耐贮。大个的果实由于具有幼树果实性状类似的原因，所以耐贮性较差。许多研究和贮藏实践证明，大个苹果的苦痘病、虎皮病、低温伤害发生比中等个果实严重，并且大个苹果的硬度下降快。雪花梨、鸭梨、酥梨的大果容易发生果肉褐变，褐变发生早而且严重。大个蕉柑往往是皮厚汁少、贮藏中枯水病发生早而且严重。在蔬菜贮藏中，大个番茄肉质易粉质化，大个黄瓜易变成棒槌状，大个萝卜和胡萝卜易糠心。如此等等，都表明果实大小与其贮藏性的关系。

4. 植株负载量

植株负载量的大小对果实的质量和贮藏性也有影响。负载量适当，可以保证果实营养生长与生殖生长的基本平衡，使果实有良好的营养供应而正常发育，收获后的果实质量好，耐贮藏。负载量过大时，由于果实的生长发育过度地消耗营养物质，首先削弱了植株的营养生长，果实也因为没有足够的营养供应而使发育受损，通常表现为果个小、着色差、风味淡薄，不但商品质量差，而且也不耐贮藏。负载量过小时，植株营养生长旺盛，大果比例增加，也不利于贮藏。植株负载量对果实贮藏性的影响，不论是对木本的果树，还是对草本的蔬菜以及西瓜、甜瓜等的影响是相似的。所以，在园艺产品生产中，应该重视对植株开花结果数量的调节控制，使产量保持在正常合理的水平上。

5. 结果部位

植株上不同部位着生的果实，其生长发育状况和贮藏性存在差异。一般来说，向阳面或树冠外围的苹果果实着色好，干物质含量高、风味佳、肉质硬、贮藏中不易萎蔫皱缩。但有试验表明，向阳面的果实中干物质含量较高，而氮和钙的含量较低，发生苦痘病和红玉斑点病的概率较内膛果实要高。对柑橘的观察结果显示，外围枝条上结的果实，抗坏血酸含量比内膛果实要高。研究发现，同一株树上顶部外围的伏令夏橙果实，可溶性固形物含量最高，内膛果实的可溶性固形物含量最低；同时，果实的含酸量与结果部位没有明显的相关性，但与接受阳光的方向有关，在东北面的果实可滴定酸含量偏低。广东蕉柑树顶上的柑，含酸量较少，味道较甜，果实皮厚，果汁少，在贮藏中容易出现枯水，而含酸量高的柑橘一般耐贮性较强。

番茄、茄子、辣椒等蔬菜植物具有从下向上陆续开花、连续结果的习性，实践中发现，植株下部和顶部果实的商品质量及贮藏性均不及中部的果实。瓜类也有类似的情况，瓜蔓基部和顶部的瓜不如中部的个大、风味好、耐贮藏。不同部位果实的生长发育和贮藏性的差异，是由于田间光照、温度、空气流动以及植株生长阶段的营养状况等不同所致。因此，果实的着生部位也是选择贮藏果实时不可忽视的因素。

第二节　生态因素

园艺产品栽培的生态环境和地理条件如温度、光照、降雨、土壤、地形地势、经纬度、海拔高度等对园艺产品的生长发育、质量和贮藏性能够产生很大影响，而且这些影响往往是先天性的，不易被人们所控制。

一、温度

自然界每年气温变化很大，在园艺产品生长发育过程中，不适当的高温和低温对其生长发育、产量、质量及贮藏性均会产生不良影响。例如，花期持续数日出现低温，使苹果、梨、桃、杏等春季开花果树的授粉受精不良，落花落果严重，导致产量降低，并且苹果易患苦痘病和水心病，不利于贮藏；在出现霜冻时，苹果、梨的果实上留下霜斑，甚至出现畸形，影响商品质量和贮藏性；花期低温使番茄早期落花落果严重，并且使花器发育不良，易出现扁形或脐部开裂的畸形果。

关于夏季温度对苹果品质的影响早有报道。美国学者 Shaw 指出，夏季温度是决定果实化学成分和耐贮性的主要因素。他通过对 165 个苹果品种的研究后认为，不同品种的苹果都有其适宜的夏季平均温度，但大多数品种 3—9 月的平均适温为 12~15 ℃。低于这个适温，就会引起果实化学成分的差异，从而降低果实的品质，缩短贮藏寿命。但也有人观察到，有的苹果品种需要在比较高的夏季温度下才能生长发育好，如红玉苹果在平均温度为 19 ℃的地区生长得比较好。当然，夏季温度过高的地区，果实成熟早，色泽和品质差也不耐贮藏。1995 年 7—9 月，陕西省由于长时间持续高温干旱，许多果园的秦冠苹果采收时的水心病病果率达到 10%以上。

桃是耐夏季高温的果实，如果夏季适当高温，果实含酸量高，耐藏性提高。但在夏季温度超过 32 ℃时，会影响黄肉桃果实的色泽和大小，品质下降；如果夏季低温高湿，桃的颜色和成熟度差，也不耐贮运。柑橘的生长温度对其品质和耐贮性有较大的影响，冬季温度太高，果实颜色淡黄而不鲜艳，冬季有连续而适宜的低温，有利于柑橘的生长、增产和提高果实品质。但是温度低于-2 ℃，果实就会受冻而不耐贮运。

大量的生产实践和研究证明，采前温度和采收季节也会对园艺产品的品质和耐贮性产生影响。如苹果采前 6~8 周昼夜温差大，果实着色好、含糖量高、组织致密、品质好，也耐贮。研究人员认为，采前温度与苹果发生虎皮病的敏感性有关。在 9—10 月，如果温度低于 10 ℃的总时数为 150~160 h，某些苹果品种果实很少发生虎皮病；而总时数如果为 190~240 h 就可以排除发生虎皮病的可能性。如果夜间最低温度超过 10 ℃，低温时数的有效作用将等于零。这也可能是过早采收的苹果在贮藏中总是加重虎皮病发生的原因之一。梨在采前 4~5 周生长在相对凉爽的气候条件下，可以减少贮藏期间的果肉褐变与黑心的发生率。菠萝采前温度低于 21 ℃，采后菠萝黑心病发病率为 60%~100%。

温度对蔬菜的生长和贮藏也有重要的影响，在蔬菜生长过程中，不同温度对产品的品质影响较大，温度高，组织生长快，可溶性固形物含量低，不利于贮藏；昼夜温差大，有利于固形物积累，较耐贮藏。大蒜在贮藏中，蒜瓣常出现局部下陷，淡黄色，严重时变成透明状，青椒表皮出现革质现象，都是生长季节高温所致。

同一种类或品种的蔬菜，秋季收获的比夏季收获的耐贮藏，如番茄、甜椒等。不同年份生长的同一蔬菜品种，耐贮性也不同，因为不同年份气温条件不同、会影响产品的组织结构和化学成分的变化。例如，马铃薯块茎中淀粉的合成和水解，与生长期中的气温有关，而淀粉含量高的耐贮性强。北方栽培的大葱可露地冻藏，缓慢解冻后可以恢复新鲜状态，而南方生长的大葱，却不能在北方露地冻藏。甘蓝耐贮性在很大程度上取决于生长期间的温度和降水量，低温下（10 ℃）生长的甘蓝，戊聚糖和灰分较多，蛋白质较少，叶片的汁液冰点较低，耐贮藏。

栽培期间过高的温度会缩短切花的货架寿命，降低其品质。这是由于高温会导致植物组织中积累的碳水化合物加速损耗，并使植物丧失较多水分。小苍兰、鸢尾、郁金香栽培在夜温低于 10 ℃时，其切花品质较好。月季栽培在 20~21 ℃条件下，瓶插寿命长。栽培在 25 ℃条件下的香石竹采后寿命比在 20 ℃时短。

二、光照

太阳光是绿色植物合成碳水化合物不可缺少的能源。果树和蔬菜的绝大多数种类属于喜光性植物，特别是它们的食用器官的形成，必须有一定的光照强度和光照时间，光照对园艺产品的质量及贮藏性等有重要的影响。

光照不足，园艺产品的化学成分特别是糖和酸的形成明显减少，不但降低产量，而且影响质量和贮藏性。长期阴雨，光照不足，切花生长不充实，采后耐贮性下降。有研究发现，连阴雨季节生长的苹果，易发生多种生理性病害。树冠内膛的苹果因光照不足易发生虎皮病，并且果实衰老快，果肉易粉质化。树冠外围的柑橘与内膛遮阴处的果实比较，一般具有发育良好、果个大、皮薄、可溶性固形物含量高的特点，酸和果汁含量则较低。生长期阴雨天较多的年份，大白菜的叶球和洋葱的鳞茎体积明显变小，干物质含量低，贮藏期也短。萝卜在生长期间如果有 50% 的遮光，则生长发育不良，糖分积累少，贮藏中易糠心。

光照强度对光合作用效率有直接的影响，而光合作用效率又直接影响着切花中碳水化合物的含量。光照条件好，光合作用效率高则植物中碳水化合物含量高。栽培在高光照强度下的香石竹和菊花瓶插寿命比低光照条件下的长一些。在低光照强度下，切花花茎过度加长生长，茎的成熟延迟，花茎成熟不充分，常造成月季、香石竹和非洲菊的花颈弯曲。同时光照强度还影响花瓣的色泽。试验证明，当花青苷在月季花瓣中形成时，若光照强度不足，会使花瓣泛蓝。但过强的光照对花卉的质量也无益。过度的光照使组织内产生偏红染色，叶片上长斑点、黄化及落叶。

光照与花青素的形成密切相关，红色品种的苹果在光照好的条件下，红色鲜艳，而树冠内膛的果实，由于接受光照少，果实虽然成熟但不显红色或者色调不浓。在光质中，紫外光与果实红色发育的关系尤为密切。紫外光的光波极短，可被空气中的尘埃和水滴吸收，一般直射光中紫外光的通量值大。苹果成熟前 6 周的阳光直射量与着色呈高度正相关性，特别是雨后，空气中尘埃少，在阳光直射下的果实着色很快。光照充足，昼夜温差大，是花青素形成的最重要的环境因素。陕西渭北地区和甘肃天水地区的元帅、富士等品系的苹果红色浓艳，品质极佳，与当地良好的光照、温度条件密切相关。目前在陕西的一些苹果产区，为了增进红色品种的着色度，在树下行间铺设反光塑料薄膜，不但可以改善树冠内部的光照条件，而且还具有保墒、控制杂草生长的作用。或者采用果实套袋的方法改善光质，也取得了很好的效果。

但是，光照过强对园艺产品的生长发育及贮藏性并非有利。苹果、猕猴桃、番茄、茄子、辣椒等植株上方西南部位的果实，因光照过强而使果实日灼病发生严重，这个部位的富士、元帅、秦冠、红玉等品种的苹果还易患水心病。柑橘树冠上部外围的果实，多表现为果皮粗厚，橘瓣汁液少，贮藏中枯水病发生早而且严重。强日照使西瓜、甜瓜、南瓜的瓜面上发生日灼严重时病部呈焦斑状。特别干旱季节或者年份，光照过强对园艺产品造成的不良影响更为严重。

三、降雨

降雨会增加土壤湿度、空气湿度和减少光照时间，与园艺产品的产量、品质和耐贮性密切相关，干旱或者多雨常常制约着园艺产品的生产。

土壤水分缺乏时，园艺产品的正常生长发育受阻，表现为个体小，着色不良，品质不佳，成熟期提前。如切花生长期间水分条件的失衡，都直接影响切花的质量，缺水会使花朵变小，切花易于衰老；而生长期过量的水分，会使切花易于感病和不耐贮藏。研究指出，干旱年份生长的苹果含钙量低，果实易患苦痘病等缺钙性生理病害。原因主要是钙的供给与树体内的液流有关，干旱使液流减少，钙的供应也相应减少。降雨不均衡，久旱后遇骤雨或者连阴雨，苹果中的小国光、大国光、花嫁等品种成熟前后在树上裂果严重，核果类、石榴、大枣和番茄中的这种裂果现象也很普遍。甜橙贮藏中的枯水现象与生长期的降雨密切相关，旱后遇骤雨，果实短期内骤然猛长，果皮组织变得疏松，枯水病发生就严重。在干旱缺水年份或在轻质壤土中栽培的萝卜，贮藏中容易糠心，而雨水充足的年份或黏质土壤中栽培的萝卜，糠心发生少，而且出现糠心的时间也较晚。

降水量过多，不但土壤中的水分直接影响园艺产品的生长发育，而且对环境的光照、温度、湿度条件产生影响，这些因素对园艺产品的产量、质量及贮藏性有不利的影响。在多雨年份，除水生蔬菜外，大多数种类园艺产品的质量和贮藏性降低，贮藏中易发生多种生理性病害和寄生性病害，如苹果果肉褐变病、虎皮病、低温烫伤和多种腐烂病害。柑橘生长期雨水过多，果实成熟后的颜色不佳，表皮油胞中的精油含量减少，果汁中的糖、酸含量降低，高湿有利于真菌活动而使果实腐烂病害增加。土壤中水分多时，马铃薯块茎迅速膨大，其上的皮孔扩张破裂，故表皮特别粗糙，不但降低商品质量，而且不耐长期贮藏。洋葱、大蒜等鳞茎类蔬菜，成熟前后由于降雨而长时间处于潮湿的土壤中，容易使外层膜质化鳞片腐烂而增加病菌侵染。

四、土壤

土壤是园艺产品生长发育的基础，土壤的理化性状、营养状况、地下水位高低等直接影响到产品的生长发育。园艺产品种类不同，对土壤的要求和适应性有一定的差异。一般而言，大多数果蔬适宜于生长在土质疏松、酸碱适中、施肥适当、湿度合适的土壤中，在适生土壤中生产的园艺产品具有良好的质量和贮藏性。几种果树生长适宜的土壤 pH 值：苹果 5.5~6.8，梨 5.6~6.2，桃 5.2~6.8，葡萄 6.0~7.5，枣 5.2~8.0。

对于花卉来说，一般也要求排水良好、肥沃疏松的土壤，自然土壤中以砂壤土为切花较为理想的栽培土壤，即含 60%~70% 的砂粒和 30%~40% 的粉粒、黏粒。几种花卉适宜的 pH 值：菊花、月季、唐菖蒲等为 5.5~6.8，郁金香为 5.5~7.0，百合为 7.0~8.0。

黏性土壤中栽培生产的果实，往往有成熟期推迟、果实着色较差的倾向，但是果实较硬，尚具有一定的耐藏性。在疏松的沙质轻壤土中生产的果实，则有早熟的倾向，贮藏中易发生低温伤害，耐藏性较差。浅层沙地和酸性土壤中一般缺钙，在此类土壤中生产的果实容易发生缺钙的生理病害，例如，苹果的水心病、苦痘病和果肉粉绵病等，不仅这些生理病害本身制约了果实的贮藏性，而且缺钙果实对真菌病害的抵抗力也相应降低。

土壤的理化性状对蔬菜的生长发育和贮藏性影响也很大，例如，甘蓝在偏酸性土壤中对 Ca、P、N 的吸收与积累都较高，故其品质好、抗性强、耐贮藏。土壤容重大的菜田，大白菜的根系往往发育不良，干烧心病增多而不利于贮藏。在排水和通气不良的黏性土壤中栽培的萝卜，贮藏中失水较快。与萝卜相反，莴苣在沙质土壤中栽培的失水快，而黏质土壤栽培的失水较慢。目前一些水果产区，采用果园生草来增加土壤的有机质含量，改善土壤的团粒结构，提高土壤的肥力和蓄水保墒能力，从而提高果品的产量和品质。

五、地理条件

园艺产品栽培的纬度、地形、地势、海拔高度等地理条件与其生长发育的温度、光照强度、降水量、空气湿度是密切关联的，地理条件通过影响园艺产品的生长发育条件而对园艺产品产生影响，所以地理条件对园艺产品的影响是间接的。同一品种的园艺产品栽培在不同的地理条件下，它们的生长发育状况、质量及贮藏性就表现出一定的差异。实践证明，许多园艺产品的名特产区，首先在于该地区的自然生态条件适合于某种作物的生长发育要求。例如，新疆的葡萄、哈密瓜，陕西渭北的苹果，四川的红橘、甜橙，浙江的温州蜜柑，福建的芦柑，河北的鸭梨，广东和台湾的香蕉等，无一例外均与栽培地区优越的地理和气候条件密切相关。

我国苹果的纬度分布在北纬 30°~40° 在长江以北的广大地区都有栽培。但是，经过果树科学工作者多年的考察论证，认为陕西的渭北高原地区是中国苹果的最佳适生区。这一地区的光热资源充沛，昼夜温差大，年平均温度 8~12 ℃，大于 10 ℃ 的积温在

3 000 ℃以上，年日照时数2 500~3 000 h，6—9月平均昼夜温差10~13 ℃；海拔高度一般在800~1 200 m，气候冷凉半干燥，日照时数长，光质好；土层深厚，黄土面积大，透水性强，透气性好。以上自然优势条件加上科学的栽培管理技术，因而渭北地区的苹果产量高、质量好、耐贮藏，畅销全国各地，并且开始步入国际市场。另外，山西、河南、甘肃等省的一些地区，也具备苹果生产的优越地理条件。

我国柑橘的纬度分布在北纬20°~33°不同纬度栽培的同一柑橘品种，一般表现出从北到南含糖量增加，含酸量减少，因而糖酸比值增大，风味变好。例如，广东生产的橙类，较之纬度偏北的四川、湖南生产的，糖多酸少。陕西、甘肃、河南的南部地区虽然也种植柑橘，但由于纬度偏北，柑橘生产受限制的因素很多，果实的质量不佳，也不耐贮藏。另外，从相同纬度的垂直分布看，柑橘的品种分布有一定的差异。例如，湖北宜昌地区海拔550 m以下的河谷地带生产的甜橙品质良好，海拔550~780 m地带则主栽温州蜜柑、橘类、酸橙、柚等，海拔800~1 000 m地带主要分布宜昌橙，对其他品种的生长则不适宜。

生产实践证明，不论我国南方还是北方的果树产区，丘陵山地的生态条件如光照、昼夜温差、空气湿度、土壤排水性等均优于同纬度的平原地区，故丘陵山地生产的同种果品比平原的着色好、品质佳、耐贮藏。所以，充分利用丘陵山地发展果树生产，既不与粮棉油争地，又有利于提高果品的产量、质量及贮藏性，并且有利于改善生态环境，实在是利国利民之举。

第三节　农业技术因素

园艺产品栽培管理中的农业技术因素如施肥、灌溉、病虫害防治、修剪与疏花疏果等对园艺产品的生长发育、质量状况及贮藏性有显著影响，其中许多措施与生态因素的影响有相似之处，二者常常表现为联合、互补或者相克的关系。优越的生态条件与良好的农业技术措施结合，园艺产品生产必然能够达到高产、优质、耐贮藏的目的。

一、施肥

园艺产品生长发育中需要的养分主要是通过施肥从土壤中获得，土壤中有机肥料和矿物质的含量、种类、配合比例、施肥时间等对园艺产品的产量、质量及贮藏性都有显著的影响，其中以氮（N）素的影响最大，其次是磷（P）、钾（K）、钙（Ca）、镁（Mg）、硼（B）等矿质元素。

（一）氮肥

N是园艺产品生长发育最重要的营养元素，是获得高产的必要条件。但是，施氮肥过量或者不足，都会产生不利影响。氮素缺乏常常是制约园艺产品正常生长发育的主要因素，如切花缺氮会使叶片产生黄化和出现早衰。生产中为了提高产量，增施氮肥是最常采用的措施。但是，氮肥施入量过多，园艺产品的营养生长旺盛，导致组织内矿质营养平衡失调，果实着色差，质地疏松，呼吸强度增大，成熟衰老加快，对园艺产品的质量及贮藏性产生一定程度的消极影响。例如，苹果在氮肥施入过量时，果实的含糖量低而风味不佳，果面着色差易发生虎皮病，肉质疏松而较快地粉质化，N/Ca 值比增大易发生水心病、苦痘病等生理性病害。番茄施肥过多，会降低果实干物质和抗坏血酸的含量。一般认为，适当地施入氮肥而不过量，园艺产品的产量虽然比施氮多的低一些，但能保证产品的质量和良好的贮藏性，降低腐烂和生理病害造成的损失。

N 对园艺产品品质的影响，不仅取决于其绝对含量的多少，还决定于其他矿质元素的配比平衡关系。Shear（1981）指出，苹果叶片中 N 的质量分数为 2%、Ca 的质量分数为 1%，$W_N/W_{Ca}=2$，果实中 N 为 0.2%、Ca 为 0.02%，$W_N/W_{Ca}=10$ 时，苹果的品质好，而且耐贮藏；如果果实中含 N 量增加，含 Ca 量不增加，$W_N/W_{Ca}=20$ 时，苹果就会发生苦痘病；$W_N/W_{Ca}=30$ 时，果实的质地就很疏松，不能贮藏。

对于花卉来说，在栽培过程中，过量施氮也会降低切花的瓶插寿命，一般在花蕾现色之前应少施或停施氮肥，适量施用钾肥，以提高切花品质和延长瓶插寿命。不同的切花种类生长发育对矿质营养的需求量和平衡比例有不同的要求。通常观花和观果类切花应增加 P、K 的比例以及 B 和 Zn 等微量元素的施用。而观叶切花可适当增加氮的施用量。

（二）磷肥

P 是植物体内能量代谢的主要物质，对细胞膜结构具有重要作用。低 P 果实的呼吸强度高，冷藏时组织易发生低温崩溃，果肉褐变严重，腐烂病发生率高。这种感病性的增强，是因为含 P 不足时，醇、烃、醛等挥发性物质产生增加的结果。增施磷肥，有提高苹果的含糖量、促进着色的效果。据对苹果的研究，100 g 果实中 P 含量低于 7 mg 时，果实组织易褐变和发生腐烂；叶片中 P_2O_5 含量不少于 0.3%~0.5% 干重时，才算达到磷肥的正常施用量。P 对园艺产品质量和贮藏性的影响呈正相关性的报道很多，对此应予以重视。

（三）钾肥

K 肥施用合理，能够提高园艺产品产量，并对质量和贮藏性产生积极影响。如 K 能促进花青素的形成，增强果实组织的致密性和含酸量，增大细胞的持水力，部分抵消高 N 产生的消极影响。切花缺钾对采后新鲜度有很大的影响。但是，过多地施用钾肥，能够降低园艺产品对 Ca 的吸收率，导致组织中矿质营养的平衡失调，结果使缺 Ca 性生理病害和某些真菌性病害发生的可能性增大，例如苹果苦痘病和果心褐变病容易发生。缺 K 会延缓番茄的成熟过程，因为 K 浓度低时会使番茄红素的合成受到抑制。苹果缺 K 时，果实着色差，贮藏中果皮易皱缩，品质下降。果树缺 K 容易发生焦叶现象，降低果实产量及品质。对缺 K 的果树补施钾肥，可明显改善果色、提高产量。但过多地施用 K 肥也会产生不良影响：一方面果树对 K 的吸收与 Ca、Mg 的吸收存在拮抗作用，K 肥吸收过多，造成果实中 Ca 含量降低；另一方面施用 K 肥可促进 N 肥的吸收，减少糖分的积累，影响果色形成。据研究表明，N/K 值保持 0.4~0.6 时，则有利于果实着色，改善品质和风味。Fallahi 等（1985）研究认为，高 N、K 苹果易发生苦痘病，高 K 区果实成熟时的乙烯含量最高。有研究认为，苹果叶片中适宜含 K 量为 1.6%~1.8% 干重，过多或者过少均对果实产生不利影响。据研究报道，在花蕾现色之前一般要少施或停施氮肥，同时适量施用钾肥，可以适当地增加花枝的耐折性及同化物质的输送能力，延长切花瓶插寿命。

（四）镁肥

Mg 是组成叶绿素的重要元素，与光合作用关系极为密切。缺 Mg 的典型标志是植物叶片呈现淡绿色或黄绿色。植物体内的 Mg 通常是从土壤中摄入，一般不进行人工施肥。近年的研究表明，Mg 在调节碳水化合物降解和转化酶的活化中起着重要作用。Mg 与 K 一样，影响园艺产品对 Ca 的吸收利用，如含 Mg 高的苹果也易发生苦痘病。当然，Mg 在园艺产品中的含量比 K 少得多，故对产品质量与贮藏性的影响相对也要小些。

现在已经明确，K、Mg 引起的园艺产品生理障碍与 Ca 的亏缺密切相关，故对园艺产品某种生理病害的认识，不能孤立地仅从某一种矿质元素的盈缺去分析。

（五）钙肥

Ca 是植物细胞壁和细胞膜的结构物质，在保持细胞壁结构、维持细胞膜功能方面意义重大。Marinos 指出，Ca 可以保护细胞膜结构不易被破坏。缺 Ca 易引起细胞质膜解体，Ca 和 P 同样起保护细胞磷酸脂膜完整性的作用。目前国内外大量研究表明，Ca 在调节园艺产品以及花卉的呼吸代谢、抑制成熟衰老、控制生理性病害等方面具有重要作用，显示出 Ca 在园艺产品采后生理上的重要性。

关于 Ca 的研究，比较多地集中在苹果上。研究发现，在 Ca 的作用下，苹果的细胞膜透性降低，乙烯生成减少，呼吸水平下降，果肉硬度增大，苦痘病、红玉斑点病、内部溃败病等生理性病害减轻，并且对真菌性病害的抗性增强。Drake 研究表明，成熟时含 Ca 200 μg/g 和 140 μg/g 时，贮藏损失分别为 5% 和 35%。有研究指出，100 g 苹果的含 Ca 量少于 5mg 时，生理病害发生就比较严重；含 Ca 量低于 0.06%~0.07% 干重时，这种苹果不宜长期贮藏。Himelrick 等研究指出，苹果在生长早期，Ca 在果实中的分布比较均匀一致；随着生长期延长，Ca 的分布以果皮含量最高，果肉最低，果心居中；果皮中 Ca 含量由梗端到萼洼逐渐减少，许多生理病害常出现在 Ca 含量少的萼端；当 Ca 含量低于临界水平（果皮 700 μg/g，果肉 200 μg/g）时，果实易发生生理失调，缺 Ca 性生理病害的发生增多。

在通常情况下，土壤中并不缺 Ca，但是园艺产品常常表现出缺 Ca 现象，其原因首先在于土壤中 Ca 的利用率很低，即有效 Ca 或称活性 Ca 偏少。其次是 Ca 在植物体内的移动非常缓慢，故树冠上部与外围的果实表现缺 Ca 就不难理解。另外，土壤中大量地施用 N 肥或者 K、Mg 等矿物质的增多，也是影响园艺产品对 Ca 吸收利用的重要原因，其中氮肥过多是最常见的原因。

近年来，对微肥与蔬菜生理病害的关系研究较多，其中报道较多的是土壤中 Ca 的含量与生理病害的发病情况，普遍认为蔬菜需 Ca 高于一般大田作物。基本明确土壤中缺 Ca 是大白菜发生干烧心的主要原因，当土壤中可利用的 Ca 低于土壤盐类总含量的 20% 时，叶片中 Ca 的含量下降到 12.4 μg/g（干重）即可出现病症，叶片中 Ca 的含量在 22 μg/g 以上均正常。植物缺 Ca 生理病的发生与 Ca 的生理功能有关，植物细胞中 Ca^{2+} 与多聚半乳糖醛酸的 R—COO— 基结合成易交换的形态，调节膜透性及相关过程，增加细胞壁强度。同时 Ca^{2+} 对质膜 ATP 酶有活化作用，Ca 在细胞壁结构中的完整性作用，表现在位于细胞壁中胶层的果胶酸钙，在细胞壁结构中的果胶蛋白质复合物中起分子间连接剂的作用，Ca^{2+}能促进细胞壁多聚体的合成，提高细胞壁合成中的关键酶 β-葡聚糖酶的活性，缺 Ca 组织表现为质膜结构破坏、内膜系统紊乱、细胞分隔消失、细胞壁中胶层开始解体外，表现出干烧心症状，番茄的后熟斑点、甘蓝的心腐病也是土壤中缺 Ca 所致。在施 N 肥时，及时补充土壤中 Ca 的含量，以防 Ca/N 值下降，适量补充 P 和 K 的用量，注意大量元素之间和微量元素之间的比例，可减轻相关的生理病害发生。

土壤的水分状况对果树的 Ca 素营养也有影响，由于 Ca 素必须在生长早期转移到果实中去，在果实旺盛生长时期，如果水分的供应不足，必然影响到果实中 Ca 的含量。

由于 Ca 对采后园艺产品的品质和生理作用影响很大，近年来，不少学者对此进行了研究，结果表明采收前增加产品 Ca 的含量，可明显降低其在贮藏期间的呼吸强度，并能影响其酸度、硬度、维生素 C 含量和对冷害的抵抗力，从而起到延长其贮藏期的作用。因此，在采收前增加产品 Ca 的含量，对提高产品的贮藏能力是非常有效的，采前用含 Ca 0.6% 的 $CaCl_2$ 处理杧果，对其贮藏有良好的影响，Ca 处理的果实果皮及果肉含 Ca 量提高，呼吸率降低。张华云等（1994）研究表明，从盛花期每隔 1 周喷 $CaCl_2$ 一次，采收前 1 天再喷一次，溶液浓度为 1% 和 0.5%，可明显降低采后中国樱桃果实的腐烂率、掉梗率、褐变指数及增加果实中的含糖量，减少果实在贮藏过程中糖和维生素 C 的消耗，从而延长果实贮藏寿命。申琳等（2008）报道，用 0.3% 的 $CaCl_2$ 溶液处理小油菜，能有效降低膜透性，延缓细胞衰老。姚连芳（1998）报道，于采前 1 周，采前 2~3 d 喷 Ca 两次，浓度为 4%~5%，可以延长芍药、月季瓶插寿命 2~3 d。近年研究还发现，外源激素能促进 Ca^{2+} 的运转，并增加钙调蛋白（CaM）和 Ca^{2+} 的含量，同时外源激素与果实的衰老、糖分积累、酶活性等生理作用密切相关。

关于 N、P、K、Mg、Ca 营养对园艺产品的生长发育、成熟衰老、质量及贮藏性影响的研究较多较清楚，对于硼、镁、锌、铜、铁等也都有研究，但大多涉及的是与园艺产品生长发育的关系，而涉及收获后园艺产品新陈代谢的内容比较少，还有许多矿质元素在园艺产品采后生理研究中还是空白。

二、灌溉

灌溉与降雨、下雪一样，能够增加土壤的含水量。在没有灌溉条件的果园、菜园和花园，园艺产品的生长发育依靠自然降雨和土壤的持水力来满足对水分的需要。在有灌溉条件时，灌水时间和灌溉量对园艺产品的影响很大。土壤中水分供应不足，园艺产品的生长发育受阻，产量减少，质量降低。例如，桃在整个生长过程中，只要采收前几周缺水，果实就难长大，果肉坚韧呈橡皮质，产量低、品质差。但是，供水太多又会延长果实的生长期，风味淡薄，着色差，采后容易腐烂。

大白菜、洋葱采前 1 周不要浇水，否则耐贮性下降。洋葱在生长期中如果过分灌水会加重贮藏中的茎腐、黑腐、基腐和细菌性腐烂。番茄在多雨年份或遇久旱骤雨，会使果肉细胞迅速膨大，从而引起果实开裂。在干旱缺雨的年份或轻质土壤上栽培的萝卜，贮藏中容易糠心，而在黏质土上栽培的，以及在水分充足年份或地区生长的萝卜，糠心较少，出现糠心的时间也较晚。大白菜蹲苗期，土壤干旱缺水，会引起土壤溶液浓度增高，阻碍钙的吸收，白菜易发生干烧心病。

　　土壤中水分的供应状况对于许多种水果、蔬菜、瓜类都有类似对桃的影响，尤其是收获前大量灌水，虽有增加产量的效果，但收获后园艺产品的含水量高，干物质含量低，易遭受机械损伤而引起腐烂，呼吸代谢强度大，蒸腾失水速度快等，都对园艺产品的质量和贮藏性产生极为不利的影响。因此，掌握灌溉的适宜时期和合理的灌水量，对于保证园艺产品的产量和质量非常重要。在现代化耕作的果园和菜园，采用喷灌或滴灌，既能节约用水，又能满足园艺产品对水分的需要，使园艺产品的产量、质量及贮藏性更有保证。

三、病虫害防治

　　在水果和蔬菜栽培中，为了达到提高产量和质量、控制病虫害发生等目的，需要喷洒植物生长调节剂、杀菌灭虫的农药等。这些药剂除了达到栽培的目的外，对园艺产品的贮藏性或多或少地、直接或间接地产生有利或不利的影响。

（一）植物生长调节剂

　　控制植物生长发育的物质有两类：一类叫植物激素，另一类叫植物生长调节剂。植物激素是由植物自身产生的一类生理活性物质。植物生长调节剂则是采用化学等方法，仿照植物激素的化学结构，人工合成的具有生理活性的一类物质。或者与植物激素的化学结构虽不相同，但具有与植物激素类似生理效应的物质，也属于植物生长调节剂。园艺产品生产中使用的植物生长调节剂类物质很多，依其使用效应可概括为以下几种类型。

1. 促进生长和成熟

　　如生长素类的吲哚乙酸、萘乙酸、2,4-D（化学名称为2,4-二氯苯氧乙酸）等，能促进园艺产品的生长，减少落花落果，同时也促进果实的成熟。例如，于红星苹果采前1个月树上喷洒 $20\sim40$ μg/g萘乙酸，能有效地控制采前落果，而且促进果实着色，但果实后熟衰老快而不利于贮藏。2,4-D用于番茄、茄子植株喷洒，可防止早期落花落果，促进果实生长膨大，形成少籽或无籽果实，但促进果实成熟，番茄的成熟期提早10 d左右。2,4-D在番茄和茄子上的喷洒浓度分别为 $10\sim25$ μg/g 和 $20\sim50$ μg/g。2,4-D用于柑橘类果实采前树上喷洒（$50\sim100$ μg/g），或者采后药液浸蘸（$100\sim200$ μg/g），可保持果蒂新鲜，防止蒂缘干疤发生，因而能控制蒂腐、黑腐等病菌从果蒂侵染而减少腐烂损失。经2,4-D处理的柑橘类果实，呼吸水平有所下降，糖酸消耗相应减少。将2,4-D与多菌灵或硫菌灵等杀菌剂混合使用，效果更佳。在猕猴桃幼果期用吡效隆，能够促进果实膨大，平均单果重增加40%左右。但是，果实外观畸变不雅，硬度下降，成熟软化速度快，不耐贮藏。

2. 促进生长而抑制成熟

　　赤霉素具有促使植物细胞分裂和伸长的作用，但也抑制一些园艺产品的成熟。例如，柑橘尾张品系于谢花期喷洒 50 μg/g赤霉素，坐果率和产量增加2倍多，对果实无推迟成熟现象，但喷洒 100 μg/g 则会延迟成熟，而且果皮变粗增厚，质量有所下降。

用 70~150 μg/g 赤霉素在菠萝开花一半到完全开花之前喷洒，有明显的增产效果，并且果实光洁饱满，可食部分增加，含酸量下降，成熟期延迟 8~15 d。在无核品种的葡萄坐果期喷 40 μg/g 赤霉素，能使果粒明显增大。对于某些有核葡萄品种用 100 μg/g 赤霉素在盛花期蘸花穗，可抑制种子发育得到无核、早熟的果穗。2,4-D 对于柑橘类果实，除保持果蒂新鲜不脱落外，如果与赤霉素混合使用，还有推迟果实成熟、延长贮藏期的效果。大白菜收获前 3~5 d，叶球上喷洒 50 μg/g 2,4-D，可以预防贮藏期间脱帮。

3. 抑制生长而促进成熟

矮壮素是一种生长抑制剂，对于提高葡萄坐果率的效果极为显著。用 100~500 μg/g 矮壮素与 10 μg/g 赤霉素混合，在葡萄盛花期喷洒或蘸花穗，能提高坐果率，促进成熟，增加含糖量，减少裂果。苹果和核果类采前 1~4 周喷洒 200~250 μg/g 乙烯利，可促进果实着色和成熟，呼吸高峰提前出现，对贮藏不利。乙烯利对园艺产品的催熟作用具有普遍性，而且不论是植株上喷洒还是采后用药液浸蘸，都有明显的催熟效果。用于贮藏的园艺产品，对此应予以注意。

B$_9$（化学名称为 N-二甲氨基琥珀酰胺酸）属于生长抑制剂，由于发现它对人体的不利影响，现已不允许在食用园艺产品上使用，但可以应用于供观赏的花卉。常用于切花瓶插寿命的浓度为 10~500 mg/L。

4. 抑制生长延缓成熟

青鲜素、多效唑等是一类生长延缓剂。用矮壮素于采前 3 周喷洒巴梨，可增加果实硬度，减少采前落果，延缓果肉软化。洋葱、大蒜收获前 2 周左右，即植株外部叶片枯萎而中部叶子尚青绿时，喷 0.25% 青鲜素，能使收获后洋葱、大蒜的休眠期延长 2 个月左右。喷药浓度低于 0.1%，或者收获后用青鲜素处理洋葱、大蒜，抑芽效果不明显。青鲜素对马铃薯也有类似洋葱、大蒜的抑芽效应。苹果叶面喷 0.1%~0.2% 青鲜素，或者 0.05% 喷布 2 次，能够控制树冠生长，促进花芽分化，而且果实着色好、硬度大，苦痘病等生理性病害的发生率降低。

（二）杀菌剂和灭虫剂

在果树和蔬菜栽培中，为了提高产量和产品质量，减少贮藏、运输、销售中的腐烂损失，搞好田间病虫害防治尤为重要。可供田间使用的杀菌剂和杀虫剂种类、品种很多，只要用药准确，喷洒及时，浓度适当，就能有效地控制病虫害的侵染危害。如苹果、香蕉、西瓜和甜瓜等多种园艺产品贮运期间发生的炭疽病，病菌一般是在生长期间潜伏侵染，当果实成熟时才在田间或者采后在贮运、销售过程中陆续发病。如果在病菌侵染阶段（花期或果实发育期）喷洒对炭疽病菌有效的杀菌剂，就可以预防潜伏侵染，并可减少附着在果实表面的孢子数量，降低采后的发病率。

收获前侵染中还有一种是病菌孢子附着在寄主表面，孢子发芽形成附着孢，但未完成侵染过程。这种侵染能否发病，取决于寄主的抗病能力，抗病性强的寄主常在附着孢的附近形成某些机械组织，阻止病菌的侵入而不发病。另有一种收获前侵染是病菌在园艺产品收获前已落到寄主表面，随后从自然孔道（气孔和皮孔）或伤口侵入寄主，不经过潜伏侵染可直接繁殖个体，最后出现病灶。青霉、绿霉、根霉、镰刀菌、地霉、欧氏杆菌等均属此种侵染。

虫害对园艺产品造成的影响是多方面的，虫伤使商品外观不雅，昆虫蛀食及其排泄物影响食用，蛀食伤口为病菌的侵染打开了通道等。可见，田间喷药既能控制害虫对园艺产品造成的直接影响，也可减轻腐烂病害发生。

虽然园艺产品收获后用某些杀菌灭虫药剂处理有一定的效果，但这种效果是建立在田间良好的管理包括病虫害防治的基础之上。如果田间病虫害防治不及时，很难设想园艺产品在贮运中用药剂处理能有好的效果，尤其对潜伏侵染性病害，收获后药剂处理的收效甚微。因此，控制园艺产品贮运病虫害工作的重点应放在田间管理上。田间病虫害防治工作应坚持"预防为主，综合防治"的方针。

杀菌剂中的苯并咪唑类（多菌灵、苯菌灵、噻菌灵）是近年田间使用较多的高效低毒农药，对于防治多种园艺产品真菌病害有良好的效果，也可用于园艺产品收获后的防腐处理。在使用化学药剂时，必须贯彻执行国家有关农药使用的标准和规定，严禁滥用和乱用药物，以免影响食品的卫生与安全。

四、修剪和疏花疏果

适当的果树修剪可以调节果树营养生长和生殖生长的平衡，减轻或克服果树生产中的大小年现象，增加树冠透光面积和结果部位，使果实在生长期间获得足够的营养，从而影响果实的化学成分，因此，修剪也会间接地影响果实的耐贮性。一般来说，树冠中主要结果部位在自然光强的30%~90%区域。就果实品质而言，40%以下的光强不能产生有价值的果实，40%~60%的光强可产生中等品质的果实，60%以上的光强才能产生品质优良的果实。修剪能够调节树体营养生长和生殖生长的比例，减轻或克服果树生产中的大小年现象。修剪对果实的贮藏性产生直接或间接的影响，如果修剪过重，结果时枝叶旺长，结果量减少，枝叶与果实生长对水分和营养的竞争突出，使果实中 Ca 含量降低，易导致发生多种缺 Ca 性生理病害。重剪也造成树冠郁闭，光照不良，果实着色差，着色差的苹果贮藏中易发生虎皮病。修剪过重的柑橘树上粗皮大果比例增加，这种果实贮藏中易发生枯心病。但是，修剪过轻，树上开花结果数量多，果实生长发育不良，果个小、品质差，也不耐贮藏。修剪有冬剪和夏剪之分，以冬剪最为重要。不管是冬剪还是夏剪，都应根据树龄、树势、结果量、肥水条件等确定合理的修剪量，保证果树生产达到高产、稳产、优质和耐贮藏的目的。

在番茄、茄子、西瓜等生产中经常要进行打杈，其作用如同果树的修剪。及时摘除叶腋处长出的侧芽，对于保证产量和质量有很大作用。

疏花疏果是许多种果树、蔬菜、花卉生产中采用的技术措施，目的是保证叶、果的适当比例，使叶片光合作用制造的养分能够满足果实正常生长发育的需要，从而使果实具有一定的大小和良好的品质。虽然疏花的工作量比较大，但是这项措施进行得早，可以减少植株体内营养物质的消耗。疏除幼果的时间对疏果效果的影响很大，一般应在果实细胞分裂高峰期之前进行，可以增加果实中的细胞数。疏果较晚只能使细胞的膨大有所增加，疏果过晚对果实大小的影响不明显。疏花疏果影响到细胞的数量与大小，也就决定着果实体积的大小，在一定程度上也就影响到果实的品质及贮藏性。只要掌握好疏花疏果的时间和疏除量，最终对产量、质量以及贮藏性都会产生积极的影响。

第四节　贮藏条件的影响

贮藏环境的温度、湿度以及 O_2 和 CO_2 浓度都是影响园艺产品贮藏的重要条件，即人们通常所说的影响贮藏的三要素——温度、湿度和气体。

一、温度

温度对园艺产品贮藏的影响表现在对呼吸、蒸腾、成熟衰老等多种生理作用上。在一定范围内随着温度升高，各种生理代谢加快，对贮藏产生不利影响。因此，低温是各种园艺产品贮藏和运输中普遍采用的技术措施。

各种园艺产品都有其适宜的贮藏温度，原产于寒温带的苹果、梨、葡萄、核果类、猕猴桃、甘蓝、花椰菜、胡萝卜、洋葱、蒜薹、香石竹、菊花等许多种园艺产品的贮藏适温在 0 ℃左右。而原产于热带和亚热带的园艺产品，它们的系统发育是在较高的温度下进行的，故对低温比较敏感，在 0 ℃贮藏易发生冷害，冷害多为表面出现凹陷斑块，花枝和花朵组织变色，而后发生衰老变质腐烂，故应贮藏在较高的温度条件下。例如，香蕉的贮藏适温为 12~13 ℃，10 ℃以下会导致冷害发生；柑橘类也不适于 0 ℃贮藏，香蕉和甜橙的贮藏适温分别为 9 ℃和 3~5 ℃，番茄（绿熟）、青椒、黄瓜、菜豆的贮藏适温为 10 ℃左右；鹤望兰为 7~8 ℃，火鹤花为 13 ℃。园艺产品品种间的贮藏适温也有差异，但这种差异较之种类间的差异就小得多。

保持园艺产品固有耐藏性的温度，应该是使园艺产品的生理活性降低到最低限度而又不会导致生理失调的温度水平。为了控制好贮藏适温，必须搞清楚贮藏园艺产品所能忍受的最低温度，贮藏适温就是接近其不致发生冷害或冻害的这一最低温度。另外，贮藏温度的稳定也很重要，冷库温度的变化一般不要超过贮藏适温的上下 1 ℃。

二、湿度

园艺产品采后的蒸腾失水不仅造成明显的失重和失鲜，对其商品外观造成不良影响，更重要的是在生理上带来很多不利影响，促使园艺产品走向衰老变质，缩短贮藏期。因此，在贮藏中提高环境湿度，减少蒸腾失水就成为园艺产品贮藏中必不可少的措施。

对于大多数种类的园艺产品而言，在低温库贮藏时，应保持较高湿度，一般为 90%~95%。在常温库或者贮藏适温较高的园艺产品，为了减少贮藏中的腐烂损失，湿度可适当低一些，保持 85%~90% 较为有利。有少数种类的园艺产品如洋葱、大蒜、西瓜、哈密瓜、南瓜、冬瓜等则要求较低的湿度，其中洋葱、大蒜要求湿度最低，为 65%~75%，瓜类稍高，为 70%~85%。

毫无疑问，提高库内湿度可以有效地减少园艺产品蒸腾失水，避免发生由于失水萎蔫而引发的各种不良生理反应。生产中应根据园艺产品的特性、贮藏温度、是否用保鲜袋包装等来确定贮藏的湿度条件。

三、O_2 和 CO_2

在许多种园艺产品的贮藏中，通过降低 O_2 和增高 CO_2，可以获得比单纯降温和调湿更佳的贮藏保鲜效果，苹果、猕猴桃、葡萄、香蕉、蒜薹、花椰菜、水仙切花等是这方面的典型例子。由于园艺产品处在一个比正常空气有更少 O_2 和更多 CO_2 的环境中，便能有效地抑制园艺产品的呼吸作用、延缓成熟衰老变化，而且对病原微生物的侵染危害也有一定的抑制效果。

园艺产品不同种类以及品种间对气体浓度的要求不同，有的甚至差别很大。例如，柑橘、菠萝、石榴等对 CO_2 比较敏感，贮藏中 CO_2 应控制在 1% 以下，但由于普通气调贮藏很难将 CO_2 控制在如此低的水平，所以这些果实目前很少采用气调贮藏。对适宜于气调贮藏的园艺产品而言，控制 O_2 2%~5% 和 CO_2 3%~5%，是其中大多数园艺产品气调贮藏适宜或者比较适宜的气体组合。

复习题

1. 影响园艺产品贮藏因素的类型。
2. 影响园艺产品贮藏的主要因素。

第五章　园艺产品采后处理及运销

第一节　园艺产品采收

采收是园艺产品生产中的最后一个环节，同时也是影响园艺产品贮藏成败的关键环节。采收的目标是使园艺产品在适当的成熟度时转化成为商品，采收速度要尽可能快，采收时力求做到最小的损伤（损失）、最小的花费。

据联合国粮农组织的调查报告显示，发展中国家在采收过程中造成的果蔬损失达8%~10%，其主要原因是采收成熟度不适当、田间采收容器不适当、采收方法不当而引起机械损伤严重，在采收后的贮运到包装处理过程中缺乏对产品的有效保护。园艺产品一定要在其适宜的成熟度时采收，采收过早或过晚均对产品品质和耐贮性带来不利的影响。采收过早不仅产品的大小和重量达不到标准，而且产品的风味、色泽和品质也不好，耐贮性也差；采收过晚，产品已经过熟，开始衰老，不耐贮藏和运输。在确定产品的成熟度、采收时间和方法时，应该根据产品的特点并考虑产品的采后用途、贮藏期的长短、贮藏方法和设备条件等因素。一般就地销售的产品，可以适当晚采，而用作长期贮藏和远距离运输的产品，应当适当早采，对于有呼吸高峰的园艺产品，应该在达到生理成熟或呼吸跃变前采收。采收工作有很强的时间性和技术性，必须及时并且由经过培训的工人进行采收，才能取得良好的效果，否则会造成不必要的损失。采收以前必须做好人力和物力上的安排和组织工作，根据产品特点选择适当的采收期和采收方法。

园艺产品的表面结构是良好的天然保护层，当其受到破坏后，组织就失去了天然的抵抗力，容易受病菌的感染而造成腐烂。所以，园艺产品的采收应避免一切机械损伤。采收过程中所引起的机械损伤在以后的各环节中无论如何进行处理也不能完全恢复。反而会加重采后运输、包装、贮藏和销售过程中的产品损耗，同时降低产品的商品性，大大影响贮藏保鲜效果，降低经济效益。

如四川地区习惯用针划的方法进行蒜薹的破薹采收。这种方法在蒜薹上造成大量的创伤，伤口在产品新鲜时虽不很明显，但在常温下2~3 d后，或在冷库中冷藏20~30 d后就会出现褐变，严重影响产品外观品质和风味，同时很容易遭受病菌侵染而发生腐烂。因此园艺产品采收的总原则应是及时而无伤，达到保质保量、减少损耗、提高贮藏加工性能的目的。

一、采收成熟度的确定

园艺产品的采收应根据产品种类、用途而确定适宜的采收成熟度和采收期。园艺产品成熟度可以从以下几个方面判别。

(一) 园艺产品表面色泽的显现和变化

许多果实在成熟时果皮都会显示出特有的颜色变化。一般未成熟果实的果皮中含有大量的叶绿素，随着果实的成熟，叶绿素逐渐降解，类胡萝卜素、花青素等色素逐渐合成，使果实的颜色显现出来。因此，色泽是判断园艺产品成熟度的重要标志。如甜橙由绿色变成橙黄色，红橘由绿色变成橙红色，柿子由青绿色变成橙红色，番茄由绿色变成红色。

根据不同的目的选择不同的成熟度采收。以番茄果实为例，作为远距离运输或贮藏的应在绿熟时采收；就地销售的，可在粉红色时采收；加工用的，可在红色时采收。作为贮藏用果，大部分甜橙、宽皮柑橘中的晚熟品种褪绿转黄 2/3 即已达八成成熟度，宜在此期采收。甜椒一般在绿熟时采收，茄子应在明亮而有光泽时采收，黄瓜应在果皮深绿色尚未变黄时采收。

(二) 坚实度和硬度

坚实度一般用来表示发育的状况。有一些蔬菜的坚实度大，表示发育良好、充分成熟或达到采收的质量标准。如番茄、辣椒等要在硬度较大、未过熟时采收，较耐贮藏。结球甘蓝、花椰菜应在叶球或花球充实、坚硬时采收，耐贮性好。但有一些蔬菜的坚实度高则表示品质下降，如莴笋、芥菜、芹菜应该在叶变得坚硬前采收。黄瓜、茄子、豌豆、菜豆、甜玉米等都应该在果实幼嫩时采收。对于其他果实，一般用质地和硬度表示。通常未成熟的果实硬度较大，达到一定成熟度时才变得柔软多汁。只有掌握适当的硬度，在最佳质地时采收，产品才能够耐贮藏和运输。如苹果、梨等果实都要求在一定硬度时采收。如辽宁的国光苹果采收硬度一般为 84.6 N/cm^2，烟台的青香蕉苹果采收硬度一般为 124.6 N/cm^2，四川的金冠苹果采收硬度一般为 66.8 N/cm^2。

(三) 果实形态

园艺产品成熟后，无论是其植株或产品本身都会表现出该产品固有的生长状态，根据经验可以作为判别成熟度的指标。如香蕉未成熟时果实的横切面呈多角形，充分成熟后，果实饱满、浑圆，横切面呈圆形。西瓜果实成熟的形态特征表现为：果实表面花纹清晰，果皮具有光泽，手感光滑；果实着地一面底色呈深黄色；果脐向内凹陷，果柄基部略有收缩。

(四) 生长期和成熟特征

不同品种的果蔬由开花到成熟有一定的生长期，各地可以根据当地的气候条件和多年的经验得出适合当地采收的平均生长期。如山东元帅系列苹果的生长期约为 145 d，辽宁国光苹果的生长期约为 160 d，四川青苹果的生长期约为 110 d。不同产品在成熟过程中会表现出许多不同的特征，一些瓜果类可以根据其种子的变色程度来判断其成熟度，种子从尖端开始由白色逐渐变褐、变黑是瓜果类充分成熟的标志之一。豆类蔬菜应该在种子膨大硬化之前采收，其食用和加工品质才较好，但作种用的应在充分成熟时采收。另外，黄瓜、丝瓜、茄子、菜豆应在种子膨大、硬化之前采收，品质较好，否则木质化、纤维化，品质下降。南瓜应在果皮形成白粉并硬化时采收，冬瓜在果皮上的茸毛消失，出现蜡质白粉时采收，可长期贮藏。洋葱、大蒜、芋头、姜等蔬菜，在地上部枯黄时采收为宜，耐贮性强。

（五）果梗脱离的难易程度

有些种类的果实，成熟时果柄与果枝间常产生离层，稍一震动果实就会脱落，所以常根据其果梗与果枝脱离的难易程度来判断果实的成熟度。离层形成时是果实品质较好的成熟度，此时应及时采收，否则果实会大量脱落，造成较大的经济损失。

（六）主要化学物质的含量

园艺产品在生长、成熟过程中，其主要的化学物质如糖、淀粉、有机酸、可溶性固形物的含量都在发生着不断的变化。根据它们的含量和变化情况可以作为衡量产品品质和成熟度的标志。可溶性固形物中主要是糖分，其含量高标志着含糖量高、成熟度高。总含糖量与总酸含量的比值称为"糖酸比"，可溶性固形物与总酸的比值称为"固酸比"，它们不仅可以衡量果实的风味，也可以用来判别果实的成熟度。如美国的柑橘采收法规定的最低采收标准各州不同，佛罗里达州固酸比最少要达到 10.5：1；得克萨斯州甜橙固酸比最低要达到 10：1。四川甜橙采收时以固酸比 10：1，糖酸比 8：1 作为最低采收成熟度的标准。而苹果和梨糖酸比为 30：1 时采收，果实品质风味好。猕猴桃果实在果肉可溶性固形物含量 6.5%～8.0% 时采收较好。

一般情况下，随着园艺产品的成熟，体内的淀粉不断转化成为糖，使糖含量增高，但有些产品的变化则正好相反。因此，掌握各种产品在成熟过程中糖和淀粉变化的规律，通过测定其糖和淀粉含量，就可推测出产品的成熟度。例如，淀粉遇碘液会呈现蓝色，把苹果切开，将其横切面浸入配制好的碘溶液中 30 s，观察果肉变色的面积和程度，可以初步判别果实的成熟度。苹果成熟度提高时淀粉含量下降，果肉变色的面积会越来越小，颜色也越来越浅。不同品种的苹果成熟过程中淀粉含量的变化不同，可以制作不同品种苹果成熟过程中的淀粉变蓝图谱，作为成熟采收的标准。糖和淀粉含量的变化也常作为蔬菜成熟采收的指标，如青豌豆、菜豆等以食用幼嫩组织为主的，以糖多、淀粉少时采收品质较好。而马铃薯、甘薯则应在淀粉含量较高时采收，产量高、营养丰富、耐贮藏，加工淀粉时出粉率也高。果汁含量百分率也是衡量果实成熟与采收的重要指标。美国佛罗里达州用于加工甜橙汁的果实以出汁率达 50% 左右作为采收标准。

园艺产品由于种类繁多，收获的产品是植物的不同器官，其成熟采收标准难以统一。所以在生产实践中，应根据产品的特点、采后用途进行全面评价，以判断其最适的采收期，达到长期贮藏、加工和销售的目的。

二、采收方法

园艺产品的采收方法可分为人工采收和机械采收两种。在发达国家，由于劳动力比较昂贵，在园艺产品生产中积极采用机械的方式代替人工进行采收作业。但是，到目前为止，真正在生产中得到应用的大多是其产品以加工为目的的园艺产品，如以制造番茄酱的番茄、制造罐头的豌豆、酿酒用的葡萄、加工用的柑橘等。以新鲜园艺产品的形式进行销售的产品，以人工采收为主。

（一）人工采收

作为鲜销和长期贮藏的园艺产品最好采用人工采收，因为人工采收灵活性很强、机械损伤少，可以针对不同的产品、不同的形状、不同的成熟度，及时进行采收和分类处理。另外，只要增加采收工人就能加快采收速度，便于调节控制。

在我国，由于劳动力价格便宜，园艺产品的采收绝大部分可采用人工采收。但是目前国内的人工采收仍存在许多问题。主要表现为缺乏可操作的园艺产品采收标准，工具原始，采收粗放。有效地进行人工采收需要进行非常认真的管理，对新上岗的工人需进行培训使他们了解产品的质量要求，尽快达到应有的操作水平和采收速度。

具体的采收方法应根据园艺产品的种类而定。如柑橘、葡萄等果实的果柄与枝条不易分离，需要用采果剪采收。为了使柑橘果蒂不被拉伤，此类产品多用复剪法进行采收，即先将果实从树上剪下，再将果柄齐萼片剪平。苹果和梨成熟时，果梗与果枝间产生离层，采收时以手掌将果实向上一托，果实即可自然脱落。桃、杏等果实成熟后，果肉特别柔软容易造成伤害，所以人工采收时应剪平指甲或戴上手套，小心用手掌托住果实，左右轻轻摇动使其脱落。采收香蕉时，应先用刀切断假茎，紧护母株让其轻轻倒下，再按住蕉穗切断果轴，注意不要使其擦伤、碰伤。同一棵树上的果实，因成熟度不一致，分批采收可提高品质和产量。同时在一棵树上采收时，应按由外向内、由下向上的顺序进行。对于一些产品，机械常辅助人工采收以提高采收效率。如在莴苣、甜瓜等一些蔬菜的采收上，常用皮带传送装置传送已采收的产品到中央装载容器或田间处理容器。在番木瓜或香蕉采收时，采收梯旁常安置有可升降的工作平台用于装载产品。

为了达到较好的园艺产品采收质量，在采收时应注意以下几点：①戴手套采收，可以有效减少采收过程中人的指甲对产品所造成的划伤；②选用适宜的采收工具，针对不同的产品选用适当的采收工具如果实采收剪、采收刀等，防止从植株上用力拉、扒产品，可以有效减少产品的机械损伤；③用采收袋或采收篮进行采收，采收袋可以用布缝制，底部用拉链做成一个开口，待袋装满产品后，把拉链拉开，让产品从底部慢慢转入周转箱中，这样就可大大减少产品之间的相互撞碰所造成的伤害；④周转箱大小适中，周转箱过小则容量有限，加大运输成本，周转箱过大则容易造成底部产品的压伤，一般以 15~20 kg 为宜，同时周转箱应光滑平整，防止对产品造成刺伤。我国目前采收的周转箱以柳条箱、竹筐为主，对产品伤害较重，而国外主要用木箱、防水纸箱和塑料周转箱。所以今后应推广防水纸箱和塑料周转箱在园艺产品采后处理中的应用。

园艺产品的采收时间对其采后处理、保鲜、贮藏和运输都有很大的影响。一般来说，园艺产品最好在一天内温度较低的时间采收。这是因为温度低，产品的呼吸作用小，生理代谢缓慢，采收后由于机械损伤引起的不良生理反应也较小。此外，较低的环境温度对于产品采后自身所带的田间热也可以降到最小。采收时园艺产品的水分含量要控制在允许范围的最小限度。水分含量高，产品的品质鲜嫩，但这种状态却在采收及采收之后的处理过程中容易发生伤害和损失，虽然采后可以用晾晒的方法来降低园艺产品的水分含量，但在降低水分含量的同时，也会增强产品的呼吸强度，促进有害物质、激素的产生，进而增加了产品本身的营养成分的损耗，加快产品的成熟衰老速度。

（二）机械采收

机械采收适于那些成熟时果梗与果枝间形成离层的果实，一般使用强风或强力振动机械，迫使果实从离层脱落，在树下铺垫柔软的帆布垫或传送带承接果实并将果实送至分级包装机内。机械采收的主要优点是采收效率高、节省劳动力、降低采收成本，可以改善采收工人的工作条件，以及减少因大量雇佣和管理工人所带来的一系列问题。但由于机械采收不能进行选择采收，造成产品的损伤严重，影响产品的质量、商品价值和耐贮性，所以，大多数新鲜园产品的采收，目前还不能完全采用机械采收。

目前机械采收主要用于加工的园艺产品或能一次性采收且对机械损伤不敏感的产品，如美国使用机械采收番茄、樱桃、葡萄、苹果、柑橘、坚果类等。根茎类蔬菜使用大型犁耙等机械采收，可以大大提高采收效率；豌豆、甜玉米、马铃薯均可使用机械采收，但要求成熟度一致；加工的园艺产品也可以使用机械采收。机械采收前也常喷洒果实脱落剂如放线菌酮、维生素 C、萘乙酸等以提高采收效果。此外，采后及时进行预处理可将机械损伤减小到最低限度。

有效地进行机械采收需要许多与人工采收不同的技术。需要可靠的、经过严格训练的技术人员进行机械操作。不恰当的操作将带来严重的设备损坏和大量的机械损伤。机械设备必须进行定期的保养维修。采收时产品必须达到机械采收的标准，如蔬菜采收时必须达到最大的坚实度、结构紧实。同时，目前各国的科技人员正在努力培育适于机械采收的新品种，并已有少数品种开始用于生产。此外，采收机械设备价格昂贵，投资较大，所以必须达到相当的规模才能具有较好的经济性。

第二节　园艺产品采后处理

园艺产品收获后到贮藏、运输前，根据种类、贮藏时间、运输方式及销售目的，还要进行一系列的处理，这些处理对减少采后损失，提高园艺产品的商品性和耐贮运性能具有十分重要的作用。园艺产品的采后处理就是为保持和改进产品质量并使其从农产品转化为商品所采取的一系列措施的总称。园艺产品的采后处理过程主要包括整理、挑选、预贮愈伤、药剂处理、预冷、分级、包装等环节。可以根据产品的种类，选用全部的措施或只选用其中的某几项措施。事实上，这些程序中的许多步骤可以在设计好的包装房生产线上一次性完成。即使目前设备条件尚不完善，暂不能实现自动化流水作业，但仍然可以通过简单的机械或手工作业完成园艺产品的商品化处理过程，使园艺产品做到清洁、整齐、美观，有利于销售和食用，从而提高产品的商品价值和信誉。

许多园艺产品的采后预处理在田间完成，这样就有效地保证了产品的贮藏保鲜效果，极大地减少了采后的腐烂损失，减少了城市垃圾。所以，加强采后处理已成为我国园艺产品生产和流通中迫切需要解决的问题。

一、整理与挑选

整理与挑选是采后处理的第一步，其目的是剔除有机械伤、病虫危害、外观畸形等不符合商品要求的产品，以便改进产品的外观、改善商品形象、便于包装贮运、有利于销售和食用。园艺产品从田间收获后，往往带有残叶、败叶、泥土、病虫污染等，必须进行适当的处理。因为这些残叶、败叶、泥土、病虫污染的产品等，不仅没有商品价值，而且严重影响产品的外观和商品质量，更重要的是携带有大量的微生物孢子和虫卵等有害物质，因而成为采后病虫害感染的传播源，引起采后的大量腐烂损失。清除残叶、败叶、枯枝还只是整理的第一步，有的产品还需进行进一步修整，并去除不可食用的部分，如去根、去叶、去老化部分等。叶菜采收后整理显得特别重要，因为叶菜类采收时带的病残叶很多，有的还带根。单株体积小、重量轻的叶菜还要进行捆扎。其他的茎菜、花菜、果菜也应根据新产品的特点进行相应的整理。以获得较好的商品性和贮藏保鲜性能。

挑选是在整理的基础上，进一步剔除受病虫侵染和受机械损伤的产品。很多产品在采收和运输过程中都会受到一定机械伤害。受伤产品极易受病虫、微生物感染而发生腐烂。所以，必须通过挑出病虫感染和受伤的产品，减少产品的带菌量和产品受病菌侵染的机会。挑选一般采用人工方法进行。在园艺产品的挑选过程中必须戴手套，注意轻拿轻放，尽量剔除受伤产品，同时尽量防止对产品造成新的机械伤害，这是获得良好贮藏保鲜效果的保证。

二、预冷

(一) 预冷的作用

预冷是将新鲜采收的产品在运输、贮藏或加工以前迅速除去田间热，将其温度降低到适宜温度的过程。大多数园艺产品都需要进行预冷，恰当的预冷可以减少产品的腐烂，最大限度地保持产品的新鲜度和品质。预冷是创造良好温度环境的第一步。园艺产品采收后，高温对保持品质是十分有害的，特别是在热天或烈日下采收的产品，危害更大。所以，园艺产品采收以后在贮藏运输前必须尽快除去产品所带的田间热。预冷是农产品低温冷链保藏运输中必不可少的环节，为了保持园艺产品的新鲜度、优良品质和货架寿命，预冷措施必须在产地采收后立即进行。尤其是一些需要低温冷藏或有呼吸高峰的果实，若不能及时降温预冷，在运输贮藏过程中，很快就会达到成熟状态，大大缩短贮藏寿命。而且未经预冷的产品在运输贮藏过程中要降低其温度就需要更大的冷却能力，这在设备动力上和商品价值上都会遭受更大的损失。如果在产地及时进行了预冷处理，以后只需要较少的冷却能力和隔热措施就可减缓园艺产品的呼吸，减少微生物的侵袭，保持新鲜度和品质。

(二) 预冷方法及设备

预冷的方式有多种，一般分为自然预冷和人工预冷。人工预冷又分为多种方式。

1. 自然降温冷却

自然降温冷却是最简便易行的预冷方法。它是将采后的园艺产品放在阴凉通风的地方，使其自然散热。这种方式冷却的时间较长，受环境条件影响大，而且难以达到产品所需要的预冷温度，但是在没有更好的预冷条件时，自然降温冷却仍然是一种应用较普遍的好方法。

2. 水冷却

水冷却是用冷水冲淋产品，或者将产品浸在冷水中，使产品降温的一种冷却方式。由于产品的温度会使水温上升，因此，冷却水的温度在不使产品受冷害的情况下要尽量低一些，一般为0~1 ℃。目前使用的水冷却方式有两种，即流水系统和传送带系统。水冷却器中的水通常是循环使用的，这样会导致水中病原微生物的累积，易使产品受到污染。因此，应该在冷却水中加入一些化学药剂，减少病原微生物的交叉感染，如加入一些次氯酸或用氯气消毒。此外，水冷却器应经常用水清洗。用水冷却时，产品的包装箱要具有防水性和坚固性。流动式的水冷却常与清洗和消毒等采后处理结合进行；固定式的水冷却则是产品装箱后再进行。商业上适合于水冷却的园艺产品有胡萝卜、芹菜、甜玉米、菜豆、甜瓜、柑橘、桃等。直径约7.6 cm的桃在1.6 ℃的水中放置30 min，可以将其温度从32 ℃降至4 ℃，直径约5.1 cm的桃在15 min内可以冷却到4 ℃。

3. 冷库空气冷却

冷库空气冷却是一种简单的预冷方法，它是将产品放在冷库中降温的一种冷却方法。苹果、梨、柑橘等都可以在短期或长期贮藏的冷库内进行预冷。当制冷量足够大及空气以1~2 m/s的流速在库内和容器间循环时，冷却的效果最好。因此，产品堆码时包装容器间应留有适当的间隙，保证气流通过。如果冷却效果不佳，可以使用有强力风扇的预冷间。目前国外的冷库都有单独的预冷间，产品的冷却时间一般为18~24 h。冷库空气冷却时产品容易失水，95%以上的相对湿度可以减少失水量。

4. 强制通风冷却

强制通风冷却是在包装箱堆或块的两个侧面造成空气压力差而进行的冷却，当压差不同的空气经过货堆或集装箱时，将产品散发的热量带走。如果配上的机械制冷和加大气流量，可以加快冷却速度。强制通风冷却所用的时间比一般冷库预冷要快4~10倍，但比水冷却和真空冷却所需的时间至少长2倍。大部分果蔬适合采用强制通风冷却，在草莓、葡萄、甜瓜、红熟番茄上使用效果显著，0.5 ℃的冷空气在75 min内可以将品温24 ℃的草莓冷却到4 ℃。

5. 包装加冰冷却

包装加冰冷却是一种古老的方法，就是在装有产品的包装容器内加入细碎的冰块，一般采用顶端加冰。它适于那些与冰接触不会产生伤害的产品或需要在田间立即进行预冷的产品，如菠菜、花椰菜、抱子甘蓝、萝卜等。如果要将产品的温度从35 ℃降到2 ℃所需加冰量应占产品重量的38%。虽然冰融化可以将热量带走，但加冰冷却降低产品温度和保持产品品质的作用仍是很有限的。因此，包装内加冰冷却只能作为其他预冷方式的辅助措施。

6. 真空冷却

真空冷却是将产品放在坚固、气密的容器中，迅速抽出空气和水蒸气，使产品表面的水在真空负压下蒸发而冷却降温。压力减小时水分的蒸发加快，当压力减小到613.28 Pa（4.6 mm Hg）时，产品就有可能连续蒸发冷却到0 ℃。

因为在101 325 Pa（760 mm Hg）时，水在100 ℃沸腾，而在533.29 Pa（4 mm Hg）时，水在0 ℃沸腾。在真空冷却中产品的失水范围为1.5%~5%，由于被冷却产品的各部分等量失水，所以产品不会出现萎蔫现象，果蔬在真空冷却中大约温度每降低 5.6 ℃，失水量为 1%。

真空冷却的速度和温度很大程度上受产品的表面积与体积之比、产品组织失水的难易程度和抽真空的速度等。所以不同种类的真空冷却效果差异很大。生菜、菠菜、莴苣等叶菜类最适合于真空冷却。纸箱包装的生菜用真空冷却，在 25～30 min 内可以从 21 ℃冷却至 2 ℃，包心不紧的生菜只需 15 min。还有一些蔬菜如花椰菜、甘蓝、芹菜、蘑菇、甜玉米等也可使用真空预冷。但一些表面积小的产品，如水果、根菜类和番茄最好采用其他冷却方法。真空冷却对产品包装有特殊要求，要求包装容器能够透气，便于水蒸气散发。

总之，这些预冷方法各有优缺点，在选择预冷方法时，必须根据产品的种类、现有的设备、包装类型、成本等因素选择使用，常见预冷方法优缺点的比较见表 5-1。

表 5-1　常见预冷方法优缺点的比较

预冷方法		优缺点
空气预冷	自然通风冷却	操作简单易行，成本低廉，适用于大多数园艺产品，但冷却速度较慢，效果较差
	强制通风冷却	冷却速度稍快，但需要增加机械设备，园艺产品水分蒸发量较大
水冷	喷淋或浸泡	操作简单，成本较低，适用于表面积小的产品，但病菌容易通过水进行传播
冰冷	碎冰与产品直接接触	冷却速度较快，但需冷库采冰或制冰机制冰，碎冰易使产品表面产生伤害，耐水性差的产品不宜使用
真空预冷	降温、减压	冷却速度快，效率高，不受包装限制，但需要设备，成本高，局限于适用的品种，一般以经济价值较高的产品为宜

（三）预冷的注意事项

园艺产品预冷时受到多种因素的影响，为了达到预期效果，必须注意以下问题。

一是预冷要及时，必须在产地采收后尽快进行预冷处理，故需建设降温冷却设施。一般在冷藏库中应设有预冷间，在园艺产品适宜的贮运温度下进行预冷。

二是根据园艺产品的形态结构选用适当的预冷方法，一般体积越小，冷却速度越快，并便于连续作业，冷却效果好。

三是掌握适当的预冷温度和速度，为了提高冷却效果，要及时冷却和快速冷却。冷却的最终温度应在冷害温度以上，否则造成冷害和冻害，尤其是对于不耐低温的热带、亚热带园艺产品，即使在冰点以上也会造成产品的生理伤害。所以预冷温度 8 ℃以接近最适贮藏温度为宜。预冷速度受多方面因素的影响。制冷介质与产品接触的面积越大，冷却速度越快；产品与介质之间的温差与冷却速度成正比。温差越大，冷却速度越快；温差越小，冷却速度越慢。此外，介质的周转率及介质的种类不同也影响冷却速度。

四是预冷后处理要适当，园艺产品预冷后要在适宜的贮藏温度下及时进行贮运，若仍在常温下进行贮藏运输，不仅达不到预冷的目的，甚至会加速腐烂变质。

三、清洗和涂蜡

园艺产品由于受生长或贮藏环境的影响，表面常带有大量泥土污物，严重影响其商品外观。所以园艺产品在上市销售前常需进行清洗、涂蜡。经清洗、涂蜡后，可以改善商品外观，提高商品价值；减少表面的病原微生物；减少水分蒸腾，保持产品的新鲜度；抑制呼吸代谢，延缓衰老。

1. 清洗

在园艺产品的清洗过程中应注意清洗，用水必须清洁。产品清洗后，清洗槽中的水含有高丰度的真菌孢子，需及时将水进行更换。清洗槽的设计应做到便于清洗，可快速简便地排出或灌注用水。另外，可在水中加入漂白粉或 50~200 mL/L 的氯进行消毒，防止病菌的传播。在加氯前应考虑不同产品对氯的耐受性。产品倒入清洗槽时应小心，尽量做到轻拿轻放，防止和减少产品的机械伤害。经清洗后，可通过传送带将产品直接送至分级机进行分级。对于那些密度比水大的产品，一般采用水中加盐或硫酸钠的方法使产品漂浮，然后进行传送。

清洗液的种类很多，可以根据条件选用。如用 1%~2% 的碳酸氢钠或 1.5% 碳酸钠溶液洗果，可除去表面污物及油脂；用 1.5% 肥皂水溶液加 1% 磷酸三钠，水温调至38~43 ℃，可迅速除去果面污物；用 2%~3% 的氯化钙洗可减少苹果果实的采后损失。此外，还可用配制好的水果清洁剂洗果，也能获得较好的效果。如果清洁剂和保鲜剂配合使用，还可进一步降低果实在贮运过程中的损失。

清洗方法可分为人工清洗和机械清洗。人工清洗是将洗涤液盛入已消毒的容器中，调好水温，将产品轻轻放入，用软质毛巾、海绵或软质毛刷等迅速洗去果面污物，取出后在阴凉通风处晾干。机械清洗是用传送带将产品送入洗涤池中，在果面喷淋洗涤液，通过一排转动的毛刷，将果面洗净，然后用清水冲淋干净，将表面水分吸干，并通过烘干装置将果实表面水分烘干。经过清洗的产品，虽然清洁度提高，但是对产品表面固有蜡层有一定破坏，在贮运过程容易失水萎蔫，所以常需涂蜡以恢复表面蜡被。

2. 涂蜡

园艺产品表面有一层天然的蜡质保护层，往往在采后处理或清洗中受到破坏。涂蜡即人为地在园艺产品表面涂一层蜡质。涂蜡后可以增加产品光泽，改进外观，同时对园艺产品的保存也有利，是常温下延长贮藏寿命的方法之一。

在国外，涂蜡技术已有 70 多年的历史。据报道，1922 年美国福尔德斯公司首先在甜橙上开始使用并获得成功。之后，世界各国纷纷开展涂蜡技术研究。自 20 世纪 50 年代起，美国、日本、意大利、澳大利亚等国都相继进行涂蜡处理，使涂蜡技术得到迅速发展。目前，该技术已成为发达国家园艺产品商品化处理中的必要措施之一。已在水果、果菜类蔬菜及其他蔬菜上广泛使用，以延长货架寿命和提高商品质量。目前，涂蜡技术在我国开始应用。

蜡液是将蜡微粒均匀地分散在水或油中形成稳定的悬浮液。果蜡的主要成分是天然蜡、合成或天然的高聚物、乳化剂、水和有机溶剂等。天然蜡如棕榈蜡、米糠蜡等；高聚物包括多聚糖、蛋白质、纤维素衍生物、聚氧乙烯、聚丁烯等；乳化剂包括 $C_{16~18}$ 脂肪酸蔗糖醋、油酸钠、吗啉脂肪酸盐等。这些原料都必须对人体无害，符合食品添加剂标准。

蜡在乳化剂的作用下形成稳定的水油（O/W）体系。蜡微粒的直径通常为 0.1~10 μm，蜡在水中或溶剂中的含量一般是 3%~20%，最好是 5%~15%。

目前商业上使用的大多数蜡液都以石蜡和巴西棕榈蜡混合作为基础原料，石蜡可以很好地控制失水，巴西棕榈蜡则使果实产生诱人的光泽。近年来，含有聚乙烯、合成树脂物质、乳化剂和润湿剂的蜡液材料逐渐普遍起来，它们常作为杀菌剂的载体或作为防止衰老、生理失调和发芽抑制的载体。随着人们健康意识的不断增强，无毒、无害、天然物质为原料的涂被剂日益受到人们的青睐。如日本用淀粉、蛋白质等高分子溶液加上植物油制成混合涂料，喷在新鲜柑橘和苹果上，干燥后可在产品表面形成很多直径为 0.001 mm 小孔的薄膜，从而抑制果实的呼吸作用。OED 是日本用于蔬菜的一种新涂料。用蔬菜浸菌 OED 液，可在菜体表面形成一层膜，防止水分和病菌侵入，处理浓度为 30~60 倍液。美国用粮食作为原料，研制成一种防腐乳液，无毒、无味、无色，浸涂番茄可延长货架寿命。我国 20 世纪 70 年代起也开发研制了紫胶、果蜡等涂料，在西瓜、黄瓜、番茄等瓜果上使用效果良好。目前还在积极研究用多糖类物质作为涂膜剂。如葡聚糖、海藻酸钠、壳聚糖等。现在在涂膜剂中还常加入中草药、抗菌肽、氨基酸等天然防腐剂以达到更好的保鲜效果。

涂蜡的方法可以分为人工涂蜡和机械涂蜡。人工涂蜡是将洗净、风干的果实放入配制好的蜡液中浸透（30~60 s）取出，用蘸有适量蜡液的软质毛巾将果面的蜡液涂抹均匀，晾干即可。机械涂蜡是将蜡液通过加压，经过特制的喷嘴，以雾状喷至产品表面，同时通过转动的马尾刷，将表面蜡液涂抹均匀、抛光，并经过干燥装置烘干。二者相比，机械涂蜡效率较高，涂抹均匀，果面光洁度好，果面蜡层硬度易于控制。

不论采用哪种涂蜡方法都应做到以下几点。①涂被厚度均匀、适量，过厚会引起呼吸失调，导致一系列生理生化变化，果实品质下降，过薄效果不明显；②涂料本身必须安全、无毒、无损人体健康；③成本低廉，材料易得，便于推广。值得注意的是，涂蜡处理只是产品采后一定期限内商品化处理的一种辅助措施，只能在上市前进行处理或短期贮藏、运输。否则会给产品的品质带来不良影响。

目前在世界发达国家和地区，蜡液生产已形成商品化、标准化、系列化，涂蜡技术也实现了机械化和自动化。我国现也有少量蜡液和涂蜡机械的生产，但质量和性能差距还比较大，有待进一步提高。

四、分级

（一）分级的目的和意义

分级是提高商品质量和实现产品商品化的重要手段，并便于产品的包装和运输。产品收获后将大小不一、色泽不均、感病或受到机械损伤的产品按照不同销售市场所要求的分级标准进行大小或品质分级。产品经过分级后，商品质量大大提高，减少了贮运过程中的损失，并便于包装、运输及市场的规范化管理。

园艺产品作为生物产品，在生产栽培期中受自然、人为诸多因素的影响和制约，产品间的品质存在较大差异。收获后产品的大小、重量、形状、成熟度等方面很难达到一致要求。产品的分级则成为解决这一问题、实现产品商品化的一个重要手段。通过分级可区分产品的质量，为其使用性和价值提供参数；等级标准在销售中作为一个重要的工具，给生产者、收购者和流通渠道中各个环节提供贸易参考；分等分级也有助于生产者和经营管理者在产品上市的准备工作和议价。等级标准还能够为优质优价提供依据，推动园艺产品栽培管理技术的发展；能够以同一标准对不同市场上销售的产品的质量进行比较，有利于引导产场价格及提供信息；有助于解决买卖双方赔偿损失的要求和争论。产品经挑选分级后，剔除掉感病和机械损伤产品，减少了贮藏中的损失，减轻了病虫害的传播；残次品则及时加工处理减少浪费，标准化的产品便于进行包装、贮藏、运输、销售，产品附加值大，经济效益高。

（二）分级标准

等级标准分为国际标准、国家标准、协会标准和企业标准。水果的国际标准是1954年在日内瓦由欧共体制定的，许多标准已经过重新修订，主要是为了促进经济合作与发展。第一个欧洲国际标准是1961年为苹果和梨颁布的。目前已有37种产品有了标准，每一种包括3个贸易级，每级可有一定的不合格率。特级—特好，1级—好，2级—销售贸易级（包括可进入国际贸易的散装产品）。这些标准或要求在欧共体国家园艺产品进出口上是强制性的，由欧共体进出口国家检查品质并出具证明。国际标准属非强制性标准，一般标龄长，要求较高。国际标准和各国的国家标准是世界各国均可采用的分级标准。

美国园艺产品的等级标准由美国农业部（USDA）和食品安全卫生署（FSQS）制定。目前美国对园艺产品的正式分级标准为：特级为质量最上乘的产品；一级为主要贸易级，大部分产品属于此范围；二级产品介于一级和三级之间，质量明显优于三级；三级的产品在正常条件下包装，是可销售的质量最次的产品。此外，加利福尼亚州等少数几个州设立有自己的园艺产品分级标准。在美国有一些行业还设立了自己的质量标准或某一产品的特殊标准，如杏、加工番茄和核桃，这些标准是由生产者和加工者协商制定的。检查工作由独立部门如加州干果协会和国际检查部门进行。

在我国，以《中华人民共和国标准化法》为依据，将标准分为四级：国家标准、行业标准、地方标准和企业标准。国家标准是由国家标准化主管机构批准颁布，在全国范围内统一使用的标准。行业标准又称专业标准、部标准，是在无国家标准情况下由主管机构或专业标准化组织批准发布，并在某一行业范围内统一使用的标准。地方标准则是在上面两种标准都不存在的情况下，由地方制定，批准发布，在本行政区域范围内统一使用的标准。企业标准由企业制定发布，在本企业内统一使用。

我国现有的果品质量标准约有16个，其中鲜苹果、鲜梨、柑橘、香蕉、鲜龙眼、核桃、板栗、红枣等都已制定了国家标准。此外，还制定了一些行业标准，如香蕉的销售标准、梨销售标准，出口鲜甜橙、鲜宽皮柑橘、鲜柠檬标准。另有多种蔬菜等级标准，如菜豆、芹菜、甜椒、番茄、生姜等的等级及包装标准。

园艺产品由于供食用的部分不同，成熟标准不一致，所以没有固定的规格标准。在许多国家果蔬的分级通常是根据坚实度、清洁度、大小、重量、颜色、形状、成熟度、新鲜度以及病虫感染和机械损伤等多方面考虑。我国一般是在形状、新鲜度、颜色、品质、病虫害和机械伤等方面已经符合要求的基础上，按大小进行分级。

我国水果的分级标准是在果形、新鲜度、颜色、品质、病虫害和机械伤等方面已符合要求的基础上，根据果实横径最大部分直径分为若干等级。如我国出口的红星苹果，山东、河北两省的分级标准为：直径从 65～90 mm 的苹果，每相差 5 mm 为一个等级，共分为 5 等。中华人民共和国出口鲜苹果专业标准见表 5-2 和蒜薹等级规格标准见表 5-3。

表 5-2　中华人民共和国出口鲜苹果专业标准

级别	标准	不合格率
AAA 级	①人工精心手采、新鲜、洁净。②具有本品种果形，果梗完整。③元帅系列要求着色 90% 以上，其他果 70% 以上。④果实果径不低于 65 mm，中型果果径不低于 60 mm。⑤果实成熟但不过熟。⑥红色品种允许轻微碰压伤总面积不超过 1 cm²，其中最大处不超过 0.5 cm²。黄色品种不超过 0.5 cm²。⑦无其他损伤	5%
AA 级	同 AAA 级中①、②、④、⑤条。其③条规定着色度元帅系列为 70%，其他为 50%。其⑥条规定下列损伤中不得超过 2 项。a. 碰压伤不超过 1 cm²，最大处不超过 0.5 cm²。b. 叶、枝磨伤不超过 1 cm²。c. 金冠锈斑不超过 3 cm²。d. 水锈、蝇点病不超过 1 cm²。e. 允许未破皮雹伤 2 处，总面积不超过 0.5 cm²。f. 红色品种日灼面积不超过 1.5 cm²，黄色品种日灼面积不超过 1 cm²。⑦条中规定无刺伤、破皮伤、病害、虫伤、萎缩、冻伤、瘤子、黑枝磨	10%
A 级	同 AAA 级①、②、④、⑤条。其③条规定元帅系着色度为 50%，其他为 40%，其⑥条规定下列损伤中不得超过 3 项。a. 碰压伤不超过 1 cm²，其中最大不超过 0.5 cm²。b. 枝叶磨伤不超过 1 cm²。c. 金冠网状锈斑面积不超过果面的 1/8，超过肩部的磨锈面积不超过 1 cm²。d. 水锈、蝇点面积不超过 1 cm²。e. 药害不超过 1/10。f. 轻微雹伤面积不超过 cm²。g. 日灼不超过 1.5 cm²。h. 其他干枯虫伤允许 3 处，每处面积不超过 0.03 cm²。i. 小疵点不超过 5 个。⑦不得有下列各损伤，刺伤、破皮伤、食心虫伤、已愈合的面积大于 0.03 cm²其他虫伤、病害、萎缩、冻伤	10%

表 5-3　蒜薹等级规格

等级	规格	重量不合格率
特级	1. 质地脆嫩，色泽鲜绿，成熟适度，不萎缩糠心，去两端保留嫩茎，每批样品整洁均匀； 2. 无虫害、损伤、划薹、杂质、病斑、畸形、霉烂等现象； 3. 蒜薹嫩茎粗细均匀，长度 30～45 cm； 4. 扎成 0.5～1.0 kg 的小捆	每批样品不合格率不得超过 1%（以重量计）

（续表）

等级	规格	重量不合格率
一级	1. 质地脆嫩，色泽鲜绿，成熟适度，不萎缩，薹茎基部无老化，薹苞绿色，不膨大，不坏死，允许顶尖稍有黄色； 2. 无明显的虫害、损伤、划薹、杂质、病斑、畸形、腐烂等现象； 3. 蒜薹嫩茎粗细均匀，长度约 30 cm； 4. 扎成 0.5~1.0 kg 的小捆	每批样品不合格率不得超过 1%（以重量计）
二级	1. 质地脆嫩，色泽淡绿，不脱水萎缩，薹茎基部无老化，薹苞稍大允许顶尖稍有黄色干枯，但不分散； 2. 无严重虫害、斑点、损伤、腐烂、杂质等现象； 3. 薹茎长度约 20 cm； 4. 扎成 0.5~1.0 kg 的小捆	每批样品不合格率不得超过 1%（以重量计）

　　切花的分级依据是切花的各个性状，如花茎长度、花朵质量和大小、花朵开放程度、花序上的小花数目、叶片状况及品种优劣等。目前国际上广泛应用的切花分级标准有美国标准（SAF 美国花卉栽培者协会）和欧洲经济委员会标准（ECE），见表 5-4。

表 5-4　ECE 切花分级标准

等级	对切花要求
特级	切花具有最佳品质，无外来物质，发育适当，花茎粗壮而坚硬，具备该种或品种的所有特性，允许切花的 3% 有轻微缺陷
一级	切花具有良好的品质，花茎坚硬，其余要求同上，允许切花的 5% 有轻微缺陷
二级	在特级和一级中未被接收，满足最低质量要求，可用于装饰，允许切花的 10% 有轻微缺陷

（三）分级的方法

　　分级方法有人工分级和机械分级两种。蔬菜的分级多采用目测或手测，凭感官进行人工分级。形状整齐的果实，可以采用机械分级。最简单的果实分级是采用分级板，即在木板上按大小分级标准的要求而挖出大小不同的孔洞，并以此为标准来检测果实的大小，进行分级。在发达国家，果实的分级都是在包装线上自动进行，以提高效率。分级机械有多种，如滚筒式分级机、重量分级机、颜色分级机、光电分级机等。如番茄、马铃薯等可用孔带分级机分级。蔬菜产品有些种类很难进行机械分级，可利用传送带，在产品传输过程中用人工进行分级，效率也很高。

　　1. 果实重量分级机

　　果实重量分级机是按重量分级的分级机械，其工作原理是利用杠杆原理。在杠杆的一端装有盛果斗，盛果斗与杠杆间是铰链连接，杠杆的另一端上部由平衡重压住，下部有支撑导杆以保证水平状态，杠杆中间由铰链点支撑，当盛果斗的果实重量超过平衡重时，杠杆倾斜，盛果斗翻倒，抛出果实。承载轻果的杠杆越过此平衡重的位置沿导杆继续前移，当遇到小于果实重量的平衡重时，杠杆才倾斜，盛果斗翻倒在新的位置抛出较轻的果实，由此，果实可按重量不同被分成若干等级。

目前较先进的微机控制的重量分级机，采用最新电子仪器测定重量，可按需选择准确的分级基准，分级精度高，使用特别的滑槽，落差小，水果不受冲击、损伤小。分级、装箱所需时间为传统设备的一半。

2. 果实色泽分级机

果实色泽分级机按色泽分级的分级机工作原理是：果实从电子发光点前面通过时反射光被测定波长的光电管接受，颜色不同，反射光的波长就不同，再由系统根据波长进行分析和确定取舍，达到分级效果。在意大利的果品贮藏加工业生产中，使用颜色分级机较早，主要是对苹果进行颜色分级，其原理是按照绿色苹果比红色苹果的反射光强的原理进行的。工作时，果实在松软的传送带上跳跃移动，光线可照射到水果的大多部位，这样就避免了水果单面被照射。反射光传递给电脑，由电脑按照反射率的不同来区分果实，一般分为全绿果、半绿（半红）果、全红果等级别。

3. 果实色泽重量分级机

既按果实着色程度又按果实大小来进行分级，是当今世界生产上最先进的果实采后处理技术，该种分级机首先在意大利研制成功并应用于生产。工作原理：将上述的自动化色泽分级和自动化大小分级相结合。首先是带有可变孔径的传送带进行大小分级，在传送带的下边装有光源，传送带上漏下的果实经光源照射，反射光又传送给电脑，由电脑根据光的反射情况不同，将每一级漏下的果实又分为全绿果、半绿半红果、全红果等级别，又通过不同的传送带输送出去。该技术可实现对水果质量的快速无损检测和分选分级，提高了对水果的形状、大小和缺陷检测的精度。

近年来，随着电子信息技术的发展，根据果蔬的光谱特性，利用光电传感技术、信息技术等实现对果蔬的外观以及内部质量的综合分析判断研究日趋深入，更进一步提高了对果蔬的形状、大小和缺陷检测的精度，必将为分级提供更加科学实用的分级设备。

五、包装

（一）包装的作用

包装是产品转化成商品的重要组成部分，它具有包容产品、保护产品、宣传产品等功效，不同产品的包装也因产品的特性而异。园艺产品包装是标准化、商品化，保证安全运输和贮藏的重要措施。有了合理的包装，就有可能使园艺产品在运输途中保持良好的状态，减少因互相摩擦、碰撞、挤压而造成的机械损伤，减少病害蔓延和水分蒸发，避免园艺产品散堆发热而引起腐烂变质，包装可以使园艺产品在流通中保持良好的稳定性，提高商品率和卫生质量。同时包装是商品的一部分，是贸易的辅助手段，为市场交易提供标准的规格单位，免去销售过程中的产品过秤，便于流通过程中的标准化，也有利于机械化操作。所以适宜的包装不仅对于提高商品质量和信誉是十分有益的，而且对采后贮运、销售过程中的流通提供了极大的方便。因此，发达国家为了增强商品的竞争力，特别重视产品的包装质量。目前我国在商品包装方面也十分重视，尤其是果蔬等鲜活产品。

（二）对包装容器的要求

包装容器应具备的基本条件为：①保护性，在装饰、运输、堆码中有足够的机械强度，防止园艺产品受挤压碰撞而影响品质；②通透性，利于产品呼吸吸热的排出及氧、二氧化碳、乙烯等气体的交换；③防潮性，避免由于容器的吸水变形而致内部产品的腐烂；④清洁、无污染、无异味、无有害化学物质。另外，需保持容器内壁光滑；容器还需卫生、美观、重量轻、成本低、便于取材、易于回收。包装外应注明商标、品名、等级、重量、产地特定标志及包装日期。从经济效益方面来说，包装投资应根据经营者自身的资金实力及产品利润率的大小进行衡量，防止盲目投资导致资金浪费。包装还可以从一定程度上引导消费，提高产品的附加值。

（三）包装的种类和规格

园艺产品的包装可分为外包装和内包装。外包装材料最初多为植物材料，尺寸大小不一，以便于运输。现在外包装材料已多样化，如高密度聚乙烯、聚苯乙烯、纸箱、木板条等都可以用于外包装。包装容器的长宽尺寸在 GB/T 4892—2021《硬质直方体运输包装尺寸系列》中可以查阅，高度可根据产品特点自行确定；具体形状则以利于销售、运输、堆码为标准，我国目前外包装容器的种类、材料、特点、适用范围见表5-5。表中各种包装材料各有优缺点，如塑料箱轻便防潮，但造价高；筐价格低廉，大小却难以一致，而且容易刺伤产品；木箱大小规格便于一致，能长期周转使用，但较沉重，易致产品碰伤、擦伤等。纸箱的重量轻，可折叠平放，便于运输；纸箱能印刷各种图案，外观美观，便于宣传与竞争。纸箱通过上蜡，可提高其防水防潮性能，受湿受潮后仍具有很好的强度而不变形。目前的纸箱几乎都是瓦楞纸制成。瓦楞纸板是在波形纸板的一侧或两侧，用黏合剂黏合平板纸而成。由于平板纸与瓦楞纸芯的组合不同，可形成多种纸板。常用的有单面、双面及双层瓦楞纸板3种。单面纸板多用作箱内的缓冲材料，双面及双层瓦楞纸板是制造纸箱的主要纸板。纸箱的形式和规格可多种多样，一般呈长方形，大小按产品要求的容量、堆垛方式及箱子的抗力而定。经营者可根据自身产品的特点及经济状况进行合理选择（表5-5）。

表5-5　包装容器种类、材料及适用范围

种类	材料	适用范围
塑料箱	高密度聚乙烯	果蔬
	聚苯乙烯	高档果蔬
纸箱	板纸	果蔬
钙塑箱	聚乙烯、碳酸钙	果蔬
板条箱	木板条	果蔬
筐	竹子、荆条	果蔬
加固竹筐	筐体竹皮、筐盖木板	果蔬
网袋	天然纤维或合成纤维	不易擦伤、含水量少的果蔬

在良好的外包装条件下，内包装可进一步防止产品因碰撞、摩擦而引起的机械伤害。可以通过在底部加衬垫、浅盘杯、薄垫片或改进包装材料，减少堆叠层数来解决。另外，内包装还具有一定的防失水、调节小范围气体成分浓度的作用。如聚乙烯包裹或聚乙烯薄膜袋的内包装材料，可以有效地减少蒸腾失水，防止产品萎蔫；但这类包装材料的特点是不利于气体交换，管理不当容易引起二氧化碳伤害。对于呼吸跃变型果实来说还会引起乙烯的大量积累，加速果实的后熟、衰老、品质迅速下降。因此，可用膜上打孔法加以解决。打孔的数目及大小根据产品自身特点加以确定，这种方法不仅减少了乙烯的积累，还可在单果包装形成小范围内低氧、高二氧化碳的气调环境，有利于产品的贮藏保鲜。同时应注意合理选择作内包装的聚乙烯薄膜的厚度，过薄的膜达不到气调效果，过厚的膜则易于引起生理的伤害。一般膜的厚度为 0.01~0.03 mm为宜。内包装的另一个优点是便于零售，为大规模自动售货提供条件。目前超级市场中常见的水果放入浅盘外覆保鲜膜就是一个例子。这种零售用内包装应外观新颖、别致，包装袋上注明产品的商标、品牌、重量、出厂日期、产地或出产厂家，以及有关部门的批准文号、执行标准、条形码等。内包装的主要缺点是不易回收，难以重新利用导致环境污染。园艺产品包装常用各种支撑物或衬垫物见表 5-6。

表 5-6　园艺产品包装常用各种支撑物或衬垫物

种类	作用	种类	作用
纸	衬垫、包装化学药品的载体，缓冲挤压	泡沫塑料	衬垫，减少碰撞，缓冲
塑料托盘	分离产品及衬垫，减少碰撞	塑料薄膜袋	控制失水和呼吸
瓦楞插板	分离产品，增大支撑强度	塑料薄膜	保护产品，控制失水

自发性气调薄膜包装（MAP）是近年来发展起来的一种新型的气调贮藏或销售包装，它具有透明、透气和保湿等特点，被广泛地用作新鲜水果蔬菜的采后保鲜包装。MAP 是利用水果装袋密封后自身呼吸要消耗氧气和放出二氧化碳的特性，减少袋内氧气含量和增加二氧化碳浓度，达到自发性气调的作用。MAP 的发展使得许多新鲜水果蔬菜的市场化程度越来越快，在英国和法国 MAP 的商业化程度分别达到了 40%和25%。塑料薄膜对 O_2 和 CO_2 的渗透性不相同，一般 CO_2 的透性较 O_2 大，由呼吸积累的 CO_2 比率就小于相应速度的 O_2 消耗率。塑料薄膜对 O_2 和 CO_2 的渗透比率取决于不同的树脂。自发性气调塑料薄膜包装在新鲜果蔬产品上商业化应用的成功，将归功于这种薄膜袋具有气调平衡的特性，它能将 O_2 和 CO_2 浓度控制在 3%~10%，从而有效地抑制酶褐变和病菌生长，减少水分损失。目前用于 MAP 包装的材料主要有不同密度的聚乙烯薄膜（PE），微孔的高密度薄膜（P-Plus）等。此外，塑料薄膜，如聚乙烯、聚丙烯和盐酸橡胶等，可通过加热隧道进行水果的热缩包装。在使用塑膜包装时还应考虑以下因素：①根据不同果实的生理特性选择适宜的薄膜包装，保持适宜的氧气和二氧化碳浓度；②袋内可增加乙烯吸收剂，防止乙烯的积累；③与杀菌剂配合使用，减少腐烂；

④与低温配合，抑制果蔬的生理代谢，延长保鲜期。

　　根据产品要求选择了适宜的内、外包装材料后，还应对产品进行适当处理方可进行包装，首先产品需新鲜、清洁、无机械伤、无病虫害、无腐烂、无畸形、无各种生理病害，参照国家或地区标准化方法进行分等分级。包装时应处于阴凉处，防日晒、风吹、雨淋等，园艺产品在容器内的放置方式要根据自身特点采取定位包装，散装或捆扎包装。产品的包装量应适度，要做到既有利于通风透气，又不会引起产品在容器内滚动、相互碰撞。在切花包装中，花朵不能放在箱子中间而应靠近两头，在箱内采取分层交替放置。对向地性弯曲敏感的金盏花、水仙、飞燕草等应采用垂直方式。包装容器中可放置乙烯吸附剂。一些熏硫产品还可加入 SO_2 吸附剂。纸箱容器可在外面涂抹一层石蜡、树脂防潮。包装加包装物的重量根据产品种类、搬运和操作方式略有差异，一般不超过（20±1）kg。产品装箱时应轻拿轻放，根据各种产品抗机械伤能力的不同选取不同的装箱深度，下列为几种果蔬采用的最大装箱深度：苹果 60 cm、洋葱 100 cm、甘蓝 100 cm、梨 60 cm、胡萝卜 75 cm、马铃薯 100 cm、柑橘 35 cm、番茄 40 cm。产品装箱完毕后，还必须对重量、质量、等级、规格等指标进行检验，检验合格者方可捆扎、封钉成件。对包装箱的封口原则为简便易行、安全牢固。纸箱多采用黏合剂封口，木箱则采用铁钉封口。木箱、纸箱封口后还可外面捆扎加固，采用的材料多为铝丝、尼龙编带，上述步骤完成后对包装进行堆码。目前多采用"品"字形堆码，垛应稳固，箱体间、柱间及垛与墙壁间应留有一定空隙，便于通风散热。垛高根据产品特性、包装容器、质量及堆码机械化程度来确定。若为冷藏运输，堆码时应采取相应措施防止低温伤害。我国的包装技术与发达国家相比还存在一定的差距，我们应加速包装材料和技术的改进，使我国包装朝向标准化、规格化、美观、经济等方面发展。

　　（四）其他采后处理

　　1. 预贮愈伤

　　新鲜园艺产品采后含有大量的水分和热量，必须及时降温，排除田间热和过多的水分，愈合收获或运输过程中造成的机械损伤，才能有效地进行贮藏保鲜。其主要目的：①散发田间热，降低品温，使其温度尽快降低到适宜的贮运温度；②愈合伤口，在适宜的条件下机械损伤能自然愈合，增强组织抗病性；③适当散发部分表面水分，使表皮软化，可增强对机械损伤的抵抗力；④表面失水后形成柔软的凋萎状态可抑制内部水分继续蒸发散失，而有时剔除可以保证利于保持产品的新鲜状态，经过适当预贮后，已受伤的表皮组织往往变色或腐烂，易于识别，便于挑选商品质量。

　　2. 保鲜防腐处理

　　园艺产品采收后仍是一个活的生命体，进行着一系列生理生化活动。如蒸腾作用、呼吸作用、乙烯释放、蛋白质降解、色素转化等。园艺产品贮藏过程是组织逐步走向成熟和衰老的过程。而衰老又与病害的发展形成紧密的联系。

　　为了延长园艺产品的商品寿命，达到抑制衰老、减少腐烂的目的，可在园艺产品采收前后进行保鲜防腐处理，这是园艺产品贮藏保鲜的一种重要技术措施，直接影响其贮运效果。保鲜防腐处理是采用天然或人工合成化学物质，其主要成分是杀菌物质和生长调节物质。从目前来看，使用化学药剂来进行园艺产品的贮运保鲜仍是一项经济而有效的保鲜措施。但在使用时应根据国家卫生部门的有关规定，注意选用高效、低毒、低残留的药剂，以保证食品的安全。园艺产品贮运中常常使用的化学药剂，主要包括植物激素类和化学防腐剂类。

（1）**植物激素类** 植物激素类对园艺产品的作用可分为 3 种：生长素类、生长抑制剂类和细胞分裂素。

常见的生长素类：①2,4-D（化学名 2,4-二氯苯氧乙酸），可溶于热水和乙醇，在柑橘上使用，能抑制离层形成，保持果蒂新鲜不脱落，抑制各种蒂腐性病变，减少腐烂，延长贮藏寿命。四川省各柑橘产区都进行两次 2,4-D 喷洒，一次在采收前 1 个月，用量为 50~100 mg/L，另一次为采收后 3 d 内，用量为 100~250 mg/L；用 2,4-D 处理花椰菜或其他绿色园艺产品可以延迟它们的黄化。花椰菜在采收前一周用 100~500 mg/L 的 2,4-D 处理可以避免贮藏中脱帮。②IAA（吲哚乙酸）、NAA（萘乙酸）。花椰菜与甘蓝用含 50~100 mg/L 的 NAA 碎纸填充包装物时，失重和脱帮都减轻。用 40 mg/L 的 NAA 喷洒洋葱叶片，可延长葱球的贮藏寿命。IAA 对番茄完熟的抑制作用发生在早期，后期无效果。

常见的生长抑制剂：①MH（青鲜素），MH 的主要作用为抑制洋葱、胡萝卜、马铃薯的发芽。洋葱应在采前 10~14 d 用 MH 喷洒，因为此时物质的移动活跃。若将采后洋葱浸在 MH 液中也有抑制发芽的效果，但是，如果鳞茎的根部切掉后浸泡，则会增加腐烂。②B9（丁酰肼），化学名 N-二甲氨基琥珀酰胺酸，可延缓叶用鲜花衰老，抑制花朵腐烂变色，延长一些花卉的寿命。③CCC（矮壮素），叶用莴苣浸泡 CCC 溶液后，货架期延长 1 倍。它还能延迟青花菜和芦笋品质败坏的时间，对蘑菇的衰老则无抑制作用。

常见细胞分裂素：①BA（化学名苄基腺嘌呤），它可以使叶菜类、辣椒、青豆类、黄瓜等保持较高的蛋白质含量，因而延缓叶绿素的降解和组织衰老。这种作用在高温下贮藏效果更为明显，用 5~20 mg/L 的 BA 处理花椰菜、菜豆、莴苣、萝卜、大葱和甘蓝，可明显延长它们的货架期。②KT（激动素），作用与 BA 类似，延缓莴苣衰老的效果优于 BA，这两种细胞分裂素与其他生长激素类混用，延缓衰老效果可进一步加强。③还可用 GA（赤霉素）抑制产品呼吸强度，推迟跃变型果实呼吸高峰的到来，延迟果实着色。

（2）**化学防腐剂类** 病害是园艺产品采后损失的重要原因。病害对园艺产品的侵染分成两种类型：一种是采前侵染，又称潜伏侵染，它在果蔬的生长过程中就侵入到体内；另一种是采后侵染，是在园艺产品采后贮藏过程中，通过机械伤口或表皮自然的孔道侵入的。采前、采后侵染都能造成贮藏和运输过程中的腐烂。随着园艺产品组织的衰老，组织的抗病能力下降，潜伏侵染的病菌孢子活动加速采后腐烂，这往往发生在贮藏后期。由此可见，要保持产品的商品寿命，必须减少病原菌的数量，抑制后熟过程延缓衰老，同时防止病害的发生。为了达到上述目的，人们在实际生产中往往采用杀真菌剂来处理产品，减少腐烂。

目前使用的化学防腐剂种类很多，常见防腐剂类：①仲丁胺制剂，仲丁胺化学名为 2-氨基丁烷，有强烈挥发性，具有高效低毒的特点，常用仲丁胺制剂有克霉灵、保果灵。克霉灵为含 50% 仲丁胺的熏蒸剂，适用于不宜清洗的水果和蔬菜。使用时将克霉灵沾在棉花球、布条或纸条上，与产品一起密闭 12 h 使其自然挥发，用药量需考虑品种的特性及单面积内的贮藏量，一般为 14 g/L，药物须均匀扩散，尽量不与产品直接接触。保果灵的适用范围则是一些能清洗的果蔬。用仲丁胺熏蒸或溶液处理青椒、黄瓜、菜豆等，都有较好的防腐保鲜效果。②山梨酸，山梨酸化学名 2,4-己二烯酸。防腐机制是通过与微生物酶系统中的巯基结合，破坏酶的活性而达到抑制酵母、霉菌和好气性细菌的生长。它既可浸泡、喷洒，又可涂被在包装膜上发挥功效。③苯并咪唑类杀菌剂，此类杀菌剂包括硫菌灵、多菌灵、苯菌灵。它们对青霉、绿霉等真菌有良好的抑制作用，能透过产品表皮角质层发挥作用，是一种高效、无毒、广谱的内吸性防腐剂。苯并咪唑类杀菌剂（苯菌灵）与 2,4-D 混合使用，可达到防腐、保鲜的双重功效，比单独使用 2,4-D 的防腐效果提高 15%。④苯诺米尔等也具有很好的防腐效果。马铃薯采后用 500 mg/L 苯诺米尔浸渍，或用 500 mg/L 的TBZ（硫菌灵）处理，都对贮藏有利。

（3）乙烯脱除剂　乙烯作为园艺产品的一种衰老激素已为人们所认知，乙烯的积累可加速园艺产品向衰老的转化，商品品质下降、货架期缩短、经济效益降低，因此，应及时除去容器中的乙烯，延长产品的贮藏期。乙烯的脱除可采用物理方法或化学方法。

常用物理吸附型乙烯脱除剂有活性炭、氧化铝、硅藻土、活性白土等，它们都是多孔性结构。使用方法简便易行，且价格低廉。但此类物质的吸附量有限，受环境影响大，达到饱和后有解吸的可能。化学吸附又可分为氧化吸附型和触媒型乙烯脱除剂。氧化吸附型乙烯脱除剂多采用将高锰酸钾等强氧化剂吸附于表面积大的多孔质吸附体表面的方法，通过强氧化剂与乙烯反应除去。触媒型则是用特定的有选择性的金属、金属氧化物或无机酸催化乙烯的氧化分解。它适用于脱除低浓度的内源乙烯，具有使用量少、反应速度快、作用时间持久的优点。

（4）气体调节剂　主要包括脱氧剂、CO_2 发生剂、CO_2 脱除剂等，主要用于调节小环境中 O_2 和 CO_2 的浓度，达到气调贮藏效果，使产品在贮期内品质变化降至最小。

上述防腐保鲜处理，可很好地保持原有产品的固有特性，是园艺产品商品化处理的一项重要环节。水果、蔬菜一般都是直接食用，加之果蔬贮藏中的病害种类很多，特性不一，所以无论何种防腐剂都应做到无毒、低残留量、高效、使用方便，并根据卫生部门要求按规定剂量使用。经防腐保鲜处理后，可能出现以下两个问题。防腐剂频繁使用导致病害孢子产生抗药性。随着人们对身体健康的重视，目前防腐剂的研究正朝着天然物质或生物制剂方向发展。对于切花类园艺产品，在光照为 1 000 lx，温度 20~25 ℃，相对湿度 35%~80% 的条件下，用糖液短期浸泡处理花茎基部，可以提高贮运后切花的观赏品质。

3. 催熟与脱涩

（1）催熟　催熟是指销售前用人工方法促使果实成熟的技术。果蔬采收时，往往成熟度不够或不整齐，食用品质不佳或虽已达食用程度但色泽不好，为保障这些产品在销售时达到完熟程度，确保最佳品质，常需采取催熟措施。催熟可使产品提早上市或使未充分成熟的果实达到销售标准和最佳食用成熟度及最佳商品外观。催熟多用于香蕉、苹果、梨、番茄等果实上，应在果实接近成熟时应用。

乙烯、丙烯、熏香等都具有催熟作用，尤其以乙烯的催熟作用最强，但由于乙烯是一种气体，使用不便。因此，生产上常采用乙烯利（2-氯乙基磷酸）进行催熟。乙烯利是一种液体，在 pH 值>4.1 时即可释放出乙烯。催熟时为了催熟剂能充分发挥作用，必须有一个气密性良好的环境。大规模处理时用专门的催熟室，小规模处理时采用塑料密封帐。待催熟的产品堆码时需留出通风道，使乙烯分布均匀。温度和湿度是催熟的重要条件。温度一般以 21~25 ℃ 的催熟效果较好。湿度过高容易感病腐烂，湿度过低容易萎蔫，一般以 90% 左右为宜。处理 2~6 d 后即可达到催熟效果。此外，催熟处理还需考虑气体条件。处理时应充分供应 O_2，减少 CO_2 的积累，因为 CO_2 对乙烯的催熟效果有抑制作用。为使催熟效果更好，可采用气流法，用混合好浓度适当的乙烯不断通过待催熟的产品。

香蕉为便于贮运，一般在绿熟坚硬期采收，销售前必须进行催熟处理。如在 20 ℃ 和相对湿度 80%~85% 的条件下，向装有香蕉的催熟室中加入 100 mg/m^3 的 C_2H_4，处理 1~2 d，果皮稍黄可取出；也可用一定温度下的乙烯利稀释液喷洒或浸泡，然后将香蕉放入密闭室内，3~4 d 后果皮变黄取出即可。若上述条件不具备，也可将香蕉直接放入密闭环境，通过自身释放乙烯达到催熟的目的，此法温度应保持在 22~25 ℃，相对湿度应为 90% 左右。

番茄为了提早上市或由于夏季温度过高，果实在植株上很难着色，常需在绿熟期采收，食用前进行人工催熟。催熟后不但色泽变红，而且品质也进一步改善。常用的催熟方法是用 4 000 mg/L 的乙烯利溶液浸果，稍晾干装于箱中，塑料薄膜帐密闭，在室温 20~28 ℃ 时，经过 6~8 d 即可成熟。另外，在温度较高的地方，果实也可以成熟，但时间较长，果实容易萎蔫，甚至腐烂。

（2）脱涩　涩味产生的主要原因是单宁物质与口舌上的蛋白质结合，使蛋白质凝固，味觉下降所致。单宁存在于果肉细胞中，食用时因细胞破裂而流出。脱涩的原理：涩果进行无氧呼吸产生一些中间产物，如乙醛、丙酮等，它们可与单宁物质结合，使其溶解性发生变化，单宁变为不溶性，涩味即可脱除。

常见的脱涩方法有温水脱涩、石灰水脱涩、酒精脱涩、高二氧化碳脱涩、脱氧剂脱涩、冰冻脱涩、乙烯及乙烯利脱涩，这几种方法脱涩效果良好。

综上所述，现代果蔬商品化处理包装整合了果蔬采后的多种处理措施，从原料到商品的综合处理过程，实现从生产消费的有机连接，并通过该过程实现产品增值，因而是园艺产品生产和消费中非常重要的环节。

第三节　园艺产品运输

一、运输的目的和意义

由于受气候分布的影响，园艺产品的生产有较强的地域性，园艺产品采收后，除少部分就地供应外，大量产品需要转运到人口集中的城市、工矿区和贸易集中地销售。为了实现异地销售,运输在生产与消费之间起着桥梁作用,是商品流通中必不可少的重要环节。园艺产品包装以后,只有通过各种运输环节,才能到达消费者手中,才能实现产品的商品价值。

良好的运输必将对经济建设产生重大影响,具体体现在:①通过运输满足人们的生活需要,有利于提高人民的生活水平和健康水平;②运输的发展也推动了新鲜水果蔬菜产业的发展;③一部分园艺产品通过运输出口创汇,换回我国经济建设所需物资,园艺产品出口商品的质量和交货期,直接关系到我国对外信誉和外汇收入。

二、运输对环境条件的要求

良好的运输效果除了要求园艺产品本身具有较好的耐贮运性外,同时也要求有良好的运输环境条件,这些环境条件具体包括振动、温度、湿度、气体成分、包装、堆码与装卸等6个方面。

1. 振动

在园艺产品运输过程中,由于受运输路线、运输工具、货品的堆码情况的影响,振动是一种经常出现的现象。园艺产品是一个个活的有机体,机体内在不断地进行旺盛的代谢活动。剧烈的振动会给园艺产品表面造成机械损伤,促进乙烯的合成,促进果实的快速成熟;伤害造成的伤口易引起微生物的侵染,造成园艺产品的腐烂;伤害也会导致果实呼吸高峰的出现和代谢的异常。凡此种种,都会影响园艺产品的贮藏性能,造成巨大的经济损失,所以,在园艺产品运输过程中,应尽量避免振动或减轻振动。振动通常以振动强度表示,它表示普通振动的加速度大小。振动强度受运输方式、运输工具、行驶速度、货物所处的不同位置的影响,一般铁路运输的振动强度小于公路运输,海路运输的振动强度又小于铁路运输。

2. 温度

温度是园艺产品运输过程中的一个重要因素,随着温度的升高,园艺产品机体的代谢速率、呼吸速率、水分消耗都会大大加快,结果促进果实快速成熟,影响果实的新鲜度和品质;温度过低,会给园艺产品有机体造成冷害,影响其耐贮性。根据运输过程中温度的不同,园艺产品的运输分为常温运输和低温运输。常温运输中的货箱温度和产品温度易受外界气温的影响,特别是在盛夏和严冬时,这种影响更大。南菜北运,外界温度不断降低,应注意做好保温工作,防止产品受冻;北果南运,温度不断升高,应做好降温工作,防止产品的大量腐烂。低温运输受环境温度的影响较小,温度的控制要受冷藏车或冷藏箱的结构及冷却能力的影响,而且也与空气排出口的位置和冷气循环状况密切相关。实验证明,采用较为适宜的低温,可降低果实的呼吸率,延长其贮藏期,国际制冷学会推荐新鲜水果、蔬菜运输2d的温度见表5-7。

表5-7　新鲜水果、蔬菜运输2d推荐温度（国际制冷学会，1974年）

水果种类	温度/℃	水果种类	温度/℃	蔬菜种类	温度/℃	蔬菜种类	温度/℃
苹果	3~10	李	0~1	芦笋	0~2	黄瓜	10~15
蜜桃	4~8	樱桃	0~4	花椰菜	0~4	菜豆	5~8
甜橙	4~10	草莓	1~2	甘蓝	0~10	食荚豌豆	0~5
柠檬	8~15	菠萝	10~12	蒜薹	0~4	洋葱	1~20
葡萄	0~6	香蕉	12~14	莴苣	0~6	马铃薯	0~10
桃	0~1	板栗	0~20	菠菜	0~6		
杏	0~3	甜瓜	4~10	辣椒	7~10		

3. 湿度

园艺产品属鲜活产品，其水分含量为85%~95%。运输环境中的湿度过低，加速水分蒸腾导致产品萎蔫，湿度过高，易造成微生物的侵染和生理病害。在园艺产品运输过程中保持适宜稳定的空气湿度能有效地延长产品的贮藏寿命，为了防止水分过度蒸腾，可以采用隔水纸箱或在纸箱中用聚乙烯薄膜铺垫或通过定期喷水的方法也能提高运输环境中的空气湿度。

4. 气体

成分除气调运输外，新鲜果蔬因自身呼吸、容器材料性质以及运输工具的不同，容器内气体成分也会有相应的改变。使用普通纸箱时，因气体分子可从箱面上自由扩散，箱内气体成分变化不大，CO_2的浓度一般不超过0.1%；当使用具有耐水性的塑料薄膜贴附的纸箱时，气体分子的扩散受到抑制，箱内会有CO_2气体积累，积聚的程度因塑料薄膜的种类和厚度而异。

5. 包装

可提高与保持果蔬的商品价值，方便运输与贮藏，减少了流通过程的损耗，有利于销售。包装所用的材料要根据果蔬种类和运输条件而定。常用的材料有纸箱、塑料箱、木箱、铁丝筐、柳条筐、竹筐等，抗挤压的蔬菜也有采用麻布包、草包、蒲包、化纤包等包装。近年来纸箱、塑料箱包装发展较快。国外园艺产品的运输包装主要以纸箱、塑料箱为主。

6. 堆码与装卸

园艺产品的装运方法与货物的运输质量的高低有非常重要的关系，常见的装车法有"品"字形装车法，"井"字形装车法。无论采用哪种装运方法都必须注意尽量利用运输工具的容积，并利于内部空气的流通。

三、运输方式及工具

1. 铁路运输

铁路运输具有运输量大、运价低、受季节性的变化影响小、运输速度快、连续性强等特点。运输成本略高于水运干线，为汽车平均运输成本的1/20~1/15，最适于大宗货物的中长距离运输。目前，铁路运输中一般采用普通棚车、机械保温车、加冰冷藏车进行运输。

2. 水路运输

以冷藏船为代表的水路运输是园艺产品出口的重要运输渠道。其特点：运输成本低，海运价格是铁路的 1/8，公路的 1/40；耗能少，运输过程平稳，产品所受机械损伤较轻。但因受自然条件的限制，水运的连续性差、速度慢、联运货物要中转换装等，延缓了货物的送达速度，也增加了货损。近年来，冷藏集装箱的发展使园艺产品的水路运输得到了进一步的发展。

3. 公路运输

园艺产品的公路运输是目前最重要的运输方式。汽车运输虽然成本高、载运量小、耗能大，劳动生产率低等，但是它具有投资少、灵活方便、货物送达速度快等特点，特别适宜于短途运输，可减少转运次数，缩短运输时间。

4. 航空运输

航空运输具有运送速度快，平均送达速度比铁路快 6~7 倍，比水运快 29 倍。但运输成本高、运量小、耗能大，目前在园艺产品运输上只能用于一些特需或经济价值很高的园艺产品。

第四节　园艺产品市场销售

园艺产品采收后经处理、包装、运输等一系列活动，最后才到达销售地。园艺产品只有销售出去，才能实现其商品价值。组织好园艺产品的销售工作，能促进国民经济的发展，促进人民生活水平的提高和农民收入的增加。

一、园艺产品的品质评价

品质是衡量产品质量好坏的尺度，园艺产品必须从食用品质和商品价值两方面加以综合评价。

（一）食用品质

新鲜度：新鲜度表示园艺产品的新鲜程度，新鲜程度好的产品比新鲜度差的产品商品价值要高，营养成分损伤少、质地口感好。

成熟度：提供市场销售的园艺产品应具有适宜的成熟度，成熟度不够，果实的色、香、味受到影响，过熟果实则易腐烂、变质，不耐贮藏和运输。

色泽：良好的色泽可反映园艺产品的品种特性，能给消费者留下美好的印象，在一定程度上能促进消费。

芳香：每种园艺产品都应具有本身特有的芳香气味，芳香气味能给人以愉悦，有利于人们身心健康。

风味：园艺产品要求有鲜美、酸甜、可口的味道。

质地：质地的好坏直接影响园艺产品的口感及其耐贮运性。

营养：园艺产品含有丰富的对人体有特殊营养价值的维生素、矿物质、微量元素等成分，长期食用能调节人体营养生理代谢，预防和治疗某些疾病。

（二）商品价值

商品化处理水平：园艺产品采后的商品化处理水平高低是决定其商品价值的重要因素。商品化处理水平高，其耐贮运性能好、运输损耗少，产品精美的包装也能提高其商品价值。

抗病性及耐贮运性能：抗病性强、耐贮运性能好的优质园艺产品其商品价值就高。

货架寿命：新鲜园艺产品不仅能在贮运过程而且在市场销售期中还能保持其良好的食用品质的期限，称为货架寿命，这是园艺产品价值高低的重要标志。

二、园艺产品市场的特点及对策

要求园艺产品市场要做到周年供应、均衡上市、品种多样、价廉物美。园艺产品生产具有季节性、地域性，只有做好园艺产品的贮藏运输工作，才能保证其均衡上市，周年供应，这样有利于保持物价稳定，维护社会经济稳定。

新鲜园艺产品是易腐性农产品，市场流通应及时、畅通，做到货畅其流，周转迅捷，才能保持其良好新鲜的商品品质，减少腐烂损耗。为此需要产、供、销协调配合，尽量实行产销直接挂钩，减少流通环节，提高运输中转效率。大中城市和工矿区应逐步建立批发市场，加强生产者、零售网点与消费者之间的联系，使新鲜园艺产品及时销售到千家万户。

园艺产品商品性强，发展园艺产品生产的目的在于以优质、充足的商品提供销售，满足人们消费的需要。

园艺产品必须适应市场需要，才能扩大销售。实践表明，只有那些适应市场的产品才能经久不衰。为了了解产品的市场情况，必须加强市场信息调查，预测行情变化趋势，根据调查预测结果有效地组织生产和销售。

三、园艺产品销售渠道

园艺产品销售渠道是指产品从农业生产者到达消费者所经过的途径。园艺产品销售可以分为直接销售和间接销售两大类。直接销售是由园艺产品生产者自己进行的农产品销售，间接销售是园艺产品生产者通过中间商人进行的销售。在不同的国家或在同一国家的不同地区，由于商品经济发展程度不同，以及不同园艺产品的自然属性存在一定差异。选择直接销售还是间接销售，不仅取决于农业生产者对经济效益优劣的判断，也受主客观经济条件的制约：①产品本身性质与利用方式的差异，如作为加工原料或直接食用的差异；②农业生产经营规模和商品经济发达程度；③农产品市场的价格稳定程度、利润大小和风险程度；④市场距离远近和交通运输条件；⑤消费者的生活方式和消费倾向。

目前，我国园艺产品的销售方式主要有以下几种：①园艺产品生产者通过当地农贸市场的直接销售；②通过果蔬专业化批发市场的销售；③通过综合连锁超市的销售；④通过网络电子商务的销售。

随着人民生活水平的提高和农业产业结构的调整，园艺产品生产的区域化、专业化趋势日益明显，园艺产品通过直接销售的份额越来越少；而通过果蔬专业化批发市场、综合连锁超市销售份额日益增多，并成为我国园艺产品的主要销售渠道。相信在不久的将来，网络电子商务必将成为园艺产品销售的一个重要渠道。总之，园艺产品的采后处理对提高商品价值、增强产品的耐贮运性能十分重要。

复习题

1. 园艺产品采收确定成熟度的方法。
2. 园艺产品采收后处理的流程。
3. 园艺产品运输对环境条件的要求。

第六章　园艺产品贮藏病害防治

园艺产品采后在贮、运、销过程中要发生一系列的生理、病理变化，最后导致品质降低，引起园艺产品采后品质降低的主要因素有生理变化、化学伤害和病害腐烂。尽管新鲜的园艺产品品质降低受诸多因素的影响，但病害是最主要原因。据报道，发达国家有 10%～20% 的新鲜果蔬损失于采后的腐烂，而在缺乏贮运冷藏设备的发展中国家，其腐烂损失率高达 30%～50%。

园艺产品采后在贮藏、运输和销售期间发生的病害统称为采后病害。园艺产品的采后病害可分为两大类：一类是由非生物因素如环境条件恶劣或营养失调引起的非传染性生理病害，又叫生理失调；另一类是由于病原微生物的侵染而引起的传染性病害，称为侵染性病害。

第一节　采后生理失调

园艺产品采后生理失调是由于不良因子引起的不正常的生理代谢变化，常见的症状有褐变、黑心、干疤、斑点、组织水浸状等。果蔬产品采后生理失调的种类分为：温度失调、呼吸失调和其他失调。

一、温度失调

园艺产品采后贮藏在不适宜的低温下产生的生理病变叫低温伤害，是园艺产品贮藏中一种常见的生理病害。低温伤害又分为冷害和冻害两种。

（一）冷害

冷害是由于贮藏的温度低于产品最适贮温的下限所致，它本质上又不同于冻害，冷害发病的温度在组织的冰点之上，是指 0 ℃以上的不适低温伤害。冷害出现的温度范围因园艺产品的种类而异，一般出现在 0～5 ℃。冷害可能发生在田间或采后的任何阶段，不同种类的园艺产品对低温冷害的敏感性也不一样，一般来说，热带水果（如香蕉、凤梨、甘薯等）对低温特别敏感，亚热带的果蔬产品（如柑橘、黄瓜、番茄等）次之，温带水果（桃和某些苹果品种）相对较轻。对低温敏感的产品，在不适低温下存放的时间越长，冷害的程度就越重，造成的经济损失也越大。

冷害发生的机理主要是由于果实处于临界低温时，其氧化磷酸化作用明显降低，引起以 ATP 为代表的高能量短缺，细胞组织因能量短缺分解，细胞膜透性增加，功能丧失，在角质层下面积累了一些有毒的能穿过渗透性膜的挥发性代谢产物，导致果实表面产生干疤、异味和增加对病害腐烂的易感性。另外，在冷害温度下，生物膜要出现相变，即生物膜由流动相转为凝胶相。这种相变引起生物膜透性增加、细胞内区室化破坏，而出现代谢平衡破坏和生理失调。由于脂类是生物膜的重要组成成分，其不饱和程度与生物膜的稳定性密切相关。有研究表明：桃果实中较高的脂肪酸不饱和程度（用双键指数表示）有利于在低温逆境下维持生物膜的稳定性，从而避免冷害的发生。另外，冷害对生物膜的破坏会造成一系列级联反应，包括合成乙烯、增加呼吸作用、打乱能量代谢、积累有毒物质（如乙醇、乙酸），以及破坏细胞和亚细胞结构。

冷害的症状主要是导致局部组织坏死，表现为表皮凹陷、干疤、斑点，出现水浸状，内部褐变、黑心，不能正常后熟，加速衰老和增加腐烂。产生冷害的园艺产品的外观和内部症状也因其种类不同而异，并随受害组织的类型而变化。例如，桃、凤梨、杧果和红毛丹以果皮或果肉褐变为多；鳄梨、葡萄柚和柠檬及其他柑橘果实以干疤常见；香蕉冷害后表皮呈现灰白色；果皮较薄或软化的番茄、黄瓜和番木瓜则出现表皮水浸状和不能正常成熟。不同果蔬产品发生冷害的温度也不一样（表 6-1）。

表 6-1　常见果蔬产品的冷害温度和症状

品种	冷害的临界温度/ ℃	症状
苹果	2.2~3.3	内部褐变，褐心，表面烫伤
桃	2~5	果皮出现水浸状，果心或果肉褐变，味淡
香蕉	11.7~13.3	果皮出现水浸暗绿色斑块，表皮内出现褐色条纹，中心胎座变硬，成熟延迟
杧果	10~12.8	果皮黯淡，出现褐斑，后熟异常，味淡
荔枝	0~1	果皮黯淡，色泽变褐，果肉出现水浸状
龙眼	2	内果皮出现水浸状或烫伤斑点，外果皮色泽变暗
柠檬	10~11.7	表皮下陷，油胞层发生干疤，心皮壁褐变
凤梨	6.1	皮色黯淡，褐变，冠芽萎蔫，果肉水浸状，风味差
红毛丹	7.2	外果皮和软刺褐变
蜜瓜	7.2~10	表皮出现斑点、凹陷，水浸状，易腐烂
南瓜	10	瓜肉软化，容易腐烂
黄瓜	4.6~6.1	表皮水浸状，变褐
木瓜	7.2	凹陷，不能正常成熟
白薯	12.8	凹陷，腐烂，内部褪色
马铃薯	0	产生不愉快的甜味，煮时色变暗
番茄	7.2~10	成熟时颜色不正常，水浸状斑点，变软，腐烂
茄子	7.2	表面烫伤，凹陷，腐烂
蚕豆	7.2	凹陷，赤褐色斑点

影响冷害的因素除与果蔬种类、品种有关外，还受其成熟度的影响。一般成熟度低的果实对冷害更敏感，如绿色香蕉贮藏在 14 ℃下 16 d 就会发生冷害，坚熟期的番茄可以在 0 ℃下贮藏 42 d。这是因为成熟度较高的果实可溶性固性物含量较高，果实组织对低温的抵抗力较强。但是为了避免冷害，最好将果蔬产品贮藏在其冷害的临界温度之上。另外，采后用某些外源化学物质处理：水杨酸（SA）、茉莉酸甲酯（MeJA）、草酸（OA）处理可以提高桃、杧果、黄瓜等果实的抗冷性，通过打蜡或半透气性薄膜袋包装，以及分步降温、间隙式升温或变温贮藏等都有利于控制园艺产品的冷害。

（二）冻害

冻害发生在园艺产品的冰点温度以下，可导致细胞结冰破裂，组织损伤，出现萎蔫、变色和死亡。蔬菜冻害后一般表现为水泡状，组织透明或半透明，有的组织产生褐变，解冻后有异味。园艺产品的冰点温度一般比水的（0 ℃）冰点温度要低，这是由于细胞液中有一些可溶性物质（主要是糖）存在，所以越甜的果实其冰点温度就越低，而含水量越高的园艺产品也越易产生冻害。当然，园艺产品的冻害温度也因种类和品种而异，如莴苣在 -0.2 ℃下就产生冻害，果实含糖量达 21% 的黑紫色甜樱桃其冻害温度在 -3 ℃以下，可溶性固形物含量高的大蒜和板栗在 -4 ℃和 -2 ℃下贮藏也很安全。因此，根据园艺产品对冻害的敏感性将它们分为以下三类（表6-2）。

表6-2　园艺产品的种类及其对冷害敏感性的类型

敏感类型	园艺产品的种类
最敏感品种	鳄梨、香蕉、杧果、菠萝、木瓜、椰子、番荔枝、红毛丹、莲雾、桃、甜菜、甘蓝
敏感品种	浆果、李、杏、枇杷、柑橘、柿子、龙眼、荔枝、番茄、蚕豆、黄瓜、茄子、莴苣、甜椒、马铃薯、甘薯、夏南瓜
轻度敏感品种	苹果、梨、葡萄、猕猴桃、冬枣、石榴、胡萝卜、花椰菜、芹菜、洋葱、豌豆、萝卜、冬南瓜

二、呼吸失调

园艺产品贮藏在不恰当的气体浓度环境中，正常的呼吸代谢受阻而造成呼吸代谢失调，又叫气体伤害。一般最常见的主要是低氧伤害和高二氧化碳伤害。

（一）低氧伤害

在空气中氧的含量为 21%，园艺产品能进行正常的呼吸作用。当贮藏环境中氧浓度低于 2% 时，园艺产品正常的呼吸作用就受到影响，导致产品无氧呼吸，产生和积累大量的挥发性代谢产物（如乙醇、乙醛、甲醛等），毒害组织细胞，产生异味，使风味品质恶化。

低氧伤害的症状主要表现为表皮局部组织下陷和产生褐色斑点，有的果实不能正常成熟，并有异味。如香蕉在低氧胁迫下产生黑斑；低氧条件下马铃薯的黑心病；苹果乙醇积累中毒症；番茄表皮凹陷，褐变；蒜苗褪色转黄或呈灰白色，薹梗由绿变暗发软；

柑橘果实的发苦、浮肿、颜色变黄、出现水浸状等都是典型的低氧伤害。园艺产品对低氧的忍耐力也因种类和品种而异，一般情况下氧浓度不能低于 2%。园艺产品在低氧条件下存放时间越长，伤害就越严重。

（二）高二氧化碳伤害

高二氧化碳伤害也是贮藏期间常见的一种生理病害。二氧化碳作为植物呼吸作用的产物在新鲜空气中的含量只有 0.03%。当环境中的二氧化碳浓度超过 10% 时，会抑制线粒体的琥珀酸脱氢酶系统，影响三羧酸循环的正常进行，导致丙酮酸向乙醛和乙醇转化，使乙醛和乙醇等挥发性物质积累，引起组织伤害和出现风味品质恶化。

果蔬产品的高二氧化碳伤害最明显的特征是表皮凹陷和产生褐色斑点。如苹果品种在高二氧化碳浓度下出现褐心；柑橘果实出现浮肿，果肉变苦；草莓表面出现水浸状，果色变褐；番茄表皮凹陷，出现白点并逐步变褐，果实变软，迅速坏死，并有浓厚的酒味；叶类菜出现生理萎蔫，细胞失去膨压，水分渗透到细胞间隙，呈现水浸状；蒜薹开始出现小黄斑，逐渐扩展下陷呈不规则的圆坑，进而软化和断薹。不同果蔬品种和不同成熟度的果实对二氧化碳的敏感性也不一样，如李、杏、柑橘、芹菜、绿熟番茄对二氧化碳较敏感，而樱桃、龙眼、蒜薹对二氧化碳的忍耐力相对较强，如甜樱桃、龙眼果实在 10%~15% CO_2 的气调环境下贮藏 1~2 个月不会产生任何伤害。

因此，气调贮藏期间，或运输过程中，或包装袋内，都应根据不同品种的生理特性，控制适宜的氧和二氧化碳浓度，否则就会导致呼吸代谢紊乱而出现生理伤害。而这种伤害在较高的温度下将会更为严重，因为高温加速了果实的呼吸代谢。

三、其他生理失调

（一）衰老

衰老是果实生长发育的最后阶段，果实采后衰老过程中会出现明显的生理衰退，也是贮藏期间常见的一种生理失调症，如苹果采收太迟，或贮藏期过长会出现内部崩溃；桃贮藏时间过长果肉出现木化、发绵和果肉褐变；衰老的甜樱桃出现果肉软化；花椰菜的叶片和茄子萼片脱落；有的蔬菜出现组织老化和风味恶化等。因此，根据不同果蔬品种的生理特性，适时采收，适期贮藏，对保持果蔬产品固有的风味品质非常重要。

（二）营养失调

营养物质亏缺也会引起园艺产品的生理失调。因为营养元素直接参与细胞的结构和组织的功能，如钙是细胞壁和膜的重要组成成分，缺钙会导致生理失调，褐变和组织崩溃。如苹果苦痘病、苹果虎皮病、水心病，以及番茄花后腐烂和莴苣叶尖灼伤等都与缺钙有关。另外，甜菜缺硼会产生黑心，番茄果实缺钾不能正常后熟。因此，加强田间管理，做到合理施肥，灌水，采前喷营养元素对防止果蔬产品的营养失调非常重要。同时，采后浸钙处理对防治苹果的苦痘病也很有效。

（三）二氧化硫毒害

二氧化硫（SO_2）通常作为一种杀菌剂被广泛地用于水果、蔬菜的采后贮藏，如库房消毒、熏蒸杀菌或浸渍包装箱内纸板防腐。但处理不当，容易引起果实中毒。被伤害的细胞内淀粉粒减少，干扰细胞质的生理作用，破坏叶绿素，使组织发白。如用 SO$_2$ 处理葡萄，浓度过大，环境潮湿时，则形成亚硫酸，进一步氧化为硫酸，使果皮漂白，果实灼伤，产生毒害。

（四）乙烯毒害

乙烯是一种催熟激素，能增加呼吸强度，促进淀粉水解和糖类代谢过程，加速果实成熟和衰老，被用作果实（番茄、香蕉等）的催熟剂。如果乙烯使用不当，也会出现中毒，表现为果色变暗，失去光泽，出现斑块，并软化腐败。

第二节　侵染性病害

一、病原种类

引起新鲜园艺产品采后腐烂的病原菌主要有真菌和细菌两大类。其中真菌是最重要和最流行的病原微生物，它侵染范围广，危害大，是造成水果在贮藏运输期间损失的重要原因。水果贮运期间的侵染性病害几乎全由真菌引起，这可能与水果组织多呈酸性有关。而叶用蔬菜的腐烂，细菌则是主要的病原物。

（一）真菌

真菌是生物中一类庞大的群体，它的主要特征：营养体呈丝状分枝的菌丝结构，具有细胞壁和细胞核；生殖主要是以孢子进行的有性或无性繁殖；缺乏叶绿素，不能进行光合作用；以分泌酶来分解植物的方式获取营养。

园艺产品采后腐烂主要由病原真菌引起。真菌的生长发育过程可分为营养阶段和繁殖阶段，营养阶段为菌丝体，繁殖阶段产生各种类型的有性孢子和无性孢子。有性孢子是通过性细胞或性器官结合而产生的，主要有合子、卵孢子、结合孢子、子囊孢子和担孢子。大多数真菌的有性孢子是一年产生一次，多发生在田间寄主生长后期，由于有性孢子对不良环境具有较强的适应能力，常常是真菌越冬的器官翌年病原菌的初次侵染源。无性孢子是直接从营养体上产生的，主要有芽孢子、粉孢子、厚垣孢子、游动孢子、孢囊孢子和分生孢子。无性孢子一年可产生多次，是真菌病害的主要传染源。

引起园艺产品采后侵染性病害的病原真菌主要有以下几类。

1. 鞭毛菌亚门（Mastigomycotin）

鞭毛菌亚门的真菌绝大多数生于水中，少数具有两栖和陆生性。可以通过腐生或寄生获得养料。营养体是单细胞或无隔膜、多核的菌丝体，细胞壁由纤维素组成；无性繁殖形成孢子囊，产生有鞭毛的游动孢子，有性繁殖形成卵孢子。该亚门与果蔬产品采后病害有密切关系的病原真菌有以下几种。

（1）腐霉属（Pythium）　常见的采后腐霉属病害有西瓜、甜瓜和草莓的絮状腐霉病，病原为瓜果腐霉（P. aphanidermatum）、巴特勒腐霉（P. butler）和终极腐霉（P. ultimum）。症状开始表现为水浸状，扩展迅速，病部出现变色和长出白色的霉状物。腐霉是典型的土壤传染病，可直接侵入瓜果，或通过瓜果茎端切口和伤口侵入，迅速发展，造成贮藏运输期间瓜果严重腐烂。

（2）疫霉属（*Phytophthora*） 果蔬产品采后常见的疫霉属病菌：柑橘生疫霉（*P. citricola*）、柑橘褐腐疫霉（*P. citrophthora*）、恶疫霉（*P. cactorum*）和辣椒疫霉（*P. capsici*）。疫霉除了引起柑橘类果实褐腐病外，还侵染草莓、苹果、梨、番木瓜、甜瓜和马铃薯，引起腐烂。表现的症状为产品病部开始出现水浸状，局部变色，然后扩展使整个瓜果腐烂，长出白霉状物。疫霉病通常是土壤传染性病害，直接与土壤接触的瓜果容易受侵染，在湿润的瓜果表面该菌可直接穿透果皮或通过自然开口侵入。高温高湿是发病的必要条件，但温度低于 4 ℃时几乎不发病。

（3）霜疫霉属（*Peronophythora*） 常见的霜疫霉菌有引起荔枝采后腐烂的霜疫霉病（*P. litchi*）。表现的症状为果蒂开始出现不规则、无明显边缘的褐色病斑，潮湿时长出白色霉层，病斑扩展迅速，全果变褐，果肉发酸成浆，溢出褐水。荔枝霜疫霉病主要以卵孢子在土壤或病残果皮上越冬，翌年条件适宜时，卵孢子发芽，产生大量游动孢子侵染树枝和果实。

2. 接合菌亚门（Zygomycotina）

接合菌亚门的真菌绝大多数为腐生菌，广泛分布于土壤和粪肥上，只有少数为弱寄生菌，引起水果和蔬菜贮藏期间的软腐病。接合菌的主要特征为菌丝体发达、无隔、多核，细胞壁由甲壳质（几丁质）组成；无性繁殖形成孢子囊和产生孢囊孢子；有性繁殖产生结合孢子。本亚门与果蔬采后病害有关的病原菌有以下两个属。

（1）根霉属（*Rhizopus*） 常见的根霉有匍枝根霉（*R. stolonifer*）和米根霉（*R. oryzae*）两种。主要侵染苹果、梨、葡萄、桃、李、樱桃、油桃、香蕉、波罗蜜、草莓、番木瓜、甜瓜、南瓜、番茄和甘蓝等果蔬，引起软腐。根霉不能直接穿透果蔬表皮，只能通过伤口入侵，或通过自然开孔进入成熟和衰老的组织。成熟果实对根霉极为敏感。症状开始表现为水浸状圆形小斑，逐渐变成褐色，病斑表面长出蓬松发达的灰白色菌丝体，有匍匐丝和假根。孢囊梗丛生，从匍匐丝上长出，顶端形成肉眼可见的针头状子实体，即孢子囊，开始为白色，稍后转变成黑色。病部组织软化，易破，有酸味。贮藏温度对根霉属病原菌的生长影响很大，5 ℃以下的低温可明显地抑制该病害发生。

（2）毛霉属（*Mucor*） 毛霉没有假根，属孢囊梗单生。主要侵染苹果、梨、葡萄、草莓和猕猴桃，引起毛霉病。常见的毛霉主要是梨形毛霉（*M. piriformis*），病果表皮变成深褐色，焦干状，病斑下的果肉变成灰白色或褐色，逐渐变软和水化，但没有臭味。病菌分布在土壤中，通过伤口入侵，在湿润条件下产生大量黑色孢子囊，贮藏在 0 ℃低温下的果实，也可发现毛霉引起的腐烂。

3. 子囊菌亚门（Ascomycotina）

子囊菌亚门属于高等真菌，全部陆生，分为腐生菌和寄生菌。营养体除酵母菌是单细胞以外，子囊菌菌体结构复杂，形态和生活习性差异很大，其主要特征为菌丝体发达，有分隔和分枝；菌丝细胞通常为单核，也有多核的；无性繁殖主要产生分生孢子；有性繁殖产生子囊和子囊孢子。与果蔬采后病害有密切关系的子囊菌主要有以下两种。

（1）核盘菌属（*Sclerotinia*） 菌丝体可形成菌核，子囊盘产生在菌核上或有寄主组织的假菌核上。主要的核盘菌有菌核软腐病（*S. scleratiorum*）和小核盘菌

（S. minor），引起柠檬、甘蓝、黄瓜、辣椒、大白菜叶球腐烂。同时，核盘菌属也是引起板栗采后黑腐病的病原菌。该菌在板栗采收前或落地后入侵栗果，潜伏在内果皮，一开始不表现出任何病症，待果实贮藏1~2个月后，病菌迅速蔓延，黑色斑块开始出现在栗果尖端或顶部，不断扩展，被侵染的果肉组织松散，由白变灰，最后全果腐烂，变成黑色。核盘菌属在-2 ℃低温下仍能生长和引起寄主致病，腐烂果实可通过接触传染。

（2）链核盘菌属（Monilinia） 该菌属是引起水果采后褐腐病的重要病原菌，有果生链核盘菌（M. fructicola）、仁果链核盘菌（M. fructigena）和核果链核盘菌（M. laxa）3种病菌。褐腐病菌主要侵染苹果、梨、桃、李、樱桃等果实，引起果实褐腐病。果实受害初期病部为浅褐色软腐状小斑，数日内迅速扩大及全果，果肉松软，病斑表面长出灰褐色绒状菌丝，上面产生褐色或灰白色孢子，呈同心圆的轮纹状排列。该菌在0 ℃低温下也生长较快，腐烂的果实可接触传染。

4. 半知菌亚门（Deuteromycotina）

半知菌亚门的真菌多为腐生，也有不少寄生菌。在它们的生活史中只发现无性阶段，故称为半知菌或不完全菌。当发现有性阶段时，大多数属于子囊菌，极少数是担子菌，因此子囊菌和担子菌的关系密切。主要特征：菌丝体发达，分枝，分隔；无性繁殖产生各种类型的分生孢子；有性阶段尚未发现。由于半知菌是非专性寄生菌，与水果蔬菜采后病害关系最为密切，最常见的有以下几种。

（1）交链孢菌属（Alternaria） 常见的有链格孢（A. alternaria）、柑橘链格孢（A. citri）、苹果链格孢（A. mali）、瓜链格孢菌（A. cucumis），分别引起梨、桃、油桃、杏、李、樱桃、葡萄、草莓、番茄、甜椒、茄子、黄瓜等果蔬的黑腐病，以及柑橘黑心病、苹果心腐病和洋葱紫斑病。链孢菌通过伤口、衰老组织的自然开孔、冷害损伤等入侵，在采前潜伏侵染，到果实成熟或组织衰老时发病。病斑可以出现在果实的任何部位，病组织的表面有一层橄榄绿孢子的覆盖物。桃、杏、李上的病斑较硬，下陷。甜樱桃的褐色病斑上有大量的白色菌丝。柑橘果实的病斑在果蒂部呈圆形，褐色，病组织变黑，表现为黑腐、黑心，在橘子上表现为褐斑。葡萄被侵染的组织发白，呈水浸状，腐烂处产生黑褐色的孢子，孢子头肉眼可见，孢子成熟时易脱落，腐烂果有酸味。瓜果上病部呈褐色圆斑，稍凹陷，外有淡褐色晕环，逐渐扩大变黑，病斑上有黑褐色霉状物，果肉变黑，坏死，海绵状。

（2）葡萄孢霉属（Botrytis） 该菌属能侵染上百种植物，并引起果蔬产品的灰霉病。在贮藏期间绝大多数新鲜水果和蔬菜都被灰霉病菌（Botrytis spp.）侵染。侵染组织呈浅褐色，病斑软化，迅速扩展，上面产生灰褐色的孢子，有时有黑色的菌核出现。主要病原菌有B. cinerea和B. alli，病菌可通过伤口、裂口或自然开口侵入寄主，也可从果蔬表面直接侵染，该菌可以在田间入侵葡萄、草莓、苹果、洋葱和莴苣等果蔬产品，潜伏侵染，直到果实成熟或采收后在贮藏期间才发病。由于该菌对低温有较强的忍耐力，在-4 ℃下也能生长萌发，产生孢子和引起寄主致病，常常造成园艺产品采后严重的腐烂损失。

（3）刺盘孢菌属（Colletotrichum）和盘圆孢菌属（Gloeosporium） 这两个属是

引起水果炭疽病的主要病原菌，常合并为一个属。常见的主要有苹果炭疽病的病原菌，为盘长孢刺盘孢（*C. gloeosporioides*），又名果生盘孢菌（*G. jrutigerum*）和香蕉刺盘孢菌（*G. musarum*），分别引起苹果（杧果）炭疽病和香蕉斑点病。病原菌在田间侵入果实，最主要危害成熟或即将成熟的果实，贮运期间发病严重。发病初期果实表面出现浅褐色圆形小斑，迅速扩大，呈深褐色，稍凹陷皱褶，病斑呈同心轮纹状排列，湿度大时，溢出粉红色黏液。果实一旦出现炭疽病斑，迅速扩展腐烂，造成极大的经济损失。

（4）镰刀菌属（*Fusarium*）　该菌属生活在土壤中，分生孢子在空气中传播。主要侵染蔬菜和观赏植物，特别是块茎、鳞茎，或甜瓜、黄瓜和番茄等低位果实常常受害。镰刀菌属主要有木贼镰刀菌（*F. equiseti*）、尖孢镰刀菌（*F. oxysporum*）、黄色镰刀菌（*F. culmorum*）、腐皮镰刀菌（*F. solani*）等，是引起马铃薯干腐、洋葱（大蒜）蒂腐，生姜（甜瓜）白霉病的病原菌。这些病菌可在田间、采收前或采收后入侵寄主，但发病主要在贮藏期间。受害组织开始为淡褐色斑块，上面出现白色的霉菌丝，逐渐变成深褐色的菌丛，病部组织呈海绵软木质状。有粉红色菌丝体和粉红色腐烂组织。生长最适温度为25~30 ℃，5 ℃下低温对镰刀菌的生长有明显的抑制作用。

（5）地霉属（*Geotrichum*）　常见的主要是白地霉（*G. candidum*），引起柑橘、番茄、胡萝卜等果蔬酸腐。地霉属菌广泛分布于土壤中，在采前或采收时沾染果蔬表面，从伤口、裂口和茎疤处侵入组织。症状开始为水浸状褐斑，组织软化，逐渐扩大至全果，果皮破裂，病斑表面有一层奶油色黏性菌层，上有灰白色孢子，果肉腐烂酸臭，溢出酸味水状物，产生白霉。在25~30 ℃的高温高湿条件下发病迅速，10 ℃以下低温对该菌的生长有抑制作用。

（6）青霉属（*Penicillium*）　该属是引起柑橘、苹果、梨、葡萄、无花果、大蒜、甘薯等水果蔬菜产品采后青霉病和绿霉病的重要病原菌。青霉属的种类很多，对寄主有一定的专一性，如指状青霉（*P. digitatum*）和意大利青霉（*P. italicum*）是引起柑橘果实采后腐烂的病菌，扩展青霉（*P. expansum*）主要侵染苹果、梨、葡萄和核果，*P. hirsutum* 青霉则入侵大蒜，鲜绿青霉（*P. viridicatum*）只侵染甜瓜。青霉属病菌主要从伤口入侵，也可通过果实衰老后的皮孔直接进入组织。侵染初期果皮组织呈水浸状，迅速发展，病部先有白色菌丝，上面长出青绿色孢子。绿霉病菌的孢子层与菌丝体的边缘有较宽的白色菌丝带，边缘不规则，而青霉病菌的孢子层与菌丝体的边缘则只有2mm宽，边缘较清晰。病果是重要的传染源。

（7）拟茎点霉属（*Phomopsis*）　常见的有杧果拟茎点霉菌（*P. mangerae*）和柑橘拟茎点霉菌（*P. cytosporella*），分别引起杧果和柑橘果实的褐色蒂腐病。病菌在田间从伤口或直接侵入果实蒂部和内果皮，潜伏到果实成熟或贮藏期间才发病。发病初期蒂部出现褐色病斑，水浸状，不规则，病斑迅速扩展至全果，变成暗褐色，果肉软腐，病部表面有许多小黑点，即病原菌的分生孢子器。采后的贮藏低温可延缓病害的发生。

（二）细菌

细菌是原核生物，单细胞，不含叶绿素。细菌属于异养，绝大部分不能自己制造养料，必须从有机物或动植物体上吸取营养来维持生命活动。细菌的结构比较简单，外面有一层具韧性和强度的细胞壁。大多数植物病原细菌都能游动，只有少数细菌不能游动。细菌的繁殖方式一般为裂殖，繁殖速度很快。生长最适温度为 26~30 ℃，细菌能耐低温，在冰冻条件下仍能保持生活力，但对高温敏感，一般致死温度是 50 ℃ 左右。细菌不能直接入侵完整的植物表皮，一般是通过自然开口和伤口侵入。植物细菌病害的症状可分为组织坏死、萎蔫和畸形。引起果蔬采后腐烂的细菌主要是欧氏杆菌属（*Erwinia*）和假单胞杆菌属（*Pseudomonas*）。

（1）欧氏杆菌（*Erwinia* spp.） 菌体为短杆状，不产生芽孢，革兰氏反应阴性，在有氧或无氧下均能生长。在欧氏杆菌属的 6 个种中有 2 个引起果蔬采后软腐病。①大白菜软腐病杆菌（*E. carotovora* subsp. *carotovora*）引起各种蔬菜的软腐病，特别是大白菜软腐。②黑胫病杆菌（*E. carotovora* var. *atroseptica*）引起大多数蔬菜黑腐病，特别是马铃薯黑胫病和番茄茎断腐。由欧氏杆菌引起的病害症状基本相似，感病组织开始为水浸状斑点，在条件适宜时迅速扩大，引起组织全部软化腐烂，并产生不愉快的气味。

（2）假单胞杆菌（*Pseudomonas* spp.） 也不产生芽孢，革兰氏染色反应阴性，是好气性病菌。其中的边缘假单胞杆菌（*P. marginalis*）发病较普遍，可引起黄瓜、芹菜、莴苣、番茄和甘蓝软腐。假单胞杆菌引起的软腐症状与欧氏杆菌很相似，但不愉快的气味较弱。细菌软腐病菌主要是分泌各种分解组织的胞外酶，如果胶水解酶、果胶酯酶和果胶裂解酶等，引起植物细胞死亡和组织解体。软腐病部表皮常常破裂，汁液外流，侵染相邻果蔬，造成成片腐烂。

二、侵染过程

病原菌通过一定的传播介体到达园艺产品的感病点上，与之接触，然后侵入寄主体内取得营养，建立寄生关系，并在寄主体内进一步扩展使寄主组织破坏或死亡，最后出现症状。这种接触、侵入、扩展和出现症状的过程，称为侵染过程。真菌孢子在适宜的培养基上先膨胀，经数小时后芽管萌发，开始生长，形成菌丝体。孢子从萌发到菌丝形成的这段时间叫滞生阶段。随后，菌丝快速生长，菌落不断扩大，并达到一个相对平稳的生长，这段时间叫速生阶段。病菌从滞生阶段到速生阶段的变化过程呈"S"形。在园艺产品上病菌孢子的滞生阶段称为潜伏侵染，在这段时间寄主并不表现出病状，随后病菌进入速生阶段，在寄主表面出现病症。一般而言，在寄主上病菌的滞生阶段和速生阶段都比在培养基上时间长，因为病菌孢子在园艺产品上萌发和生长要受到寄主表面和内部组织的抗性阻挠。因此，病菌在园艺产品上的"S"形一般都比较平缓。

通常将这种传染性病害的侵染过程划分为侵入期、潜育期和发病期 3 个阶段。

（一）侵入期

病原菌从接触到一定植物的感病部位（感病点），在适当的条件下，才能进行侵染。从病原菌侵入寄主开始，到与寄主建立寄生关系为止的这一段时期，称为侵入期。

1. 侵入途径

病菌或是被动地通过自然开孔和伤口，或是主动地借助于自身分泌的酶和机械力入侵植物的过程叫侵染，前者叫作被动侵染，后者称为主动侵染。

被动侵染。自然孔口：植物体表面的气孔、皮孔、叶缝、毛孔、水孔等自然孔口，是绝大多数细菌和真菌入侵的门户。有的细菌几乎可以从关闭的气孔侵入，由于这些气孔的形态结构足以让细菌通过。如柑橘溃疡病细菌（*Xanthomonas citri*）可通过气孔、水孔或皮孔侵入，梨火疫病细菌（*Erwinia amylovora*）可以由蜜腺、柱头侵入，葡萄霜霉病菌（*Plasmopara viticola*）游动孢子萌发后可以从气孔侵入。伤口：园艺产品表面的各种伤口，如昆虫的虫伤，采收时的机械伤，贮运过程中的各种碰伤、擦伤、压伤和低温冷害的冻伤等，都是一些病原细菌以及许多寄生性比较弱的真菌入侵的主要途径。大多数果蔬贮藏期间的病害都与各种伤害紧密相关，因为新鲜伤口的营养和湿度为病菌孢子的萌发和入侵提供了有利条件。如青霉属（*Penicillium* spp.）、根霉属（*Rhizopus* spp.）、葡萄孢霉属（*Botrytis* spp.）、地霉属（*Geotrichum* spp.）和欧氏杆菌属（*Erwinia* spp.）等都是从伤口入侵；焦腐病菌主要从果蒂细胞受损处入侵。同时，冷害和冻伤常常会加速贮藏期间各种腐烂病的发生。

主动侵染。主动侵染又叫直接入侵，指病原真菌借助于自身的力量，进入寄主细胞。主动侵染包括：①许多植物病原菌靠产生一些特殊的酶来溶解或分泌毒素来破坏寄主细胞壁而入侵寄主；②有的病菌借助于包在囊内的游动孢子直接产生的吸附器或侵染丝来完成侵染；③还有的病菌则在孢子萌发的芽管前长出一个附着孢，通过它长出菌丝，进入寄主。如苹果黑星病菌（*Fusicladium dendriticum*）的分生孢子和梨锈病菌（*Gymnosporangium haraeanum*）的担孢子发芽后都能直接入侵。同时，甜菜黑腐病菌（*Phoma beata*）、桃褐腐病菌（*Monilinia* spp.）、草莓灰霉病菌（*Botrytis cinerea*）等都可以通过接触传染，这类病害在贮藏期间的蔓延迅速，危害十分严重。

2. 侵入位置

病原真菌大多是以孢子萌发后形成的芽管或菌丝侵入。典型的步骤：孢子的芽管顶端与寄主表面接触时膨大形成附着器，附着器分泌黏液将芽管固定在寄主表面，然后从附着器产生较细的侵染丝入侵寄主体内。直接侵入和由自然孔口侵入的真菌，产生附着器比较普遍，从伤口和自然孔口侵入的真菌也可以不形成附着器和侵染丝，直接以芽管侵入。从表皮直接侵入的病原真菌，其侵染丝先以机械压力穿过寄主表皮的角质层，然后通过酶的作用分解细胞壁而进入细胞内。细菌个体可以被动地落到自然孔口里或随着植物表面的水分被吸进孔口，有鞭毛的细菌靠鞭毛的游动也能主动侵入。

(二) 潜育期

从病原物侵入与寄主建立寄生关系开始，直到表现明显的症状为止的一段时间称为病害的潜育期。潜育期是病原菌在寄主体内吸取营养和扩展的时期，也是寄主对病原菌的扩展表现不同程度抵抗性的过程。无论是专性寄生，还是非专性寄生的病原菌，在寄主体内进行扩展时都要消耗寄主的养分和水分，并分泌酶、毒素、有机酸和生长刺激素，扰乱寄主正常的生理代谢活动，使寄主细胞和组织遭到破坏，发生腐烂，最后导致症状出现。症状的出现就是潜育期的结束。有许多病原菌是在田间或在生长期间就侵入园艺产品，长期潜伏，并不表现任何症状，直到果实成熟采收或环境条件适合时才发病。如板栗的黑霉病菌（*Ciboria baschiana*）就是在树上或栗果落地时侵入果实，贮藏前期不表现症状，1~2个月后开始发病，引起果实变黑腐烂；柑橘、杧果或香蕉炭疽病（*Colletotrichum* spp.）的孢子在幼果表面萌发，直接入侵果实并潜伏果内，当环境条件适宜或果实成熟时才发病；洋葱的灰霉病菌（*Botrytis allii*）也是在田间入侵洋葱叶内，随着洋葱的采收，自上而下进入鳞皮，贮藏期间大量发病。

（三）发病期

植物被病原菌侵染后，经过潜育期即出现症状，便进入发病期。此后，症状的严重性不断增加，真菌病害在园艺产品的受害部位产生大量的无性孢子，成为新的侵染源，引起再度侵染，使病害迅速蔓延扩大。

三、发病环境条件

1. 温度

病菌孢子的萌发力和致病力与温度极为相关，病菌生长的最适温度一般为20~25℃，温度过高、过低对病菌都有抑制作用。在病菌与寄主的对抗中，温度对病害的发生起着重要的调控作用。一方面温度会影响病菌的生长、繁殖和致病力；另一方面也影响寄主的生理、代谢和抗病性，从而制约病害的发生与发展。一般而言，较高的温度加速果实衰老，降低果实对病害的抵抗力，有利于病菌孢子的萌发和侵染，从而加重发病；相反，较低的温度能延缓果实衰老，保持果实抗性，抑制病菌孢子的萌发与侵染。因此，贮藏温度的选择一般以不引起果实产生冷害的最低温度为宜，这样能最大限度地抑制病害发生。

2. 湿度

湿度也是影响发病的重要环境因子，如果温度适宜，较高的湿度将有利于病菌孢子的萌发和侵染。尽管在贮藏库里的相对湿度达不到饱和，但贮藏的果品上常有结露，这是因为当果品的表面温度降低到库内露点温度以下时，果实表面就形成了自由水。在这种高湿度的情况下，许多病菌的孢子就能快速萌发，直接侵入果实引起发病。要减少果蔬产品表面结露，应充分地预冷。

3. 气体成分

低氧（O_2）和高二氧化碳（CO_2）对病菌的生长有明显的抑制作用。果实和病菌的正常呼吸都需要氧气，当空气中的氧气浓度降到5%或以下时，对抑制果实呼吸，保持果实品质和抗性非常有用。空气中2%的氧气对灰霉病、褐腐病和青霉病等病菌的生长有明显的抑制作用。高二氧化碳浓度（10%~20%）对许多采后病菌的抑制作用也非常明显，当二氧化碳浓度＞25%时，病菌的生长完全停止。由于果蔬产品在高二氧化碳浓度下存放时间过长会产生毒害，因此一般采用高二氧化碳浓度短期处理以减少病害发生。另外，果实呼吸代谢产生的挥发性物质（乙酸等）对病菌的生长也有一定的抑制作用。

四、防治措施

(一) 物理防治

园艺产品采后病害的物理防治主要包括控制贮藏温度和气体成分，以及采后热处理或辐射处理等。

1. 低温处理

低温可以明显地抑制病菌孢子萌发、侵染和致病力，同时还能抑制果实呼吸和生理代谢，延缓衰老，提高果实的抗性。因此，果实、蔬菜采后及时降温预冷和采用低温贮藏、冷链运输和销售，对减少采后病害的发生和发展都极为重要。但是，园艺产品采后贮藏温度的确定应以该产品不产生冷害的最低温度为宜。

2. 气调处理

园艺产品采后用高二氧化碳短时间处理，和采用低氧气和高二氧化碳的贮藏环境条件对许多采后病害都有明显的抑制作用。特别是高二氧化碳处理对防止发生某些贮藏病害和杀死某些害虫都十分有效。如用 30% 的二氧化碳处理柿子 24 h 可以控制黑斑病的发生；板栗用 60%~75% 的二氧化碳处理 48~72 h 可抑制贮藏期间黑霉病的发生。

3. 热处理

采后热处理是近年来发展起来的一种非化学药物控制果蔬采后病害的方法。大量的试验证明，它可以有效地预防果实的某些采后病害，利于保持果实硬度，加速伤口的愈合，减少病菌侵染。同时，在热水中加入适量的杀菌剂或 $CaCl_2$ 还有明显的增效作用。热处理的方法分为热水浸泡和热蒸汽处理，热处理的效果见表 6-3。

表 6-3　不同园艺产品热处理的效果

品种	处理温度/℃	处理时间/min	控制病害
苹果	45	15	青霉病
梨	47	30	毛霉病
桃	52	2.5	褐腐病
李	52	3	褐腐病
樱桃	52	2	褐腐病
草莓	43	30	灰霉病、黑腐病
甜橙	53	5	蒂腐病
柠檬	52	10	青霉病
葡萄柚	48	3	疫病
荔枝	52	2	霜霉病
杧果	52	5	炭疽病
甜瓜	52	3.5	霉菌病

品种	处理温度/℃	处理时间/min	控制病害
辣椒	53	1.5	细菌软腐病
青豆	52	0.5	白腐病

4. 辐射处理

电离辐射是利用 γ、β、X 射线及电子束对农产品进行照射，进行杀菌的一种物理方法。自 1943 年美国研究人员首次用射线处理汉堡包以来，辐射处理便逐步成为食品加工和贮藏中的一种防病措施。由于 ^{60}Co 产生的 γ 射线可以直接作用于生物体大分子，产生的电离能激发化学键断裂，使某些酶活性降低或失活，膜系统结构破坏，引起辐射效应，从而可以抑制或杀死病原菌。电离辐射还能够通过破坏活细胞的遗传物质导致基因突变而引起细胞死亡，其主要作用位点是核 DNA。电离辐射对病原物菌落生长、孢子萌发、芽管伸长和产孢能力均具有一定的影响。病原物对辐射的反应受诸多因素影响，不同病原菌的遗传特异性决定其抗辐射能力的差异。用 2 kGy 的 γ 射线处理能完全抑制病原菌生长，而 4 kGy 的 γ 射线对病原菌生长的抑制效果却较小。辐射处理对病原真菌的抑制作用将随剂量的增加而增强，对于相同处理剂量，辐射频率对孢子的存活和菌落的生长也具有一定的影响。一般而言，高频率可以提高辐射的处理效果，因此，通常采用低剂量高频率来处理农产品。

目前，以 ^{60}Co 作为辐射源的 γ 射线照射应用最广，其原因在于 ^{60}Co 制备相对容易，γ 射线释放能量大，穿透力强，半衰期较适中。同时 γ 射线能够有效控制采后病害、杀灭检疫性虫害、延缓成熟及衰老、抑制发芽而在果蔬防腐保鲜中得到了广泛的研究和应用。

射线是带负电的高速电子流，穿透力弱，常用于果实的表面杀菌。X 射线管产生的 X 射线能量很高，可穿透较厚的组织，也用于果蔬产品采后的防病处理。利用高频电离辐射，使两个电极之间的外加交流高压放电，可产生臭氧，对果蔬表面的病原微生物也有一定的抑制作用。

5. 紫外线处理

紫外线处理是一种常用的杀菌消毒方法，一般分为短波紫外线（UV-C，波长小于 280 nm）、中波紫外线（UV-B，波长 280~320 nm）和长波紫外线（UV-A，波长 320~390 nm）3 种。许多研究表明：低剂量的短波紫外线（UV-C）照射果蔬产品后，贮藏期间的腐烂率可明显降低。目前处理已经广泛应用于许多果蔬产品（如柑橘、苹果、桃、葡萄、杜果、草莓、蓝莓、番茄、辣椒、洋葱、胡萝卜、甘薯、马铃薯、蘑菇等）预防采后腐烂，用 254 nm 的短波紫外线处理苹果、桃、番茄、柑橘等果实，可减少对灰霉病、软腐病、黑斑病等的敏感性。但是处理效果受果蔬种类、品种、成熟度、病原物种类、剂量、辐照后贮藏温度等诸多因素的影响，照射剂量也因产品种类和品种而异。

UV-C 属于非电离辐照，仅能穿透寄主表面 50~300 nm 厚的数层细胞，UV-C 处理的抑病机理包括：提高果蔬产品多种抗性酶的活性，增强了其抗病性；诱导果蔬表皮形成物理屏障，阻止病菌的入侵；以及破坏病原物 DNA 的结构，干扰细胞的分裂，导致蛋白质变性，引起膜的透性增大，导致膜内离子、氨基酸和碳水化合物的外渗。

（二）化学防治

化学防治是通过使用化学药剂来直接杀死园艺产品上的病原菌。化学药剂一般具有内吸或触杀作用，使用方法有喷洒、浸泡和熏蒸。

（1）碱性无机盐 如四硼酸钠（硼砂）和碳酸钠溶液，是 20 世纪 50 年代用于果蔬采后防病的杀菌剂。用 6%~8% 的硼砂溶液可控制由色二孢和拟茎点霉引起的柑橘果实蒂腐病。用 0.4% 硼砂溶液处理绿熟番茄后，用塑料薄膜袋包装进行自发性气调贮藏可明显地减少腐烂。

（2）氯、次氯酸和氯胺 氯对真菌有很强的杀伤力，氯和次氯酸被广泛用于水的消毒和果蔬表面杀菌，用 0.2~5 mg/L 的活性氯（FAC）处理数分钟，能杀死蔬菜表面和水中的细菌。次氯酸盐也被广泛用于控制桃的软腐病和褐腐病，以及马铃薯和胡萝卜的细菌病害，使用浓度为 100~500 mg/L 的有效氯。三氯化氮被用于柑橘贮藏库的熏蒸，一般每周按 54~106 mg/m^3 熏蒸 3~4 h 可减低果实在贮藏期间的腐烂率。

（3）硫化物 只有少数几种水果蔬菜能够忍耐达到控制病害的 SO_2 浓度，如葡萄、荔枝和龙眼等。用 SO_2 处理葡萄的方式有：①定期用体积分数 0.25%~0.5% 的 SO_2 熏蒸贮藏库 20 min；②将亚硫酸氢钠或焦亚硫酸钠，加入一定量的黏合剂制成药片，按葡萄鲜重 0.2%~0.3% 放入药剂；③分阶段释放 SO_2，前期快速释放 SO_2 浓度达到 70~100 μL/L，杀死葡萄表面的病菌和防止早期侵染。中期使 SO_2 浓度维持在 10 μL/L 左右抑制潜伏侵染的灰霉菌生长。但必须控制贮藏期间的温度（-0.5~0 ℃）和湿度，防止因 SO_2 浓度过高而对葡萄产生伤害。

（4）脂肪胺 常用的有仲丁胺（橘腐净），是一种脂肪族胺。仲丁胺既可作为熏蒸剂，也可用仲丁胺盐溶液浸淋，或加入蜡制剂中使用。仲丁胺对青霉菌有强烈的抑制作用，一般仲丁胺盐使用浓度在 0.5%~2%，仲丁胺浓度在空气中达到 100 μL/L 时，可明显地抑制柑橘果实的青霉病。

（5）酚类 邻苯酚是 20 世纪 60 年代常用的一种广谱杀菌剂，对微生物致死限度和对新鲜果蔬损伤浓度取决于溶液的温度与接触时间。利用邻苯酚浸纸包果，可抑制多种采后病害。用 0.5%~1% 的邻苯酚钠溶液处理果实，可控制柑橘、苹果、梨、桃等果实的腐烂。同时，1% 的水杨酰苯胺钠对引起甜橙和香蕉腐烂的青霉及拟茎点霉有明显的抑制作用。

（6）联苯 用联苯浸渍包装纸单果包装，或在箱底部和顶部铺垫联苯酚纸来控制柑橘的果实青霉病已有 40 多年的历史，但长期使用联苯也出现了抗性菌株，从而降低了杀菌效果。

（7）苯并咪唑及其衍生物 20 世纪 60 年代以后使用的苯并咪唑及其衍生物主要有苯莱特、硫菌灵、多菌灵、噻苯唑等，这类药物具有内吸性，对青霉菌、色二孢、拟茎点霉、刺盘孢、链核盘菌都具有很强的杀死力，被广泛地用作控制苹果、梨、柑橘、桃、李等水果采后病害的杀菌剂。

（8）新型杀菌剂 ①抑霉唑，是第一个麦角甾醇的生物合成抑制剂，从20世纪80年代开始在世界许多柑橘产区用作杀菌剂，其防腐效果优于苯并咪唑类，特别对苯莱特、TBZ、SOPP及仲丁胺产生抗性的青霉菌株和链格孢菌有很强的抑制作用。抑霉唑的使用浓度一般为1 000～2 000 mg/L，可浸洗或喷雾处理。②双胍辛胺，其化学名称为双（8-胍基-辛基）胺，双胍辛胺对青绿霉菌、酸腐菌，以及对苯并咪唑产生抗性的菌株有强抑制作用，一般的使用浓度为250～1 000 mg/L。③咪鲜胺，又叫扑菌唑，咪鲜胺的抗菌谱与抑霉唑相似，但对青霉菌及对苯莱特和TBZ产生抗性的菌株有很好的抑制效果。使用浓度为500～1 000 mg/L。④异菌脲，商品名为扑海因，异菌脲可抑制根霉和链格孢等苯并咪唑类药剂所不能抑制的病菌，同时，还可抑制灰霉葡萄孢和链核盘菌，而对青霉菌的抑制效果与抑菌唑相同。⑤瑞毒霉，又叫甲霜安，瑞毒霉有较强的内吸性能，对鞭毛菌亚门有特效，可控制疫霉引起的柑橘褐腐病。还可与三唑化合物混合使用，能有效地防治青霉菌、酸腐和褐腐等多种采后病害，使用浓度为1～2 g/L。常见杀菌剂及其浓度见表6-4。

表6-4　常见杀菌剂及其浓度

名称	浓度/（mg/L）	使用方法	使用范围
联苯	100	浸、熏蒸	柑橘青霉、绿霉、褐色蒂腐、炭疽
仲丁胺	200	洗、浸、喷、熏蒸	柑橘青霉、绿霉、蒂腐、炭疽等
联苯酚钠	0.2%～2%	浸纸垫、浸果	柑橘青霉、绿霉、褐色蒂腐、炭疽
多菌灵	1 000	浸果	柑橘青霉、绿霉
甲基硫菌灵	1 000	浸果	柑橘青霉、绿霉
抑霉唑	500～1 000	浸果	青霉、绿霉、蒂腐、焦腐等
噻菌灵	750～1 500	浸渍、喷洒	灰霉、褐腐、青霉、绿霉、蒂腐、焦腐等病
乙膦铝（疫霉灵）	500～1 000	浸渍、喷洒	霜霉、疫霉等病
瑞毒霉（甲霜灵）	600～1 000	浸渍、喷洒	对疫病有特效
异菌脲（咪唑霉）	500～1 000	喷洒、浸渍	褐腐、黑腐、蒂腐、炭疽、焦腐等
普克唑	1 000	喷洒、浸渍	青霉、绿霉、黑腐等
SO_2	1%～2%	熏蒸、浸渍	灰霉、霜霉等

（三）生物防治

生物防治是利用微生物之间的拮抗作用，选择对园艺产品不造成危害的微生物来抑制引起产品腐烂的病原菌的致病力。由于化学农药对环境和农产品的污染直接影响人类的健康，世界各国都在探索能代替化学农药的防病新技术。生物防治是近年来被证明很有成效的新途径。生物防治的研究主要包括以下3个方面。

1. 拮抗微生物的选用

果蔬采后病害生物防治的研究工作始于 20 世纪 80 年代，经过多年的研究已从实验室向生产应用的商业化发展，许多研究都证明利用拮抗微生物来控制病害是一项具有很大潜力的新兴技术。目前已经从植物和土壤中分离出许多具有拮抗作用的细菌、小型丝状真菌和酵母菌，用于果蔬产品采后病害防治。这些微生物对引起苹果、梨、桃、甜樱桃、柑橘、枣等果实采后腐烂的许多病原真菌都具有明显的抑制作用。但机理一般认为有的细菌是通过产生一种抗菌素来抑制病菌的生长，如枯草芽孢杆菌产生的伊枯草菌素对引起核果采后腐烂的褐腐病菌、草莓灰霉菌和柑橘青霉菌有抑制作用，而酵母菌则主要是通过在伤口处快速繁殖和营养竞争来抑制病菌的生长，达到控制病害发生。另外，酵母拮抗菌还具有直接寄生的作用，以及产生抑菌酶（如细胞壁水解酶）和抑菌物质。

2. 自然抗病物质的利用

几百年前人们就已经知道植物的药用和治疗的功效。事实上植物为人类提供了广泛的药材资源，但目前只有少部分植物的器官被用作药剂的研制材料。近年来，由于化学药剂的残毒对人类健康的影响，昆虫学家开始利用植物产生的自然抗性物质来杀虫，经过多年的努力研制出了除虫菊酯等有效的杀虫剂。然而，以植物为原料生产杀菌剂的研究工作则进展缓慢。植物群体是一个含有自然杀菌物质成分的巨大资源库，许多研究都表明一些植物的根和叶的提取物对病菌有明显的抑制作用，有的国家传统地利用植物自然抗病物质来控制病虫害，到目前为止已证明至少有 2% 的高等植物具有明显的杀虫作用。

近年来，利用植物自然抗病物质来控制采后腐烂的研究也较多，Wilson 及其合作者们发现有 43 个科的 300 多种植物对灰霉病菌有拮抗作用，这些植物的提取物都表现出较强的抑菌活性。

利用植物的提取物来防治果实的采后病害是近年来世界各国的研究热点，Ark 和 Thompson 在 1959 年就报道了大蒜的提取物对引起桃采后腐烂的褐腐病病菌有明显的抑制作用，从日本柏树中提取的日柏醇对防治草莓和桃果实采后病害的效果显著。

EI-Gho-auth 和 Wilson 报道一些植物油对灰霉和青霉病菌的生长有抑制作用，他们还发现红棕榈、红百里香、樟树叶和三叶草都能明显地抑制灰霉和青霉病菌孢子的萌发和菌丝的生长，以这些植物为原料制作的烟熏剂可有效地减少果实和蔬菜的采后病害。

果实成熟过程中产生的一些挥发性代谢产物也能抑制病菌的生长，苹果和桃果使用苯甲醛处理后贮藏期间的发病率明显减少，而并不伤害果肉的组织。Vaugh 等报道了挥发性物质的抑病效果，在他们测试的 15 种物质中，只有苯甲醛、己醇、E-2-己烯醛、Z-己烯 1-醇和 2-壬酮 5 种物质对抑制草莓的采后病害有效。

Pusey 和 Wilson 发现枯草芽孢杆菌产生的伊枯草菌素对减少桃褐腐病特别有效。同样，假单胞菌产生的吡咯菌素处理苹果、梨和草莓能明显减少采后腐烂。尽管微生物产生的抗菌素对采后腐烂的控制效果很好，但它们作为特殊杀菌剂在农业上的应用潜力还取决于病原菌能否对它们产生抗性。

近年来人们发现动物产生的一种聚合物——脱乙酰几丁质是很好的抗真菌剂，它能形成半透性的膜，抑制许多种病菌的生长。同时，还能激化植物组织内一系列的生物化学过程，包括几丁质酶的活性、植物防御素的积累、蛋白质酶抑制剂的合成和木质化的增加，脱乙酰几丁质中的多聚阳离子被认为是提供该物质生理化学和生物功能的基础。目前，脱乙酰几丁质已经被应用于许多水果的采后处理。

3. 采后产品抗性的诱导

植物对病菌的侵染有着天然的防御反应，这些反应伴随一系列的生理生化过程，植物在遭到病菌侵染时，常常是通过体内的木质素、胼胝体和羟脯氨酸糖的沉积，植物抗生素的积累，蛋白质酶抑制剂和溶菌酶（几丁质酶和脱乙酰几丁质酶等）的合成来增强细胞壁的保卫反应，采用生物和非生物的诱导剂处理也能够刺激这些生物化学过程的防御反应。近年来，许多研究都致力于提高植物的免疫力和诱导产品的抗性，并以此作为增强植物抗病性的一个重要途径。大量的基础和应用研究都证明可以通过物理和化学处理来诱导植物的自然防御机能，烟草和黄瓜的免疫力就与增强体内的防卫蛋白质极为有关。

采后的产品也具有自然的防卫机能，表现在快速减慢成熟，但这个防卫潜力并没有引起人们足够的重视，所以仍不了解果实和蔬菜采后的自然防御机理和调节方法。关于采后产品组织中的防御机理是否与生长期相同，仍是一个值得研究的问题，由于营养器官与生殖器官的功能不同，它们的自然防病机理也不能相提并论。近年来，通过采前用无毒的非生物和生物诱导剂处理来调控产品采后的防御机能，以此达到控制病害的目的。毫无疑问，如果在病菌侵染前对产品进行定向的抗性诱导可行的话就能够提高产品采后的抗病性、最近的许多研究表明：果实采后用外源化学物质（如水杨酸、茉莉酸、草酸、硅、壳聚糖等）处理，能显著诱导果实 CAT、POD，提高果实抗氧化蛋白和PR-相关蛋白表达和酶的活性，延缓了果实衰老，增强了果实对病原菌入侵的抗性。说明了通过增强组织的抗病机能来控制采后的腐烂是一条行之有效的途径。

（四）综合防治

果蔬产品采后病害的有效防治是建立在综合防治措施的基础上的，它包括了采前田间的栽培管理和采后系列化配套技术处理。采前的田间管理包括合理的修剪、施肥、灌水、喷药、适时采收等措施，这对提高果实的抗病性、减少病原菌的田间侵染十分有效。采后的处理则包括及时预冷，病、虫、伤果的清除，防腐保鲜药剂的应用，包装材料的选择，冷链运输，选定适合于不同水果蔬菜生理特性的贮藏温度、湿度、氧/二氧化碳浓度，以及确立适宜的贮藏时期等系列商品化处理的配套技术，这对延缓果蔬产品衰老、提高抗性、减少病害和保持风味品质都非常重要。

复习题

1. 园艺产品贮藏病害的类型。
2. 园艺产品采后生理失调的类型。
3. 园艺产品贮藏侵染性病害的种类。
4. 园艺产品贮藏侵染性病害的防治措施。

第七章　园艺产品的贮藏方式

果蔬贮藏是以果蔬的种类或品种为目标，通过调节保鲜环境的温度、湿度、气体和防腐条件4个因素，最大限度地抑制果蔬的采后呼吸等后熟衰老进程，并防止微生物侵染，但又不能产生各种生理与病理伤害。其中贮藏设施的温度调节是核心，作用贡献率为60%~70%，湿度、气体和防腐条件各占10%~15%。合理的贮藏方式可以延长果蔬的贮藏期，获得良好的经济效益和社会效益。

果蔬的贮藏方式虽多，但大致可分为自然降温和人工降温两大类。

自然降温包括各种简易贮藏（沟藏、堆藏、窖藏、土窑洞贮藏、假植贮藏和冻藏等）和通风贮藏等，是利用自然界低温来调节并维持贮藏场所内的适温，但受自然气温限制，贮藏效果受到一定影响。但经过我国果蔬贮藏科技工作者的努力，将现代化的保鲜手段与我国传统的贮藏方法相结合，创造出适合我国国情的贮藏方法，如将简易的气调手段用于土窑洞等，用这些综合的贮藏方法所贮藏的果品和蔬菜的品质，达到了应用目前最先进手段所贮藏的果蔬的品质，因而在北方一些农村地区得到普遍应用。

人工降温方式主要包括机械冷藏和气调冷藏等，因不受自然气温和季节的限制，可以人工调控贮藏条件，贮藏效果优良，目前果蔬产区采用广泛。

以下仅介绍目前我国常用的贮藏方式及贮藏技术。

第一节　简易贮藏

一、沟藏

特点：土壤温度变化比较缓慢而平稳，接近于果实要求的贮藏温度，能保持贮藏环境中较高而又稳定的相对湿度，可以防止果实萎蔫，减少重量损失，并保持新鲜饱满的外观和品质。

方法：沟藏的果实可散堆于沟内覆盖，也可将果筐放入沟内覆盖。覆盖物有秋秸、芦苇、土等。必须掌握覆盖时间、次数和厚度，一般分3~4次覆盖。

主要问题：贮藏初期的高温不易控制，贮藏期间不便检查，需要很多劳动力。

二、窖藏

窖藏是利用地下温度、湿度受外界气温环境影响较小的原理，创造一个温度、湿度都比较稳定的贮藏保鲜环境。可自由进出和检查贮藏情况，便于调节温度，适于多种果蔬，贮藏效果较好，如苹果、梨、大白菜、萝卜、马铃薯等。应用较多的有地窖、棚窖、窑窖、井窖等几种形式，如图 7-1 至图 7-4。

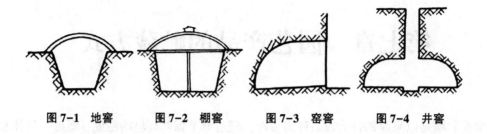

图 7-1　地窖　　　图 7-2　棚窖　　　图 7-3　窑窖　　　图 7-4　井窖

三、土窑洞贮藏

土窑洞多建在丘陵山坡处，要求土质坚实，可作为永久性的贮藏场所。土窑洞具有结构简单、造价低、不占或少占耕地、贮藏效果好等优点。与其他简易贮藏方法相比，有较好的保温性能，其贮藏效果可相当或接近于先进的冷藏和气调贮藏法。土窑洞贮藏是我国北方某些地区水果的重要贮藏方式。土窑洞在建造时，一般选择迎风背光的崖面。特别是秋冬季的风向，与窑门相对时利于通风降温。窑顶土层厚度要求在 5 m 以上，这样才能有效地减少地面温度变化对窑温的影响。顶土厚度少于 5 m 就会降低窑洞的保温效果。相邻窑洞的间距一般保持 5~7 m，这样利于窑洞坚固性的维持。土质的好坏直接影响窑洞的坚固性。理想的土质是黏性土。

（一）土窑洞的类型和构成

土窑洞有大平窑、子母窑和砖砌窑洞等类型。后两种类型是由大平窑发展而来的。土窑洞主要由三部分构成，见图 7-5。

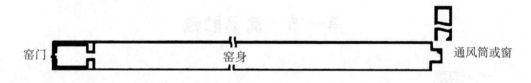

窑门　　　　　　　　　　　　　窑身　　　　　　　　　　　通风筒或窗

图 7-5　土窑洞

1. 窑门

窑门是窑洞前端较窄的部分。窑门高约 3 m，与窑身高度保持一致，门宽 1.2~2 m，门道长 4~6 m。为了进出库方便，门道可适当加宽。门道前后分别设门。第一道门要做成实门，关闭时能阻止窑洞内外空气的对流，以防（窑洞内贮藏的果蔬）受热或遭冻。在门的内侧可设一栅栏门，供通风用，可做成铁纱门，在保证通风的情况下还可以起到防鼠作用。铁纱门用的纱孔大小以挡住老鼠为宜，过密则影响通风效果。第二道门前要设棉门帘，以加强隔热保温效果。必要时第一道也可加设门帘。在两道门的最高处分别留一个长约 50 cm、宽约 40 cm 的小气窗，以便在窑门关闭时热空气排出；有条件时，门道最好用砖璇（砖碹），以提高窑门的坚固性。

2. 窑身

窑身是贮存果蔬的部分。窑身长为 30~60 m，过短则窑温波动较大，贮果量少，窑洞造价相对提高；窑身过长则窑洞前后温差增大，管理不便。一般窑身宽为 2.6~3.2 m。过宽则影响窑洞的坚固性，要依据土质情况确定适宜的窑宽。土质差时窑洞窄些为宜。窑身的高度要与窑门一致，一般为 3.0~3.2 m；窑身的横断面要筑成尖拱形，两侧直立墙面高为 1.5 m。这样的结构使得窑洞较为坚固，洞内的热空气便于上升集中于窑顶而排放。

3. 通风筒

窑洞的通风筒设于窑洞的最后部，从窑底向上垂直通向地面。筒的下部直径为 1.0~1.2 m，上部直径为 0.8~1.0 m，高度不低于 10.0 m。通风筒地面出口处应筑起高约 2.0 m 的砖筒。在通风筒下部与窑身连通的部位设一活动通风窗，用于控制通风量。为了加速通风换气，可在活动窗处安装排气扇。

通风筒的主要作用是促使窑洞内外热冷气流的对流，达到通风降温的目的。在窑温较高、外温较低的时候，打开窑门和通风筒，进行通风。窑内的热量会随着通风排出窑外。适当增加通风筒的高度和内径，会提高通风降温的效果。

（二）土窑洞贮藏管理

1. 温度管理

（1）秋季管理 秋季管理在秋季贮藏产品入窑至窑温降至 0 ℃ 这段时间进行。此期环境的温度特点是白天高于窑温，夜间低于窑温。随着时间的推移，外界温度逐渐降低，白天高于窑温的时间逐渐缩短，夜间低于窑温的时间逐渐延长。这段时间要抓紧时机，利用一切可利用的外界低温进行通风降温。当外温开始降到低于窑温时，随即开启窑门和通风窗口进行通风。要尽量排除一切气流流动的障碍，使冷空气迅速导入窑内，同时窑内的热气经由通风筒顺利排出。

这一时期的窑温是一年中的高温期，入贮产品又带入很大的田间热，由于呼吸强度高，还产生大量的呼吸热。因此，要排出的热量是整个贮藏期最多且最为集中的。这一时期能否充分利用低温气流尽早地把窑温降下来，是关系整个贮藏能否成功的关键。该期的外界低温出现在夜晚和凌晨日出之前。当外界气温等于或高于窑温时，要及时封闭所有的孔道，减少高温对窑温的不利影响。这一时期会偶尔出现寒流和早霜，要抓住这些时机进行通风降温。

（2）冬季管理 窑温降至 0 ℃ 到翌年回升到 4 ℃ 的这一时期，是一年内外界气温最低的时期。在这一时期，要在不冻坏贮藏产品的前提下，尽可能地通风，在维持贮藏要求的适宜低温的同时不断地降低窑洞四周的土温，加厚冷土层，尽可能地将自然低温蓄存在窑洞四周土层中。这些自然低温对外界气温回升时窑洞适宜温度的维持起着十分重要的作用。每年此期的合理管理，会使窑温逐年降低，为产品的贮藏创造越来越好的温度条件。据山西果树研究所测定，建窑的第一年，果实入库时窑洞内温度为 15~16 ℃，第二年为 12~13 ℃，第三年为 10~11 ℃，甚至有的窑温可以低到 8 ℃ 左右。

（3）春、夏季管理 这段时间是从开春气温回升，窑温上升至 4 ℃，至贮藏产品全部出库的时间。开春后，外界气温逐渐上升，可以利用的自然低温逐渐减少，直到外温全日高于窖温，窖温和土温也开始回升，这一时期的温度管理主要是防止或减少窖内外气流的对流，或者说窖内外热量的交流，最大限度地抑制窖温的升高。管理措施：在外温高于窖温的情况下，紧闭窖门、通气筒和小气窗，尽量避免或减少窖门的开启，减少窖内蓄冷流失。当有寒流或低温出现时，一定要抓住时机通风，一则可以降温，二则可以排除窖内的有害气体。在可能的情况下，在窖内积雪积冰也是很好的蓄冷形式。

2. 湿度管理

果蔬的贮藏要求环境要有一定的湿度，以抑制产品本身水分的蒸发，造成生理和经济上的损失。再者，土窖洞本身四周的土层要求保持一定的含水量，才能防止窖壁土层干燥而引起裂缝继而塌方。窖洞经过连年的通风管理，土中的大量水分会随气流而流失。因此，土窖洞贮藏必须有可行的加湿措施。

（1）冬季贮雪、贮冰　冰雪融化在吸热降温的同时可以增加窖洞的湿度。

（2）窖洞地面洒水　地面洒水在增湿的同时，由于水分蒸发吸热，对于窖洞降温也有积极作用。

（3）产品出库后窖内灌水　窖洞十分干燥时，可先用喷雾器向窖顶及窖壁喷水，然后在地面灌水。这样，水分可被窖洞四周的土层缓慢地吸收，基本抵消通风造成的土层水分亏损，避免土壁裂缝及由此引起的塌方。土层水分的补充，还可以恢复湿土较大的热容量，为冬季蓄冷提供条件。

3. 其他管理

（1）窖洞消毒　在贮藏窖洞内存在着大量有害微生物，尤其是引起果蔬腐烂的真菌孢子，是贮藏中发生侵染性病害的主要病源。因此，窖洞的消毒工作，对于减少贮藏中的腐烂损耗非常重要。首先，要做到不在窖内随便扔果皮果核，清除有害微生物生存的条件，在产品全部出库后或入库前，对窖洞和贮藏所用的工具和设施进行彻底的消毒处理。可在窖内燃烧硫黄，每 100 m³ 容积用硫黄粉 1.0~1.5 kg，燃烧后密封窖洞 2~3 d，开门通风后即可入贮。也可以用 2% 的福尔马林（甲醛）或 4% 的漂白粉溶液进行喷雾消毒，喷雾后 1~2 d 稍加通风后再入贮。

（2）封窖　贮藏产品全部出库后，如果外界还有低温气流可以利用，就要在外温低于窖温时，打开通风的孔道，尽可能地通风降温。当无低温气流可利用时，要封闭所有的孔道。窖门最好用土坯或砖及麦秸泥等封严，尽可能地与外界隔离，减少蓄冷在高温季节流失。

第二节　通风库贮藏

通风贮藏库是棚窖的发展形式，也是利用自然低温通过通风换气控制贮温的贮藏形式，是砖、木、水泥结构的固定式建筑。整个建筑结构设置了完善的通风系统和绝缘设施。因此，降温和保温效果比起一般的棚窖大为提高。用地下防空洞等设施来进行果蔬贮藏，其原理及管理方式与普通的通风库基本相同。

由于通风库贮藏仍然是依靠自然温度调节库温，库温的变化随着自然温度的变化而变化，在高温和低温季节，不附加其他辅助设施，很难维持理想的贮藏温度。但由于库体与设备投资可节省60%，节能90%，所以，在一些自然冷源比较丰富的北方地区，出于节省能源和经济效益的考虑，该贮藏形式现在依然存在。

一、建筑设计

（一）类型及库址选择

通风库分为地上式、地下式和半地下式3种类型。地上式通风贮藏库的库体全部建筑在地面上，受气温影响最大。地下式通风贮藏库的库体全部建筑在地面以下，仅库顶露出地面，受气温影响最小，而受土温的影响较大。半地下式通风贮藏库的库体一部分在地面以上，一部分在地面以下，库温既受气温影响，又受土温影响。在冬季严寒地区，多采用地下式，以利于防寒保温。在冬季温暖地区，多采用地上式，以利于通风降温。介于两者之间的地区，可采用半地下式。

通风贮藏库要求建筑在地势高燥、最高地下水位要低于库底1 m以上、四周旷畅、通风良好、空气清新、交通便利、靠近产销地、便于安全保卫、水电畅通的地方。通风库要利用自然通风来调节库温，因此，库房的方位对能否很好地利用自然气流至关重要。在我国北方贮藏的方向以南北向为宜，这样可以减少冬季寒风的直接袭击面，避免库温过低。在南方则以东西向为宜，这样可以减少阳光的直射对库温的影响，也有利于冬季的北风进入库内而降温。在实际操作中，一定要结合地形地势灵活掌握。

（二）库房结构设计

通风贮藏库的平面多为长方形的，库房宽为9~12 m，长大致为30~40 m，库内高度一般在4 m以上。我国各地贮藏大白菜的固定窖，一个库房贮菜10万~15万 kg，贮量大的地方可按一定的排列方式，建成一个通风库群。建造大型的通风库群，要合理地进行平面布置。在北方较寒冷的地区，大都将全部库房分成两排，中间设中央走廊，库房的方向与走廊相垂直，库门开向走廊。中央走廊有顶及气窗，宽度为6~8 m，可以对开汽车，两端设双重门。中央走廊主要起缓冲作用，防止冬季寒风直接吹入库房内使库温急剧下降。中央走廊还可以兼做分级、包装及临时存放贮藏产品的场所。库群中的各个库房也可单独向外界开门而不设共同走廊，这样在每个库门处必须设缓冲间。温暖地区的库群，每个库房以单设库门为好，可以更好地利用库门进行通风，以增大通风量，提高通风效果。

通风库除以上主体建筑外，还有工作室、休息室、化验室、器材贮藏室和食堂等辅助建筑需要统一考虑。

库群中的每一个库房之间的排列有两种形式。一种是分列式，每个库房都自成独立的一个贮藏单位，互不相连，库房间有一定的距离。其优点是每个库房都可以在两侧的库墙上开窗作为通风口，以提高通风效果。但其缺点是每个库房都须有两道侧墙，建筑费用较大，也增加了占地面积。另一种称为连接式，这种形式的库群，相邻库房之间共用一道侧墙，一排库房侧墙的总数是分列式的1/2再多一道。这样的库房建筑可大大节约建筑费用，也可以缩小占地面积。然而，连接式的每一个库房不能在侧墙上开通风口，须采用其他通风形式来保证适宜的通风量。小型库群可安排成单列连接式，各库房的一头设一共用走廊，或把中间的一个库房兼做进出通道，在其侧墙上开门通入各库房。

整个库群的大小要按常年的贮藏任务而定。库容量要根据单位面积贮藏的果品或蔬菜量和果品或蔬菜的体积质量及贮藏方式来计算。长 20 m、宽 10 m、高 4 m 的库房可容苹果 13 万 kg。架贮大白菜 1 m² 库底面积可贮 250~350 kg；码贮大白菜 1 m² 库底面积可贮 350~500 kg。一个 300 m² 的库约贮大白菜 100 000 kg。又如用三层式贮藏柜贮马铃薯，每层堆块茎厚 0.5 m，三层共 1.5 m；走道和通风隙道以占库房总面积的 25%（实贮面积占 75%）计，马铃薯体积质量以 675 kg/m³ 计，则 1 m² 面积平均贮量约 750 kg，300 m² 的库房可贮 22.5 万 kg。部分果蔬的体积质量（kg/m³）见表 7-1。

表 7-1　部分果蔬的体积质量　　　　　　　　　　　　　单位：kg/m³

项目	马铃薯	洋葱	胡萝卜	芜菁	甘蓝	甜菜	苹果
体积质量	1 300~1 400	1 080~1 180	1 140	660	650~850	1 200	500

二、通风系统

通风贮藏库是以导入冷空气，使之吸收库内的热量再排到库外而降低库温的。库内贮藏的果蔬所释放出的大量 CO_2、乙烯、醇类等，都要靠良好的通风设施来及时排除。因此，通风设施在通风贮藏库的结构上是十分重要的组成部分，它直接影响着通风库的贮藏效果。而单位时间内进出库的空气量则决定着库房通风换气和降温的效果，通风量首先决定于通风口（进气口和出气口）的截面积，还决定于空气的流动速度和通风的时间。空气的流速又决定于进出气口的构造和配置。

（一）通风量和通风面积

根据单位时间应从贮藏库排出的总热量以及单位体积空气所能携带的热量，就可以算出要求的总通风量，然后按空气流速计算出通风面积。

通风量和通风面积的确定，涉及因素很多，计算比较复杂。所涉及的因素大多是变化不定的，在具体设计工作中，除进行理论计算外，还应该参考实际经验作出最后决定。我国北方地区的蔬菜用通风库，贮藏容量在 500 000 kg 以下的贮藏库，通常是每 50 000 kg 产品应配有通风面积为 0.5 m² 以上，大白菜专用库须达到 1~2 m²，因地区和通风系统的性能而异。风速大的地方比风速小的地方所需的通风面积小；出气筒高的库比出气筒低的库所需的通风面积小；装有排风扇的比未装排风扇的库通风面积小。

据测定，当外界风速为 0.53 m/s 时，面积为 0.1 m² 的进气口风速为 0.18 m/s；当风速为 1.52 m/s 时，进气口风速为 0.35 m/s；当风速为 3.4 m/s 时，进气口风速为 0.57 m/s。当进气口风速为 0.46 m/s 时，则每平方米进风量为 0.45 m³/s。据此可计算出日通风量以及通风面积。

匹配风机强制通风是通风库快速有效降温的理想途径。研究表明：轴流式风机的降温效果优于涡轮式等其他机型，排风方式优于送风方式；风机每小时的排风量应该是库容积的 15~20 倍，风机安装的位置在进风口对面的 2/3 高度处。一般情况下，机械强制通风的连续通风最低温度为-7 ℃，间歇通风的最低温度为-15 ℃。

（二）进出气口的设置

通风库的通风降温效果与进出气口的结构和配置是否合理密切相关。空气流经贮藏库借助自然对流作用，将库内热量带走，同时实现通风换气。空气在库内对流的速度除受外界风速的影响外，还受是否分别设置进出气口、进出气口的高差大小等因素的影响。分别设置进出气口，气流畅通，互不干扰，利于通风换气。要使空气自然形成一定的对流方向和路线，不致发生倒流混扰，就要设法建立进出口二者间的压力差，而压力差形成的一个主要方式是增加进出口之间的高度差。因此，贮藏库的进气口最好设在库墙的底部，排气口设于库顶，这样可以形成较大的高差。可以在排气烟囱的顶上安装风罩，当外风吹过风罩时，会对排气烟囱造成抽吸力，可以进一步增大气流速度。对于地下式和半地下式的分列式库群，可在每个库房的两侧墙外建造地面进气塔，由地下进气道引入库内，库顶设排气口。这样也组成了完整的通风系统，只是进出气口间的高差较小。连接式库群无法在墙外建立进气塔，只能将全部通风口都设在库顶，在秋季可利用库门和气窗进行通气。建在库顶的通风口，处在同一高度，没有高差，进出气流不能形成一定的方向和路线，容易造成库内气流混乱，降低对流速度。为解决这一问题，可以将大约一半数量的通风口建成烟囱式，高度在1 m以上，另一半通风口与库顶齐平。如此，进出气口可形成一定的高差。还可以在通风口上设置风罩。根据外界风向，在风罩的不同方向开门，就可分别形成进出气口。将风罩做成活动的，加上风向器，可自动调节风罩的方向。

设置气口时，每个气口的面积不宜过大。当通风总面积确定之后，气口小而数量多的系统，比气口大而数量少的系统具有较好的通风效果。气口小而分散均匀时，全库气流均匀，温度也较均匀。一般通气口的适宜大小约为25 cm×25 cm至40 cm×40 cm，气口的间隔距离为5~6 m。通风口应衬绝缘层（保温材料），以防结霜阻碍空气流动。通气口要设活门，以调节通风面积。

三、绝缘结构

为了维持库内稳定的贮藏适温，不受或减少外界温度变动对贮藏温度的影响，通风库要有良好的绝缘结构。通风库的绝缘结构一般在库顶、四壁以及库底敷衬绝缘性能良好的绝缘隔热材料，构成绝缘保温层。建筑用的砖、石、水泥等建筑材料，其绝缘性能很差，主要是起库房的骨架和支承作用，库房的保温作用须由敷设绝缘材料而实现。在建设贮藏库时，要根据所用的材料确定相应的厚度。软木板、聚氨酯泡沫塑料等材料的隔热性能很好，但价格较高，传统的通风库都就地取材，以锯木屑、稻壳以及炉渣等材料作绝缘层，其造价较低，但其流动性强，不易固定，且易吸湿生霉。绝缘材料一经吸湿，其隔热能力会大大降低，因此，须有良好的防潮措施。

绝缘层的厚度应当使贮藏库的暴露面向外传导散失的热能约与该库的全部热源相等，这样才能使库温保持稳定。先求出库房在冬季每天可能有的热源总量，贮藏库的总暴露面积以及最低气温和要求库温的温差，再计算绝缘层厚度。

贮藏库墙壁为土墙时，土墙中夯入10%~15%的石灰，可提高墙壁的强度和耐水性，掺入草筋可以减少裂缝，掺入适量的沙子、石屑或矿渣，也可以提高强度和减少裂缝。以锯屑、稻壳做绝缘层时，要适量加入防腐剂，并且要分层设置，以免下沉，同时要敷设隔潮材料。门窗应用泡沫塑料填充隔热为好。

第三节　机械冷藏库贮藏

机械冷藏库是在有良好隔热性能的库房中装置机械制冷设备，根据果蔬贮藏的要求，通过机械的作用，控制库内的温度和湿度。它的出现标志着现代化果蔬贮藏的开始，由此大大减少了果蔬采后损失。近年来，我国果蔬的机械库冷藏发展非常迅速，据不完全统计，目前我国果蔬贮藏量约 1/3 实现了机械库冷藏。尤其是我国改革开放以后，随着农业生产体制改革和农村家庭经济与技术水平的提高，科技人员研究开发出一种操作简单、性能可靠、效果良好且适合我国果蔬保鲜的微型节能机械冷库，得到了广大果蔬产区农民的应用，并给农民带来了很好的经济效益，为产地果蔬贮藏保鲜做出了贡献。

一、机械制冷的原理

热总是从温暖的物体上移到冷凉的物体上，从而使热的物体降温。制冷就是创造一个冷面或能够吸收热的物体，利用传导、对流或辐射的方式，将热传给这个冷面或物体。在制冷系统中，这个接受热的冷面或物体正是系统中热的传递者——制冷剂，它是吸收冷库中热量的处所。液态的制冷剂在一定压力和温度下汽化（蒸发）而吸收周围环境中的热量，使之降温，即创造了前述所谓的冷面或吸热体。通过压缩机的作用，将汽化的制冷剂加压，并降低其温度，使之液化后再进入下一个气化过程。如此周而复始，使库温降低，并维持适宜的贮藏温度。

冷冻机是一闭合的循环系统，分高压和低压两部分，制冷剂在机内循环，仅是其状态由液态到气态，再转化为液态，制冷剂的量并不改变。以制冷剂气化而吸热为工作原理的冷冻机，以压缩式为主（图7-6）。压缩式冷冻机主要由四部分组成：蒸发器、压缩机、冷凝液化器和调节阀（膨胀阀）。蒸发器是液态制冷剂蒸发（汽化）的地方。液态制冷剂由高压部分经调节阀进入处于低压部分的蒸发器时达到沸点而蒸发，吸收周围环境的热，达到降低环境温度的目的。压缩机通过活塞运动吸进来自蒸发器的气态制冷剂，并将之压缩，使之处于高压状态，进入到冷凝器里。冷凝器把来自压缩机的制冷剂蒸气，通过冷却水或空气，带走它的热量，使之重新液化。调节阀可用于调节进入蒸发器后液态制冷剂的流量。在液态制冷剂通过调节阀的狭缝时，会产生滞流现象。运行中的压缩机，一方面不断吸收蒸发器内生成的制冷剂蒸气，使蒸发器内处于低压状态；另一方面将所吸收的制冷剂蒸气压缩，使其处于高压状态。高压的液态制冷剂通过调节阀进入蒸发器中，压力骤减而蒸发。

在制冷系统中，制冷剂的任务是传递热量。制冷剂要具备沸点低、冷凝点低、对金属无腐蚀性、不易燃烧、不爆炸、无毒无味、易于检测和价廉易得等特点。

氨（NH_3）是利用较早的制冷剂，主要用于中等和较大能力的压缩冷冻机。作为制冷

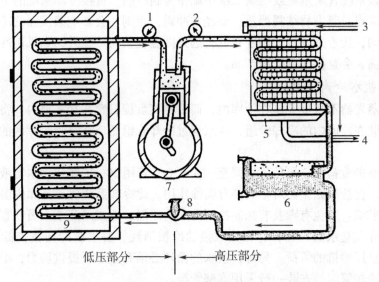

1-回路压力；2-开始压力；3-冷凝水入口；4-冷凝水出口；
5-冷凝器；6-贮液（制冷剂）器；7-压缩机；8-调节阀（膨胀阀）；9-蒸发器

图7-6　冷冻机工作原理示意

剂的氨，要质地纯净，其含水量不超过0.2%。氨的潜热比其他制冷剂高，在0℃时，它的蒸发热是1 260 kJ/kg，而目前使用较多的二氯二氟甲烷的蒸发热是154.9 kJ。氨的比体积较大，10℃时，为0.289 7 m³/kg，二氯二氟甲烷的比体积仅为0.057 m³/kg。因此，用氨的设备较大，占地较多。氨的缺点是有毒，若空气中含有0.5%（体积分数）时，人在其中停留30min就会引起严重中毒，甚至有生命危险。若空气中含量超过16%时，会发生爆炸性燃烧。氨对钢及其合金有腐蚀作用。

卤化甲烷族，是指氟氯与甲烷的化合物，商品名通称为氟利昂。其中以二氯二氟甲烷应用较广，其制冷能力较小，主要用于小型冷冻机。

最新研究表明，大气臭氧层的破坏，与氟利昂对大气的污染有密切关系。许多国家在生产制冷设备时已采用了氟利昂的代用品，如溴化锂等制冷剂，以避免或减少对大气臭氧层的破坏，维护人类生存的良好环境。我国也已生产出非氟利昂致冷的家用冰箱小型制冷设备。

二、库内冷却系统

机械冷藏库的库内冷却系统，一般可分为直接冷却（蒸发）、盐水冷却和鼓风冷却3种。

（一）直接冷却（蒸发）系统

直接冷却系统也称直接膨胀系统或直接蒸发系统。把制冷剂通过的蒸发器直接装置于冷库中，通过制冷剂的蒸发将库内空气冷却。蒸发器一般用蛇形管制成，装成壁管组或天棚管组均可。直接冷却系统冷却迅速，降温较低。如以氨直接冷却，可将库温降低到-23 ℃。该系统宜采用氨或二氯二氟甲烷作为制冷剂。直接冷却系统的主要优点是降温速度快；缺点是蒸发器结霜严重，要经常冲霜，否则，会影响蒸发器的冷却效果。库内温度不均匀，接近蒸发器处温度较低，远处则温度较高。此外，如果制冷剂在蒸发器或阀门处泄漏，会直接伤害贮藏产品。

（二）盐水冷却系统

该系统蒸发器不直接安装在冷库内，而是将其盘旋安置在盐水池内，将盐水冷却之后再输入安装在冷库内的冷却管组，盐水通过冷却管组循环往复吸收库内的热量使冷库逐步降温。

使用20％的食盐水，可使库温降至-16.5 ℃，若用20％的氯化钙水溶液，则库温可降至-23 ℃。食盐和氯化钙对金属都有腐蚀作用。此冷却系统优点是库内湿度较高，有利于果蔬的贮藏；避免有毒及有味制冷剂向库内泄漏，造成果蔬或人员伤害。其缺点是由于有中间介质盐水的存在，有相当数量的冷被消耗，要求制冷剂在较低的温度下蒸发，从而加重压缩机的负荷。另外，盐水的循环必须有盐水泵提供动力，增加了电力的消耗。盐水冷却管组的安装一般采用靠壁管组。

（三）鼓风冷却系统

冷冻机的蒸发器直接安装在空气冷却器（室）内，借助鼓风机的作用将库内的空气吸入空气冷却器并使之降温，将已经冷却的空气通过送风管送入冷库内，如此循环不已，达到降低库温的目的。鼓风冷却系统在库内造成空气对流循环，冷却迅速，库内温度和湿度较为均匀一致。在空气冷却器内，可进行空气湿度的调节，如果不注意湿度的调节，该冷却系统会加快果蔬的水分散失。

北方在贮藏适宜温度为10 ℃左右的果品和蔬菜（如香蕉、甜椒、黄瓜等）时，冬季需要加热，鼓风冷却系统的空气冷却室内安装电热设备即可实现加温。

在制冷系统中的蒸发器，必须有足够的表面积，使库内的空气与这一冷面充分接触，以便制冷剂与库内空气之温差不致太大。如果两者温差太大，产品在长期贮藏中就会严重失水，甚至萎蔫。

当库内的湿热空气流经用盘管做成的蒸发器时，空气中的水分会在蒸发器上结霜，在减少空气湿度的同时，会降低空气与盘管冷面的热交换。因此，需要有除霜设备。除霜可以用水，也可以使热的制冷剂在盘管内循环，还可以用电热除霜。

具有盐水喷淋装置和风机的蒸发器，没有除霜的问题，但盐水或抗冻液体会被稀释，需适时调整。这种蒸发器是以盐水或抗冻溶液构成冷却面进行冷却。先将盐水或抗冻液喷淋到有制冷剂通过的盘管上冷却，然后泵入中心盐水喷淋装置中，由管道将仓库内空气引入这一中心盐水喷淋装置，冷却后送回库内，循环往复。

三、冷藏库的设计与建筑

（一）库址的选择

冷库的贮量一般较大，产品的进出量大而频繁。因此，要注意交通方便，利于新鲜产品的运输。还要考虑到产区和市场的联系，减少蔬菜在常温下不必要的时间拖延。

冷库以建设在没有阳光照射和热风频繁的阴凉处为佳。在一些山谷或地形较低，冷凉空气流通的位置最为有利。

在全年内，空气温度比土壤温度低的时间较长，而且空气通过冷藏库的屋顶和墙壁的传热量也比土壤小。通常设计地下库用的绝缘材料厚度与地上库是一样的，因此，地下库的建设，经济上并不合算。地下库与外界的联系以及各种操作管理，均没有地上库方便。因此，冷库的建设，大多采取地上式。

冷库周围应有良好的排水条件，地下水位要低，保持干燥对冷库很重要。

（二）库房的容量

冷库的大小要根据经常要贮存产品的数量和产品在库内堆码形式而定。设计时，要先确定需要贮藏的容量。这个容量是根据需要贮藏的产品在库内堆码所必需占据的体积，加上行间过道，堆码墙壁之间的空间，堆与天花板之间的空间以及包装之间的空隙等计算出来的。确定容量之后，再确定冷库的长宽与高度。假设要建一座容量为 1 080m³ 的冷库，若采用 4 m 的高度，1 080/4 = 270 m²，就是库房所需的地平面积。一般冷库的宽度为 12 m，那么冷库的长即为 22.5 m。如果在同一容量的基础上，增加1 m 的高度，库房就可以缩短 4.5 m，这就增加了墙壁面积 24 m²，但从减少地平面积和天花板以及梁架材料的投资来考虑，增加高度比延长长度更经济。但较大的高度必须有适宜高层堆垛的设备来配合，如铲车等。

冷库设计，还要考虑必要的附属建筑和设施，如工作间、包装整理间、工具库和装卸台等。

四、冷藏库的消毒

冷藏库被有害菌类污染常是引起果蔬腐烂的重要原因。因此，冷藏库在使用前需要进行全面的消毒，以防止果蔬腐烂变质。常用的消毒方法有以下几种。

乳酸消毒。将浓度为 80%~90% 的乳酸和水等量混合，按每立方米库容用 1 mL 乳酸的比例，将混合液放于瓷盆内于电炉上加热，待溶液蒸发完后，关闭电炉。闭门熏蒸 6~24 h，然后开库使用。

过氧乙酸消毒。将 20% 的过氧乙酸按每立方米库容用 5~10 mL 的比例，放于容器内于电炉上加热促使其挥发熏蒸；或按以上比例配成 1% 的水溶液全面喷雾。因过氧乙酸有腐蚀性，使用时应注意对器械、冷风机和人体的防护。

漂白粉消毒。将含有效氯 25%~30% 的漂白粉配成 10% 的溶液，用上清液按库容每立方米 40 mL 的用量喷雾。使用时注意防护，用后库房必须通风换气除味。

福尔马林消毒。按每立方米库容用 15 mL 福尔马林的比例，将福尔马林放入适量高锰酸钾或生石灰，稍加些水，待发生气体时，将库门密闭熏蒸 6~12 h。开库通风换气后方可使用库房。

硫黄熏蒸消毒。用量为每立方米库容用硫黄 5~10 g，加入适量锯末，置于陶瓷器皿中点燃，密闭熏蒸 24~48 h 后，彻底通风换气。

库内所有用具用 0.5% 的漂白粉溶液或 2%~5% 硫酸铜溶液浸泡、刷洗、晾干后备用。

五、冷藏库的管理

(一) 温度

入库产品的品温与库温的差别越小越有利于快速将贮藏产品冷却到最适贮藏温度。延迟入库时间，或者冷库温度下降缓慢，不能及时达到贮藏适温，会明显地缩短贮藏产品的贮藏寿命。要做到温差小，就要从采摘时间、运输以及散热预冷等方面采取措施。

冷冻机在安装时，一方面可通过增加冷库单位容积的蒸发面积，另一方面可采用压力泵将数倍于蒸发器蒸发量的制冷剂强制循环。这样可以显著地提高蒸发器的制冷效率，加速降温。

冷库在设计上对每天的入库量是有一定限制的，通常设计每天的入库量占库容量的10%，超过这个限量，就会明显影响降温速度。入库时，最好把每天放进来的水果蔬菜尽可能地分散堆放，以便迅速降温。当入贮产品降到某一要求低温时可再将产品堆垛到要求高度。

在库内安装鼓风机械，或采用鼓风冷却系统的冷库会加强库内空气的流通，利于入贮产品的降温。

包装在各种容器中的贮藏产品，堆垛过大过密时，会严重阻碍其降温速度，堆垛中心的产品会较长时间处于相对高温下，缩短产品的贮藏寿命。

(二) 湿度

相对湿度是在某一温度下空气中水蒸气的饱和程度。空气的温度越高则其容纳水蒸气的能力就越强，贮藏产品在此条件下失重也就会加快。冷库的相对湿度一般维持在80%~90%时，才能使贮藏产品不致失水萎蔫。

要维持冷库的高湿环境，最简单的方法是使制冷系统的蒸发器温度尽可能接近于库内空气的温度。这就要求蒸发器必须有足够大的蒸发面积。结构严密、隔热良好的冷藏库，外界的湿热空气很少渗漏到库内，这就容易使蒸发器温度维持在接近库温的水平，也可以减少蒸发器的结霜，减少除霜次数。

冷库中增湿有多种方法。最简单的是在库中将水以雾状微粒喷到空气中去，直接喷于库房地面或产品上，也可以起到增湿的效果。这些方法的缺点是增加了蒸发器的结霜。

贮藏产品的包装如果干燥且易吸湿，易使库内的湿度降低。贮前入贮产品用一些药品溶液处理，入库时带入一定的水汽，会增加仓库的湿度。如用氯化钙、防腐剂及防褐烫病药物等处理后的苹果等。

(三) 冷库的通风

果蔬产品在贮藏期间会释放出许多有害物质，如乙烯、CO_2等，当这些物质积累到一定浓度后，就会使贮藏产品受到伤害。因此，冷库的通风换气是必要的。冷库的通风换气，一般选择在气温较低的早晨进行，雨天、雾天等外界湿度过大时不宜通风，以免库内温湿度的剧烈变化。

第四节 气调贮藏

气调贮藏，即调节气体贮藏，是当前国际上果蔬保鲜广为应用的现代化贮藏手段。它是将果蔬贮藏在不同于普通空气的混合气体中，其中 O_2 含量较低 CO_2 含量较高，有利于抑制果蔬的呼吸代谢，从而保持新鲜品质，延长贮藏寿命。气调贮藏是在冷藏基础上进一步提高贮藏效果的措施，包含着冷藏和气调的双重作用。1916—1920 年英国的 Kidd 和 West 发现采用密封箱贮藏苹果有较好的效果。在密闭条件下，果实由于呼吸消耗 O_2，同时积累 CO_2，在 O_2 或 CO_2 过低或过高时适当通气调整以利果实贮藏，他们称为气体贮藏。后来，加拿大 W. R. Phillps 首先将气体贮藏更名为气调贮藏，简写为 CA 贮藏。MA 贮藏，即自发气调贮藏，是指利用包装、覆盖、薄膜衬里等方法，使产品在改变了气体成分的条件下贮藏。其中的气体成分比例取决于薄膜的厚度和性质、产品呼吸和贮温等因素，故而也有人称之为自动改变气体成分贮藏。

一、气调贮藏的条件

气调贮藏法多用于果品和蔬菜的长期贮藏。因此，无论是外观或是内在品质都必须保证原料产品的高质量，才能获得高质量的贮藏产品，取得较高的经济效益。入贮的产品要在最适宜的时期采收，不能过早或过晚，这是获得良好贮藏效果的基本保证。

（一） O_2、CO_2 和温度的配合

气调贮藏是在一定温度条件下进行的。在控制空气中的 O_2 和 CO_2 含量的同时，还要控制贮藏的温度，并且使三者得到适当的配合。

1. 气调贮藏的温度要求

实践证明，采用气调贮藏法贮藏果品或蔬菜时，在比较高的温度下，也可能获得较好的贮藏效果。新鲜果品和蔬菜之所以能较长时间地保持其新鲜状态，是由于人们设法抑制了果蔬的新陈代谢，尤其是抑制了呼吸代谢过程。这些抑制新陈代谢的手段主要是降低温度、提高 CO_2 浓度和降低 O_2 浓度等，可见，这些条件均属于果蔬正常生命活动的逆境，而逆境的适度应用，正是保鲜成功的重要手段。任何一种果品或蔬菜，其抗逆性都有各自的限度。譬如，一些品种的苹果在常规冷藏的适宜温度是 0 ℃，如果进行气调贮藏，在 0 ℃ 下再加以高 CO_2 和低 O_2 的环境条件，则苹果会承受不住这三方面的抑制而出现 CO_2 伤害等病症。这些苹果在气调贮藏时，其贮藏温度可提高到 3 ℃ 左右，这样就可以避免 CO_2 伤害。绿色番茄在 20~28 ℃ 进行气调贮藏的效果，与在 10~13 ℃ 下普通空气中贮藏的效果相仿。由此看出，气调贮藏法对热带亚热带果蔬来说有着非常重要的意义，因为它可以采用较高的贮藏温度从而避免产品发生冷害。当然这里的较高温度也是有限的，气调贮藏必须有适宜的低温配合，才能获得良好的效果。

2. O_2、CO_2 和温度的互作效应

气调贮藏中的气体成分和温度等诸条件，不仅个别地对贮藏产品产生影响，而且诸因素之间也会发生相互联系和制约，这些因素对贮藏产品起着综合的影响，亦即互作效应。气调贮藏必须重视这种互作效应，贮藏效果的好与差正是这种互作效应是否被正确

运用的反映。要取得良好贮藏效果，O_2、CO_2 和温度必须有最佳的配合。而当一个条件发生改变时，另外的条件也应随之作相应的调整，这样才可能始终维持一个适宜的综合贮藏条件。不同的贮藏产品都有各自最佳的贮藏条件组合。但这种最佳组合不是一成不变的。当某一条件因素发生改变时，可以通过调整别的因素而弥补由这一因素的改变所造成的不良影响。因此，同一个贮藏产品在不同的条件下或不同的地区，采用不同的贮藏条件组合，都会有较为理想的贮藏效果。

在气调贮藏中，低 O_2 有延缓叶绿素分解的作用，配合适量的 CO_2 则保绿效果更好，这就是 O_2 与 CO_2 二因素的正互作效应。当贮藏温度升高时，就会加速产品叶绿素的分解，也就是高温的不良影响抵消了低 O_2 及适量 CO_2 对保绿的作用。

3. 贮前高 CO_2 处理的效应

人们在实验和生产中发现，刚采摘的苹果大多对高 CO_2 和低 O_2 的忍耐性较强。在气调贮藏前给以高浓度 CO_2 处理，有助于加强气调贮藏的效果。美国华盛顿州贮藏的金冠苹果在 1977 年已经有 16% 经过高 CO_2 处理，其中 90% 用气调贮藏。另外，将采后的果实放在 12~20 ℃下，CO_2 浓度维持 90%，经 1~2 d 可杀死所有的介壳虫，而对苹果没有损伤。经 CO_2 处理的金冠苹果贮藏到 2 月份，比不处理的硬度高 9.81 N 左右，风味也更好些。1975 年，Couey 等报告，金冠苹果在气调贮藏之前，用 20% 的 CO_2 处理 10 d，既可保持硬度，也可减少酸的损失。

4. 贮前低 O_2 处理

澳大利亚 Knoxfield 园艺研究所 Little 等（1978）用史密斯品种（Granny Smith）苹果作材料，在贮藏之前，将苹果放在 O_2 浓度为 0.2%~0.5% 的条件下处理 9 d，然后继续贮藏在 $CO_2 : O_2 = 1.0 : 1.5$ 的条件下。结果表明，对于保持史密斯苹果的硬度和绿色以及防止褐烫病和红心病，都有良好的效果，与 Fidler（1971）在苹果上的试验结果相同。由此看来，低 O_2 处理或贮藏，可能形成气调贮藏中加强果实耐藏力的有效措施。

5. 动态气调贮藏

在不同的贮藏时期控制不同的气调指标，以适应果实从健壮向衰老不断地变化，对气体成分的适应性也在不断变化的特点，从而有效地延缓代谢过程，保持更好的食用品质的效果，此法称之为动态气调贮藏，简称 DCA。西班牙 Alique（1982）在试验金冠苹果时，第一个月维持 $O_2 : CO_2 = 3 : 0$；第二个月为 3 : 2，以后为 3 : 5，温度为 2 ℃，湿度为 98%，贮藏 6 个月比一直贮于 3 : 5 条件下的果实保持较高的硬度，含酸量也较高，呼吸强度较低，各种损耗也较少。

（二）气体组成及指标

1. 双指标（总和约为 21%）

普通空气中含 O_2 约 21%，CO_2 仅为 0.03%。一般的植物器官在正常生活中主要以糖为底物进行有氧呼吸，呼吸商约为 1。所以贮藏产品在密封容器内，呼吸消耗掉的 O_2 与释放出的 CO_2 体积相等，即二者之和约为 21%。如果把气体组成定为两种气体之和为 21%，例如 10% 的 O_2、11% 的 CO_2，或 6% 的 O_2、15% 的 CO_2，管理上就很方便。只要把蔬菜果品封闭后经一定时间，当 O_2 浓度降至要求指标时，CO_2 也就上升达到了要求的指标。此后，定期地或连续从封闭贮藏环境中排出一定体积的气体，同时充入等量新鲜空气，这就可以较稳定地维持这个气体配比。这是气调贮藏发展初期常用的气体指标。它的缺点是，如果 O_2 较高（＞10%），CO_2 就会偏低，不能充分发挥气调贮藏的优越性；如果 O_2 较低（＜10%），又可能因 CO_2 过高而发生生理伤害。将 CO_2 和低 O_2 控制于相接近的指标（二者各约10%），简称高 O_2 高 CO_2 指标，可用于一些果蔬的贮藏，但其效果多数情况下不如低 O_2 低 CO_2 好。这种指标对设备要求比较简单。

2. 双指标（总和低于21%）

这种指标 O_2 和 CO_2 的含量都比较低，二者之和小于21%。这是国内外广泛应用的气调指标。在我国，习惯上把气体含量在2%~5%称为低指标，5%~8%称为中指标。一般来说，低 O_2 低 CO_2 指标的贮藏效果较好，但这种指标所要求的设备比较复杂，管理技术要求较高。

3. O_2 单指标

前述两种指标，都是同时控制 O_2 和 CO_2 于适当含量。为了简化管理，或者有些贮藏产品对 CO_2 很敏感，则可采用 O_2 单指标，就是只控制 O_2 的含量，CO_2 用吸收剂全部吸收。O_2 单指标必然是一个低指标，因为当无 CO_2 存在时，O_2 影响植物呼吸的阈值大约为7%，O_2 单指标必须低于7%，才能有效地抑制呼吸强度。对于多数果蔬来说，单指标的效果不如前述第二种指标，但比第一种方式可能要优越些，操作也比较简便，容易推广。

（三）O_2 和 CO_2 的调节管理

气调贮藏容器内的气体成分，从刚封闭时的正常气体成分转变到要求的气体指标，是一个降 O_2 和升 CO_2 的过渡期，可称为降 O_2 期。降 O_2 之后，则是使 O_2 和 CO_2 稳定在规定指标的稳定期。降 O_2 期的长短以及稳定期的管理，关系到果蔬的贮藏效果好与坏。

1. 自然降 O_2 法（缓慢降 O_2 法）

封闭后依靠产品自身的呼吸作用使 O_2 的浓度逐步降低，同时积累 CO_2。

（1）放风法　每隔一定时间，当 O_2 降至指标的低限或 CO_2 升高到指标的高限时，开启贮藏容器，部分或全部换入新鲜空气，而后再进行封闭。

（2）调气法　双指标总和小于21%和单指标的气体调节，是在降 O_2 期用吸收剂吸除超过指标的 CO_2，当 O_2 降至指标后，定期或连续输入适量的新鲜空气，同时继续吸除多余的 CO_2，使两种气体稳定在要求指标。

自然降 O_2 法中的放风法，是简便的气调贮藏法。此法在整个贮藏期间 O_2 和 CO_2 含量总在不断变动，实际不存在稳定期。在每一个放风周期之内，两种气体都有一次大幅度的变化。每次临放风前，O_2 降到最低点，CO_2 升至最高点，放风后，O_2 升至最高点，CO_2 降至最低点。即在一个放风周期内，中间一段时间 O_2 和 CO_2 的含量比较接近，在这之前是高 O_2 和低 CO_2 期，之后是低 O_2 高 CO_2 期。这首尾两个时期对贮藏产品可能会带来很不利的影响。然而，整个周期内两种气体的平均含量还是比较接近，对于一些抗性较强的果蔬如蒜薹等，采用这种气调法，其效果远优于常规冷藏法。

（3）充 CO_2 自然降 O_2 法　封闭后立即人工充入适量 CO_2（10%~20%），O_2 则自然下降。在降 O_2 期不断用吸收剂吸除部分 CO_2，使其含量大致与 O_2 接近。这样 O_2 和 CO_2

同时平行下降，直到两者都达到要求指标。稳定期管理同前述调气法。这种方法是借 O_2 和 CO_2 的拮抗作用，用高 CO_2 来克服高 O_2 的不良影响，又不使 CO_2 过高造成毒害。据试验，此法的贮藏效果接近人工降 O_2 法。

2. 人工降 O_2 法（快速降 O_2 法）

利用人为的方法使封闭后容器内的 O_2 迅速下降，CO_2 迅速上升。实际上该法免除了降 CO_2 期，封闭后立即进入稳定期。

（1）充氮法　封闭后抽出容器内的大部分空气，充入氮气，由氮气稀释剩余空气中的 O_2，使其浓度达到要求指标。有时充入适量 CO_2，使之立即达到要求浓度。之后的管理同前述调气法。

（2）气流法　把预先由人工按要求指标配制好的气体输入封闭容器内，以代替其中的全部空气。在以后的整个贮藏期间，始终连续不断地排出部分气体和充入人工配制的气体，控制气体的流速使内部气体稳定在要求指标。

人工降 O_2 法由于避免了降 O_2 过程的高 O_2 期，所以，能比自然降 O_2 法进一步提高贮藏效果。然而，此法要求的技术和设备较复杂，同时消耗较多的氮气和电力。

二、气调贮藏的方法

气调贮藏的操作管理主要是调气和封闭两部分。调气是创造并维持产品所要求的气体组成。封闭是杜绝外界空气对所要求的气体环境的干扰破坏。目前国内外的气调贮藏，按其封闭的设施来看可分为两类，一类是气调冷藏库，另一类是塑料薄膜封闭气调法。

（一）气调冷藏库

气调冷藏库首先要有机械冷库的性能，还必须有密封的性能，以防止漏气，确保库内气体组成的稳定。

用预制隔热嵌板建库。嵌板两面是表面呈凹凸状的金属薄板（镀锌钢板或铝合金板等），中间是隔热材料聚苯乙烯泡沫塑料，采用合成的热固性黏合剂将金属薄板固定在聚苯乙烯泡沫塑料板上。嵌板用铝制呈"工"字形的构件从内外两面连接，在构件内表面涂满可塑性的丁基玛蹄脂，使接口完全、永久地密封。在墙角、墙脚以及墙和天花板等转角处，皆用直角形铝制构件拼连，并用特制的铆钉固定。这种预制隔热嵌板，既可以隔热防潮，又可以作为隔气层。地板是在加固的钢筋水泥底板上，用一层塑料薄膜（多聚苯乙烯等）作为隔气层（0.25 mm），一层预制隔热嵌板（地坪专用），再加一层加固的 10 cm 厚的钢筋混凝土为地面。为了防止地板由于承受荷载而使密封破裂，在地板和墙的交接处的地板上留一平缓的槽，在槽内也灌满不会硬化的可塑酯（黏合剂）。

比较先进的做法是在建成的库房内进行现场喷涂泡沫聚氨酯（聚氨基甲酸酯），采用此法可以获得性能非常优异的气密结构并兼有良好的保温性能，5.0~7.6 cm 厚的泡沫聚氨酯可相当于 10 cm 厚的聚苯乙烯的保温效果。喷涂泡沫聚氨酯之前，应先在墙面上涂一层沥青，然后分层喷涂，每层厚度约为 1.2 cm，直到喷涂达到所要求的总厚度。

气调贮藏库的库门要做到密封是比较困难的，通常有两种做法。第一，只设一道门，既是保温门又是密封门，门在门框顶上的铁轨上滑动，由滑轮连挂。门的每一边有两个，总共 8 个插锁把门拴在门框上。把门拴紧后，在四周门缝处涂上不会硬化的黏合剂密封；第二，设两道门，第一道是保温门，第二道是密封门。通常第二道门的结构很轻巧，用螺钉铆接在门框上，门缝处再涂上玛蹄脂加强密封。另外，各种管道穿过墙壁进入库内的部位都需加用密封材料，不能漏气。通常要在门上设观察窗和手洞，方便观察和检验取样。

气调库必须进行气密性试验，排除漏点后，方可投入使用。气调库在运行过程中，由于库内温度的波动或者气体的调节会引起压力的波动。当库内外压力差达到 58.8 Pa 时，必须采取措施释放压力，否则会损坏库体结构。具体办法是安装水封装置，当库内正压超过 58.8 Pa 时，库内空气通过水封溢出；当库内负压超过 58.8 Pa 时，库外的空气通过水封进入库内，自动调节库内外压力差，不超过 58.8 Pa。

气体发生器，其基本装置是一个催化反应器。在反应器内，将 O_2 和燃料气体如丙烷或天然气进行化学反应而形成 CO_2 和水蒸气。用于反应的 O_2 来自库内的空气。由于库内空气不断地循环通过反应器，因而库内 O_2 不断地降低而达到所要求的浓度。

CO_2 吸附器，其作用是除去贮藏过程中贮藏产品呼吸释放的和气体发生器在工作时所放出的 CO_2。当 CO_2 继续积累超过一定限度时，将库内空气引入 CO_2 吸附器中的喷淋水、碱液或石灰水中，或者引入堆放消石灰包的吸收室中，吸收部分 CO_2，使库内 CO_2 维持适宜的浓度。活性炭 CO_2 脱除机内的活性炭吸附 CO_2 达到饱和时，用新鲜空气吹洗，使 CO_2 脱附。CO_2 脱除机有两个吸附罐，当一个罐吸附 CO_2 时，另一个同时进行脱附。

气体发生器和 CO_2 吸附器配套使用，就可以随意调节和快速达到所要求的气体浓度。

气调库内的制冷负荷要求比一般的冷库要大，因为装货集中，要求在很短时间内将库温降到适宜贮藏的温度。气调贮藏库还有湿度调节系统、气体循环系统，以及气体、温度和湿度的分析测试记录系统等。这些都是气调贮藏库的常规设施。

（二）塑料薄膜封闭气调法

20 世纪 60 年代以来，国内外对塑料薄膜封闭气调法开展了广泛的研究，并在生产中广泛应用，在果品和蔬菜保鲜上发挥着重要的作用。薄膜封闭容器可安装在普通冷库内或通风贮藏库内，以及窑洞、棚窖等简易贮藏场所内。它使用方便、成本较低，还可以在运输中使用。

塑料薄膜封闭贮藏技术能非常广泛地应用于果蔬的贮藏，是因为塑料薄膜除使用方便、成本低廉外，还具有一定透气性这一重要的特点。通过果蔬的呼吸作用，会使塑料袋（帐）内维持一定的 O_2 和 CO_2 比例，加上人为的调节措施，会形成有利于延长果蔬贮藏寿命的气体。

1963 年以来，人们开展了对硅橡胶在果蔬贮藏上应用的研究，并取得成功，使塑料薄膜在果蔬贮藏上的应用变得更便捷、更广泛。

硅橡胶是一种有机硅高分子聚合物，它是由有取代基的硅氧烷单体聚合而成，以硅氧键相联形成柔软易曲的长链，长链之间以弱电性松散地交联在一起。这种结构使硅橡胶具有特殊的透气性。第一，硅橡胶薄膜对 CO_2 的透过率是同厚度聚乙烯膜的 200~300 倍，是聚氯乙烯膜的 20 000 倍。第二，硅橡胶膜对气体具有选择性透性，其对 N_2、O_2

和 CO_2 的透性比为 $1:2:12$，同时对乙烯和一些芳香物质也有较大的透性。利用硅橡胶膜特有的性能，在用较厚的塑料薄膜（如 0.23 mm 聚乙烯）做成的袋（帐）上嵌上一定面积的硅橡胶，就可做成一个有气窗的包装袋（或硅窗气调帐），袋内的果品或蔬菜进行呼吸作用释放出的 CO_2 通过气窗透出袋外，而所消耗掉的 O_2 则由大气透过气窗进入袋内而得到补充。由于硅橡胶具有较大的 CO_2 与 O_2 的透性比，且袋内 CO_2 的进出量与袋内的浓度成正相关。因此，贮藏一定时间之后，袋内的 CO_2 和 O_2 进出达到动态平衡，其含量就会自然调节到一定的范围。

有硅橡胶气窗的包装袋（帐）与普通塑料薄膜袋（帐）一样，是利用薄膜本身的透性自然调节袋中的气体成分。因此，袋内的气体成分必然是与气窗的特性、厚薄、大小，袋子容量、装载量，果实的种类、品种、成熟度，以及贮藏温度等因素有关。要通过试验研究，最后确定袋（帐）子的大小、装载量和硅橡胶窗的大小。

1. 封闭方法和管理

（1）垛封法　贮藏产品用通气的容器盛装，码成垛。垛底先铺垫底薄膜，在其上摆放垫木，将盛装产品的容器垫空。码好的垛子用塑料帐罩住，帐子和垫底薄膜的四边互相重叠卷起并埋入垛四周的小沟中，或用其他重物压紧，使帐子密闭。也可以用活动贮藏架在装架后整架封闭。比较耐压的一些产品可以散堆到帐架内再行封帐。帐子选用的塑料薄膜一般厚度为 0.07~0.20mm 的聚乙烯或聚氯乙烯。在塑料帐的两端设置袖口（用塑料薄膜制成），供充气及垛内气体循环时插入管道之用。可从袖口取样检查，活动硅橡胶窗也是通过袖口与帐子相连接的。帐子还要设取气口，以便测定气体成分的变化，也可从此充入气体消毒剂，平时不用时把气口塞闭。为使器壁的凝结水不侵蚀贮藏产品，应设法使封闭帐悬空，不使之贴紧产品。帐顶部分的凝结水要及时排出，可加衬吸水层，还可将帐顶做成屋脊形，以免结水滴到产品上。

塑料薄膜帐的气体调节可使用气调库调气的各种方法，帐子上设硅橡胶窗可以实现自动调气。

（2）袋封法　将产品装在塑料薄膜袋内，扎口封闭后放置于库房内。调节气体的方法如下。①定期调气或放风。用 0.06~0.08mm 厚的聚乙烯薄膜做成袋子，将产品装满后入库，当袋内的 O_2 减少到低限或 CO_2 增加到高限时，将全部袋子打开放风，换入新鲜空气后再进行封口贮藏。②自动调气。采用 0.03~0.05mm 的塑料薄膜做成小包装。因为塑料膜很薄，透气性很好，在较短的时间内，可以形成并维持适当的低 O_2 高 CO_2 的气体成分而不造成高 CO_2 伤害。该方法适用于短期贮藏、远途运输或零售的包装。

在袋子上，依据产品的种类、品种和成熟度及用途等而确定粘贴一定面积的硅橡胶膜后，也可以实现自动调气。

2. 温湿度管理

塑料薄膜封闭贮藏时，袋（帐）子内部因有产品释放呼吸热，所以内部的温度总会比库温高一些，一般有 0.1~1 ℃的温差。另外，塑料袋（帐）内部的湿度较高，接近饱和。塑料膜正处于冷热交界处，在其内侧常有一些凝结水珠。如果库温波动，则帐（袋）内外的温差会变得更大、更频繁，薄膜上的凝结水珠也就更多。封闭帐（袋）内

的水珠还溶有 CO_2，pH 值约为 5，这种酸性溶液滴到果蔬上，既有利于病菌的活动，对果蔬也会不同程度地造成伤害。封闭容器内四周的温度因受库温的影响而较低，中部的温度则较高，这就会发生内部气体的对流。其结果是较暖的气体流至冷处，降温至露点以下便析出部分水汽形成凝结水；这种气体再流至暖处，温度升高，饱和差增大，因而又会加强产品的蒸腾作用。这种温湿度的交替变动，就像有一台无形的抽水机，不断地把产品中的水抽出来变成凝结水。也可能并不发生空气对流，而由于温度较高处的水汽分压较大，该处的水汽会向低温处扩散，同样导致高温处产品的脱水而低温处的产品凝水。所以薄膜封闭贮藏时，一方面是帐（袋）内部湿度很高，另一方面产品仍然有较明显的脱水现象。解决这一问题的关键在于力求库温保持稳定，尽量减小封闭帐（袋）内外的温差。

第五节　减压贮藏

减压贮藏技术是果蔬等许多食品保藏的又一个技术创新，是气调冷藏技术的进一步发展。1966 年 Burg 等发现在低于大气压条件下贮藏果实，有抑制成熟的作用。这一新方法被称为减压贮藏或低气压贮藏。其具体做法是将果实放在能承受压力的箱中贮藏，用真空泵抽空，维持 0.02~0.05 MPa，温度为 15~24 ℃，空气通过贮藏箱将产品贮藏中所释放的挥发物质带走。由于部分的真空作用，易引起果蔬的脱水；故此，在空气进入箱内以前，需先通过清水加湿。试验结果说明，在低压条件下香蕉的贮藏寿命成倍地延长，研究人员在 15 ℃和 0.02 MPa 下试验，有 50% 的果实由绿转黄的时间由对照的 10 d 增加到 56 d。Saluhke 等（1973）对杏、桃、樱桃、梨和苹果等果实进行了试验，在 0.06 MPa、0.04 MPa 和 0.01 MPa 的压力和 0 ℃的条件下，结果发现对照杏的贮藏期为 53 d，在 0.01 MPa 下贮藏的达到 90 d；对照桃贮藏了 66 d，在 0.01MPa 下贮藏的达到 93 d；樱桃在 0.01 MPa 下贮藏了 93 d，对照果实只贮藏了 60 d；梨在普通冷藏条件下贮藏 3~5 个月，在 0.06 MPa 下贮藏了 5 个月，在 0.04 MPa 下贮藏了 7 个月，在 0.01 MPa 下贮藏了 8 个月；红星苹果在 0.04 MPa 下比对照的贮藏期延长了 3.5 个月，金冠苹果延长了 2.5 个月。在低压条件下贮藏的果实，硬度的降低和叶绿素的降解较缓慢，糖和酸的损失延迟。当贮藏环境气压比正常大气压下降 0.01 MPa 左右时，芹菜、莴苣等蔬菜的贮藏期可延长 20%~90%。

在 0.01 MPa 的低压条件下，真菌形成孢子受到抑制，气压越低，抑制真菌的生长和孢子形成的作用越显著。

用低压贮藏易腐果品和蔬菜的主要优点：①降低 O_2 的供应量从而降低了果蔬呼吸强度和乙烯产生的速度；②产品释放的乙烯随时被排出，从而也排出了促进成熟和衰老的重要因素；③排出了果实释放的其他挥发性物质如 CO_2、乙醛、乙酸乙酯和 α-法呢烯等，有利于减少果实的生理病害。

当气压降到正常空气的 1/10 时，O_2 的浓度从 21% 降到 2.1%，这是大多数苹果贮藏时适宜的 O_2 浓度。已经成熟而未进入完熟的苹果，内部乙烯浓度只有约 0.1 mg/kg，不足以对果实催熟。在 0.01 MPa 下，果实中乙烯浓度降到 0.01 mg/kg，完全没有催熟的作用。完熟的苹果内乙烯浓度可达 100mg/kg 以上，在 0.01 MPa 下，果实内乙烯浓度也可降到 10 mg/kg 以下，但仍有催熟的作用。因此，采用减压贮藏苹果，也必须是处于乙烯开始大量产生以前。果实在高温中会加速乙烯产生，也不宜于减压贮藏。

第六节　其他贮藏技术

一、辐射处理

从 20 世纪 40 年代开始，许多国家对原子能在食品保藏上的应用进行了广泛的研究，取得了重大成果。马铃薯、洋葱、大蒜、蘑菇、芦笋、板栗等蔬菜和果品，经辐射处理后，作为商品已大量上市。

辐射对贮藏产品的影响如下。

1. 干扰基础代谢过程，延缓成熟与衰老

各国在辐射保藏食品上主要是应用 ^{60}Co 或 ^{137}Cs 为放射源的 γ 射线来照射，γ 射线是一种穿透力极强的电离射线，当其穿过生活机体时，会使其中的水和其他物质发生电离作用，产生游离基或离子，从而影响到机体的新陈代谢过程，严重时则杀死细胞。由于照射剂量不同，所起的作用有差异。

低剂量：1 000 Gy 以下，影响植物代谢，抑制块茎、鳞茎类发芽，杀死寄生虫。

中剂量：1 000~10 000 Gy，抑制代谢，延长果蔬贮藏期，阻止真菌活动，杀死沙门氏菌。

高剂量：10 001~50 000 Gy，彻底灭菌。

用 γ 射线辐照块茎、鳞茎类蔬菜可以抑制其发芽，剂量为 1.29~3.87 C/kg。用 5.16 C/kg 照射姜时抑芽效果很好，剂量再高则反而引起腐烂。

2. 辐射对产品品质的影响

用 600 Gy γ 射线处理 Carabao 杧果，在 26.6 ℃下贮藏 13 d 后，其 β-胡萝卜素的含量没有明显变化，其维生素 C 也无大的损失。同剂量处理的 Okrong 杧果在 17.7 ℃下贮藏，其维生素 C 变化同 Carabao。与对照相比，这些处理过的杧果可溶性固形物，特别是蔗糖都增加得较慢。同时，不溶于酒精的固形物、可滴定酸和转化糖也减少得较慢。

对杧果辐射的剂量，从 1 000 Gy 提高到 2 000 Gy 时，会大大增强其多酚氧化酶的活性，这是较高剂量使杧果组织变黑的原因。

用 400 Gy 以下的剂量处理香蕉，其感官特性优于对照。番石榴和人心果用 γ 射线处理后维生素 C 没有损失。500 Gy γ 射线处理菠萝后，不改变其理化特性和感官品质。

3. 抑制和杀死病菌及害虫

许多病原微生物可被 γ 射线杀死，从而减少贮藏产品在贮藏期间的腐败变质。炭疽病对杧果的侵染是致使果实腐烂的一个严重问题。在用热水浸洗处理之后，接着用 1 050 Gy γ 射线处理杧果果实，会大大减少炭疽病的侵害。用热水处理番木瓜后，再用 750~1 000Gy γ 射线处理，收到了良好的贮藏效果。如果单用此剂量辐射，则没有控制腐败的效果。较高的剂量则对番木瓜本身有害，会引起表皮褪色，成熟不正常。

用 2 000 Gy 或更高一些的剂量处理草莓，可以减少腐烂。1 500~2 000 Gy γ 射线处理法国的各种梨，能消灭果实上的大部分病原微生物。用 1 200 Gy 的 γ 射线照射杧果，在 8.8 ℃下贮藏 3 个星期后，其种子的象鼻虫会全部死亡。河南和陕西等地用 504~672 Gy γ 射线照射板栗，达到了杀死害虫的目的。

二、电磁处理

（一）磁场处理

产品在一个电磁线圈内通过，控制磁场强度和产品移动速度，使产品受到一定剂量的磁力线切割作用。或者流程相反，产品静止不动，而磁场不断改变方向（S、N 极交替变换）。据研究，水分较多的水果（如蜜柑、苹果之类）经磁场处理，可以提高生理活力，增强抵抗病变的能力。水果在磁力线中运动，在组织生理上总会产生变化，就同导体在磁场中运动要产生电流一样。这种磁化效应虽然很小，但应用电磁测量的办法，可以在果蔬组织内测量出电磁场反应的现象。

（二）高压电场处理

一个电极悬空，一个电极接地（或做成金属板极放在地面），两者间便形成不均匀电场，产品置于电场内，接受间歇的或连续的或一次的电场处理。可以把悬空的电极做成针状负极，由许多长针用导线并联而成。针极的曲率半径极小，在升高的电压下针尖附近的电场特别强，达到足以引起周围空气剧烈游离的程度而进行自激放电。这种放电局限在电极附近的小范围内，形成流注的光辉，犹如月环的晕光，故称电晕。因为针极为负极，所以空气中的正离子被负电极所吸引，集中在电晕套内层针尖附近；负离子集中在电晕套外围，并有一定数量的负离子向对面的正极板移动。这个负离子气流正好流经产品而与之发生作用。改变电极的正负方向则可产生正离子空气。另一种装置，是在贮藏室内用悬空的电晕线代替上述的针极，作用相同。

可见，高压电场处理，不只是电场单独起作用，同时还有离子空气的作用。还不止此，在电晕放电中还同时产生 O_3，O_3 是极强的氧化剂，有灭菌消毒、破坏乙烯的作用。这几方面的作用是同时产生不可分割的。所以，高压电场处理起的是综合作用，在实际操作中，有可能通过设备调节电场强度、负离子和 O_3 的浓度。

（三）负离子处理

据研究，对植物的生理活动，正离子起促进作用，负离子起抑制作用。因此，在贮藏方面多用负离子空气处理。当只需要负离子作用而不要电场作用时，可改变上述的处理方法，产品不在电场内，而是按电晕放电使空气电离的原理制成负离子空气发生器，借风扇将离子空气吹向产品，使产品在发生器的外面接受离子淋溶。

复习题

1. 园艺产品贮藏的方法。

2. 简易贮藏的类型。

第八章　园艺产品贮藏各论

第一节　果品的贮藏

一、苹果贮藏

苹果是我国栽培的主要果树之一，主要分布在北方各省区。苹果产量占我国果品产量的第一位。苹果品种多，耐藏性好，是周年供应的主要果品。

（一）品种贮藏特性

苹果品种不同，耐藏性差异很大，早熟品种如黄魁、早生旭、早金冠、伏锦、丹顶、祝光等，采收期早，不耐长期贮藏，采后随即供应市场和作短期贮藏。中晚熟品种如红玉、金冠、元帅、红冠、红星、倭锦、鸡冠等比较耐贮，但条件不当时，贮藏后果肉易发绵。晚熟品种如国光、青香蕉、印度、醇露、可口香、富士等耐藏性好，可贮藏到翌年6—7月。我国选育的苹果新品种，如秦冠、向阳红、胜利、青冠、葵花、双秋、红国光、香国光、丹霞、宁冠、宁锦等都属于质优耐贮品种。

（二）苹果的采收期

苹果属于呼吸跃变型果实。适时采收，关系到果实的质量和贮藏寿命。一般以果实已充分发育、表现出品种应有的商品性状时采收为宜，即在呼吸跃变高峰之前一段时间采收较耐贮藏。采收过晚，贮藏中腐烂率明显增加；采收过早，其外观色泽、风味都不够好，不耐贮藏。

贮藏时间越长，对采收成熟度的要求越严格。采收期可根据果实生长天数来确定。苹果早熟品种一般在盛花期后100 d左右采收，中熟品种100~140 d，晚熟品种140~175 d。还可根据果肉硬度来确定采收期。如元帅采收适期的硬度一般为78.45 N/cm²，国光为93.16 N/cm²。在美国，对于红星等品种，利用碘-碘化钾溶液的染色反应来确定适宜的采收期。

为了保证果实品质，提高贮藏质量，苹果的采收应分批采摘。采摘最好选晴天，一般在10:00前或16:00后采摘。采摘时要防止一切机械损伤，勿使果梗脱落和折断。

（三）适宜的贮藏条件

1. 温度

对于多数苹果品种，贮藏适温为-1~0 ℃。气调贮藏的适温比一般冷藏高0.5~1 ℃。苹果贮藏在-1 ℃比0 ℃的贮藏寿命约延长25%，比在4~5 ℃约延长1倍。低温贮藏还可抑制虎皮病、斑点病、苦痘病、衰老褐变病等的发展。贮藏温度过低，引起冻结也会降低果实硬度和缩短贮藏寿命。红玉、旭苹果在-1~0 ℃贮藏会引起生理失调、产生低温伤害、缩短贮藏寿命，这些品种适宜贮藏在2~4 ℃。

即使是同一品种，在不同地区和不同年份生产的果实，对低温伤害的敏感性也不同，所以其贮藏适温有所差异。如秋花皮苹果在夏季凉爽和秋季冷凉的年份生长的果实，会严重发生虎皮病，以在-2 ℃贮藏较好；而在夏季炎热和秋季温暖的年份生长的果实，易因低温而发生果肉褐变，以2~4 ℃贮藏较好。

有的苹果品种会发生几种生理病害，这就要以当地最易发生的病害为主要依据，采用适宜的贮藏温度。如元帅苹果虎皮病发病率因贮藏温度不同而异，贮藏温度为4 ℃、2 ℃、0 ℃、-2 ℃的病果率相应为82%、74%、25%、18%，因此，元帅苹果的贮藏温度以0~2 ℃较适宜。

有时低温伤害也用逐渐降温的方法防治，如澳大利亚生产的红玉易发生低温褐变，采收后先在2 ℃贮藏1个月，以后再逐渐降至0 ℃，发病减少。意大利的金冠是先在3 ℃贮至大部分果实开始变黄时，再降至1~1.5 ℃，贮藏寿命最长。

2. 湿度

苹果贮藏的适宜湿度为85%~95%。贮藏湿度大时，可减低自然损耗和褐心病的发展。当苹果失重4.4%时，褐心病为4%；失重8.8%时，褐心病为20%。但湿度大又可增加低温伤害和衰老褐变病的发展，相对湿度自87%增至93%，可增加橘苹苹果的低温褐变病。相对湿度超过90%时，则加重红玉苹果和橘苹苹果衰老褐变病的发展。在利用自然低温贮藏苹果时，也常发现湿度大的窖和塑料薄膜袋中会发生更多的裂果。此外，湿度大可加重微生物引致的病害，增加腐烂损失。

贮藏环境中相对湿度的控制与贮藏温度有密切关系，贮藏温度较高时，相对湿度可稍低些，否则高温高湿易造成微生物引起的腐烂。贮藏温度适宜，相对湿度可稍高。

3. 气体成分

适当地调节贮藏环境的气体成分，可延长苹果的贮藏寿命，保持其鲜度和品质。一般认为，当贮藏温度为0~2 ℃时，O_2含量为2%~4%。CO_2 3%~5%比较适宜。必须强调的是，不同品种、不同产地和不同贮藏条件下的气调条件，必须通过试验和生产实践来确定。盲目照搬必然会给贮藏生产造成损失。

（四）贮藏方式

苹果的贮藏方式很多，我国各苹果产区因地制宜利用当地的自然条件，创造了各种贮藏方式，如简易贮藏、冷藏、气调贮藏等，现分别叙述如下。

1. 预贮

9—10月是苹果的采收期，这个时期的气温和果温都比较高。利用自然通风降温的各种简易贮藏设施的温度也较高。如果采收后的苹果直接入库，会使贮藏场所长时间保持高温，对贮藏不利。因此，贮前必须对果实实施预贮，同时加强通风换气尽可能地降低贮藏场所的温度。预贮时，要防止日晒雨淋，多利用夜间的低温进行。

各地在生产实践中创造了许多行之有效的预贮方法。如山东烟台地区沟藏苹果的预贮，其方法是在果园内选择阴凉高燥处，将地面加以平整，把经过初选的果实分层堆放起来，一般堆放 4~6 层，宽 1.3~1.7 m，四周培起土埂，以防果滚动。白日盖席遮阴，夜间揭开降温，遇雨时覆盖。至霜降前后气温、果温和贮藏场所温度下降至贮藏适温时，将果实转至正式贮藏场所。也可将果实放在荫棚下或空房子里进行预贮，达到降温散热的目的。如果贮藏场所可以迅速降温，入库量也较少，可以直接入库贮藏，效果会更好。

2. 沟藏

沟藏是北方苹果产区的贮藏方式之一。因其条件所限，适于贮藏耐藏的晚熟品种，贮期可达 5 个月左右，损耗较少，保鲜效果良好。

山东烟台地区的做法：在适当场地上沿东西长的方向挖沟，宽 1~1.5 m，深 1 m 左右，长度随贮量和地形而定，一般长 20~25 m，可贮苹果 10 000 kg 左右。沟底要整平，在沟底铺 3~7 cm 厚的湿沙。果实在 10 月下旬至 11 月上旬入沟贮藏，经过预贮的果实温度应为 10~15 ℃，果堆厚度为 33~67 cm，苹果入沟后的一段时间果温和气温都较高，应该白天覆盖，夜晚揭开降温。至 11 月下旬气温明显下降时用草盖等覆盖物进行保温，随着气温的下降，逐渐加厚保温层至 33 cm。为防止雨雪落入沟里，应在覆盖物上加盖塑料薄膜，或者用席搭成屋脊形棚盖。入冬后要维持果温在 -2~2 ℃，一般贮至翌年 3 月左右。春季气温回升时，苹果需迅速出沟，否则很快腐烂变质。

甘肃武威的沟藏苹果，与上述做法类似。只是沟深为 1.3~1.7 m，宽为 2.0 m，苹果装筐入沟，在沟底及周围填以麦草，筐上盖草。到 12 月中旬，沟内温度达到 -2 ℃时，再在草上覆土。

传统沟藏法冬季主要以御寒为主，降温作用很差。近年来有些产区采用改良地沟，提高了降温效果。主要做法：结合运用聚氯乙烯薄膜（0.05~0.07mm，厚果品专用保鲜膜）小包装，容量为 15~25 kg/袋。还需 10 cm 厚经过压实的草质盖帘。在入贮前 7~10 d 将挖好的沟预冷，即夜间打开草帘，白天盖严，使之充分降温。入贮后至封冻前继续利用夜间自然低温，通过草帘的开启，使沟和入贮果实降温，当沟内温度低于 -3 ℃时，果温在冰点以上，应将沟完全封严，翌年白天气温高于 0 ℃，夜间气温低于沟内温度时，再恢复入贮初期的管理方法，直到沟内的最高温度高于 10 ℃时，结束贮藏。入贮后一个月内需注意气体指标和果实质量变化，及时进行调整。要选用型号、规格相宜的塑料薄膜，使其自发调气，起到自发气调保藏的作用。

3. 窑窖贮藏

窑窖贮藏苹果，是我国黄土高原地区古老的贮藏方式，结构合理的窑窖，可为苹果提供较理想的温度、湿度条件。如山西祁县，窑内年均温不超过 10 ℃，最高月均温不超过 15 ℃。如在结构上进一步改善，在管理水平上进一步提高，可达到窑内年均温不超过 8 ℃，最高月均温不超过 12 ℃。窑窖内采用简易气调贮藏，能取得更好的贮藏效果，国光、秦冠、富士等晚熟品种能贮藏到翌年 3—4 月，果实损耗率比通风库少 3% 左右。

土窑洞加机械制冷贮藏技术，是近几年在山西、陕西等苹果产区大面积普及、行之有效的贮藏方法。土窑洞贮藏法与其他简易贮藏方法一样，存在着贮藏初期温度偏高、贮藏晚期（翌年 3—4 月）升温较快的缺点，限制了苹果的长期贮藏。机械制冷技术用在窑洞温度的调节上，克服了窑洞贮藏前、后期的高温对苹果的不利影响，使窑洞贮藏苹果的质量安全赶上了现代冷库的贮藏效果。窑洞内装备的制冷设备只是在入贮后运行两个月左右，当外界气温降到可以通风而维持窑内适宜贮温时，制冷设备即停止运行，翌年气温回升时再开动制冷设备，直至果实完全出库。

窑窖贮藏管理技术，是苹果贮藏保鲜的关键，从果实入库到封冻前的贮藏初期，要充分利用夜间低温降低窖温，至 0 ℃ 为止。中期重点要防冻。为了加大窑内低温土层的厚度，要在不冻果、不升温的前提下，在窑外气温不低于-6 ℃ 的白天，继续打开门和通气孔通风，通风程度掌握在窑温不低于-2 ℃ 即可。翌年春季窑外气温回升时，要严密封闭门和通气孔，尽量避免窑外热空气进入窑内。

4. 通风库和机械冷库贮藏

通风库在我国的许多地方大量地应用于苹果贮藏。由于它是靠自然气温调节库内温度，所以，其主要的缺点也是秋季果实入库时库温偏高，初春以后也无法控制气温回升引起的库温回升，严重地制约了苹果贮藏寿命。山东果树研究所研究设计的 10 ℃ 冷凉库，就是在通风库的基础上，增设机械制冷设备，使苹果在入库初期就处于 10 ℃ 以下的冷凉环境，有利于果实迅速散热。入冬以后就可以停止冷冻机组运行，只靠自然通风就可以降低并维持适宜的贮藏低温。当翌年初春气温回升时又可以开动制冷设备，维持 0~4 ℃ 的库温。

10 ℃ 冷凉库的建库成本和设备投资大大低于正规冷库，它解决了通风库贮藏前、后期库温偏高的问题，是一种投资少、见效快、效果好的节能贮藏方法。库内可采用硅窗气调大帐和小包装气调贮藏技术，进一步提高果实贮藏质量，延长苹果贮藏寿命。

苹果冷藏的适宜温度因品种而异，大多数晚熟品种以-1~0 ℃ 为宜，空气相对湿度为 90%~95%。苹果采收后，最好尽快冷却到 0 ℃ 左右，在采收后 1~2 d 内入冷库，入库后 3~5 d 内冷却到-1~0 ℃。

5. 气调贮藏

目前，国内外气调贮藏主要用于苹果。对于不宜采用普通冷藏温度，要求较高贮温的品种，如旭、红玉等，为了避免贮温高促使果实成熟和微生物活动，应用气调贮藏是一种有效的补救方法。我国各地不同形式的气调法贮藏元帅、金冠、国光、秦冠及近年栽培的许多新品种，都有延长贮藏期的效果。气调贮藏的苹果颜色好、硬度大、贮藏期长。气调贮藏可减轻斑点病、虎皮病、衰老褐变病等，还可以减轻微生物引致的腐烂病害和失水萎蔫。气调贮藏的苹果移到空气中时，呼吸作用仍较低，可保持气调贮藏的后效，因而变质缓慢。

常用的气调贮藏方式有塑料薄膜袋、塑料薄膜帐和气调库贮藏。

（1）塑料薄膜袋贮藏　苹果采后就地预冷、分级后，在果箱或筐中衬以塑料薄膜袋，装入苹果，扎紧袋口，每袋构成一个密封的贮藏单位。目前应用的是聚乙烯或无毒聚氯乙烯薄膜，厚度多为 0.04~0.06 mm。

苹果采收后正处在较高温度下，后熟变化很快。利用薄膜袋包装造成的气调贮藏环境，可有效地延缓后熟过程。上海果品公司利用薄膜包装运输苹果，获得很好的效果。

如用薄膜包装运输红星苹果，经 8 d 由产地烟台运至上海时的硬度为 7.2 kg/cm²，冷藏 6 个月后硬度为 5.6 kg/cm²，对照分别为 4.6 kg/cm² 和 3.1 kg/cm²。

（2）塑料薄膜帐贮藏　在冷藏库、土窑洞和通风库内，用塑料薄膜帐将果垛封闭起来进行贮藏。薄膜大帐一般选用 0.1~0.2mm 厚的高压聚氯乙烯薄膜，黏合成长方形的罩子，可以贮数百到数千千克。帐封好后，按苹果要求的氧和二氧化碳水平，采用快速降氧、自然降氧方法进行调节。近年来国内外都在广泛应用硅橡胶薄膜扩散窗，按一定面积黏合在聚乙烯或聚氯乙烯塑料薄膜帐或袋上，自发调整苹果气调帐（或袋）内的气体。由于薄膜型号和苹果贮量不同，使用时需经过试验和计算确定硅橡胶薄膜的具体面积。

（3）气调库贮藏　库内的气体成分、贮藏温度和湿度能够根据设计水平自动精确控制，是理想的贮藏手段。采收后的苹果最好在 24 h 之内入库冷却并开始贮藏。

苹果气调贮藏的温度，可以比一般冷藏温度提高 0.5~1 ℃。对 CO_2 敏感的品种，贮温还可高些，因为在一般贮藏温度（0~4 ℃）下，提高温度可减轻 CO_2 伤害。容易感受低温伤害的品种贮温稍高，对减轻伤害有利。

苹果气调贮藏只降低 O_2 浓度即可获得较好的效果。但对多数品种来说，同时再增加一定浓度的 CO_2，则贮藏效果更好，不同苹果品种对 CO_2 忍耐程度不同，有的对 CO_2 很敏感，一般不超过 2%~3%，大多数品种能忍耐 5%，还有一些品种如金冠在 8%~10% 也无伤害。

近年来，有人提出了苹果气调贮藏，开始时用较高浓度的 CO_2 做短期预处理，例如金冠用 15%~18% CO_2 经 10 d 预处理，再转入一般气调贮藏条件，可有效地保持果实的硬度。

苹果贮藏初期用高浓度 CO_2 处理，我国也在研究应用，同时把变动温度和气体成分几种措施组合起来。由中国农业科学院果树研究所、中国科学院上海植物生理研究所、山东省农业科学院果树研究所、山西省农业科学院果树研究所等（1989）共同研究的苹果双向变动气调贮藏，取得了良好的效果。具体做法：苹果贮藏 150~180 d，入贮时温度在 10~15 ℃ 维持 30 d，然后在 30~60 d 内降低到 0 ℃，以后一直维持（0±1）℃；气体成分在最初 30 d 高温期 CO_2 在 12%~15%，以后 60 d 内随温度降低相应降至 6%~8%，并一直维持到结束，O_2 控制在 3%±1%。这种处理获得很好的效果，优于低温贮藏，与标准气调（0 ℃、O_2 3%、CO_2 2%~3%）结果相近似；这种做法，简称双变气调（TDCA）。该方法由于在贮藏初期利用自然气温，温度较高，可克服 CO_2 的伤害作用，保留了对乙烯生成和作用的抑制，大大延缓了果实成熟衰老，有效地保持了果实硬度，从而达到了较好的贮藏效果。

苹果气调贮藏中，有乙烯积累，可以用活性炭或溴饱和的活性炭吸收除去。如小塑料袋包装贮藏红星苹果，放入果重 0.05% 的活性炭，即可保持果实较高的硬度。乙烯还可用 $KMnO_4$ 除去，如用洗气器将 $KMnO_4$ 溶液喷淋，或用吸收饱和 $KMnO_4$ 溶液的多孔性载体物质吸收。

二、梨贮藏

(一) 品种贮藏特性

梨较耐贮藏，其贮藏特性与苹果相似，是我国大批量长期贮藏的重要果品。梨的品种很多，耐藏性各异。从梨的系统来分，有白梨系统、秋子梨系统、砂梨系统和西洋梨系统，白梨系统的大部分品种耐贮藏，如鸭梨、雪花梨、酥梨、长把梨、库尔勒香梨、秋白梨等果肉脆嫩多汁，耐贮藏，是当前生产中主要贮藏品种。白梨系统的蜜梨、笨梨、安梨、红霄梨极耐贮藏，而且经过贮藏后采收时酸涩粗糙的品质得以改善。秋子梨系统中多数优良品种不耐贮藏，只有南果梨、京白梨等较耐贮藏。砂梨系统的品种耐贮性不及白梨，其中晚三吉梨、今村秋梨等耐贮。西洋梨系统原产欧洲，引入我国栽培的品种很少，主要有巴梨（香蕉梨）、康德梨等，它们采后肉质极易软化，耐贮性差，在常温下只能放置几天，在冷藏条件下可贮藏 1~2 个月。

(二) 采收

采收期直接影响梨的贮藏效果。梨的成熟度通常依据果面的颜色、果肉的风味及种子的颜色来判断。绿色品种当果面绿色渐减，呈绿色或绿黄色，具固有芳香，果梗易脱离果台，种子变为褐色，即为适度成熟的象征，当果面铜绿色或绿褐色的底色上呈现黄色和黄褐色，果梗易脱离果台时，即显示成熟；如果呈浓黄色或半透明黄色，则为过熟的象征。西洋梨如果任其在树上成熟，因果肉变得疏松软化，甚至引起果心腐败而不宜贮运，故应在果实成熟但肉质尚硬时采收。标准为：果实已具本品种应有的形状、大小，果面绿色减退呈绿黄，果梗易脱离果枝等。

采收既要做到适时，又要力求减少伤害。由于梨果皮的结构松脆，在采收及其他各个环节中，易遭受碰、压、刺伤害，对此应予以重视。

(三) 贮藏条件

一般认为略高于冰点温度是果实的理想贮藏温度。梨的冰点温度是-2.1 ℃，但是中国梨是脆肉种，贮藏期间不宜冻结，否则解冻后果肉脆度很快下降，风味、品质变劣。中国梨的适宜贮藏温度为 0~1 ℃，气调贮藏可稍高些。西洋梨系统的大多数品种适宜的贮藏温度为-1~0 ℃，只有在-1 ℃才能明显地抑制后熟，延长贮藏寿命。有些品种如鸭梨等对低温比较敏感，采收后立即在 0 ℃下贮藏易发生冷害，它们要经过缓慢降温后再维持适宜的低温。

冷藏条件下，贮藏梨的适宜湿度为 90%~95%。常温库由于温度偏高，为了减少腐烂，空气湿度可低些，保持在 85%~90% 为宜。大多数梨品种由于本身的组织学特性，在贮藏中易失水而造成萎蔫和失重，在较高湿度下，可以减少蒸散失水和保持新鲜品质。

许多研究表明，除西洋梨外，绝大多数梨品种不如苹果那样适于气调贮藏，它们对 CO_2 特别敏感。如鸭梨，当环境中 CO_2 浓度高于 1% 时，就会对果实造成伤害。因此，贮藏时应根据梨的品种特性，制定适宜的贮藏技术。

(四) 贮藏方式

用于苹果贮藏的沟藏、窖窖贮藏、通风库贮藏、机械冷库贮藏等方式均适用于梨贮藏。各贮藏方式的管理也与苹果基本相同，故实践中可以参照苹果的贮藏方式与管理进行。

需要强调指出的是，鸭梨、酥梨等品种对低温比较敏感，采后如果立即入 0 ℃ 库贮藏，果实易发生黑皮、黑心或者二者兼而发生的生理病变。根据目前的研究结果，采用缓慢降温法，可减轻或避免上述病害的发生，即果实入库后，从 13~15 ℃ 降到 10 ℃，每天降 1 ℃；从 10 ℃ 降到 6 ℃，每 4 d 降 1 ℃；从 6 ℃ 降到 0 ℃，每 5 d 降 1 ℃，整个降温过程需经 35~40 d。

如果采用气调贮藏，适宜的气体组合，品种间差异较大，必须通过试验和生产实践来确定。国外一些国家的气调贮藏，多在洋梨上应用。

三、柑橘贮藏

柑橘是世界上重要果品种类之一，在我国主要分布在长江流域及其以南地区，其产量和面积仅次于苹果，柑橘的贮藏在延长柑橘果实的供应期上占有重要地位。

（一）种类、品种与耐贮性

柑橘类包括柠檬、柚、橙、柑、橘 5 个种类，每个种类又有许多品种。由于不同种类、品种果实的理化性状、生理特性之差异，它们的贮藏性差异很大。一般来说，柠檬最耐贮藏，其余种类的贮藏性依次为柚类、橙类、柑类和橘类。但是有的品种并不符合这一排列次序，如蕉柑就比脐橙耐贮藏。同种类不同品种的贮藏性差异也很大，如蕉柑较之温州蜜柑等柑类品种耐贮藏，柑是橘类较耐贮藏的品种。品种间的贮藏性通常可按成熟期早晚来区分，通常是晚熟品种较耐贮藏，中熟品种次之，早熟品种不耐贮藏。一般认为，晚熟、果皮致密且油胞含油丰富、囊瓣中糖和酸含量高、果心维管束小等是耐藏品种的共同特征。蕉柑、柑、甜橙、脐橙等是我国目前商业化贮藏的主要品种。

（二）贮藏条件

1. 温度

柑橘类果实原产于气候温暖的地区，长期的系统发育决定了果实容易遭受低温伤害的特性。所以柑橘贮藏的适宜温度必须与这一特性相适应。一般而言，橘类和橙类较耐低温，柑类次之，柚类和柠檬则适宜在较高温度下贮藏。

华南农业大学园艺系等对广东主要柑橘品种甜橙、蕉柑和椪柑，分别采用 1~3 ℃、4~6 ℃、7~9 ℃、10~12 ℃ 和常温 5 种贮藏温度进行比较试验，结果认为采用甜橙 1~3 ℃、蕉柑 7~9 ℃、椪柑 10~12 ℃ 比较适宜，贮藏 4 个月皆无生理失调现象。蕉柑贮温低于 7 ℃，柑低于 10 ℃ 易患水肿病。同时对广东产的伏令夏橙和化州橙进行贮藏适温试验，结果表明这两种橙亦是适宜贮藏在 1~3 ℃。推荐柠檬的贮藏适温为 12~14 ℃，如果长时期贮藏在 3~1 ℃ 则易发生囊瓣褐变。

另据报道，同为伏令夏橙，在美国佛罗里达州 3 月成熟采收，采用 0~1 ℃ 贮藏温度；但在亚利桑那州，3 月和 6 月采收的贮藏适温分别是 9 ℃ 和 6 ℃。由此可见，同一品种由于产地或采收期不同，贮藏适温就有很大不同。因此，生产上确定柑橘的贮藏适温时，除了考虑种类和品种外，还必须考虑产地、栽培条件、成熟度、贮藏期长短等诸多因素。

2. 湿度

不同类柑橘对湿度要求不一，甜橙和柚类要求较高的湿度，最适湿度为 90% ~ 95%。宽皮柑类在高湿环境中易发生枯水病（浮皮），故一般应控制较低的湿度，最适湿度为 80% ~ 85%。日本贮藏温州蜜柑的研究表明，在温度为 3 ℃，相对湿度 85% 条件下，烂果率最低；相对湿度低于 80% 或高于 90%，烂果率都增高。

3. 气体成分

国内外就柑橘对低 O_2 高 CO_2 的反应研究很多，各方面的报道很不一致。日本推荐温州蜜柑贮藏的气体条件：东部地区 O_2 10% 左右（不小于 6%），CO_2 1% ~ 2%；西部地区 O_2 浓度同上，CO_2 < 1%，O_2 降至 3% ~ 5% 时易发生低氧伤害。国内推荐几种柑橘贮藏的气体条件是：甜橙要求 O_2 10% ~ 15%，CO_2 < 3%；温州蜜柑 O_2 10%，CO_2 < 1%。如果环境中 O_2 过低或 CO_2 过高，果实就会发生缺 O_2 伤害或 CO_2 伤害，果实组织中的乙醇和乙醛含量增加，发生水肿病。如果环境中低 O_2 和高 CO_2 同时并存，就会加重加快果实的生理损伤。

（三）贮藏技术要点

1. 适时无损采收

柑橘属典型的非跃变型果实，缺乏后熟作用，在成熟中的变化比较缓慢，不软化，这与仁果类、核果类、香蕉有明显不同。因此，柑橘果实采收成熟度一定要适当，早采与迟采都影响果实产量、质量和耐贮性。通常当果实着色面积达 3/4，肉质具有一定弹性，糖酸比达到该品种应有的比例，表现出该品种固有风味时采摘。我国温州蜜柑适宜采收的糖酸比为（10 ~ 13）:1，早橘、本地早、橘为（11 ~ 16）:1，蕉柑、柑为（12 ~ 15）:1。除柠檬外，不宜早采，尤其不能"采青"，采摘最好根据成熟度分期分批进行，要尽量减少损伤。

2. 晾果

对于在贮藏中易发生枯水病的宽皮柑类品种，贮藏前将果实在冷凉、通风的场所放置几日，使果实散失部分水分，轻度萎蔫，俗称"发汗"，对减少枯水病、控制褐斑病有一定效果，同时还有愈伤、预冷和减少果皮遭受机械损伤的作用。

晾果最好在冷凉通风的室内或凉棚内进行。有的地方在果实入库后，日夜开窗通风，降温降湿，使果实达到"发汗"的标准。一般控制宽皮柑失重率达 3% ~ 5%，甜橙失重率为 3% ~ 4%。

3. 防腐保鲜处理

柑橘在贮藏期间的腐烂主要是真菌为害，大部分属田间侵入的潜伏性病害。除了采前杀菌外，采后及时进行防腐处理也是行之有效的防治办法。目前常用的杀菌剂有噻菌灵（涕必灵）、多菌灵、硫菌灵、枯腐净（主要含仲丁胺和 2,4-D）、克霉灵。按有效成分计，杀菌剂使用浓度为 0.05% ~ 0.1%，2,4-D 浓度为 0.01% ~ 0.025%，二者可混用。采收当天浸果效果最好，限 3 d 内处理完毕。如有必要，杀菌剂可与蜡液或其他被膜剂混用。另外，将包果纸或纸板用联苯的石蜡或矿物油热溶液浸渍，可以防止果实在运输中腐烂。

4. 严格挑选和塑料薄膜单果包

如果说柑橘标准气调贮藏（CA）和自发气调贮藏（MA）有风险的话，塑料薄膜单果包已经被实践证明，是柑橘贮藏、运输、销售过程中简便易行、行之有效的一种保鲜措施，对减少果实蒸腾失水、保持外观新鲜饱满、控制褐斑病（干疤）均有很好的效果，目前在柑橘营销中广泛应用。塑料薄膜袋一般用厚度大约为 0.02mm 的红色或白色塑料薄膜制作，规格大小依所装柑橘品种的大小而异。柑橘采收后，经过药剂处理，晾干果面，严格剔除伤、病果，即可一袋一果进行包装，袋口用手拧紧或者折口，折口朝下放入包装箱中，采用塑料真空封口机包装的效果会更好些。

塑料薄膜单果包对橙类、柚类和柑类的效果明显好于橘类，低温条件下的效果明显好于较高温度。

（四）贮藏方式

1. 常温贮藏

柑橘常温贮藏是热带亚热带水果长期贮藏成功的例子。贮藏方式很多。根据各地条件与习惯，如地窖、通风库、防空洞，甚至比较阴凉的普通民房都可以使用，只要采收和采后处理严格操作，都可以取得良好效果。通风库贮藏柑橘是目前我国柑橘的主要贮藏方式。

常温贮藏受外界气温影响较大，因此，温度管理非常关键，根据对南充甜橙地窖内温度和湿度的调查资料，整个贮藏期的平均温度为 15 ℃，12 月以前 15 ℃，1—2 月最低为 12 ℃，3—4 月一般在 18 ℃左右。不难看出，各时期的温度均高于柑橘贮藏的适温，故定期开启窖口或通风口，让外界冷凉空气进入窖（库）内而降温，是贮藏中一项非常重要的工作。需要指出的是，通风库贮藏柑橘常常是湿度偏低，为此，有条件时可在库内安装加湿器，通过喷布水雾提高湿度。也可通过向地面、墙壁上洒水，或者在库内放置盛水器，通过水分蒸发增加库内的湿度。

2. 冷藏

冷库贮藏是保证柑橘商品质量、提高贮藏效果的理想贮藏方式，可满足大规模商品化贮藏的需要。冷库贮藏的温度和湿度依贮藏的种类和品种而定。冷库要注意换气，排出过多的 CO_2 等有害气体，因为柑橘类果实对 CO_2 比较敏感。

四、葡萄贮藏

葡萄是我国的主要果品之一，主要产区在长江流域以北，目前我国葡萄产量的 80%左右用于酿酒等加工品，大约 20%用于鲜食，贮藏鲜食葡萄的仍不多，鲜食葡萄的数量和质量远远满足不了日益增长的市场需求。

（一）品种与贮藏特性

葡萄品种很多，其中大部分为酿酒品种，适合鲜食与贮藏的主要品种有巨峰、黑奥林、龙眼、牛奶、黑罕、玫瑰香、保尔加尔等。近年我国从美国引种的红地球（又称晚红，商品名叫美国红提）、秋红（又称圣诞玫瑰）、秋黑等品种颇受消费者和种植者的关注，被认为是我国目前栽培的所有鲜食品种中经济性状、商品性状和贮藏性状最佳的品种。用于贮藏的品种必须同时具备商品性状好和耐贮运两大特征。品种的耐贮运性是其多种性状的综合表现，晚熟、果皮厚韧、果肉致密、果面和穗轴上富集蜡质、果刷粗长、糖酸含量高等都是耐贮运品种具有的性状。

葡萄的冰点一般在-3 ℃左右，因果实含糖量不同而有所不同，一般含糖量越高，冰点越低。因此，葡萄的贮藏温度以-1~0 ℃为宜，在极轻微结冰之后，葡萄仍能恢复新鲜状态。葡萄需要较高的相对湿度，适宜的相对湿度为90%~95%，相对湿度偏低时，会引起果梗脱水，造成干枝脱粒。降低环境中 O_2 浓度提高 CO_2 浓度，对葡萄贮藏有积极效应。目前有关葡萄贮藏的气体指标很多，尤其是 CO_2 的指标差异比较悬殊，这可能与品种、产地以及试验方法等有关。一般认为 O_2 2%~4%、CO_2 3%~5%的组合适合于大多数葡萄品种，但在气调贮藏实践中还应慎重采用。

（二）采收

葡萄属于非跃变型果实，无后熟变化，应该在充分成熟时采收。充分成熟的果实，干物质含量高，果皮增厚、韧性强、着色好、果霜充分形成，耐贮性增强。因此，在气候和生产条件允许的情况下，尽可能延迟采收期。河北昌梨葡萄产区的果农在棚架葡萄大部分落叶之后仍将准备贮藏的葡萄留在植株上，在葡萄架上盖草遮阴，以防阳光直射使果温升高，使葡萄有足够的时间积累糖分，充分成熟。与此同时，气温也逐渐下降，有利于入窖贮藏。

采收前7~10 d 必须停止灌溉，否则贮藏期间会造成大量腐烂。采收时间要选天气晴朗、气温较低的上午进行。最好选着生在葡萄蔓中部向阳面的果穗留作贮藏。采摘时用剪刀将果穗剪下，并剔除病粒、虫粒、破粒、穗尖未成熟小粒等。采收后就地分级包装，挑选穗大、紧密适度、颗粒大小均匀、成熟度一致的果穗进行贮藏。装好后放在阴凉通风处待贮。

（三）贮藏方式

目前葡萄贮藏方式主要有窖洞（或窑洞）贮藏、冷库贮藏等。

甘肃、宁夏、山西等地葡萄产区，在普通室内搭两层架，不用包装，将葡萄一穗穗码在架上，堆 30~40 cm 高，最上面覆纸防尘，方法十分简便。由于堆存时果温已经很低，堆内不至发热，只要做到不破伤果粒，果穗又不带田间病害，一般不会发生腐烂损失，并能贮藏较长时期。

窖洞贮藏：在辽宁、吉林等地，果农多在房前（葡萄架下）屋后建造地下式或半地下式永久性小型通风窖，一般长 6 m、宽 2.8 m、高 2.3~2.5 m，可贮葡萄 3 000 kg 左右。可在窖内搭码，也可在窖内横拉几层铁丝挂贮。

在产地利用自然低温贮藏葡萄，一般需经常洒水提高窖内相对湿度，防止干枝和脱粒，若管理得当，可贮至春节以后。

冷库贮藏：葡萄的温度应严格控制在-1~0 ℃。据研究表明，葡萄贮藏在 0.5 ℃的腐烂率是 0 ℃的 2~3 倍。相对湿度保持在90%~95%。在贮藏过程中，可根据葡萄的耐低温能力，调节贮藏温度。通常情况下，贮藏前期的葡萄耐低温能力比后期强，在前期库温下限控制在-1 ℃，干旱年份可控制在-1.5 ℃，随着贮藏时间的延长温度应适当提高。在生产中要求葡萄入库要迅速降温，同时要保持库温的恒定，库温的波动不应超过±0.5 ℃。

冷藏时用薄膜包装贮藏葡萄，贮藏效果好于一般冷藏。塑料袋一般选用 0.03 ~ 0.05 mm 厚的聚乙烯（PE）或聚氯乙烯（PVC）膜制作，每袋装 5 ~ 10 kg 葡萄，最好配合使用果重 0.2% 的 SO_2 保鲜片剂，待库温稳定在 0 ℃ 左右时再封口。塑料袋一般放在纸箱或其他容器中。

近年来，微型冷库在葡萄贮藏上取得了巨大成功。具体做法：选择优质果穗，采收后装入内衬 PVC 葡萄专用保鲜袋的箱中，果穗间隙加入葡萄保鲜剂，扎紧袋口，当日运往微型冷库，在（-1±0.5）℃ 敞口预冷 10 ~ 12 h，然后扎紧袋口码垛，于 -1 ~ 0 ℃ 贮藏即可。

（四）防腐技术

葡萄贮藏中最易发生的问题是腐烂、干枝与脱粒。在贮藏中保持较高相对湿度的同时，采用适当的防腐措施，既可延缓果梗的失水干枯，使之较长时间维持新鲜状态，减少落粒，又可以有效地阻止真菌繁殖，减少腐烂。

SO_2 处理是目前提高葡萄贮藏效果普遍采用的方法，SO_2 气体对葡萄上常见的真菌病害如灰霉菌等有强烈的抑制作用，只要使用剂量适当，对葡萄皮不会产生不良影响，而且用 SO_2 处理过的葡萄，其代谢强度也受到一定的抑制，但高浓度的 SO_2 会严重损害果实。

可以用 SO_2 气体直接来熏蒸果品，或者燃烧硫黄进行熏蒸，也可用重亚硫酸盐缓慢释放 SO_2 进行处理，可视具体情况而选用适当的方法。将入冷库后筐装或箱装的葡萄堆码成垛，罩上塑料薄膜帐，以每 $1m^3$ 帐内容积用硫黄 2 ~ 3g 的剂量，使之完全燃烧，生成 SO_2，熏 20 ~ 30 min，然后揭帐通风。在适当密闭的葡萄冷库中，可以直接用燃烧硫黄生成的 SO_2 进行熏蒸。为了使硫黄能够充分燃烧，每 30 份硫黄可拌 22 份硝石和 8 份锯末。将药放在陶瓷或搪瓷盆中，盆底放一些炉灰或者干沙土，药物放于其上。每座库内放置 3 ~ 4 个药盆，药盆在库外点燃后迅速放入库中，然后将库房密闭，待硫黄充分燃烧后，熏蒸约 30 min 即可。

SO_2 处理的另一方法，是用重亚硫酸盐如亚硫酸氢钠、亚硫酸氢钾或焦亚硫酸钠等，使之缓慢释放 SO_2 气体，达到防腐保鲜的目的。处理时先将重亚硫酸盐与研碎的硅胶混合均匀，比例是亚硫酸盐 1 份和硅胶 2 份混合，将混合物包成小包或压成小片，每包混合物 3 ~ 5 g，根据容器内葡萄的重量，按大约含重亚硫酸盐 0.3% 的比例放入混合药物。箱装葡萄上层盖 1 ~ 2 层纸，将小包混合药物放在纸上，然后堆码。还可以用干燥锯末代替硅胶以节约费用，锯末要经过晾晒，降温，无臭无味，在锯末中混合重亚硫酸盐，或将重亚硫酸盐均匀地撒在锯末上。目前生产上塑料薄膜包装贮藏葡萄中应用的保鲜片剂亦属 SO_2 释放剂。

用 SO_2 处理葡萄时，剂量的大小要因品种、成熟度而调节，须经试验而确定。一般以帐内浓度为 10 ~ 20 mg/m^3 时比较安全。低则不能起到防腐作用，高则发生漂白作用，造成严重损失。

SO_2 对人的呼吸道和眼睛有强烈的刺激作用，操作管理人员进出库房应戴防护面具。SO_2 溶于水形成 H_2SO_3，对铁、锌、铝等金属有强烈的腐蚀作用，因此库房中的机械装置应涂抗酸漆予以保护。由于 SO_2 对大部分果蔬有损害作用，所以除葡萄以外的果品和蔬菜不能与之混存。

五、香蕉贮藏

香蕉属热带水果，世界可栽培地区仅限于南北纬 30° 以内，在产区香蕉整年都可以开花结果，供应市场。因此，香蕉保鲜问题是运销而非长期贮藏。

（一）品种及贮藏特性

我国原产的香蕉优良品种中，高型蕉主要有广东的大种高把、高脚、顿地雷、齐尾，广西高型蕉，台湾、福建和海南省的台湾北蕉；中型蕉有广东的大种矮把、矮脚地雷；矮型蕉有广东高州矮香蕉、广西那龙香蕉、福建的天宝蕉、云南河口香蕉。近年引进的有澳大利亚主栽品种"威廉斯"。

香蕉是典型的呼吸跃变型果实。跃变期间，果实内源乙烯明显增加，促进呼吸作用的加强。随着呼吸高峰的出现，占果实 20% 左右的淀粉不断水解，单宁物质发生转化，果实逐步从硬熟到软熟，涩味消失，释放出浓郁香味。果皮由绿色逐步转成全黄，当全黄果出现褐色小斑点（俗称梅花斑）时，已属过熟阶段。由此可知，呼吸跃变一旦出现，就意味着进入不可逆的衰老阶段。香蕉保鲜的任务就是要尽量延迟呼吸跃变的出现。

降低环境温度是延迟呼吸跃变到来的有效措施。但是香蕉对低温十分敏感，12 ℃是冷害的临界温度。轻度冷害的果实果皮发暗，不能正常成熟，催熟后果皮黄中带绿，表面失去光泽，果肉失去香味。冷害严重的，果皮变黑、变脆，容易折断，难以催熟，果肉生硬而无味，极易感染病菌，完全丧失商品价值。冷害是香蕉夏季低温运输或秋冬季北运过程不可忽视的问题。一般认为 11~13 ℃ 是广东香蕉的最适贮温。适于香蕉贮藏的湿度条件是 85%~95%。许多研究结果表明，高 CO_2 和低 O_2 组合气体条件可以延迟香蕉的后熟进程，因为在此条件下，乙烯的形成和释放受到了抑制。

（二）贮藏技术要点

1. 适时无伤采收

香蕉的成熟度习惯上多用饱满度来判断。在发育初期，果实棱角明显，果面低陷，随着成熟，棱角逐渐变钝，果身渐圆而饱满。贮运的香蕉要在七八成饱满度采收，销地远时饱满度低，销地近饱满度高。饱满度低的果实后熟慢，贮藏寿命长。

机械损伤是致病菌侵染的主要途径，伤口还刺激果实产生伤呼吸、伤乙烯，促进果实黄熟，更易腐败。另外，香蕉果实对摩擦十分敏感，即使是轻微的擦伤，也会因受伤组织中鞣质的氧化或其他酚类物质暴露于空气中而产生褐变，从而使果实表面伤痕累累，俗称"大花脸"，严重影响商品外观。这正是目前我国香蕉难以成为高档商品的重要原因之一。因此，香蕉在采收、落梳、去轴、包装等环节上应十分注意，避免损伤。在国际进出口市场，用纸盒包装香蕉，大大减少了贮运期间的机械损伤。

2. 适宜的贮藏方式

根据香蕉本身生理特性，商业贮藏不宜采用常温贮藏方式。对未熟香蕉果实采用冷藏方式，可降低其呼吸强度，推迟呼吸高峰的出现，从而可延迟后熟过程而达到延长贮藏寿命的目的。多数情况下，选择的温度范围是 11~16 ℃。贮藏库中即使只有微量的乙烯，也会使贮藏香蕉在短时间内黄熟，以致败坏。因此，香蕉冷藏作业中另一个关键的措施，是适当的通风换气。

利用聚乙烯薄膜贮藏亦可延长香蕉的贮藏期，但塑料袋中贮藏时间过长，可能会引起高浓度的 CO_2 伤害，同时乙烯的积累也会产生催熟作用，故一般塑料袋包装都要用乙烯吸收剂和 CO_2 吸收剂，贮藏效果更好。据报道，广东顺德香蕉采用聚乙烯袋包装（0.05 mm，10 kg/袋），并装入吸收饱和高锰酸钾溶液的碎砖块 200 g，消石灰 100 g，于 11~13 ℃下贮藏，贮藏 30 d 后，袋内 O_2 为 3.8%，CO_2 为 10.5%，果实贮藏寿命显著延长。

六、桃、李和杏贮藏

桃、李和杏都属于核果类果实。此类果实成熟期正值一年中气温较高的季节，果实采后呼吸十分旺盛，很快进入完熟衰老阶段。因此，一般只作短期贮藏，以避开市场旺季和延长加工时间。

（一）品种与贮藏特性

桃、李和杏不同品种间的耐藏性差异很大。一般早熟品种不耐贮藏和运输，如水蜜桃和五月鲜桃等。中晚熟品种的耐贮运性较好，如肥城桃、深州蜜桃、陕西冬桃等较耐贮运，大久保、白凤、冈山白、燕红等品种也有较好的耐藏性。离核品种、软溶质品种等的耐藏性差。李和杏的耐藏性与桃类似。

桃、李和杏均属呼吸跃变型果实，低温、低 O_2 和高 CO_2 都可以减少乙烯的生成量和作用而延长贮藏寿命。

桃、李和杏对低温比较敏感，很容易在低温下发生低温伤害。在 -1 ℃ 以下就会引起冻害。一般贮藏适温为 0~1 ℃。果实在贮藏期比较容易失水，要求贮藏环境有较高的湿度，桃和杏要求相对湿度 90%~95%，李的相对湿度 85%~90%。

（二）采收和预贮

果实的采收成熟度是影响果实贮藏效果的主要因素。采收过早会影响果实后熟中的风味发育，而且易遭受冷害；采收过晚，则果实会过于柔软，易受机械伤害而造成大量腐烂。因此，要求果实既要生长发育充分，能基本体现出其品种的色香味特色，又能保持果实肉质紧密时为适宜的采摘时间，即果实达到七八成熟时采收。需特别注意的是，果实在采收时要带果柄，否则果柄剥落处容易引起腐败。李的果实在采收时常带 1~3 片叶子，以保护果粉，减少机械伤。

桃、李和杏的包装容器宜小而浅，一般以 5~10 kg 为宜。

采收后迅速预冷并采用冷链运输的桃，贮藏寿命延长。桃预冷有风冷和 0.5~1.0 ℃冷水冷却两种形式，生产上常用冷风冷却。

（三）贮藏方式

1. 常温贮藏

桃不宜采取常温贮藏方式，但由于运输和货架保鲜的需要，可采取一定的措施来延长桃的常温保鲜寿命。

(1) 钙处理 用 0.2%~1.5% 的 $CaCl_2$ 溶液浸泡 2 min 或真空浸渗数分钟桃果，沥干液体，裸放于室内，对中、晚熟品种可提高耐贮性。

(2) 热处理 用 52 ℃ 恒温水浸果 2 min，或用 54 ℃ 蒸汽保温 15 min，可杀死病原菌孢子，防止腐烂。

(3) 薄膜包装 一种是用 0.02~0.03 mm 厚的聚氯乙烯袋单果包，也可与钙处理或热处理联合使用效果更好。另一种是特制保鲜袋装果。天津果品保鲜研究中心研制成功的 HA 系列桃保鲜袋，厚 0.03 mm，该袋通过制膜时加入离子代换性保鲜原料，可防止贮期发生 CO_2 伤害，其中 HA-16 用于桃常温保鲜效果显著。

2. 冷库贮藏

在 0 ℃，相对湿度 90% 的条件下，桃可贮藏 15~30 d。在冷藏过程中间歇升温处理可避免或减轻冷害，延长贮藏寿命。果实在 -0.5~0 ℃ 低温下冷藏，每隔 2 周左右加温至室温（18~20 ℃）1~3 d，之后恢复低温贮藏。

3. 气调贮藏

国外推荐采用 0 ℃、$1\%O_2+5\%CO_2$ 的条件贮藏油桃，贮藏期可达 45 d，比普通冷藏延长 1 倍。而我国对水蜜桃系的气调标准尚在研究之中，部分品种上采用冷藏加改良气调，得到贮藏 60 d 以上未发生果实衰败，最长贮藏 4 个月的结果。在没有条件实现标准气调贮藏（CA）时，可采用桃保鲜袋加气调保鲜剂进行简易气调贮藏（MA）。具体做法：桃采收预冷后装入冷藏专用保鲜袋，附加气调，扎紧袋口，袋内气体成分保持在 O_2 0.8%~2%、CO_2 3%~8%，大久保、燕红、中秋分别贮藏 40 d、55~60 d、60~70 d，果实保持正常后熟能力和商品品质。

七、柿子贮藏

(一) 品种的耐贮性

我国的河北、河南、山西、陕西等地均有较大面积的柿子栽培。柿子的品种很多，一般可分为涩柿和甜柿两大类。涩柿品种多，涩柿在软熟前不能脱涩，采用人工脱涩或后熟才能食用。甜柿在树上软熟前即能完成脱涩。

通常晚熟品种比早熟品种耐贮，如河北的大盖柿（磨盘柿）、莲花柿，山东的牛心柿、镜面柿，陕西的火罐柿、鸡心柿等，都是质优且耐贮藏的品种。甜柿中的富有、次郎等品种贮藏性好。

(二) 采收

贮藏的柿果，一般在 9 月下旬至 10 月上旬采收，涩柿在果实成熟而果肉仍然脆硬、果面由青转淡黄色时采收。采收过早，脱涩后味寡质粗。甜柿最佳采收期是皮色变红的初期。

采收时将果梗自近蒂部剪下，要保留完好的果蒂，否则果实易在蒂部腐烂。

(三) 贮藏方法

1. 室内堆藏

在阴凉干燥且通风良好的室内或窑洞的地面，铺 15~20 cm 的稻草或秸秆，将选好的柿子在草上堆 3~4 层，也可装箱（筐）贮藏。室内堆藏柿果的保硬期仅一个月左右。有研究表明，用以 GA 为主的保鲜剂处理火罐柿，常温下贮藏 105 d，硬果率达 66.7%，而对照已全部软化。

2. 冻藏

生产中的冻藏方法分自然冻藏和机械冷冻两种。自然冻藏即寒冷的北方常将柿果置于 0 ℃以下的寒冷之处，使其自然冻结，可贮到春暖化冻时节。机械冻藏即将柿果置于 −20 ℃冷库中 24~48 h，待柿子完全冻硬后放进−10 ℃冷库中贮藏。这样柿果的色泽、风味变化甚少，可以周年供应。但解冻后果实易软化流汁，必须及时食用。

3. 液体保藏

将耐藏柿果浸没在明矾、食盐混合溶液中。溶液配比：水 50 kg、食盐 1 kg、明矾 0.25 kg。保持在 5 ℃以下，此法可贮至春节前后，柿果仍保持脆硬质地，但风味变淡变咸。有研究认为，向盐矾液中添加 0.5% $CaCl_2$ 和 0.002 g/L 赤霉素，可明显改善贮后的品质。

4. 气调贮藏

柿果在 0 ℃冷藏条件下贮 2 个月，可保持良好的品质和硬度，但超过 2 个月品质则开始变劣。因此，柿果很少裸果冷藏，而是在冷藏条件下采用 MA 或 CA 冷藏。气体成分可控制在 O_2 3%~5%、CO_2 8%~10%，应根据品种不同而调整气体组合。

八、荔枝贮藏

荔枝是我国南方名贵水果，但刚采收的荔枝有"一日而色变，二日而香变，三日而味变，四五日外，色、香、味尽去矣"之说，保鲜难度较大。

（一）贮藏特性

荔枝原产亚热带地区，但对低温不太敏感，能忍受较低温度；荔枝属非跃变型果实，但呼吸强度比苹果、香蕉、柑橘大 1~4 倍；荔枝外果皮松薄，表面覆盖层多孔，内果皮是一层比较疏松的薄壁组织，极易与果肉分离，这种特殊的结构使果肉中水分极易散失；荔枝果皮富含单宁物质，在 30 ℃下荔枝果实中的蔗糖酶和多酚氧化酶非常活跃，因此果皮极易发生褐变，导致果皮抗病力下降、色香味衰败。所以，抑制失水、褐变和腐烂是荔枝保鲜的主要难题。

综合国内外资料，荔枝的贮运适温为 1~7 ℃，国内比较肯定的适温是 3~5 ℃。可贮藏 25~35 d，商品率达 90%以上。荔枝贮藏要求较高的相对湿度，适宜相对湿度 90%~95%。荔枝对气体条件的适宜范围较广，只要 CO_2 浓度不超过 10%，就不致发生生理伤害。适宜的气调条件：温度 4 ℃，O_2 和 CO_2 都为 3%~5%。在此条件下可贮藏 40 d 左右。

掌握适宜的采收成熟度是荔枝贮藏的关键技术之一。一般低温贮藏，应在荔枝充分成熟时采收，果皮越红越鲜艳保鲜效果越好。但若低温下采用薄膜包装或成膜物质处理等，则以果面 2/3 着色、带少许青色（约八成熟）采收效果好。荔枝采收时正值炎热夏季，采收后应迅速预冷散热，剔除伤病果。由于荔枝采后极易褐变发霉，因此，无论采用哪种保鲜法，都需要杀菌处理。杀菌后待液面干后包装贮运，一般采用 0.25~0.5 kg 小包装比 15~25 kg 的大包装效果好。采收到入贮一般在 12~24 h 完成最好。

（二）贮藏方式

1. 低温贮藏法

自然低温贮藏：荔枝成熟时采收，当天用 52 ℃、500 mg/kg 苯莱特溶液浸果 2 min，沥干药水，放入硬塑料盒中，每盒 10~15 粒，用 0.01mm 厚的聚乙烯薄膜密封，可在自然低温下贮 7 d，基本保持色香味不变。

也可将成熟的鲜荔枝用 0.5%硫酸铜溶液浸 3 min，然后用有孔聚乙烯包装，可在室温下贮藏 6 d，保持外观鲜红。

低温冷藏法：用 2%次氯酸钠浸果 3 min，沥干药水后，将荔枝贮藏于 7 ℃环境中，可保持 40 d 左右，色香味仍好。

2. 气调贮藏

小袋包装法：荔枝于八成熟时采收，当天用 52 ℃的 0.05%苯莱特，0.1%多菌灵或硫菌灵，或 0.05%~0.1%苯莱特加乙膦铝浸 20 s，沥去药液晾干后装入聚乙烯塑料小袋或盒中，袋 0.02~0.04 mm，每袋 0.2~0.5 kg，并加入一定量的乙烯吸收剂（高锰酸钾或活性炭）后封口，置于装载容器中贮运。在 2~4 ℃下可保鲜 45 d，在 25 ℃下可保鲜 7 d。

大袋包装法：按上述小袋包装法进行采收及浸果，沥液后稍晾干即选好果装入衬有塑料薄膜袋的果箱或箩筐等容器中，每箱装果 15~25 kg，并加入一定的高锰酸钾或活性炭，将薄膜袋基本密封，在 3~5 ℃下可保鲜 30 d 左右。若袋内 O_2 为 5%，CO_2 为 3%~5%，则可以保鲜 30~40 d，色香味较好。

九、板栗贮藏

（一）贮藏特性

板栗属于干果，但在采收后大约 1 个月中，坚果的生理活动比较旺盛，呼吸作用和水分蒸腾作用强烈。经过一段时间后，板栗进入休眠阶段，贮藏后期（12 月至翌年 1 月），休眠状态逐渐解除，如有适宜的条件，板栗果实就会迅速发芽生长。

一般嫁接板栗的耐贮性优于实生板栗，北方品种优于南方品种，中、晚熟品种又较早熟品种耐贮藏。我国板栗以山东薄壳栗、山东红栗、湖南和河南油栗等品种最耐藏。

板栗的适宜贮温为 0 ℃左右，相对湿度为 90%~95%。适宜气调贮藏，气调指标为 O_2 3%~5%，CO_2 10%以下。

果实采收适期为板栗苞呈黄色并开始开裂，坚果变成棕褐色。对整棵树来说，有 1/3 总苞数开裂时即为适宜采收期。过早采收，未成熟的栗子含水量大，加上气温偏高，对贮藏很不利。雨水或露水未干时采收，果实易于腐烂，因此，须避开雨天和有露水的时间采收。

（二）贮藏管理技术

板栗果实在采收后，如果品温偏高，须在阴凉处摊放一周左右时间，使其散发田间热，降低果实温度，以利于延长果实的贮藏期。

为了防止贮藏中果实虫蛀、腐烂和发芽，在贮藏之前要进行相应的处理。

在密封库或塑料帐内，用溴甲烷熏蒸可以防止果实虫蛀。用药量为 $40 \sim 50 \ g/m^3$，熏蒸时间 $5 \sim 10 \ h$。用 0.05% 的 2,4-D 加 0.2% 硫菌灵溶液浸果 3 min，可明显减少果实在贮藏期的腐烂。用 10 g 二溴四氯乙烷分成小包放在 25 kg 装的塑料薄膜袋内熏蒸，也有良好的防腐效果。用 $1 \sim 10 \ Gy$ γ射线处理，能有效抑制霉烂和发芽。

板栗的沙藏在各产地应用较多。辽宁宽甸在板栗采收后立即用湿沙拌和，放室内埋藏，此法称为假埋。在土壤冻结之前，将假埋的板栗置室外挖好的沟内越冬。贮藏沟的深度为 $80 \sim 100 \ cm$，宽为 $60 \sim 80 \ cm$，长度视地形和贮量而定。先在沟内铺 10 cm 厚的细沙，将板栗和湿沙混拌均匀后放在沟内［板栗与沙子的比例为 1 :（2~3）］，当栗子和沙土堆到距沟口 20 cm 时，用湿沙将沟填平，上面再覆土，覆土的厚度随气温的下降分次逐渐增加，以维持较为理想的埋藏温度条件。为了维持沟内良好的气体环境，及时排出果实在贮藏过程中所释出的废气，在放置栗子的同时，要在沟的中央每隔 1.5 m 竖立一束 10 cm 粗的高粱秸秆，下端至沟底，上端露出沟面，以利沟内外气体的交换。另外，在沟底可掘成宽 15 cm、深 10 cm 左右的小沟，填以碎石，既有利于通风换气，也利于排除渗入的雨水。

冷藏是板栗理想的贮藏方法，若配合气调贮藏，可明显延长贮藏期。果实用 0.05 mm 厚的塑料薄膜袋子包装，每袋 25 kg，在袋子的两侧各打 5 个直径 5 mm 的小孔，以利通风换气。将装好板栗果实的袋子装到筐、纸箱或木箱内，置 0 ℃ 和相对湿度为 90% ~ 95% 的条件下贮藏。用麻袋包装的果实在贮藏期间，每隔 4 ~ 5 d 在袋外适当喷水，以维持一定的相对湿度。用塑料薄膜密封贮藏时，环境中 O_2 的浓度控制在 3% ~ 5%，CO_2 为 10% 以下。要尽可能地保持稳定的贮藏温度，防止由于温度的波动而致袋内积水引起大量腐烂。

十、核桃贮藏

核桃在存放期间容易发生霉变、虫害和变味。核桃富含脂肪，而油脂易发生氧化败坏，尤其在高温、光照、氧充足条件下，加速氧化反应，这是核桃败坏的主要原因。因此核桃贮藏条件要求冷凉、干燥、低 O_2 和背光。

理论上核桃适宜采收期是内隔膜刚变棕色，此时为核仁成熟期，采收的核仁质量最好。生产上核桃果实成熟的标志是青皮由深绿色变淡黄色，部分外皮裂口，个别坚果脱落。核桃在成熟前一个月内果实大小和鲜重（带青皮）基本稳定，但出仁率与脂肪含量均随采收时间推迟呈递增趋势。采收过早的核仁皱缩，呈黄褐色，味淡；适时采收的核仁饱满，呈黄白色，风味浓香；采收过迟则使核桃大量落果，造成霉变及种皮颜色变深。

我国主要采用人工敲击的传统方式采收核桃，适于分散栽培。美国采用机械振荡法振落采收，在 80% 的果柄形成离层时进行，如果采收前 2 ~ 3 周喷布 125 mg/kg 的乙烯利和 250 mg/kg 的萘乙酸混合液，可一次采收全部坚果，并比正常采收期提前 5 ~ 10 d，保证坚果品质优良。但要注意乙烯利浓度不能过大，否则会造成大量落叶，影响核桃树的后期生长。

坚果干燥是使核壳和核仁的多余水分蒸发掉，其含水量均应低于 8%，高于这个标准时，核仁易生长霉菌。生产上以内隔膜易于折断为粗略标准。

美国的研究认为，核桃干燥时的气温不宜超过 43.3 ℃，温度过高会使核仁脂肪败坏，并破坏核仁种皮的天然化合物。因受热导致的油脂变质有的不会立即显示，将在贮藏后几周甚至数月后才能表现。

我国核桃干燥，北方以日晒为主，先阴晾半天，再摊晒 5~7 d 可干。南方由于采收多在阴雨天气，多采用烘房干燥，温度先低后高，至坚果互相碰撞有清脆响声时，即达到水分要求。

美国普遍采用固定箱式、吊箱式或拖车式干燥机，送加热至 43.3 ℃ 的热风，以 0.5 m/s 左右的速度吹过核桃堆，干燥效率高，速度快。

核桃的贮藏方法主要有以下几种。

1. 常温贮藏

将晒干的核桃装入布袋和麻袋吊在室内，或装入筐（篓）内堆放在冷凉、干燥、通风、背光的地方，可贮藏至翌年夏季之前。

2. 冷藏

核桃适宜的冷藏温度为 1~2 ℃，相对湿度为 75%~80%，贮藏期在 2 年以上。

3. 塑料薄膜大帐贮藏

该法是将核桃密封在帐内，抽出帐内部分空气，通入 50% CO_2 或 N_2，可抑制呼吸，减少损耗，抑制霉菌活动，还可防止油脂氧化。北方地区冬季气温低，空气干燥，一般秋季入帐的核桃不需要立即密封，至翌年 2 月下旬气温回升时开始密封，如果空气潮湿，帐内必须加吸湿剂，并尽量降低贮藏室内的温度。

第二节　蔬菜的贮藏

一、大白菜贮藏

大白菜是我国特产，南北各地都有栽培，特别是北方，是冬季主要蔬菜品种。

（一）贮藏特性

大白菜供食部分是作为营养贮藏器官的叶球，它是在冷凉湿润的气候条件下发育形成的。故适宜的贮藏条件是，温度（0±1）℃，相对湿度 80%~90%。

大白菜贮藏损耗的原因是脱帮、腐烂和失水。不同贮藏阶段的损耗表现不同，入窖初期以脱帮为主，后期以腐烂为主。脱帮是因为叶帮基部离层活动溶解所致，主要是贮藏温度偏高引起的，空气湿度过高或晒菜后组织萎蔫也都会促进脱帮。腐烂是病原微生物侵染的结果。大白菜的病原菌在 0~2 ℃ 时就能活动危害，温度升高腐烂更重。空气湿度和腐烂的关系也极为密切，湿度过高时在 0 ℃ 左右也能引起严重腐烂，大白菜在贮藏中抗病性逐渐衰降，所以腐烂主要发生在贮藏中后期。由于大白菜含水量高，叶片柔嫩，表面积大，贮藏中易失水，故失水的控制也很重要。一般认为，湿度过高，增加腐烂和脱帮；湿度过低，失水严重，但依环境的温度不同又有差异。因此，湿度的调节要结合温度的变化灵活掌握。

综上所述，温度是影响大白菜贮藏损耗的主要环境因素，大白菜贮藏必须维持适宜的低温，同时要注重湿度调节，经验认为一般以中湿为宜。

不同品种的大白菜耐贮性也不相同。一般说来，晚熟品种比早熟品种耐贮，晚熟品种的特点是植物高大粗壮，叶片叶肋肥厚，外叶和中肋呈绿色，向内深至五六层仍带淡绿色，抗寒性和耐贮性都很强。青帮类型比白帮类型耐贮。但由于各地自然条件和栽培管理上的差异，同一品种不同产地其耐贮性也有差别。

（二）采收

大白菜的贮藏性同叶球的成熟度有关。"心口"过紧即充分成熟，不利于贮藏，以"八成心"为好，可以减少开春后抽薹开花、叶球爆裂的现象，有利于延长贮期，减少损耗。这样作为长期贮藏的大白菜比同品种即时消费的晚播几日是必要的。收菜过早，气温较高，预贮期过长，容易受热不利贮藏；收获过晚，易遭受田间冻害。收获要适期，东北、内蒙古地区约在霜降前后，华北地区在立冬到小雪之间，江淮地区更晚。如贮量很大，可适当早采，可采用人工鼓风等办法使窖温降下来。

栽培时在氮肥充足但不过量基础上增施磷、钾肥，以保持品质提高耐贮性。生育后期尤其是采前一周左右停止灌水，否则组织脆嫩，含水量高，新陈代谢旺盛，易造成机械损伤。感染病虫的菜体，耐藏性差，应注意剔除。

（三）贮前处理

1. 晾晒

许多地区在大白菜砍倒后，要在田间晾晒数天，达到菜棵直立、外叶垂而不折的程度。晒菜失重为毛菜的 10%～15%。晾晒使外叶失去一部分水分，组织变软，可以减少机械伤害，提高细胞液浓度而使冰点下降，加强抗寒力。但晾晒也有不利的一面，组织萎蔫会破坏正常的代谢机能，加强水解作用，从而降低大白菜的耐贮性、抗病性，并促进离层活动而脱帮。这种影响在晾晒过度时尤其严重。有些地区，如西北地区以及辽宁瓦房店、吉林白城等地，历来贮藏"活菜"，即大白菜砍倒后不经晾晒就直接下窖。关于活菜、死菜（晾晒后）究竟哪种耐贮的问题，不能笼统地去判断，因为它涉及品种特性、地区气候条件、贮藏管理措施等多方面的影响，有待于进一步研究。

2. 整理预贮

大白菜入窖之前，要加以适当整理，摘除黄帮烂叶，不黄不烂的叶片要尽量保留以保护叶球，同时进行分级挑选。如修整后气温还高，可在窖旁码成长形或圆形垛进行预贮，并要根据气候情况进行适当倒垛。预贮期既要防热，又要防冻。一旦受冻要"窖外冻、窖外化"，待化冻后入窖。冻菜不能立即搬动，否则腐烂严重。入库的原则是在不受冻害前提下，越晚越好。

3. 药剂处理

针对大白菜的脱帮问题，可辅以药剂处理。收菜前 2～7 d 用 25～50 mg/kg 的 2,4-D 药液进行田间喷洒或收后浸根，都有明显抑制脱帮的效果。近年来北京地区采用更低浓度（10～15 mg/kg）的 2,4-D 处理，既可使药效保持到脱帮严重期，又有利于后期修菜。50～100 mg/kg 的萘乙酸处理也有类似效果，但处理后使细胞保水力增强，抗寒力减弱，烂叶也不易脱落，不便于修菜。

（四）贮藏方式

常用的贮藏方式有埋藏、窖藏和通风库贮藏。在窖和库内可采用垛贮、架贮、筐贮、挂贮等形式。在大型库内采用机械辅助通风以及机械冷藏效果更好。

1. 堆藏

长江中下游一带有堆贮大白菜的习惯。白菜采收后，经过整理，在背阴处堆码成单行或双行菜垛，也有圆垛。如果采用双行菜垛，两垛菜根向里，菜叶向外，垛下部留有一定距离，垛顶部合拢在一起，侧面呈"人"字形。天冷时可用菜将两头堵死，垛上增加覆盖防冻。此种方法贮藏期短，损耗大。

2. 埋藏

北京、山东、大连、河南等地采用埋藏法贮存大白菜。将大白菜单层直立在沟内，或就地面排列，面上盖土防冻，沟深约一棵菜的高度，宽 1 m 左右，长度不限。埋藏的成败关键是贮藏初期沟温能否迅速下降，凡有利于初期沟温下降的措施都有利于埋藏，如带通风道、在沟的南侧设阴障遮阴等措施都是有利的。

3. 窖藏和通风库贮藏

在窖与库内有垛贮、架贮、筐贮等方式。

（1）垛贮　是北方各地广泛采用的方式。大白菜在窖内码成数列高近 2 m，宽 1~2 棵菜长的条形垛，垛间留有一定的距离以便于通风和管理。码垛方法各不相同，有的码为实心垛，有的码为花心垛。实心垛码放简便、稳固、贮量大，但通风效果差。花心垛内各层之间有较大空隙，便于通风散热。可根据当地的具体条件灵活掌握。

（2）架贮和筐贮　架贮是将大白菜摆放在分散的菜架上，菜架有两排固定的架柱，间隔 1~2 m，在架柱间设立若干层固定或活动的横杆，每层间距 20~25 cm，在同层的两排横杆上平架几对活动架杆，每对架杆上放 1~2 层菜。架贮在每层间都有一定空隙，从而增强了菜体周围的通风散热作用。所以架贮效果好、损耗低、贮期长、倒菜次数少，但需要架杆多。北京等地采用筐贮法，用直径 50 cm、高 30 cm 的条筐装大白菜 15~20 kg，菜筐在窖内码放成 5~7 层高的垛，垛与垛间留适当通风道，也能起到架贮的作用。

大白菜贮藏库的管理以放风和倒菜为主。放风是引入外界冷凉干燥的空气，借以保持窖内适宜的温度、湿度。倒菜是翻动菜垛，改变菜棵放置的位置，从而使垛内得以充分地通风换气，并清理菜体，摘除烂叶。

前期管理：以入窖（库）到大雪或冬至为贮藏前期。此期是大白菜贮藏中的"热关"。要求放风量大、时间长，使窖温尽快下降并维持在 0 ℃ 左右。一般在入窖初期可昼夜开放通风口，必要时辅以机械鼓风。有时白天开放通风口引入的是高于窖温的热空气，对降温起反作用，但能加速排湿。故要视窖内情况灵活掌握放风时间，尽量采取夜间放风。以后随气温下降，逐渐压缩通风面积和通风时间。入贮初期倒菜周期要短，随气温下降逐渐延长。这时期大白菜一般不致腐烂，倒菜的主要目的在于通风散热，故可采取快倒不摘或快倒少摘的办法。

中期管理：冬至到立春，是全年最冷的季节，此期是贮藏中的"冻关"，以防冻为主。现在多采用控制通风面积和适量的通风时间，避免窖温骤变，又起到通风换气和排湿的作用。此期倒菜次数减少，可采取"慢倒细摘"的方式，尽量保存外帮以护内叶。

后期管理：立春后进入贮藏后期。此期气温变化大，"三寒四暖"气温逐渐回升，窖内温度也上升，菜的耐贮性和抗病性已明显衰降，易受病菌侵害而腐烂，所以此期是贮藏中的"烂关"。放风原则以夜晚通风为主但又要注意气候的变化，如有南风要停止放风，尽力防止窖温上升。倒菜要勤，快倒细摘，并降低菜垛高度。

贮藏中三个时期的管理是相互联系的，做好前一时期的管理，就为后一时期的贮藏打下了好的基础。

二、芹菜贮藏

（一）贮藏特性

芹菜喜冷凉湿润，比较耐寒，芹菜可以在-2~-1 ℃条件下微冻贮藏，低于-2 ℃时易遭受冻害，难以复鲜。芹菜也可在0 ℃恒温贮藏。蒸腾萎蔫是引起芹菜变质的主要原因之一，所以芹菜贮藏要求高湿环境，相对湿度98%~100%为宜。气调贮藏可以降低腐烂率和褪绿率。一般认为适宜的气调条件：温度0~1 ℃，相对湿度90%~95%，O_2 2%~3%，CO_2 4%~5%。

（二）品种及栽培要求

芹菜分为实心种和空心种两大类，每一类中又有深色和浅色的不同品种。实心色绿的芹菜品种耐寒力较强，较耐贮藏。经过贮藏后仍能较好地保持脆嫩品质，适于贮藏。空心类型品种贮藏后叶柄变糠，纤维增多，质地粗糙，不适宜贮藏。

贮藏用的芹菜，在栽培管理中要间苗，单株或双株定植，并勤灌水，要防治蚜虫，控制杂草，保证肥水充足，使芹菜生长健壮。贮藏用的芹菜最忌霜冻，遭霜后芹菜叶子变黑，耐贮性大大降低。所以要在霜冻之前收获芹菜。收获时要连根铲下，摘掉黄枯烂叶，捆把待贮。

（三）贮藏方法

1. 微冻贮藏

芹菜的微冻贮藏各地做法不同。山东潍坊地区经验丰富，效果较好。主要做法是在风障北侧修建地上冻藏窖，窖的四壁是用夹板填土打实而成的土墙，厚50~70 cm，高1 m。打墙时在南墙的中心每隔0.7~1 m立一根直径约10 cm粗的木杆，墙打成后拔出木杆，使南墙中央成一排垂直的通风筒，然后在每个通风筒的底部挖深和宽各约30 cm的通风沟，穿过北墙在地面开进风口，这样每一个通风筒、通风沟和进风口联成一个通风系统。

在通风沟上铺两层秫秸，一层细土，把芹菜捆成5~10 kg的捆，根向下斜放窖内，装满后在芹菜上盖一层细土，以菜叶似露非露为度。白天盖上草苫，夜晚取下，次晨再盖上。以后视气温变化，加盖覆土，总厚度不超过20 cm。最低气温在-10 ℃以上时，可开放全部通风系统，-10 ℃以下时要堵死北墙外进风口，使窖温处于-2~-1 ℃。

一般在芹菜上市前3~5 d进行解冻。将芹菜从冻藏沟取出放在0~2 ℃的条件下缓慢解冻，使之恢复新鲜状态。也可以在出窖前5~6 d拔去南侧的阴障改设为北风障，再在窖面上扣上塑料薄膜，将覆土化冻层铲去，留最后一层薄土，使窖内芹菜缓慢解冻。

2. 假植贮藏

在我国北方各地，民间贮藏芹菜多用假植贮藏。一般假植沟宽约 1.5 m，长度不限，沟深 1~1.2 m，2/3 在地下，1/3 在地上，地上部用土打成围墙。芹菜带土连根铲下，以单株或成簇假植于沟内，然后灌水淹没根部，以后视土壤干湿情况可再灌水 1~2次。为便于沟内通风散热，每隔 1 m 左右，在芹菜间横架一束秫秸把，或在沟帮两侧按一定距离挖直立通风道。芹菜入沟后用草帘覆盖，或在沟顶做成棚盖然后覆上土，酌留通风口，以后随气温下降增厚覆盖物，堵塞通风道。整个贮藏期维持沟温在 0 ℃或稍高，勿使受热或受冻。

3. 冷库贮藏

冷库贮藏芹菜，库温应控制在 0 ℃左右，相对湿度控制为 98%~100%。芹菜可装入有孔的聚乙烯膜衬垫的板条箱或纸箱内，也可以装入开口的塑料袋内。这些包装既可保持高湿，减少失水，又没有二氧化碳积累或缺氧的危险。

近年来我国哈尔滨、沈阳等地采用在冷库内将芹菜装入塑料袋中简易气调的方法贮藏，收到了较好的效果。方法是用 0.8 mm 厚的聚乙烯薄膜制成 100 cm×75 cm 的袋子，每袋装 10~15 kg 经挑选带短根的芹菜，扎紧口，分层摆在冷库的菜架上，库温控制在 0~2 ℃。当自然降氧使袋内 O_2 含量降到 5%左右时，打开袋口通风换气，再扎紧。也可以松扎袋口，即扎口时先插直径 15~20 mm 的圆棒，扎后拔除使扎口处留有孔隙，贮藏中则不需人工调气。这种方法可以将芹菜从 10 月贮藏到春节，商品率达 85%以上。

三、番茄贮藏

（一）贮藏特性

番茄属典型的呼吸跃变型果实，果实的成熟有明显的阶段性。番茄的成熟分成 5 个阶段：绿熟期、微熟期（转色期至顶红期）、半熟期（半红期）、坚熟期（红而硬）和软熟期（红而软）。鲜食的番茄多为半熟期至坚熟期，此时呈现出果实鲜食应有的色泽、香气和味道，品质较佳。但该期果实已逐渐转向生理衰老，难以较长时期贮藏。绿熟期至顶红期的果实已充分长大，糖、酸等干物质的积累基本完成，生理上处于呼吸跃变初期。此期果实健壮，具有一定的耐贮性和抗病性。在贮藏中能够完成后熟转红过程，接近在植株上成熟时的色泽和品质，作为长期贮藏的番茄应在这个时期采收。贮藏中设法使其滞留在这个生理阶段，实践中称为"压青"。压青时间越长，贮藏期就越长。

番茄原产拉丁美洲热带地区，性喜温暖，成熟果实可贮在 0~2 ℃，绿熟果和顶红果贮藏适温 10~13 ℃，较长时间低于 8 ℃即遭冷害。遭冷害的果实呈现局部或全部水浸状软烂或蒂部开裂，表面出现褐色小圆斑，不能正常完熟，易感病腐烂。但在 10~13 ℃的大气中，绿熟果约 15d 即达到完熟程度，整个贮期只有 30 d 左右。为了延长贮期，抑制后熟，可采取气调措施。番茄是蔬菜中研究气调效应最早，也是迄今积累资料最多的产品。国内外研究一致认为，绿熟番茄适于低 O_2、低 CO_2 的条件，进入半熟期后，O_2浓度可适当提高，CO_2则应控制在3%以下，在适宜的温度和气体条件下，可使绿熟番茄的贮藏期达到2~3个月。气调贮藏是延缓番茄后熟的有效方法。当然，不同品种在气调贮藏上的效应还有差别。正如K.Stoll指出的，番茄气调贮藏的可行性首先决定于品种，早熟或生长期短的品种不适于气调贮藏。根据我国各地试验的结果，适于番茄贮藏的气体组成是O_2和CO_2均为2%~5%或3%±1%。

（二）品种选择及采收

贮藏的番茄应选心室少、种腔小、果皮较厚、肉质致密、干物质与含糖量高、组织保水力强的品种。研究表明，长期贮藏的番茄应选含糖量在3.2%以上的品种。不同品种的番茄耐贮性和抗病性不同，且受到地区和栽培条件的影响，目前各地认为满丝、苹果青、橘黄佳辰、强力米寿、佛罗里达、台湾红这些晚熟品种适于贮藏，而早熟或皮薄的品种如沈农二号、北京大红等不耐贮藏。另外，根据番茄在田间生长发育的情况来看，前期和中期的果实，发育充实，耐贮性强；生长后期结的果营养较差，而只能作短期贮藏。植株下层的果和植株顶部的果不宜贮藏，前者接近地面易带病菌，后者果实的固形物少，果腔不饱满。

作为贮藏用的番茄，在采收前3~5 d不应浇水，以增加果实的干重而减少水分含量。采用气调贮藏法贮藏番茄，要采摘绿熟果。采摘应在露水干后进行，不要遇雨采收。

（三）贮藏方式

1. 简易常温贮藏

夏秋季节可利用地下室、土窑窖、通风贮藏库、防空洞等阴凉场所贮藏。番茄装在浅筐或木箱中平放地面，或将果实堆放在菜架上，每层架放2~3层果。要经常检查，随时挑出已成熟或不宜继续贮藏的果实供应市场。此法可贮20~30 d。

2. 气调贮藏

（1）塑料薄膜帐贮藏　塑料帐内气调容量多为1 000~2 000kg。由于番茄自然完熟速度很快，因此采后应迅速预冷、挑选、装箱、封垛，最好用快速降氧气调法。但生产上常因费用等原因，采用自然降氧法，用消石灰（用量为果重的1%~2%）吸收多余的二氧化碳。氧不足时从帐的管口充入新鲜空气。塑料薄膜封闭贮藏番茄时，垛内湿度较高，易感病。为此需设法降低湿度，并保持库内稳定的库温，以减少帐内凝水。另外，可用防腐剂抑制病菌活动，通常较为普遍应用的是氯气，每次用量约为垛内空气体积的0.2%，每2~3 d施用1次，防腐效果明显。但氯气有毒，使用不方便，过量时会产生药伤。可用漂白粉代替氯气，一般用量为果重的0.05%，有效期为10 d。用仲丁胺也有良好效果，使用浓度为0.05~0.1 mL/L（以帐内体积计算），过量时也易产生药害。有效期20~30 d，每月施用1次。

番茄气调贮藏时间，多数人主张以1.5~2个月为佳，不必太长。既能"以旺补淡"又能得到较好的品质，损耗也小。贮期少于45 d，入贮时果实严格挑选，贮藏中不必开帐检查，避免了温湿度及气体条件的波动，提高了气调贮藏效果。

（2）薄膜袋小包装贮藏　将番茄轻轻装入厚度为0.04 mm的聚乙烯薄膜袋内，数量在5 kg以内，袋内放入一空心竹管，然后固定扎紧，放在适温下贮藏。也可单箱套袋扎口，定期放风，每箱装果实10 kg左右。

（3）硅窗气调法　目前此法采用的是国产甲基乙烯橡胶薄膜，硅窗气调法免除了一般大帐补 O_2 和除 CO_2 的烦琐操作，而且还可排出果实代谢中产生的乙烯，对延缓后熟有较显著的作用。硅窗面积的大小要根据产品成熟度、贮温和贮量等条件而计算确定。

四、甜椒贮藏

（一）贮藏特性

甜椒是辣椒的一个变种。甜椒果实大、肉质肥厚、味甜，多在绿熟时食用，故不同地区又叫青椒、柿子椒等。

甜椒多以嫩绿果供食，贮藏中除防止失水萎蔫和腐烂外，还要防止完熟变红。因为甜椒转红时，有明显呼吸上升，并伴有微量乙烯生成，生理上已进入完熟和衰老阶段。

甜椒原产南美热带地区，喜温暖多湿。甜椒贮藏适温因产地、品种及采收季节不同而异。国外报道，甜椒贮温低于 6 ℃ 易遭冷害。而据中国农业大学报道：甜椒的冷害临界温度为 9 ℃，低于 9 ℃ 会发生冷害。冷害诱导乙烯释放量增加。不同季节采收的甜椒对低温的忍受时间不同，夏季采收的甜椒在 28 h 内乙烯无异常变化；秋季采收的甜椒，在 48 h 内乙烯无异常变化；夏椒比秋椒对低温更敏感，冷害发生时间更早。近十几年来，国内对甜椒贮藏技术及采后生理的研究较多，确定了最佳贮藏温度为 9～11 ℃，高于 12 ℃ 果实衰老加快。

甜椒贮藏的适宜相对湿度为 90%～95%。湿度低，易萎蔫失重。但甜椒贮藏在室内易有辛辣气味，又要有较好的通风。

国内外研究资料显示，改变气体成分对甜椒保鲜尤其在抑制后熟变红方面有明显效果。关于适宜的 O_2 和 CO_2 浓度，报道不一。一般认为气调贮藏时，O_2 含量可稍高些。CO_2 含量应低些。据沈阳农业大学（1988）报道：低水平 CO_2 和低（3%）、中（6%）、高（9%）水平的 O_2 组合，病烂损耗均较低；但 O_2 为低水平，CO_2 水平不同时，病烂指数随 CO_2 水平增高而增加，因此 CO_2 宜低于 4%。八一农学院（1980）则认为青椒对 CO_2 不敏感，虽偶然达到 13.5% 也无生理损伤。

（二）采收及贮前处理

甜椒品种间耐藏性差异较大。一般色深肉厚、皮坚光亮的晚熟品种较耐贮藏。如麻辣三道筋油椒、世界冠军、茄门、MN-1 号等。

采收时要选择果实充分膨大、光亮而挺拔、萼片及果梗呈绿色坚挺、无病虫害和机械伤的完好绿熟果作为贮藏用果。

秋季应在霜前采收，经霜的果实不耐贮，采前 3～5 d 停灌水，保证果实质量。采摘甜椒时，捏住果柄摘下，防止果肉和胎座受伤；也可使用剪刀剪下，使果梗剪口光滑，减少贮期果梗的腐烂，避免摔、砸、压、碰撞以及因扭摘用力造成的损伤。

采收气温较高时，采收后要放在阴凉处散热、预贮。预贮过程中要防止脱水、皱褶，而且要覆盖注意防霜。入贮前，淘汰开始转红果和伤病果，选择优质果实贮藏。

(三) 贮藏方法

1. 窖藏

窖藏的方法有两种，一是选择地势高的地块，掘成 1 m 深、5~6 m 长、3 m 宽的地窖，将四周墙壁拍坚实。用砖将窖底铺好后，将装好青椒的容器平排放入。窖口用塑料薄膜或芦席遮盖好，防止雨淋。每窖的贮量可据窖的容积而定。此法能起到保温和适当隔绝外界空气的作用，较适合于产地作短期贮藏。这是北方产地普遍采用的一种方式。二是可利用通风库（窖）进行贮藏。窖藏的包装方法有以下几种。①将青椒装入衬有牛皮纸的筐中，筐口也用牛皮纸封严，堆码在窖内。②将蒲包用 0.5% 的漂白粉消毒、洗净，沥去水滴衬入筐内，青椒装入其中，堆码成垛，每隔 5~7 d 更换一次蒲包。如空气湿润，可将蒲包套在筐外。③青椒装入筐中，外罩塑料薄膜，也可用包果纸或 0.015 mm 厚的聚乙烯单果包装。④临时贮藏窖中常采用散堆法，厚度约为 30 cm，为降低堆内温度和湿度，可在窖底挖条小沟，必要时向沟内灌水。

入窖时，应设法使温度尽快降到 10 ℃但又要防止青椒过度失水。前期放风时间应选在夜间，当窖温下降到 7~10 ℃时，要注意保温防寒。贮藏期间每隔 10~20 d 翻动检查一次。

2. 冷藏

将选择好的青椒装入木箱分层堆放，也可将青椒装入塑料袋中，装量 1~2 kg 为宜。然后连袋装箱，再分层堆码。库温掌握在 9~11 ℃范围内，相对湿度保持在 85%~95%。

3. 气调贮藏

目前我国普遍采用的是薄膜封闭贮藏。试验表明：在夏季常温库内，如用薄膜封闭，因温度高、湿度大，损耗是较大的；而在秋凉时节，窖温降到 10 ℃左右时，用薄膜封闭贮藏效果较好，尤其在抑制后熟转红方面，效果明显。因而在冷凉和高寒地区，或有机械冷藏设备的地方，利用气调贮藏青椒，可以得到好的效果。

甜椒薄膜封闭贮藏方法及管理同番茄，气体管理调节可采用快速充 N 降 O_2、自然降 O_2 和透帐法，O_2 的浓度比番茄稍高些，CO_2 的浓度控制在 5% 以内。但也有甜椒在更高 CO_2 条件下延长贮藏寿命而无生理损伤的报道。

五、花椰菜贮藏

(一) 贮藏特性

花椰菜又名菜花，与甘蓝同属一个种，但食用器官不同。贮藏时花椰菜对环境条件的要求与甘蓝相似，适温为（0±0.5）℃，在 0 ℃以下花球易受冻，相对湿度为 90%~95%。花椰菜在贮藏中，有明显的乙烯释放，这也是花球变质衰老的重要原因。

花椰菜贮藏中易松球、花球褐变（变黄、变暗、出现褐色斑点）及腐烂，使品质降低。松球是发育不完全的小花分开生长，而不密集在一起，松球是衰老的象征。采收期延迟或采后不适当的贮藏环境，如高温、低湿等，都可能引起松球。引起花球褐变的原因也很多，如花球在采收前或采收后暴露在阳光下，花球遭受低温冻害，以及失水和受病菌感染等都能使菜花变褐，严重时还能变成灰黑色的污点，甚至腐烂失去食用价值。

耐贮抗病品种的选择，是提高贮藏效果的主要环节。生产上春季多栽培瑞士雪球，秋季以荷兰雪球为主。这两个品种，品质好，耐贮藏。采收时宜保留 2~3 轮叶片，以保护花球。

（二）贮藏方法

1. 假植贮藏

冬季温暖地区，入冬前后利用棚窖、贮藏沟、阳畦等场所，在土壤保持湿润情况下，将尚未成熟的幼小花球带根拔起假植其内。叶片用稻草等物捆绑包住花球，适当加以覆盖防寒，适时放风，最好让菜花稍能接受光线。假植贮时鸡蛋大小的花球，到春节时可增到 0.5 kg 左右。也有些地区假植稍大一些的花球。

2. 冷藏库贮藏

机械冷藏库是目前贮藏菜花较好的场所，它能调控适宜的贮藏温度，可贮藏 2 个月。生产上常采用以下贮藏方法。

（1）筐贮法　将挑选好的菜花根部朝下码在筐中，最上层菜花低于筐沿，也有人认为花球朝下较好，以免凝聚水滴落在花球上，引起霉烂。

将筐堆码于库中，要求稳定而适宜的温度和湿度，并每隔 20~30 d 倒筐一次，将脱落及腐败的叶片摘除，并将不宜久放的花球挑出上市。

（2）架藏法　在库内搭成菜架，每层架杆上铺上塑料薄膜，菜花放其上层。为了保湿，有的在架四周罩上塑料薄膜。但帐边不封闭，留有自然开缝，只起保湿作用，不起控制 O_2 和 CO_2 的作用。

（3）单花球套袋贮藏法　据北京市农林科学院蔬菜研究中心及蔬菜贮藏加工研究所等单位（1986 年）报道，用聚乙烯塑料薄膜（0.015~0.04 mm 厚，贮期短用薄款），制成 30 cm×35 cm 大小的袋（规格可视花球大小而定），将选好预冷后的花球装入袋内，然后折口（袋内 O_2 和 CO_2 与大气中相近似。装筐（箱）码垛或直接放菜架上均可。贮藏期可达 2~3 个月。上市连袋一同出售，方法简便，成本低廉，保鲜效果好。

（4）气调贮藏法　在冷库内，将菜花装筐码垛用塑料薄膜封闭，控制 O_2 浓度为 2%~4% 或稍高，CO_2 适量，则有良好的保鲜效果。入贮时喷洒 3 000 mg/kg 的苯莱特或硫菌灵有减轻腐烂的作用。菜花在贮藏中释放乙烯较多，在封闭帐内放置适量乙烯吸收剂对外叶有较好的保绿作用，花球也比较洁白。要特别注意帐壁的凝结水滴落到花球上，它会造成花球霉烂。

嫩茎花椰菜（绿菜花）是蔬菜的一个优良品种，贮藏中花球的小花极易黄化，当温度高过 4.4 ℃时，小花即开始黄化，产品中心最嫩的小花对低温较敏感，受冻后褐变。据报道，嫩茎花椰菜为呼吸高峰型蔬菜，在贮藏中释放乙烯较多。因此，对贮藏环境要求较严格，最好冷藏，适宜贮温为（0±0.5）℃，相对湿度为 90%~95%。在冷藏条件下调节气体贮藏，配合乙烯吸收剂，对防止绿菜花黄化、褐变有明显效果。

六、蒜薹贮藏

(一) 贮藏特性

蒜薹是大蒜的幼嫩花茎。采收后因新陈代谢旺盛,又值高温季节,故易脱水老化和腐烂。老化的蒜薹表现为黄化、纤维增多、条软变糠、薹苞膨大干裂长出气生鳞茎,失去食用品质。蒜薹的冰点是$-0.8 \sim 1$ ℃,因此贮温控制在$-1 \sim 0$ ℃为宜,蒜薹贮藏的相对湿度要 95% 左右。湿度低了易失水减重,过高则又易霉烂。蒜薹的贮藏温度在 -0.5 ℃左右,温度稍有波动,湿度就会有很大的变化且易出现凝聚水容易造成腐烂。蒜薹贮藏适宜的气体组成为 O_2 2%~5%、CO_2 5%左右。有时因产地的不同而有差异。

(二) 贮藏方式

1. 气调贮藏

蒜薹虽可在 0 ℃条件下贮 3~4 月,但成品的质量与商品率不理想。实践证明,在 $-1 \sim 0$ ℃条件下蒜薹气调贮藏能达到 8~10 个月,商品率达 85%~90%。目前,气调贮藏蒜薹是商业化贮藏的主要方法。通常有以下几种方法。

(1) 薄膜小包装气调贮藏 本法是用自然降氧并结合人工调节袋内气体比例进行贮存。将蒜薹装入长 100 cm、宽 75 cm、厚 0.08~0.1 mm 的聚乙烯袋内,每袋重 15~25 kg,扎住袋口,放在库的菜架上。按存放位置的不同,选定代表袋安上采气的气门芯以进行气体成分分析。每隔 1~2 d 测定一次,如 O_2 含量已降到 2%以下,应打开所有的袋换气,换气结束时袋内 O_2 恢复到 18%~20%,残余的 CO_2 为 1%~2%。若发现有病变腐烂薹条应立即剔除,然后扎紧袋口。换气的周期为 10~15 d,相隔时间太长,易引起 CO_2 伤害。温度高时换气的时间间隔短些。

(2) 硅窗气调贮藏 此法最重要的是要计算好硅窗面积与袋内蒜薹重量之间的比例。由于品种、产地等因素的不同,蒜薹的呼吸强度有所差异,从而决定了气窗的规格不同。故用此法贮存时,预先用活动气窗进行试验,确定出气窗面积与袋内蒜薹数量之间的最佳比例。

(3) 大帐气调贮藏 大帐采用 0.1~0.2 mm 厚的聚乙烯塑料帐密封,采用快速降氧法或自然降氧法使帐内 O_2 控制在 2%~5%,CO_2 在 5%以下。CO_2 吸收通常用消石灰,蒜薹与消石灰之比为 40∶1。

2. 冷藏

将选好的蒜薹经过充分预冷后装入筐、板条箱等容器内,或直接在贮藏货架上堆码,然后将库温控制在 0 ℃左右。此法只能对蒜薹进行较短时期贮藏,贮期一般为 2~3 个月。

七、萝卜和胡萝卜贮藏

(一) 贮藏特性

萝卜和胡萝卜都属根菜类,以肥大肉质根供食,贮藏特性和方法基本一致。它们没有生理休眠期,在贮藏中遇适宜条件便萌芽抽薹,造成糠心。糠心是薄壁组织中的营养和水分向生长点（顶芽）转移的结果。贮藏时窖温过高、空气干燥以及机械损伤都可促进呼吸加强，水解作用旺盛，也促使糠心。萌芽和糠心使萝卜的食用品质明显变劣。防止萌芽和糠心是贮好萝卜和胡萝卜的关键。

萝卜和胡萝卜的肉质根主要由薄壁组织构成，缺乏角质、蜡质等表面保护层，保水能力差，贮藏中要求低温高湿的环境条件。但根菜类不能受冻，所以通常适宜贮藏温度为 0~3 ℃，相对湿度 90%~95%。湿度过低，肉质根易受冻害。萝卜肉质根的细胞间隙大，具有较高的通气性，并能忍受较高浓度的 CO_2，据报道 CO_2 浓度达 8% 时，也无伤害现象，因此，萝卜适于密闭贮藏，如埋藏、气调贮藏等。

贮藏的萝卜以秋播的皮厚、质脆、含糖多的晚熟品种为好，地上部比地下部长的品种以及各地选育的一代杂种耐藏性较好。另外，青皮种比红皮种和白皮种耐藏。胡萝卜中以皮色鲜艳、根细长、茎盘小、心柱细的品种耐藏。

（二）采收及采后处理

贮藏用的萝卜要适时播种，华北、东北地区农谚说："头伏萝卜、二伏菜"。霜降前后适时收获就能获得优质产品。

收获时随即拧去缨叶，就地集积成小堆，覆盖菜叶，防止失水及受冻。如窖温及外温尚高，可在窖旁及田间预贮，堆积在地面或浅坑中并覆盖一层薄土，待地面开始结冻时入窖。入贮时要剔除病虫伤害及机械伤的萝卜。此外为了防止发芽和腐烂，有些地区在入贮时要削去茎盘（削顶），并沾些新鲜草木灰。如果贮于低温高湿环境，入贮初期不削顶待后期窖温回升时再削顶也可。

（三）贮藏方法

1. 沟藏

各地用于萝卜的贮藏沟，一般宽 1~1.5 m，深度比当地的冻土层稍深一些。沟东西走向，长度视贮量而定。表土堆在南侧，后挖出的土供覆土用。将挑选修整好的萝卜散堆在沟内，或与湿沙层积。萝卜在沟内的堆积厚度一般不超 0.5 m，如过厚，底层产品容易受热。入沟当时在产品面上覆一层薄土，以后随气温下降分次添加，最后土层稍厚于冻土层。必须掌握好每次覆土的时期和厚度，以防底层温度过高或表层产品受冻，为了掌握适宜温度的情况，有的在沟中间设一竹竿或木筒，内挂温度计，插入到萝卜中去定期观测沟内温度，以便及时覆盖。

萝卜贮于高湿的环境，才能保持其细胞的膨压而呈新鲜状态。一般用湿土覆盖或湿沙层积。如土壤湿度不够，可以在入贮时向萝卜堆上喷适量的水，但不能使窖底积水。或第一次覆土后将覆土平整踩实，浇水后均匀缓慢地下渗，保持萝卜周围具有均匀的湿润状态。

2. 窖藏和通风贮藏库贮藏

棚窖和通风库贮藏根菜类，是北方各地常利用的贮藏方式，贮量大，管理方便。根菜类不抗寒，入窖（库）时间比大白菜早些。

（1）堆垛藏法　产品在窖（库）内散堆或码垛。萝卜堆不能太高，一般 1.2~1.5 m。否则，堆内温度高容易腐烂。湿沙土层积要比散堆效果好，便于保湿并积累

CO_2，起到自发气调的作用。为增进通风散热效果，可在堆内每隔 1.5~2m 设一通风筒。贮藏中一般不搬动，注意窖或库内的温度，必要时用草苫等加以覆盖，以防受冻。立春前后可视贮藏状况进行全面检查，发现病烂产品及时挑除。

（2）塑料薄膜半封闭贮藏法 沈阳等地区曾利用气调贮藏原理，在库内将萝卜堆码成一定大小的长方形垛，入贮开始或初春萌芽前用塑料薄膜帐罩上，垛底不铺薄膜，半封闭状态。可以适当降低 O_2 浓度、提高 CO_2 浓度，保持高湿，延长贮藏期，保鲜效果比较好。尤其是胡萝卜，效果更好。贮藏中可定期揭帐通风换气，必要时进行检查挑选。

（3）塑料薄膜袋装贮藏法 将削去顶芽的萝卜，装入 0.07~0.08 mm 厚的聚乙烯塑料薄膜袋内，每袋 25 kg 左右。折口或松扎袋口，在较适低温下贮藏，保鲜效果比较明显。

八、马铃薯贮藏

（一）贮藏特性

马铃薯的食用部分是肥大的块茎，收获后有明显的生理休眠期。马铃薯的休眠期一般在 2~4 个月。休眠期的长短同品种、成熟度、气候、栽培条件等多种因素有关。早熟种，或在寒冷地区栽培，或秋作马铃薯休眠期长，对贮藏有利。贮藏温度也影响休眠期长短。在适宜的低温条件下贮藏的马铃薯休眠期长，特别是初期低温对延长休眠期有利。

马铃薯富含淀粉和糖，而且在贮藏中淀粉与糖能相互转化。试验证明，当温度降至 0 ℃时，由于淀粉水解酶活性增高，薯块内单糖积累；如贮温提高，单糖又合成淀粉。但温度过高淀粉水解成糖的量也会增多。所以贮藏马铃薯的适宜温度为 3~5 ℃，0 ℃反而不利。适宜的相对湿度为 80%~85%，湿度过高也不利，过低则失水增大，损耗增多。

光能促使萌芽，增高薯块内茄碱苷含量。正常薯块的茄碱苷含量不超过 0.02%，对人畜无害；但薯块照光后或萌芽时，茄碱苷急剧增高，能引起不同程度的中毒。

（二）采收和贮前处理

马铃薯收获后，可在田间就地稍加晾晒，散发部分水分，以利贮藏运输。一般晾晒 4 h，就能明显降低贮藏发病率。晚晒时间过长，薯块将失水萎蔫不利贮藏。

夏季收获的马铃薯，正值高温季节，收后可将薯块放到阴凉通风的室内、窖内或荫棚下堆放预贮。薯堆一般不高于 0.5 m，宽不超过 2 m，在堆中放一排通风管，以便通风降温，并用草苫遮光。预贮期间要视天气情况，不定期检查倒动薯堆以免热伤。倒动时要轻拿轻放和避免人为伤害。

南方各地夏秋季不易创造低温环境，薯块休眠期过后，萌芽损耗甚重，可采取药物处理，抑制萌芽。用 α-萘乙酸甲酯或乙酯处理，有明显的抑芽效果。每 10 000 kg 薯块用药 0.4~0.5 kg，加 15~30 kg 细土制成粉剂撒在块茎堆中。大约在休眠的中期处理，不能过晚，否则会降低药效。在采前 2~4 周用浓度为 0.2% 的 MH（青鲜素）进行叶片喷施，也有抑芽作用。

用（8~15）×10^{-2}Gy 的 γ 射线辐照马铃薯，有明显的抑芽作用，是目前贮藏马铃薯抑芽效果最好的一种技术。试验证明，在剂量相同的情况下，剂量越高效果越明显。马铃薯在贮藏中易因晚疫病和环腐病造成腐烂。较高剂量的 γ 射线照射能抑制这些病原菌的生育，但会使块茎受到损伤，抗性下降。这种不利的影响可因提高贮藏温度而得到弥补，因为在增高温度的情况下，细胞木栓化及周皮组织的形成加快，从而杜绝病菌侵染的机会。

（三）贮藏方法

（1）**沟藏** 辽宁大连在 7 月中下旬收获马铃薯，收后预贮在荫棚或空屋内，直到 10 月下沟贮藏。沟深 1~1.2 m，宽 1~1.5 m，长不限。薯块堆至距地面 0.2 m 处，上覆土保温，覆土总厚度 0.8 m 左右，要随气温下降分次覆盖。

（2）**窖藏** 西北地区土质黏重坚实，多用井窖和窑窖贮藏。这两种窖的贮藏量可达 3 000~5 000 kg。由于只利用窖口通风调节温度，所以保温效果较好。但入窖初期不易降温，这种特点在井窖尤为明显。因此，产品不能装得太满，并注意窖口的启闭。只要管理得当，适于薯类贮藏，效果很好。

东北地区多用棚窖贮藏。窖的规模与贮大白菜的棚窖相似，但窖顶覆盖增厚，窖身加深，因为马铃薯的贮藏温度高于大白菜。窖内薯堆高度不超过 1.5 m，否则入窖初期堆内温度增高易萌芽腐烂。窖藏马铃薯在薯堆表面易出汗，为此，严寒季节可在薯堆表面铺放草苫，以转移出汗层，防止萌芽与腐烂。

窖藏马铃薯入窖后一般不倒动，但在窖温较高、贮期较长时，可酌情倒动 1~2 次，去除病烂薯块以防蔓延。倒动时必须轻拿轻放，严防造成新的机械伤害。

（3）**通风库贮藏** 各城市菜站多用通风库贮藏马铃薯。薯堆高不超过 2 m，堆内放置通风塔。有的将薯块装筐堆叠于库内，通风效果及单位面积容量都能提高。也有在库内设置木板贮藏柜的，通风好、贮量高，但需木材多、成本高。

不管采用哪种贮藏方式，薯堆周围都要注意留有一定空隙以利通风散热，以通风库的体积计算，空隙不得少于 1/3。

九、洋葱贮藏

（一）贮藏特性

洋葱，或称葱头、圆葱，以肥大的鳞茎为食用部分。洋葱为二年生蔬菜，具有明显的生理休眠期。洋葱在夏季收获后，即进入休眠期，1.5~2.5 个月（因品种不同而异），能安全度过炎热季节。休眠过后，遇适宜条件便萌芽生长。一般在 9—10 月萌芽生长，养分由肉质鳞片转移到生长点，致使鳞茎发软中空，品质下降，乃至不堪食用。所以，怎样使洋葱长期处于休眠状态、阻止萌芽，是洋葱贮藏中需首要解决的问题。

洋葱适应冷凉干燥的环境。温度维持 0~1 ℃，相对湿度低于 80% 才能减少贮藏中的损耗。如收获后遇雨，或未经充分晾晒，以及贮藏环境湿度过高，都易造成腐烂损失。

（二）品种和采前贮前处理

我国栽培的洋葱为普通洋葱。普通洋葱按皮色分为黄皮、红（紫）皮、白皮三类，按形状分扁圆、凸圆两类，其中以黄皮类型品种品质好、休眠期长、耐贮藏、栽培面积大，是各地主要的贮藏品种。从球形看，扁圆形耐贮。一般认为辣味淡的耐贮性差。

在叶片迅速生长阶段和鳞茎肥大期，要及时追肥灌水，并适当增施磷、钾肥，以增强抗性。为了防止洋葱在贮藏期间发芽，可在收获前 10~15 d，田间喷洒 0.25% 青鲜素水溶液，每亩（约 666.7 m²）用配制好的药剂 50 kg，喷后 3~5 d 不灌水，如果喷药后1 d 内遇雨，则药失效，应补喷。收获前 10 d 停止灌水，否则不耐贮藏。

在近地面茎叶枯黄、假茎开始倒伏、鳞茎表皮干枯并呈现品种特有的颜色时，立即收获。在干燥向阳的地方，把洋葱植株整齐地以覆瓦状一排排铺在地上，后一排茎叶正好盖在前一排的鳞茎上，不让葱头裸暴晒。2~3 d 翻动一次，一般需 6~7 d。叶子发黄变软，能编"辫子"时即可。

经过晾晒的葱头再次挑选后，将发黄、绵软的叶子互相编成长约 1 m 的"辫子"。两条结在一起成为一挂。编辫的洋葱，还需晾晒 5~6 d，晒至葱头充分干燥颈部完全变成皮质，鳞茎外皮"沙、沙"发响时为宜。洋葱贮藏时还可以不留"辫子"，经过挑选后直接盛放在容器内以备贮存。

（三）贮藏方法

1. 挂藏

选阴凉、干燥、通风的房屋或在荫棚下，将葱辫挂在木架上，不接触地面，四周用席子围上，防止淋雨或水浸，贮藏中不倒动。此法抑芽效果较差，休眠期过后便陆续萌芽，一般只能贮到国庆节上市供应，但通风好、腐烂少。这是家庭贮藏广泛采用的方式。

2. 垛藏

此法封垛要严密，防止日晒雨淋，保持干燥。封垛初期视天气情况倒垛 1~2 次，排除垛内湿热空气。每逢雨后要仔细检查，如有漏水应开垛晾晒。贮到 10 月后要加盖草帘保温，寒冷地区应转入库内贮藏以防受冻。实践表明，洋葱受冻后只要未冻透心部，解冻后仍可恢复原状。

3. 气调贮藏

可在常温窖（库）、荫棚或冷库进行。如为晾干的葱头，可装筐或箱，在荫棚内码垛，在脱离休眠期之前用塑料薄膜帐封闭，每垛 500~1 000 kg。贮藏中采取自然降氧，维持 O_2 在 3%~6%，CO_2 在 8%~12%，抑制发芽效果很好。贮藏期间尽量不开帐检查，以免 O_2 含量升高迅速引起发芽。CO_2 浓度的大小对洋葱品质的影响不大，主要是外皮层对内部鳞片起了保护作用。O_2 浓度影响却很大，浓度升高时，发芽率显著上升，但长期缺 O_2 也会造成葱头根部发软、凹陷、鳞片呈青绿色，最终导致坏死。

采用塑料薄膜封闭贮藏时，常因贮藏环境温差大，造成帐内凝结水珠，因此洋葱易感染发霉。常用氯气防腐，用量为空气体积的 0.2%，每 5~7 d 施药一次，过量易造成药害。

4. 冷库贮藏

冷藏库贮藏，是当前洋葱较好的贮藏方式。采用此法时，须在 8 月中下旬洋葱脱离休眠期之前入库贮藏。筐装码垛或架藏，或装入塑料袋内架贮或码垛贮藏。沈阳地区多放在蒜薹库一同贮放。维持 0 ℃左右的温度，可以较长时期贮藏。但一般冷藏湿度较高，鳞茎常会长出不定根。

十、姜贮藏

姜性喜温暖湿润，不耐低温，在 10 ℃以下易受冷害。受冷害的姜块在温度回升时容易腐烂，贮藏温度过高也易腐烂，适温约为 15 ℃。

各地栽培生姜，从清明至立夏间下种，到夏至就可陆续采收母姜和嫩姜，但这些都只能供即时消费；贮藏的生姜应收获充分成长的根茎，不能在地里受霜冻。一般是随收获随下窖贮藏，带土太湿的可稍晾晒，但不在田间过夜，最好不在晴天收获，以免日晒过度；雨天或雨后收获的不耐贮。

主要有两种贮藏方式：坑埋和井窖。土层深、土质黏重、冬季气温较低之处可用井窖贮藏。山东莱芜、泰安一带的姜窖深约 3 m，在井底挖两个贮藏室，高约 1.3 m，长宽各约 1.8 m，贮藏量 750 kg。浙江等地地下水位较高之处多用坑埋法。姜窖为圆形坑，贮 5 000 kg 的窖底部直径 2 m，窖口直径为 2.3 m，地下部分深 0.8~1 m，以不出水为原则；挖出的土围在窖口四周，使窖深共约 2.3 m。地面上的土墙应拍实，防止漏风、崩塌。一般姜窖贮量不宜小于 2 500 kg，否则冬季难以保温；超过 2 500 kg 的太大，管理不便。窖坑内直立排列若干用芦苇或细竹捆成的直径约 10 cm 的通风束，大约每500 kg 姜用 1 个通风束。姜块散堆坑内，直至窖口，中央高出呈馒头形，大窖有的可高出 1.5 m，面上盖一层姜叶，四周覆一圈土。以后随气温下降分次添加覆土，并逐渐向中央收缩。覆土总厚度周缘 60~65 cm，中央 12~16 cm。窖顶用稻草做成圆尖形顶盖防雨，四周开排水沟，东、西、北 3 个方向设风障防寒。

贮藏中的管理要点是既防热又防冷。入贮初期根茎呼吸旺盛，窖内积聚的呼吸热多，温度容易上升，因此不能将窖顶全部封闭，要保持通风正常。初收获的姜脆嫩，易脱皮；下窖后约一个月，根茎逐渐老化不再脱皮，同时剥除茎叶的疤痕长平，顶芽长圆，称为"圆头"。这是一个加强生姜耐贮性的过程，要求保持稍高的窖温（约 20 ℃）。以后姜堆渐下沉，要随时将覆土层上的裂缝填满，防止透入冷空气，谨防窖温过低。姜窖必须严密，以保持内部良好的自发保藏条件。窖底不能积水。窖贮的姜可在第二年随时供应消费，但须一次出窖完毕。贮藏中要常检查姜块有无变化。

姜在产地经窖贮越冬后，调运至各地商业部门，还需长期贮藏以供周年消费。过去多用"浇姜法"，近来有改用在室内与沙层积保藏的。层积法堆高不超 1 m，注意夏季通风散热和冬季覆盖防寒，沙子太干可以浇水防止根茎干缩。浇姜法是选略带坡度的场地，上盖可略透阳光的荫棚，下设沿坡向顺排的垫木。姜块经挑选后倒立整齐排列在漏空筐内，筐码在垫床上，2~3 层高。荫棚四周设风障。视气温高低每天向姜筐浇凉水1~3 次，必须全部浇透，渗下的水排出棚外。水温不能太低，防止姜块温度激变。浇水的目的是保持适当的低温，并维持高湿度，使姜块健康地发芽生长。浇姜期间茎叶可高达 0.5 m，要使秧株保持葱绿色；如叶片黄萎，姜皮发红就是根茎行将腐烂的征兆，应及时处理。入冬时使秧子自然枯萎，原筐转入贮藏库，注意防冻，可再次越冬供应到春节以后。

浇姜是有意识地使之发芽生长，维持正常的代谢机能而使根茎基本不变质；在采取其他贮藏方法时，发芽则将引致变质损耗。

十一、西瓜贮藏

（一）贮藏特性

西瓜原产于非洲，性喜炎热，极不耐寒，瓜大、皮厚，却不耐贮。西瓜对低温很敏感，较低温度下出现冷害。冷害的症状是：果实表面出现不规则的小而浅的凹陷，使果面呈现"麻子脸"，严重时呈大而不规则的凹陷斑，而且果肉颜色变浅，纤维增多，风味变劣。产生冷害的温度阈值，因品种、产地不同而各异，北京为 12.5 ℃，上海为 10 ℃，黑龙江为 11 ℃。国外报道，佛罗里达西瓜贮藏 2 周，在 7 ℃ 和 10 ℃ 温度下，贮藏中和贮藏后均发生了冷害。因此，各地贮藏西瓜应对温度进行慎重选择。短期贮藏，可用冷害阈值附近温度；贮期达 20 d 以上时，应取高于阈值温度；贮 1 个月左右时，14~16 ℃ 较为安全。

贮藏环境的湿度对西瓜发病影响较大，过湿时促使西瓜发病腐烂。由于西瓜表皮有一层较厚的蜡质层，对失水有一定的抵抗能力，通常在 80%~85% 相对湿度下贮藏，这种较干爽条件有利于控制病害。

西瓜个大皮硬厚，易使人们把它视为耐运和耐压，其实不然。据日本学者测定，西瓜比甜椒、番茄等对振动的抵抗力都小，很多情况下挤压碰撞表面没有痕迹，但入贮后极易变质、腐烂。所以西瓜贮运应采取一切可能的措施，避免和减少挤、压、摔和强烈振动，最好在产地贮藏。

贮运中的西瓜对高浓度乙烯很敏感，会引起西瓜失脆。西瓜在 18 ℃ 下接触 30~60 mg/kg 乙烯 7 d 变得不可食用，甚至 5 mg/kg 乙烯也会降低西瓜的硬度和品质。因此，不要将西瓜与释放乙烯量大的甜瓜等果蔬一同贮运。

西瓜的成熟度可以采用计算坐果日数、观察形态特征和弹瓜听音等方法综合判断。一般晚熟品种开花 40 d 左右，果实附近的卷须枯萎，果柄茸毛脱落，果皮光滑发亮，用手弹瓜发出浊音等，表示瓜已成熟。这种瓜于采后立即上市，而贮藏用瓜应比这种即食西瓜的采收期适当提前，掌握在八至九成熟较为适宜。

（二）贮藏方式

1. 常温贮藏

利用窑、窖、山洞、人防工事进行堆藏、架藏、筐藏、缸藏、沙藏均可起到较好效果。堆藏、架藏是在地面铺 7~10 cm 的干沙或秸秆，码西瓜 2~3 层，或搭架摆放；筐藏、缸藏应在装瓜前把用具用甲醛溶液或 300~500 倍液高锰酸钾消毒，装瓜时留出 1/5~1/4 高度空隙便于通风排湿。西瓜不宜用塑料薄膜包装，否则，湿度太大甚至结露造成袋内积水，引起微生物繁殖。这些方法多用于西瓜短期（半个月）贮藏，控制得当可延长到 1 个月左右。沙藏操作较为复杂，要求采瓜时保留瓜蒂附近 2 片绿叶，随即用洁净草木灰糊住截断面，及时运往库房，将西瓜逐个排放在沙面上，让瓜原来着地的一面着沙，不要挤压。绿叶露出沙面，然后按 100 个瓜 0.5 kg 0.1% 磷酸二氢钾喷洒叶面，以后每隔 7 d 左右喷 1 次，给叶片追肥，保持叶片鲜嫩。该法贮藏 45 d 后，西瓜仍保持原有的色、香、味，很少腐烂。

2. 冷藏和变温贮藏

操作方法与架藏相同。冷库能保持恒定的温度，辅以严格的防腐措施，可获得贮后品质较高的西瓜。在进行 30 d 以上贮藏时，宜用高温预贮后再置于低温下，可以避免冷害。如将西瓜在 26 ℃下放 4 d，又进入 7 ℃下 8 d，又在 21 ℃下 8 d 后，98%~100% 瓜可作商品瓜出售。

3. 保鲜剂处理

（1）高脂膜浸泡法　据报道，贮前用 100~200 倍高脂膜浸瓜 0.5~2 min，晾干后置于常温或（15±2）℃，60%~70%相对湿度的冷库中贮藏，可较好保持鲜度，对炭疽病也有防治效果。

（2）山梨酸钾溶液浸泡　用 0.5%的山梨酸钾浸果 30~40 s，有一定保鲜防腐作用。

第三节　花卉贮藏保鲜

从植物体上被剪下后，花枝吸水和吸收无机盐的能力下降，根系的选择性吸收作用丧失，且切口易遭受病原微生物的侵染，导致切花衰老死亡。为了延长切花的瓶插寿命，在采前栽培上要给予适宜的温度、光照、适宜的水分条件、合理施肥、及时防治病虫害等，在采收后更要注意各个保鲜环节密切配合，延长切花的观赏期。

一、花卉保鲜剂处理技术

采收的切花应及时修剪，去掉不必要的枝叶，减少水分散失。有些花枝被剪切后空气由切口进入导管，形成气栓阻碍水分吸收，因此在采收切花时应将花枝留长些，待插前再将花枝末端浸入水中并重新剪去一段，以除去导管中的空气；君子兰、荷花、睡莲和马蹄莲等切花的茎中空，为了促进其吸水，可将花茎倒置，然后向茎中灌水或注水，最后用棉球将孔塞住；一品红、橡皮树、猩猩草和银边翠等花枝剪切后流出乳汁，阻塞切口，败坏水质，可用烧灼法和温水浸烫法处理。

鲜切花采后为了延长货架期，常用花卉保鲜剂处理以延迟衰老，提高观赏价值。保鲜剂包括水合液、脉冲液、花蕾开放液和瓶插保持液等。

在采后处理的各个环节，从栽培者、批发商、零售商到消费者，都可以使用花卉保鲜液。许多切花和切叶经过保鲜剂处理后，可延长货架寿命 2~3 倍。切叶类植物的货架寿命比切花更长。花卉保鲜剂能使花朵增大，保持叶片和花瓣的色泽，延长货架寿命。

（一）花卉保鲜剂的主要成分和作用

花卉保鲜剂都含有碳水化合物、杀菌剂、乙烯抑制剂、生长调节剂等。

1. 碳水化合物

切花的主要营养和能量来源于碳水化合物，它能维持离开母株后的切花的生理生化过程，外供糖源可保持细胞中线粒体结构和功能的作用，通过调节蒸腾作用和细胞渗透压促进水分平衡，增加水分吸收，糖溶液还可增加细胞的渗透浓度和持水能力。蔗糖在保鲜剂中使用最广泛，其次是果糖。

不同的切花种类或同一种类不同品种保鲜液中糖浓度不同，如香石竹花蕾开放液中，最适宜浓度为10%，而菊花叶片对糖浓度敏感，一般用2%的浓度。但个别菊花品种，如安纳金可忍受30%的糖浓度。月季切花，糖浓度高于1.5%时易引起叶片烧伤。叶片对高浓度的糖比花瓣更敏感，可能是因为叶细胞渗透压调节能力较差的缘故。因此叶片的敏感性是糖浓度的限制因子。一般保鲜剂使用相对较低的糖浓度，以避免造成伤害。适宜的碳水化合物浓度与处理方法和时间长短有关。保鲜液处理时间越长，所需糖浓度越低。因此，脉冲液（采后较短时间处理）中糖浓度高，花蕾开放液糖浓度中等，而瓶插保持液糖浓度较低。保鲜液中的糖分容易诱导微生物及病原菌的大量繁殖，从而引起花茎导管的阻塞。因此，在保鲜剂中糖常与杀菌剂结合使用。

2. 杀菌剂

切花保持液中微生物大量繁殖，阻塞花茎导管，影响切花吸水，并产生乙烯和其他有害物质而缩短切花寿命。保鲜剂中可加入杀菌剂或与其他成分混用。常用杀菌剂种类及其使用浓度见表8-1。

表8-1　混合保鲜剂中使用的杀菌剂

化学名称	简写符号	使用浓度范围
8-羟基喹啉硫酸盐	8-HQS	200~600 mg/kg
8-羟基喹啉柠檬酸盐	8-HQC	200~600 mg/kg
硝酸银	$AgNO_3$	10~200 mg/kg
硫代硫酸银	STS	0.2~4.0 mmol/L
噻菌灵	TBZ	5~300 mg/kg
季铵盐	QAS	5~300 mg/kg
硫酸铝	$Al_2(SO_4)_3$	200~300 mg/kg

最常用的杀菌剂是8-羟基喹啉盐类。表8-1中浓度上限可能造成某些切花叶片萎蔫，花茎黄化，白色花瓣变黄等。8-HQC减少切花花茎的"生理性"阻塞。8-羟基喹啉与二价金属离子（主要是铜和铁）形成螯合物，使菌类有关酶失活，这是其杀菌作用的机理。

银盐（主要是硝酸银）是一种效果良好的杀细菌剂，硝酸银和醋酸银（使用浓度10~50 mg/kg）广泛用于花卉保鲜剂中。把花茎插在高浓度银溶液（1 000~1 500 mg/kg）中数分钟就能有效地延长若干切花的寿命。这类银盐易发生光氧化作用，生成不溶性沉淀。此外，银离子同自来水中的氯发生反应，生成不溶性的氯化银而失活。硝酸银在花茎中的移动性很差，一般附着在茎端组织中。因此，硝酸银必须溶于蒸馏水或去离子水中，盛于深色玻璃瓶或塑料容器内，避免使用金属容器，最好现配现用，注意避光保存。

硫酸铝（使用浓度 50~100 mg/kg）可用于月季、唐菖蒲切花保鲜剂，有杀菌作用并使保鲜液酸化，抑制细菌繁殖，促进切花水分平衡。铝可降低月季花中的 pH 值，稳定切花组织中的花色素苷。月季切花在铝溶液中处理 12 h，即可减轻"弯颈"现象和萎蔫。铝离子引起切花气孔关闭，降低蒸腾作用，促进水分平衡。铝对香石竹也有类似影响。但铝会引起菊花叶片的萎蔫。

季铵盐在保鲜液中，可克服 8-羟基喹啉的缺点。这类化合物毒性较低，在自来水或硬水中更稳定，有效期长。在香石竹、丝石竹、菊花和茼蒿菊的脉冲液和花蕾开放液中使用效果较好，但对翠菊和月季无效。

噻菌灵是一种广谱杀菌剂，可与其他杀菌剂混用。噻菌灵有类似细胞分裂素的活性，延缓乙烯释放，减弱切花对乙烯的敏感性。噻菌灵和季铵盐在硬水中比 8-喹啉类盐、缓释氯化物和硫酸铝更稳定。

3. 乙烯抑制剂

乙烯的生理活性非常高，在浓度<0.1 mg/kg 时即可表现出生理活性。切花采收后遭受机械损伤、病虫害侵袭、高温危害（30 ℃以上）、水分亏缺等，都会使其自身生成乙烯速度加快。不同种类的花卉对乙烯的敏感性不同。

乙烯诱导麝香石竹和牵牛花的花瓣内卷，使兰花和矮牵牛花失去膨压，导致玫瑰花、天竺葵和麝香石竹花的色素变化如变蓝或变红。切花受乙烯毒害的症状见表8-2。

表 8-2 一些切花受乙烯毒害的症状

植物种类	乙烯毒害症状
六出花	花朵畸形，花瓣发暗和脱落
满天星	花朵萎蔫
郁金香	花蕾不开放，花瓣泛蓝，衰老加快
香豌豆	花瓣脱落
金鱼草	小花脱落
月季	花蕾开放受抑制，花瓣向上弯曲并泛蓝，衰老加快
一品红	向上弯曲，落花落叶，茎缩短
香石竹	花蕾不开放，花瓣萎蔫
菊花	花朵老化略加快
球根鸢尾	花蕾不开放或枯萎，衰老加快
嘉兰	花朵老化略加快
非洲菊	花朵老化略加快
小苍兰	花瓣畸形或枯萎，衰落加快

（续表）

植物种类	乙烯毒害症状
百合	花蕾枯萎，花瓣脱落
水仙	花径小，衰老加快
兰花（卡特兰、蝴蝶兰、石槲兰、万代兰）	花色泛红，向上弯曲，衰老加快

乙烯敏感的切花，受害严重，表现为花蕾不开放，花瓣枯萎，甚至落花落叶。防止乙烯危害的措施：①做好植物的病虫害防治工作；②防止切花被昆虫授粉，这对兰花尤为重要；③在剪截、分级和包装过程中，避免对切花造成机械损伤；④在花蕾适宜的发育阶段采收切花，采收后立即冷却切花；⑤温室、分级间、包装场和贮藏室要保持清洁，及时清除腐烂的植物残体；⑥不要把切花、蔬菜和水果在同一场所贮藏，因蔬菜水果产生的乙烯较多；⑦不要把处于花蕾阶段的切花与充分展开的切花一起贮藏；⑧使用有可靠排气管的 CO_2 发生器、燃油器和煤气加热器等，在温室和采后工作场所不要使用内燃发动机；⑨温室和采收场所要适当通风；⑩低温贮藏、减压贮藏和气调贮藏降低乙烯生成速率。当贮藏环境中的 O_2 含量减少到＜8%，CO_2 浓度≥2%时，也可降低乙烯的生成速度。

温室中栽培对乙烯敏感的指示性植物，如万寿菊和番茄等。万寿菊和番茄暴露于 $1\sim2$ mg/kg 浓度的乙烯中 24 h，叶片会明显向下弯曲。适当通风和使用乙烯清洁剂如溴化活性炭、高锰酸钾和高氯酸汞，可以使内源乙烯含量降低。另一种减轻乙烯危害的方法是使用 ACC 合成酶阻遏剂 AVG（氨基乙氧基乙烯基甘氨酸）、MVG（甲氧基乙烯基甘氨酸）和 AOA（氨基氧乙酸）可抑制乙烯的生物合成（表 8-3），AOA 的作用效果较好且价格便宜；无机离子钴、α-丙基没食子酸和苯甲酸钠等都可抑制 ACC 向乙烯的转化，并延长切花的寿命。特别有效的乙烯抑制剂是硫代硫酸银（STS）。STS 在植物体内的移动性较好，并能从离体切花的茎基部转移到花中，阻止外源乙烯的作用。STS 可防止金鱼草、香豌豆、飞燕草、天竺葵和百合的花朵脱落。尼罗河百合只有在 STS 和 NAA 混合使用时才能有效控制花朵脱落。STS 的生理毒性较硝酸银低，使用浓度较低。用 $1\sim4$ μmol/L 的 STS 处理香石竹、百合和其他切花 5 min 至 24 h，就可明显地抑制衰老过程。STS 浓度过高或处理时间过长会对花瓣和叶片造成损害。

STS 需现用现配，配制方法：先溶解 0.079g 硝酸银（$AgNO_3$）于 500 mL 无离子水，再溶解 0.462 g 硫代硫酸钠（$Na_2S_2O_3 \cdot 5H_2O$）于 500 mL 无离子水中，把 $AgNO_3$ 溶液倒入 $Na_2S_2O_3 \cdot 5H_2O$ 溶液中，并不断搅拌，此混合物即为银离子浓度为 0.463 mmol/L 的 STS 溶液。配好的溶液立即使用，应避光保存在棕色玻璃瓶或暗色的塑料容器内。STS 溶液可在 $20\sim30$ ℃下黑暗环境中保存 4 d。

4. 生长调节剂

细胞分裂素（表 8-3）是最常用的保鲜剂成分，可降低切花对乙烯的敏感性，抑制乙烯的产生，细胞分裂素可抑制紫罗兰、唐菖蒲等植物叶片的黄化；贮藏和运输中的切花以细胞分裂素处理，可防止叶绿素含量降低。

表 8-3　用于延长某些切花寿命的生长调节剂　　　　　　　　　　　　单位：mg/kg

乙烯抑制剂	缩写符号	浓度范围	生长素	缩写符号	浓度范围
氨基乙氧基乙烯基甘氨酸	AVG	5~100	吲哚-3-乙酸	IAA	1~100
甲氧基乙烯基甘氨酸	MVG	5~100	α-萘乙酸	NAA	1~50
氨基氧乙酸	AOA	50~500	2,4,5-三氯苯氧乙酸	2,4,5-T	200~300
生长延缓剂	缩写符号	浓度范围	细胞分裂素	缩写符号	浓度范围
比久	B9	10~500	6-苄基氨基嘌呤	BA	10~100
矮壮素	CCC	10~50	异戊烯腺苷	IPA	10~100
脱落酸	ABA	1~10	激动素	KT	10~100
赤霉酸	GA	1~400			

细胞分裂素处理香石竹、月季、鸢尾和郁金香的效果最好。虽然生长素可延迟一品红的衰老和落花，生长素与细胞分裂素混合使用效果比单用效果好。但生长素促进乙烯的生成，加速衰老。

火鹤、水仙和非洲菊可用 BA 处理，5 mg/kg 的 BA 和 22 mg/kg 的 NAA 混合液处理可于贮藏后加快香石竹花蕾开放。

20~35 mg/kg 赤霉酸加速贮藏后香石竹和唐菖蒲切花的开放。赤霉酸处理可抑制六出花和百合在贮藏和远距离运输中叶片叶绿素的损失；1 mg/kg 的赤霉酸可延长紫罗兰的采后寿命。

脱落酸是生长抑制剂，可引起气孔关闭。如在保持液中加入 1 mg/kg 脱落酸或用 10 mg/kg 浓度处理 1 d，可使月季气孔关闭，延迟萎蔫和衰老，但在黑暗中也可加速月季衰老。

常用的生长延缓剂有比久和矮壮素（CCC），可延长切花采后的寿命，它们阻止组织中赤霉酸的形成及其他代谢过程，增加切花对逆境的抗性。比久的适宜浓度为：金鱼草，10~50 mg/kg；紫罗兰，25 mg/kg；香石竹和月季，500 mg/kg。50 mg/kg 的 CCC 瓶插保持液（内含有 8-HQS 和蔗糖）可延长郁金香、香豌豆、紫罗兰、金鱼草和香石竹的瓶插寿命。花瓶保持液中 250~500 mg/kg 的马来酰肼（MH）对延长金鱼草和羽扇豆的采后寿命有效；大丽花用 50 mg/kg 的为佳；月季花在 0.5%~1% MH 溶液中脉冲处理 30 min，再置于 100 mg/kg 硫酸铝和 800 mg/kg 柠檬酸混合液中 24 h，对延迟衰老效果最佳。

5. 其他延长采后寿命的化合物

酸碱度的变化是影响花瓣色泽变化的主要原因之一。月季、兰花、飞燕草和天竺葵等花瓣衰老时，常发生红色的花瓣变为蓝色的现象。原因为花瓣衰老时，蛋白质分解，释放出游离氨，液胞中的 pH 值升高，促使花色素苷呈现偏蓝色泽。三色牵牛花、矢车菊、倒挂金钟等在衰老时（如蓝色、紫罗兰色和紫色花瓣等）会变红，这是因为液胞中的有机酸（苹果酸、天冬氨酸和酒石酸等）含量增加，pH 值下降，花色素苷呈现偏红色泽。

有机酸类化合物可降低水溶液的 pH 值，促进花茎的水分吸收和平衡，减少花茎的阻塞。应用最广泛的是柠檬酸，其次是异抗坏血酸、酒石酸和苯甲酸。柠檬酸的使用浓度是 50~800 mg/kg，可改善月季、菊花、羽扇豆、唐菖蒲、鹤望兰和茼蒿菊的水分吸收。

苯甲酸 500 mg/kg 可有效延长火鹤花的寿命。150~300 mg/kg 苯甲酸钠延迟香石竹和水仙的衰老，但对金鱼草、鸢尾、菊花和月季没有作用。

苯甲酸钠作为抗氧化剂和自由基清除剂，减少乙烯的产生，并增加水溶液的酸度。异抗坏血酸或抗坏血酸钠有效浓度为 100 mg/kg，有抗氧化和促进生长功能。作为花瓶保持液，可延缓月季、香石竹和金鱼草的衰老过程。

放线酮、叠氮化钠和整形素可延长一些切花的寿命。它们抑制呼吸作用和某些生化过程。这类生长调节剂使用低浓度，并且浓度要十分精确，否则会对切花产生副作用，其中的剧毒药品不宜使用。放线酮是一种蛋白质合成抑制剂，适宜浓度 10~20 mg/kg 可延长香石竹采后的寿命，但对月季有毒害作用。1 mg/kg 的放线酮处理水仙切花可延迟衰老。放线酮的浓度过高或处理时间过长对切花有毒害作用。

叠氮化钠的适宜浓度为 10 mg/kg，可减轻一些木本切花的茎阻塞，可延长铃兰和大丽花的采后寿命，可减少香石竹乙烯的生成。叠氮化钠为剧毒药品，使用时应防止中毒。

钾盐、钙盐、硼盐、铜盐、镍盐和锌盐影响切花的瓶插寿命，可抑制水溶液中微生物的活动，控制切花的生化反应和代谢活动。

Ga^{2+} 一方面对衰老有显著的延缓效应，使果实的货架期和切花的贮藏及瓶插期延长；另一方面则相反，它可促进衰老导致死亡。据研究麝香石竹切花在采收后第 4 天开始释放乙烯，ACC 含量和 ACC 合成酶活性也相应增加，乙烯释放第 6 天达到高峰，随后下降。钙调蛋白含量的变化和 ACC 合成酶的变化趋势一致。GA、STS 和 AOA 处理的切花中钙调蛋白含量比同期对照的低，乙烯生物合成被抑制，延迟衰老。Ga^{2+} 促进花瓣乙烯的释放。钙调蛋白抑制剂氯丙嗪（CPZ）对乙烯的释放具有抑制作用。Ca^{2+} 及钙调蛋白对切花保鲜与促衰作用的正反两方面的效应的生理机制有待深入研究。

KCl、KNO_3、K_2SO_4、$Ca(NO_3)_2$ 和 NH_4NO_3 有类似糖的作用，能增加切花花瓣细胞的渗透浓度，促进水分平衡，延缓衰老的过程。$Ca(NO_3)_2$（0.1%）延长一些切花的采后寿命。盐与钾盐混合可防止香石竹的软茎和弯茎现象。

碳酸钙（10 mg/kg）与糖及杀菌剂混合液是郁金香理想的保鲜液。硼酸（100~1 000 mg/kg）可延长香石竹、铃兰、香豌豆、丁香和羽扇豆的采后寿命，但对金鱼草、菊花、大波斯菊、亨利式百合和唐菖蒲有毒害作用。

水中含盐量达到 700 mg/kg 时，唐菖蒲瓶插寿命才降低，而月季、菊花和香石竹，在 200 mg/kg 时就对寿命有影响。当盐的浓度达到 200 mg/kg 时，每增加 100 mg/kg，这三种切花的寿命就减少 5~6 h。盐分也造成叶丛和花茎的伤害。含有较多的钠离子的软水对香石竹和月季的伤害大于含钙和锰的硬水。

碳酸氢钠对月季的毒害作用大于氯化钠，但对香石竹的危害不大。12 mg/kg 的 Fe^{2+}

对菊花有毒害，但对唐菖蒲安全。8~14 mg/kg 的硼对菊花和唐菖蒲均有毒害。煮沸的水中空气的含量较少，水容易被吸收和输导。把水加热到 38~40 ℃可促进切花对水分的吸收，因热水在导管中的移动比在冷水中快，热水处理对于轻微萎蔫的切花效果较好。

湿润剂：为了利于切花吸水，常在保鲜液中加入湿润剂，如 1 mg/kg 的次氯酸钠，0.1%的漂白剂或吐温-20（浓度 0.01%~0.1%）。

（二）切花保鲜剂处理方法

1. 吸收和硬化

吸收和硬化处理是在切花采后处理过程中或贮藏运输过程中发生不同程度的失水时，用水合液使萎蔫切花重新吸足水分，使萎蔫的切花恢复细胞膨压，恢复其鲜活状态的处理，称之为水合处理。水合处理可以有效地控制弯头和防止花苞萎蔫、掉头掉花等。

具体方法：用无离子水配制含有杀菌剂和柠檬酸（但不加糖）的溶液，pH 值为 4.5~5.0，并加入湿润剂吐温-20（0.01%~0.1%），装在塑料容器中。先在室温下把切花茎 38~44 ℃热水中呈斜面剪截后转移至同一温度下的上述水溶液中，溶液深度 10~15 cm，浸泡几个小时，再移至冷室中过夜（在溶液中）。对萎蔫较重的切花，可先把整个切花没入水中浸泡 1 h，然后按上述步骤操作。

有硬化木质茎的切花，如非洲菊、菊花和紫丁香，可把茎的末端插在 80~90 ℃水中几秒钟，再转移至冷水中浸泡，有利于恢复细胞的膨压。

2. 茎端浸渗

为了防止切花花茎导管被微生物生长或茎自身腐烂引起阻塞而吸水困难，可把茎末端浸在高浓度硝酸银溶液（约 1 000 mg/kg）中 5~10 min，这一处理可延长紫菀、非洲菊、香石竹、唐菖蒲、菊花和金鱼草等切花的采后寿命。硝酸银在茎中移动距离很短，处理后的切花不再剪截。进行茎端浸渗处理后，可马上进行糖液脉冲处理，也可数天后处理。

3. 脉冲或填充

脉冲或填充处理是把茎下部置于含有较高浓度的糖和杀菌剂溶液，浸脉冲液中数小时至 2 d，为切花补充外来糖源，以延长在水中的瓶插寿命。这一处理在运输中进行，一般由栽培者、运货者或批发商完成。经脉冲处理可影响切花的货架寿命，是一项非常重要的采后处理措施。脉冲液中蔗糖的浓度比瓶插保持液蔗糖浓度大数倍。唐菖蒲、非洲菊用 20%或更高的蔗糖浓度，香石竹、鹤望兰和丝石竹用 10%浓度，月季、菊花等用 2%~5%浓度。

脉冲液处理的时间和脉冲时的温度及光照条件对脉冲效果影响很大。为了避免高浓度糖对叶片和花瓣的损伤，应严格控制时间。一般脉冲处理时间为 12~24 h。如香石竹的脉冲时间 12~24 h，光照强度 1 000 lx，温度 20~27 ℃，相对湿度 35%~100%，这一配合效果最佳。脉冲处理时温度过高，会引起月季花蕾开放，因此，采用在 20 ℃下脉冲处理 3~4 h，再转至冷室中处理 12~16 h 为好。脉冲处理时间、温度和蔗糖浓度之间有相互作用，若脉冲时间短和温度高，则蔗糖浓度宜高。

脉冲处理可延长切花寿命，促进切花花蕾开放，显色更好，花瓣大，对唐菖蒲、微型香石竹及标准香石竹、菊花、月季、丝石竹和鹤望兰等都有显著效果。脉冲处理对于长期贮藏或远距离运输的切花的作用更加显著。但如果脉冲液浓度过高，处理时间过长，处理时温度过高，均会导致花朵和叶片的伤害。

4. 硫代硫酸银脉冲液（STS）

STS 对香石竹、六出花、百合、金鱼草和香豌豆效果最好。STS 脉冲的具体处理方法：先配制好 STS 溶液（浓度范围 0.2~4 mmol/L），把切花茎端插入 STS 溶液中，一般在 20 ℃温度下处理 20 min。处理时间长短因切花种类以及预贮期而异。如切花准备长期贮藏或远距离运输，在 STS 溶液中应加糖。

一般对乙烯敏感的切花在进入国际市场之前，都应以 STS 处理。

STS 处理只进行一次。如果栽培者未对切花作 STS 处理，批发商和零售商则应进行。

5. 花蕾开放液

切花采后促使花蕾开放的方法：花蕾开放液中含有 1.5%~2.0%的蔗糖，200 mg/kg 杀菌剂，75~100 mg/kg 有机酸。将带蕾切花插在开放液中处理若干天，在室温和高湿条件下进行，当花蕾开放后，应转至较低的温度下贮放。

花蕾开放液广泛用于如紫丁香、连翘、月季、微型香石竹/标准型香石竹、菊花、唐菖蒲、丝石竹、非洲菊、匙叶草、鹤望兰和金鱼草等。

切花花蕾的发育需要营养物质和激素。花蕾开放液成分和处理环境条件类似于脉冲处理，但因处理时间长，所使用蔗糖浓度比脉冲浓度低，温度要求也较低。在花蕾开放期间，为了防止叶片和花瓣脱水，需保持较高的相对湿度。要为不同的种和品种确定适宜的糖浓度，防止因糖浓度偏高，伤害叶片和花瓣。掌握花蕾发育阶段及适宜的采切时期十分重要。采切时花蕾过于幼小，即使使用花蕾开放液处理，花蕾也不能开放或不能充分开放，切花质量降低。促使花蕾开放的场所应提供人工光源，可控制温度和湿度，且有通风系统，以防室内乙烯积累。

6. 瓶插保持液

瓶插保持液种类繁多，其中糖浓度较低（0.5%~2%），还包含有机酸和杀菌剂。由于一些切花茎端和淹在水中的叶片分泌出有害物质，会伤害其自身和同一瓶中的其他切花。因此花瓶应定期调换新鲜的保持液（表 8-4）。

表 8-4 常用切花保鲜剂配方

切花	保鲜剂配方及使用浓度	保鲜剂种类
香石竹	100 mg/kg AgNO₃, 10 min	CS
	4 mmol/L STS, 10 min	CS
	550 mg/kg STS+100 g/L S	OS、HS
	5% S+200 mg/kg 8-HQS+20~50 mg/kg BA	OS
	5% S+200 mg/kg 8-HQS+50 mg/kg 醋酸银	HS
	3% S+300 mg/kg 8-HQ+500 mg/kg B9+20 mg/kg BA+10 mg/kg MH	HS
	5% S+500 mg/kg 杀藻铵+45 mg/kg CA+15 mg/kg 叠氯化钠	HS
	4% S+0.1%明矾+0.02%尿素+0.02% KCl+0.02%NaCl	HS

（续表）

切花	保鲜剂配方及使用浓度	保鲜剂种类
月季	2% S+300 mg/kg 8-HQC	OS
	4% S+50 mg/kg 8-HQS+100 mg/kg 异抗坏血酸	HS
	5% S+200 mg/kg 8-HQS+50 mg/kg 醋酸银	HS
	30 g/L S+130 mg/kg 8-HQS+200 mg/kg CA +25 mg/kg AgNO$_3$	HS
菊花	1 000 mg/kg AgNO$_3$，10 min	CS
	2% S+200 mg/kg 8-HQC	OS
	2%~30% S+25 mg/kg AgNO$_3$+75 mg/kg CA	OS
	35 g/L S+30 mg/kg AgNO$_3$+75 mg/kg CA	HS
小苍兰	0.2 mmol/L STS+50 mg/kg BA	CS
	60 g/L S+250 mg/kg 8-HQS+70 mg/kg CCC+ 50 mg/kg AgNO$_3$	HS
	40 g/L S+0.15 g/L Al$_2$(SO$_4$)$_3$+0.2 g/L MgSO$_4$+ 1 g/L K$_2$SO$_4$+0.5g/L 硫肼	HS
非洲菊	1 000 mg/kg AgNO$_3$或 60 mg/kg 次氯酸钠，10 min	CS
	7% S+200 mg/kg 8-HQC+25 mg/kg AgNO$_3$	CS、OS
	20 mg/kg AgNO$_3$+150 mg/kg CA+50 mg/kg NaH$_2$PO$_4$·2H$_2$O	HS
	30 g/L S+200 mg/kg 8-HQS+150 mg/kg CA+75 mg/kg K$_2$HPO$_4$·H$_2$O	HS
郁金香	10 mg/kg 杀藻铵+2.5% S+10 mg/kg CaCO$_3$	HS
	50 g/L S+0.3g/L 8-HQS+0.05g/L CCC	HS
百合	0.2 mmol/L STS	CS
	1 000 mg/kg GA	CS
	30 g/L S+200 mg/kg 8-HQC	OS、HS
金鱼草	1 mmol/L STS，20 min	CS
	4% S+50 mg/kg 8-HQS+1 000 mg/g 异抗坏血酸	HS
	1.5% S+300 mg/kg 8-HQC+50 mg/kg B9	HS
翠菊	1 000 mg/kg AgNO$_3$，10 min	CS
	2%~5% S+25 mg/kg AgNO$_3$+70 mg/kg CA，17 h	CS
	60 g/L S+250 mg/kg 8-HQS+70 mg/kg CCC + 50 mg/kg AgNO$_3$	HS
满天星	5%~10% S+25 mg/kg AgNO$_3$	OS
	2% S+200 mg/kg 8-HQC	HS
唐菖蒲	1 000 mg/kg AgNO$_3$，10 min	CS
	20% S，20 h	CS
	4% S+600 mg/kg 8-HQC，24 h	OS、HS
	20% S+200 mg/kg 8-HQC+50 mg/kg AgNO$_3$+ 50 mg/kg Al$_2$(SO$_4$)$_3$	

（续表）

切花	保鲜剂配方及使用浓度	保鲜剂种类
花烛	4 mmol/L AgNO$_3$，20 min	CS
	4% S+50 mg/kg AgNO$_3$+0.05 mmol/L NaH$_2$PO$_4$	HS
水仙	30~70 g/L S+30~60 mg/kg AgNO$_3$	HS
	60 g/L+250 mg/kg 8-HQS+70 mg/kg CCC+50 mg/kg AgNO$_3$	HS
鹤望兰	10% S+250 mg/kg 8-HQC+150 mg/kg CA	CS、OS
香豌豆	4 mmol/L STS，8 min	CS
	50 g/L S+0.3 g/L 8-HQS+0.05 g/L CCC	HS
大丽花	10%葡萄糖+0.2 mmol/L AgNO$_3$+200 mg/kg 8-HQS	CS、HS
牡丹	3% S+200 mg/kg 8-HQS+50 mg/kg CoCl$_2$+ 20 mg/kg 黄腐酸	HS
仙客来	150 g/L S+30 mg/kg AgNO$_3$，20 h	CS

注：CS—预处理液；OS—催花液；HS—瓶插液；S—糖；CA—柠檬酸；8-HQ—8-羟基喹啉；8-HQS—8-羟基喹啉硫酸盐；8-HQC—8-羟基喹啉柠檬酸盐；STS—硫代硫酸银；BA—6-苄基嘌呤；CA—赤霉素；B9—N-二甲基琥珀酸；CCC—矮壮素；MH—青鲜素。

（三）盆花上市前化学处理

待出售的盆花应是健康、无病虫害的，因为在上市过程中很难进行病虫害防治。对灰霉病敏感的植物在运输前应喷杀菌剂保护。

为了改进观叶植物的外观品质，在出售前要喷施叶面光亮剂。有的叶面光亮剂中含有杀虫剂和杀菌剂，因此可达到防病和防虫的双重效果。注意，这类促进叶片光线反射的制剂增加了植物的光补偿点（30%左右），因此需要更多的光照。

叶面喷撒硫代硫酸银（STS）可抑制盆栽植物乙烯的产生，避免花蕾和花朵的脱落，在上市前2~3周用STS处理一次，可使盆栽植物在整个采后环节中得到保护。但要严格控制STS的浓度，否则浓度过高，导致叶片和花蕾产生黑色的斑点或坏死斑。一些盆栽植物适宜的STS的浓度见表8-5。注意，被霉菌感染的植株不宜使用STS。

表8-5　常见盆花使用的STS浓度

植物名称	STS浓度/（mmol/L）	植物名称	STS浓度/（mmol/L）
苘麻	0.4~0.6	倒挂金钟	0.3~0.5
耐寒苦苣苔	0.3~0.5	木槿属	0.5~0.8
秋海棠	1.0~2.0	球兰	0.6
叶子花	0.5	凤仙花	0.3~0.5
蒲苞花	0.2~0.5	爵床属	0.5~1.2
风铃草	0.3~0.6	茉莉	0.5~1.2
常春花	0.4~0.6	天竺葵种子	0.5

（续表）

植物名称	STS 浓度/（mmol/L）	植物名称	STS 浓度/（mmol/L）
海州常山	0.4	矮牵牛	0.2~0.5
仙客来	0.5~1	报春花	0.2~0.5
石竹属	0.3~0.5	杜鹃花	0.4~0.8
昙花	0.5~2.0	非洲紫罗兰	0.2~0.5
马鞭草	0.3~0.4	草原龙胆草	0.3~0.4

二、花卉种球、种苗采后处理技术

（一）鳞茎、根茎、块茎和根采后的处理技术

多数鳞茎在挖掘后和愈合处理后不需要立即冷藏，可置于温暖条件下让鳞茎的花器发育，然后再于较低温度贮藏防止发芽，在适宜的湿度下既防止生根又不丧失其水分。

肉质鳞茎和肉质根（如百合鳞茎和芍药根）在高温和过低的湿度下愈合处理可能受到伤害。宜用潮湿的水薹包装置于冷库低温贮藏，否则生长不良。

多数鳞茎和球茎可贮存于浅盘、浅箱或网袋中作干藏，放在通风良好室内即可。窄叶小草、壮丽贝母、酢浆草、绵枣儿和马蹄莲等需包装于刨花之中。耐寒苦苣苔、六出花、秋海棠、彩叶芋、美人蕉、大丽花、莬葵、雪莲花、风信子、嘉兰、萱草、水鬼蕉、德国鸢尾、百合、花毛茛和虎斑草可包装于泥炭藓、沙子、谷糠或蛭石中以防止干燥。大多数鳞茎，特别是春季开花的种类，避免暴露于乙烯气体中，以免受到伤害。

某些鳞茎类在花器发育完成之后和种植之前，需保存在2~10℃低温中4~6周，可促进开花。这一处理称为预冷，应在50%（低）~75%（中等）相对湿度和良好的空气循环条件下进行。常见球茎贮藏条件见表8-6。

表8-6　常见球茎贮藏条件

名称	贮藏温度/℃	贮存期	最高冻结点/℃
罂粟秋牡丹	7~13	3~4 个月	—
秋海棠（块茎）	2~7	3~5 个月	-0.5
五彩芋属	21	—	-1.3
铃兰属	-4~-1	1 年	—
番红花	17	2~3 个月	—
大丽花	4~9	5 个月	-1.8
小苍兰属	30	3~4 个月	—
唐菖蒲	7~10	5~8 个月	-2.1
嘉兰百合	10~17	2~3 个月	—
大岩桐属	5~10	5~7 个月	-0.8

（续表）

名称	贮藏温度/℃	贮存期	最高冻结点/℃
萱草属	10	1个月	
星花属	3~7	5个月	-0.6
风信子属	17~20	2~5个月	-1.5
荷兰鸢尾	20~25	4~12个月	
百合属	-0.5~0.5	1~10个月	-1.7
水仙属	13~17	2~4个月	-1.3
芍药属	0~2	5个月	
郁金香属	17	2~6个月	-2.4
马蹄莲属	4~13		-2.5

（二）一些重要花卉的贮藏方法

1. 切花贮藏

贮藏的花卉、切花和插条以健康无病虫害和无任何机械损伤为宜。

（1）要求0~2℃，90%~95%的相对湿度下贮藏的切花与切叶 葱属、紫菀、寒丁子花、香石竹、菊花、番红花、蕙兰、小苍兰、栀子花、风信子、球根鸢尾、百合、铃兰、水仙、芍药、花毛茛、月季、绵枣儿、香豌豆、郁金香、铁线蕨、雪松、圣诞耳蕨、鳞毛蕨、石松、冬青、刺柏、槲寄生、山月桂、杜鹃、北美白珠树、柠檬叶、乌饭树属（越橘）等。

（2）要求4~5℃，90%~95%相对湿度下贮藏的切花与切叶 金合欢、六出花、银莲花、醉鱼草、金盏花、水芋、屈曲花、金鸡菊、矢车菊、波斯菊、大丽花、雏菊、堇菜、翠雀、小白菊、勿忘我、毛地黄、天人菊、非洲菊、唐菖蒲、嘉兰、丝石竹、欧石楠、丁香、羽扇豆、万寿菊、木樨草、百日草、蕙兰、乌乳花、罂粟、福禄考、报春花、金鱼草、雪滴花、补血草、千金子藤、紫罗兰、蜡菊、铁线蕨、天门冬、黄杨、山茶、巴豆、龙血树、桉叶、常春藤、冬青、地桂、木兰、番樱桃、喜林芋、海桐花、金雀花等。

（3）要求7~10℃，90%~95%相对湿度下贮藏的切花与切叶 银莲花、鹤望兰、山茶、嘉兰、高代花、卡特兰、美国石竹、袖珍椰子、罗汉松、棕榈等。

（4）要求13~15℃温度下贮藏的切花 安祖花、姜花、蝎尾蕉、万代兰、一品红、花叶万年青、鹿角蕨等。

海葵、唐菖蒲、鸢尾、百合、水仙、郁金香和月季等切花贮后插于水中发育和开花良好；但香石竹、菊花、芍药、金鱼草和鹤望兰贮后直接插在水中发育和开花不良，用花蕾开放液或瓶插保持液处理，开花质量较好。在贮前用脉冲液处理的切花，贮后花蕾开放较好。切花贮藏室的相对湿度以90%~95%为宜，任何微小的湿度变化（5%~10%）都会损害切花的质量。在70%~80%相对湿度下有些切花的花瓣变干。如果切花干贮，未包膜，或湿贮于干燥的容器中，贮藏库宜保持较高湿度。切花置于密闭的膜袋中，湿度可忽略，因袋中的空气湿度很快即可饱和。冷藏室中的空气湿度一天至少测定一次。

光照对切花和插条的质量及贮藏期有明显影响。香石竹可贮于黑暗中，六出花、百合和菊花如果长期在黑暗中贮藏会引起叶片黄化。贮藏菊花宜有 500~1 000 lx 的光照，包装袋和容器袋应透明。香石竹和菊花的花蕾开放需用 1 100~2 200 lx 连续光照和花蕾开放液。在批发和零售商店切花陈设场所，应保持 1 100~2 200 lx 光照，每天 16 h，利于叶片和花蕾发育。需长期贮藏的切花和草本插条，可用干贮法，即把材料紧密包裹在箱子、纤维圆筒或聚乙烯膜袋中，以防水分丧失。表 8-7 为一些花卉、插条和接穗贮藏温度及贮藏期。某些切花只进行短期（1~4 周）贮藏时，可采用湿贮法，即把切花插在水中或保鲜液中存放。如天门冬、大丽花、小苍兰、非洲菊和丝石竹等适合湿贮。湿贮法占据冷库空间较大。用于销售或短期贮藏的切花，采切后立即放入盛有温水或温暖保鲜剂（38~43 ℃）的容器中，再把容器与切花一起放在冷库中。湿贮温度以 3~4 ℃ 为宜。

切花和草本插条在高湿条件下对灰霉菌和葡萄孢属菌敏感，在长期贮藏之前应用杀菌剂喷布和浸蘸，晾干后包装。贮前，切花应用含有糖、杀菌剂和抗乙烯剂的保鲜液脉冲处理，以延长贮期，并提高贮后切花的质量。

切花放入聚乙烯袋或铝箔包裹前宜预冷，以防产生冷凝水，未经预冷的插条也产生冷凝水。如果报纸不危害切花，亦可使用。若冷库中温度波动过大，在贮存期仍会出现凝结水。在湿贮期间，不宜向切花上喷水，以防叶片受害和灰霉病发生。

气调贮藏的效果取决于花卉品种类型。月季贮藏于含有 CO_2 的气体环境中常发生花瓣泛蓝现象。

月季和香石竹气调贮藏的试验得出以下结论：①在长期贮藏中，CO_2 和 O_2 的浓度必须精确控制，因为不同种类切花甚至不同品种对 CO_2 和 O_2 所需最适浓度均不同；②切花适宜的 CO_2 和 O_2 的浓度范围很狭窄，当 CO_2 浓度高于 4% 时花朵受害，花瓣颜色泛蓝，而 O_2 浓度低 0.4% 时常引起无氧呼吸和发酵；③CO_2 在较低或较高温度下易引起更大的伤害；④切花（尤其是香石竹）的气调贮藏与常规冷藏相比成本过高。

水仙花在 100% 的氮气中贮藏，在 4 ℃ 的条件下贮放 14~25 d 后，切花瓶插寿命延长 80%~100%。花卉贮藏期间病虫害防治，以药物熏蒸法有较好的效果，可杀死蓟马和鳞翅目幼虫。少数切花在较高温度下熏蒸可能引起叶片灼烧、花蕾不开放和瓶插寿命缩短。防治灰霉病常用的杀菌剂有异丙啶、杀菌利、烯丙酮等。可采用喷剂喷布或材料浸蘸。

2. 插条和接穗贮藏

插条和接穗贮藏以备将来之需，插条和接穗推荐温度见表 8-7。冷藏插条可抑制其呼吸和蒸腾作用，减轻落叶，控制病害蔓延和延长寿命。0~4 ℃ 条件下配合杀菌剂处理可延长若干种已生根插条的贮藏寿命达 6 个月之久。植物材料汁液越多，贮存期越短。杜鹃花的未生根绿枝插条包在聚乙烯袋中可在 -0.5~4 ℃ 下贮存 4~10 周。生根或未生根的香石竹插条包装在聚乙烯膜衬里的箱子或薄膜袋中，能在 -0.5~0 ℃ 温度下保存5~6个月。塑料膜不要密封死。可在根周围或插条基部包少量泥炭或水藓，有助于保湿。用聚乙烯袋作保水包装材料，一些菊花品种的未生根、未硬化插条可在-0.5~0.5 ℃下贮存5~6周，贮藏超过5~6周的插条则生根慢，生长量较少。秋季的菊花插条（未生根）去除大部分叶片，包在聚乙烯膜袋中，可在-2~1 ℃温度下贮藏6个月之久。已生根的菊花插条能在-0.5~1.6 ℃下贮藏3~6周，贮藏期长短与品种有关，在较高温度下，贮藏寿命较短，菊花插条可用低压贮藏。

已生根的一品红插条采用减压贮藏（4 665 Pa），能在5 ℃下贮藏一周；未生根的一品红插条贮藏时间较短。

未生根的天竺葵插条能在-0.5 ℃下贮藏4~6周，应干贮于保湿容器内。在5 ℃下贮藏寿命仅2周，有报道称采用减压贮藏可延长其贮藏期。

热带观叶植物插条一般包在报纸中，用泥炭藓裹住插条基部或根系，再装入打蜡纸箱。运输温度一般维持在15.5~18.5 ℃。

月季接穗能在-2~-0.5 ℃下贮藏24个月。接穗剪截成40 cm，捆成束，再用聚乙烯膜包裹，然后用湿润的报纸包裹，最后用聚乙烯膜或保湿纸包裹，于纸箱中贮藏。

表8-7　常见插条和接穗温度

名称	贮藏温度/℃	贮藏时间	名称	贮藏温度/℃	贮藏时间
杜鹃花（未生根）	-0.5~4	4~10周	天竺葵（未生根）	-0.5	4~6个周
石竹	-0.5~0	5~6个月	一品红（生根）	5	1周
菊花（生根）	-0.5~1.6	3~6个周	玫瑰接穗	-2~-0.5	1~2年
菊花（未生根）	-0.5~0.5	5~6个周	木本观赏植物	0~2	5~6月

3. 多年生草本种苗贮藏

（1）在-2.8~-2.2 ℃下贮藏的植物　蓍草、筋骨草、西伯利亚牛舌草、筷子芥、紫菀、风铃草、矢车菊、升麻、铃兰、金鸡菊、翠雀、美国石竹、多榔菊、兰刺头、天人菊、老鹳草、水杨梅、丝石竹、堆心菊、屈曲花、薰衣草、蛇鞭菊、补血草、花亚麻、半边莲、剪秋罗、千屈菜、月见草、芍药、罂粟、草本象牙红、穗花福禄考、丛生福禄考、假龙头花、洋桔梗、金光菊、草原鼠尾草、景天、绣线菊、唐松草、紫露草、金莲花、婆婆纳和堇菜等。

（2）在0.6~1.7 ℃贮藏的植物　乌头、百子莲、意大利牛舌草、荷包牡丹和蓼等。

（3）在0.6~4.4 ℃贮藏的植物　蜀葵、非洲菊、向日葵、黄葵、鸢尾和羽扇豆等。

三、切花采收、分级和包装

（一）采收

1. 采收适期

适宜的采切时间因植物种类、品种、季节、环境条件和距市场远近而异，就近直接销售的切花采切阶段比远距离运输或需贮藏的晚一些。在保证花蕾正常开放和不影响品质的前提下，宜在花蕾期采切，可缩短生产周期，提早上市，较早腾出温室或花圃空间；花蕾较花朵紧凑，便于采后处理，节省贮运空间，降低成本。降低切花采后处理和贮运期间遇到的高温、低温、低湿和乙烯危害的敏感性，对机械性伤害耐受性强。月季和非洲菊如采切过早，则发生弯颈现象。月季弯颈是花颈中维管束组织木质化程度低所致。非洲菊的花颈中心空腔导致弯颈，有些切花在蕾期采切后，在清水中不能正常开放，需插入花蕾开放液中才会开花。一些具穗状花序的切花（如飞燕草和假龙头花）应在花序基部1~2朵小花开放时采切（表8-8）。

表8-8 鲜切花采切的标准

品种	标准	品种	标准
金合欢属	花序 1/2 小花开放	香芙蓉	花朵开始开放
木茼蒿	花朵充分开放	毛地黄	花序 1/2 小花开放
凤尾蓍	花朵充分开放	小兰刺头	花朵半开
春白菊	花朵充分开放	百合属	花蕾显色
舟形乌头	花序 1/2 小花开放	一品红	充分成熟
大滨菊	花朵充分开放	草原龙胆草	5~6 朵小花开放
百子莲	花序 1/4 小花开放	壮丽贝母	花朵半开
硕葱	花序 1/3 小花开放	天人菊	花朵充分开放
大花观赏葱	花序 1/4 小花开放	栀子花	花朵几乎充分开放
杂种六出花	花序 4~5 朵小花开放	唐菖蒲	1~5 个花蕾显现色泽
蜀葵	花序 1/3 小花开放	丝石竹	花朵开放但不过熟
苋属	花序 1/2 小花开放	满天星	花蕾开放，但不过熟
银莲花	花蕾开始开放	向日葵	花朵充分开放
安祖花	佛焰花序充分发育	朱顶红	花蕾显色
金鱼草	花序 1/3 小花开放	郁金香	花蕾半着色
杂种耧斗菜	花序 1/2 小花开放	百日草	花朵充分开放
雏菊	花朵充分开放	一枝黄花	花序 1/2 小花开放
金盏花	花朵充分开放	鹤望兰	第一朵小花开放
翠菊	花朵充分开放	马蹄莲	佛焰苞刚向下转之前
山茶	花朵充分开放	万寿菊	花朵充分开放
风铃草属	花序 1/2 小花开放	菊标准品种	外围花瓣充分伸长
卡特兰属	花朵开放 3~4 d 后	菊小花枝品种单花型	花开放前
青葙	花序 1/2 小花开放	菊银莲花型	盘心花开始伸长之前
矢车菊	花朵开始开放	蓬蓬菊装饰型	中心老花充分开放

（续表）

品种	标准	品种	标准
秀丽克拉花	花序 1/2 小花开放	小苍兰	第一花蕾开始开放
君子兰	花序 1/4 小花开放	勿忘我	花序 1/2 开放
飞燕草	花序 2~5 朵小花开放	非洲菊	外围花可见花粉
铃兰	花序 1/2 小花开放，末端绿色已褪	虎眼万年青	花蕾显色
杂种落新妇	花序 1/2 小花开放	芍药属	花蕾显色
大花金鸡菊	花朵充分开放	罂粟	花蕾显色
闭鞘姜属	花朵充分开放	萱草	花朵半开
仙客来	花朵充分开放	蝶兰、兜兰	花朵开放 3~4 d 后
蕙兰属	花朵开放 3~4 d 后	鸢尾	花蕾显色
大丽花	花朵充分开放	金光菊	花朵充分开放
洋翠雀	花序 1/2 小花开放	月季红色、粉红种	头 2 片花瓣已展开萼片反转低于水平线稍早于前者
园丁翠雀	花序 1/2 小花开放	月季黄色品种	稍早于前者
石斛属	花朵几乎充分开放	月季白色品种	稍晚于红色品种
麝香石竹标准品种	花朵半开	天蓝绣球	花序 1/2 小花开放
麝香石竹小花枝品种	2 朵花充分开放	旱金莲	花朵半开
红花除虫菊	花朵充分开放	香豌豆	花序 1/2 小花开放
蛇鞭菊	花序 1/2 小花开放	景天属	花朵充分开放
补血草	花朵几乎开放		

　　切花采后的发育和瓶插寿命在很大程度上取决于植物组织中碳水化合物的积累量。因此石竹、月季和菊花在夏季采切的发育阶段宜早些，而在冬季的采切则宜晚些，以保证在花瓶中能正常发育。火鹤花、中国紫菀、金盏花、水芋、大丽花、非洲菊、兰花和某些月季品种，如果在花蕾发育的早期采切，即使用花蕾开放液催花也不会正常开花，这些切花只适宜在花朵充分开放后采切贮藏。

　　2. 采切时间

　　夏季适宜的采切时间是 8:00 左右，采收后易失水的种类的采收宜在露水、雨水和水汽干燥后进行，采收后立即放入保鲜液中，尽快预冷或放于冷库中，防止水分流失。避免高温（27 ℃）和强光照射下采收。对于乙烯敏感的种类可先置于清水中转到分级间后用银盐制剂作抗乙烯处理。

　　上午采切可保持切花有较高的膨压，切花的含水量最高，但因露水较多，切花较潮湿，易受真菌和细菌的感染，下午采收遇高温切花易失水，一般傍晚采收比较理想。

3. 采切方法

用锋利的刀切割，切口要留斜面以利吸水。切口要光滑，避免压破茎部引起含糖汁液渗出，遭微生物感染阻塞输导组织。

切割的部位应靠近花颈木质化程度适度的地方，要尽可能使花颈长些，但木质化程度过高时，切花吸水能力下降。

一品红、罂粟、橡皮树、银边翠和猩猩草等在切口处流出乳状汁液，在切口凝固，影响水分吸收，解决这一问题的方法是在每次剪截花茎时，立即把茎端插入85~90 ℃水中烫数秒钟。

（二）分级

切花分级对生产者非常重要，因其决定切花的价格。为了避免分级的不一致，一些重要的切花应有统一的分级标准。一般在国际贸易中，切花的质量指标为切花的形态、色泽、新鲜度和健康状况等。

每个销售单位（一束、一串、一箱等）只能包括处于同一花蕾发育阶段的同一种或品种，商品切花应在该种或品种的适宜发育阶段采切。切花必须是完整无损、新鲜、无病虫害。须保证切花的发育阶段和质量使之安全运达目的地而不变质，每个包装单位（束，箱）中花长度最长和最短的差别不可超过2.5~10.0 cm。

特级切花必须具有最好的品质，具有该种或品种的所有特性，没有任何影响外观的外来物质和病虫害。只允许3%的特级切花、5%的一级切花和10%的二级切花具有轻微的缺陷，在每个等级可以有10%的植物材料在茎的长度上有变化，但须符合该代码中的最低要求。几种重要切花世界质量分级标准见表8-9至表8-13。

表8-9　月季切花产品质量分级标准

序号	等级			
	一级	二级	三级	四级
1	整体感、新鲜程度极好	整体感、新鲜程度好	整体感、新鲜程度好	整体感、新鲜程度一般
2	完整优美，花朵饱满，外层花瓣整齐，无损伤	花形完美，花朵饱满，外层花瓣整齐，无损伤	花形整齐，花朵饱满，有轻微损伤	花瓣有轻微损伤
3	花色鲜艳，无焦边、变色	花色好，无褪色失水，无焦边	花色良好，不失水，略有焦边	花色良好，略有褪色，有焦边
4	①枝条均匀、挺直；②花茎长度65 cm以上，无弯颈；③40 g以上	①枝条均匀、挺直；②花茎长度55 cm以上，无弯颈；③30 g以上	①枝条挺直；②花茎长度50 cm以上，无弯颈；③25 g以上	①枝条稍有弯曲；②花茎长度40 cm以上，无弯颈；③20 g以上

（续表）

序号	等级			
	一级	二级	三级	四级
5	①叶片大小均匀，分布均匀；②叶色鲜绿有光泽，无褪绿叶片；③叶面清洁、平整	①叶片大小均匀，分布均匀；②叶色鲜绿，无褪绿叶片；③叶面清洁、平整	①叶片分布较均匀；②无褪绿叶片；③叶面较清洁，稍有污点	①叶片分布不均匀；②叶片有轻微褪色；③叶面有少量残留物
6	无购入国家或地区检疫的病虫害	无购入国家或地区检疫的病虫害，无明显病虫害斑点	无购入国家或地区检疫的病虫害，有轻微病虫害斑点	无购入国家或地区检疫的病虫害，有轻微病虫害斑点
7	无药害、冷害、机械损伤	基本无药害、冷害、机械损伤	有轻度药害、冷害、机械损伤	有轻度药害、冷害、机械损伤
8	适用开花指数1~3	适用开花指数1~3	适用开花指数2~4	适用开花指数3~4
9	①立即用保鲜剂处理；②依品种12枝捆绑成扎，每扎中花枝长度最长与最短的差别不可超过3 cm；③切口以上15 cm去叶、去刺	①保鲜剂处理；②依品种20支捆绑成扎，每扎中花枝长度最长与最短的差别不可超过3 cm；③切口以上15 cm去叶、去刺	①依品种20枝捆绑成扎，每扎中花枝长度最长与最短的差别不可超过5 cm；②切口以上15 cm去叶、去刺	①依品种30枝捆绑成扎，每扎中花枝长度的差别不可超过10 cm；②切口以上15 cm去叶、去刺

注：开花指数1，花萼略有松散，适合于远距离运输和贮藏；

开花指数2，花瓣伸出萼片，可以兼作远距离和近距离运输；

开花指数3，外层花瓣开始松散，适合于近距离运输和就近批发出售；

开花指数4，内层花瓣开始松散，必须就近很快出售。

表8-10 唐菖蒲切花产品质量分级标准

序号	评价项目	等级			
		一级	二级	三级	四级
1	花枝的整体感	整体感、新鲜程度极好	整体感、新鲜程度好	整体感一般，新鲜程度好	整体感、新鲜程度一般
2	小花数	小花20朵以上	小花16朵以上	小花14朵以上	小花12朵以上
3	花形	花形完整优美；基部第一朵花茎12 cm以上	花形完整；基部第一朵花茎10 cm以上	略有损伤；基部第一朵花茎12 cm以上	略有损伤；基部第一朵花茎12 cm以上
4	花色	鲜艳、纯正、带有光泽	鲜艳、无褪色	一般、轻微褪色	一般、轻微褪色
5	花枝	①粗壮、挺直，匀称；②长度130 cm以上	①粗壮、挺直，匀称；②长度100 cm以上	①挺直略有弯曲；②长度85 cm以上	①略有弯曲；②长度70 cm以上

（续表）

序号	评价项目	等级			
		一级	二级	三级	四级
6	叶	叶厚实鲜绿有光泽，无干尖	叶色鲜绿，无干尖	有轻微褪绿或干尖	有轻微褪绿或干尖
7	病虫害	无购入国家或地区检疫的病虫害	无购入国家或地区检疫的病虫害，有轻微病虫害斑点	无购入国家或地区检疫的病虫害，有轻微病虫害斑点	无购入国家或地区检疫的病虫害，有轻微病虫害斑点
8	损伤等	无药害、冷害、机械损伤等	几乎无药害、冷害、机械损伤等	有极轻度药害、冷害、机械损伤等	有轻度药害、冷害、机械损伤等
9	采切标准	适用开花指数1~3	适用开花指数1~3	使用开花指数2~4	使用开花指数2~4
10	采后处理	①立即入保鲜剂处理；②依品种每10枝、20枝捆绑成一扎，每把中花梗长度最长与最短的差别不可超过3 cm；③每10扎、5扎为一捆	①保鲜剂处理；②依品种每10枝、20枝捆成一把，每把中花梗长度最长与最短的差别不可超过5 cm；③每10扎、5扎为一捆	①依品种每10枝、20枝捆成一把，每把中花梗长度最长与最短的差别不可超过10 cm；②每10扎、5扎为一捆	①依品种每10枝、20枝捆成一把，每把基部切齐；②每10扎、5扎为一捆

注：开花指数1，花序最下部1~2朵小花都显色而花瓣仍然紧卷时，适合于远距离运输；

开花指数2，花序最下部1~5朵小花都显色，小花花瓣未开放，可以兼作远距离和近距离运输；

开花指数3，花序最下部1~5朵小花都显色，其中基部小花略呈展开状态，适合于就近批发出售；

开花指数4，花序下部7朵以上小花露出苞片并都显色，其中基部小花已经开放，必须就近很快出售。

表8-11 标准菊切花产品质量分级标准

序号	评价项目	等级			
		一级	二级	三级	四级
1	整体感	整体感、新鲜程度极好	整体感、新鲜程度极好	整体感一般，新鲜程度好	整体感、新鲜程度一般
2	花形	花形完整，花朵饱满，外层花瓣整齐；最小花直径14 cm	花形完整，花朵饱满，外层花瓣整齐；最小花直径12 cm	花形完整，花朵饱满，外层花瓣有轻微损伤；最小花直径10 cm	花形完整，花朵饱满，外层花瓣有轻微损伤；最小花直径10 cm
3	花色	鲜艳，纯正，带有光泽	鲜艳，纯正	鲜艳，不失水，略有焦边	花色稍差，略有褪色，有焦边

（续表）

序号	评价项目	等级			
		一级	二级	三级	四级
4	花枝	坚硬、挺直，花颈长 5 cm 以内，花头端正；长度 85 cm 以上	坚硬、挺直，花颈长 6 cm 以内，花头端正；长度 75 cm 以上	挺直；长度 65 cm 以上	挺直；长度 60 cm 以上
5	叶	①厚实，分布均匀；②叶色鲜绿有光泽	①厚实，分布均匀；②叶色鲜绿	①叶片厚实，分布较匀称；②叶色绿	①叶片分布不匀称；②叶片稍有褪色
6	病虫害	无购入国家或地区检疫的病虫害	无购入国家或地区检疫的病虫害，有轻微病虫害症状	无购入国家或地区检疫的病虫害，有轻微病虫害症状	无购入国家或地区检疫的病虫害，有轻微病虫害症状
7	损伤	无药害、冷害、机械损伤等	基本无药害、冷害及机械损伤等	有轻微药害、冷害及机械损伤等	有轻微药害、冷害及机械损伤
8	采切标准	适用开花指数 1~3	适用开花指数 1~3	适用开花指数 2~4	适用开花指数 2~4
9	采后处理	①冷藏，保鲜剂处理；②依品种每 12 枝捆成一把，每把中花茎最长与最短的差别不可超过 3 cm；③切口以上 10 cm 都去叶	①冷藏，保鲜剂处理；②依品种每 12 枝捆成一把，每把中花茎最长与最短的差别不可超过 5 cm；③切口以上 10 cm 都去叶	①依品种每 12 枝捆成一把，每把中花茎最长与最短的差别不可超过 10 cm；②切口以上 10 cm 都去叶	①依品种每 12 枝捆成一把，每把基部切齐；②切口以上 10 cm 都去叶

注：开花指数 1，花萼略有松散，适合于远距离运输和贮藏；

开花指数 2，花瓣伸出萼片，可以兼作远距离和近距离运输；

开花指数 3，外层花瓣开始松散，适合于近距离运输和就近批发出售；

开花指数 4，内层花瓣开始松散，必须就近很快出售。

表 8-12　满天星切花产品质量分级标准

序号	评价项目	等级			
		一级	二级	三级	四级
1	整体感	极好，聚伞圆锥花序完整	好，聚伞形花序完整	一般，聚伞圆锥花序较完整	一般，聚伞形花序欠完整
2	花形	小花饱满，完整优美	小花完整，无明显黑粒与异常花	小花完整，有少量黑粒或异常花	小花完整，有少量黑粒与异常花
3	花色	纯正、明亮	好，小花黄化和萎蔫率低于 5%	一般，小花黄化和萎蔫率低于 10%	一般，小花黄化和萎蔫率低于 15%

（续表）

序号	评价项目	等级			
		一级	二级	三级	四级
4	花枝	①茎秆鲜绿，坚挺，具韧性；②长度65 cm以上；③主枝明显，并有3个以上分枝；④花茎切口至第一大分枝处长度不超过15 cm	①茎秆鲜绿，挺直；②长度55 cm以上；③每个花茎都有3个以上分枝；④花茎切口至第一大分枝处长度不超过15 cm	①茎秆挺直；②长度45 cm以上；③每个花茎都有2个以上分枝；④花茎基部至第一大分枝处长度不超过15 cm	①茎秆稍有弯曲；②长度45 cm以上
5	叶	有极少量叶片，鲜绿明亮	有少量叶片，鲜绿明亮	有少量叶片，有少量烧叶	有少量叶片，有少量烧叶
6	病虫害	无购入国家或地区检疫的病虫害	无购入国家或地区检疫的病虫害，有轻微病虫害症状	无购入国家或地区检疫的病虫害，有轻微病虫害症状	无购入国家或地区检疫的病虫害，有轻微病虫害症状
7	损伤	无药害、冷害、机械损伤	基本无药害、冷害及机械损伤	有极轻度药害、冷害及机械损伤	有明显的药害、冷害及机械损伤
8	采切标准	适用开花指数1~3	适用开花指数1~3	适用开花指数2~4	适用开花指数3~4
9	采后处理	①保鲜剂处理；②依品种每330 g捆成一扎，每把基部切齐，每把中花茎长度最长与最短的差别不可超过3 cm；③基部用橡皮筋绑紧；④每把套袋或纸张包扎保护	①保鲜剂处理；②依品种每330 g捆成一扎，每把基部切齐，每把中花茎长度最长与最短的差别不可超过5 cm；③基部需橡皮筋绑紧；④每把套袋或纸张包扎保护	①依品种每250 g捆成一扎；②每把基部切齐，每把中花茎长度最长与最短的差别不可超过10 cm；③基部用橡皮筋绑紧；④每把需套袋或纸张包扎保护	依品种每250 g捆成一扎，基部用橡皮筋绑紧

注：开花指数1，小花盛开率10%~15%，适合于远距离运输；

　　开花指数2，小花盛开率16%~25%，可以兼作远距离和近距离运输；

　　开花指数3，小花盛开率26%~35%，适合于就近批发；

　　开花指数4，小花盛开率36%~45%，必须就近很快出售。

表8-13　大花香石竹切花产品质量分级标准

序号	评价项目	等级			
		一级	二级	三级	四级
1	整体感	整体感、新鲜程度极好	整体感、新鲜程度好	整体感、新鲜程度好	整体感一般
2	花形	①花形完整优美，外层花瓣整齐；②最小花直径：紧实5.0 cm，较紧实6.2 cm，开放7.5 cm	①花形完整，外层花瓣整齐；②最小花直径：紧实4.4 cm，较紧实5.6 cm，开放6.9 cm	①花形完整；②最小花直径：紧实4.4 cm，较紧实5.6 cm，开放6.9 cm	花形完整

（续表）

序号	评价项目	等级			
		一级	二级	三级	四级
3	花色	花色纯正带有光泽	花色纯正带有光泽	花色纯正	花色稍差
4	茎秆	①坚硬，圆满通直，手持茎基平置，花朵下垂角度小于20°；②粗细均匀，平整；③花茎长度65 cm以上；④25 g以上	①坚硬，挺直，手持茎基平置，花朵下垂角度小于20°；②粗细均匀，平整；③花茎长度55 cm以上；④20 g以上	①较挺直，手持茎基平置，花朵下垂角度小于20°；②粗细不均匀；③花茎长度50 cm以上；④15 g以上	①茎秆较挺直，手持茎基平置，花朵下垂角度小于20°；②节肥大；③花茎长度40 cm以上；④12 g以上
5	叶	①排列整齐，分布均匀；②叶色纯正；③叶面清洁，无干尖	①排列整齐，分布均匀；②叶色纯正；③叶面清洁，无干尖	①排列整齐，分布均匀；②叶色纯正；③叶面清洁，稍干尖	①排列稍差；②稍有干尖
6	病虫害	无购入国家或地区检疫的病虫害	无购入国家或地区检疫的病虫害，无明显病虫害症状	无购入国家或地区检疫的病虫害，有轻微病虫害症状	无购入国家或地区检疫的病虫害，有轻微病虫害症状
7	损伤等	无药害、冷害、机械损伤等	几乎无药害、冷害、机械损伤等	有轻微药害、冷害、机械损伤等	有轻微药害、冷害、机械损伤等
8	采切标准	适用开花指数1~3	适用开花指数1~3	适用开花指数2~4	适用开花指数3~4
9	采后处理	①立即加入保鲜剂处理；②依品种每10枝捆为一扎，每扎中花茎长度最长与最短的差别不可超过3 cm；③切口以±10 cm部去叶；④每扎需套袋或纸张包扎保护	①保鲜剂处理；②依品种每10枝或20枝捆为一扎，每扎中花茎长度最长与最短的差别不可超过5 cm；③切口以±10 cm部去叶；④每扎需套袋或纸张包扎保护	①依品种每30枝捆为一扎，每扎中花茎长度最长与最短的差别不可超过10 cm；②切口以上10 cm部去叶	①依品种每30枝捆为一扎，每扎中花茎长度最长与最短的差别不可超过10 cm；②切口以上10 cm部去叶

注：开花指数1，花瓣伸出花萼不足1 cm，呈直立状，适合于远距离运输；

开花指数2，花瓣伸出花萼1 cm以上，且略有松散，可以兼作远距离或近距离运输；

开花指数3，花瓣松散，小于水平线，适合就近批发出售；

开花指数4，花瓣全面松散，接近水平，宜尽快出售。

欧洲的花卉拍卖行要求拍卖的切花都必须用STS或其他花卉保鲜液处理，拍卖行抽样检查出未经保鲜液处理的切花都要送进垃圾处理站。

（三）包装

包装的作用在于保护切花免受机械损伤、防止水分丧失、避免环境条件的急剧变化。切花以 10 枝、12 枝、15 枝、20 枝或 30 枝捆扎，花束捆扎不能太紧，以防受伤和受霉菌感染。切花束可用耐湿纸、塑料套包裹。包装纸必须是新鲜、清洁的，具有保护切花免受损伤的适当品质。

切花包装外的标签和发货单必须易于识别，写清生产者、包装场/企业名称、切花的种类和花色等。包装还必须写明生产国名、切花等级、代码或花颈的最高和最低长度，每个单位（箱）或单位重量的切花数量，每一批材料中包装箱数量或重量等。

单枝切花如鹤望兰和菊花可散装，小苍兰和郁金香可成束装箱。可用塑料网或套保护花朵。单束花的兰花可包于聚酯纤维中，茎端插入装有保鲜液的小瓶中，瓶子用胶带粘在箱底上。可用卫生纸保护对凝结水敏感的切花，如香石竹和水仙。

切花应分层交替放置于包装箱中，直至放满，但又不会压伤切花。各层之间要放纸衬垫。一些名贵切花如火鹤花、鹤望兰、红姜花和帝王花等要在切花中放置塑料衬里和碎湿纸，保持湿度和免受冲击。

月季切花包装箱内常用冰袋降温。月季也常用湿包装，即在箱底固定装有保鲜液的容器，把切花垂直插入。此外非洲菊、丝石竹、飞燕草、百合和微型月季等也常用湿包装法。

银莲花、金盏花、唐菖蒲、水仙、香雪兰、飞燕草、金鱼草、花毛茛等切花在包装和运输中都要垂直放置，以防重力引起的弯颈。

切叶类包装要注意保湿，通常用涂蜡的纸箱或用湿润的报纸保湿。包装箱有纸箱、纤维板箱、木箱和泡沫箱等。

复习题

1. 苹果贮藏技术。
2. 大白菜贮藏技术。
3. 花卉种球、种苗采后贮藏技术。

第九章　园艺产品加工过程中化学成分的变化

果蔬加工是以果品、蔬菜为原料，依其不同的理化特性，采用不同的加工方法，制成各种加工制品的过程。主要制品有果蔬罐头、果蔬汁、果干、菜干、果酒、果醋、蜜饯、果脯、果酱、蔬菜腌制品、冷冻果蔬和果蔬综合利用制品等。果蔬为含水量丰富的鲜活易腐农产品，极易因微生物和酶的作用而造成腐烂变质。从食品保藏角度讲，果蔬原料只有通过加工才能达到长期保藏的目的，因此，加工也是一种保藏，常称为加工保藏。要进行加工保藏，除了要具备食品工程基础外，还应掌握果蔬本身的原料特性、食品的主要败坏原因等，才能科学地设计出适合于原料品质的加工工艺，最大限度地保持原料品质。

果蔬除75%~90%的水分外，含有各种化学物质，某些成分还是一般食物中所缺少的。在加工和制品的贮存过程中，这些化学成分常常发生各种不同的化学变化，从而影响制品的食用品质和营养价值。果蔬加工的目的除了防止腐败变质外，还要尽可能地保持制品的营养成分和风味品质，这实质上是控制果蔬化学成分的变化。因此，有必要了解果蔬的主要化学成分的基本性质及其加工特性。

一、水分

水分是影响果蔬嫩度、鲜度和味道的重要成分，同时也是果蔬贮存性差、容易腐烂变质的原因之一，常见果蔬产品含水量见表9-1。

表9-1　常见果蔬产品含水量　　　　　　　　　　单位:%

名称	含水量	名称	含水量
苹果	84.60	辣椒	82.40
梨	89.30	冬笋	88.10
桃	87.50	萝卜	91.70
梅	91.10	白菜	95.00
杏	85.00	洋葱	88.30
葡萄	87.90	甘蓝	93.00
柿	82.40	姜	87.00
荔枝	84.80	芥菜	93.00

（续表）

名称	含水量	名称	含水量
龙眼	81.40	马铃薯	79.90
无花果	83.60	蘑菇	93.30

（一）游离水和结合水

游离水：存在于果蔬组织细胞的液泡与细胞间隙中，占比大，约70%，以溶液形式存在，具稀溶液性质，可以自由流动，很容易被脱除。在游离水中，部分与结合水相毗邻，其性质与普通游离水不同，是以氢键结合的水。

结合水：这部分水不能完全自由运动，但加热时仍较易除去，占水分总量的7%~17%，有的学者将其称为准结合水。结合水与蛋白质、多糖等胶体微粒结合，并包围在胶体微粒周围的水分子膜，不能溶解溶质，不能自由移动，不能被微生物所利用，冰点降至-40℃以下，在食品中含量不足7%。

对食品中微生物、酶和化学反应影响起决定作用的不是食品的水分总量，而是有效水分（游离水）的含量，但由于通常所测定的食品含水量中，既包括游离水，也包括结合水，不能准确表达有效水分情况，故有必要引入水分活度概念。

（二）水分活度

水分活度 $A_w=P/P_0$ 即食品中水的蒸气压 P 与相同温度下纯水的饱和蒸气压 P_0 之比值。纯水时，$A_w=1$；完全无水时，$A_w=0$。

微生物不能利用结合水，结合水蒸气压低于游离水蒸气压，当结合水含量增加时，则水分活度降低，可被微生物利用的水分就减少。各种微生物生长发育，有各自适宜和最低的水分活度界限。大多数腐败菌（如肉毒杆菌、沙门氏菌、葡萄球菌等）只宜在0.9以上的 A_w 值下生长活动。霉菌、酵母在 $A_w=0.8~0.85$ 时，仍能在1~2周内造成食品腐败变质。只有在 $A_w \leq 0.75$ 时，食品的腐败才得以显著减缓，在1~2个月内可保持不变质，若要贮藏1~2年，则常温下需要 $A_w \leq 0.65$。而大多数新鲜食品，包括新鲜果蔬，$A_w \geq 0.99$，对各种微生物均适宜，属于易腐食品。

二、碳水化合物

果蔬干物质中最主要的成分是碳水化合物，碳水化合物在加工中会发生种种变化，对制品的品质产生各种影响。果蔬中碳水化合物的种类很多，已发现的有40种以上。与加工关系密切的主要有单糖、双糖、淀粉、纤维素、果胶物质等。

（一）单糖和双糖

1. 主要的单糖、双糖

果蔬中主要的单糖是葡萄糖和果糖，主要的双糖是蔗糖，此外还含有少量的核糖、木糖和阿拉伯糖等。不同的果蔬种类含有不同的糖，一般来说，仁果类以果糖为主，葡萄糖、蔗糖次之；核果类以蔗糖为主，葡萄糖、果糖次之；浆果类主要含葡萄糖、果糖；柑橘类以蔗糖为主；樱桃、葡萄则几乎不含蔗糖；叶菜类、茎菜类含糖量较低。常见水果不同糖的含量见表9-2。

表 9-2　常见水果不同糖的含量　　　　　　　　　　单位：%

名称	果糖	葡萄糖	蔗糖
杏	0.1~03	0.3~3.4	2.8~10.4
菠萝	0.6	1	8.6
香蕉	8.6	4.7	13.7
樱桃	3.8~4.4	3.8~5.3	0.2~0.8
梨	6~9.7	0.9~3.7	0.4~0.7
桃子	3.9~4.4	4.2~6.9	5~7.1
李子	0.9~2.7	1.5~4.1	4~9.3
欧洲樱桃	3.4~6.1	5.3~7.7	0.4~0.7
苹果	6.5~11.8	2.5~5.5	1.5~5.3
柿子	9.2	6.6	0
葡萄	7.2~8	7.2~8	0
草莓	2.6~3.8	2.4~3.3	0.2~0.8
刺李	2.1~3.8	1.2~3.6	0.1~0.6
山茱萸	4.1~4.7	4.1~4.5	0
树莓	2.5~3.4	2.3~3.3	0~0.2
红醋栗	1.6~2.6	1.1~1.3	0
白醋栗	2.5~2.7	1.9~2.6	0~0.57
欧洲越橘	2.8~3.9	1.8~2.7	0.1~0.6

2. 单糖、双糖的某些加工特性

糖是果蔬体内贮存的主要营养物质，是影响果蔬制品风味和品质的重要因素。

糖是微生物的主要营养物质，结合果蔬含水量高的特点，加工中应注意糖的变化及卫生条件，如糖渍初期、甜型果酒等的发酵变质等。

还原糖与氨基化合物共存时，是发生美拉德非酶褐变的重要反应底物，影响制品色泽。

糖在高温下自身的焦化反应，影响制品色泽。

（二）淀粉

淀粉是由 α-葡萄糖脱水缩合而成的多糖，作为贮存物质，在谷物和薯类中大量存在（4%~25%），果蔬中仅在未成熟果实中含量较高，如在未熟的青香蕉中可达20%~

25%，但在成熟果实中仅香蕉（1%~2%）、苹果（1%）含量较高，其余含量较低。而在柑橘、葡萄果实的发育过程中，则未见淀粉积累。淀粉与加工相关的特性：

淀粉不溶于冷水，当加温至 55~60 ℃时，即产生糊化，变成带黏性的半透明凝胶或胶体溶液，这是含淀粉多的果蔬罐头汤汁混浊的主要原因。

淀粉在与稀酸共热或淀粉酶的作用下，水解生成葡萄糖。这是成熟香蕉、苹果淀粉含量下降、含糖量增高的主要原因，也是谷物、干果酿酒中添加糖化酶的主要依据。

（三）纤维素与半纤维素

纤维素是由葡萄糖脱水缩合而成的多糖，往往与木质素共存，是植物细胞壁的主要成分。半纤维素则是多聚戊糖、多聚己糖和混合聚糖等组成的一类复杂多糖，也是细胞壁的主要成分。纤维素和半纤维素的含量与存在状态，决定着细胞壁的弹性、伸缩强度和可塑性。幼嫩的果蔬中的纤维素，多为水合纤维素，组织质地柔韧、脆嫩，老熟时纤维素会与半纤维素、木质素、角质、木栓质等形成复合纤维素，组织变得粗糙坚硬，食用品质下降。纤维素和半纤维素性质稳定，不易被酸、碱水解，不能被人体吸收。

就果蔬加工品品质而言，以纤维素、半纤维素含量较低为优，这样口感细腻，但它可刺激肠壁蠕动，帮助其他营养物质消化，有利于废物排泄，对预防消化道癌症、防止便秘等有一定作用。

根据纤维素特性可以将纤维素分为粗纤维和膳食纤维。粗纤维通常是指中性洗涤法测定的不溶性纤维素、半纤维素、木质素、角质等多糖组分。膳食纤维指不能为人体消化道分泌的酶所分解的多糖类碳水化合物和木质素，包括植物细胞壁物质、非淀粉多糖及作为食品添加剂所添加的多糖（如琼脂、果胶、羧甲基纤维素等可溶性多糖）。由于膳食纤维来源广泛，成分复杂，迄今尚无一种简单而准确的分析方法能测定上述定义范围内的全部膳食纤维含量。膳食纤维不具有营养功能，但能刺激肠胃蠕动，促进消化液的分泌，提高蛋白质等营养物质的消化吸收率，同时还可以预防或减轻如肥胖、便秘等许多现代"文明病"的发生，是维持人体健康必不可少的物质，故现在将纤维素与水、碳水化合物、蛋白质、脂肪、维生素、矿物质统称为维持生命健康的"七大要素"。

（四）果胶物质

果胶物质存在于植物的细胞壁与中胶层，是由多聚半乳糖醛酸脱水聚合而成的高分子多糖类物质。果胶广泛存在于各种水果和蔬菜中，不同的水果和蔬菜中果胶含量不同。原果胶存在于未成熟的果蔬中，是可溶性果胶与纤维素缩合而成的高分子物质，不溶于水，具有黏结性，在胞间层与蛋白质、钙、镁等形成蛋白质-果胶-阳离子黏合剂，使相邻的细胞紧密黏结在一起，赋予未成熟果蔬较大的硬度。

随着果实成熟，原果胶在原果胶酶的作用下，分解为可溶性果胶与纤维素。可溶性果胶是由多聚半乳糖醛酸甲酯与少量多聚半乳糖醛酸连接而成的长链分子，存在于细胞汁液中，相邻细胞间彼此分离，组织软化。但可溶性果胶仍具有一定的黏结性，故成熟的果胶组织还能保持较好的弹性。当果实进入过熟阶段时，果胶在果胶酶的作用下，分解为果胶酸与甲醇。果胶酸无黏结性，相邻细胞间没有黏结性，组织就变得松软无力，弹性消失。因此在进行果蔬加工时，必须根据加工制品对原料的要求，选择不同的成熟度。常见果蔬的果胶含量见表9-3。

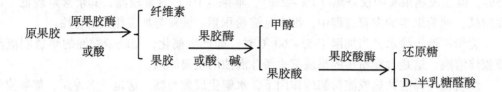

表 9-3 常见果蔬的果胶含量　　　　　　　　　　单位：%

种类	果胶含量	种类	果胶含量
梨	0.5~1.2	柠檬（皮）	4.0~5.0
李	0.6~1.5	橘（皮）	1.5~3.0
杏	0.5~1.2	苹果（芯）	0.45
山楂	3.0~6.4	苹果（渣）	1.5~2.5
桃	0.6~1.3	苹果（皮）	1.2~2.0
柚皮	6.0	鲜向日葵（托盘）	1.6
甜瓜	3.8	南瓜	7.0~17.0
番茄	2.0~2.9	胡萝卜	8.0~10.0

果胶的加工特性如下。

利用原果胶可在酸、碱、酶的作用下水解和果胶溶于水而不溶于酒精等性质，可以从富含果胶的果实中（如柑橘皮、苹果皮）提取果胶。

果胶在人体内不能分解利用，但有帮助消化、降低胆固醇等作用，属膳食纤维范畴，是健康食品原料。

果胶作为增稠剂且具很好的胶凝能力，广泛用于果酱、果冻、糖果及混浊果汁中。

果胶酸不溶于水，能与 Ca^{2+}、Mg^{2+} 生成不溶性盐类，常作为果汁、果酒的澄清剂。

三、有机酸

不同的果蔬含有不同种类的有机酸，对于形成果蔬的特有风味有一定关系。不同的果蔬含酸量有很大不同，不仅直接影响口味，而且影响加工过程中的条件控制。常见果蔬中主要有机酸的种类见表 9-4。

表 9-4 常见果蔬中主要有机酸的种类

名称	有机酸种类	名称	有机酸种类
苹果	苹果酸	菠菜	草酸、苹果酸、柠檬酸
桃	苹果酸、柠檬酸、奎宁酸	甘蓝	柠檬酸、苹果酸、琥珀酸、草酸

（续表）

名称	有机酸种类	名称	有机酸种类
梨	苹果酸、柠檬酸	石刁柏	柠檬酸、苹果酸
葡萄	酒石酸、苹果酸	莴苣	苹果酸、柠檬酸、草酸
樱桃	苹果酸	甜菜叶	草酸、柠檬酸、苹果酸
柠檬	柠檬酸、苹果酸	番茄	柠檬酸、苹果酸
杏	苹果酸、柠檬酸	甜瓜	柠檬酸
菠萝	柠檬酸、苹果酸、酒石酸	甘薯	草酸

有机酸与加工的关系主要表现在以下方面。

1. 对风味的影响

果蔬及其加工品的风味，在相当程度上决定于糖和酸的种类、含量与比例，人对酸味的感觉随温度而增强，这一方面是由于 H^+ 的解离度随温度增高而加大，另一方面也由于温度升高使蛋白质等缓冲物质变性，失去缓冲作用所致。

2. 对杀菌条件的影响

酸或碱可以促进蛋白质的热变性，微生物细胞所处环境的 pH 值，直接影响微生物的耐热性，一般来说细菌在 pH 值 6~8 时，耐热性最强。在罐头生产中，将 pH 值 4.6 作为区分低酸性与酸性食品的界限，就是因为具有强烈产毒致病作用的肉毒梭状芽孢杆菌的芽孢在 pH 值 4.6 以下不发育为依据。因此，提高食品的酸度（降低 pH 值），可以减弱微生物的耐热性，减少营养组分的损失和保持外观品质，这是果蔬罐头确定杀菌条件的主要依据。

3. 对容器、设备的腐蚀作用

由于有机酸能与铁、铜、锡等金属反应，导致容器、设备的腐蚀，影响制品的色泽和风味，因此加工中凡与果蔬原料接触的容器、设备部位，均要求用不锈钢制作。

4. 对加工制品色泽的影响

叶绿素在酸性条件下脱镁，变成黄褐色的脱镁叶绿素；花色素在酸性条件下呈红色，在中性、微碱性条件下呈紫色，在碱性条件下呈蓝色；单宁在酸性条件下受热，变成红色的"红粉"（或称鞣红）等。有机酸护色的机理，主要是在酸性条件下参与酶促褐变的酶活性下降，加之氧气的溶解量在酸性溶液中比水中小，减少了溶氧量。

5. 对加工品营养成分和其他加工特性的影响

促使蛋白质水解成氨基酸和多肽片段；防止维生素 C 的氧化损失（富含维生素 C 的水果一般均较酸）；导致蔗糖水解为转化糖；影响果胶的胶凝特性等。

四、维生素

果蔬所含维生素及其前体很多，是人体营养中维生素最重要的来源之一，保存和强化维生素的含量，是果蔬加工中的重要研究课题，果蔬中维生素的含量（表 9-5）受到果蔬种类、品种、成熟度、部位、栽培措施、气候条件的影响而变化。加工中维生素的稳定性主要受下列因素影响。

热不稳定性：维生素 A、维生素 K、维生素 B_1、维生素 B_2、泛酸、叶酸、维生素 C 等。温度越高损失越大，如贮存 2 d 的菠菜中的维生素 C，0 ℃时损失率为 0，20 ℃时达 70 %。

氧化损失：维生素 A、维生素 D、维生素 E、维生素 K 及维生素 B_1、维生素 B_2、维生素 B_6、维生素 B_{12}、维生素 C 等均易氧化损失。

光敏感性：日光，尤其是紫外光，具有破坏维生素的作用，故应提倡铝箔或棕色瓶包装。

酸、碱、重金属离子的影响：如醋酸、柠檬酸会破坏维生素 A、维生素 D 和泛酸，但可保护维生素 C；碱（如小苏打）可破坏维生素 K、维生素 B_1、泛酸和维生素 C；Cu^{2+}、Fe^{2+} 影响维生素 C 含量等。

表 9-5　常见果蔬中维生素的含量　　　　　　　　单位：mg/kg

名称	胡萝卜素	硫胺素	抗坏血酸	名称	胡萝卜素	硫胺素	抗坏血酸
苹果	0.08	0.01	5	枣	0.01	0.06	380
杏	1.79	0.02	7	番茄	0.31	0.03	11
山楂	0.82	0.02	89	青椒	1.56	0.04	105
葡萄	0.04	0.04	4	芦笋	0.73	17	21
柑橘	0.55	0.08	30	青豌豆	0.15	0.54	14

（一）维生素 C

维生素 C 又称抗坏血酸，广泛存在于果蔬组织及果皮中。抗坏血酸为单糖衍生物，在体内可在抗坏血酸氧化酶的作用下被氧化成脱氢抗坏血酸，此反应可逆。脱氢抗坏血酸同样具有维生素 C 的功能，因此，通常所说的维生素 C 应为这两者的总和。脱氢抗坏血酸一般所占比例不大，进一步氧化可生成酮古洛糖酸，致使失去生物活性。目前已有研究表明维生素 C 能阻止致癌物质二甲基亚硝胺的形成，从而具有一定的抗癌作用。果蔬的抗坏血酸含量以刺梨（900～1 300 mg/100 g）、樱桃（1 300 mg/100 g）、枣（300～500 mg/100 g）等含量为高；核果类和仁果类含量不高；蔬菜中以青椒、花椰菜、番茄、豌豆、黄瓜等为高。

维生素 C 为水溶性物质，稳定性差，极易氧化，高温和碱性环境促进氧化，铜、铁等金属离子可大大增加维生素 C 的氧化速度，溶液或产品若接受光照，特别是紫外光照射将大大加速氧化，酸性条件维生素 C 相对稳定，在干态商品中非常稳定。果蔬加工中应注意这些特性，特别是要避免长时间暴露于空气中。

由于上述氧化特性及营养学上的要求，维生素 C 也常用作营养强化剂、抗氧化剂和护色剂使用。

（二）维生素 A

天然果蔬中并不存在维生素 A，但在人体内可由胡萝卜素转化而来。按结构，理论上 1 分子 β-胡萝卜素可转化成两分子维生素 A，而 α-胡萝卜素和 γ-胡萝卜素却只能形成 1 分子维生素 A。果蔬中含量以杏、柑橘类、甜瓜、番茄、胡萝卜、黄瓜等为高。

维生素 A 是维持眼睛生命活动的必需维生素，同时近年研究显示也有一定的抗癌作用。维生素 A 不溶于水，而溶于脂肪，较维生素 C 稳定，但在氧气条件下也能被氧化失去活性，在果蔬一般加工条件下相对较稳定。

（三）维生素 B_1

维生素 B_1 又名硫胺素，耐热性强，在酸性条件下稳定，碱性下易受破坏，pH 值为 3 时很稳定，pH 值为 5 时则分解速度加快。氧气、氧化剂、紫外线、γ 射线和金属离子均可加速破坏，果蔬的维生素 B_1 含量普遍不高。除此之外，果蔬中还含有维生素 B_2 和维生素 B_5，柑橘类还含有类黄酮（维生素 P）等维生素类物质，它的果皮和种子还含有一定数量的维生素 E，常见维生素加工的稳定性见表 9-6。

表 9-6　常见维生素加工的稳定性

种类	酸碱影响			空气或氧气	光线	热	最大烹饪损失率/%
	中性	酸性	碱性				
维生素 A	S	U	S	U	U	U	40
维生素 C	U	S	U	U	U	U	100
维生素 H	S	S	S	S	S	U	60
胡萝卜素	S	U	S	U	U	U	30
胆碱	S	S	S	U	S	S	5
维生素 B_{12}	S	S	S	U	U	S	10
维生素 D	S	S	U	U	U	U	40
叶酸	U	U	S	U	U	U	100
肌醇	S	S	S	S	S	U	95
维生素 K	S	U	U	S	U	S	5
维生素 B_5	S	S	U	U	S	U	75
泛酸	S	U	U	S	S	U	50
维生素 B_6	S	S	S	U	U	U	40
核黄酸	S	S	U	S	U	U	75
硫胺素	U	S	U	U	S	U	80
维生素 E	S	S	S	U	U	U	55

注：S—代表稳定，U—代表不稳定。

五、含氮物质

（一）果蔬中含氮物质的种类和特点

种类：主要含蛋白质、氨基酸，也含少量酰胺、铵盐、硝酸盐、亚硝酸盐等。

特点：含量普遍不高，水果中为 0.2%~1.2%，以核果类、柑橘类为高，仁果类、浆果类少；尽管含量不高，却是形成"味浓、味鲜"的重要成分。

（二）含氮物质与加工的关系

经加工后的果蔬制品，游离氨基酸含量上升（蛋白质水解之故）。

氨基酸或蛋白质与还原糖发生美拉德反应，产生非酶褐变。

利用蛋白质与单宁结合产生沉淀，用于果酒、果汁的澄清。

与风味相关：果蔬各自的特殊氨基酸组成，构成了产品独特风味，某些特殊氨基酸如谷氨酸和谷氨酰胺，可能与梨、李、桃、菠萝和樱桃罐头的某些变味有关。

防止掺假：某些特殊氨基酸的含量和比例，可作为检测掺假的指标，如用脯氨酸作为检测柑橘汁掺假的一个参考指标。

六、色素

果蔬中的天然色素是果蔬赖以呈色的主要物质。天然色素一般对光、热、酸、碱和某些酶均比较敏感，从而影响产品的色泽。果蔬中所含的色素按溶解性分为脂溶性的叶绿素、类胡萝卜素和水溶性的花色素、类黄酮等。

（一）叶绿素

1. 种类与加工特性

果蔬中的叶绿素，主要是叶绿素 a 和叶绿素 b，其含量比约为 3:1；溶于乙醇，不溶于水，加工中对叶绿素影响最大的因素是酸、碱、热、酶和光辐射等。在酸性条件下，叶绿素分子中的 Mg^{2+} 被 H^+ 取代，生成暗橄榄褐色的脱镁叶绿素，加热可加速反应进行；在稀碱溶液中，叶绿素亦发生水解，除去植醇部分，生成鲜绿色的脱植基叶绿素、叶绿醇、甲醇和水溶性的叶绿酸等，叶绿酸呈鲜绿色，加热可加速反应速度；在强碱性条件下，叶绿酸进一步与碱结合生成绿色的叶绿酸钠或钾盐，且更为稳定，这是蔬菜加工中保绿的理论依据之一。有人发现脂肪氧合酶能产生使叶绿素降解的游离基，从而使豌豆和菜豆中的叶绿素降解成非叶绿素化合物。透明包装的脱水绿色制品易发生光氧化和变色，γ 射线辐照食品及其在贮藏过程中，易使叶绿素降解。

2. 绿色的保持

在果蔬加工，特别是在蔬菜加工中，如何保持天然绿色的问题，有大量研究报道和应用，但至今未取得全面成功，目前保持绿色常用的方法有以下几种。

对于蔬菜类，采用加入一定浓度的 $NaHCO_3$（小苏打）溶液浸泡，并结合烫漂处理。

用 Cu^{2+}、Zn^{2+} 等取代 Mg^{2+}，如用叶绿素铜钠盐染色、葡萄糖酸锌处理等。

挑选品质优良的原料，尽快加工并在低温下贮藏。

（二）类胡萝卜素

类胡萝卜素是一类使植物呈黄色和红色的脂溶性色素，是杏、黄桃、番茄、胡萝卜等果蔬的主要赋色物质。其化学结构是由 8 个异戊二烯单位组成的含共轭双键的四萜类发色基团，目前已证实的类胡萝卜素多达 130 种以上，果蔬中主要有胡萝卜素、叶黄素、番茄红素等三类。在未成熟果蔬中含量极少，成熟时含量上升。类胡萝卜素的主要加工特性有以下几方面。

胡萝卜素是维生素 A 源物质，胡萝卜素分子式为 $C_{40}H_{56}$。根据分子两端环化情况不同分 α、β、γ3 种类型，在人体内经酶的作用降解成为具生物活性的维生素 A、β-胡萝卜素，含两个 β-紫罗酮环，可降解成两分子维生素 A，α、γ 胡萝卜素只含一个 β-紫罗酮环，只分解为 1 分子维生素 A，所以，胡萝卜素不仅作为色素，而且作为营养物质。叶黄素和番茄红素由于分子中不含 β-紫罗酮环，而不具维生素 A 功能。

加工中相对稳定。尽管类胡萝卜素分子中含很多双键，但却相对不易氧化，这可能因为它与蛋白质呈现结合态有关。类胡萝卜素耐高温，对酸碱亦较稳定，且在碱性介质中比酸性中更稳定。在有氧条件下，易发生氧化，虽然对产品色泽影响不大，但可能会导致产品产生异味。

可作为着色剂。人工合成的 β-胡萝卜素可作为食品着色剂和营养强化剂，用于奶油、柑橘汁、蛋黄酱、冰淇淋和膨化食品中。

（三）花色素

花色素是一大类以糖苷形式存在的红色水溶性色素，是果蔬、花卉呈色的主要色素，又称花色苷或花青素。果蔬中主要有天竺葵色素、芍药花色素、矢车菊色素、牵牛花色素、飞燕草色素和锦葵花色素 6 种类型。主要存在于如葡萄、樱桃、李、苹果、草莓等水果的果皮、果肉中及蔬菜、花卉中。其主要加工特性有以下几方面。

（1）受 pH 值影响而变色 花色素在不同的酸碱条件下呈不同的颜色。酸性条件下呈红色；中性、微碱性条件下呈紫色；碱性条件下呈蓝色。

（2）易被亚硫酸及其盐类褪色 花色素与亚硫酸发生加成反应生成无色的色烯-2-磺酸，此反应可逆，一旦加热脱硫，又可复色。这种变化在 pH 值低时不能发生，因此时结合态 SO_2 不易游离脱掉。因此，含花色素的水果半成品用亚硫酸保藏会褪色，但去硫后仍有色。

（3）易褪色 在有抗坏血酸存在的条件下，花色素会分解褪色，即使在花色素红色较稳定的 pH 值=2.0 条件下，抗坏血酸对其的破坏作用仍很强，这已被许多学者证实，但其机理尚不完全清楚，可能与抗坏血酸降解过程中的中间产物过氧化物有关。

（4）氧气、高温、光线、金属离子等使花色素发生不良变化 如氧气、紫外光使其分解产生沉淀，在杨梅汁、草莓汁、树莓汁中常易出现。高温下花色素与果蔬中褐变产物糖醛、羟甲基糖醛结合，发生降解，形成色泽较深的褐变产物，使草莓酱呈深色。许多用透明包装的果蔬制品，货架期间受日光照射而使花色素褪色。花色素与铁、铜、锡等金属离子反应，生成蓝色或灰紫色。

虽然天然花色素的稳定性较差，不耐光、热、氧化剂等，但由于资源丰富，人们仍在努力探索，以克服其稳定性差的缺点。

（四）类黄酮

类黄酮又称黄酮类化合物或花黄素，是一类结构与花色素类似的黄酮类物质，常见的主要有石斛皮素、圣草素、橙皮素等，主要以糖苷形式存在于果蔬中。广泛存在于柑橘、苹果、洋葱、玉米、芦笋等果蔬中，以柑橘类果皮中含量最多。

七、单宁

单宁又名单宁酸、鞣质、鞣酸（因将兽皮制成皮革而得名），是一类由儿茶酚、焦性没食子酸、根皮酚、原儿茶酚和五倍子酸等单体组成的复杂混合物，其结构和组成因来源不同而有很大差异。市售的单宁酸的分子式为 $C_{75}H_{52}O_{46}$，分子质量为 1 701，由 9 分子没食子酸和 1 分子葡萄糖组成。单宁可使口腔黏膜蛋白质凝固，使之发生收敛性作用而产生涩味。

食品中的单宁包括两种类型：一类是水解型单宁（焦性没食子酸单宁），分子中具酯键和苷键，在稀酸、酶、加热条件下水解成单体；另一类是缩合型单宁（儿茶酚类单宁），为儿茶素的衍生物，结构复杂，但不含酯键、苷键，当与稀酸共热时，不分解为单体，而进一步缩合为高分子无定型物质。自然界以缩合型单宁分布最广，果蔬中也以此类单宁为主。随着果蔬的成熟，可溶性单宁的含量降低。当人为采取措施使可溶性单宁转变为不可溶性单宁时，涩味减弱，甚至完全消失。无氧呼吸产物己醛可使单宁发生聚合反应，使可溶性单宁转变为不溶性酚醛树脂类物质，涩味消失，所以生产上人们往往通过温水浸泡、乙醇或高浓度二氧化碳等，诱导柿果产生无氧呼吸而达到脱涩的目的。

1. 对风味的影响

当单宁与糖酸共存，并以适合比例存在时，形成水果良好的风味。单宁可以增加清爽感，能强化有机酸的酸味，增加葡萄酒的饱满、圆润口感。但单宁具有强烈的收敛性，含量过多会导致舌头味觉神经麻痹而使人感到强烈的涩味。

2. 对色泽的影响

单宁引起的变色是果蔬加工中最常见的变色现象之一。由单宁引起的变色主要有以下几方面。

（1）导致酶褐变　是由酶和单宁类物质引起的褐变，在苹果、梨、香蕉、樱桃、草莓、桃等水果中经常遇到；而柑橘、菠萝、番茄、南瓜等果蔬，由于缺乏诱发褐变的多酚氧化酶，因而很少出现褐变。

（2）遇金属离子变色　水解型单宁遇三价铁离子变为蓝黑色，缩合型单宁遇铁变绿黑色。单宁遇锡呈玫瑰色，故应防止金属污染。

（3）遇碱变色　在碱性条件下，单宁变成黑色，这在碱液去皮时应特别注意。

（4）遇酸变色　在酸性条件下变色，形成红色的单宁聚合物"红粉"。

3. 与蛋白质发生凝固、沉淀作用

利用单宁与蛋白质发生凝固、沉淀作用的特性，皮革工业上用于制革，果蔬加工中用于果酒、果汁下胶澄清。

八、糖苷类

糖苷类是糖与其他物质如醇类、醛类、酚类、甾醇、嘌呤等配糖体脱水缩合的产物，广泛存在于植物的种子、叶、皮内，与果蔬加工关系密切的糖苷主要有以下几种。

（一）苦杏仁苷

存在于多种果实的种子中，以核果类含量为多，如银杏、扁桃仁（2.5%~3%）、苦杏仁（0.8%~3.7%）、李（0.9%~2.5%）。苦杏仁苷本身无毒，但在酶、酸或加热的作用下会水解，生成葡萄糖、苯甲酸和氢氰酸，氢氰酸为剧毒物质。由于苦杏仁苷在人体内能发生上述反应，产生氢氰酸，故食用过量会使人畜中毒死亡。食用苦杏仁、银杏等产品时，应进行预处理，如在热水中煮制或加酸煮制，使之除去氢氰酸。另外，上述反应产生的苯甲醛收集之后可作为食品香料。

$$C_{20}H_{27}NO_{11}+2H_2O \longrightarrow 2C_6H_{12}O_6+C_6H_5CHO+HCN$$

苦杏仁苷　　　　　　　葡萄糖　苯甲醛　氢氰酸

（二）黑芥子苷

普遍存在于十字花科蔬菜中，芥菜、萝卜、辣根、油菜等含量较多。它具有特有的苦辣味，在酸和酶的作用下发生水解，生成具有特殊风味的芳香物质芥子油、葡萄糖、硫酸氢钾，由于这种变化，使腌渍菜常具有特殊的香气。

$$C_{10}H_{16}NS_2KO_9+2H_2O \longrightarrow 2CSNC_3H_5+C_6H_{12}O_6+KHSO_4$$

黑芥子苷　　　　　　　芥子油　葡萄糖　硫酸氢钾

（三）茄碱苷

茄碱苷又称龙葵苷或龙葵素，存在于马铃薯、番茄、茄子等茄科植物中。茄碱苷有毒，其毒性极强，即使在煮熟情况下也不易被破坏。在一般情况下茄碱苷的含量很小，所以不会使食用者发生中毒。正常的马铃薯块茎含量为0.002%~0.01%，大部分集中在块茎的外层。当马铃薯在阳光下暴露而发绿或马铃薯发芽后，其绿色部位和芽眼部位的含量剧增，当含量达0.02%时即可发生食后中毒。其一般中毒症状为腹痛、呕吐、颤抖、呼吸及脉搏加速、瞳孔散大，严重者发生痉挛、昏迷甚至虚脱。故食用发芽或发绿马铃薯时应注意切去这些部位。茄碱苷在酶或酸的作用下，可水解为茄碱、葡萄糖、半乳糖与鼠李糖，茄碱苷和茄碱不溶于水，而溶于热酒精和酸溶液中。

$$C_{45}H_{73}O_{15}N+3H_2O \longrightarrow C_{27}H_{43}ON+C_6H_{12}O_6+C_6H_{12}O_6+C_6H_{12}O_5$$

茄碱苷　　　　　　茄碱　葡萄糖　半乳糖　鼠李糖

（四）柑橘类糖苷

存在于柑橘类果实中，以果皮的白皮层、橘络、囊衣和种子中含量较多，果汁中含量较少，主要有橙皮苷、柚皮苷、橘苷和圣草苷等几种，均是一类具有维生素P活性的黄酮类物质，具有防止动脉血管硬化、心血管疾病之功能。因此，柑橘皮、橘络、白皮层是提取维生素P的良好原料。

柑橘类糖苷易溶于乙醇、丙酮、热水和碱溶液，但不溶于冷水和乙醚，其溶解度随

pH 值的升高和温度的升高而增大。在稀酸和酶的作用下会水解，在果实成熟或贮藏期间，含量会由于酶的降解作用而下降。橙皮苷在酸性溶液中析出白色结晶，因而会造成橘瓣罐头的白色混浊、沉淀，其结晶对混浊柑橘汁有一定影响。

柚皮苷、橘苷具强烈的苦味，含量达 20 mg/L 时就会感到明显苦味，属柑橘的前苦味物质，是葡萄柚汁和宽皮柑橘汁产生苦味的主要原因之一。

柑橘类的苦味物质除上述糖苷类物质外，还有一类萜类化合物，主要是类柠碱，包括柠碱、黄柏酮、脱乙酰基柠碱和诺米林等许多物质。柠碱苦味很强，在纯水中的阈值为 1 mg/L。柑橘中主要存在于种子、白皮层、囊衣及轴心部分，含量达 6 mg/L 就会感到明显苦味。与柚皮苷、枸橘苷等前苦味物质不同的是柠碱以柠碱 D-环内酯这种非苦味前体物质存在于完整的果实之中，在加工前并不表现苦味，当柑橘榨汁后数小时或加热时，柠碱 D-环内酯这类苦味前体物质在柠碱 D-环内酯酶和酸的作用下转化为柠碱，形成后苦味，故称为后苦味物质。此类物质是橙汁及其他柑橘汁的主要苦味物质之一。柑橘汁的脱苦，除了选择苦味物质含量少的原料和改进取汁方法外，主要有酶法脱苦、代谢脱苦、吸附或隐蔽脱苦等方法。

除了上述糖苷物质外，果蔬中的花色素、单宁及其他许多物质也常以糖苷形式存在。

九、矿物质

矿物质又称无机质，是构成动物机体，调节生理机能的重要物质。果蔬中含丰富的矿物质，含量为干重的 1% ~ 5%，主要有钙、镁、磷、铁、钾、钠、铜、锰、锌、碘等，是人体矿质营养的主要来源，其含量可查《食物营养成分表》，他们少部分以游离态存在，大部分以结合态存在，如以硫酸盐、磷酸盐、碳酸盐、硅酸盐、硼酸盐或与有机质（如有机酸、糖类、蛋白质等）结合存在。

人类摄取的食物，按其燃烧后灰分所呈的反应分为酸性和碱性，硫、磷含量高时呈酸性反应；钾、钠含量高时呈碱性反应，这种反应与体内代谢反应的结果基本一致。以此为依据划分的酸性食品和碱性食品，与食品自身的酸味无关。果蔬灰分中钾占 50% 以上，钾、钠、钙、镁占 80% 以上，一般为碱性食品，谷物、肉类、奶类一般为酸性食品。

矿物质在果蔬加工中一般比较稳定，其损失往往是通过水溶性物质的浸出而流失，如热烫、漂洗等工艺，其损失的比例与矿物质的溶解度呈正相关。矿质成分的损失并非均有害，如硝酸盐的损失对人体健康是有益的。矿物质特别是一些微量元素，往往在加工中还可以通过与加工设备、加工用水及包装材料的接触而得到补充，除某些特殊食品，如运动员饮料、某些富含微量元素的保健食品外，一般不作补充。

十、芳香物质

果蔬特有的芳香是由其所含的多种芳香物质所致，此类物质大多为油状挥发性物质，故又称挥发性油。由于其含量极少，也称精油。果蔬中的芳香物质虽然含量极微，但结构极其复杂，种类繁多，有几百种，其主要成分为醇、酯、醛、酮、烃以及萜类和烯烃等。也有少量的果蔬芳香物质是以糖苷或氨基酸形式存在的，在酶的作用下分解，生成挥发性物质才具备香气，如苦杏仁油、蒜油等。芳香物质不仅赋予果蔬及其制品香气，而且能刺激食欲。芳香物质在果品中的存在部位随种类不同而异，柑橘类存在于果皮中较多；苹果等仁果类存在于果肉和果皮中；核果类则在核中存在较多，但核与果肉的芳香常有一定的差异；许多蔬菜的芳香成分存在于种子中。芳香物质与果蔬加工的关系大致有以下几方面。

（一）提取香精油

由于许多果蔬含有特有的芳香物质，故可利用各种工艺方法提取与分离，作为香精香料使用，添加到各种香气不足的制品中。

（二）氧化与挥发损失

大部分果蔬的芳香物质为易氧化物质和热敏物质，果蔬加工中长时间加热可使芳香物质挥发损失，某些成分会发生氧化分解，出现其他风味或异味。

（三）含量影响制品风味

芳香物质在制品中的含量应以其风味表现的合适值为宜，过高或过低均有损于风味。若柑橘汁中芳香物质含量过高，不但风味不佳，且易氧化变质，一般以1 000 mg/kg左右为宜。

（四）抑菌作用

某些芳香物质，如大蒜精油、橘皮油、姜油等具有一定的防腐抑菌作用。

十一、酶

果蔬在生长与成熟以及贮藏后熟中均有各种酶进行活动，在加工时，酶是影响制品品质和营养成分的重要因素。与果蔬加工有关的主要有氧化酶和水解酶。

氧化酶的作用是使物质氧化，较重要的有多酚氧化酶、抗坏血酸氧化酶、过氧化物酶、过氧化氢酶、脂肪氧化酶等。多酚氧化酶是导致果蔬褐变的主要酶；抗坏血酸氧化酶使维生素 C 遭受损失；过氧化物酶则可作为烫漂的指标。

水解酶中较重要的有果胶酶类、淀粉酶、蛋白酶、纤维素酶、各种糖苷分解酶等，与园艺产品加工有关的酶见表9-7。

表 9-7 与园艺产品加工有关的酶

项目	酶	催化反应	品质变化
与香味有关	脂类水解酶	酯类水解	水解性酸败
	脂肪加氧酶	多聚不饱和脂肪酸氧化	氧化性败坏（香味劣变）
	过氧化物酶/过氧化氢酶	催化过氧化氢氧化系列底物	香味劣变
	蛋白酶	蛋白质	苦味、异味
与色泽有关	多酚氧化酶	多酚类氧化	褐变

（续表）

项目	酶	催化反应	品质变化
与组织硬度	淀粉酶	淀粉水解	软化、黏度下降
	果胶甲酯酶	果胶脱甲氧化	软化、黏度下降
	聚半乳糖醛酸酶	果胶链水解	软化、黏度下降
与营养价值有关	抗坏血酸氧化酶	L-抗坏血酸氧化	维生素 C 含量下降
	硫胺酶	硫胺素水解	维生素 B_1 含量下降

　　果蔬加工中常常需要钝化酶活性，防止品质劣变。有些来源于微生物的酶较果蔬本身的酶抗热，而且有些食品中的酶在贮藏过程中还有可能复活。所以，食品加工中应根据情况，采用适当的方法钝化酶活性。果蔬加工也常利用一些生物酶，改善食品品质或加工工艺，如利用果胶酶来澄清果汁与果酒，利用淀粉酶分解淀粉制糖，利用柚皮苷酶脱苦等。

复习题

园艺产品加工过程中主要变化物质的种类。

第十章　园艺产品加工用水的要求与处理

一、加工用水要求

园艺产品的加工厂，用水量要远远大于一般食品加工厂，如生产 1 t 果蔬类罐头，需水量 40 000~60 000 kg，1 000 kg 糖制品消耗 10 000~20 000 kg 的水，且水质要求好。大量的水不仅要用于锅炉，搞清洁卫生（包括容器设备、厂房及个人卫生），更重要的是直接用来制造产品，并贯穿于整个加工过程，如清洗原料、烫漂、配制糖液、杀菌及冷却等。所以水质的好坏、供水量、供水卫生等在加工过程中也占重要地位，否则将严重影响加工品的质量。因此，在加工上用水应符合 GB 5749—2022《生活饮用水卫生标准》。否则如果水中铁、锰等盐类多时，不仅能引起金属臭味，而且还能与单宁类物质作用引起变色以及促进维生素的分解。水中含有硫化氢、氨、硝酸盐和亚硝酸盐等过多时，不仅产生臭味，也表示水中曾有腐败作用发生或被污染。如果水中致病菌及耐热性细菌含量太多，易影响杀菌效果，增加杀菌的困难。

如果水的硬度过大，水中可溶性的钙、镁盐加热后生成不溶性的沉淀；且钙、镁还能与蛋白质一类的物质结合，产生沉淀，致使罐头汁液或果汁发生混浊或沉淀。另外硬水中的钙盐还能与果蔬中的果胶酸结合生成果胶酸钙，使果肉表面粗糙，加工制品发硬。镁盐如果含量过高，如 100 mL 水中含 MgO 4 mg 便会尝出苦味。除了制作果脯蜜饯、蔬菜的腌制及半成品的保存，以防止煮烂和保持脆度外，其他一切加工用水均要求水的硬度不宜超过 2.853 mmol/L。水的硬度决定于其中钙、镁盐的含量，过去我国曾常用德国度即以 CaO 含量表示，即硬度 1 度相当于 1 L 水中含 CaO 10 mg，但现在我国不推荐使用硬度这一名称，而是直接用钙、镁含量代替硬度作水质的一个重要指标。测定水中钙、镁含量是指二者的总含量，常以 Me 表示。钙和镁离子的基本单元分别选择为 Ca^{2+} 和 Mg^{2+}，所以水质分析中，用 $c(Ca^{2+}+Mg^{2+})$ 表示钙、镁离子的总浓度。凡是 Me 在 2.853 mmol/L 以下者称软水，Me 在 2.853~5.076 mmol/L 之间为中等硬水，5.076~10.699 mmol/L 之间称为硬水，10.699 mmol/L 以上为极硬水。而锅炉用水一定要求 Me 在 0.012~0.036 mmol/L，否则容易形成水垢，不仅影响传热，严重时还易发生爆炸。

二、加工用水处理

一般加工厂均使用自来水或深井水，这些水源基本上符合加工用水的水质要求，可以直接使用，但在罐头及饮料等加工制造时，还需进行一定的处理，尤其锅炉用水必须经过软化方可使用。

工厂中目前常见的水处理有过滤、软化、除盐、消毒。

（一）过滤

当今的过滤不再仅仅是除去水中的悬浮杂质等。采用最新的过滤技术，还能除去水中的异味、颜色、铁、锰及微生物等物质，从而获得品质优良的水。

含铁量偏高的地下水，可在过滤前采用曝气的方法，使空气中氧化二价铁变成高价的氢氧化铁沉淀，然后通过过滤除去。当原水中含锰量达 0.5 mg/L 时，水具不良味道，会影响饮料的口感，所以必须除去。除锰可以先用氯氧化，或者可添加氧化剂（$KMnO_4$ 或 O_3）使锰快速氧化，使锰以二氧化锰形式沉淀。如果水中含锰不太高时，可在滤料上面覆盖一层一定厚度的锰砂（即软锰矿砂），可获得很好的除锰效果。

常用的过滤设备有砂石过滤器和砂棒过滤器。砂石过滤是以砂石、木炭作滤层，一般滤层从上至下的填充料为小石、粗砂、木炭、细砂、中砂等，滤层厚度在 70～100 cm，过滤速度为 5～10 m/h。砂棒过滤器是我国水处理设备中的定型产品，根据处理水量选择其适用型号，同时考虑到生产的连续性，至少有两台并联安装，当一台清洗时，可使用另一台。砂棒过滤器是采用细微颗粒的硅藻土和骨灰，经成型后在高温下焙烧而形成的一种带有极多毛细孔隙的中空滤筒。工作时具一定压力的水由砂棒毛细孔进入滤筒内腔，而杂质则被阻隔在砂棒外部，过滤后的水由砂滤筒底部流出，从而完成过滤操作。砂滤棒在使用前需消毒处理，一般用 75% 酒精或 0.25% 新洁尔灭或 10% 漂白粉，注入砂滤棒内，堵住出水口，使消毒液和内壁完全接触，数分钟后倒出。安装时凡是与净水接触的部分都要消毒。

以上两种过滤器都需定期清洗，清洗时，借助泵压将清洁水反向输入过滤设备中，利用水流的冲力将杂质冲洗下来。

（二）软化

一般硬水软化常用离子交换法进行，当硬水通过离子交换器内的离子交换剂层即可软化。离子交换剂有阳离子交换剂与阴离子交换剂两种，用来软化硬水的为阳离子交换剂。阳离子交换剂常用钠离子交换剂和氢离子交换剂。

离子交换剂软化水的原理，是软化剂中 Na^+ 或 H^+ 将水中的 Ca^{2+}、Mg^{2+} 置换出来，使硬水得以软化，其交换反应如下：

$$CaSO_4 + 2R-Na \longrightarrow NaSO_4 + R_2Ca$$

$$Ca(HCO_3)_2 + 2R-Na \longrightarrow 2NaHCO_3 + R_2Ca$$

$$MgSO_4 + 2R-Na \longrightarrow Na_2SO_4 + R_2Mg$$

$$Mg(HCO_3)_2 + 2R-Na \longrightarrow 2NaHCO_3 + R_2Mg$$

式中，R—Na 为钠离子交换剂分子式的简写，R 代表它的残基。

硬水中 Ca^{2+}、Mg^{2+} 被 Na^+ 置换出来，残留在交换剂中，当钠离子交换剂中的 Na^+ 全部被 Ca^{2+}、Mg^{2+} 代替后，交换层就失去了继续软化水的能力，这时就要用较浓的食盐溶液进行交换剂的再生。食盐中的 Na 离子能将交换剂中的 Ca^{2+}、Mg^{2+} 交换出来，再用水将置换出来的钙盐和镁盐冲洗掉，离子交换剂又恢复了软化水的能力，可以继续使用。

$$R_2Ca+2NaCl \longrightarrow 2R\text{—}Na+CaCl_2$$

$$R_2Mg+2NaCl \longrightarrow 2R\text{—}Na+MgCl_2$$

硬水通过氢离子交换剂（R—H），水中 Ca^{2+}、Mg^{2+} 被 H^+ 置换使水软化，氢离子交换剂失效后，用硫酸来再生。

为了获得中性的软水或改变原来水的酸碱度，可用 H-Na 离子交换剂，将一部分水经钠离子处理生成相应的碱，另一部分经氢离子处理生成相应的酸，然后再将两部分水混合，而得到酸碱适度的软水。

离子交换法脱盐率高，也比较经济。但是，在脱盐中需要消耗大量的食盐或硫酸来再生交换剂，排出的酸、碱废液对环境会造成一定的污染。

（三）除盐

电渗析法：用电流把水中的阳离子和阴离子分开，并被电流带走，而得无离子中性软水，该法能连续化、自动化，不需外加任何化学药剂，因此，它不带任何危害水质的因素，同时对盐类的除去量也容易控制。该法还具投资少、耗电省、操作简单、检修较方便、占地面积小等优点，因此，近年来在软饮料行业中得到广泛应用。

电渗析法除盐制造两种半渗透膜（该膜只能通过离子而通不过水分子）即一个阳膜、一个阴膜，安装在有电极的容器中，分为 3 个区域。被处理的水通电后，水中阳离子 Ca^{2+}、Mg^{2+}、Na^+ 等向阴极移动，通过半渗透膜，进入阴极区，同样阴离子 Cl^-、SO_4^{2-}、HCO_3^- 等向阳极移动，通过半透膜，进入阳极区。中间区的水含盐量减少，而得到除盐的无离子中性软水。

反渗透法：反渗透法的主要工作部件是一种半透膜，它将容器分隔成两部分。若分别倒入净水和盐水，两边液位相等，在正常情况下，净水会经过薄膜进入盐水中，使盐水浓度降低。如果在盐水侧施加压力，水分子便会在压力作用下从盐水侧穿过薄膜进入净水中，而盐水中的各种杂质便被阻留下来，盐水得到净化，从而达到去除各种离子的目的。

反渗透法的关键是选择合适的反渗透膜。它要求有很高的选择性、透水性，有足够的机械强度，且化学性能稳定。当前，常用的反渗透膜有醋酸纤维素膜、芳香聚酰胺纤维膜等。

用反渗透法可除去 90%~95% 的固形物、产生硬度的各种离子、氯化物和硫酸盐；可 100% 地除去相对分子质量大于 100 的可溶性有机物，并能有效地除去细菌、病毒等。同时，在操作时能直接从含有各种离子的水中得到净水，没有相变及因相变带来的能量消耗，故能量消耗少；在常温下操作，腐蚀性小，工作条件好；设备体积小，操作简便。但是，反渗透设备投资大，目前国内还在逐步普及。

（四）消毒

水的消毒是指杀灭水里的病原菌及其他有害微生物，但水的消毒不能做到完全杀灭微生物，只是防止传染病传播及消灭水中的可致病的细菌。消毒方法常见的有氯化消毒、臭氧消毒和紫外线消毒。

1. 氯化消毒

这是目前广泛使用的简单而有效的消毒方法。它是通过向水中加入氯气或其他含有效氯的化合物，如漂白粉、氯胺、次氯酸钠、二氧化氯等，依靠氯原子的氧化作用破坏细菌的某种酶系统，使细菌无法吸收养分而自行死亡。

氯的杀菌效果以游离余氯为主，游离余氯在水温 20~25 ℃、pH 值为 7 时，能很快地杀灭全部细菌，而结合型余氯的用量约为游离型的 25 倍。同一浓度氯杀菌所需的时间，结合型为游离型的 100 倍，但结合型的持续性比游离型长。经过一定时间后，杀菌效果与游离型相同。

因微生物种类、氯浓度、水温和酸碱度等因素的不同，杀菌效果也不同。因此，要综合考虑氯的添加量。饮料用水比自来水要求更为严格，一般要做超氯处理，应使余氯量达到每升数毫克以上，以确保安全。经氯化消毒后，应将余氯除去。因它会氧化香料和色素，且氯的异味也使饮料风味变坏。一般可用活性炭过滤法将其除去。不论采用哪种杀菌剂，都需加入足够的氯来达到彻底杀菌的目的。一般处理水时，氯的用量为 4~12 mg/kg，时间在 2 h 以上即可。

2. 臭氧消毒

臭氧（O_3）是氧的一种变体，由 3 个氧原子组成，很不稳定，在水中极易分解成氧气和氧原子。氧原子性质极为活泼，有强烈的氧化性，能使水中的微生物失去活性，同时可以除水臭、水的色泽以及铁和锰等。

臭氧具有很强的杀菌能力，不仅可杀灭水中的细菌，同时也可消灭细菌的芽孢。它的瞬间杀菌能力优越于氯，较之快 15~30 倍。由臭氧发生器通过高频高压电极放电产生臭氧，将臭氧泵入氧化塔，通过布气系统与需要进行处理的水充分接触、混合，当达到一定浓度后即可起到消毒的作用。

3. 紫外线消毒

微生物在受紫外线照射后，其蛋白质和核酸发生变性，引起微生物死亡。目前使用的紫外线杀菌装置多为低压汞灯。应根据杀菌装置的种类和目的来选择灯管，才能获得最佳效果。灯管使用一段时间后，其紫外线的发射能力会降低，当降到原功率的 70% 时，即应更换灯管。

用紫外线杀菌，操作简单，杀菌速度快（几乎在瞬间完成），效率高，不会带来异味。因此，得到了广泛的应用。

紫外线杀菌器成本较低，投资也少，但对水质的要求较高。待处理的水应无色、无混浊、微生物数量较少，且尽量少带气体。

复习题

1. 园艺产品加工用水的要求。
2. 园艺产品加工用水处理的方法。

第十一章　园艺产品加工原料的预处理

园艺产品加工前的处理，对其制成品的生产影响很大，如果处理不当，不但会影响产品质量和产量，而且会对以后的加工工艺造成影响。为了保证质量、降低损耗，顺利完成加工过程，必须认真对待加工前的预处理。

园艺产品加工前处理包括选别、分级、清洗、去皮、切分、修整、烫漂、硬化、抽真空等工序。在这些工序中，去皮后还要对原料进行各种护色处理，以防原料产生变色而品质变劣。尽管园艺产品种类和品种各异，组织特性相差很大，加工方法不同，但加工前的预处理过程却基本相同。

一、原料的分级

原料进厂后首先要进行粗选，即要剔除霉烂及病虫害果实，对残、次及机械损伤类原料要分别加工利用，然后再按大小、成熟度及色泽进行分级。原料合理分级，不仅便于操作，提高生产效率，重要的是可以保证提高产品质量，得到均匀一致的产品。

成熟度与色泽的分级在大部分园艺产品中是一致的，常用目视估测法进行。成熟度的分级一般是按照人为确定的等级进行分选，也有的如豆类中的豌豆在国内外常用盐水浮选法进行分级，因成熟度高的淀粉含量较多，相对密度较大，在特定相对密度的盐水中利用其上浮或下沉的原理即可将其分开。但这种分级法也受到豆粒内空气含量的影响，故有时将此步骤改在烫漂后装罐前进行。色泽常按深浅进行分级，除目测外，也可用灯光法和电子测定仪装置进行色泽分辨选择。

大小分级是分级的主要内容，几乎所有的加工类型均需大小分级，其方法有手工和机械分级两种。手工分级一般在生产规模不大或机械设备较差时使用，同时也可配以简单的辅助工具，以提高生产效率，如圆孔分级板、分级筛和分级尺等。而机械分级法常用滚筒分级机、振动筛及分离输送机，除了上述各种通用机械外，果蔬加工中还有许多专用分级机，如蘑菇分级机、橘片专用分级机和菠萝分级机等。而不需要保持形态的制品如果蔬汁、果酒和果酱等，则不需要进行形态及大小的分级。

二、原料的洗涤

原料清洗的目的在于洗去园艺产品表面附着的灰尘、泥沙和大量的微生物及部分残留的化学农药，保证产品清洁卫生。

洗涤用水，除制果脯和腌渍类原料可用硬水外，其他加工原料最好使用软水。水温一般是常温，有时为增加洗涤效果，可用热水，但不适于柔软多汁、成熟度高的原料。洗前用水浸泡，污物更易洗去，必要时可以用热水浸渍。

原料上残留农药，还须用化学药剂洗涤。一般常用的化学药剂有 0.5%~1.5% 盐酸溶液、0.1% 高锰酸钾或 600 mg/kg 漂白粉液等。在常温下浸泡数分钟，再用清水洗去化学药剂。洗时必须用流动水或使原料振动及摩擦，以提高洗涤效果，但要注意节约用水。除上述常用药剂外，还有一些脂肪酸系列的洗涤剂如单甘酸酯、磷酸盐、糖脂肪酸酯、柠檬酸钠等应用于生产。

园艺产品清洗方法多样，须根据生产条件、原料形状、质地、表面状态、污染程度、夹带泥土量及加工方法而定，常见的洗涤设备如下。

（一）洗涤水槽

洗涤水槽大小随需要而定，可 3~5 个连在一起呈直线排列。用砖或石砌成，槽内壁为磨石或瓷砖。槽内安置金属或木质滤水板，用以存放原料。洗槽上方安装冷、热水管及喷头，用来喷水，洗涤原料，并安一根水管直通到槽底，用来洗涤喷洗不到的原料。在洗槽的上方有溢水管。槽底也可安装压缩空气喷管，通入压缩空气使水翻动，提高洗涤效果。

此种设备较简易，适用各种果蔬洗涤。可将果蔬放在滤水板上冲洗、淘洗，也可将果蔬用筐装盛放在槽中洗涤。但不能连续化，功效低，耗水量大。

（二）滚筒式清洗机

主要部分是一个可以旋转的滚筒，筒壁成栅栏状，与水平面有 3° 左右的倾斜安装在机架上。滚筒内有高压水喷头，以 0.3~0.4 MPa 的压力喷水。原料由滚筒一端经流水槽进入后，即随滚筒的转动与栅栏板条相互摩擦至出口，同时被冲洗干净。此种机械适合处理质地比较硬和表面不怕机械损伤的原料，李、黄桃、甘薯、胡萝卜等均可用此法。

（三）喷淋式清洗机

在清洗装置的上方或下方均安装喷水装置，原料在连续的滚筒或其他输送带上缓缓向前移动，受到高压喷水的冲洗。喷洗效果与水压、喷头与原料间的距离以及喷水的水量有关，压力大，水量多，距离近则效果好。此法常在番茄、柑橘等连续生产线中应用。

（四）压气式清洗机

压气式清洗机的基本原理是在清洗槽内安装许多压缩空气喷嘴，通过压缩空气使水产生剧烈的翻动，物料在空气和水的搅动下进行清洗。在清洗槽内的原料可用滚筒（如番茄浮选机）、金属网、刮板等传递。此种机械用途广，常见的有番茄洗果机。

（五）桨叶式清洗机

桨叶式清洗机为清洗槽内安装有桨叶装置，每对桨叶垂直排列，末端装有捞料的斗。清洗时，槽内装满水，开动搅拌机，然后可连续进料，连续出料。新鲜水也可以从一端不断进入。此种机械适合于胡萝卜、甘薯、芋头等较硬的物料。

三、原料去皮

果蔬（除大部分叶菜类以外）外皮一般口感粗糙、坚硬，虽有一定的营养成分，但口感不良，对加工制品均有一定的不良影响。如柑橘外皮含有精油和苦味物质；桃、梅、李、杏、苹果等外皮含有纤维素、果胶及角质；荔枝、龙眼的外皮木质化；甘薯、马铃薯的外皮含有单宁物质及纤维素、半纤维素等；竹笋的外壳纤维质，不可食用。因而，一般要求去皮。只有加工某些果脯、蜜饯、果汁和果酒时因为要打浆或压榨或其他原因才不用去皮。加工腌渍蔬菜也常常不需要去皮。

去皮时，只要求去掉不可食用或影响制品品质的部分，不可过度，否则会增加原料的消耗。果蔬去皮的方法有手工、机械、碱液、热力或真空去皮，此外，还有研究中的酶法去皮和冷冻去皮。

（一）手工去皮

手工去皮是应用特别的刀、刨等工具人工削皮，应用较广。其优点是去皮干净、损失率少，并可有修整的作用，同时也可以去心、去核、切分等同时进行。在果蔬原料质量较不一致的条件下能显示出其优点。但手工去皮费工、费时、生产效率低，大量生产时困难较多。此法常用于柑橘、苹果、梨、柿、枇杷、竹笋、瓜类等。

（二）机械去皮

机械去皮采用专门的机械进行。机械去皮机主要有下述三大类。

1. 旋皮机

主要原理是在特定的机械刀架下将果蔬皮旋去，适合于苹果、梨、柿、菠萝等大型果品。

2. 擦皮机

利用内表面有金刚砂、表面粗糙的转筒或滚轴，借摩擦力的作用擦去表皮。适用于马铃薯、甘薯、胡萝卜、荸荠、芋等表皮不光滑的原料，效率较高。此种方法也常与热力方法一起使用，如甘薯去皮前先行加热，再喷水擦皮。

3. 专用的去皮机械

青豆、黄豆等采用专用的去皮机来完成，菠萝也有专门的菠萝去皮、切端通用机。

机械去皮比手工去皮的效率高、质量好，但一般要求去皮前原料有较严格的分级。另外，用于果蔬去皮的机械，特别是与果蔬接触的部分应用不锈钢制造，否则会使果肉褐变，且由于器具被酸腐蚀而增加制品内的重金属含量。

（三）碱液去皮

碱液去皮是果蔬原料去皮中应用最广的方法。其原理是利用碱液的腐蚀性来使果蔬表皮内的中胶层溶解，从而使果皮分离。绝大部分果蔬如桃、李、苹果、胡萝卜等的果皮由角质、半纤维素组成，较坚硬，抗碱能力也较强。有些种类果皮与果肉的薄壁组织之间主要是由果胶等物质组成的中层细胞，在碱的作用下，此层极易溶解，从而使果蔬表皮剥落。碱液处理的程度也由此层细胞的性质决定，只要求溶解此层细胞，这样去皮合适且果肉光滑，否则就会腐蚀果肉，使果肉部分溶解，表面毛糙，同时也增加原料的消耗定额。

碱液去皮常用氢氧化钠，因其腐蚀性强且价廉，也可用氢氧化钾或其与氢氧化钠的混合液，但氢氧化钾较贵，有时也用碳酸氢钠等碱性稍弱的碱。为了帮助去皮可加入一些表面活性剂和硅酸盐，因它们可使碱液分布均匀，易于作用。在甘薯、苹果、梨等较难去皮的果蔬上常用。有报道显示，番茄去皮时在碱液中加入0.3%的2-乙基己基磺酸钠或甲基萘磺酸盐，可降低用碱量，增加表面光滑性，减少清洗水的用量。

碱液去皮时碱液的浓度、处理的时间和碱液温度为3个重要参数，应视不同的果蔬原料种类、成熟度和大小而定。碱液浓度高、处理时间长及温度高会增加皮层的松离及腐蚀程度。适当增加任何一项，都能增强去皮作用。如温州蜜柑囊瓣去囊衣时，0.3%左右的碱液在常温下需12 min左右，而0~35 ℃时只需7~9 min，在0.7%的浓度下45 ℃时仅5 min即可。故生产中必须视具体情况灵活掌握，只要处理后经轻度摩擦或搅动能脱落果皮，且果肉表面光滑即为适度的标志。几种果蔬的碱液去皮条件见表11-1。

表11-1　几种果蔬的碱液去皮条件

果树种类	NaOH 浓度/%	碱液温度/ ℃	处理时间/min
桃	2.0~6.0	>90	0.5~1.0
杏	2.0~6.0	>90	1~1.5
李	2.0~8.0	>90	1~2
猕猴桃	2.0~3.0	>90	3~4
橘（瓣）	0.8~1.0	60~75	0.25~0.5
苹果	8~12	>90	1~2
梨	8~12	>90	1~2
甘薯	4	>90	3~4
茄子	5	>90	2
胡萝卜	4	>90	1~1.5
马铃薯	10~11	>90	2

经碱液处理后的果蔬必须立即在冷水中浸泡、清洗，反复换水。同时搓擦、淘洗除去果皮渣和黏附的余碱，漂洗至果块表面无滑腻感、口感无碱味为止。漂洗必须充分，否则会使罐头制品的pH值偏高，导致杀菌不足、口感不良。为了加速降低pH值和清洗，可用0.1%~0.2%盐酸或0.25%~0.5%的柠檬酸水溶液浸泡，并有防止变色的作用。盐酸比柠檬酸好，因盐酸离解的氢离子和氯离子对氧化酶有一定的抑制作用，而柠檬酸较难离解。同时，盐酸和原料的余碱可生成盐类，抑制酶活性。盐酸还有价格低廉的优点。

碱液去皮的处理方法有浸碱法和淋浸法两种。

（1）浸碱法　可分为冷浸与热浸，生产上以热浸较常用。将一定浓度的碱液装入特制的容器（热浸常用夹层锅），将果实浸一定的时间后取出搅动，摩擦去皮，漂洗即成。

简单的热浸设备常为夹层锅，用蒸汽加热，手工浸入果蔬，取出，去皮。大量生产可用连续的螺旋推进式浸碱去皮机或其他浸碱去皮机械。其主要部件均由浸碱箱和清漂箱两大部分组成。切半后或整果的果实，先进入浸碱箱的螺旋转筒内，经过箱内的碱液处理后，随即在螺旋转筒的推进作用下，将果实推入清漂箱的刷皮转筒内，由于螺旋式棕毛刷皮转笼在运动中边清洗、边刷皮、边推动的作用，将皮刷去，原料由出口输出。

（2）淋碱法　将热碱液喷淋于输送带上的果蔬上，淋过碱的果蔬进入转筒内，在冲水的情况下边翻滚边摩擦去皮。杏、桃等果实常用此法。

碱液去皮优点甚多：第一，适应性广，几乎所有的果蔬均可应用碱液去皮，且对表面不规则、大小不一的原料也能达到良好的去皮目的；第二，碱液去皮掌握合适时，损失率较少，原料利用率较高；第三，此法可节省人工、设备等。但必须注意碱液的强腐蚀性，注意安全，设备容器等必须由不锈钢制成或用搪瓷、陶瓷，不能使用铁或铝容器。

（四）热力去皮

果蔬先用短时高温处理，使表皮迅速升温而松软，果皮膨胀破裂，与内部果肉组织分离，然后迅速冷却去皮。此法适用于成熟度高的桃、杏、枇杷、番茄、甘薯等。

热力去皮的热源主要有蒸汽（常压和加压）与热水。蒸汽去皮时一般采用近100 ℃蒸汽，这样可以在短时间内使外皮松软，以便分离。具体的热烫时间可根据原料种类和成熟度而定。

用热水去皮时，小量的可用锅内加热的方法。大量生产时，采用带有传送装置的蒸汽加热沸水槽进行。果蔬经短时间的热水浸泡后，用手工剥皮或高压冲洗。如番茄即可在95~98 ℃的热水中10~30 s，取出冷水浸泡或喷淋，然后手工剥皮；桃可在100 ℃的蒸汽下处理8~10 min，淋水后用毛刷辊或橡皮辊冲洗；枇杷经95 ℃以上的热水烫2~5 min即可剥皮。

除上述以外，科研上有利用火焰进行加温的火焰去皮法。红外线加温去皮也有一定的效果。即用红外线照射，使果蔬皮层温度迅速提高，皮层下水分气化，因而压力骤增，使组织间的联系破坏而使皮肉分离。据报道，将番茄在1 500~1 800 ℃的红外线高温下受热4~20 s，用冷水喷射即除去外皮，效果较好。

热力去皮原料损失少、色泽好、风味好。但只用于皮易剥离的原料，要求充分成熟，成熟度低的原料不适用。

（五）酶法去皮

柑橘的囊瓣，在果胶酶（主要是果胶酯酶）的作用下，可使果胶水解，脱去囊衣。如将橘瓣放在1.5%的703果胶酶溶液中，在35~40 ℃、pH值=1.5~2.0的条件下处理3~8 min，可达到去囊衣的目的。酶法去皮条件温和，产品质量好。其关键是要掌握酶的浓度及酶的最佳作用条件，如温度、时间、酸碱度等。

（六）冷冻去皮

将果蔬与冷冻装置表面接触片刻，其外皮冻结于冷冻装置上，当果蔬离开时，外皮即被剥离。冷冻装置温度在-28~-23 ℃，这种方法可用于桃、杏、番茄等的去皮。此法去皮损失率5%~8%，质量好，但费用高。

（七）真空去皮

将成熟的果蔬先行加热，使其升温后果皮与果肉易分离，接着进入有一定真空度的真空室内，适当处理，使果皮下的液体迅速"沸腾"，皮与肉分离，然后破除真空，冲洗或搅动去皮。此法适用于成熟的果蔬如桃、番茄等。

（八）表面活性剂去皮

此法用于柑橘囊衣去皮取得明显的效果。用 0.05% 的蔗糖脂肪酸酯、0.4% 的三聚磷酸钠、0.4% 的氢氧化钠混合液在 50~55 ℃下处理柑橘瓣 2 s，即可冲洗去皮。此法通过降低果蔬表皮的表面张力，再经润湿、渗透、乳化、分散等作用使碱液在低浓度下迅速达到很好的去皮效果，较化学去皮法更优。

综上所述，去皮的方法很多，且各有其优缺点，生产中应根据实际的生产条件、果蔬的状况而采用。而且，许多方法可以结合在一起使用，如碱液去皮时，为了缩短浸或淋碱时间，可将原料预先进行热处理，再碱处理。

四、原料的切分、去心、去核及修整

体积较大的果蔬原料在罐藏、干制、加工果脯、蜜饯及蔬菜腌制时，为了保持适当的形状，需要适当地切分。切分的形状则根据产品的标准和性质而定。核果类加工前需去核，仁果类则需去心。枣、金橘、梅等加工蜜饯时需划缝、刺孔。

罐藏加工时为了保持良好的形状外观，需对果块在装罐前进行修整，例如除去果蔬碱液未去净的皮，残留于芽眼或梗洼中的皮，除去部分黑色斑点和其他病变组织。柑橘全去囊衣罐头则需去除未去净的囊衣。

上述工序在小量生产或设备较差时一般手工完成，常借助于专用的小型工具。如枇杷、山楂、枣的通核器；匙形的去核心器，金橘、梅的刺孔器等。

规模生产常用多种专用机械，主要的有以下几种。

（1）劈桃机　用于将桃切半，主要原理为利用圆锯将其锯成两半。

（2）多功能切片机　为目前采用较多的切分机械，可用于果蔬的切片、切块、切条等。设备中装有快换式组合刀具架，可根据要求选用刀具。

（3）专用的切片机　在蘑菇生产中常用蘑菇定向切片刀，除此之外，还有菠萝切片机、青刀豆切端机、甘蓝切条机等。

五、原料的破碎与提汁

制汁是果蔬汁及果酒生产的关键环节。目前，绝大多数果蔬采用压榨法制汁，而对一些难以用压榨方法获汁的果实如山楂等，可采用加水浸提方法来提取果汁。一般榨汁前还需要破碎工序。

（一）破碎和打浆

榨汁前先行破碎可以提高出汁率，特别是皮、肉致密的果实更需要破碎，但破碎粒度要适当，要有利于压榨过程中果浆内部产生的果蔬汁排出。否则，破碎过度，易造成压榨时外层果汁很快榨出，形成一层厚皮，使内层果汁流出困难，反而会造成出汁率下降，榨汁时间延长，混浊物含量增大，使下一工序澄清作业负荷加大等。不同的原料种类，不同的榨汁方法，要求的破碎粒度是不同的，一般要求果浆的粒度 3~9 mm，可通过调节破碎工作部件的间隙来控制。葡萄只要压破果皮即可，橘子、番茄则可用打浆机破碎。加工带果肉的果蔬汁，原料也广泛采用打浆机来操作，但应注意果皮和种子不要被磨碎。破碎时，可加入适量的维生素 C 等抗氧化剂，以改善果蔬汁的色泽和营养价值。对于酿造红葡萄酒的原料要在破碎前除梗，以免带皮发酵中果梗中的青梗味等不良风味溶入酒中，影响酒的风味，一般常用除梗破碎机操作；但酿造白葡萄酒的原料则不必破碎前除梗，因为白葡萄酒是取汁发酵，破碎压榨时果梗可起助滤层的作用，有助于提高出汁率和滤速。果蔬一般以挤压、剪切、冲击、劈裂、摩擦等形式破碎，如用机械破碎方法，还有用热力破碎法、冷冻破碎法、超声波破碎法等。破碎所用设备应该用不锈钢或硬木制造。

（二）榨汁前预处理

果蔬原料经破碎成为果浆，这时果蔬组织被破坏，各种酶从破碎的细胞组织中逸出，活性大大增强，同时果蔬表面积急剧扩大，大量吸收氧，致使果浆产生各种氧化反应。此外，果浆又为来自原料、空气、设备的微生物生长繁殖提供了良好的营养条件，极易使其腐败变质。因此，必须对果浆及时采取措施，钝化果蔬原料自身含有的酶，抑制微生物繁殖，以保证果蔬汁的质量，同时，提高果浆的出汁率。通常采用加热处理和酶法处理工艺。

李、葡萄、山楂等水果破碎后采用热处理，可以使细胞原生质中的蛋白质凝固，改变细胞的通透性，同时果肉软化，果胶物质水解，降低汁液黏度，提高出汁率，还有利于色素溶解和风味物质的溶出，并能杀死大部分微生物。一般热处理条件为 60~70 ℃、15~30 min。采用热交换器进行热处理时，应尽可能地迅速加热，并使果浆做紊流流动，以免局部过热。

对于果胶含量丰富的核果类和浆果类水果，在榨汁前添加一定量的果胶酶可以有效地分解果肉组织中的果胶物质，使果汁黏度降低，容易榨汁、过滤，提高出汁率。添加果胶酶时，应使酶与果浆混合均匀，并控制加酶量、作用温度和时间。如用量不足或时间短，果胶物质分解不完全；反之，分解过度，影响产品质量。

（三）榨汁和浸提

由于果蔬原料种类繁多，制汁性能各异，所以，制造不同的果蔬汁，应依据果蔬的结构、汁液存在的部位和组织理化性状，以及成品的品质要求来选用相适应的制汁方法和设备。目前绝大多数果蔬汁生产企业都采用压榨取汁工艺。

果实的出汁率取决于果实的种类和品种、质地、成熟度和新鲜度、加工季节、榨汁方法和榨汁效能。

在榨汁过程中，为了改善果浆的组织结构，提高出汁率或缩短榨汁时间，往往使用一些榨汁助剂如稻糠、硅藻土、珠光岩、人造纤维和木纤维等。榨汁助剂的添加量，取决于榨汁设备的工作方式、榨汁助剂的种类和性质以及果蔬的组织结构等。如压榨苹果时，添加量为 0.5%~2%，可提高出汁率 6%~20%。使用榨汁助剂时，必须均匀地分布于果浆中。榨取果蔬汁要求工艺过程短、出汁率高，最大限度地防止和减轻果蔬汁的色、香、味和营养成分的损失。现代榨汁工艺还要求灵活性和连续性，以适应原料状况的各种变化，提高榨汁设备的效能，缩短榨汁时间，减少设备内的滞留量，维持高而稳定的生产能力和始终如一的高品质。

需要说明的是，制取高档葡萄酒时，一般要采用自流汁，即不经加压而自行流出的汁液，自流汁占 50% ~ 55%；而经过加压而流出的汁液称压榨汁，一般出汁率 10% 左右，常用于制作低档果酒，因其风味较差。

浸提是把果蔬细胞内的汁液转移到液态浸提介质中的过程，浸提工艺的应用越来越受到人们的重视，现在在多次取汁工艺中应用于浸提果浆渣中的残存汁液。在我国，对一些汁液含量较少，难以用压榨方法取汁的水果原料如山楂、梅、酸枣等采用浸提工艺，但浸提温度高、时间长，果汁质量差。国外常用低温浸提，温度为 40 ~ 65 ℃，时间为 60 min 左右，浸提汁色泽明亮，易于澄清处理，氧化程度小，微生物含量低，芳香物质含量高，适于生产各种果蔬汁饮料，是一种可行、有前途的加工工艺。

六、工序间的护色处理

果蔬原料去皮和切分之后，放置于空气中，很快会变成褐色，从而影响外观，也破坏了产品的风味和营养价值。这种褐色主要是酶褐变，其关键作用因子有酚类底物、酶和氧气。因为底物不能除去，一般护色措施均从排除氧气和抑制酶活性两方面着手。在加工预处理中所用的方法有如下几种。

（一）食盐水护色

食盐溶于水中后，能减少水中的溶解氧，从而可抑制氧化酶系统的活性，食盐溶液具有高的渗透压也可使酶细胞脱水失活。食盐溶液浓度越高，则抑制效果越大。工序间的短期护色，一般采用 1% ~ 2% 的食盐溶液即可，过高浓度，会增加脱盐的困难。为了增进护色效果，还可以在其中加入 0.1% 柠檬酸液。食盐溶液护色常在制作水果罐头和果脯中使用。同理，在制作果脯、蜜饯时，为了提高耐煮性，也可用氯化钙溶液浸泡，因为氯化钙既有护色作用，又能增进果肉硬度。

（二）酸溶液护色

酸性溶液既可降低 pH 值、降低多酚氧化酶活性，又由于氧气的溶解度较小而兼有抗氧化作用。而且，大部分有机酸还是果蔬的天然成分，所以优点甚多。常用的酸有柠檬酸、苹果酸或抗坏血酸，但后二者价格较高，故除了一些名贵的果品或速冻时加入外，生产上多采用柠檬酸，浓度在 0.5% ~ 1%。

（三）烫漂

在生产上也称预煮，这是许多加工品制作工艺中的一个重要工序，该工序的作用不仅是护色，而且还有其他许多重要作用，因此烫漂处理的好坏，将直接关系到加工制品的质量。

1. 烫漂处理的作用

一是破坏酶活性，减少氧化变色和营养物质的损失。果蔬受热后氧化酶类可被钝化，从而停止其本身的生化活动，防止品质进一步劣变，这在速冻和干制品中尤为重要。一般认为氧化酶在 71 ~ 73.5 ℃，过氧化酶在 90 ~ 100 ℃ 的温度下，5 min 即可遭受破坏。

二是增加细胞透性，有利于水分蒸发，可缩短干燥时间，同时热烫过的干制品复水性也好。

三是排除果肉组织内的空气，可以提高制品的透明度，使其更加美观；还可使罐头保持合适的真空度；减弱罐内残 O_2 对马口铁内壁的腐蚀；避免罐头杀菌时发生跳盖或爆裂。

四是可以降低原料中的污染物，杀死大部分的微生物，也可以说是原料清洗的一个补充。

五是可以排除某些果蔬原料的不良气味如苦、涩、辣味，使制品品质得以改善。

六是使原料质地软化，果肉组织变得富有弹性，果块不易破损，有利于装罐操作。

2. 烫漂处理的方法

常用热水法和蒸汽法两种。

（1）热水法　指在不低于 90 ℃的温度下热烫 2~5 min。但是某些原料如制作罐头的葡萄和制作脱水菜的菠菜及小葱则只能在 70 ℃左右的温度下热烫几分钟，否则感官及组织状态受到严重影响。其操作可以在夹层锅内进行，也可以在专门的连续化机械如链带式连续预煮机和螺旋式连续预煮机内进行。有些绿色蔬菜为了保持绿色，常常在烫漂液中加入碱性物质如小苏打、氢氧化钙等。但此类物质对维生素 C 损失影响较大，为了保存维生素 C，有时也加用亚硫酸盐类。除此而外，制作罐头的某些果蔬也可以采用 2% 的食盐水或 1%~2% 的柠檬酸液进行烫漂。

热水烫漂的优点是物料受热均匀，升温速度快，方法简便；但缺点是部分维生素及可溶性固形物损失较多，一般损失 10%~30%。如果采用烫漂水重复使用，可减少可溶性物质的流失，甚至有些原料的烫漂液可收集进行综合利用，如制成蘑菇酱油、健肝片等。

（2）蒸汽法　指将原料装入蒸锅或蒸汽箱中，用蒸汽喷射数分钟后立即关闭蒸汽并取出冷却，采用蒸汽热烫，可避免营养物质的大量损失，但必须有较好的设备，否则加热不均匀，热烫质量差。

园艺产品热烫的程度，应根据其种类、块形、大小及工艺要求等条件而定。一般情况烫至其半生不熟，组织较透明，失去新鲜状态时的硬度，但又不像煮熟后那样柔软即被认为适度。通常以园艺产品中过氧化物酶活性全部破坏为度。园艺产品中过氧化物酶的活性检查，可用 0.1% 的愈创木酚或联苯胺的酒精溶液与 0.3% 的双氧水等量混合，将原料样品横切，滴上几滴混合药液，几分钟内不变色，则表明过氧化物酶已破坏；若变色（褐色或蓝色），则表明过氧化物酶仍在作用，将愈创木酚或联苯胺氧化生成褐色或蓝色氧化产物。

园艺产品烫漂后，应立即冷却，以停止热处理的余热对产品造成不良影响并保持原料的脆嫩，一般采用流动水漂洗冷却或冷风冷却。

（四）抽空处理

某些果蔬如苹果、番茄等内部组织较疏松，含空气较多（表 11-2），对加工特别是罐藏或制作果脯不利，需进行抽空处理，即将原料在一定的介质里置于真空状态下，使内部空气释放出来，代之以糖水或无机盐水等介质的渗入。

表 11-2　几种果蔬空气含量

种类	含量/%（以体积计）	种类	含量/%（以体积计）
桃	3~4	梨	5~7
番茄	1.3~4.1	苹果	12~29
杏	6~8	樱桃	0.5~1.9
葡萄	0.1~0.6	草莓	10~15

果蔬的抽空装置主要由真空泵、气液分离器、抽空锅组成。真空泵采用食品工业中常用的水环式，除能产生真空外，还可带走水蒸气。抽空锅为带有密封盖的圆形筒，内壁用不锈钢制造，锅上有真空表、进气阀和紧固螺丝。果蔬抽空的具体方法有干抽和湿抽两种，分述如下。

（1）干抽法　将处理好的果蔬装于容器中，置于 90 kPa 以上的真空室或锅内抽去组织内的空气，然后吸入规定浓度的糖水或盐水等抽空液，使之淹没果面 5 cm 以上，当抽空液吸入时，应防止真空室或锅内的真空度下降。

（2）湿抽法　将处理好的果实浸没于抽空液中，放在抽空室内，在一定的真空度下抽去果肉的空气，抽至果蔬表面透明。

果蔬所用的抽空液常用糖水、盐水或护色液 3 种，随种类、品种和成熟度不同而选用。原则上抽空液的浓度越低，渗透越快。

影响抽空效果的因素：①真空度越高，空气逸出越快，一般在 87~93 kPa 为宜。成熟度高、细胞壁较薄的果蔬真空度可低些，反之则要求高些；②理论上温度越高，渗透效果越好，但一般不宜超过 50 ℃；③果蔬的抽气时间依品种或成熟度等情况而定，一般抽至抽空液渗入果块，而呈透明状即可，生产时应做小型试验；④理论上受抽面积越大，抽气效果越好。小块比大块好，切开的好于整果，皮核去掉的好于带皮核。但这应随生产标准和果蔬的具体情况而定。

（五）硫处理

二氧化硫或亚硫酸盐类处理是园艺产品加工中的一项重要的原料预处理方式，其作用也不仅是护色，除此以外，还有其他一些重要的作用，因此，在加工中还常常被用来做半成品的保藏。

1. 亚硫酸的作用

（1）亚硫酸具有强烈的护色效果　因为它对氧化酶的活性有很强的抑制或破坏作用，故可防止酶促褐变；另外，亚硫酸能与葡萄糖起加成反应，其加成物也不酮化，故又可防止羰氨反应的进行，从而可防止非酶促褐变。

（2）亚硫酸具有防腐作用　因为它能消耗组织中的氧气，能抑制好气性微生物的活力，并能抑制某些微生物活动所必需的酶活性。亚硫酸的防腐作用随其浓度提高而增强，对细菌和霉菌作用较强，对酵母菌作用较差。

（3）亚硫酸具有抗氧化作用　这是因它强烈的还原性所致，它能消耗组织中的氧，抑制氧化酶活性，对防止园艺产品中维生素 C 的氧化破坏很有效。

（4）亚硫酸具有促进水分蒸发的作用　这是因为它能增大细胞膜的渗透性，因此不仅可缩短干燥脱水的时间，而且还使干制品具有良好的复水性能。

（5）亚硫酸具有漂白作用　它与许多有色化合物结合而变成无色的衍生物。对花青素中的紫色及红色特别明显，对类胡萝卜色素影响则小，对叶绿素不起作用。二氧化硫解离后，有色化合物又恢复原来的色泽。所以用二氧化硫处理保存的原料，色泽变淡，经脱硫后色泽复显。

硫处理一般多用于干制和果脯的加工中，以防止在干燥或糖煮过程中的褐变，使制品色泽美观。在果酒酿造中，一般在人工发酵接种酵母菌前用硫处理，既可防止有害微生物的繁殖，保证人工发酵的成功，又能加速果酒澄清，改善果酒色泽。

2. 处理方法

（1）熏硫法　将原料放在密闭的室内或塑料帐内，燃烧硫黄将二氧化硫气体通入，燃烧可以在室内进行，也可由钢瓶直接将二氧化硫压入。熏硫室或帐内 SO_2 浓度宜保持在 1.5%～2%，也可以根据每 $1\ m^3$ 空间燃烧硫黄 200 g，或者可按每 1 t 原料用硫黄 2～3 kg 计。所用硫黄必须纯净，不应含有其他杂质。熏硫程度以果肉色泽变淡，核窝内有水滴，并带有浓厚的二氧化硫气味，果肉内含二氧化硫达 0.1% 左右为宜。熏硫结束，将门打开，待空气中的二氧化硫驱尽后，才能入内工作。熏硫后果品仍装在原盛器内，贮存于能密闭的低温贮藏室中，桃、李等果实熏硫后易破烂流汁，应装在不漏的容器中保存。保存期内，若果肉内二氧化硫含量降低到 0.02% 时，即需要加工处理或再熏硫补充。若不要求保持果蔬原形者，可将果肉破碎，装入能密闭的盛器中，通入二氧化硫，使之吸收，然后密闭保存。

（2）浸硫法　用一定浓度的亚硫酸盐溶液，在密封容器中将洗净后的原料浸没。亚硫酸（盐）的浓度以有效 SO_2 计，一般要求为果实及溶液总重的 0.1%～0.2%。例如，果实 1 000 kg，加入亚硫酸液 400 kg，要求 SO_2 的浓度为 0.15%，则加的亚硫酸应含 SO_2 的浓度为：$[(0.15/100) \times (1\ 000+400)/400] \times 100 = 52.5\%$。

各种亚硫酸盐有效 SO_2 的含量不同（表 11-3），处理时应根据不同的亚硫酸盐所含的有效 SO_2 计算用量。

表 11-3　亚硫酸盐含有效 SO_2 的含量　　　　　单位：%

名称	有效 SO_2 含量	名称	有效 SO_2 含量
液态二氧化硫（SO_2）	100	亚硫酸氢钾（$KHSO_3$）	53.31
亚硫酸（H_2SO_3）	6	亚硫酸氢钠（$NaHSO_3$）	61.95
亚硫酸钙（$CaSO_3 \cdot 1.5H_2O$）	23	偏重亚硫酸钾（$K_2S_2O_5$）	57.65
亚硫酸钾（K_2SO_3）	33	偏重亚硫酸钠（$Na_2S_2O_5$）	67.43
亚硫酸钠（Na_2SO_3）	50.84	低亚硫酸钠（$Na_2S_2O_4$）	73.56

在果汁半成品和果酒发酵用葡萄汁或浆中，亚硫酸可直接按允许剂量加入。保藏葡

萄酒原料的 SO_2 浓度为 300 mg/kg 左右，而浓缩果汁等半成品，为了再加工，可以适当提高用量。

3. 使用注意事项

H_2SO_3 和 SO_2 对人体有毒，人的胃中如有 80 mg 的 SO_2 即会产生有毒影响。国际上规定为每人每日允许摄入量为 0~0.7 mg/kg 体重。对于成品中的亚硫酸含量，各国规定不同，但一般要求在 20 mg/kg 以下。因此硫处理的半成品不能直接食用，必须经过脱硫处理再加工制成成品。

经硫处理的原料，只适宜干制、糖制，制果汁、果酒或片状罐头，而不宜制整形罐头。因为残留过量的亚硫酸盐会释放出 SO_2，腐蚀马口铁，生成黑色的硫化铁或生成硫化氢。

因亚硫酸对果胶酶活性抑制甚小，一些水果经硫处理后会使果肉变软，为防止发生这种现象，可在亚硫酸中加入部分石灰，借以生成酸式亚硫酸钙 $[Ca(HSO_3)_2]$，使之既具有 Ca^{2+} 的硬化作用，又有亚硫酸的防腐作用，这适用于一些质地柔软的水果如草莓、樱桃等。

亚硫酸盐类溶液易于分解失效，最好是现用现配。原料处理时，宜在密闭容器中，尤其作为半成品的保藏更应注意密闭。否则 SO_2 挥发损失，会降低防腐力。

亚硫酸处理在酸性条件下作用明显，一般应在 pH 值在 3.5 以下，不仅发挥了它的抑菌作用，而且本身也不易被解离成离子降低作用。所以，对于一些酸度不够的原料处理时，应辅助加一些柠檬酸，其效果会更加明显。

硫处理时应避免接触金属离子，因为金属离子可以将残留亚硫酸氧化，且还会显著促进已被还原的色素氧化变色，故生产中应注意不要混入铁、铜、锡等其他重金属离子。

复习题

1. 园艺产品加工原料预处理的流程。
2. 园艺产品加工原料预处理的要求。

第十二章　园艺产品加工添加剂的应用

一、食品添加剂的概念

食品添加剂是指为改善食品品质和色、香、味，以及为满足防腐和加工工艺的需要而加入食品中的化学合成或者天然物质。

二、食品添加剂的种类及应用范围

食品添加剂的种类很多，按照来源可分为天然食品添加剂和化学合成食品添加剂；按用途可分为防腐剂、着色剂、酸味剂、增稠剂、甜味剂等。

食品添加剂的应用范围相当广泛。合理使用添加剂，开发出各种花色品种的产品，并不断的创新，以满足消费者的需要。在绿色食品生产、加工过程中 AA 级、A 级的产品视产品本身或生产中的需要，均可使用食品添加剂。在 AA 级食品中只允许使用天然的食品添加剂，不允许使用人工化学合成的食品添加剂；在 A 级绿色食品中可以限量使用人工化学合成的食品添加剂。

（一）防腐剂

防腐剂是具有杀灭微生物或抑制其增殖作用的化学物质，常见防腐剂有有机化学防腐剂和无机化学防腐剂。有机化学防腐剂主要有苯甲酸及苯甲酸钠、山梨酸及山梨酸钾、乳酸等；无机化学防腐剂主要有亚硫酸及其盐类、硝酸盐、亚硝酸盐、次氯酸盐等。

苯甲酸及其钠盐：常用于高酸性水果、浆果、果汁、果酱、榨菜、酱油等酸性食品的防腐保藏，且在使用时应充分考虑其特殊性——抑菌而非杀菌。若原料或食品中的原始菌数太高，即使应用也难取得良好效果。

山梨酸：是国际粮食及农业组织和世界卫生组织推荐的高效安全的防腐保鲜剂，山梨酸（钾）能有效地抑制霉菌、酵母菌和好氧性细菌的活性，还能抑制肉毒杆菌、葡萄球菌、沙门氏菌等，广泛应用于食品、饮料、烟草、农药、化妆品等行业；作为不饱和酸，也可用于树脂、香料和橡胶工业。

（二）着色剂

着色剂是以食品着色为目的的食品添加剂。可分为天然色素和人工合成色素两大类。天然色素直接来自动植物，除藤黄外，其余对人体无毒害。目前我国允许使用的合成色素有苋菜红、胭脂红、柠檬黄、日落黄和靛蓝；天然色素有姜黄素、红花黄色素、辣椒红素、虫胶色素、红曲米、酱色、甜菜红、叶绿素铜钠盐和 β-胡萝卜素等。但国家对每一种天然食用色素也都规定了最大使用量。它们主要用于果味粉、果子露、汽水、配制酒、红绿丝、罐头以及糕点表面上彩等。但是，它们禁止用于水果及其制品（包括果汁、果脯、果酱、果冻和酿造果酒）等。在国际上，自美国 1976 年禁止使用合成色素苋菜红之后，就逐步重视对天然色素的开发和应用。

（三）酸味剂

酸味剂是以赋予食品酸味为主要目的的食品添加剂。酸味剂一般具有防腐、杀菌、辅助抗氧化剂的效用，又有助于溶解纤维素及钙、磷等物质，帮助消化、增加营养。常用的酸味剂有柠檬酸、苹果酸、酒石酸、乳酸、磷酸等。不同种类的酸对于形成该种类园艺产品的特有风味有一定关系。

柠檬酸：柠檬酸有温和爽快的酸味，普遍用于各种饮料、汽水、葡萄酒、糖果、点心、饼干、罐头、果汁、乳制品等食品的制造。在所有有机酸的市场中，柠檬酸市场占有率 70%以上，到目前还没有一种可以取代柠檬酸的酸味剂。无水柠檬酸大量用于固体饮料。柠檬酸的盐类如柠檬酸钙和柠檬酸铁是某些食品中需要添加钙离子和铁离子的强化剂。

苹果酸：苹果酸作为天然果汁的重要成分，是人体必需的一种有机酸，也是一种低热量的理想食品添加剂。当 50%苹果酸与 20%柠檬酸共用时，可呈现强烈的天然果实风味。与柠檬酸相比，具有酸度大（酸味比柠檬酸强 20%）、味道柔、酸味特殊、不损害口腔与牙齿等特点。代谢上有利于氨基酸吸收，不积累脂肪，是新一代的食品酸味剂，被生物界和营养界誉为"最理想的食品酸味剂"。目前在老年及儿童食品中广泛应用。

酒石酸：酸味重，是柠檬酸酸味的 1.2~1.3 倍，有收敛性涩味，一般与柠檬酸和苹果酸并用。有机酸往往和糖一起共同决定园艺产品风味。纯粹的酸不受欢迎，酸甜适口才最好。风味好不好，一要看含糖量，二要看糖酸比，即糖/酸对风味更重要，可见酸味所起的重要作用。

（四）增稠剂

增稠剂是指能改善或稳定食品物理性质或组织状态的添加剂。可以增加食品的黏度，赋予食品以黏滑适口的口感；同时具有一定的保水性和成膜性。常用于果蔬汁制品和果蔬酱制品中。常用的增稠剂有改性淀粉、琼脂、明胶、海藻酸钠、羟甲基纤维素钠、果胶、魔芋粉等。

（五）甜味剂

甜味剂是以赋予制品甜味为主要目的的物质。按其来源可分为天然甜味剂（如甘草、甜菊糖、糖醇类）和人工合成甜味剂（糖精）；按其营养价值分为营养性甜味剂和非营养性甜味剂；按其化学结构和性质分为糖类和非糖类甜味剂。

天然甜味剂多由植物提取或由糖转化而来，安全性较高。特别是糖醇类已广泛用于肥胖病、糖尿病患者的饮食中。天然甜味剂有蔗糖、果糖、葡萄糖、麦芽糖、淀粉糖浆、麦芽糖醇、山梨酸糖醇、木糖醇等。

人工合成甜味剂甜度高，价格便宜，有一定的毒性和副作用，因此，在生产中应严格控制。人工合成甜味剂有糖精、环己基氨磺酸钠、天门冬酰苯丙氨酸甲酯等。使用范围和使用量应严格执行食品添加剂使用卫生标准。

日常生活中，甜味剂的使用比较广泛，饮料、酱菜、糕点、饼干、面包、雪糕、蜜饯、糖果、调味料、肉类罐头等，几乎所有常见的食品中都添加了甜味剂。

三、食品添加剂应用原则

目前，国际、国内对待食品添加剂均持严格管理、加强评价和限制使用的态度。为了确保食品添加剂的食用安全，食品添加剂必须在允许范围和规定限量内使用，且对人体无害，也不应含有其他有毒杂质，对食品营养成分不应有破坏作用。同时，不得使用食品添加剂掩盖食品的缺陷或作为伪造的手段，不得由于使用食品添加剂而改变良好的加工工艺和降低卫生要求。为了确保食品添加剂的使用安全，应遵循以下原则：①经食品毒理学安全性评价证明，在其使用限量内长期使用对人安全；②不影响食品自身的感官性状和理化指标，对营养成分无破坏作用；③食品添加剂应有中华人民共和国卫生部颁布并批准执行的使用卫生标准和质量标准；④食品添加剂在应用中应有明确的检验方法；⑤使用食品添加剂不得以掩盖食品腐败变质或以掺杂、掺假、伪造为目的；⑥不得经营和使用无卫生许可证、无产品检验合格证及污染变质的食品添加剂。

四、食品添加剂使用方法

食品添加剂的正确使用对于改善食品的质量和提高档次，保持原料乃至成品的新鲜度，提高食品的营养价值，开发研制新产品和改进食品加工工艺等方面有着极为重要的作用。但也必须指出，食品添加剂毕竟是外来成分，在规定的剂量范围内使用对人无害，如无限量地使用，也可能引起各种形式的毒性表现。因此必须对食品添加剂进行严格的安全卫生管理，发挥其有益作用，防止不利影响。近年来，随着食品毒理学研究的不断发展，对食品添加剂提出了更高的安全卫生要求，按照 GB 2760—2014《食品安全国家标准 食品添加剂使用标准》和《食品添加剂卫生管理办法》的要求严加管理。食品添加剂及其使用方法应符合下列要求：①食品添加剂本身原则上经过规定的《食品安全发生毒理学评价程序》，证明在使用限量范围内对人无害，也不应含有其他有毒杂质，对食品的营养成分不应有破坏作用；②食品添加剂进入人体后，最好能参加人体正常的物质代谢，或能被正常解毒过程解毒后全部排出体外，或因不能被消化道吸收而全部排出体外；③食品添加剂在达到一定加工目的后，最好能在以后的加工、烹调过程被破坏或排除，使之不能摄入人体，则更安全；④有害杂质不能超过允许限量；⑤不得使用食品添加剂掩盖食品的缺陷或作为伪造的手段。

五、食品添加剂的应用及安全性

随着现代食品工业的崛起，食品添加剂的地位日益突出，世界各国批准使用的食品添加剂种类也越来越多，其使用水平已成为该国现代化程度的重要标志。随着人民生活水平不断提高，生活节奏显著加快，人们对食品的口感、风味、质量、营养、安全等有了更新和更高的要求。在食品加工制作过程中合理使用食品添加剂，既可以使加工品色、香、味、形及组织结构俱佳，还能保持和增加食品营养成分，防止食品腐败变质，延长食品保质期，便于食品加工和改进食品加工工艺，提高食品生产效率。

随着我国综合国力的迅速提高和科学技术的不断进步，我国的食品工业快速发展，加工食品的比重成倍增加，食品的种类、花色日益繁多，生活中接触到的食品添加剂也随之变得越来越多，对食品添加剂给食品安全带来的问题也越来越受到人们的关注。将添加剂的"滥用"和化学农药、重金属、微生物、多氯联苯等常规污染物一起被列为食品污染源。食品行业从业人员只有掌握食品添加剂的相关知识，科学、准确、合理地使用食品添加剂，才能充分发挥食品添加剂在食品生产中的作用，保证食品安全。

美国是目前世界上食品添加剂产值最高的国家，其销售额占全球食品添加剂市场的1/3，其食品添加剂品种也位居榜首，在美国食品与药品监督管理局（FDA）所列 2 922 种食品添加剂中，受管理的有 1 755 种。日本使用的食品添加剂约 1 100 种，其中包括《日本食品添加物公定书（第六版）》所列化学合成品 350 种。欧洲约使用 1 500 种。我国 GB 2760—2014《食品安全国家标准　食品添加剂使用标准》将食品添加剂分为23 类，共计 2 314 个品种。

复习题

1. 食品添加剂的概念。
2. 食品添加剂的种类及应用范围。
3. 食品添加剂应用原则。

第十三章　园艺产品加工各论

第一节　果蔬汁制作

果蔬汁是指采用新鲜水果、蔬菜为原料，经挑选、清洗、破碎、酶解、榨汁或浸提、过滤、浓缩或调配、包装、杀菌等加工工序制成的汁液，并在规定贮藏条件下有一定的货架期。

一、果汁和蔬菜汁的分类

1. 果汁（浆）和蔬菜汁（浆）

采用物理方法，将水果或蔬菜加工制成可发酵但未发酵的汁（浆）液；或在浓缩果汁（浆）或浓缩蔬菜汁（浆）中加入果汁（浆）或蔬菜汁（浆）浓缩时失去的等量的水，复原而成的制品。可以使用食糖、酸味剂或食盐，调整果汁、蔬菜汁的风味。

2. 浓缩果汁（浆）和浓缩蔬菜汁（浆）

采用物理方法从果汁（浆）或蔬菜汁（浆）中除去一定比例的水分，加水复原后具有果汁（浆）或蔬菜汁（浆）应有特征的制品。

3. 果汁饮料和蔬菜汁饮料

（1）果汁饮料　在果汁（浆）或浓缩果汁（浆）中加入水、食糖和（或）甜味剂、酸味剂等调制而成的饮料，可加入柑橘类的囊胞（或其他水果经切细的果肉）等果粒。

（2）蔬菜汁饮料　在蔬菜汁（浆）或浓缩蔬菜汁（浆）中加入水、食糖和（或）甜味剂、酸味剂等调制而成的饮料。

4. 果汁饮料浓浆和蔬菜汁饮料浓浆

在果汁（浆）和蔬菜汁（浆）或浓缩果汁（浆）和浓缩蔬菜汁（浆）中加入水、食糖和（或）甜味剂、酸味剂等调制而成，稀释后方可饮用的饮料。

5. 复合果蔬汁（浆）及饮料

含有两种或两种以上的果汁（浆）、或蔬菜汁（浆）、或果汁（浆）和蔬菜汁（浆）的制品为复合果蔬汁（浆）；含有两种或两种以上果汁（浆），蔬菜汁（浆）或其混合物并加入水、食糖和（或）甜味剂、酸味剂等调制而成的饮料为复合果蔬汁饮料。

6. 果肉饮料

在果浆或浓缩果浆中加入水、食糖和（或）甜味剂、酸味剂等调制而成的饮料。

含有两种或两种以上果浆的果肉饮料称为复合果肉饮料。

7. 发酵型果蔬汁饮料

水果、蔬菜、或果汁（浆）、蔬菜汁（浆）经发酵后制成的汁液中加入水、食糖和（或）甜味剂、食盐等调制而成的饮料。

8. 水果饮料

在果汁（浆）或浓缩果汁（浆）中加入水、食糖和（或）甜味剂、酸味剂等调制而成，但果汁含量较低的饮料。

二、蔬菜汁及蔬菜汁饮料的分类

1. 蔬菜汁

原料蔬菜用机械方法加工制得的汁液中加入食盐或白砂糖等调制而成的制品。

2. 蔬菜汁饮料

在蔬菜汁中加入水、糖、酸等调配而成的可直接饮用的制品，如芹菜汁。

混合蔬菜汁饮料是含两种或两种以上蔬菜汁的蔬菜汁饮料。如复合蔬菜汁 V8，含有番茄、胡萝卜、芹菜、菠菜、卷心菜等蔬菜汁。

3. 复合果蔬汁

在蔬菜汁和果汁中加入白砂糖等调配而成的制品。如汇源混合果蔬汁、农夫果园混合果蔬汁。

4. 发酵蔬菜汁

蔬菜或蔬菜汁经乳酸菌发酵后制成的汁液中加入水、糖、酸等调配而成的制品。

5. 食用菌饮料

在食用菌子实体的浸提液或浸提液制品中加入水、糖、酸等调配而成的制品。

选用无毒可食用培养基接种食用菌菌种，经液体发酵制成的发酵液中加入糖、酸等调配而成的制品。

6. 藻类饮料

将海藻或人工繁殖的藻类，经浸取、发酵或酶解后所制得的液体中加入水、糖、酸等调制而成的制品，如螺旋藻饮料。

7. 蕨类饮料

可食用蕨类植物（如蕨的嫩叶）经加工后制成的制品。

我国果蔬汁加工产业发展成长快速，新资源利用和新产品开发力度加大，产品的分类将随着果蔬汁市场的发展和成熟而不断完善，如强化果蔬汁饮料、功能果蔬汁饮料和鲜榨果蔬汁等还没有明确的分类。

三、制汁工艺技术

（一）加工工艺流程

1. 澄清果蔬汁加工工艺流程

原料→分级→清洗→挑选→切分→加热→破碎→榨汁→酶解处理→澄清→过滤→调配→脱气→灌装→杀菌→冷却→检测→成品。

2. 混浊果蔬汁加工工艺流程

原料→分级→清洗→挑选→切分→加热软化→破碎→打浆取汁→离心除渣→过滤→调配→均质→脱气→灌装→杀菌→冷却→检测→成品。

3. 浓缩果蔬汁加工工艺流程

原料→分级→清洗→挑选→切分→加热→破碎→打浆→榨汁→酶解处理→澄清→过滤→浓缩→灌装→杀菌→冷却→检测→成品。

(二) 各类果蔬汁加工技术要点

1. 澄清

果蔬汁清汁的澄清处理工序，主要目的是去除果蔬汁中的悬浮物或浑浊物，其主要成分是果胶、纤维素和果渣（如皮、子等）。果蔬汁生产上常用的澄清方法如下。

(1) 明胶单宁澄清法　鲜榨的果蔬汁含有少量的单宁，单宁与明胶或鱼胶、干酪素等蛋白质物质结合，可形成明胶单宁酸盐的络合物，果蔬汁中的悬浮颗粒随着络合物的下沉而随之沉淀。此外，果蔬汁中的果胶、纤维素、单宁及多缩戊糖等带有负电荷，酸介质、明胶带正电荷，当正负电荷微粒相互作用而凝集沉淀时，即可使果蔬汁澄清。一般每 100 L 果汁需明胶 20 g 左右、单宁 10 g 左右。使用时需将所需明胶和单宁配成 1% 溶液，缓慢加入果汁中，并混合均匀。

(2) 加酶澄清法　通常所说的果胶酶是指分解果胶的多种酶的总称。在 50~55 ℃以内，果胶酶的酶促反应随温度升高而加速；超过 55 ℃ 时，酶因高温作用而钝化，反应速度反而减缓。酶制剂澄清所需要的时间决定于温度、果蔬汁的种类、酶制剂的种类和数量，低温所需时间长，高温所需时间短。澄清果蔬汁时，酶制剂用量是根据果蔬汁的性质和果胶物质的含量及酶制剂的活力来决定的。一般榨出的新鲜果蔬汁未经加热处理，可直接加入酶制剂，这样果蔬汁中天然果胶酶可起协同作用，使澄清作用较经过加热处理的果汁更快。酶制剂还可与明胶结合使用，如苹果汁的澄清，果蔬汁加酶制剂作用 20~30 min 后加入明胶，在 20 ℃ 下进行澄清，效果良好。

(3) 冷冻澄清法　冷冻可改变胶体的性质，而在解冻时形成沉淀，故浑浊的果蔬汁经冷冻后容易澄清。这种作用对于苹果汁特别明显。葡萄汁、草莓汁和柑橘汁也可利用冷冻法澄清果汁。

(4) 加热澄清法　果蔬汁中的胶体物质加热时易凝聚，并形成沉淀。具体做法：在 80~90 s 内，将果蔬汁加热到 80~82 ℃，然后以同样短的时间冷却至室温。由于温度的剧变，使果蔬汁中的蛋白质和其他胶体物质变性，凝固析出，使果蔬汁澄清。可采用密闭管式热交换器或瞬时巴氏杀菌器进行加热和冷却。

2. 过滤

为了得到澄清透明且稳定的果蔬汁，澄清之后的果蔬汁必须经过过滤，目的在于除去细小的悬浮物质。设备主要有硅藻土过滤机、纤维过滤器、板框压滤机、真空过滤器、离心分离机及膜分离设备等。过滤速度受到过滤器孔大小、施加压力、果蔬汁黏度、悬浮颗粒的密度和大小、果蔬汁的温度等的影响。无论采用哪一种类型的过滤器，都必须减少压缩性的组织碎片淤塞滤孔，以提高过滤效果。

(1) 硅藻土过滤机过滤　它是果汁、果酒及其他澄清饮料生产使用较多的方法。

硅藻土具有很大的表面积，既可作过滤介质，又可以把它预涂在带筛孔的空心滤框中，形成厚度约 1 mm 的过滤层，具有阻挡和吸附悬浮颗粒的作用。它来源广泛、价格低廉、过滤效果好，因而在小型果汁生产企业中广泛应用。

硅藻土过滤机由过滤器、计量泵、输液泵以及连接的管路组成。过滤器的滤片平行排列，结构为两边紧覆着细金属丝网的板框，滤片被滤罐罩在里面。

（2）板框过滤机过滤 它是另一个用途广泛的方法，它的过滤部分由带有两个通液环的过滤片组成，过滤片的框架由滤纸板密封相隔形成一连串的过滤腔，过滤依所形成的压力差而达到。过滤量和过滤能力由过滤板数量、压力和流出量控制。该机也是目前常用的分离设备之一，特别是近年来常作为果汁进行超滤澄清的前处理设备，对减轻超滤设备的压力十分重要。

（3）离心分离 它同样是果蔬汁分离的常用方法，在高速转动的离心机内悬浮颗粒得以分离，有自动排渣和间隙排渣两种。缺点为混入的空气增多。

（4）真空过滤 是加压过滤的相反例子，主要利用压力差来过滤。过滤前的真空过滤器的滤筛上涂一层厚 6.7 cm 的硅藻土，滤筛部分浸在果汁中，过滤器以一定速度转动，均一地把果汁带入整个过滤筛表面。过滤器内的真空使过滤器顶部和底部果汁有效地渗过助滤剂，损失很少。由一特殊阀门来保持过滤器内的真空和果汁的流出。过滤器内的真空度一般维持在 84.6 kPa。

（5）纸板过滤-深过滤 尽管有许多过滤工艺，但深过滤过滤片是至今为止在各个应用范围内使用最广泛、效率最高和最经济的过滤工艺。利用深过滤过滤片所分离物质的范围可以从直径为几微米的微生物到分子大小的颗粒，可用于粗过滤、澄清过滤、细过滤、除菌过滤等。

由纤维素和多孔的材料构成的深过滤过滤片，具有一个三维空间和迷宫式的网状结构，每平方米过滤面积的过滤片有几千平方米的内表面积，使其具有非常高的截留混浊物的能力，特别适用于胶质或有些黏稠的混浊物，因此越来越广泛地被用于果汁厂分离澄清工艺中。

（6）超滤法 这是近几年来发展起来的新兴技术，但已在果汁加工业中显示出了很好的前景。在果汁澄清工艺中所采用的膜主要是超滤膜（超滤膜有管式膜、平面膜和空心纤维膜 3 种类型），膜材料有陶瓷膜、聚砜膜、磺化聚砜膜、聚丙烯腈膜及共混膜。用超滤膜澄清的果汁无论从外观还是从加工特性上都优于其他澄清方法制得的澄清汁。超滤分离由于其材料、断面物理状态的不同，在果汁生产上的应用也不同。平板式超滤膜组件在目前使用得较为广泛。其原理和形式与常规的过滤设备相类似，优点是膜的装填密度高、结构紧凑牢固、能承受高压、工艺成熟、换膜方便、操作费用也较低。但浓差极化的控制较困难，特别是在处理悬浮颗粒含量高的液体时，膜常会被堵塞。另一种在果汁分离工艺中广泛应用的是陶瓷处理膜，该膜具有耐温、耐酸碱、耐化学腐蚀、不需经常更换等优点，因上述优点，该类膜已成为当今果汁超滤大规模生产的主要材料。但该材料一次性投资较大，更换膜材料技术要求较高。

3. 均质

均质是将果蔬汁通过一定的设备使其中的细小颗粒进一步破碎，使果胶和果蔬汁亲和，保持果蔬汁均一性和稳定性的操作。生产上常用的均质机械有高压均质机和胶体磨。

果蔬汁的清汁不需要进行均质处理，但如果添加了果胶、黄原胶等稳定剂则要进行均质处理。带果肉的物料均质前有必要采用胶体磨破碎细化，以保证果肉能顺利进入均质机中并达到理想的均质效果。胶磨后的果蔬浑浊汁可通过均质机处理进一步使果肉颗粒破碎，使果胶、水和果蔬汁其他成分亲和，保持果蔬汁的均一性和稳定性。生产中采用的均质机压力随果蔬种类、物料温度及要求的颗粒大小而异，一般在 30~60 MPa，可根据产品稳定性指标要求进行 1~2 次均质处理。均质前提高物料温度可增强均质效果，一般带果肉果蔬汁的温度为 45~65 ℃。

4. 脱气

果蔬组织内有空气存在，原料在破碎、取汁、均质、胶磨和搅拌、输送等工序中都可能混入空气，而空气中的氧气可与果汁中的一些营养成分、酚类物质和色素等成分发生氧化反应导致营养损失和褐变，并对货架期产生影响，因此，果蔬汁脱气工序是非常有必要的。工业化生产中最简单、经济的脱气方法是真空脱气，也有采用充氮气置换空气的方法。该处理是在真空脱气罐内完成，一般是使果汁分散成薄膜或雾状，方法有离心喷雾、加压喷雾和薄膜式 3 种。一般果汁温度要比真空罐内绝对压力所相应的温度高 2~3 ℃。果汁温度，热脱气为 50~70 ℃，常温脱气为 20~25 ℃。一般脱气罐内的真空度为 0.090 7~0.093 3 MPa。真空脱气过程中，低沸点芳香物质被气化脱除，风味有损失，可增加芳香物回收装置进行风味物质的回收，并在后续加工中回添到果蔬汁中。

5. 浓缩

浓缩果蔬汁较之直接饮用汁具有很多优点。它容量小，可溶性固形物高达 65%~75%，可节省包装和运输费用，便于贮运；果蔬汁的品质更加一致；糖、酸含量的提高，增加了产品的保藏性；浓缩汁用途广泛，可作为各种食品的基料，也是果汁进出口贸易的主要形式，橙汁和苹果汁尤以浓缩形式为多。

加工果蔬浓缩汁、浆产品时常用物理浓缩方法，即在真空状态下，使果蔬汁沸点下降，加热沸腾，使水分分离出来。该处理由真空浓缩设备完成，目前浓缩设备有强制循环蒸发式、降（升）膜蒸发式、平板（片状）蒸发式、搅拌蒸发式和离心薄膜蒸发式等。浓缩浆类一般采用强制循环式浓缩（如番茄酱、胡萝卜浆、山楂浆、梨浆等），而浓缩汁类常采用降（升）膜蒸发或离心薄膜蒸发（如浓缩苹果汁、菠萝汁、石榴汁等）。对热敏性果蔬汁可采用超滤和反渗透等膜浓缩法，整个膜浓缩过程的温度不高，可在常温下进行，一般只用于果蔬清汁的预浓缩，其浓缩倍数不高，一般可达 2~3 倍。冷冻浓缩技术在热敏性果蔬浓缩汁（如浓缩橙汁）的加工中也得到了应用，其主要特点就是果汁能在低温状况下进行不加热浓缩。这种制品能保存原来的芳香物质、色泽和营养成分。但用冷冻浓缩法所得的果汁其可溶性物质的含量最高只能达到 50%，且存在果汁预冷/冻结耗能大、冷冻果汁与冰分离不充分等缺点，因而没有普及。

6. 芳香物回收

芳香物回收装置是真空浓缩果蔬汁生产线的重要组成部分。目前能回收苹果 8%~10%、黑醋栗 10%~15%、葡萄 26%~30% 的芳香物质。在回收设备的精馏塔中，含有丰富芳香物质的水蒸气的芳香物质浓度不断增大，最后以芳香物质浓缩液的形式分离出来。芳香成分分离、回收后可在后段工序中再加到浓缩果汁中，也可将浓缩蒸发的蒸汽进行分离、回收、浓缩后再回加到果汁产品中或作为高附加值的天然香精使用。工业化生产的甜橙、柠檬、葡萄、西番莲、苹果、杏、桃和菠萝等果品应用较多。

7. 杀菌

果蔬汁杀菌的方法和技术有多种，主要分为热力杀菌法和非热力杀菌法。前者主要通过加热处理达到杀菌目的，如最常用的巴氏杀菌法和高温瞬时杀菌法等。果汁的非热力杀菌主要包括物理杀菌和化学杀菌。物理杀菌主要有辐照杀菌、紫外线杀菌、超高压杀菌、高压脉冲电场杀菌、磁场杀菌、脉冲强光杀菌和超声波灭菌等。美国有关部门已规定鲜榨果蔬汁采用非热力杀菌处理后其目标菌的减菌程度要求达到5个对数周期。化学杀菌主要是指在加工中添加抑菌剂和防腐剂，如臭氧、氧化电位水、二氧化氯、二氧化硫、乳酸链球菌素和苯甲酸盐等。但目前果汁最安全和经济的杀菌方法是热力杀菌方法。对酸性产品而言，其 pH 值在 4.5 以下，A_w 大于 0.85，杀菌的对象菌一般为非芽孢菌，一般在 85~100 ℃ 条件下处理数分钟即可。高温短时（HTST）杀菌是将食品加热到 100 ℃ 以上，常用的杀菌温度在 110~135 ℃ 之间，杀菌时间为 3~10 s。果蔬汁杀菌要求达到商业无菌，即指将果蔬汁中的病原菌、产毒菌以及腐败菌全部杀死，但并非完全无菌，仍可能存在耐热的无害细菌芽孢，它们在处理后的果蔬汁环境中不能繁殖。

8. 灌装

果汁灌装方法有热灌装、冷灌装和无菌灌装等。热灌装是将果汁加热杀菌后立即灌装到清洗过的容器内，封口，将瓶子倒置 10~30 min，对瓶盖进行杀菌，然后快速冷却至室温。冷灌装是指果蔬汁在包装前先进行高温瞬时杀菌，然后快速冷却到 30~40 ℃进行无菌灌装。该技术适合不耐热的 PET 瓶灌装。无菌灌装要求果蔬汁、包装容器和包装环境彻底杀菌，达到无菌条件后进行灌装、封口。无菌灌装采用的包装材料可用热成型的 PET 瓶或复合材料制成的利乐包，可采用过氧化氢、紫外线或化学与热相结合的方法等对包装容器杀菌。目前世界上使用最广泛的小包装无菌灌装设备，是瑞典利乐公司生产的无菌灌装机，其包装容器是用纸、塑料薄膜和铝箔等 7~8 层复合包装材料制成的，也有采用铝箔或塑料复合袋进行包装的，主要用于液态饮料。目前我国无菌大包装灌装系统主要用于浓缩苹果汁（浆）、浓缩番茄酱（浆）等产品中，采用的容器主要是铝塑复合无菌袋，容量一般在 10~1 000 L。我国常用的无菌袋分别是 220 L 和1 000 L，220 L 无菌袋一般放在铁桶内，1 000 L 无菌袋放在特制木箱内进行保藏和运输。包装袋在出厂前均进行 γ 射线杀菌处理，保证袋子无菌。袋上有明显的颜色标志，可以方便地发现袋子是否处于无菌状态。

四、果蔬汁常见质量问题与控制

（一）安全问题

目前果蔬原料微生物污染、农药残留是果蔬汁安全的主要问题。随着现代果蔬汁加工业的设备、检测和质量管理水平的提高，果蔬加工过程生物、化学和物理性的污染已不是主要的质量安全问题。但由于生态环境恶化及农药过量施用导致的果蔬原料微生物污染、化学污染和农药残留则是果蔬汁质量安全的威胁。如美国食品药品监督管理部门规定苹果汁、浓缩苹果汁和苹果汁产品中的棒曲霉素含量小于 50 μg/kg。欧盟严格限制含棒曲霉素食品的进口。加强并注重原料种植地和种植过程中水、土、大气和农药施用的监测监管是原料质量安全和产品加工质量安全的根本保证。果蔬汁产品败坏主要表现在表面长霉，发酵产酸、产酒精和生成二氧化碳等，微生物导致的果蔬汁败坏伴随有风味、色泽和组织状态的恶化。为避免果蔬汁败坏，加工中采用新鲜、无霉烂、无病害的果蔬原料榨汁，加强原料采摘、贮藏、运输的管理及加工过程原料的洗涤消毒和检测，严格保证工厂、车间环境和加工设备、管道和容器等的清洁卫生。

（二）营养问题

果蔬汁加工过程连续化程度低、工艺技术措施不当和过度氧化及加热等都会造成果蔬汁营养和功能成分的损失和破坏。维生素 C、多酚、胡萝卜素和花青素等氧化，可直接导致产品褐变、产生异味和抗氧化功能降低等。贮藏温度对果蔬汁中维生素 C 的保存有很大的影响，汁液中类胡萝卜素、花青素和黄酮类色素受贮藏温度、贮藏时间、氧、光和金属含量的影响。具体的技术措施：①保持加工过程连续化，尽量缩短原料在各加工环节停留和在空气中暴露的时间；②适当添加抗氧化剂、酸味剂和酶抑制剂；③加强脱气处理；④采用避光隔氧包装容器；⑤采用合理杀菌工艺和方法；⑥产品的运输贮藏要在较低的温度下进行。

（三）风味问题

果蔬的风味形成途径有果蔬体内生物合成、前处理过程酶直接或间接催化、加工处理与贮藏过程酶与非酶作用。在加工过程中果蔬的切分、去皮、漂烫、打浆等因氧化、酶促反应而影响风味，尤其在果蔬汁的加热杀菌过程中风味的变化和损失最明显。橘类果汁在加工过程中或加工后常易产生苦味，主要成分是黄烷酮糖苷类和三萜类化合物。前一类的有柚皮苷、橙皮苷、枸橘苷等苦味物质；后一类有柠檬素、诺米林、艾金卡等苦味物质。防止柑橘汁苦味感的技术措施：①选择苦味物质含量少的柑橘品种；②采用柑橘专用挤压取汁设备，防止种子被压碎；③可采用柚皮苷酶和柠碱前体脱氢酶水解苦味物质，可有效减轻苦味；④可在加工中增加苦味物质吸附、脱除工序。

对于果蔬汁，其保持良好风味的技术方法：①选择风味优良的果蔬汁加工品种；②防止加工过程氧化，抑制酶促反应产生异味，注意保持或激活有利于风味产生的酶促反应；③减轻热力杀菌强度，可采用非热力杀菌处理；④可添加一定的风味剂或风味改良剂；⑤可采用冷链运输和贮藏。

（四）色泽问题

果蔬原料品种、成熟度，以及加工过程空气氧化、美拉德反应及酶促反应等，均对果蔬汁的色泽都有重要的影响。如对加工专用的胡萝卜、番茄、苹果、柑橘、草莓、葡萄和黑莓等都有特定的色泽质量要求。

具体控制措施：①选用专用加工品种；②加强原料采摘和加工成熟度控制；③注意加工前处理过程和均质、灌装等工序的脱气处理；④适当添加抗氧化剂和天然色素；⑤控制适度的美拉德反应及酶促反应；⑥减轻杀菌强度；⑦控制适宜的运输、贮藏和货架温度。

（五）混浊与沉淀

瓶装混浊果蔬汁或带肉果汁保持均匀一致的状态对品质至关重要。澄清果汁要求汁液透明，混浊果汁要求有均匀的混浊度。若澄清果汁进行澄清处理的工艺不合理，将会使果胶或淀粉分解不完全造成后混浊；而混浊果蔬汁的果胶、蛋白质等的浓度、酸碱性、离子强度、亲水与水合度等都会影响混浊果蔬汁的稳定性。具体技术措施：①保证原料质量的稳定性；②澄清果汁应制定合理的澄清处理条件和检测标准；③选择合适的混浊果蔬汁稳定剂种类和添加量；④设计合理的打浆、胶磨、均质技术参数。

第二节　果酒酿造

以适宜水果为基础原料经过酒精发酵等工序环节酿制而成的含醇饮料都称为果酒。因果酒原料种类繁多，发酵工艺各具特色，其产品品种达千余种，但最具影响且产量最大的果酒当属葡萄酒，全世界的消费总量达4 500万t，欧洲、美洲是主要的消费国，亚洲各国对葡萄酒的消费量日益增加。葡萄酒已成为世界性的酒精饮料，因此本节仅以葡萄酒为例做介绍。

国际葡萄与葡萄酒组织规定，葡萄酒只能是以破碎或未破碎的新鲜葡萄果实或葡萄汁经全部或部分酒精发酵而生产的饮料，其酒度不得低于8.5%（以体积计）。根据气候、土壤条件、葡萄品种和一些葡萄产区特殊的质量因素或传统，允许某些特定地区的葡萄酒最低酒度为7.0%。法国、西班牙、德国、意大利等国还立法对本国特定地区产的知名葡萄酒实行原产地保护，并要求在标贴上注明产地、酒商名称、酿造年份和专用葡萄品种。

一、果酒（葡萄酒）的分类

葡萄酒品种很多，分类方法各异，以下按葡萄酒的颜色、含糖量多少、葡萄酒中二氧化碳含量和加工方法等对其进行分类。

（一）按酒的颜色分类

1. 白葡萄酒

颜色接近无色、浅黄、浅黄而略带绿、金黄或禾秆黄等。这类酒要求果香突出，可用不同品种葡萄酿制，在风味上要求有典型性。

2. 红葡萄酒

颜色为紫红、深红、鲜红、宝石红或红中稍有棕色，其颜色来自葡萄，不允许人工着色。

3. 桃红葡萄酒

颜色为浅红、桃红或玫红，在风味上应果香与酒香兼备。

（二）按酒的含糖量分类

1. 干葡萄酒

含糖量应小于或等于4 g/L，或者当总糖与总酸（以酒石酸计）的差值小于或等于

220

2 g/L 时，含糖量最高为 9 g/L 的葡萄酒。这种酒感觉不出甜味，微酸爽口，具有柔和、协调、细腻的果香与酒香，按酒色可分为干白、干红、干桃红葡萄酒。

2. 半干葡萄酒

含糖量为 4.1～12 g/L，或者总糖与总酸的差值按干酒方法确定，含糖量最高为 18 g/L 的葡萄酒。

3. 半甜葡萄酒

含糖量为 12.1～45 g/L 的葡萄酒，饮用时稍有甜味。

4. 甜葡萄酒

含糖量大于 45 g/L 的葡萄酒，具有甘甜、醇厚适口的酒香与果香，其酒精含量一般在 15%左右，高的可达 16%～20%。

（三）按酒中 CO_2 含量分类

1. 平静葡萄酒

在 20 ℃时，CO_2 压力小于 0.05 MPa 的葡萄酒称为平静葡萄酒（静止葡萄酒）。

2. 起泡葡萄酒

在 20 ℃时，CO_2 压力等于或大于 0.05 MPa 的葡萄酒称为起泡葡萄酒，其 CO_2 全部由葡萄酒经密闭容器自然发酵产生，其可分为以下 2 种。

当 CO_2 压力在 0.05～0.25 MPa，称为低起泡葡萄酒（或葡萄汽酒）。

当 CO_2 压力等于或大于 0.35 MPa，称为高起泡葡萄酒。

3. 葡萄汽酒

CO_2 由人工方法加入，称为加气起泡葡萄酒或汽酒。

（四）按加工方法分类

1. 发酵酒

发酵酒是将果实经过一定处理，取其汁液，经酒精发酵和陈酿而制成的酒。发酵酒的酒精含量比较低，多数在 10%～13%（体积分数）。在发酵果酒中，葡萄酒占的比重最大，包括红葡萄酒和白葡萄酒。

2. 蒸馏酒

蒸馏酒是将果实进行酒精发酵后再经过蒸馏、贮藏而酿成的酒，又名白兰地。通常所称的白兰地，是指以葡萄为原料的白兰地。以其他水果酿造的白兰地，应冠以原料水果的名称，如樱桃白兰地等。饮用型蒸馏果酒，其酒精含量多在 40%～55%。

3. 特种葡萄酒

特种葡萄酒是原料为鲜葡萄、葡萄汁或葡萄酒，按特种工艺加工制作的葡萄酒。特种葡萄酒可分为以下几种。

（1）加强葡萄酒 在发酵后的原酒中添加白兰地或食用蒸馏酒精或葡萄酒精以及葡萄汁、浓缩葡萄汁、含焦糖葡萄酒等，酒精度为 15%～22% 的葡萄酒。中国浓甜葡萄酒大部分采用此法生产。

（2）添香葡萄酒 以葡萄酒为酒基浸泡芳香植物或添加芳香植物的浸出液，再经调配制成的、酒精度为 11%～24% 的葡萄酒。其典型酒为味美思，或者添加药材制成的滋补型葡萄酒。

（3）冰葡萄酒　将葡萄推迟采收，当气温低于-7 ℃，使葡萄在树枝上保持一定时间，结冰后采收，在结冰状态下压榨，不允许外加糖发酵酿制的葡萄酒。

（4）贵腐葡萄酒　在葡萄的成熟后期，葡萄果实感染了灰绿葡萄孢，使果实的成分发生了明显的变化，用这种葡萄酿制而成的葡萄酒。

（5）产膜葡萄酒　葡萄汁经过全部酒精发酵，在酒的自由表面产生一层典型的酵母膜后，加入葡萄白兰地、葡萄酒或食用酒精，所含酒精度等于或大于15.0%（体积分数）的葡萄酒。

（6）低醇葡萄酒　采用鲜葡萄或葡萄汁经全部或部分发酵，采用特种工艺加工而成的、酒精度为1.0%~7.0%的葡萄酒。

（7）无醇葡萄酒　采用鲜葡萄或葡萄汁经全部或部分发酵，采用特种工艺加工而成的、酒精度为0.5%~1.0%的葡萄酒。

（8）山葡萄酒　采用鲜山葡萄或山葡萄汁经过全部或部分发酵酿制而成的葡萄酒。

二、果酒酿造理论

果酒的酿制包括果酒酵母菌将果汁（浆）中的糖类分解成酒精、二氧化碳和其他副产物的反应过程及在陈酿澄清过程中进行的酯化、氧化还原与沉淀等作用。其主要酿造与作用原理分述如下。

（一）酒精发酵

酒精发酵是指果汁中葡萄糖、果糖等六碳糖在酵母菌酶系的作用下，通过一系列复杂的化学反应和变化，且有许多化学反应和中间产物生成，最终产生乙醇和二氧化碳的过程。只有果汁中的葡萄糖和果糖可直接被酒精发酵利用，果汁中的蔗糖和麦芽糖需通过酵母菌产生的分解酶和转化酶作用生成葡萄糖和果糖后，才可参与酒精发酵。而果汁中的戊糖、木糖和核酮糖等则不能被酒精发酵利用。酒精发酵的主要过程：①葡萄糖磷酸化，生成活泼的1,6-二磷酸果糖；②1分子1,6-二磷酸果糖分解为2分子的磷酸丙酮；③3-磷酸甘油醛转变成丙酮酸；④丙酮酸脱羧生成乙醛，乙醛在乙醇脱氢酶的催化下，还原成乙醇。具体的化学反应有以下几种。

1. 糖分子的裂解

糖分子的裂解包括将己糖分解为丙酮酸的一系列反应，其反应步骤如下。

（1）己糖磷酸化　通过己糖磷酸化酶和磷酸己糖异构酶的作用，将葡萄糖和果糖转化为1,6-二磷酸果糖的过程。

（2）1,6-二磷酸果糖分裂为三碳糖　在醛缩酶的作用下，1,6-二磷酸果糖分解为3-磷酸甘油醛和磷酸二羟丙酮。

（3）3-磷酸甘油醛氧化为丙酮酸　在氧化还原酶的作用下，3-磷酸甘油醛转化为3-磷酸甘油酸，并在变位酶的作用下转化为2-磷酸甘油酸；2-磷酸甘油酸在烯醇化酶的作用下形成磷酸烯醇丙酮酸，再转化为丙酮酸。

2. 丙酮酸分解

在丙酮酸脱羧酶的催化下丙酮酸脱去羧基，生成乙醛和二氧化碳，乙醛则在氧化还原的情况下还原为乙醇，同时将3-磷酸甘油醛氧化为3-磷酸甘油酸。

3. 甘油发酵

在发酵时主要由磷酸二羟丙酮转化而来，也有一部分是由酵母细胞所含的卵磷脂分解而形成。在酒精发酵开始时，3-磷酸甘油醛转化为3-磷酸甘油酸反应必须有通过磷酸二羟丙酮的氧化作用提供的NAD参加，并有甘油产生。当磷酸二羟丙酮氧化1分子$NADH_2$时，就形成1分子甘油。甘油发酵与酒精发酵是同时进行的，在发酵初期，甘油发酵占优势。在发酵中期，酒精发酵逐渐加强，而甘油发酵减弱。甘油可赋予果酒以清甜味，并且可使果酒口味圆润，对葡萄酒酒体的黏度和口感的影响较大。在葡萄酒中甘油的含量为6~10 mg/L。

4. 发酵生成的其他产物

（1）乙醛　乙醛主要是发酵过程中丙酮酸脱羧而产生的，也可能由乙醇直接氧化产生。葡萄酒中乙醛含量为0.02~0.06 mg/L，有时高达0.3 mg/L。乙醛是葡萄酒的香味成分之一，但过多的游离乙醛则使葡萄酒具氧化味。用二氧化硫处理会消除此味。这是因为乙醛和二氧化硫可结合形成稳定的亚硫酸乙醛，此种物质不影响果酒的风味。

（2）醋酸　醋酸主要由乙醛氧化生成，乙醇也可氧化生成醋酸。在无氧条件下，乙醇的氧化很少。一般而言，果酒的发酵常不可避免地伴随有醋酸发酵，醋酸为挥发酸，风味强烈，在果酒中含量不宜过多，适量的醋酸可赋予果酒良好的风味，并有利于陈酿过程乙酸酯类的形成。在正常发酵的果酒中醋酸含量为0.2~0.3 g/L。GB 15037—2006《葡萄酒》规定，葡萄酒的挥发酸（以酒石酸计）含量应≤1.2 g/L。

（3）琥珀酸　琥珀酸主要由乙醛反应生成，或者由谷氨酸脱氨、脱羧并氧化而生成。琥珀酸的存在可增进果酒的爽口性。琥珀酸在葡萄酒中含量一般低于1.0 g/L。

（4）杂醇类　果酒的杂醇主要有甲醇和高级醇。果酒中的甲醇主要来源于原料果实中的果胶，果胶脱甲氧基生成低甲氧基果胶时即会形成甲醇。甲醇含量高对品质不利。此外，甘氨酸脱氨也会产生甲醇。在果酒的酒精发酵过程中，高级醇主要从代谢过程中的氨基酸、六碳糖及低分子酸中生成，还有一些来自酵母细胞本身的含氮物质及其所产生的高级醇，它们是异丙醇、正丙醇、异戊醇和丁醇等。这些醇的含量不高，但它们是构成果酒香气的重要成分。一般情况下含量很低，如含量过高，可使酒具有不愉快的粗糙感，且使人头痛致醉。

酒精发酵过程中所产生的酒精达到一定浓度时，许多醇溶性的营养、风味和色素物质等才能够充分溶解并形成透明、清亮稳定的酒体，同时一定的酒精浓度可控制果酒的缓慢发酵，并对有害微生物有抑制或致死作用，达到保持果酒风味和酒体稳定性的目的。

（二）苹果酸-乳酸发酵

苹果酸-乳酸发酵（简称MLF）是在乳酸菌作用下，将苹果酸分解为乳酸和二氧化碳的过程。引发苹果酸-乳酸发酵的乳酸菌（MLB）主要属于明串珠菌属、乳杆菌属、链球菌属和片球菌属。在葡萄酒酿造中常见的乳酸菌是酒类酒球菌和植物乳杆菌，它们是异型乳酸发酵的细菌，会引起挥发酸增加。片球菌属会导致葡萄酒的败坏。研究证实，苹果酸-乳酸发酵是L-苹果酸在苹果酸脱氢酶（即苹果酸-乳酸酶）催化下直接转变成 L-乳酸和二氧化碳的过程。该反应中苹果酸脱羧酶需要 NAD^+ 作为辅酶，Mn^{2+} 作为激活剂。葡萄酒进行苹果酸-乳酸发酵可降低葡萄酒的酸度，改变葡萄酒中酸的种类，从而达到改善酒的酸感和色泽的目的，并有利于葡萄酒果香味的形成和改进。该发酵过程应在葡萄酒的主发酵后尽早完成，一般陈酿过程含糖和苹果酸较低时要求抑制该反应，以保证葡萄酒获得较好的生物稳定性和风味。一般优质的红葡萄酒要进行苹果酸-乳酸发酵，这样可赋予葡萄酒特有的醇香，红葡萄酒变得醇厚、柔和。而白葡萄酒则不要求进行此发酵。当葡萄醪入池（罐）发酵时，发酵初期酵母菌发酵占优势，乳酸菌受到抑制，主发酵结束后，乳酸菌大量繁殖，开始苹果酸-乳酸发酵。在 pH 值 3.1~4.0 范围内，pH 值越高，发酵开始越快，pH 值低于 2.9 时，发酵不能正常进行。在 14~20 ℃ 范围内，苹果酸-乳酸发酵随温度升高而加快，结束也较早，低于 15 ℃ 或高于 30 ℃，发酵速度减慢。增加氧气会对苹果酸-乳酸发酵产生抑制作用；二氧化碳对乳酸菌的生长有促进作用。乳酸菌在酒精度低时生长更好，当酒精浓度超过 12% 时，苹果酸-乳酸发酵就很难进行，而葡萄酒的酒精度通常在 10%~12% 之间。SO_2 在 50 µL/L 以上时可抑制苹果酸-乳酸发酵。

（三）酯类合成

果酒中酯类的合成主要通过陈酿和发酵过程中的酯化反应和发酵过程中的生化反应产生。该反应生成的酯类可赋予果酒独特的香味和风格，是葡萄酒芳香物的重要组成成分。酯化反应是指酸和醇生成酯的反应，该反应为可逆反应，主要受温度、浓度、酸碱性、压力和氧化还原电位等因素的影响。当葡萄酒中的醇和酸达到一定浓度时，就会发生酯化反应，生成相应的酯类。

酯的含量随葡萄酒的成分和年限不同而异，新酒一般为 176~264 mg/L，老酒为 792~880 mg/L。酯在葡萄酒贮藏的头两年生成最快，以后则变慢。因为酯化反应是一个可逆反应，进行到一定程度就达到平衡，即使延长葡萄酒的贮藏时间，其酯类的产生量也是有限的。葡萄酒进行热处理可加速酯化反应，在葡萄酒贮存过程中，增加温度，酯的含量增加。调控有机酸种类、浓度和比例也可促进酯类的生成。如在混合酸中，以添加等量的乳酸和柠檬酸效果为最好。加酸量以 0.1%~0.2% 的有机酸为适当。氢离子是酯化反应的催化剂，在同样条件下，当 pH 值降低一个单位，酯的生成量能增加一倍。如琥珀酸和酒精的混合液，在 100 ℃ 加热 24 h，溶液的 pH 值为 4 时，琥珀酸有 3.9% 酯化，酯的生成量增加了一倍多。在同样条件下，因有机酸的种类和性质不同，其与乙醇酯化的速度也不相同。在 pH 值为 3 时，将各种有机酸与乙醇的混合溶液加热至 100 ℃，维持 24 h 后，苹果酸有 9% 酯化，而醋酸只有 2.7% 酯化。微生物细胞内所含的酯酶是导致酯化反应的主要原因。有些酵母菌，如汉逊酵母生成很少的醋酸和很多的醋酸乙酯。

（四）氧化还原作用

无论是新酒还是老酒中都存在一定量的游离状溶解氧。果酒在加工中由于表面接触、搅动、换桶、装瓶等操作会溶入一些氧。果酒在陈酿过程中，由于换桶以及贮藏期间通过桶壁的缝隙也会有少量的氧进入酒中。当每升果酒中含有数十毫升氧气时，果酒就会产生"过氧化味"或引起果酒中发生混浊。因此，在果酒陈酿过程中要防止渗入超量的氧。氧的消耗与温度、SO_2、氧化酶、铜和铁等因素有关。高温时氧的消耗快，SO_2加速氧的消耗，氧化酶、铜、铁等也会加速氧的消耗。果酒中的单宁、色素、微量乳酸发酵所产生的1,3-二羟丙酮和果汁中的维生素C等物质可能减轻或防止果酒的氧化反应，它们的存在赋予果酒较强的还原力，而果酒特有的芳香物质的形成正是果酒中的特殊成分被还原的结果。在有氧条件下，如向葡萄酒通气时，葡萄酒的芳香味就会逐渐减弱，强烈通气的葡萄酒则易形成过氧化味和出现苦涩味。在无氧条件下，葡萄酒形成和发展其芳香成分，即还原作用促进了香味物质的形成，最后香味的增强程度是由所达到的极限电位来决定的。在成熟阶段，需要氧化作用，以促进单宁与花色苷的缩合，促进某些不良风味物质的氧化，使易氧化沉淀的物质沉淀去除。而在酒的老化阶段，果酒以还原状态为主，以促进酒的芳香物质产生。葡萄酒酵母的繁殖取决于酒液中的氧化值，氧化还原电位的高低是刺激发酵或抑制发酵的因素之一。果酒较强的还原性利于果酒发酵的进行。

氧化还原作用还与酒的破败病有关，葡萄酒暴露在空气中，常会出现混浊、沉淀、退色等现象。铁的破败病与Fe^{2+}浓度有关，Fe^{2+}被氧化成Fe^{3+}，电位上升，同时也就出现了铁破败病。氧化还原作用是果酒加工中一个重要的反应，它直接影响产品的品质。

（五）澄清作用

果酒在陈酿过程中，由于酒石酸的析出、单宁及色素的氧化沉淀、胶质物的凝固、单宁与蛋白质结合产生的沉淀，以及酵母细胞的存在等都会使果酒发生混浊。因此，果酒的澄清处理是使其达到稳定澄清状态的必然工序。葡萄酒中含有大量的酒石酸，常温条件下呈溶解状态，但在低温条件下易形成不溶性酒石即酒石酸氢钾和酒石酸钙，这时葡萄酒会出现混浊。常采用的低温除酒石酸的方法：鲜榨的葡萄汁经过除酒石机的快速冷却，大量酒石酸析出并进行分离除去；也可在酒的陈酿过程中通过降温使酒石酸析出并吸附在容器壁上而除去；也可在新酒中每1 L加入50~100 mg的偏酒石酸使果酒数月之内不发生沉淀。果酒中有离子态的物质、分子态的物质以及胶体状的物质存在，就会使果酒发生混浊。酵母菌细胞及其碎屑、树胶、蛋白质、果胶物质和大分子色素等在酒中可以形成胶体溶液，该胶体中的颗粒由小变大，最终使果酒液变得混浊，这是果酒不稳定的主要原因。酵母细胞及其碎屑在陈酿过程中会在重力作用下自然沉淀，通过换桶除去沉淀物，也可通过过滤除掉。蛋白质、树胶和果胶物质等通常是通过添加一定量的溶解明胶使其沉淀而除去。果酒通过1~2年或数十年的陈酿后其芳香物质得以增加，苦涩味会因酚类物质（单宁）、糖苷（色素）的氧化聚合沉淀而减轻。同时由于酒石酸的析出和酯的形成酸度降低，口感趋于柔和。此外，一定时间的陈酿后，乙醇与水分子的结合，有机酸、醇、水分子之间的结合以及有机酸的相互结合作用会使酒的风味更加柔和醇厚，酒色更加纯正。

三、酿造微生物及影响酒精发酵的主要因素

（一）酿造微生物

酿造高品质果酒的保证和前提是必须有专用优良果酒酿造酵母菌，酵母菌是果酒发酵的主要微生物，而酵母的种类很多，其生理功能各异，有良好的发酵菌种，也有危害

性的菌种存在。果酒酿造须选择优良的酵母菌进行酒精发酵，同时要防止杂菌的参与。已知参与葡萄酒酿造的酵母有 25 个属约 150 种。目前，葡萄酒发酵多采用专用直投式活性干酵母接种发酵技术，省去了酵母菌多级扩培工序，并避免了杂菌污染，生产质量和效率大大提高。如用于干红葡萄酒酿造的活性干酵母有 F5、F10、F15、ACTIFLORE BJL、Enoferm BDX，以及 La I Vin 系列的 RC212、D254、D2323、T73、RA17、BM45 和 71B 等。用于干白葡萄酒酿造的活性干酵母有 VL1、VL3、ST、BO213、CY3079、R-HST、QA23、D47、EC1118、71B、DV10、DV254 和 KD 等。

除了酿造用的酵母菌外，在葡萄酒发酵过程中醭酵母和醋酸菌也常侵入参与活动，在发酵液表面繁殖，生成一层灰白色或暗黄色的菌丝膜。它们的氧化代谢力较强，将糖和乙醇分解为挥发酸、醛等物质，对酿酒危害极大。果酒酿造中常采用减少空气、添加二氧化硫处理和接种大量优良果酒酵母等措施来抑制其作用或将其完全杀死。乳酸菌在葡萄酒酿造中可将苹果酸转化为乳酸，使新葡萄酒风味、口感协调柔和，使酒体变得醇厚饱满，且增加了生物稳定性。但乳酸菌在有糖存在时，也可把糖分解成乳酸、醋酸等，使酒的风味变坏。葡萄感染了霉菌就难以酿造出好的葡萄酒，但法国南部的索丹地区却用感染了"贵腐病"的葡萄酿造出闻名于世的贵腐葡萄酒。

（二）影响酒精发酵的主要因素

1. 温度

葡萄酒酵母菌生长繁殖的最适温度为 20~30 ℃，温度高于 20 ℃时酵母菌的繁殖速度加快，在 30 ℃达到最旺盛，如温度升高到 35 ℃时，其繁殖速度迅速下降，酵母菌基本处于生长繁殖的停滞状态，酒精发酵缓慢甚至停止。温度高到 40 ℃时，其生长繁殖停止。如果在 40 ℃时保持 1~1.5 h，酵母菌就会死亡。如果在 60~65 ℃下，只需 10~15 min 即可杀死酵母菌，高温不仅影响酵母菌的活力和发酵质量，而且有利于醋酸菌及其他杂菌的活动，应尽量避免高温条件下发酵。理论上，一般将 32~35 ℃的高温称为果酒的临界温度，这是果酒发酵停滞的危险温区，需小心控制并加以避免。

果酒发酵有低温发酵和高温发酵之分。20 ℃以下为低温发酵，但低于 10 ℃时则不能进行正常发酵；30 ℃以上则为高温发酵，但高 40 ℃时发酵受到抑制。高温发酵时由于酵母生长繁殖旺盛，其发酵时间较短，糖分转化不完全，酒味粗糙，杂醇、醋酸等生成量多，品质降低。控制适宜的发酵温度可控制发酵的酒度、残糖和风味品质等。

生产上红葡萄酒的发酵温度一般控制在 26~30 ℃，白葡萄酒和桃红葡萄酒发酵的温度一般为 18~20 ℃。

2. 酸度

酵母菌在微酸性条件下发酵能力最强。当果汁 pH 值为 3.3~3.5 时，酵母菌能繁殖并进行酒精发酵，而有害微生物则不适宜这样的条件，其活动被有效地抑制。但发酵酸度过低，则生成的挥发酸较多，对酒的风味产生不利影响。当 pH 值下降至 2.6 以下时，酵母菌的生长发育停止。为了保证果酒酵母接种后能正常生长繁殖，测定并调整适合果酒酵母发酵的果汁酸度或 pH 值是非常必要的。

3. 氧气

在有氧气条件下，酵母菌生长发育和繁殖旺盛，此时产酒精较少。在缺氧条件下，酵母的繁殖缓慢，同时促进了酒精发酵。一般在破碎和压榨过程中所溶入果汁中氧气已经足够满足酵母菌发育繁殖之所需，在酵母菌发育停滞时可采取倒罐或倒桶的方法来适量补充氧气。但供氧气太多，会使酵母菌进行好气活动而大量损失酒精。因此，在果酒发酵初期，宜适当多供给些氧气，以增加酵母菌的数量，而在果酒发酵后期一般应在密闭隔氧环境中进行。

4. 糖分

可发酵糖是酵母菌生长繁殖和酒精发酵的必要物质条件，糖浓度为 2% 以上时酵母菌活动旺盛，当糖分超过 25% 时则会抑制酵母菌活动，当糖分达到 60% 以上时由于糖的高渗透压作用，酒精发酵停止。为了达到发酵的酒度，有必要对发酵果汁的糖度进行测定和调整，对不允许添加外源糖的葡萄酒种，可对葡萄原料进行晾晒，或添加浓缩葡萄汁或其他果汁进行调糖。生产含高酒精度果酒时，可采取分次加糖持续发酵的方法。

5. 酒精度

酒精度是指酒中酒精含量（一般指体积分数）。发酵产物酒精和二氧化碳对酵母的生长和发酵都有抑制作用。当酒精含量达到 5% 时尖端酵母菌就不能生长，而葡萄酒酵母菌则能忍耐 13% 的酒精，甚至能忍耐 16%~17% 的酒精。一般正常发酵产生的酒精度不会超过 15%~16%。

6. 压力

在发酵过程中当 CO_2 的含量达到 15 g/L 时，即相当于 15 ℃，约 700 kPa（7 个大气压）的二氧化碳，酵母菌的生长繁殖会停止，但不会导致酵母菌的死亡。当二氧化碳的压力达到约 1.4 MPa（14 个大气压）时，生成酒精的发酵过程停止。当二氧化碳的压力达到约 3 MPa（30 个大气压）时，酵母菌就会死亡。现在用于工业化生产的发酵罐都较高较大，可通过调控发酵的压力或选用耐压酵母菌进行酒精的正常发酵，或通过增加外源二氧化碳的压力来抑制酵母菌的生长繁殖。

7. 二氧化硫

葡萄酒酵母菌具有较强的抗二氧化硫能力，一般需要在葡萄汁中添加规定允许量的亚硫酸（以二氧化硫计）来保证正常的酒精发酵和陈酿。当果汁中游离二氧化硫含量为 10 mg/L 时，对酵母没有明显抑制作用，而对大多数有害微生物却有抑制作用。当二氧化硫为 20~30 mg/L 时，酵母菌的发酵进程将延迟 6~10 h；当二氧化硫为 50 mg/L 时，发酵进程延迟 18~24 h；当二氧化硫为 100 mg/L，发酵进程延迟 4 d。不同国家和地区对葡萄酒中 SO_2 的添加使用进行了严格规定，减少甚至不用 SO_2 是今后葡萄酒发展的方向。

四、葡萄酒酿造工艺技术

(一) 红葡萄酒酿造工艺

$$SO_2 \quad 果胶酶 \qquad\qquad 干酵母$$
$$\downarrow \qquad \downarrow \qquad\qquad\qquad \downarrow$$

红葡萄→破碎、除梗→调整成分→浸渍发酵→压榨、分离→后发酵→倒罐→苹果酸→乳酸发酵→陈酿→澄清处理→过滤→调配→杀菌→灌装、封口→干红葡萄酒→检验→出厂。

1. 原料选用

用于红葡萄酒酿造的优良葡萄品种主要有赤霞珠、蛇龙珠、黑品乐、品丽珠、增芳德、美乐、西拉、内比奥罗、法国蓝等。采摘时糖度积累要达到18%~22%(以折光糖量计),含酸量在0.6~1.2 g/100 mL较合适,色素含量高,风味浓郁、典型,无病虫害。

2. 破碎、除梗

破碎是指采用专用葡萄破碎设备将果粒压碎,不破坏种子和果梗,并使果汁流出的一道工序。破碎便于压榨取汁,增加酵母与果汁接触的机会,利于红葡萄酒色素的浸出,氧的溶入和SO_2的均匀混合。红葡萄酒的原料要求除去果梗,在葡萄破碎后设备即可将果浆与果梗进行分离。去除果梗可防止果梗中的青草味和苦涩物质溶出。

3. 添加SO_2

红葡萄酒应在葡萄破碎除梗后入发酵罐前加入SO_2,要边装罐边加入,装罐完毕后进行一次倒罐,使SO_2与发酵基质混合均匀。SO_2在葡萄酒中的作用有杀菌、澄清、抗氧化、增酸,以及使色素和单宁物质溶出、使风味变好等,但用量过高,可使葡萄酒具硫臭味。使用的SO_2有气体SO_2、液体亚硫酸及固体亚硫酸盐等。原料含糖量高,结合SO_2的量也高,从而降低游离SO_2的含量,用量略增;原料含酸量高,pH值低,游离SO_2的量高,用量略减;温度高,SO_2易挥发。一般红葡萄的含酸量高时,SO_2用量为30~50 mg/L;当含酸量低时,SO_2用量为50~80 mg/L。

4. 果胶酶处理

在葡萄汁中添加果胶酶可促进果胶分解,降低果浆发酵的黏度,有利于色素、风味物的浸提和稳定,能提高出汁率,增强澄清效果。果胶酶多为复合酶,一般含有纤维素酶和半纤维素酶。通常果胶酶添加量为0.05%~0.1%,酶解温度为20~40 ℃。

5. 调整成分

(1) 糖分调整 理论上,1分子的葡萄糖(相对分子质量为180)生成2分子酒精(相对分子质量为$46\times2=92$),即1 g葡萄糖将生成0.511 g或0.46 mL的酒精(20 ℃时酒精的相对密度为0.794 3),或产生1%酒精需要葡萄糖1.56 g或蔗糖1.475 g。实际上,生成1%酒精需1.7 g左右的葡萄糖或1.6 g左右的蔗糖。这是因为实际发酵过程中除了主要生成酒精和二氧化碳外,还有少量的甘油、琥珀酸等产物形成,而酵母菌生长繁殖也要消耗糖分,还有酒精本身的挥发损失等。一般葡萄汁的含糖量为14~20 g/100 mL,可生成8.0%~11.7%的酒精。而成品葡萄酒的酒精度要求为12%~13%,甚至

16%~18%。提高酒精度的方法：一种是补加糖使其生成足量的酒精；另一种是发酵后补加同品种高浓度的蒸馏酒或经处理的食用酒精。补加的酒精量以不超过原汁发酵酒的10%为宜。提高果汁含糖量的最佳方法是添加可溶性固形物为60%~70%的浓缩果汁。

（2）酸度的调整　调整酸度可有利于酿成后酒的口感，有利于贮酒时稳定性以及有利于酒精发酵的顺利进行。果酒发酵时其含酸分在 0.8~1.2 g/100 mL 最适宜。若酸度低于 0.5/100 mL，则需要加入适量酒石酸、柠檬酸或酸度较高的果汁进行调整，一般用酒石酸进行增酸效果较好。若酸度偏高，可采用冷冻法促进酒石酸盐沉淀来降酸；还可用生物法即苹果酸–乳酸发酵、裂殖酵母将苹果酸分解成酒精和 CO_2 来降低酸度。另外，有些品种的葡萄其单宁物质含量偏低，可适量加入单宁或者用单宁含量较高的葡萄进行调整，以满足果酒酿制对单宁的需要。

6. 浸渍发酵

活性干酵母菌接入果浆后，需要经过一段时间才开始繁殖。具体使用方法：活性干酵母必须先使它们复水，恢复活力，然后才可直接投入发酵使用。即往温水（35~42℃）中加入10%量的活性干酵母，小心混匀，静置使之复水、活化，每隔 10 min 轻轻搅一下，经过 20~30 min 酵母已复水活化，可直接添加到 SO_2 的葡萄汁中。发酵罐中果浆的表面最初是平静的，随后有微弱零星的 CO_2 气泡产生，此时酵母开始繁殖，二氧化碳释放量增加则表明酵母已大量繁殖。发酵初期发酵温度控制在 25~30 ℃，经 20~24 h，酵母即开始大量繁殖。可通入过滤净化的空气，以增强与空气的接触。酵母旺盛繁殖后即前发酵开始（也称主发酵），主要是酒精发酵阶段。果浆中有大量的二氧化碳放出，皮渣上浮结成一层"酒帽"。主发酵过程中为了充分浸渍皮渣上的色素、单宁及芳香成分，须将皮渣压入葡萄醪中。皮渣很厚并且往往浮在葡萄汁上，与空气直接接触，易感染有害杂菌，败坏葡萄酒的质量。为保证酒的品质，常用的方法是将发酵液从桶底放出，用泵将其喷淋在皮渣上，每天 1~2 次。也可用压板将皮渣压在液面下 30 cm 左右。

7. 压榨、分离

压榨是将葡萄汁或刚发酵完成的新酒通过压力分离出来的操作。红葡萄酒带渣发酵，当主发酵完成后及时压榨取出新酒。开始不加压流出的酒称自流酒，可与原酒互相混合。加压后流出的酒称为压榨酒，品质较差，应分别盛装。压榨后的残渣可供蒸馏酒或果醋的制作。压榨由专用的设备完成，在压榨的同时即可进行酒、渣的分离。

8. 后发酵

主发酵结束后应及时出罐，以免渣滓中的不良物质过多地溶出，影响酒的风味。排渣后酒液装入转酒池，再泵入贮酒罐，罐内须留 5%~10%的空间，安装发酵栓后进行后发酵。由于出罐时供给了空气，酒液中休眠的酵母菌复苏，使发酵作用再度进行，直至将酒液中剩余的糖分发酵完毕。该发酵过程称为后发酵。后发酵比较微弱，宜在20 ℃左右进行，经 12~15 d，此时已无 CO_2 释出，糖分降低到 0.1%左右。待酵母菌和渣汁全部下沉后及时换罐，分离沉淀物。分离时可将酒液暴露在空气中，以使吸收部分空气，有利于陈酿。

9. 苹果酸-乳酸发酵

在干红葡萄酒的发酵生产中，当葡萄醪入罐发酵时，发酵初期酵母菌发酵占优势，主发酵结束后，乳酸菌大量繁殖，开始苹果酸-乳酸发酵。pH 值低于 2.9 ℃时，该发酵不能正常进行，在 pH 值=3.1~4.0 范围内，pH 值高，则发酵快。在 14~20 ℃范围内，温度升高则苹果酸-乳酸发酵加快，结束较早，低于 15 ℃或高于 30 ℃，发酵速度减慢。低酒精度有利于乳酸菌生长，减少氧气和增加二氧化碳可促进乳酸菌的生长。大型葡萄酒厂也有直接添加活性酒明串珠菌发酵剂进行苹果酸-乳酸发酵的。

10. 陈酿

新酿制的葡萄酒，口味粗糙，风味不协调，杂气重，酒体不稳定。因此，新酒需经过一定时间的贮存陈酿，以保持产品的果香味和酒体醇厚完整，并提高酒的稳定性，达到葡萄酒的质量标准。生产上，用于大量陈酿的容器主要是密封性和控制性较好的不锈钢罐，优良的红葡萄酒要采用橡木桶，并在通风良好的贮酒室或酒窖中进行陈酿。陈酿温度为 10~25 ℃，白葡萄酒 8~11 ℃，红葡萄酒 12~15 ℃，环境相对湿度为 85%~90%，陈酿时间少则半年，多则数年，甚至十余年。

换桶是葡萄酒陈酿过程中重要的管理操作。换桶可进行酒液的分离和沉淀，通过换桶可使过量的挥发物质蒸发逸出，溶解适量的新鲜空气，并可促进酵母最终发酵作用完成，对于葡萄酒的成熟和稳定起着重要作用。一般在当年 12 月换桶一次，翌年 2—3 月第二次换桶，8 月换第三次。根据情况每年换一次或两年换一次桶。换桶时间应选择低温无风的时候。第一次换桶宜在空气中进行，第二次起宜在隔绝空气下进行。

添桶是陈酿过程必不可少的操作，它可防止酒液的蒸发和渗漏，从而保证贮酒容器装满，避免酒液氧化和好气性杂菌的繁殖和败坏。添桶可用多次蒸馏的脱臭酒精，最好用同批次、同酒龄、同品种、同质量的葡萄酒。添桶时可在贮酒器上都安装玻璃满酒器，以缓冲由于温度等因素的变化引起的酒液容积的变化，保证满装。添桶一般在春季、秋季或冬季进行。

11. 澄清处理

葡萄酒经较长时间的贮存与多次换桶，仍有少量悬浮物质难于沉淀，常需要采用静置澄清、酶法澄清、皂土澄清、机械分离和下胶澄清等方法进一步澄清。下胶处理是葡萄酒最经济和较常用的澄清方法。用于葡萄酒下胶澄清的材料有明胶、单宁、蛋白（如鸡蛋清）、鱼胶、皂土等，具体用量要在下胶前做预试验，下胶不足或下胶过量都达不到澄清效果，甚至导致酒液更加混浊。

12. 过滤

可选择滤棉过滤法（棉饼过滤）、硅藻土过滤法和超滤膜过滤处理。常用膜材料有醋酸纤维酯、尼龙、聚四氟乙烯、聚丙烯和陶瓷膜等。微孔过滤一般用于精滤，选择孔径 0.5 μm 以下的薄膜过滤可有效地除去酒中的微生物，实现无菌灌装。但也对葡萄酒的风味、色泽和营养成分等有影响，可能会部分滤除这些成分，降低葡萄酒的质量。

13. 调配

葡萄酒的调配主要是根据其产品标准进行酒精度、糖分、酸度和色泽等方面的调控。原酒的酒精度若低于指标，最好用同品种的高酒度的酒进行勾兑调配。亦可用同品种的蒸馏酒或精制酒调配。

甜葡萄酒中若糖分不足，最好用同品种的浓缩果汁进行调配，亦可用精制的砂糖调配。酸分不足时以柠檬酸补充，1 g 柠檬酸相当于 0.935 g 酒石酸。酸分过高时，可用中性酒石酸钾中和。红葡萄酒的色调太浅时，可用色泽较浓的葡萄酒进行调配。有时亦用葡萄酒色素予以调配，但以天然色素为好。当酒的香味不足时可用同类天然香精调配。调配后的酒有较明显的生酒味，也易产生沉淀，需要再陈酿一段时间或冷热处理后才可进入下一工序。

14. 装瓶与杀菌

葡萄酒常用玻璃瓶包装，优质葡萄酒均采用软木塞封口。普通葡萄酒常采用塑料或金属盖。葡萄酒空瓶可用 1%~2% 的碱液，在 60 ℃ 左右的温度下浸洗 30 min，再用清水冲洗，后用 2% 的亚硫酸液冲洗消毒。现在酒瓶的杀菌普遍采用臭氧水冲洗和杀菌，然后用无菌水冲洗。装瓶前酒可在 90 ℃、1 min 条件下杀菌，并采用热灌装或无菌冷灌装（＜40 ℃）。采用滤膜除菌或添加生物防腐剂可避免热力杀菌，是发展的方向。

（二）白葡萄酒酿造工艺

白葡萄→破碎、除梗→低温浸皮→压榨取汁→澄清→调整成分→发酵→分离→后发酵→陈酿→过滤→调配→除菌→灌装、封口→干白葡萄酒→检验→出厂。

1. 原料选用

用于白葡萄酒酿造的优良葡萄品种主要有霞多丽、雷司令、长相思、白品乐、贵人香、西万尼、赛美蓉等。采摘时糖度积累要达到 18%~22%（以折光糖量计），含酸量多在 0.6~1.2 g/100 mL，风味浓郁。

2. 低温浸皮

对果皮风味物丰富的品种（如雷司令、长相思、赛美蓉等）可采用 3~5 ℃ 低温浸提 24~48 h 浸提过程需要添加 SO_2，浓度为 80 mg/L。

3. 澄清

白葡萄酒的发酵汁要求是澄清汁，在压榨取汁后可添加 SO_2 防止杂菌污染并添加果胶酶酶解，方法同红葡萄酒。

4. 主发酵、后发酵

白葡萄酒的主发酵温度控制在 12~15 ℃，时间 14~21 d。还原糖低于 2 g/L 时，温度调到 8~10 ℃，静置 4~6 d 后进行分离除杂。后发酵温度控制在 18~20 ℃，时间 28 d 左右。白葡萄酒的发酵进程和管理上与红葡萄酒相同。

白葡萄酒一般缺乏单宁，可在发酵前按 4~5 g/100L 的比例加入单宁。白葡萄酒发酵的温度比红葡萄酒低，一般为 18~20 ℃，在此温度下酿制的酒色泽浅、香味浓。白葡萄酒的主发酵期为 2~3 周。在发酵高潮时可不加发酵栓，让 CO_2 顺利排出。主发酵结束后，以同类酒添至桶容量的 95%，安装发酵栓进行后发酵。经 3~4 周后发酵结束，再用同类酒添满，用塞子密封，隔绝空气。待其沉淀完成后，在当年气温最低的 12 月或 1 月进行换桶，进入陈酿。白葡萄酒陈酿温度为 8~11 ℃。

（三）味美思的酿造

味美思起源于欧洲，直译为苦艾酒，音译为味美思。此酒属苦味酒，以意大利的甜味美思和法国的干味美思在国际上最为有名。酒精度为 16%～18%（体积分数），糖度为 4%～16%。味美思按色泽可分为红、桃红及白 3 种类型，按糖度可分为甜和干型，其生产可采用加香发酵法、直接浸泡法和浸提液制备法等加香方法。还可在酒中加入一定量的 CO_2 制成味美思汽酒。

味美思在药材配比中以苦艾等苦味药材为主，辅助药材常用的有几十种，随不同的品种选料各异。白味美思不调色，红味美思需用糖浆和糖色进行调色。

1. 原酒生产

味美思的生产用白葡萄酒作原酒。生产中酒的贮藏方法依酒的类型而不同。白味美思，尤其是清香型产品一般采用新鲜、贮藏期短的白葡萄原酒。因此，贮藏期间须添加 SO_2，以防酒氧化，其加入量为 40 mg/kg。红味美思及以酒香或药香为特征的产品往往采用氧化型白葡萄原酒，原酒贮藏期较长。部分产品的原酒需在柞木桶中贮藏，贮藏期间可不加或少加 SO_2。贮藏前须用原白兰地或酒精调整酒度到 16%～18%（体积分数）。在柞木桶中贮藏的时间与原酒和木桶的质量有关。新桶的单宁及可浸出物含量高，原酒的贮藏时间不宜过长，贮藏一段时间后即转移到老木桶中贮藏。

2. 加香

一般采用先将药材制成浸提液，加香，然后再与原酒调和。用原酒直接浸提的方法需经常进行搅拌，并增加澄清过滤的工序。直接浸提法的容器利用率低，不便于大规模生产。

3. 成分调配

除了对香料成分按标准要求加入外，还需要对酒的糖、酒、酸、色等成分进行调整。白味美思可用蔗糖或甜白葡萄酒调整糖度，蔗糖可直接用原酒溶解，也可先制成糖浆，再行调整。红味美思可以用糖浆调整糖度。

糖浆的制法：100 kg 糖加水 15 kg，用直火加热，不断搅拌，温度控制在 150 ℃左右，经 1 h 糖色达到棕褐色即可，加水冷却至 100 L 出锅。

红味美思采用糖色调色，用量一般在 15 g/L 左右。

糖色的制法：25 kg 糖加水 2 L，直火加热增温至 160～170 ℃，不断搅拌，经 2～2.5 h，取少许溶于水中，如色泽显紫红，味微苦而不甜，即加入蒸馏水 6.5 L，煮沸后出锅冷却待用。

4. 贮藏

上等的味美思在成分调整后需在柞木桶中贮藏一定时间，以使酒体通过木桶壁的木质微孔完成其呼吸陈化过程，还可以从木质中得到浸出的增香成分。

白味美思可在不锈钢罐内贮藏或在老的木桶内贮藏。在老木桶中的贮藏时需经常检查，以免在桶中时间过长使苦味加重、色泽加深。红味美思在新桶中贮藏的时间也不宜过长，新老木桶需交替使用。好的红味美思一般至少在木桶中贮藏 1 年。

5. 低温处理

在接近味美思冰点的条件下保持 7 d，使其中部分酒石酸盐和大量的胶质沉降，起到澄清作用。对风味也有明显的改善。

6. 澄清过滤

味美思中含有大量的植物胶质类物质，增加了黏度，给澄清过滤带来一定困难，但部分植物胶又起到了保护胶体的作用，处理好的味美思可以放置十几年而不沉淀，且口感更佳。

味美思的澄清可采用下胶、下皂土等法进行。鱼胶的用量在 0.03% 左右。对于色泽较深的白味美思可采用下皂土的方法进行澄清，同时还可吸附一定量的色素，其用量为 0.04% 左右。胶与皂土可以 1 :（5~10）的比例混合使用。

味美思的黏度较大，由于棉饼吸附性较强，采用棉饼过滤对味美思的色泽有一定的影响，一次过滤可减色 10%~20%，须在调配时多加一些。

（四）起泡葡萄酒的酿造

起泡葡萄酒是以白葡萄原酒经密闭二次发酵产生二氧化碳，在 20 ℃下二氧化碳所形成的压力等于或大于 0.35 MPa 的葡萄酒。由人工充填二氧化碳所制成的起泡葡萄酒则称为加气起泡葡萄酒。香槟酒是特指法国的香槟地区制造的经二次发酵的起泡葡萄酒。

1. 原酒制备

起泡葡萄酒的原料酒其加工方法同白葡萄酒。原酒制作要求用澄清葡萄汁在 15 ℃下低温发酵，并且在整个发酵过程中须尽可能避免与空气接触，以防氧化或香味的损失。原酒的质量标准为：酒精 9%~11%，糖＜4 g/L，酸 6~7 g/L，单宁不超 0.05 g/L，游离二氧化硫不超 30 mg/kg。

2. 瓶式发酵

将葡萄原酒加入适量糖分后装入特制的酒瓶内，接入 5% 的液体培养发酵酵母菌，塞封瓶口后置 9~11 ℃温度下进行二次发酵。

原酒中的加糖量为 24~25 g/L。这些糖在发酵后可产生 0.6 MPa 的二氧化碳分压（10 ℃下）。加入酒中的糖，一般先要制成糖浆再用。先用陈酒或新葡萄酒将糖化开，可加热糖化，但不能产生老化味，更不能有焦糖味。自然转化的糖浆对酒的质量有益。糖浆经过滤贮存 50~60 d 即可使用。

当瓶内压力达到要求标准，酒中残糖降至 1 g/L 以下时发酵即结束。将酒瓶子转到特制的酒架上，进行后熟。后熟的目的是将酒中的酵母和其他沉淀物集中沉积在酒瓶口处，以便去除。在酒架上，瓶子是倒置的。开始要经常转动瓶子，以使原来沉到瓶底的沉降物沉到瓶口处。

当沉淀结束要进行"吐渣"时，从酒架上取下瓶子，以垂直状态移入低温操作室。瓶子保持倒立在冷水槽内降温，直至瓶口处的沉淀物与酒呈冰塞状。将瓶子呈 45°倾斜，把瓶口插入一特制的瓶套中，迅速开塞，利用二氧化碳的压力将沉淀物排出。随后迅速将瓶口插入补料机上，补充喷出损失的酒液。用作补充的酒液是同类原酒。

按照生产类型和产品标准。在添料机的贮酒罐中加上一些糖浆、白兰地、防腐剂等来调整产品的成分。如果生产干型起泡酒，可用同批号原酒或同批起泡酒补充。生产半干、半甜、甜型起泡酒，可用同类原酒配制的糖浆补充。若要提高起泡酒的酒精度，可以补加白兰地酒。

从酒瓶瓶颈速冻开塞到添料机补加料酒，应该在很短的时间内完成。然后迅速压盖或加软木塞，捆上铁扣，倒放或横放在酒窖中存放。

二氧化碳的压力影响酵母菌的生长发育，特别是在 pH 值较低、偏酸和酒精度较高时更为明显。在二氧化碳压力达 0.7 MPa，且 pH 值较低时，酵母菌的发酵就不能进行了。

利用转移机可进行瓶转罐的吐杂填充。工艺过程：当瓶内压力达到要求时，启开瓶塞，用吸酒器将酒倾入密封保压的酒罐内。在罐内调整成分，成品温保持在-5～5 ℃，沉淀物沉在罐底。将瓶子清洗干净待用。罐中的酒经过滤后再装入瓶内，密封，贮存。装瓶时在低温下进行，保持二氧化碳的压力和原有的泡沫性能。采用此法可使酒质一致，澄清好，损耗少。若能在厌氧条件下操作，成品酒能赶上传统瓶内起泡酒的质量。

3. 罐式发酵

所用酒基与瓶式发酵相同。但在设备、工艺上均较先进，生产效率也高。二次发酵罐是一夹层罐，既可降温也可升温，还有压力控制机关，可以释放超量的二氧化碳。

先对空罐杀菌。罐内冲洗干净后通入蒸汽并维持 40 min，然后冷却。将调整后的原酒装入罐内，升温 60 ℃，维持 30 min 后冷却至常温。接入二次发酵酵母菌 5%，进行低温发酵。要保持酵母在酒中均匀分布，并留出 1/5～1/4 的空间。经过 10～15 d 完成发酵，发酵结束后须降低品温，使发酵液中的杂质和酵母等沉降，并随时清除。整个发酵过程在密封条件下进行。结束发酵的酒要经过冷处理和过滤，以提高酒的稳定性，并使之清澈、透明。随即在低温下装瓶、塞封即为成品。

（五）白兰地酒酿造

葡萄经发酵蒸馏而得到的葡萄酒精，无色透明，酒性较烈，是原白兰地。原白兰地必须经过在橡木桶的长期陈酿，调配勾兑，才能成为真正的白兰地。白兰地应该有金黄透明的颜色，并具有愉快的芳香和柔和而协调的口味。

1. 原酒制备

用来蒸馏白兰地的葡萄酒称为白兰地原料酒，简称白兰地原酒。由白兰地原酒蒸馏得到的葡萄酒精称为原白兰地。白兰地原酒的生产工艺与生产白葡萄酒相似。但原酒加工过程中禁止使用二氧化硫。白兰地原料酒采用自流汁发酵，总酸含量高，单宁、杂质少，制品口味纯正、爽快。含酸量高有益于原酒的保存，也利于在蒸馏时芳香酯的形成。白兰地原酒的酒精度为 5.3%～10.9%，总酸为 3.8～11.9 g/L，无糖提取物为 12.6～22.8 g/L。原料酒的残糖须降为 3 g/L 以下，挥发酸在 0.5 g/L 以下时，即可进行蒸馏，得到质量很好的原白兰地。

2. 蒸馏

酒精发酵的醪液中主要成分是水与醇，在常压下，水的沸点为 100 ℃，乙醇的沸点为 78.3 ℃，两者混合的共沸点必低于水而高于酒精，并且随着酒精含量的高低，共沸点亦随之降低或升高，气相的酒精含量亦随之升高或降低。蒸馏时乙醇先气化而出，水也蒸馏出一部分。故最初的蒸出液中酒精的浓度较高，随后逐渐降低。葡萄酒中还含有一些挥发性物质，会随乙醇的蒸出一起进入蒸馏液。这些挥发性成分具有不同的沸点（表 13-1），它们含量虽少，但对白兰地品质影响很大。

表 13-1　原料酒中挥发性物质的沸点

物质名称	沸点/℃	物质名称	沸点/℃	物质名称	沸点/℃
乙醇	78.3	呋喃甲醛	162.5	戊醇	129.0
乙醛	20.0	挥发性盐基物	155.0~186.0	丁酸	160.2
丙醇	98.5	乙酸乙酯	74.0	丙酸	140.0
醋酸	117.6	异丁醇	106.5	乙二醇	178.0

蒸馏的目的是得到纯粹的乙醇成分及与之相伴的芳香物质。第一次蒸馏得到粗馏原白兰地，其酒精度为 25%~30%，当蒸馏出的酒降至 4% 时即要截去、分盛。将粗馏原白兰地进行再蒸馏，去除最初蒸出的酒（酒头），其中含低沸点的醛类等物质较多，对酒质有碍，应单独用容器盛装，称之为截头，占总量的 0.4%~2.0%。继续蒸馏，直至蒸出的酒液浓度从大约 75% 降为 50%~58%（体积分数）时即分开，这部分酒称为酒心，质量最好即为原白兰地。取酒心后继续蒸馏出的酒称为酒尾，含沸点高的物质多，质量较差，也另用容器盛装，即为去尾。酒头和酒尾可混合加入下次蒸馏的原料酒中再蒸馏。

3. 贮存

将原白兰地装入橡木桶中密封，放于通风干燥阴凉的室内，贮存时间多在 4 年以上。贮存陈酿时间越长，色泽越深，香气越浓、味道越细腻柔和。由于橡木中所含的单宁、色素等被酒精溶出，使白兰地渐渐变成金黄色，微有涩味。木桶有一定透气性，白兰地得到微量氧气而进行缓慢的氧化和酯化作用，使原来的辛辣味降低而变得细腻芳香。在木桶中长期贮存，酸含量有所增加，使白兰地的口味得到直接改善，还能促进半纤维素等多糖分子水解为单糖，这也对白兰地的口味改善有益。酒中醇类物质的氧化形成一定量的醛，醛与乙醇相结合形成缩醛，是白兰地中重要的香味成分。自然后熟由于所需时间很长，自然损耗较大，酒度亦会下降，资金和设备周转较慢。新蒸馏出的白兰地具有较强的刺激性气味，香气不协调，常有蒸锅味，不适于饮用。须经陈酿后熟后才具有良好的品质和风味。

4. 勾兑和调配

单靠原白兰地长期在橡木桶里贮存来得到高质量的白兰地，在生产上是不现实的。因为除过长的生产周期外，还会导致酒质的不稳定。因此，勾兑和调配在白兰地生产中是获得稳定的高质量酒的关键。白兰地的勾兑是在不同品种原白兰地之间、不同木桶贮存的原白兰地之间和不同酒龄的原白兰地之间进行，以得到品质优良一致的白兰地。经勾兑的白兰地还需对酒中的糖、酒精和颜色进行调整。白兰地的酒精度一般为 40% 以上。香味不足需要增香，口味不醇厚可适量加糖，颜色偏浅可适量加入糖色，用同类酒精或蒸馏水调节酒度。经过精心勾兑和调配的白兰地还应再经一定时间的贮存，使风味调和。若出现混浊，须过滤或加胶澄清。必要时再行勾兑和进行一系列的处理才装瓶出厂。

五、葡萄酒常见病害及控制

酿制过程中由于环境设备消毒不严，原材料不合要求，以及操作管理不当等，均可引起葡萄酒发生各种病害。

（一）生膜

果酒暴露在空气中，就会在表面生长一层灰白色或暗黄色、光滑而又薄的膜，随后逐渐增厚、变硬，膜面起皱纹，此膜将酒面全部盖满。振动后膜即破碎成小块（颗粒）下沉，并充满酒中，使酒混浊，产生不愉快气味。

生膜又名生花，是由酒花菌类繁殖形成的。它们的种类很多，主要是膜醭酵母菌。该菌在酒度低、空气充足、24~26 ℃时最适宜繁殖。当温度低于 4 ℃或高于 34 ℃时停止繁殖。

防止方法：①不使酒液表面与空气过多接触，贮酒盛器须经常添满，密闭贮存。要保持周围环境及容器内外的清洁卫生。②在酒面上加一层液体石蜡隔绝空气，或经常充满一层二氧化碳或二氧化硫气体。③在酒面上经常保持一层高浓度酒精。若已生膜，则用漏斗插入酒中，加入同类的酒充满盛器使酒花溢出以除之。注意不可将酒花冲散。严重时需用过滤法除去酒花再行保存。

（二）变味

醋酸菌污染果酒会导致果酒发酵变酸，它是果酒酿造业的大敌。但它也是果醋酿造的原理。醋酸菌可以使酒精氧化成醋酸，若醋酸含量超过 0.2%，就会感觉有明显的刺舌感，不宜饮用。醋酸菌繁殖时先在酒面上生出一层淡灰色薄膜，最初是透明的，以后逐渐变暗，有时变成一种玫瑰色薄膜，出现皱纹，并沿器壁生长而高出酒的液面。以后薄膜部分下沉，形成一种黏性稠密的物质，称之为醋母。但有时醋酸菌的繁殖并不生膜。醋酸杆菌繁殖的最适条件：酒精度 12%以下；有充足的空气供给，温度为 33~35 ℃，固形物及酸度较低。防止方法与生膜相同。对已感染的醋酸菌可采取加热灭菌或其他非热力杀菌处理。

用生过霉的盛器、清洗除霉不严、霉烂的原料未能除尽等原因，都会使酒产生霉味。霉味可用活性炭处理过滤而减轻或去除。

苦味多由种子或果梗中的糖苷物质的浸出而引起。可通过加糖苷酶加以分解，或提高酸度使其结晶过滤除之。有些病菌（如苦味杆菌）的侵染也可以产生苦味，主要发生在红葡萄酒的酿制中，白葡萄酒发生较少，老酒中发生最多。防止方法：主要采用二氧化硫杀菌，一旦感染了苦味菌的酒，应马上进行加热杀菌，然后采用下述方法处理。①进行下胶处理 1~2 次。②可通过加入病酒量 3%~5%的新鲜酒脚（酒脚洗涤后使用）并搅拌均匀，沉淀分离之后苦味即去除。③也可将一部分新鲜酒脚同酒石酸 1 kg，溶化的砂糖 10 kg 进行混合，一起放入 1 000 L 病酒中，同时接纯酵母培养发酵，发酵完毕再在隔绝空气下过滤。④将病酒与新鲜葡萄皮渣浸渍 1~2 d，也可获得较好的效果。感染苦味菌的病酒在换桶时，一定注意不要与空气接触，否则会加重葡萄酒的苦味。

硫化氢味（臭皮蛋味）和乙硫醇味（大蒜味）是酒中的固体硫被酵母菌所还原而

产生硫化氢和乙硫醇而引起的。因此，硫处理时切勿将固体硫混入果汁中。利用加入过氧化氢的方法可以去除之。

酒中还可能有木臭味、水泥味和果梗味等，可加入精制的棉籽油、橄榄油和液体石蜡等与酒混合使之被吸附。这些油与酒互不融合而上浮，分离之后即可去除异味。

（三）变色

在果酒生产过程中若酒中的铁含量偏高（超过 8～10 mg/L）就会导致酒液变黑。铁与单宁化合生成单宁酸铁，呈蓝色或黑色。铁与磷酸盐化合则会生成白色败坏。生产中须避免铁质机具与果汁和果酒接触，减少铁的来源。

此外，果酒生产过程中果汁或果酒与空气接触过多时，由于过氧化物酶在有氧的情况下会将酚类化合物氧化而呈褐色（称为褐色败坏）。一般用二氧化硫处理可以抑制过氧化物酶的活性，加入单宁和维生素 C 等抗氧化剂，都可有效地防止果酒的褐变。

（四）混浊

果酒在发酵完成之后以及澄清后分离不及时，由于酵母菌体的自溶或腐败性细菌所分解而产生混浊。由于下胶不适当也会引起浑浊；也有可能是由于有机酸盐的结晶析出、色素单宁物质析出以及蛋白质沉淀等导致酒液混浊。这些混浊现象可采用下胶过滤法除去。如果是由于再发酵或醋酸菌等的繁殖而引起混浊，则须先行巴氏杀菌后再用下胶处理。

第三节　果醋酿造

果醋的加工方法可以归纳为鲜果制醋、果汁制醋、鲜果浸泡制醋、果酒制醋 4 种方法。鲜果制醋是将果实先破碎榨汁，再进行酒精发酵和醋酸发酵。其特点是产地制造，成本低，季节性强，酸度高，适合做调味果醋。果汁制醋是直接用果汁进行酒精发酵和醋酸发酵，其特点是非产地也能生产，无季节性，酸度高，适合做调味果醋。鲜果浸泡制醋是将鲜果浸泡在一定浓度的酒精溶液或食醋溶液中，待鲜果的果香、果酸及部分营养物质进入酒精溶液或食醋溶液后，再进行醋酸发酵。其特点是工艺简单，果香味好，酸度高，适合做调味果醋和饮用果醋。果酒制醋是以各种酿造好的果酒为原料进行醋酸发酵。不论以鲜果为原料还是以果汁、果酒为原料制醋，都要进行醋酸发酵这一重要工序。果醋发酵的方法有固态发酵、液态发酵和固-液发酵法。这 3 种方法因水果的种类和品种不同而定，一般以梨、葡萄及沙棘等含水量多的、易榨汁的果实为原料时，宜选用液态发酵法；以山楂和枣等不易榨汁的水果为原料时，宜选用固态发酵法；固-液发酵法选择的果实介于两者之间。果醋一般含 5%～7%的醋酸，风味芳香，又具有一定的保健功能，深受消费者喜爱。

一、果醋酿造理论

（一）醋酸发酵

果醋发酵需经过两个阶段，即先进行酒精发酵，然后进行醋酸发酵。酒精发酵理论已在果酒酿造述及，以下仅简述醋酸发酵。醋酸发酵是依靠醋酸菌的作用，将酒精氧化生成醋酸的过程，其反应如下：

酒精氧化成乙醛：$CH_3CH_2OH+1/2O_2 \rightarrow CH_3CHO+H_2O$

乙醛吸收1分子水成水化乙醛：$CH_3CHO+H_2O \rightarrow CH_3CH(OH)_2$

水化乙醛再氧化成醋酸：$CH_3CH(OH)_2+1/2O_2 \rightarrow CH_3COOH+H_2O$

理论上100 g纯酒精可生成130.4 g醋酸，在生产实际过程中只能生成100 g醋酸。其原因是醋化时酒精的挥发损失，特别是在空气流通和温度较高的环境下损失更多。另外，醋化生成物中，除醋酸外，还有二乙氧基乙烷$[CH_3CH(OC_2H_5)_2]$，具有醚的气味，以及高级脂肪酸、琥珀酸等，这些酸类与酒精作用，会缓缓产生酯类，具有芳香。所以果醋也如果酒，经陈酿后品质变佳。

因醋酸菌含有乙酰辅酶A合成酶，因此，它能氧化醋酸为二氧化碳和水，即：

$$CH_3COOH+O_2 \rightarrow CO_2+H_2O$$

正是由于醋酸菌具有这种过氧化反应，所以当醋酸发酵完成后，一般要采用加热杀菌或加盐来阻止醋酸菌的繁殖，抑制其继续氧化发酵，防止醋酸分解。

（二）陈酿

果醋品质的优劣取决于色、香、味三要素，而色、香、味三要素的形成是十分复杂的，除了发酵过程中形成的风味外，很大一部分还与陈酿后熟有关。果醋在陈酿期间，主要发生以下物理化学变化。

1. 色泽变化

在陈酿贮藏期间，由于醋中的糖分和氨基酸结合会产生类黑色素等物质，使果醋的色泽加深。醋的贮藏期越长，贮藏温度越高，则颜色也变得越深。此外，果醋在制醋容器中接触了铁锈，经长期贮存与醋中的醇、酸、醛成分反应会生成黄色、红棕色。原料中的单宁属多元酚的衍生物，也能被氧化缩合成黑色素。

2. 风味变化

在果醋贮存期间与风味有关的变化有以下两类反应。

（1）氧化反应　如酒精氧化生成乙醛，果醋在贮存3个月后，乙醛含量会由1.28 mg/100 mL上升到1.75 mg/100 mL。

（2）酯化反应　果醋中含有许多有机酸，与醇反应后会生成各种酯类。果醋陈酿的时间越长，形成酯的量也越多。酯的生成还受温度、醋中前体物质的浓度及界面物质等因素的影响。气温越高，形成酯的速度越快；醋中含醇类成分越多，形成的酯也越多。

在果醋的贮存过程中，水和醇分子间会起缔合作用，减少醇分子的活度，可使果醋味变得醇和。为了确保成品醋的质量，新醋一般须经过1~6个月的贮存，不宜立即出厂。经过陈酿的食醋，风味会有明显的改善。

二、果醋发酵微生物

（一）发酵微生物

果醋酿造的酒精发酵阶段常用的发酵微生物为酵母菌，在醋酸发酵阶段为醋酸菌。

醋酸菌大量存在于空气中，种类繁多，对乙醇的氧化速度有快有慢，醋化能力有强有弱，性能各异。生产果醋为了提高产量和质量，避免杂菌污染，采用人工接种的方式进行发酵。

酿醋厂选用的菌种，应该氧化酒精速度快、能力强，而分解醋酸能力弱、耐酸性强，产品风味好。目前国外有些厂采用混合醋酸菌发酵食醋，其特点是：发酵速度快，能形成其他有机酸与酯类等组分，增加产品香味和固形物成分。

目前国内常用的醋酸菌有 AS1.41 醋酸菌和沪酿 1.01 醋酸菌。AS1.41 醋酸菌是中国科学院微生物研究所分离保藏的菌种，已在食醋生产中广泛应用多年，产酸率高，质量较好，是较优良菌株，其最适宜培养温度为 23~31 ℃，最适宜产酸温度为 28~33 ℃，最适宜 pH 值=3.5~6.0。耐酒精度<8%，最高产酸量为 7%~9%（醋酸）。

沪酿 1.01 醋酸菌是上海市酿造科学研究所和上海醋厂分离得到的菌种，已在生产中使用多年，产酸率高，性能稳定，也是一个优良菌种。其最适宜生长温度为 30 ℃，最适发酵温度 32~35 ℃，最适宜 pH 值=5.4~6.3，能耐 12%（体积分数）酒精度，在 pH 值=4.5 时氧化酒精能力较强。

（二）影响醋酸菌的环境条件

果酒中的酒精度超过 14%（体积分数）时，醋酸菌不能忍受，繁殖迟缓，被膜变成不透明，灰白易碎，生成物以乙醛为多，醋酸产量甚少。而酒精度若在 12%（体积分数）以下，醋化作用能很好进行，直到酒精全部变成醋酸。

果酒中的溶解氧越多，醋化作用越快越完全，理论上 100 L 纯酒精被氧化成醋酸需要 38.0 m^3 纯氧，相当于空气量 183.9 m^3。实践上供给的空气量还须超过理论数的 15%~20%才能醋化完全。反之，缺乏空气，则醋酸菌被迫停止繁殖，醋化作用也就受到阻碍。

果酒中的二氧化硫对醋酸菌的繁殖有碍。若果酒中的二氧化硫含量过多，则不宜制醋。解除其二氧化硫后，才能进行醋酸发酵。

温度在 10 ℃以下，醋化作用进行困难。20~32 ℃为醋酸菌繁殖的最适温度，30~35 ℃其醋化作用最快，达 40 ℃时即停止活动。

果酒的酸度过大对醋酸菌的发育也有妨碍。醋化时，醋酸量陆续增加，醋酸菌的活动也逐渐减弱，至酸度达某限度时，其活动完全停止。一般能忍受 8%~10%的醋酸浓度。

太阳光线对醋酸菌的发育也有害。而各种光带的有害作用，以白色为最烈，其次顺序是紫色、青色、蓝色、绿色、黄色、棕黄色，红色危害最弱，与黑暗处醋化时所得的产率相同。

三、果醋加工技术

（一）工艺流程

1. 固态发酵法工艺流程

果品原料→挑选→清洗→破碎→加酵母菌种→固态酒精发酵→加麸皮、稻壳、醋酸菌→固态醋酸发酵→淋醋→陈酿→过滤→灭菌→成品。

2. 液态发酵法工艺流程

果品原料→挑选→清洗→破碎榨汁→加酵母菌种→液态酒精发酵→加醋酸菌→液态醋酸发酵→陈酿→过滤→灭菌→成品。

（二）醋母制备

优良的醋酸菌种可以选购，还可以从优良的醋醅或生醋中采种繁殖。其扩大培养步骤如下。

1. 固体培养

按麦芽汁或果酒 100 mL、葡萄糖 3%、酵母膏 1%、碳酸钙 2%、琼脂 2%~2.5%的比例混合，加热溶化，分装于干热灭菌的试管中，每管为 8~12 mL，在 0.1 MPa 的压力下杀菌 15~20 min，取出，趁未凝固前加入含乙醇 50%（体积分数）酒精 0.6 mL，制成斜面，冷却后，在无菌操作下接种醋酸菌种，26~28 ℃恒温下培养 2~3 d 即成。

2. 液体扩大培养

第一次扩大培养，取果酒 100 mL、葡萄糖 0.3g、酵母膏 1 g 装入灭菌的 500~800 mL 三角瓶中，消毒，接种前加入 75%酒精 5 mL，随即接入斜面固体培养的醋酸菌种，26~28 ℃恒温下培养 2~3 d 即成。在培养过程中每日定时摇瓶 6~8 次，或用摇床培养，以供给充足的空气。

培养成熟的液体醋母，即可接入再扩大 20~25 倍的准备醋酸发酵的酒液中培养，制成醋母供生产用。

（三）酿醋操作要点

1. 固态酿制法

（1）酒精发酵　以果品为原料，洗净、破碎后，加入酵母液 3%~5%，进行酒精发酵，在发酵过程中每日搅拌 3~4 次，经过 5~7 d 发酵完成。

（2）制醋醅　将酒精发酵完成的果浆，加入 50%~60%的麸皮或稻壳、米糠等原料，作为疏松剂，再加培养的醋母液 10%~20%，充分搅拌均匀，装入醋化缸中，稍加覆盖，使其进行醋酸发酵，醋化期间，控制品温在 30~35 ℃。若温度升高至 37~38 ℃时，则将缸中醋醅取出翻拌散热，若温度适当，每日定时翻拌 1~2 次，充分供给空气，促进醋化。经 10~15 d，醋化旺盛期将过，随即加入 2%~3%的食盐，搅拌均匀，将醋醅压紧，加盖封严，待其陈酿后熟，经 5~6 d 后，即可淋醋。

（3）淋醋　将后熟的醋醅放在淋醋器中。淋醋器用一底部凿有小孔的瓦缸或桶，距缸底 6~10 cm 处放置滤板，铺上滤布。从上面徐徐淋入约与醋醅等量的冷却沸水，浸泡 4 h 后，打开孔塞让醋液从缸底小孔流出，这次淋出的醋称为头醋。头醋淋完后，再加入凉水，再淋，即二醋，二醋含醋酸很少，供淋头醋用。

2. 液态酿制法

以果酒为原料酿制，酿制果醋的原料果酒，必须是酒精发酵完全、澄清透明的。

将酒精度调整为 7%~8%（乙醇体积分数）的原料果酒，装入醋化器中，为容积的 1/3~1/2，接种醋母 5%左右，用纱布罩盖好，如果温度适宜，24 h 后发酵液面上有醋酸菌的菌膜形成，发酵期间每天搅动 1~2 次，经 10~20 d 醋化完成。取出大部分果醋，留下醋膜及少量醋液，再补充果酒继续醋化。

（四）果醋的陈酿和保藏

1. 陈酿

果醋的陈酿与果酒相同。通过陈酿果醋变得澄清，风味更加纯正，香气更加浓郁。陈酿时将果醋装入桶或坛中，装满，密封，静置 1~2 个月即完成陈酿过程。

2. 过滤、灭菌

陈酿后的果醋经澄清处理后，用过滤设备进行精滤，在 60 ~ 70 ℃ 温度下杀菌 10 min，即可装瓶保藏。

四、果醋常见质量问题与控制

（一）供氧不足对醋酸发酵的影响及控制

由于醋酸菌是好气性菌，在醋酸发酵中氧化酒精需要充足的氧气，故通风量的选择对于醋酸发酵起着重要作用。通风量一般为理论需氧量的 2.8 ~ 3.0 倍，发酵前、中后期可根据发酵的实际情况调节，但绝不能中断供氧，否则导致菌体死亡，如在发酵中期（17~36 h），停止通风 2 h 以上，就会导致酸度过低或倒罐。前期（16 h 前）或后期（36 h 后），短时间停止通风对醋酸菌影响较小。实践证明：通风量应掌握小、中小、后小的原则。罐压均为 30 kPa。

搅拌对醋酸发酵的影响很大，须与通风密切配合，使氧气均匀地溶解在发酵液中，醋酸菌能够吸收充足的溶解氧。如无搅拌，只靠通风发酵，醋酸菌只能维持不死，其酸度几乎不增长或略有增长。

（二）泡沫对发酵的影响及控制

在通风发酵过程中，产生一定数量的泡沫是必然的正常现象。但过多的持久性泡沫就会给发酵带来很多不利因素。如发酵罐的装料系数（装量与容量之比）的减少，若不加以控制，还会造成排气管大量逃液的损失，泡沫升到罐顶有可能从轴封渗出，增加污染杂菌的机会，并使部分菌丝黏附在罐盖或罐壁上而失去作用。泡沫严重时还会影响通气搅拌的正常进行，因而妨碍菌体的呼吸，造成代谢异常，导致终产物下降或菌体的提早自溶，这一过程任其发展会促进更多的泡沫生成。因此，如何控制发酵过程中产生的泡沫，是能否取得高产的因素之一。

醋酸发酵过程中时有泡沫产生，主要是由死亡醋酸菌体蛋白引发。为此发酵温度要严格控制在 36 ℃ 以下，绝不允许中断通风。偶尔失控，要采取措施，防止泡沫逸出罐外或积累于罐中，在每次分割取醋时要把大部分泡沫除去。果醋是直接饮用食品，不允许用化学消泡剂，必要时可使用少量植物油消泡，也可用机械消泡。

（三）液态深层发酵法果醋风味的提高

深层液态发酵食醋风味差于固态法的主要原因是通常不挥发酸含量仅为固态法的15.7%，香气的主要成分乳酸乙酯几乎为 0，因此虽然液体法生产效率高，但食醋的风味必须改进。可采取如下措施：①在酒精发酵中用乳酸菌与酵母菌混合发酵，以增加醋中乳酸含量，为生产乳酸乙酯创造条件；②做好醋酸发酵醪压滤前预处理工作。麸曲用量、后熟温度和时间要严格控制，使在后熟发酵中蛋白质进一步水解成氨基酸，淀粉水解成单糖，有利于提高食醋的风味。

（四）工业发酵染菌的控制

1. 种子带菌及控制

种子带菌的原因主要有以下几方面。

（1）培养基及用具灭菌不彻底　菌种培养基及用具灭菌在杀菌锅中进行，造成灭菌不彻底，主要是灭菌时锅内空气排放不完全，造成假压，使灭菌时温度达不到要求。

（2）菌种在移接过程中受污染　菌种的移接工作应在无菌室中按无菌操作进行，当菌种移接操作不当或无菌室管理不严，就可能引起污染。因此，要严格无菌室的管理制度和严格按无菌操作接种，合理设计无菌室。

（3）菌种在培养过程或保藏过程中受污染　菌种在培养过程和保藏过程中，由于外界空气进入，也使杂菌进入而受污染。为防止污染，试管的棉花塞应有一定的紧密度，不宜太松，且有一定的长度，培养和保藏温度不宜变化太大。每五级种子培养物均应经过严格检查，确认未受污染才能使用。

2. 无菌空气带菌及控制

无菌空气带菌是发酵染菌的主要原因之一。杜绝无菌空气带菌，必须从空气净化流程和设备的设计、过滤介质的选用和装填、过滤介质的灭菌和管理等方面完善空气净化系统。

3. 培养基和设备灭菌不彻底导致染菌及控制

培养基和设备灭菌不彻底的原因，主要有以下几个方面。

一是实罐灭菌时，未充分排除罐内空气。造成"假压"，使罐顶空间局部温度达不到灭菌要求，导致灭菌不彻底而污染。为此，在实罐灭菌升温时，应打开排气阀门及有关连接管的边阀、压力表接管边阀等，使蒸汽通过，达到彻底灭菌。

二是培养基连续灭菌时，蒸汽压力波动大，培养基未达到灭菌温度，导致灭菌不彻底而污染。培养基连续灭菌温度，最好采用自动控制装置。

三是设备、管道存在"死角"。由于操作、设备结构、安装或人为造成的屏障等原因，引起蒸汽不能有效达到或不能充分达到预定应该达到的"死角"，"死角"可以是设备、管道的某一部位，也可以是培养基或其他物料的某一部分。要加强清洗，消除积垢，安装边阀，使灭菌彻底。

4. 设备渗漏引起染菌及控制

发酵设备、管道、阀门的长期使用，由于腐蚀、摩擦和振动等原因，往往造成渗漏。为了避免设备、管道、阀门渗漏，应选用优质材料，并经常进行检查。冷却蛇管的微小渗漏不易被发现，可以压入碱性水；在罐内可疑地方，用浸湿酚酞指示剂的白布擦，如有渗漏时白布显红色。

第四节　果蔬干制制作

果蔬干制是指果蔬原料在加热状态下以蒸发或升华形式脱去水分制成固体产品的单

元操作过程。

果蔬干燥有以下几个目的：①制成干制品以便于贮藏和运输；②降低运输费用；③在加工过程中提高其他设备的生产能力；④为进一步加工时便于处理；⑤提高废渣及副产品的利用价值。

果蔬脱水一般是指在控制条件下的人工干燥。但是在现代果蔬加工工业中，这一术语并不是泛指所有从食物中除去水分的操作过程。例如，炸土豆、烤面包或是烤牛排时，也都会失去水分，但是这些操作并不仅仅是为了移走体系中的水分，他们还有许多其他的功用，因而人们并不认为这些操作是果蔬脱水的一种形式。同样道理，浓缩过程只是除去了食品体系的一部分水分（比如制备糖浆、浓缩牛奶和浓缩汤汁等），因此浓缩也不属于目前被普遍认可的果蔬脱水范畴。果蔬脱水是指在控制的条件下几近完全地除去果蔬中的水分，而果蔬的其他性质在此过程中几乎没有或者极小地发生变化。脱水是降低果蔬中水分含量的操作，使水分含量降低到不致发生微生物作用、化学反应和生物化学反应的程度以下。

一、果蔬干制的原理

（一）水分存在的状态及性质

水和干物质是构成园艺产品组织的基本物质，新鲜果品蔬菜含水量很高，水果含水量为70%~90%，蔬菜为85%~95%。园艺产品中的水分按其存在状态可分为三类。

1. 游离水（又称自由水和机械结合水）

新鲜的园艺产品中游离水含量很高，可占总含水量的60%~80%，如表13-2所示。它靠毛细管力维系。游离水的特点是对溶质起溶剂作用，可以溶解糖、酸等可溶性物质，而且容易结冰，流动性大。因此，游离水就容易被微生物所利用，并且园艺产品组织内的许多生理过程及酶促生化反应都是在以这种水为介质的环境中进行的，故也被称为有效水分。游离水借助毛细管作用和渗透作用，依据组织内外水汽压差，可以向内或向外移动，在园艺产品干燥过程中极易被脱除。

2. 胶体结合水（也称束缚水或物理化学结合水）

它被吸附于园艺产品组织内亲水胶体的表面。胶体结合水可与组织中的糖类、蛋白质等亲水官能团形成氢键，或者与某些离子官能团产生静电引力而发生水合作用。因此，胶体结合水与游离水不同，它不具备溶剂性质，在低温下不易结冰，甚至在-75 ℃下也不结冰，其热容量比游离水小，为0.7，相对密度为1.028~1.450，相当于76 MPa压力下水的密度。胶体结合水不易被微生物和酶活动利用，在加工中不易损失，只有在游离水完全被蒸发后，在高温条件下才可蒸发一部分。

3. 化合水（也称化学结合水）

它是与园艺产品组织中某些化学物质呈化学状态结合的水，性质极稳定，不会因干燥作用而排除。

表 13-2　几种果蔬中不同形态水的含量　　　　　　　　　单位:%

种类	总含水量	游离水	结合水
苹果	88.70	64.60	24.10
甘蓝	92.20	82.90	9.30
马铃薯	81.50	64.00	17.50
胡萝卜	88.60	66.20	22.40

（二）水分活度（A_w）

水分活度（A_w）是果蔬物系蒸气压（P）与纯水蒸气压（P_0）之比值 $A_w = P/P_0$，当某物系中的水分与其蒸汽处于平衡的状态下，则相对湿度等于水分活度。此时与制品相接触的空气和制品之间不存在吸着作用和解吸作用。

（三）水分活度对微生物的影响

每一种微生物的生长都有其最低适宜的水分活度。关于大量与果蔬腐败有关的微生物的最低水分活度资料表明：①所有食物致病菌在水分活度小于或等于 0.85 时均受到抑制；②细菌芽孢包括肉毒梭状芽孢杆菌的发芽，在水分活度较高时受到抑制；③在水分活度低于 0.95 下生长的产芽孢菌类，不可能在巴氏杀菌温度下被杀灭；④在低水分活度下生长的大多数微生物，其繁殖速度很慢，需要特定的生长条件。因此，要把水分活度降低到能制止一切生物性腐败的最低值，就应当将其含量减少到商业上干制果蔬中的水分含量。商业化加工果蔬的水分活度下限是 0.70；而上限则取决于果蔬本身的特性和制作方法，还有容器以及贮藏条件。对于水分活度在 0.83~0.85 的果蔬，常用山梨酸钾作为抗霉菌剂。常见微生物生长繁殖的最低 A_w 值见表 13-3。

表 13-3　一般微生物生长繁殖的最低 A_w 值

微生物种类	生长繁殖最低 A_w 值
革兰氏阴性杆菌、一部分细菌孢子和某些酵母菌	0.95~1.00
大多数球菌、乳杆菌、杆菌科的营养细胞、某些霉菌	0.91~0.95
大多数酵母菌	0.87~0.91
大多数霉菌、金黄色葡萄球菌	0.80~0.87
大多数耐盐细菌	0.75~0.80
耐干燥霉菌	0.65~0.75
耐高渗透压酵母菌	0.60~0.65
任何微生物都不能生长	＜0.60

果蔬干制是原料通过接受太阳光或其他热量使其失水的过程。在此过程中若采用太阳晒，果蔬等食品接受了肉眼看不见的红外线及紫外线照射，除能脱去果蔬水分外，还

可以对果蔬起消毒杀菌的作用。虽然紫外线穿透力不强，但是它能使微生物的核酸成分发生化学变化，造成微生物的死亡。而阳光中的红外线，穿透力却很强，可使微生物体内成分热解。此外，在果蔬水分蒸发的同时，也蒸发掉微生物体内的水分，干制后，微生物就长期地处于休眠状态，环境条件一旦适宜，微生物又会重新吸湿恢复活动。由于干制并不能将微生物全部杀死，只能抑制他们的活动，因此，干制品并非无菌，遇温暖潮湿气候，就会引起果蔬干制品腐败变质。

微生物病原菌在干燥的果蔬制品上有时能经受不利的环境而生存下来。当人们食用后就会发生公共卫生的危险后果。常见的例子就是肠道细菌感染和食物中毒细菌感染。虽然微生物能忍受不良的干燥环境，但在干制品干藏过程中微生物总数将缓慢地减少。干制品复水后，残留微生物仍能复苏并再次生长。控制果蔬干燥制品腐败变质的最正确方法包括采用新鲜度高、污染少、高质量的果蔬作原料，干燥前将原料经过巴氏消毒，于清洁的工厂中加工，将干燥的果蔬在不受昆虫、鼠类及其他感染的情况下贮藏。

微生物的耐旱力常随菌种及其不同生长期而异。例如，葡萄球菌、肠道杆菌、结核杆菌在干燥状态下能保存活力几周到几个月，乳酸菌能保存活力几个月或1年以上；干酵母保存活力可达2年之久；干燥状态的细菌芽孢、菌核、厚膜孢子、分生孢子可存活1年以上；黑曲霉菌孢子可存活6~10年。

（四）水分活度对酶的影响

酶的活性与水分有着密切的关系。许多以酶为催化剂的酶促反应，水除了起着一种反应物的作用以外，还作为输送介质促使底物向酶扩散，并且通过水化作用促使酶和底物活化。当水分活度低于0.8时，大多数酶的活性就受到抑制，当水分活度降低到0.25~0.30的范围，果蔬中的淀粉酶、酚氧化酶和过氧化物酶就会受到强烈的抑制甚至丧失其活性。而在水分减少的时候，酶和反应基质却同时增浓，使得他们之间的反应率加速。因此，在低水分干制品中，特别在它吸湿后，酶仍会缓慢地活动，从而有可能引起制品品质恶化或变质。

酶对湿热环境是很敏感的，在湿热温度接近水的沸点时，各种酶几乎立即灭活。当酶暴露于相同温度的干热环境中时，酶对于热量的影响并不敏感，如在干燥状态下，即使用204℃热处理，对酶的影响也极微。因此，通过将果蔬原料置于湿热环境下或用化学方法使酶失活来控制酶的活性是很重要的。为了控制干制品中酶的活动，必须使酶灭活。

二、干燥过程

预热阶段：果蔬一开始受热，温度虽线性上升而果蔬的水分还不下降或降低很少，这个短时间称为果蔬的预热阶段。

恒速干燥阶段：果蔬表面水蒸气分压处于和果蔬温度相适应的饱和状态，所有传给果蔬的热量都用于水分的汽化，果蔬温度保持不变，甚至略有下降。

降速干燥阶段：随着干燥过程的进行，果蔬水分不断下降。当果蔬水分下降到吸湿水分时，果蔬内外层水分出现差异，即果蔬表面水分低于其内部水分。若要继续干燥，则果蔬表面汽化的水分须依靠其内部水分向外部转移，这时果蔬表面温度高于内部温度，热量从果蔬的外部向其内部传导（消耗一定热量），从而阻碍内部水分向外部转移。这两种作用的组合，使果蔬的干燥速度降低，开始了果蔬干燥的降速阶段。随着干燥过程的继续，果蔬干燥的速度越来越慢，当干燥速度降到零时，达到在该干燥条件下果蔬的平衡水分。果蔬的温度可升至与热空气相近的温度。一般来说，减速干燥阶段还可分为两个不同的阶段：开始时水分移动稍为困难，称为第一减速干燥阶段；后来为结合水的移动，称为第二减速干燥阶段，它是从果蔬水分含量降至第二临界点时开始的。所谓吸湿水分，就是指当果蔬周围空气的相对湿度达到100%时，果蔬从空气中吸附水蒸气所能达到的湿含量。通常把果蔬内部的水分如吸附水、微毛细管水等称为结合水分（这部分水分比较难以干燥），而把高于吸湿水分的那一部分水分称为自由水分。所以，吸湿水分是果蔬中结合水分与自由水分的分界点。

缓速阶段：为停止供热使果蔬保温（数小时）的过程，其主要作用是消除果蔬内、外部之间的热应力，该阶段的干燥速度稍有降低。

冷却阶段：是对干燥后的果蔬进行通风冷却，使果蔬温度下降到常温或较低温度。该阶段的果蔬含水率基本上不再变化，干燥速率基本降到零。

干燥时，果蔬水分蒸发依靠水分外扩散作用与水分内扩散作用。果蔬干燥时必须注意保持外扩散与内扩散的配合与平衡。水分内扩散速度应大于水分外扩散速度，这时水分在表面汽化的速度起控制作用，这种干燥情况称表面汽化控制。对于可溶性物质含量高的原料如枣、柿等，内部扩散速度较表面汽化速度要小，这时内部水分扩散速度起控制作用，这种情况称内部扩散控制。当干燥时，因受内部扩散速度的限制，水分无法及时到达表面，因而汽化表面逐渐向内部移动，故干燥的进行较表面汽化控制更为复杂。这时，减少料层厚度、增加翻动次数、采用接触加热和微波加热方法，使深层料温高于表层料温，水分借助温度梯度沿热流方向向外迅速移动而蒸发，使干燥顺利进行。

三、影响果蔬干制的因素

干燥速度的快慢与干制品的品质有密切的关系。在其他条件相同时，干燥越快则制品的品质越佳。干燥速度受许多因素的相互制约和影响，归纳起来可分为两方面：一是干燥环境条件，如干燥介质的温度、相对湿度、空气流速等；二是原料本身性质和状态，如原料种类、原料干燥时的状态等。

（一）干燥介质

果蔬干制时，广泛应用空气作为干燥介质。干燥介质的温度和湿度饱和差决定着干燥速度的快慢。干燥的温度越高，果蔬中的水分蒸发便越快；干燥介质的湿度饱和差越大，达到饱和所需的水蒸气越多，水分蒸发容易，干燥速度就越快。但温度过高反而会使果蔬汁液流出，糖和其他有机物质发生焦化，或者变褐，影响制品品质；反之，如果温度过低，干燥时间延长，产品容易氧化变褐，严重者发霉变味。一般来说，对原料含水量高的，干燥温度可维持高一些，后期则应适当地降低温度，使外扩散与内扩散相适应。对含水量低的原料和可溶性固形物含量高的果蔬种类，干燥初期不宜采用过高的温度和过低的湿度介质，以免引起表面结壳、开裂和焦化。具体所用温度的高低，应根据干制品的种类来决定，一般为40~90℃。

（二）空气流速

为了降低湿度，常增加空气的流速，流动的空气能及时将聚集在果蔬原料表面附近的饱和水蒸气空气层带走，以免它会阻滞物料内水分进一步外溢。如果空气不流动，吸湿的空气逐渐饱和，呆滞在果蔬原料表面的周围，不能再吸收来自果蔬蒸发的水分而停止蒸发。因此，空气流速越快，果蔬等食品干燥也越迅速。为此，人工干制设备中，常用鼓风的办法增大空气流速，以缩短干燥时间。

（三）原料的种类和状态

果蔬原料种类不同，其理化性质、组织结构亦不同，因此，在同样的干燥条件下，干燥的情况并不一致。一般来说，果蔬的可溶性物质较浓，水分蒸发的速度也较慢；淀粉类原料，如小麦（软粒）、水稻等，这类原料的组织结构疏松，毛细管极大，传湿力较强，所以干燥比较容易，可采用较高的温度进行干燥。

物料切成片状或小颗粒后，可以加速干燥。因为这种状态缩短了热量向物料中心传递和水分从物料中心向外扩散的距离，从而加速了水分的扩散和蒸发，缩短了干制的时间。显然，物料的表面积越大，干燥的速度就越快。例如，用胡萝卜切成片状、丁状和条状进行干燥，结果片状干燥速度最佳，丁状次之，条状最差，这是由于前两种形态的胡萝卜蒸发面大的缘故。

（四）原料的装载量

设备的单元负载量越大，原料装载厚度就越大，不利于空气流通，影响水分蒸发。干燥过程中可以随原料体积的变化，改变其厚度，干燥初期宜薄些，干燥后期可以厚一些。

（五）大气压力

水的沸点随着大气压力的减少而降低，气压越低，沸点也越低。若温度不变，气压降低，则水的沸腾加剧，真空加热干燥就是利用这一原理，在较低的温度下使果蔬内的水分以沸腾的形式蒸发。果蔬干制的速度和品温取决于真空度和果蔬受热的强度。由于干制在低气压下进行，物料可以在较低的温度下干制，既可缩短干制的时间又能获得优良品质的干制品，尤其是干制对热敏性的果蔬特别重要。

四、果蔬干制的前处理

（一）防止褐变处理

此项操作多用于果蔬干制之前的处理。果蔬在干制过程中常出现颜色变黄、变褐甚至变黑的现象，一般称为褐变。褐变反应的机制有：在酶催化下的多酚类的氧化（常称为酶促褐变）；不需要酶催化的褐变（称为非酶褐变），它的主要反应是羰-氨反应。

1. 酶促褐变

酶促褐变是多酚氧化酶（PPO）在氧的参与下将酚类化合物氧化成醌，醌再聚合成有色物质的过程。PPO 是一种含铜的胞内酶，它可以催化两类反应：羟基化反应（称为酚羟基化酶活力或甲酚酶活力）和氧化反应（称为氧化酶活力或儿茶酚酶活力）。第一类反应使酚发生邻羟基化；而第二类反应则引起二元酚氧化成邻醌。但是许多的研究结果表明，并非所有来源的 PPO 都具有这两类反应的催化能力，荔枝、茶叶、梨、樱桃、山药中的 PPO 就只具有儿茶酚酶活力而缺少酚羟基化酶活力，故而只能氧化邻连多酚而不能氧化一元酚，而马铃薯、蘑菇和草莓中的 PPO 却能同时催化两类反应。

植物中的酚类化合物是很复杂的，大致可以分为三类：第一类是只有一个芳香环的单体酚类化合物，包括儿茶酚、没食子酸和绿原酸等；第二类是具有两个芳香环的黄酮类化合物；第三类是聚合化合物称为鞣质或单宁。一般说来，酚酶对邻羟基型结构的作用快于一元酚，对位二酚也可被利用，但间位二酚则不能作为底物，甚至还对酚酶有抑制作用。为了抑制酶促褐变，可以采取以下措施。

（1）加热处理　热烫是一种行之有效的传统物理预处理方法，热烫使酶失活的化学解释是利用蛋白质遇热变性，从而失去催化反应功能。大多数 PPO 在 90~95 ℃下 7 s 便可失活。但脱水所用热风温度并不能钝化酶活性，原因是温度和湿度均不够。因此，在干制前对原料进行热烫处理是非常必要的。在某些制品中，酶作用于细胞中央部位的风味物质便产生异味。而在另一些制品中，例如洋葱、大蒜和辣根中，酶系统又造出了特有的风味。为此，对某些蔬菜必须直接进行热烫，以钝化酶的活力，防止产生异味，而对另一些蔬菜决不可使他受到机械损伤，也不必进行热烫，因为要保存酶系统以利于产生香气。如上述中的洋葱、大蒜。

（2）使用螯合剂　利用多酚氧化酶是含铜的金属蛋白这一特性，使一些金属螯合剂对此酶发生抑制作用。最理想的是抗坏血酸及其各种异构体，抗坏血酸既可以作为还原剂，又可以作为酶分子中铜离子的螯合剂。另外，EDTA 和 EDTA 二钠钙也可用作螯合剂防止酶促褐变。

（3）硫处理　对防止酶促褐变有很好的效果。可使用亚硫酸氢钠和二氧化硫，二氧化硫比亚硫酸氢钠更有效，因二氧化硫穿透果蔬组织的速度更快。亚硫酸盐的抑制效果取决于亚硫酸盐浓度及反应体系中酶的性质和浓度。对一元酚，低浓度的亚硫酸盐就能有效地抑制酶促褐变，但当存在邻二酚时，亚硫酸盐在酶完全失活前就被耗尽，抑制效果不理想，此时需同时使用一定浓度比的抗坏血酸和亚硫酸盐才能奏效。目前一些发达国家对亚硫酸盐的添加限制加强，如在日本对果蔬干制品的二氧化硫残留量限制在 0.5~5 g/kg。

（4）调节 pH 值　添加某些酸如柠檬酸、苹果酸和磷酸降低 pH 值，在某种程度上有助于抑制褐变。一般控制 pH 值在 3 以下，酚酶的活性可完全丧失。然而并非所有的果蔬都能忍受低 pH 值，特别是 pH 值低于 3，难以保持良好的感官性。使用几种酸的复合溶液比使用单一酸的抑制褐变效果要好。

（5）排除空气　由于酶促反应是需氧过程，可通过排除空气或限制与空气中的氧接触而得以防止。将干燥前去皮切开的果蔬原料浸没在水中、盐液中和糖液中是一种简便易行的方法。

2. 非酶褐变（NEB）

不属于酶的作用所引起的褐变，均属非酶褐变。在果蔬干制和干制品的贮藏过程中均可发生。其中羰-氨反应（也称美拉德反应）是主要反应之一，这种反应为氨基化合物（包括游离氨基酸、肽类、蛋白质、胺类）与羰基化合物（包括醛、酮、单糖以及多糖分解的反应。最终生成类黑色素。非酶褐变的防止，可采用以下方法。

（1）硫处理　硫处理对非酶褐变有抑制作用，因为二氧化硫与不饱和的糖反应形成磺酸，可减少黑蛋白素的形成。

（2）半胱氨酸　不少研究表明，L-半胱氨酸无论是在模拟系统中还是果蔬中都会降低褐变速度，在苹果片中至少要 0.08% 的半胱氨酸才可以防止褐变。作用的机制是半胱氨酸同还原糖反应产生无色化合物，半胱氨酸还可以作为一种营养补充剂。

（二）防止脂肪和油溶性成分的变化

果蔬在干燥过程中，由于温度升高，不仅油脂容易被氧化，挥发油、油溶性色素及维生素 A 等成分也会被氧化，真空干燥或冻结干燥的制品，在干燥过程中因隔氧或在低温下进行，未被氧化，但由于干制品组织结构多孔，表面积大，在贮藏中上述成分就容易被空气中的氧气所氧化而变色、变味，甚至因氧化生成有毒物质。防止脂肪和油溶性成分氧化的方法是在干燥前加入适量的抗氧化剂。

（三）防止干制品破碎和氧化

经真空干燥或冻结干燥的果蔬，品质优良，但由于水分含量低、质地脆弱、容易破碎。如果在干燥前加入适量的甘油、丙二醇或山梨（糖）醇或用上述溶液浸渍，经干燥后，制品的柔软性增强，可减少破损。而且由于干制品表面形成一层处理剂的薄膜，起到隔氧的作用，可以达到防止氧化的效果，若在处理液中添加抗氧化剂，则防止氧化的效果会更好。

（四）提高干燥效率

许多果实的表皮附有一层蜡质，阻碍水分的转移而使干燥速度减慢。如在干制前用 0.5%～1.0% 的氢氧化钠沸腾液浸 6～20 s，然后用水洗净，则果皮蜡质被破坏，就可以加快干燥的速度。对于果皮或种皮组织致密的果实，冻结干燥前在表面刺以小孔，也可缩短干燥的时间。

液体果蔬如果汁、茶、咖啡、豆浆等由于水分含量较大，为了减少干燥时能源的消耗，必须在干燥前进行真空浓缩或冻结浓缩。

柑橘油、香辛料等提取液，不可能直接粉末化，若加入淀粉、植物胶、干酪等增黏剂以及糖、甘油酸酯，脂肪酸酯等表面活性剂，然后进行喷雾干燥，则容易粉末化。湿淀粉、水饴等泥状物，如果直接用气流进行干燥，由于原料在干燥装置内互相黏结，气流无法通过，导致干燥难，若在原料中混合一部分已经干燥的制品，则气流容易通过，可缩短干燥时间。

五、干制果蔬的质量控制

（一）干制对果蔬外观与组织状态的影响

1. 收缩

无论是细胞果蔬还是非细胞果蔬，脱水过程最明显的变化就是出现收缩。如果水分从一个具有极好弹性的丰满物料中均衡地逸出，则随着水分的散失，物料会以均匀线性的方式收缩。这种匀速收缩在脱水处理的食物中是难以见到的，因为果蔬物料常常并不呈极好的弹性，而且在干燥时整个食物体系的水分散失也不是均匀的。不同的果蔬物料在脱水过程中表现出不同的收缩方式。

2. 表面硬化

表面硬化是果蔬干燥过程中出现的与收缩和密封有关的一个现象。干燥时，如果果蔬表面温度很高，而且果蔬干燥不均衡，就会在果蔬内部的绝大部分水分还来不及迁移到表面时，表面已快速形成了一层硬壳，即发生了表面硬化。这一层透过性能极差的硬壳阻碍了大部分仍处于果蔬内部的水分进一步向外迁移，因而食物的干燥速度急剧下降。

表面硬化常见于富含可溶性糖类以及其他溶质的果蔬体系，这一现象可用干燥过程中水分从果蔬中逃逸具有多种不同的方式加以解释。一种原因是果蔬干燥时，果蔬内部的溶质成分随水分不断向表面迁移、不断积累在表面上形成结晶的硬化现象；另一种是由于果蔬的表面干燥过于强烈，水分汽化很快，因而内部水分不能及时迁移到表面上来，表面便迅速形成一层干硬膜的现象。

如要获得好的干燥结果，必须控制好干燥条件，使物料温度在干燥的早期保持在50~55 ℃，以促进内部水分较快扩散和再分配；同时，使空气湿度大些，使物料表层附近的湿度不会变化太快。

3. 物料内多孔性的形成

快速干燥时物料表面硬化及其内部蒸气压的迅速建立，会促使物料成为多孔性制品。膨化马铃薯、谷物等正是利用内部大的蒸气压促进膨化的。果蔬运用真空干燥时，高度真空也会促使水蒸气迅速蒸发并向外扩散，从而形成多孔性的制品。目前，有不少的干燥技术或干燥前处理力求促使物料能形成多孔性结构，以便有利于质的传递，加速物料的干燥速度。但实际上多孔性海绵结构为最好的绝热体，会减慢热量的传递。为此，在真空干燥器内部装置微波加热、远红外加热等供热热源，可改善热的传递，提高干燥速度。多孔性的果蔬制品，食用时主要的优越性是组织疏松，能迅速复水和溶解。

（二）干制对果蔬品质的影响

1. 脱水干燥与果蔬成分

脱水干燥的果蔬由于失去水分，故每单位质量干制果蔬中营养成分的含量反而增加（表13-4）。若将复水干制品和新鲜果蔬相比较，则和其他果蔬保藏方法一样，它的品质总是不如新鲜果蔬。

表13-4　豌豆新鲜和脱水的营养成分比较　　　　　　　单位:%

营养成分	新鲜	脱水
蛋白质	7	25
脂肪	1	3
碳水化合物	17	65
水分	74	5
灰分	1	2

2. 干制果蔬的香气与色泽变化

干燥果蔬含水量高的或者干燥处理不当使产品水分增加的，在贮藏中都会由于水分含量高而发生颜色与香气的变化。

干菜、果汁粉、菜汤粉等产品常随着水分含量的升高，在贮藏期间促进羰-氨反应及多酚类物质、脂肪、抗坏血酸、叶绿素和花青素等成分的氧化而发生褐变。草莓、杏和葡萄等干燥产品的花青素，如在水溶状态时性质极不稳定，但是处于无水的干燥状态时，虽经 10 年贮藏其变化也很微小。甚至在太阳的照射下，也几乎不分解。

冻干果蔬若因干燥不足而水分含量较高，或在干燥后处理失当而导致吸湿，水分含量增加，则在贮存中有变色、退色、发生异臭的可能，这些都与水溶性成分的变化有关。

叶绿素在无水状态时也颇稳定，当水分含量在 6% 以上时，它逐渐变成脱镁叶绿素，并进一步分解为无色物质。

具有芳香气味的果蔬在冻干后，如水分含量较高或较低，其芳香气味消失会较快或较慢。例如，水分含量为 6% 以上的冻干香菇贮藏一年，其芳香气味完全消失，水分含量为 2% 的冻干香菇贮藏 2~3 年，其特有芳香气味未消失。

3. 脂肪及脂溶性成分的变化

果蔬原料经干燥处理，不仅含水量降低而且改变了原料的形态，如液体果蔬经喷雾、涂膜、泡沫等方式干燥所获得粉状、片状或多孔状的产品均扩大了产品表面面积，比原料扩大 100~150 倍，这样便增加了产品与空气中氧的接触面积，促使果蔬中脂肪氧化酸败而产生异味和变色；同时一些脂溶性的色素如胡萝卜素，也因氧化而使果蔬丧失原有的颜色。

为了防止制品中水溶性成分的变化，降低水分含量，但对于油脂及油溶性成分而言，恰恰相反。冻干猪肉在不同湿度下贮藏，通过测定其游离脂肪酸含量及过氧化物值，可知氧化程度在水分含量低时较水分含量高时要高。这是由于吸附于油脂上的水分子层在水分含量低时，部分破裂，于是油脂与空气中的氧相接触被氧化。相反，吸附于油脂上的水分子层在水分含量高时，油脂被水分包覆得较为严密，故氧化的机会较少。

4. 维生素的变化

在果蔬干燥中，各种维生素的破坏和损失是一个非常值得注意的问题。有些水溶性的维生素在高温下特别易被氧化。抗坏血酸就是一个例子。硫胺素对热也很敏感。核黄素还对光敏感。胡萝卜素也会因氧化而遭受损失。未经酶钝化处理的蔬菜在干制时胡萝卜损耗量高达 80%，如果脱水方法选择适当，可下降到 5%。

5. 糖分的变化

果蔬中果糖和葡萄糖不稳定而易于分解，自然干制时，呼吸作用的进行要消耗一部分糖分和其他有机物质；人工干制时，长时间的高温处理会引起糖的焦化。

六、园艺产品干制方法

（一）自然干制

利用自然条件如太阳辐射、热风等使果蔬干燥，包括晒干和风干，这种方法仍在世界各地继续沿用，产品有晒干枣子、无花果、杏子、葡萄、风干鱼和腊香肠等。自然干制，一般包括太阳辐射的干燥作用和空气的干燥作用两个基本因素。太阳光的干燥能力和果蔬原料水分蒸发的速度，主要取决于照射到果蔬表面的辐射强度，这种因子在自然环境条件下人力是无法加以控制的，只有通过对晒场位置的选择、晒制管理上加以注意，如选择晒场要有充分的阳光照射，尽量获得最长照射时间，还可将晒帘或晒盘向南面倾斜与地面保持 15°~30° 的角度，提高晒干物体表面所受到太阳辐射强度。

自然干制简便易行，仅需要晒场和简陋的晒具，管理粗放，生产成本低，群众有丰富的经验。但是，自然干燥速度缓慢，产品的质量变化很大，也不易干制到理想的含水要求。并且受气候的限制，常常因阴雨天气致使产品大量腐烂损失，还因产品的霉烂变质而造成环境污染和影响人体健康。

（二）人工干制

人工干制是人工控制脱水条件的干燥方法。因而不受气候条件的限制，可大大加速干制速度，缩短干制时间，降低腐烂率，及时而迅速地进行人工干制，以获得高质量的产品，从而提高产品的等级和商品价值。但人工干制需要干制设备，加上必要的附属用房和能源消耗等，成本较高，技术比较复杂。

现在采用的人工干制的方法很多，有烘制、隧道干制、滚筒干制、泡沫干制、喷雾干制、溶剂干制、薄膜干制、加压干制以及冷冻干制等。每一种方法不一定适合于各种原料的干制，需根据原料的不同、产品的要求不同，而采取适当的干制方法。

果蔬干燥可分常压干燥和真空干燥。常压干燥下，气相主要为惰性气体（空气）和少量水蒸气的混合物，通常称为干燥介质，它具有在干燥时带走汽化水分载体的作用。但是在真空干燥下，气相中的惰性气体（空气等不凝结气体）含量甚少，气相组成主要为低压水蒸气，借真空泵的抽吸而除去。果蔬干燥首先要吸收热能，使水分吸收相变热得以汽化。根据热能传递方式的不同，果蔬干燥可以分为以下 4 种方法。

1. 热风干燥

此法亦称对流干燥，直接以高温的热空气为热源，借对流传热将热量传给湿物料。热空气既是载热体，又是载湿体。一般热风干燥多在常压下进行。在真实干燥的环境中，由于气相处于低压，其热容量很少，不可能直接以空气为热源，而必须采用其他的热源。

2. 接触干燥

此法是间接靠间壁的导热将热量传给与壁面接触的物料。热源可以是水蒸气、热水、燃气、热空气等。接触干燥可以在常压或真空下进行。

3. 辐射干燥

与接触干燥一样，辐射干燥也可在常压或真空下进行。辐射干燥也是果蔬工业上的一种重要干燥方法。

4. 冷冻干燥

此法是利用果蔬中水分预先冻结成冰，然后在极低的压力下，使之直接升华而转为气相达到干燥之目的。

（三）干燥设备及其应用

目前国内外人工干燥设备，其形状大小、热作用方式、载热体的种类等各有不同，其中决定干燥设备的结构特征和操作原理的最主要的因素是烘干时的热作用方式，根据上面果蔬干燥方法的分类，将干燥设备分述如下几类。

1. 空气对流干燥机

主要包括：柜（箱）式干燥机、隧道干燥机、流化床干燥机、喷雾干燥设备。空气对流干燥通常称为直接加热干燥，是一种最常见的干燥方法。任何一种空气对流干燥设备中都包含有某种形式的绝热腔、绝热腔空气循环装置及循环空气加热装置。此外，设备中还包括各种果蔬承托件和干燥果蔬收集装置，有些还备有空气干燥器以降低循环空气的湿度。空气的循环流动通常是由风扇、吹风机和折流板控制的。空气的体积和流速直接影响干燥速度，同时循环空气在直接加热式干燥机中，干燥介质直接接触被干燥物料，并且把热量通过对流方式传递给物料，干燥所产生的水蒸气则由干燥介质带走。

2. 接触干燥

主要包括：滚筒式干燥机（膜干燥机，圆筒干燥机）、带式干制机。干燥所需要的热，并不直接来自热风，而是通过加热夹层、搅拌桨、导管等的传导传热供给，将湿物料与加热表面直接接触时水分自然蒸发。在传导加热体系中，蒸发潜热由热传导提供给湿物料。

3. 辐射干燥

远红外辐射元件加上定向辐射等装置称作远红外辐射器。它是将电能或热能转变成远红外辐射能，以高效地加热干燥物品。其结构主要由发热元件（电热丝或热辐射本体）、热辐射体、保温紧固件或反射装置等部分组成。随其供热方式与加热要求的不同而有多种形式结构的器件。

4. 冷冻干燥

冷冻干燥又称真空冷冻干燥、冷冻升华干燥、分子干燥等。它是指用人工制冷的方法视果蔬种类的不同将其冻结到 $-30 \sim -15$ ℃ 或更低的温度要求后，使水分变成固态冰，然后在较高的真空度下，将冰直接转化为蒸汽而除去，物料即被干燥。冷冻干燥早期用于生物的脱水，第二次世界大战后才开始用于果蔬工业，但一直未被广泛应用。其原因是由于过程强度低、费用大。目前主要用于生物制药工业和食品工业。在食品工业上，常用于肉类、水产类、蔬菜类、蛋类、速溶咖啡、速溶茶、水果粉、香料、酱油等的干燥。国外在深入研究过程机理的基础上，建立了工业规模的冷冻干燥设备，并已用于生产。

七、干花制作流程

1. 悬置干花

●选择盛开完整健康的鲜花，把叶子都摘掉，只留下花朵在茎的顶端。

●分类，同类型或大小的放成一堆。像玫瑰这样较大的花，一定不能混在花堆里。

●将同一类花扎束，用线或丝带在茎部下端缠绕数次，扎紧系结，要保证倒挂时不会有花枝掉下。

• 倒挂花束，可以用钩子钩住缠绕花束的线（带子），总之要确保无明显的角度倾斜，因为花瓣会朝重力的方向下垂，因而干燥后会形成奇特的形状。

• 等待 2~4 周，如果期间有花枝掉落，再重新扎紧。平时不要碰它们，风干后定型。

2. 用硼砂和玉米粉混合物做干花

• 准备材料：可以密封的容器、硼砂、玉米粉（或沙子）和选好的鲜花。

• 将硼砂和玉米粉混合装入容器，硼砂功能是干燥花朵，玉米粉则是撑托着花朵的形状，防止干瘪。保证混合物充足能覆盖所有花朵。

• 把花放入容器，置于混合物之上，然后用勺子将混合物慢慢覆盖花朵。沙子里可以加一些草，使花瓣能处于自然状态，避免扭曲。最后要将花朵彻底掩埋在混合物中，盖上盒盖。

• 达到花瓣中的水分和空气湿度的标准时可及时取出。

3. 用二氧化硅干燥

• 在盒子里铺上一层二氧化硅（干燥剂）颗粒，最好深度能埋下花。

• 把花埋进硅胶中（可用勺子帮忙），花瓣大的花朵最终效果更好，确保花枝的每一部分都隐藏在硅胶粒中。

• 达到标准后小心地取出花朵，清除掉黏附的硅胶粒。

• 硅胶粒 200 ℃干燥，可重复使用。

4. 压花

• 挑选花朵，小的较扁平的花朵最适宜，茎部也不能太粗太圆，花朵不能太有立体感，常用的有三色紫罗兰和紫丁香等。

• 将花朵置于干燥的纸上，选用的底纸最好是遮光的，如报纸、卡纸、餐巾纸等。摆出你喜欢的造型，摆好后放上另一张纸压住。

• 将大且重的物品压在夹好花的纸上，比如字典、百科全书、重重的盒子或木头等。

• 1~3 周压花就完成了。在第一周之后，用新的干净的纸替换一下原来的纸夹，然后重新放回重物。

• 移走重物，装裱或做成书签。

5. 微波炉干燥

• 准备鲜花，同样还是小的、扁平的花朵或叶子。

• 把花置于纸巾上，没有固定的排列，只要不彼此重叠就行。如果花多的话，分几次进行。

• 将花放入微波炉中加热，开到中火或高火加热 1 min。如果仍未干燥，则替换用过的纸巾，再次加热。

• 从微波炉中取出，并移出纸巾，待其冷却（至少 10 min）后可用于装饰。

6. 烤箱干燥

• 准备鲜花，火力较大，所以大一点的花和粗一点茎的花枝比较适合，如菊花、百日菊等。剪出适当大小的铁丝网或细网格，将花枝从网孔中穿过，花朵在铁丝网上，茎部悬于下方。放入烤箱，开到100℃。不太高的温度能逐渐干燥花枝，所以此过程需持续几个小时，具体时间依花朵的特质而定。

● 取出花朵，彻底干燥后放置冷却，晾至室温时即可。

八、园艺产品干制品贮藏及品质评价

（一）各类干制品贮藏所需达到的水分要求

干燥果蔬的耐藏性主要取决于干燥后它的水分活度（A_w）或水分含量，只有将果蔬物料水分降低到一定程度，才能抑制微生物的生长发育，酶的活动、氧化和非酶褐变，保持其优良品质。各种果蔬的成分和性质不同，对干制程度的要求也不一样。

1. 干制蔬菜

干制蔬菜，如洋葱、豌豆和青豆等，最终残留水分为5%~10%，如马铃薯为7%、胡萝卜为5%~8%，相当于$A_w = 0.10 \sim 0.35$，这种干制品只有在贮藏过程吸湿才造成变质，采用合适包装一般有较长的贮藏稳定性。蔬菜原料通常携带较多的微生物，尤其是芽孢细菌，因此干燥前的预处理（清洗、消毒或热烫漂）是保证制品符合微生物指标的重要环节，有效的预处理可杀灭99.9%的微生物。

2. 干制水果

多数干制水果$A_w = 0.60 \sim 0.65$。在不损害干制品品质的前提下含水量越小，保存性越好。干果果肉较厚、韧，可溶性固形物含量多，干燥后含水量较干蔬菜高，通常达14%~24%。为了加强保藏性，要掌握好预处理条件。碱液去皮或浸洗可减少水果表面微生物量；对于许多水果，熏硫却显得更重要。不经硫化处理的水果，如梅干、葡萄干，若不降低水分活度或采用其他防腐措施（如添加山梨酸等），则会引起干制品的腐败变质。

3. 中湿果蔬

有部分果蔬其水分含量达40%以上，却也能在常温下有较长的保藏期，这就是中湿果蔬。

中湿果蔬，也称半干半湿果蔬。中湿果蔬的水分比新鲜果蔬原料（果蔬肉类等）低，又比常规干燥产品水分高，按质量计一般为15%~50%。多数中湿果蔬$A_w = 0.60 \sim 0.90$。多数细菌在$A_w = 0.90$以下不能生长繁殖，但霉菌在$A_w = 0.80$以上仍能生长，个别霉菌、酵母要在$A_w < 0.65$时才被抑制。可见中湿果蔬仍难以达到常温保藏的目的。若将其脱水降低水分活度以达到常规保藏要求的水分，则会影响到制品的品质。这类"半干半湿"果蔬之所以有较好的保藏性，除了水分活性控制外，尚需结合其他的抑制微生物生长的方法。

中湿果蔬的保藏加工方法有：用脱水干燥方式去除水分，提高可溶性固形物的浓度以束缚住残留水分，降低水分活度；靠热处理或化学作用抑制杀灭微生物及酶，如添加山梨酸钾（用量0.06%~0.3%质量分数）一类的防霉剂；添加可溶性固形物（多糖类、盐、多元醇等）以降低果蔬水分活度；添加抗氧化剂、整合剂、乳化剂或稳定剂等添加剂增加制品的贮藏稳定性；强化某些营养物质以提高制品的营养功能。

由于中湿果蔬较多地保留果蔬中的营养成分（无须强力干燥），又能在常温下有较好的保藏性，包装简便，食用前不用复水，生产成本较低，成为颇有发展前途的产品。

（二）干制果蔬的品质评价

评价干制品品质的指标主要有物理指标和化学指标。物理指标主要包括形状、质地、色泽、密度、复水性和速溶性。化学指标主要是指各种营养成分。在考虑果蔬的风味问题时，对黏性、弹性、硬度等舌感、齿感、吞咽感等都不容忽视。如新鲜的芹菜在齿咬方面本应具有酥脆的风味感，但其在冷冻干燥后会丧失此特性，复水后的芹菜，质地松软、咬劲较差。下面分析干制品的几种主要品质特性。

1. 干制品的复原性和复水性

块片及颗粒状的蔬菜类干制品一般都在复水（重新吸回水分）后才食用。干制品复水后恢复原来新鲜状态的程度是衡量干制品品质的重要指标。干制品的复原性就是干制品重新吸收水分后在质量、大小和形状、质地、颜色、风味、成分、结构以及其他可见因素等各个方面恢复原来新鲜状态的程度。在这些衡量品质的因素中，有些可用数量来衡量，而另一些只能用定性方法来表示。复水时间、复水率、持水能力是衡量干产品复水能力的指标。持水能力实际上就是干产品复水后的水分含有率。其测定程序为：称取一定质量的干产品→加水→复水→取出→滤干→除去表面水→称重。

复水能力的高低是脱水果蔬重要的品质指标。干燥温度高、高温下预煮时间长都将降低干产品的复水能力。与传统的脱水果蔬相比，冻干果蔬复水快、持水力强。

复水性就是新鲜果蔬干制后能重新吸回水分的程度，常用干制品吸水增重的程度来衡量，这在一定程度上也是干制过程中某些品质变化的反映。为此，干制品复水性也成为干制过程中控制干制品品质的重要指标。

干制品的复水并不是干燥历程的简单反复。这是因为干燥过程中所发生的某些变化并非可逆，如胡萝卜干制时的温度采用93 ℃，则它的复水速度和最高复水量就会下降，而且高温下干燥时间越长，复水性就越差。

复水率（R）是复水后沥干重（mF）和干制品试样重（mG）的比值。复水时干制品常会有一部分糖分和可溶性物质流失而失重，他的流失重虽然并不少，一般都不再予以考虑，否则就需要进行广泛的试验和仔细地进行复杂的质量平衡计算，$R=mF/mG$。

复重系数（K）就是复水后制品的沥干量（mF）和同样干制品试样量在干制前的相应原料重（m）之比。

冻干果蔬的复水能力与复水温度有关。不同的冻干果蔬的复水能力与温度的关系不同。用蒸馏水分别于26 ℃和98 ℃下使冻干蘑菇复水，结果在26 ℃时，蘑菇快速达到复水极限；而98 ℃时其复水速率较低。

2. 干制果蔬的速溶性

评价干燥后粉末类果蔬的一个重要指标是速溶性，特别是固体饮料。这类果蔬主要包括各类果蔬粉、各类保健固体饮品等。评价速溶性主要有两个方面：一方面是粉末在水中形成均匀分散相的时间，另一方面是粉末在水中形成分散相的量。

影响粉末类干制品速溶性的主要因素有粉末的成分、结构。可溶性成分含量大，粉末细的易溶；结构疏松、多孔，则易溶。浸提次数对产品溶解性的影响也很大，很明显第一次浸提产品的溶解性好，10 ℃冷却的在 30 s 之内立即全部溶解，25 ℃冷却的也能在 60 s 之内全部溶解；而第二次浸提产品的溶解性差，25 ℃冷却的 5 min 之后仍有部分不溶物，10 ℃冷却的也还有少量不溶物。

第五节 园艺产品腌制

腌制保藏是普遍的蔬菜保藏的传统方法，用该法制成的加工品称为腌制品、腌渍品或渍制品，也称为酱腌菜。它是酱菜、咸菜、糖醋菜、泡菜及酸菜的统称。酱腌菜的制法简单，成本低。产品易保存，风味多样，咸酸甜辣，应有尽有，深受消费者欢迎。根据各地的制作习惯，形成了许多颇具特色的产品，如四川的榨菜和泡菜、北京的冬菜和酸菜、浙江绍兴的霉干菜、江苏扬州的酱菜等。

现代科学研究证实，腌制品具有增进食欲、帮助消化、调整肠胃功能等作用，这对产品的开发具有非常重要的意义。

一、腌制机理

蔬菜腌制的原理主要是利用食盐的保藏作用、微生物的发酵作用、蛋白质的分解作用、辅料的辅助作用以及其他一系列的生物化学作用，抑制有害微生物的活动，改善产品的色、香、味，达到长期保藏的目的。有害微生物在蔬菜上的大量繁殖和酶的作用，是造成蔬菜腐烂变质的主要原因，也是导致蔬菜腌制品品质变坏的重要因素。食盐之所以具有防腐保藏作用，主要是因为它能产生高渗透压，并具有抗氧化性和降低水分活性的作用。

(一) 食盐的高渗透压作用

在蔬菜腌制过程中，一般都要加入一定量的食盐，依靠食盐的渗透作用，把蔬菜组织中的水分脱出，形成卤水，使蔬菜浸泡在卤水中。食盐溶液具有很高的渗透压，1%的食盐溶液能产生 0.061 MPa 压力，腌渍时食盐用量在 4%~15%，能产生 0.244~0.915 MPa，而一般植物组织细胞（包括微生物细胞）所能耐受的渗透压为 0.3~0.6 MPa，当食盐溶液渗透压大于微生物细胞渗透压时，微生物细胞内水分就会外渗而使其脱水，最后导致微生物原生质和细胞壁发生质壁分离，从而使微生物活动受到抑制，甚至会由于生理干燥而死亡。所以，利用食盐溶液的高渗透作用，能起到很好的防腐作用。

但是，不同种类的微生物，具有不同的耐盐能力。表 13-5 是几种微生物在中性溶液中所能耐受的最大食盐浓度，超过此浓度时这些微生物就基本停止活动。

表 13-5　几种微生物能耐受的最大食盐浓度　　　　　　　　　　单位:%

菌种名称	食盐浓度
植物乳杆菌	13
短乳杆菌	8

（续表）

菌种名称	食盐浓度
甘蓝酸化菌	12
丁酸菌	8
大肠杆菌	6
肉毒杆菌	6
普通变形杆菌	10
（能产乳酸的）霉菌	20
霉菌	20
酵母菌	25

从表13-5可以看出，霉菌和酵母菌对食盐的耐受力比细菌大得多，而酵母菌的抗盐性最强。例如，大肠杆菌和变形杆菌（致腐败细菌）在6%~10%的食盐溶液中就可以受到抑制，而霉菌和酵母菌则要在20%~25%的食盐溶液中才能受到抑制。这种耐受力都是指当溶液呈中性时的最大耐受力。但是，如果溶液呈酸性或pH值小于7时，表13-5中所列的微生物对食盐浓度的耐受力就会降低。蔬菜腌制时，卤水的pH值均小于7，尤其是发酵性腌制品的卤水，pH值更低。pH值越低即介质越酸，其耐受力越低。如酵母菌在溶液pH值为7时，对食盐的最大耐受浓度为25%，但当溶液的pH值降为2.5时，对食盐的最大耐受浓度只有14%。

（二）食盐的抗氧化作用

食盐对防止食品的氧化也具有一定的作用。这是因为：第一，蔬菜所处的食盐溶液比水中的氧气含量低，这就使蔬菜处在氧气浓度较低的环境中；第二，通过食盐的渗透作用还可排除蔬菜组织中的氧气，从而减轻氧化作用，抑制好氧性微生物活动，降低微生物的破坏作用；第三，食盐溶液还能钝化酶的催化作用，尤其是氧化酶类，其活性随食盐浓度的提高而下降，从而减少或防止氧化作用的发生。

（三）食盐降低水分活性的作用

食盐有降低水分活性的作用。食盐溶解于水后就会电离，并在每一离子的周围聚集着一群水分子，水化离子周围的水分聚集量占总水分量的百分率随着食盐浓度的提高而增加。相应地，溶液中的自由水分就减少，其水分活性就会下降。微生物在饱和食盐溶液中不能生长，一般认为这是由于微生物得不到自由水分的缘故。简而言之，就是食盐降低了水分活度，使微生物得不到生长发育所需要的自由水分，因此，抑制了微生物引起的腐败。

（四）食盐中离子的毒害作用

食盐分子溶于水后会发生电离，并以离子状态存在。在食盐溶液中，除了有 Cl^-、

Na^+以外，还有 K^+、Ca^{2+}、Mg^{2+}等一些离子。低浓度的这些离子对微生物的生活是必需的，它们是微生物所需营养的一部分；但当这些离子达到一定高的浓度时，它们就会对微生物产生生理毒害作用，使微生物的生命活动受到抑制，从而抑制微生物引起的败坏。

（五）食盐对酶活力的抑制作用

微生物的各种生命活动的实质都是在酶的作用下的生化反应，酶的活性决定了生化反应的方向和速度。但酶的作用要依赖于其特有的构型，而这种构型的存在又与水分状况、溶液中离子的存在及离子的带电性等因素直接相关。微生物在各种生命活动中分泌的酶的活性会因食盐的存在而使其活性降低。因为食盐溶液中的 Na^+ 和 Cl^- 可以与酶蛋白中的肽键结合，从而破坏酶分子特定的空间构型，使其催化活性降低，导致微生物的生命活动受到抑制。

总之，食盐的防腐作用随着食盐浓度的提高而加强。一般而言，在蔬菜腌制品中食盐浓度达到 10% 左右就比较安全，如果浓度增加，虽然防腐作用增强，但也延缓了有关的生物化学的变化，如含盐量超过 12%，不但使成品咸味太重、风味不佳，也会使制品的后熟期相应地延长。因此，在蔬菜腌制过程中的用盐量必须很好地控制，不能仅仅依靠高浓度的食盐来防腐，而要结合装紧压实、隔绝空气、保证原料卫生等措施来防止微生物引起的败坏，以生产出品质良好的蔬菜腌制品。

二、蔬菜腌制品的分类

我国蔬菜腌制品有近千个品种，它们所采用的蔬菜原料、辅料、工艺条件及操作方法完全不同或不完全相同，从而生产出形态和风味各不相同的产品。因此，分类方法也千差万别，在此仅介绍根据产品在生产过程中是否有显著的发酵过程，而将酱腌菜分为非发酵性酱腌菜和发酵性酱腌菜两大类，然后再根据产品和工艺的特点将每一大类划分成若干小类。

（一）非发酵性腌制品

1. 非发酵性腌制品的种类

该类腌制品的特点是腌制时所用食盐浓度较大，腌制过程中的发酵作用不显著，产品的含酸量很低，但含盐量较高，通常感觉不出产品有酸味。这类产品又可分成以下几个小类。

（1）腌咸菜类 是将蔬菜经过盐腌后而制成的制品。根据制品状态不同可分为：湿态，即腌制成后，菜坯与菜卤分开，如腌白菜、腌雪里蕻等；半干态，即腌制成后，菜与菜卤分开，如榨菜等；干态，即腌制成后，再经不同方法干燥的，如霉干菜等。

（2）酱渍菜类 这类产品的特点是，先将原料用食盐腌制成半成品，再将半成品进行酱渍处理，使产品具有浓郁的酱香味。如咸味的普通酱菜和甜味的甜酱黄瓜等。

（3）醋渍品类 产品一般是先用少量食盐腌制原料，再用食醋进行浸渍或调味而成，如糖醋蒜等。

（4）糟、糠渍品 一般是将原料用盐腌制后，再用酒糟、米糠等进行处理，使产品具有糟、糠的特有风味。如糟萝卜等。

（5）菜酱类　菜酱是以蔬菜为原料经过预处理后，再拌和调味料、辛香料制作而成的糊状蔬菜制品。

2. 腌制过程中化学物质的变化

蛋白质的分解作用供腌制用的蔬菜除含糖分外，还含有一定量的蛋白质和氨基酸。不同蔬菜所含蛋白质及氨基酸的总量和种类不同。在腌制和后熟期中，蔬菜所含的蛋白质受微生物的作用和蔬菜本身所含的蛋白质水解酶的作用，而逐渐被分解为氨基酸。这一变化在蔬菜腌制过程和后熟期中是十分重要的，它是腌制品色、香、味的主要来源，但其变化是缓慢而复杂的。蛋白质水解过程的化学反应式可以概括如下。

$$\text{蛋白质} \rightarrow \text{多肽} \rightarrow R \cdot CH(NH_2)COOH（氨基酸）$$

蛋白质水解生成的某些氨基酸本身就具有一定的鲜味和甜味，如果氨基酸进一步与其他化合物起作用，就可以形成更为复杂的产物。蔬菜腌制品的色、香、味的形成都与氨基酸有关，现分别论述如下。

（1）鲜味的形成　尽管由蛋白质水解所生成的某些氨基酸具有一定的鲜味，但是，蔬菜腌制品的鲜味来源，主要是由谷氨酸与食盐作用生成的谷氨酸钠。其化学反应式如下。

$$HOOCCH_2CH_2CH(NH_2)COOH（谷氨酸）+NaCl \rightarrow NaOOCCH_2CH_2CH(NH_2)COOH（谷氨酸钠）+HCl$$

蔬菜腌制品中不只含有谷氨酸，还含有其他多种氨基酸。这些氨基酸均可生成相应的盐类。因此，腌制品的鲜味远远超过了谷氨酸钠单纯的鲜味，这是多种呈味物质综合的结果。此外，某些氨基酸（如氨基丙酸）水解生成的微量乳酸，也是腌制品鲜味的来源。

（2）香气的形成　蔬菜腌制品香气的形成是比较复杂而缓慢的生物化学过程。主要有以下几方面。

a. 蔬菜原料中的有机酸或发酵过程中产生的有机酸与发酵中形成的醇类发生酯化反应，能产生乳酸乙酯、醋酸乙酯、氨基丙酸乙酯、琥珀酸乙酯等不同的芳香物质。反应式如下。

$$CH_3CHOHCOOH（乳酸）+CH_3CH_2OH（乙醇）\rightarrow CH_3CHOHCOOCH_2CH_3（乳酸乙酯）+H_2O$$

$$CH_3CH(NH_2)COOH（氨基丙酸）+CH_3CH_2OH \rightarrow CH_3CH(NH_2)COOCH_2CH_3（氨基丙酸乙酯）+H_2O$$

b. 氨基酸与戊糖的还原产物4-羟基戊烯醛作用，生成含有氨基类的烯醛类香味物质。其反应式如下。

$$C_5H_{10}O_5（戊糖）\rightarrow CH_3COHCHCH_2CHO（4-羟基戊烯醛）+H_2O+O_2$$

c. 芥子苷类香气。十字花科蔬菜常含有芥子苷，尤其是芥菜类含黑芥子苷较多，使其具有苦味。当芥菜在腌制时，经过搓揉或挤压使细胞破裂，黑芥子苷在黑芥子苷酶的作用下分解，产生一种芳香而又带刺激性气味的黑芥子油，同时芥菜的苦味消失。其反应式如下。

$$C_5H_{10}O_5（戊糖）\rightarrow CH_3COHCHCH_2CHO（4-羟基戊烯醛）+H_2O+O_2$$

$$CH_3COHCHCH_2CHO+RCH（NH_2）C\rightarrow \begin{array}{c} H_3C \\ \diagup \\ C \\ \diagdown \\ OHCCH_2CH \end{array} OOC—CH（NH_2）—R+H_2O$$

（4-羟基戊烯醛） 氨基类的烯醛

d. 其他香味物质。乳酸发酵中产生的乳酸和其他酸类（如琥珀酸、柠檬酸），在微生物的作用下生成具芳香气味的丁二酮。反应式如下。

$$C_6H_{12}O_6\rightarrow CH_3COCOOH（丙酮酸）$$

$$C_6H_8O_7（柠檬酸）\rightarrow CH_3COCOOH（丙酮酸）$$

$$CH_3COCOOH（丙酮酸）\rightarrow CH_3COCOCH_3（丁二酮）$$

此外，在腌制过程中加入的花椒、辣椒末及其他各种香料，进一步增加了这类腌制品的香气。所以，腌制品的香气就显得比较复杂而多样。

（3）色素的形成 蔬菜腌制品在其发酵后熟期中，由蛋白质水解所生成的酪氨酸在微生物或原料组织中所含酪氨酸酶的作用下，经过一系列的氧化作用，最后生成一种深黄褐色或黑褐色的黑色素（又称黑蛋白），其化学反应式如下。

$$HOC_6H_4CH_2CH(NH_2)COOH(酪氨酸)\rightarrow [(C-OH)_3C_5H_3NH_2]_n(黑色素)+H_2O$$

在此反应中，氧的来源主要依靠戊糖还原为丙二醛时所放出的氧。所以，蔬菜腌制品装坛后虽然装得十分紧实缺少氧气，但腌制品的色泽依然可以由于氧化而逐渐变黑。当然，促使酪氨酸氧化为黑色素的变化是极为缓慢而复杂的过程。

另一种色素形成的重要途径是氨基酸与还原糖引起的非酶褐变形成的黑色物质。由非酶褐变形成的这种黑色物质不但色黑而且还有香气。一般来说，腌制品装坛后的后熟时间越长，温度越高，则黑色素的形成越多越快。所以，保存时间长的咸菜（如霉干菜、冬菜）比刚腌制成的咸菜的颜色更深、香气更浓。如四川南充的冬菜装坛后还要经过3年的日晒才算完全成熟，其成熟的标准就是冬菜已变得乌黑而有光泽，香气浓郁而醇正，味鲜而回甜，组织坚实而嫩脆。

蔬菜原料中所含的叶绿素在腌制过程中也会逐渐失去其鲜绿的色泽，特别是在酸性介质中叶绿素最容易变成黄褐色。咸菜类装坛后在其发酵后熟的过程中，叶绿素消褪后也会逐渐变成黄褐色或黑褐色。

（二）发酵性腌制品

蔬菜腌制过程中，微生物引起的正常发酵作用，能抑制有害微生物的活动而起到防腐作用，还能使制品产生酸味和香气。发酵作用以乳酸发酵为主，辅以轻度的酒精发酵和醋酸发酵，相应地生成乳酸、酒精和醋酸。

（1）乳酸发酵 乳酸发酵是蔬菜腌制过程中最主要的发酵方式，任何蔬菜腌制品在腌制过程中都存在乳酸发酵，只不过有强弱之分。乳酸菌广泛分布于空气中、蔬菜的表面上、加工用水中以及容器和用具等物的表面。从应用方面讲，凡是能产生乳酸的微生物都可称为乳酸菌，其种类甚多，有球菌、杆菌等，属兼性厌氧性的居多，一般生长的最适温度为26~30 ℃。

在蔬菜腌制过程中主要的微生物有乳酸片球菌、植物乳杆菌、黄瓜酸化菌等，还有酵母菌等。这类乳酸菌能将单糖和双糖发酵生成乳酸而不产生气体，称为同型乳酸发酵或正型乳酸发酵，这类发酵过程的总反应式如下。

$$C_6H_{12}O_6 \xrightarrow{\text{同型乳酸发酵}} 2CH_3 \cdot CHOH \cdot COOH （乳酸）$$

在蔬菜腌制过程中除了上述的乳酸菌外，尚有其他各种乳酸菌和非乳酸菌也在进行活动，同样能将糖类发酵产生乳酸，所不同的是，还会产生其他产物及气体，这类微生物称为异型乳酸菌，如肠膜明串珠菌等，其发酵方式称为异型乳酸发酵。

$$C_6H_{12}O_6 \xrightarrow{\text{异型乳酸发酵}} CH_3 \cdot CHOH \cdot COOH （乳酸）+C_2H_5OH （酒精）+CO_2 \uparrow$$

又如，短乳杆菌将单糖发酵产生乳酸外，还生成醋酸及 CO_2 等。

在蔬菜腌制前期，微生物的种类繁多，加之腌制环境中的空气较多，酸度较低，故前期以异型乳酸发酵占优势，但异型乳酸发酵菌一般不耐酸，到发酵的中后期，由于酸度的增加，异型乳酸发酵基本停止，而以同型乳酸发酵为主。

影响乳酸发酵的因素比较多，在生产实践中，应当根据具体情况控制发酵进程。影响乳酸发酵的主要因素如下。

a. 食盐浓度。试验证明，腌制时盐液浓度较低时，乳酸发酵启动早、进行快，发酵结束也早；随着盐液浓度的增加，发酵启动时间拉长，且发酵延续时间较长。在 3%~5% 的盐液中，发酵产酸最为迅速，乳酸生成量亦多；食盐浓度 10% 以上时，乳酸发酵作用大为减弱，生成的乳酸也少；食盐浓度在 15% 以上时，乳酸发酵作用几乎停止。

在实际生产中，由于低盐度的腌菜能迅速而较多地产生乳酸，并兼有少量的醋酸、乙醇、CO_2 等物质生成，而这些产物都具有一定的抑菌防腐能力，因而使腌制品对有害菌的抗侵染能力也有所增强。此外，酸度的提高还可降低微生物的耐盐能力，如酵母菌在 pH 值为 7 的环境中，抑制其活动需要高达 25% 的食盐；但当 pH 值为 2.5 时，只需 14% 的食盐就可以了。生产中，对发酵性腌制品，其用盐量一般控制在 5%~10%，有时可低到 3%~5%；而对于弱发酵的腌制品，其用盐量一般在 15% 以上，有时用盐量达到 25% 以上。在这样高浓度的盐溶液中，乳酸菌的活动受到抑制，乳酸发酵基本停止。

b. 环境温度。各种微生物活动都有其适宜的温度范围。乳酸菌生长的适温为 20~30℃。在这个温度范围内，腌制品发酵快，成熟早；低于适宜温度时，则需要较长的发酵时间。例如，在制作酸白菜时，温度不同，产酸量不一样，乳酸发酵的启动和进行情况也不一样。在 10℃ 的温度下，乳酸发酵启动慢、发酵时间长、产酸量低（仅为 0.5% 左右）；但在 20℃ 时，乳酸发酵启动快，产酸量高（可达 1.5% 左右），制作出的产品质量稳定，色泽、风味较好。

c. 发酵液的酸碱性。不同微生物所适应的最低 pH 值是不同的，腐败菌、丁酸菌和大肠杆菌的耐酸能力均较差，而乳酸菌的耐酸能力较强，在 pH 值 =3 的环境中仍可发育，至于抗酸力强的霉菌和酵母菌，因为它们都是好气微生物，只有在空气充足条件下才能发育，在缺氧条件下则难以繁殖。部分微生物发育的最低 pH 值见表 13-6。

表 13-6　部分微生物发育的最低 pH 值

菌株	最低 pH 值	菌株	最低 pH 值
腐败菌	4.4~5.0	丁酸菌	4.5
酵母菌	2.5~3.0	大肠杆菌	5.2~5.5
霉菌	1.2~3.0	乳酸菌	3.0~4.0

不同的乳酸菌株的耐酸能力各不相同。在腌制过程中，耐酸能力不同的乳酸菌接力发酵，使腌菜的发酵得以顺利完成。在腌制初期，由产酸不多、繁殖快而不耐酸的肠膜明串珠菌或粪链球菌占优势，当含酸量达到 0.7%~1.0% 时，它们就灭亡了，由植物乳杆菌或耐酸的片球菌继续发酵，当含酸量达到 1.3% 左右时，植物乳杆菌也受到抑制，则让位于短乳杆菌和戊糖醋酸乳杆菌，它们能耐受含酸量高达 2.4%，使酸菜发酵完成。

腌制过程中乳酸的产量及乳酸与醋酸之比例是影响渍物品质的重要因素。腌制液的酸度主要由乳酸形成。在腌制期间，乳酸生成较多且快，而醋酸生成较少，并始终维持在一定水平。随着发酵的继续进行，总酸量也不断增加，但这种增加几乎全来自于乳酸的增加，同时乳酸与醋酸的比值也不断增大。一般认为，含酸量在 0.5%~0.8%，乳酸与醋酸之比为 (4~10)∶1 时，腌菜的质量较好；酸度过低或过高，乳酸与醋酸的比值过小或过大，渍物风味都将受到影响。

d. 空气含量。空气与微生物的生长有着密切关系。在腌制初期，由于蔬菜和腌制环境中存在有一定量的空气，这时附着在菜株、空气及水中的好气微生物可以进行活动，随着蔬菜细胞和细菌自身的呼吸，很快就造成腌制环境中的缺氧状态，好气性微生物随之灭亡，而乳酸菌群繁殖旺盛。

腌制发酵的最初 30 h 内，好气性细菌开始繁殖，它们都是革兰氏阴性菌。当腌制缸中空气逐渐消失时，它们也随之消失，于是产酸的乳酸菌开始繁殖并产酸。如果腌制过程中容器密封不好，会造成酵母菌繁殖，则使酸度迅速下降。霉菌、丁酸菌、酵母菌等有害菌都属于好气性的，而乳酸菌通常为嫌气性的。所以，在腌制时，如能尽量减少空气，造成缺氧环境，就有利于乳酸发酵，防止渍物败坏，并还可减少维生素 C 的损失。因而，腌菜时要将蔬菜压实，并立即加入充足的盐水将菜体全部淹没，不留空隙，并迅速密闭。

e. 营养条件。在蔬菜腌制过程中，乳酸菌的繁殖和乳酸发酵，都需要有一定的物质基础即营养条件。一般而言，用于腌制的蔬菜营养丰富，菜汁渗透出来所提供的营养条件为乳酸菌的活动提供了物质基础。所以，腌制时一般不用再补充养分，但对那些含糖量不足的蔬菜，如能适量加入一些葡萄糖或不断补充一些含糖量高的新鲜蔬菜，则可以促进发酵作用的顺利进行。

(2) 乙醇发酵　在蔬菜腌制过程中也存在着轻微的乙醇发酵，乙醇含量可达 0.5%~0.7%，对乳酸发酵并无影响。乙醇发酵是由于酵母菌将蔬菜中的糖分解生成乙醇和 CO_2，其化学反应式如下。

$$C_6H_{12}O_6 \rightarrow 2CH_3CH_2OH\ （乙醇）+2CO_2\uparrow$$

酒精发酵除生成乙醇外，还能生成异丁醇和戊醇等高级醇。另外，腌制初期发生的异型乳酸发酵中也能形成部分乙醇。蔬菜在被卤水淹没时所引起的无氧呼吸也可产生微量的乙醇。在酒精发酵过程中和其他作用中生成的乙醇及高级醇，对于腌制在后熟期中品质的改善及芳香物质的形成起到重要作用。

（3）醋酸发酵　在蔬菜腌制过程中也有微量的醋酸形成。醋酸的主要来源是由醋酸菌氧化乙醇而生成，这一作用称为醋酸发酵，其化学反应式如下。

$$2CH_3CH_2OH+O_2 \rightarrow 2CH_3COOH\ （醋酸）+2H_2O$$

除醋酸菌外，某些细菌的活动，如大肠杆菌、戊糖醋酸杆菌等，也能将糖转化为醋酸和乳酸等。

$$2C_6H_{12}O_6 \rightarrow CH_3CHOHCOOH\ （乳酸）+CH_3COOH\ （醋酸）+COOHCH_2CH_2COOH\ （琥珀酸）$$

$$C_5H_{10}O_5\ （戊糖）\rightarrow CH_3CHOHCOOH\ （乳酸）+CH_3COOH\ （醋酸）$$

极少量的醋酸不但无损于腌制品的品质，反而对品质有利。只有在醋酸含量过多时才会影响成品的品质。醋酸菌仅在有空气存在的条件下才可能使乙醇氧化变成醋酸。因此，腌制品要及时装坛封口，隔离空气，以避免醋酸的产生。

总之，在蔬菜腌制过程中微生物的发酵作用，主要是乳酸发酵，其次是乙醇发酵，醋酸发酵非常轻微。在制造泡菜和酸菜时，需要利用乳酸发酵。但在制造咸菜及酱菜时则必须控制乳酸发酵，勿使乳酸超过一定的限度，否则咸菜、酱菜制品就会变酸，这就是产品败坏的象征。所以，要很好地掌握用盐量，控制和调节发酵过程。

该类产品的特点是在腌制时用盐量较少或不用盐，腌制过程中有比较旺盛的乳酸发酵现象，同时还伴随有微弱的乙醇发酵与醋酸发酵，利用发酵所产生的乳酸与加入的食盐、香料、调味料等的防腐能力使产品得以保藏，并增进其风味。产品一般都具有明显的酸味。其代表种类主要有：酸菜和泡菜。干盐腌制法腌制过程中不用加水，而是将粉末状的食盐与蔬菜均匀混合，利用腌出的蔬菜汁液直接发酵而成产品，如西欧的酸菜、中国的酸白菜等；盐水腌制法将蔬菜放入预先调制好的盐水中进行发酵，如泡菜、酸黄瓜等。

三、腌制品应注意的问题

（一）蔬菜腌制品的保绿与保脆

保持蔬菜腌制品的绿色和脆的质地，是提高制品品质的重要问题。

蔬菜的绿色是由于存在的叶绿素所表现。发酵性的腌制品，因在腌制过程中产生乳酸等，使叶绿素变成脱镁叶绿素，而使其绿色无法保存。在腌制非发酵性的腌制品时，为保持其原有的绿色，可在腌制前先将原料经沸水烫漂，以钝化叶绿素酶，防止叶绿素被酶催化而变成脱叶醇叶绿素（绿色褪去），可暂时保持绿色。若在烫漂液中加入微量的 Na_2CO_3 或 $NaHCO_3$，可使叶绿素变成叶绿素钠盐，也可使制品保持一定的绿色。其实，采用一般的方法，很难持久地保持蔬菜腌制品的绿色，也不必强调产品的绿色，因为，不同的腌制品本来就有不同的颜色。

质地松脆是蔬菜腌制品的主要指标之一，腌制过程如处理不当，就会使腌菜变软。蔬菜的脆性主要与鲜嫩细胞的膨压和细胞壁的原果胶变化有密切关系。当蔬菜失水萎蔫致使细胞膨压降低时，则脆性减弱，但在一定的盐液中进行腌制时，由于盐液与细胞液间的渗透平衡，能够恢复和保持腌菜细胞的膨压，不致造成脆性的显著下降。蔬菜软化的另一个主要原因是果胶物质的水解，保持原果胶一定的含量是保持蔬菜脆性的物质基础。如果原果胶受到酶的作用而水解为水溶性果胶，或由水溶性果胶进一步水解为果胶酸和甲醇等产物时，就会使细胞彼此分离，使蔬菜组织硬脆度下降，组织变软，易于腐烂，严重影响腌制品的质量。引起果胶水解的原因：一方面是由于过熟以及受损伤的蔬菜，其原果胶被蔬菜本身含有的酶水解，使蔬菜在腌制前就已变软；另一方面，在腌制过程中一些有害微生物的活动所分泌的果胶酶类将原果胶逐步水解。根据上述原因，腌制品保脆的方法：一是选择成熟适度的蔬菜为原料；二是尽量使原料不受损伤；三是原料腌制前进行适度脱水；四是在腌制前将原料放入国家食品添加剂使用卫生标准允许的保脆剂溶液中进行短时间浸泡。需要注意的是，保脆剂用量过大时，产品会显得坚硬。

　　传统的蔬菜腌制品在整个加工过程中都没有进行杀菌处理，所以自然带菌率相当高，种类也很复杂，仅仅依靠食盐的高渗透压作用和厌氧环境来抑制有害微生物，以保存腌制品。而腌制品的色、香、味和组织脆性等无不与微生物的发酵作用和蛋白质的分解作用有关。因此，必须善于掌握其中各个因素之间的相互关系，创造适宜的厌氧环境，如将原料装满、压紧等，才能获得品质优良的蔬菜腌制品。近年来，蔬菜腌制业的发展很快，主要原因是生产中运用了真空包装技术和现代杀菌技术，使产品能够长期保藏。

（二）蔬菜腌制与亚硝酸盐

　　新鲜蔬菜由于在土壤中吸收了氮肥或氮素，积累了无毒的硝酸盐，一般蔬菜中硝酸盐的含量规律是：叶菜类大于根菜类，根菜类大于果菜类。当新鲜的蔬菜在鲜度下降、腐烂或腌制过程时，其中的硝酸盐很容易被酶或微生物还原成亚硝酸盐，成为合成致癌性很强的亚硝基化合物的关键性前身物质。

　　新鲜蔬菜的亚硝酸盐含量在 0.7 mg/kg，而腌制菜的亚硝酸盐含量可升至 13~75 mg/kg。国家标准中规定无公害蔬菜中的亚硝酸盐含量应小于等于 4 mg/kg。

　　一般来说，蔬菜刚腌的时候亚硝酸盐的含量会不断增长，达到一个高峰之后就会下降。这个峰称为亚硝峰。有的蔬菜出现一个峰，也有的出现三次高峰。一般来说，腌菜之后一周左右的亚硝酸盐含量最高，而到 20 d 之后就逐渐下降，直至最后基本消失，这个时候再吃，就比较安全了。

　　防止酱腌菜中产生过量亚硝酸盐的主要措施有以下几个：一是选用新鲜蔬菜，去掉腐烂变质的蔬菜，减少腐败菌和原料中亚硝胺的带入；二是在制作酱腌菜时接种乳酸菌，如加入老泡菜水，使之形成优势菌种，抑制腐败菌生长；三是腌制时在每 1 kg 蔬菜中加入 400 mg 的维生素 C，以减少甚至完全阻断亚硝胺的产生；四是腌制前期在腌制液中加入适量的柠檬酸或乳酸以调节酸度，控制不耐酸的腐败菌的活动；五是在腌制前期按每 1 kg 蔬菜加入最多 50 mg 的苯甲酸钠或者山梨酸钾，以抑制腐败菌的活动；六是在腌制过程中要注意容器的卫生，防止腐败菌的污染，要用干净的酱缸、菜坛、菜池来制作酱腌泡菜；七是在制作酱腌泡菜时，容器内应当装满、压实，以隔绝氧气，防止霉菌的繁殖和活动；八是要及时更换坛沿水，保证坛沿水的卫生，防止坛沿水中的脏物被吸入坛内，通常在坛沿水中加入20%的食盐，防止腐败菌在坛沿水中繁殖。同时要随时掺足坛沿水，防止氧气的进入；九是将腌制蔬菜在食用前利用阳光暴晒，然后再烹调食用。因为亚硝胺对阳光中的紫外线特别敏感，在紫外线的照射下会破坏。按照这些方法生产的酱腌菜，其亚硝胺是不会超标的，食用这种酱腌菜是安全的。此外，多吃新鲜果蔬，以增加维生素 C 的摄入，可清除体内的亚硝胺。

四、盐渍菜类加工工艺技术

盐渍菜又叫作咸菜，它是酱腌菜产品中量最大的一类，它不仅可以作为成品直接销售，而且还可以作为酱渍菜和其他渍菜的半成品。所以，其品质的好坏，直接影响到其他渍制品的质量。

（一）工艺流程

原料选择→原料处理→盐渍→倒菜→渍制→（半）成品→脱盐→脱水→配料拌匀→装罐（袋）→封口→杀菌→冷却→检验→贴标签→装箱→成品→出厂。

（二）操作要点

1. 盐渍

盐渍一般都采用压腌法，即把蔬菜洗净后，按蔬菜与食盐一定比例，顺序排放在容器内，排列方式为一层菜一层盐，食盐用量下少上多。也可把食盐与蔬菜拌匀后进行腌制。一般容器中部以下用盐 40%，中部以上用盐 60%，顶部封盖一层盖面盐。在蔬菜上面压盖后再放上重石，利用食盐的渗透作用使菜汁外渗，菜汁逐渐把菜体浸没，食盐渗入菜体内，达到渍制、保藏的目的。用盐量根据蔬菜品种而定，一般来说，随产随销的盐渍菜每 100 kg 用盐 6~8 kg，需长期贮存的盐渍菜每 100 kg 用盐 16~18 kg。

2. 倒菜

盐渍菜在盐渍过程中应当进行倒菜，使食盐均匀地接触菜体，使上下菜渍制均匀，并尽快散发腌制过程中产生的不良气味，增加渍制品的风味，缩短渍制时间。

3. 渍制

此阶段为静止渍制阶段，实际上是渍制品的后熟期和半成品的保藏期。食盐进一步渗入菜体，蔬菜通过微生物的作用产生各种特殊的风味物质。渍制到一定的时间后，蔬菜的风味就已基本定型，大头菜、榨菜等腌渍菜的生产，这一阶段是最重要的。在这一过程中，要采取各种方法使菜体与空气隔绝，以防止蔬菜的腐败变质。待蔬菜渍制成熟后，就可以作为产品出售，也可以继续密封保藏，供加工即食方便咸菜的原料使用。

4. 脱盐、脱水

按照传统制作方法，盐渍菜的加工工艺就此结束。这种菜可以直接用于销售。但是，由于以这种形式销售的产品未经过任何杀菌处理，产品在运输和销售过程中的腐败现象严重，因此，销售规模的发展受到极大的制约。现代蔬菜加工企业常将这种腌渍蔬菜的半成品进行再加工，先将其脱盐、脱水，然后再进行包装和杀菌处理，生产成瓶装或袋装的即食产品，以防止微生物的侵染，减少由腐败引起的损失。脱盐的一般方法是，将半成品按照加工的要求切分成一定的形状，用清水漂洗至蔬菜呈微咸的口感，然后再将蔬菜进行压榨或离心脱水，根据产品标准对水分的要求来确定压榨或离心的时间。

5. 配料、拌匀

经过脱盐和脱水的蔬菜半成品，风味很淡，必须经过配料才能食用。配料的成分一般为食用油、味精、食盐、辣椒、胡椒、柠檬酸等。具体配料的种类及用量可根据各地的口感而定。为了确保产品不腐败变质，可根据国家食品添加剂使用标准的规定加入适量的防腐剂。值得注意的是，所有配料一定要均匀地混入到蔬菜中，以使产品的口感一致。可以先将水溶性的物质用少量凉开水溶解后与蔬菜混合均匀，然后再把油溶性的物质溶解到食用油当中，最后再把二者混合拌匀。

6. 装罐（袋）、封口、杀菌冷却等后续工序

咸菜的包装材料主要有玻璃瓶和薄膜蒸煮袋。玻璃瓶和薄膜蒸煮袋都要能够满足杀菌对温度的要求。装罐（袋）时要根据产品规格的大小进行定量，然后用真空封口机进行密封封口。再根据产品的 pH 值的高低，按照罐头杀菌原理选择杀菌温度和时间进行杀菌，杀菌后迅速冷却和吹干，然后检验、贴标和装箱。这部分工艺完全是罐头的制作工艺，咸菜制成这种形式的产品后就可以长期保藏。

（三）几种特殊盐渍菜的加工技术

1. 四川榨菜

（1）原料的选择　主要原料：茎用芥菜（青菜头）为加工榨菜的主要原料。一般以质地细嫩紧密、纤维质少、菜头突出部浅小、呈圆形或椭圆形的菜头为好。

辅料：食盐、辣椒面、花椒、混合香料面（如八角 55%、山奈 10%、甘草 5%、沙头 4%、肉桂 8%、白胡椒 3%、干姜 15%）。

（2）工艺流程　青菜头→脱水→腌制发酵→修剪→淘洗→配料、装坛→存放后熟→（半）成品。

（3）操作要点

a. 脱水。多采用风脱水方法，主要操作如下。

搭架：架地选择河谷或山脊，风力好、地势平坦宽敞的碛坝，务必使菜架全部能受到风力吹透。架子一般用桩木、绳、藤、竹等材料搭成。

晾晒：晾晒又称为风脱水。晾晒前，先去掉菜头上的叶片及基部的老梗，再将菜头对切（大者可一切为四）。切分时应注意大小均匀，老嫩兼备，青白齐全。用竹丝穿串，将菜头的白面向上，两头回穿后搭在架上，每串 4~5 kg。晾晒时要使菜块易干不易腐，受风均匀，尽可能保持本色。一般风脱水 7~10 d，用手捏感其周身柔软无硬心，晒 100 kg 干菜块所需鲜菜头质量因其收获期而不同，如表 13-7 所示。

表 13-7　晒 100 kg 干菜块所需鲜菜头的质量

项目	头期菜	中期菜	尾期菜
需鲜菜头质量/kg	280	320	340～350
下架率/%	40～45	34～38	36～38

晒干后的菜块要求无腐烂现象，无黑麻斑点。将菜块进行整理后再进行腌制发酵。

b. 腌制发酵。晒干后的菜块下架后应立即进行腌制。在生产上一般分为 3 个步骤，其用盐量多少是决定品质的关键。一般 100 kg 干菜块用盐 13～16 kg。

第一次腌制：100 kg 干菜块可用盐 3.5～4.0 kg，以一层菜一层盐的顺序下池（下层宜少用盐），用人工或机械将菜压紧，经过 2～3 d，起出上囤，去掉明水（实际上是利用盐水边淘洗，边起池，边上囤），第一次腌制后称为半熟菜块。

第二次腌制：将池内的盐水引入贮盐水池，按 100 kg 半熟菜块加 7～8 kg 盐的比例，一层菜一层盐放入池内，用机械或人工压紧，经 7～14 d 腌制后，淘洗、上囤。上囤 24 h 后，称为毛熟菜块。第三次加盐在装坛时进行。

c. 修剪整形。将沥干盐水的毛熟菜块用剪刀或小刀除去老皮、虚边，抽去硬筋，刮掉黑斑烂点，并加以整形，做到无粗筋、老皮，大小基本一致。并按照销售要求分成若干等级，分别进行生产，作为不同等级商品出售。

d 淘洗。利用贮盐水池里的盐水，将修剪整形分级过的毛熟菜块进行淘洗，以除去泥沙污物，达到清洁卫生的目的。淘洗后，再次上囤 24 h。由于榨菜的最终脱水是采用上榨的方法进行的，因此而取名"榨菜"。

e. 拌料。按洗净榨干的毛熟菜块 100 kg，用食盐 5～6 kg、红辣面 1.5%～20%、花椒 0.03%、混合香料面 0.10%～0.12% 混合均匀，再与毛熟菜块拌匀，即可装坛。

f. 装坛、密封、后熟。盛装榨菜的坛子必须两面上釉，无砂眼。坛子应先检查不漏气，再用沸水消毒、抹干。将已拌匀的毛熟菜块装入坛内，要层层压紧。一般装坛时地面要先挖有装坛窝，形状似坛的下半部，并稍微大一点，深约坛的 3/4。放入空坛时，四周围要先放入稻草，将坛放平放稳，以使装坛时不摇晃。装入菜时，用擂棒等木制工具压紧。一坛菜分 3～5 次装菜压紧，以排除空气。装至坛颈为止。撒上红盐层，每坛 0.1～0.15 kg（红盐：100 kg 盐中加入红辣椒面 2.5 kg 混合而成）。在红盐上交错盖上 2～3 层玉米皮，再用干萝卜叶覆盖，扎紧封严坛口，即可存放后熟，该过程一般需 2 个月左右。

在存入后熟过程中，要检查坛口 1～2 次，观察菜块是否下沉、发霉、变酸。若有这些情况应及时进行清理排除。在存放后熟期间，坛内会产生翻水现象，待夏天后翻水停止，表示已后熟，即可用水泥封口，以便起坛、运输、销售。这种产品，还可以作为再加工成方便榨菜的半成品，即将后熟的产品按照各地的消费习惯，调制成不同风味的产品，然后装罐、密封、杀菌、冷却、检验、贴标和装箱。

2. 广州霉干菜

选择晴天收获叶用芥菜，就地削根摊晒，第二天中午逐棵翻身再晒。一般晒 2 d，晒到菜梗柔软、折不断时，将每棵菜切成相连的两片，并在菜的基部纵切几刀，然后再晒约一天半。大约每100 kg鲜菜质量降到50 kg时进行腌制。每100 kg半干菜用盐16~17 kg。装缸时，缸底先撒一层盐。缸底一层菜的剖面朝上，逐棵以菜的基部压住另一棵菜的叶白，并以盐量的2/3撒在基部及划破的裂缝处，1/3的盐撒在叶片上。一层一层地装入腌缸，每加一层菜使用圆木棒轻轻揉压，使食盐迅速溶化，菜体湿润出水。最后一层菜的剖面朝下。将预留的封缸盐加上，用石块压实。每缸可装菜约300 kg。第二天再进行揉压，使卤水漫过菜体10 cm左右，再压上更重的石块。腌制4 d后倒缸一次，原菜原卤翻入另一空缸，并再加以揉压，等卤水漫过菜面约20 cm时，用石块压实再腌2 d。将菜捞起放在竹筛上，沥去汁水，逐棵摊晒在菜架上，使剖面向上，晚间收入室内，回潮2 d，再晒1 d即成。这种产品也可作为继续加工的原料，采用罐头制作原理制成耐保藏的袋装产品以便于长期运输和销售。

五、酱菜类加工工艺技术

酱菜的种类很多、口味不一，但其基本制造过程和操作方法大同小异。一般酱菜都要先经过盐腌，制成半成品，然后，用清水脱去一部分盐，再用酱或酱油腌制。若盐腌后就进行酱制可减少用盐量。也有少数的蔬菜，可以不经盐腌而直接制成酱菜。现将酱菜的几种制作方法简介如下。

(一) 传统酱渍工艺

1. 工艺流程

原料选择→原料处理→盐腌→切分→脱盐→脱水→酱制→成品。

2. 操作要点

(1) 切制加工 蔬菜腌成半成品（咸坯）后，有些咸坯需要切分成各种形状，如片、条、丝状等。

(2) 脱盐 有的半成品盐分很高，不容易吸收酱液，同时还带有苦味。因此，首先要放在清水中浸泡。浸泡时间要看腌制品盐分多少来定。一般浸泡1~3 d，也有泡半天即可的。夏天可以少泡些时间，0.5~1 d；冬天可以多泡些时间，2~3 d即可。为了使半成品全部接触清水，浸泡时每天要换水1~3次。

(3) 压榨脱水 浸泡脱盐后，将菜坯捞出，沥去水分。为了利于酱制，保证酱汁浓度，必须进行压榨脱水，除去咸坯中的一部分水。压榨脱水的方法有3种：一种是把菜坯放在袋或筐内用重石或杠杆进行压榨；另一种是把菜坯放在箱内用压榨机压榨脱水；还有一种是利用离心机脱水。无论采用哪种脱水方法，咸坯脱水都不要太多。咸坯的含水量一般为50%~60%。水分过少，酱渍时菜坯膨胀过程较长或根本膨胀不起来，会造成酱渍菜外观不饱满。

(4) 酱制 酱制即把脱盐后的菜坯放在酱或酱油内进行浸渍。酱制时间，不同种类蔬菜有所不同。酱制完成后，要求菜的内外全部变成酱黄色，口味完全像酱或酱油一样鲜美。

酱制时，将上述经脱盐和脱水的咸坯装入空缸内酱制。体形较大或韧性较强的可直接放入酱中。有些个头小的或质地脆的易折断的蔬菜，如姜芽、草石蚕、八宝菜等，若直接装入缸内，则会与酱混合，不易取出。因此，要把这些蔬菜装入布袋或丝袋内，用细麻线扎住袋口，再放入酱缸中进行酱制。

在酱制期间，白天每隔 2~4 h 须搅拌一次，搅拌可以使缸内的菜均匀地吸收酱液。搅拌时用酱耙在酱缸内上下搅动，使缸内的菜（或袋）随着酱耙上下更替旋转，把缸底的翻到上面，把上面的翻到缸底。直到缸面上的一层酱油由深褐色变成浅褐色，就算完成第一次搅拌。经 2~4 h，缸面上一层又变成深褐色，即可进行第二次搅拌。如此类推，直到酱制完成。一般酱菜酱制两次，第一次用使用过的酱，第二次用新酱。第二次用过的酱还可压制次等酱油，剩下的酱渣作饲料。酱制后的产品可以直接销售，但由于这种产品没有经过杀菌处理，其货架期有限，因此难以实现规模化销售和生产。现在，一般把经过酱渍的酱菜用玻璃瓶或蒸煮袋包装，然后按照罐头杀菌方法进行杀菌等处理后再进行销售。

（二）酱汁酱菜工艺

1. 工艺流程

咸菜坯→切分→水浸脱盐→脱水→酱汁→渍制→成品→制酱→压榨→酱汁。

2. 操作要点

切分、脱盐和脱水同前文。

（1）浸出天然酱汁　用酿造好的天然酱 100 kg，经压榨后，提取头淋酱汁 50 kg 左右，依次用淋酱渣加 13% 盐水，榨压出二淋和三淋酱汁。头淋酱汁在此工艺中做高酱菜，二淋酱汁做中酱菜，三淋酱汁用作淋头酱渣。

（2）酱渍　将脱盐脱水后的坯菜放入酱汁中浸泡。浸泡时间根据蔬菜种类及气温来掌握。一般酱渍 6~10 d（酱黑菜、酱什锦菜、碎菜坯用 6~7 d。酱萝卜等大块菜坯 10 d）。以酱菜里外颜色均成棕褐色为度。

同样，现代加工企业一般把酱渍后的酱菜再通过包装和杀菌处理，制成瓶装或袋装产品进行销售。

3. 酱汁酱菜工艺的优点

一是在保证产品质量的前提下可节省原酱用量的 2/3（原 1 kg 天然酱可腌制 1 kg 酱小菜，采用此法仅用 350 g 酱即可）。

二是周期短、成熟快。传统酱渍工艺生产周期大约要 20 d，采用此法仅需 5~7 d，比传统方法缩短 15 d 左右。

三是产品质量稳定，出品率高。由于酱的质量便于掌握管理，因此酱菜的质量也便于掌握，酱菜不像过去因每缸天然酱的质量不同而造成酱菜的质量不稳定，克服了干面、滑皮、发酵等现象。

四是改善了生产条件，降低了劳动强度。由于酱汁是液状，可用水泵循环来代替过去倒缸环节。

（三）真空渗酱酱菜工艺

这是我国近年发展的又一新的酱菜工艺。

1. 工艺流程

甜面酱→加水加温→搅拌、装袋→榨取酱汁。

咸坯→切分→排水脱卤→真空渗酱→灌装→真空封口→杀菌→冷却→检验→贴标签→装箱→成品。

2. 操作要点

（1）榨取酱汁 面酱呈糊状，黏度较大，取汁时加入12.5%的80℃热水，搅拌、装袋，压榨挤酱，取出酱汁。100 kg面酱取出酱汁50~60 kg，可溶性固形物浓度20%以上，酱汁使用次数以还原糖降至10%时停止使用。

（2）排水脱卤 把咸菜坯放入水缸内用清水浸泡，以排水脱卤，利于菜坯吸收新的酱液，起到改善酱菜风味的作用。排水脱卤后，菜坯紧密，呈半透明状态，加工处理时不易折断，菜坯脱卤50%~55%为宜。

（3）真空渗酱 把经过脱卤的菜坯和榨取的酱汁装入抽空锅内，加盖密封。在抽空泵和抽空锅之间安装气液分离器。抽空锅上安装真空表。放气阀、抽空泵、抽空锅、气液分离器之间用管道连接。在0.09 MPa的真空度及菜温38~40℃条件下进行渗酱，48 h即成酱菜。该工艺具有许多优点，不仅保持了酱菜的风味，减轻了劳动强度，而且节约了资金，降低了成本，改善了加工过程中的卫生条件，大大缩短了生产周期。

（4）灌装、真空封口、杀菌、冷却、检验、贴标签、装箱等 按照传统的销售方式，酱菜通过真空渗酱后便可以直接销售。但是，现代加工企业一般将酱菜采用瓶装或蒸煮袋包装，然后进行杀菌处理，以延长产品的保藏期。这种包装方式、大大延长了产品的货架期，增加了食用的方便性，扩大了产品的销售规模，使生产实现了规模化。这一工艺环节及其原理与罐头的生产工艺相同。

（四）泡菜、酸菜类加工工艺技术

泡菜和酸菜是将各种鲜嫩的蔬菜用食盐溶液或清水腌泡而制成的一类带酸味的腌制品。其含盐量一般不超过2%~4%。现将泡菜和酸菜的加工方法分述如下。

1. 泡菜

（1）工艺流程 原料选择→预泡→入坛发酵→（半）成品。

配制泡菜水

（2）操作要点

a. 根据原料的耐贮性选料制作泡菜的原料。可分为三类：可泡一年以上的原料，如子姜、大蒜、苦瓜、洋姜等；可泡3~6个月的原料，如白萝卜、胡萝卜、青菜头、四季豆、辣椒等；随泡随吃的原料，如黄瓜、莴笋、甘蓝等。绿叶菜类中的菠菜、苋菜、小白菜等，由于叶片薄、质地柔嫩、易软化，一般不适宜用作泡菜的原料。要求根据泡制时间的长短选择原料，原料要新鲜。

b. 预泡（出坯）。即将原料用20%~25%的食盐溶液预泡一定时间后，再取出沥干明水，加入泡菜液进行泡制。预泡时间因原料而异，一般而言，辛香类蔬菜如蒜等可预泡7~14 d，根菜类蔬菜可预泡1~2 d，叶菜类预泡1~12 h。

原料进行出坯有三大好处：一是减弱原料的辛辣、苦等不良风味；二是不改变老泡菜水的食盐浓度，从而可抑制大肠杆菌等杂菌或劣等乳酸菌的活动；三是杀死蔬菜细胞，增强组织透性，以使糖分快速渗出，提早和加速发酵。

c. 泡菜水的配制。井水和泉水是含矿物质较多的硬水，可保持泡菜成品的脆度，适合配制泡菜盐水。经处理后的软水则不宜用来配制泡菜盐水。

有报道认为，为了增强泡菜的脆性，可在配制泡菜盐水时酌加少量的钙盐如氯化钙，用量为 0.05%，碳酸钙、氯化钙、乳酸钙等对于增加脆度也有作用。如果用生石灰，可将生石灰配制成 0.2%~0.3% 的溶液。先将原料经短时间浸泡，取出用清水清洗后再用盐水泡制，亦可有效地增加其脆性。但是，在生产实践中，要使用任何添加剂，都必须严格遵守国家有关食品添加剂使用的最新标准规定。否则，添加剂就会超范围或超限量。

泡菜水的含盐量以 6%~8% 为宜。为了增强泡菜的品质，可以在盐水中按比例加入 2.5% 的白酒、2.5% 的黄酒、1% 的甜醪糟、2% 的红糖、3% 的干红辣椒。亦可加入各种香料，即每 100 kg 盐水中加入草果 0.05 kg、八角茴香 0.10 kg、花椒 0.05 kg、胡椒 0.08 kg、陈皮少量。此外，各种香辛蔬菜的种子如芹菜、芫荽等亦可酌量加入，各种香料最好碾成细粉用布包裹，置于坛内一同浸泡。泡制白色蔬菜如子姜、白萝卜、大蒜头等时，则不可加入红糖及有色香料，以免影响泡菜的色泽。

d. 入坛（发酵）泡制。泡菜坛子使用前要洗涤干净、沥干。将准备就绪的蔬菜原料装入坛内。装至半坛时可将香料包放入，再装原料至距坛口 7 cm 左右时为止，并用竹片等将原料卡住或压住，以免原料浮于盐水之上。随即注入所配制的泡菜盐水，务必使盐水能将蔬菜浸没。将坛口用小碟盖上后即将坛盖覆盖，并在水槽中加入清水。如此便形成了水封口，于阴凉处任其自然发酵。1~2 d 后，由于食盐的渗透压作用，坛内原料的体积缩小，盐水下落，此时宜再适当添加原料和盐水，务必使液面至离坛口 4 cm 左右时为止。顶隙过大，残留在坛内的空气多，液面可能会生膜、发臭。

e. 泡菜的成熟期限。泡菜的成熟期随所泡蔬菜的种类及当时的气温而异。一般新配的盐水在夏天泡制时间需 5~7 d 即可成熟，冬天则需 12~16 d 才可成熟。叶菜类如甘蓝用时较短，根菜类及茎菜类则用时较长一些。

传统的泡菜一般随泡随吃。泡菜取食后，新添原料再泡时除应按比例（占原料的 5%~6%）适当补充食盐外，其他的如白酒、黄酒、醪糟及红糖等也应适当添加。如果直接利用陈泡菜水泡制，其成熟期可以大为缩短。因为陈泡菜水中不仅含有较多的乳酸且含有大量的乳酸菌群以及各种芳香酯类。原料入坛后很快就可进行乳酸发酵，因而其成熟期自然加快，制品风味也特别醇厚香脆、咸酸可口。陈泡菜水使用的次数越多，所泡制的泡菜品质就越好。民间使用陈泡菜水达数十年之久。

f. 灌装、真空封口、杀菌、冷却等后续工序。与酱菜一样，传统泡菜常常是随泡随吃，自给自足。但是，现代加工企业一般将泡菜采用瓶装或蒸煮袋包装，然后进行杀菌处理，以延长产品的保藏期。泡菜的酸度高，其 pH 值均低于 4.5，因此，可采用巴氏杀菌，即将包装后的泡菜在 85~100 ℃ 的温水中杀菌 5~10 min，然后冷却、吹干就成方便的即食产品。

（3）泡制期的管理

a. 及时向水槽中添加干净的水。发酵初期，坛内会有大量的气体经水槽逸出，坛内逐渐形成无氧状态。这种环境有利于同型乳酸菌的活动。如果坛内形成了一定的真空度，水槽的封口会更加严密。有时，因气温降低，坛内气体收缩而形成一定的负压，水槽内的水就会被吸入坛内，如果坛槽水不卫生，就会影响制品的品质。因此，必须设法避免这种后果。每次揭盖取菜时也要避免水槽中的水进入坛内。为了安全起见，可以在水槽内加入食盐使其浓度达到15%~20%。这样做，一方面水槽内的水不易败坏，另一方面水槽中水就是侵入坛内也不致影响泡菜坛的风味。必要时也要更换水槽的水，以保持水槽的清洁卫生。如果水槽中的水少了，就必须及时添满。

b. 经常检查蔬菜的发酵情况。泡菜成熟后最好及时取食或包装杀菌。所以家庭中随泡随吃最为合适。如果泡菜量很大，一时又消费不完，则宜适当增加食盐、装满，严密水封口，不再揭盖取食，以长期保存。但若贮存的时间太久，泡菜的酸度不断增加，组织会逐渐变软，影响泡菜的品质。因此，凡是质地紧密耐久存的才适宜长期保存。所以，大量生产的单位，每一坛内，最好只泡同一种原料，才好安排是否长期保存或短期保存。民间或家庭用泡菜常常是将多种蔬菜原料泡在一个坛内，又由于经常揭盖取食或未及时加入新鲜蔬菜补充，坛内留有较大的空隙，空气也随之而入。因此，在泡菜盐水表面常常长有一层白膜状的微生物（称为酒花酵母菌）。这种微生物抗盐性和抗酸性均较强，属于好气性菌类，它可以分解乳酸，降低泡菜的酸度，使泡菜组织软化，甚至还会导致其他腐败性微生物的滋生，使泡菜品质变劣。补救的最好办法是加入新鲜蔬菜装满，使坛内及早形成无氧状态。如果加入大蒜、洋葱之类的蔬菜，密封后，蒜类的杀菌作用可杀死酒花菌。如果将红皮萝卜加入泡菜坛内，红色花青素亦有显著的杀菌作用。坛内菌膜太多时，可先用小笊篱将菌膜捞去，再加入酒精或高浓度的白酒，并加盖、密封，以抑制其继续为害。

此外，在泡制和取食过程中，切忌带入油脂类物质，因油脂相对密度轻，浮于盐水表面，易被腐败性微生物所分解而使泡菜变臭。

2. 酸白菜

选包心结实、菜叶白嫩的大白菜，切去菜根与老叶，纵切，使之每块小于1 kg。洗净后，用手捏住叶梢，把菜梗先伸进锅内沸水中，再徐徐把叶鞘全部放入锅内烫漂2 min左右。当菜柔软透明、菜梗变成乳白色时，迅速捞入冷水中冷却。然后，菜梗朝里，菜叶朝外，层层交叉放入缸内，用石块压实，加进清洁的冷水，使水漫过菜体10 cm左右。自然发酵20 d后，口味微酸，质脆，即成酸白菜半成品。

以上是熟渍酸白菜的制作过程，生渍酸白菜不需烫漂。但在洗涤后，应将大白菜置阳光下晒2~3 h，其间翻菜一次，其他操作与上述熟渍酸白菜相同。酸白菜的半成品一般用密封法保藏，即将酸白菜密封在池内或缸内。为了减少酸白菜在流通期间的腐烂损失，扩大酸白菜的销售空间，把企业的品牌做好，现代蔬菜加工企业常常将酸白菜在进入市场前用聚乙烯塑料蒸煮袋进行真空密封包装，再采用巴氏杀菌处理。这种经过包装的产品，不易腐败，货架期长。

（五）糖醋菜的加工工艺技术

糖醋菜是将选用的蔬菜原料用稀食盐溶液或清水腌制，使之进行一定程度的乳酸发酵，以排除原料中的不良风味（辛辣味），并增强蔬菜组织的透性，然后再用糖醋液浸渍调味而成蔬菜加工品。糖醋菜一般含醋酸1%以上，含糖量适度，并含有一定量的食用香料。采用不同原料加工糖醋菜的工艺大同小异，现举例分述如下。

1. 糖醋蒜

（1）工艺流程

原料→整理→清洗→沥干→阴干→封缸贮存→糖醋卤浸渍 $\xrightarrow{\text{食盐、糖、食醋等}}$ 压缸→装坛→封口→成品。

（2）操作要点

a. 原料。要求大蒜头圆正，鳞茎表皮为乳白色，蒜瓣肥厚、鲜嫩、肉质白而干净。成熟度八至九成。大蒜成熟度低，蒜瓣小，水分大；成熟度高，蒜皮呈紫红色，辛辣味太浓，质地较硬，都影响产品质量。一般在小满前后一周内（即在拔蒜薹后 13 d 左右）采收为宜。蒜头直径在 3.5 cm 以上。

b. 整理。先将蒜的外皮剥开 2~3 层，与根须扭在一起，然后与蒜根一起用刀削去，要求削三刀，使鳞茎盘呈倒三棱锥状（即所谓留尖）。蒜的假茎留 1 cm 左右，要求不露蒜瓣，不散瓣。在此操作过程中，也要挑除带伤、过小等不合格的蒜头。

c. 清洗。将整理好的蒜头放入陶质大缸内，用自来水浸泡，每缸 200 kg 左右。以水充满，放在阳光可以直射到的地方，经过 1 d 的阳光照射，温度提高，能使蒜产生轻微发酵，有利于去除辛辣味、黏液，除去蒜臭和蒜头夹带的泥、沙等杂物。在大蒜的收获季节（5 月下旬至 6 月上旬期间），一般的浸洗原则是"三水倒两遍"，即将整理好的大蒜头放入缸内，加水浸没，第二天早上捞出蒜头，倒缸，放掉脏水，重换自来水，继续浸泡一天，第三天重复第二天的操作，第四天早上就可捞出，可基本达到浸洗效果。

d. 阴干。将大蒜捞出，摊放于大棚下等阳光不能直射到的竹帘上，沥干水分，自然阴干。一般 2~3 d 就可。为加快阴干速度，可进行 1~2 次翻动。

阴干程度：外皮有韧性；蒜假茎部位用力捏，有少许泡沫出现；底部鳞茎盘部位，用指甲掐，无浸水现象，且有弹性。否则，在贮存过程中蒜瓣变黄，时间长就可能出现软烂现象。

在阴雨天，因空气湿度高，蒜头不易晾干，晾晒时间长，蒜头易变质。因此，在阴雨天宜将沥干水分后的蒜头直接加入糖醋卤中浸渍。

e. 贮存。将干燥的大缸放于空气流通的阴凉处，地面上铺少许干燥细沙，盛满晾好的大蒜头，在缸沿上涂上一层封口灰，用另一个同样规格的缸，口对口地倒扣在上面。在合口处外面，用麻刀灰密封；防止大缸受到日晒和雨淋。该法能将蒜头贮存 0.5~1 年，保鲜效果较好，可满足糖醋蒜的四季生产和供应。

封口灰的调制：用熟石灰灰膏加适量剁好的棉麻捣拌混合。一般加少许水，黏稠程度以刚好能成型、放在灰板上不流散为宜。

f. 糖醋卤的配制。食醋的质量要求：食醋呈琥珀色或红棕色，具有食醋特有香气，无其他不良气味；酸味柔和，稍有甜感，无涩味和其他异味；澄清，浓度适当；无悬浮物和沉淀物，无霉花浮膜等杂物。

调制方法：用凉开水将食醋浓度调节到 2.6%，放入容器内；将食盐、食糖、糖精等各以少许醋液溶解，再加入容器内，轻轻搅动，使之混合均匀。

g. 糖醋卤浸渍。将配制好的糖醋卤注入盛蒜的大缸内浸渍，由于此时卤汁尚没有浸入蒜体组织内，相对密度较卤汁小，呈悬浮态，有部分蒜头浮在液面以上。若蒜头长时间不能浸到卤汁，易变黏，因此要求每天压缸一次，直到蒜头都沉到液面以下为止，大约要 15 d，以后每 2~3 d 压缸一次，直到成熟。

h. 装坛、封口。将成品从老卤汁内捞出装坛，以封口灰封口。

2. 糖醋黄瓜

（1）工艺流程　原料选择→盐渍→脱盐→渍制→罐藏。

　　　　　　　　　　　　　　　　　　↑

　　　　　　　　　　　　　糖醋香液的配制

（2）操作要点

a. 原料选择。选择幼嫩短小、肉质坚实的黄瓜，充分洗涤，勿擦伤其外皮。

b. 盐渍。先用相对密度为 1.06 的食盐水等量浸泡于陶质坛内。第二天按照坛内黄瓜和盐水的总质量加入 4% 的食盐，第三天又加入 3% 的食盐，第四天起每天加入 1% 的食盐。逐日加盐直至盐水浓度能保持在相对密度为 1.12 为止。任其进行自然发酵两周。

c. 脱盐。发酵完毕后，取出黄瓜。先将沸水冷却到 80 ℃时，即可用于浸泡黄瓜，其用量与黄瓜的质量相等。维持 65~75 ℃约 15 min，使黄瓜内部绝大部分食盐脱去，取出，再用冷水浸漂 30 min，沥干待用。

d. 糖醋香液的配制。用冰醋酸配制 2.5%~3% 的醋酸溶液 2 000 mL。另取蔗糖400~500 g、丁香 1 g、豆蔻粉 1 g、生姜 4 g、月桂叶 1 g、桂皮 1 g、白胡椒粉 2 g。将各种香料碾细用纱布包裹置于醋酸溶液中加热至 80~82 ℃，维持 1~1.5 h，温度控制在82 ℃以下，以避免醋酸和香料挥发。也可采用回流萃取，1 h 后将香料袋取出随即趁热加入蔗糖，使其充分溶解。待冷却后再过滤一次即成糖醋香液。

e. 渍制。将黄瓜置于糖醋香液中浸泡，约半个月后黄瓜即饱吸糖醋香液，变成甜酸适度、又嫩又脆、清香爽口的糖醋黄瓜。

f. 罐藏。如果进行罐藏，可将糖醋酸液与黄瓜按 40∶60 的比例置于不锈钢锅内加盖加热至 80~90 ℃，维持 3 min，并趁热装罐。罐装时黄瓜不宜装得太紧。然后加注糖醋香液至装满，再加盖密封。趁热装罐者可以不再进行杀菌，也可长期保存。

如果香液中不加糖则称为醋渍制品，产品以酸味为主。这样浸渍的产品就是通常所谓的酸黄瓜。当前酸黄瓜制品有两种：一种就是利用泡菜坛子进行乳酸发酵所制成的乳酸黄瓜；另一种就是利用食醋浸渍而成的醋酸黄瓜。

（六）菜酱类加工工艺技术

菜酱是以蔬菜为原料，经盐渍、磨碎后制成的糊状蔬菜制品，如辣椒糊、韭花酱、番茄酱等品种。菜酱多用于调味或作为生产酱腌菜的辅料。

1. 辣椒糊

（1）工艺流程　原料选择→去蒂、清洗、打浆→入缸（池）保藏→装罐。

（2）操作要点

a. 原料选择。选用色泽鲜红、肉质肥厚、味辣的辣椒，要求无虫蛀、无软腐、无杂质。原辅料配比：鲜红尖椒 100 kg、食盐 25 kg。

b. 去蒂、清洗、打浆。鲜红椒入厂，及时加工，不可堆放数日，以免受热变质。

首先剪去蒂把，用清水洗净，然后用打浆机打浆，边入辣椒边按规定数量加入食盐。要求磨碎磨细。

c. 入缸（池）保藏。椒糊入缸（池）后，要每天打耙2~3次，致使稀稠均匀。过两周后停止打耙，密封，贮存备用。

d. 装罐。将腌制好的辣椒糊装入玻璃瓶进行销售。由于食盐浓度达到20%，一般可以不用杀菌，就可长期保藏。

2. 韭菜花酱

（1）工艺流程 原料选择→清洗、打浆→入缸（池）保藏→装罐。

（2）操作要点

a. 原料选择：采用正在盛开的"纯花"，即不能等形成黑籽后再采收。要求花鲜嫩、无杂草、无泥沙。一般在立秋后收购鲜韭花。原辅料配比：鲜韭菜花100 kg，食盐25 kg，生姜2 kg。

b. 清洗、打浆：鲜韭花入场后，不可堆积太厚，并要及时进行加工。剔除杂草烂叶，用清水洗净，用打浆机打浆。打浆时，边加韭菜花边加食盐和洗净的生姜等辅料。要及时调整机器，使韭花磨细，防止过于粗糙。

c. 入缸（池）保藏：韭花磨细入缸（池）后，要每天打耙2次，以保持其稀稠均匀，2周后可停止打耙，即为成品，封缸（池）贮存。

d. 装罐：将腌制好的韭菜花酱装入玻璃瓶进行销售。由于食盐浓度达到20%，一般可以不用杀菌，就可长期保藏。

六、蔬菜腌制品常见的败坏及控制

（一）败坏原因

1. 生物败坏

酱腌菜败坏的主要原因是有害微生物的生长繁殖，即主要是好气菌和耐盐性菌的作用。同时，空气的存在又促使进一步氧化。因此，不论酱腌菜贮藏期长短，都必须对微生物的活动密切注意。环境中的微生物无孔不入，一有机会就大量繁殖，促使酱腌菜的败坏，造成表面生花、酸败、发酵、软化、腐臭、变色等。

2. 物理败坏

光线和温度的作用是造成物理败坏的主要因素。阳光能促使成品中所含的物质水解，引起变色、变味和维生素的损失。不适宜的温度对酱腌菜的贮藏也是不利的，如贮温过高，可引起各种化学和生物的变化，增加挥发性风味物的损失；如贮温过低，可使蔬菜冻结，质地变软。

3. 化学败坏

各种化学性的变化如氧化、还原、分解、化合等都能使酱腌菜发生不同程度的败坏。蔬菜贮藏期间如与空气接触时间长，就会使酱腌菜变黑；温度过高时又会引起蛋白质的分解。

(二) 控制途径

1. 利用食盐

目前已广泛地利用食盐的高渗透压使微生物达到生理干燥的方法来保藏酱腌菜。一般微生物细胞液的渗透压为 0.35~0.6 MPa，而 1% 的食盐溶液的渗透压为 0.61 MPa。目前，我国的盐渍菜食盐的含量一般为 8% 以上，因此可具有 4.88 MPa 的渗透压，远远超过了一般微生物细胞液的渗透压，从而可防止一部分微生物的侵害。

2. 利用酸

目前，欧美各国和日本等国都在食品中大量添加各种食用酸，且把减盐增酸作为今后酱腌菜发展的方向。酸味料能降低腌渍液的 pH 值，抑制微生物的生长繁殖，对酱腌菜的贮藏极为有利。在腌渍液中添加食醋、冰醋酸及柠檬酸等都能使腌渍液的 pH 值下降，从而达到抑制微生物生长繁殖的目的。

3. 利用微生物

酱腌菜在腌制贮藏过程中都会发生程度不同的有益微生物的发酵作用，尤其是泡菜、酸菜、冬菜等就是利用乳酸菌和酵母菌的发酵作用，产生一定量的乳酸、乙醇和酯类，不仅增进了腌制菜的风味，而且可以抑制有害微生物的生长繁殖，有利于酱腌菜贮存。利用乳酸菌和酵母菌来抑制其他微生物的生长繁殖，是因为这两种菌和其他有害微生物有拮抗关系，即它们的生长代谢可以改变有害微生物的生长环境和干扰其代谢作用。

乳酸虽起杀菌或防腐作用，但抗酸性较强的酒花酵母还能直接分解，作为其生理能源而使泡酸菜类的乳酸含量降低，最后使产品败坏。然而，这类菌均为好气性的，因此，泡酸菜类只要能做到严格隔绝空气，就可长久贮藏不坏。

4. 利用植物抗生素

蔬菜中含有一定的植物抗生素，如葱、蒜中的蒜辣素，姜中的姜酮，绿色菜中的花青素，辣椒中的辣椒素，茴香中的挥发油等都是具杀菌防腐作用的植物抗生素。把这些含有植物抗生素的香辛料或调味品加入酱腌菜中，不仅能增香，而且还能抑制有害微生物的生长繁殖。同时，它们对乳酸菌的生长繁殖几乎没有影响。

5. 利用真空包装和灭菌

真空包装和灭菌是食品防止杂菌污染和长久贮藏的有效方法。目前，随着人们对酱腌菜低盐化的要求，真空包装和灭菌技术的采用变得必不可少。如瓶装或罐装以及复合薄膜袋包装的产品，除高盐和干菜外，一般均需进行杀菌，以防止微生物引起的腐败。为了不影响产品的风味和脆度，一般均采用巴氏杀菌。

6. 利用低温

低温是防止有害微生物生长繁殖，延长食品保藏期的方法之一。酱腌菜的贮藏温度为 0~10 ℃。温度不能低于 0 ℃，温度太低会使产品结冰，从而影响产品质地。

第六节　园艺产品糖制

园艺产品的糖制就是让食糖渗入组织内部，从而降低了水分活度，提高了渗透压，可有效地抑制微生物的生长繁殖，防止腐败变质，达到长期保藏不坏的目的。同时利用食糖这种保藏作用制成的糖制品，具有优良的风味和较高的营养价值，成为人们所喜爱的一类食品。园艺产品经糖制后，因其色、香、味、外观状态和组织都有不同程度的改变，从而大大丰富了食品的种类。糖制对园艺产品原料的要求一般不太严格，几乎所有的水果、蔬菜及花卉都可用来加工，甚至是一些残次果、未熟果等均可以加以利用，是实现综合加工利用的良好途径。糖制品除一般食用外，也是糖果糕点的主要辅料。我国的糖制品在国内外享有很高声誉，如广东的陈皮梅、北京的苹果脯、苏州的金橘饼、福建的嘉应子等，因此，糖制品也是我国具有民族特色的传统食品。

一、糖制机理及糖的性质

（一）糖制机理

1. 糖产生高的渗透压

食糖是食品保藏剂，而非杀菌剂。糖溶液具有一定的渗透压，而且浓度越高，渗透压越大。糖制品的含糖量在 60%～70% 时，按蔗糖计，可产生 4 255 650～4 964 925 Pa 的渗透压。当蔗糖发生转化时，糖溶液中的糖分子数会随之增多，溶液的渗透压也会随之增大。糖制品中糖液的渗透压远远超过微生物的渗透压，这些微生物在高渗透压的糖液中一般不能存活。因为其细胞里的水分会通过细胞膜流向体外，原生质会脱水收缩而出现生理干燥，甚至导致质壁分离。然而，对于个别耐高渗透压的酵母及霉菌，必须把糖液浓度提高到 70% 以上。但蔗糖在 20 ℃时的溶解度仅有 67.1%，制品在贮存过程中还可能发生霉变。因此，在生产实际中，常在干态蜜饯的外表裹一层糖粉，以提高其渗透压，增强保存性。如果糖液中的转化糖与蔗糖等量，当达到饱和时，产品的可溶性固形物可达到 75%，可以安全地贮存。糖制品的含糖量要达到 60%～65%，或者可溶性固形物含量达 68%～75% 时，也就获得了良好的保存性。拟长期保存的果酱类、蜜饯制品以及低糖制品，还可以通过提高酸度或添加防腐剂或用罐藏手段甚至真空包装等措施实现安全存放。

2. 糖降低制品的水分活度

糖能使制品的水分活度下降。随着制品中糖浓度的增加，制品的水分活度在下降。新鲜果蔬的水分活度为 0.98～0.99，正适合微生物的生长繁殖。经糖制之后，制品的水分活度降低，微生物可利用的水分大为减少，抑制了微生物的生长繁殖。干态蜜饯的水分活度为 0.65 以下，几乎阻止了一切微生物的活动。果酱类制品的水分活度为 0.80～0.75，需要有良好的包装配合才能防止耐渗透压的酵母菌和霉菌的侵染。不同糖浓度与水分活度的关系见表 13-8。

表 13-8　不同糖浓度与水分活度的关系（25 ℃）

糖液浓度/%	水分活度	糖液浓度/%	水分活度
8.5	0.995	48.2	0.940
15.4	0.990	58.4	0.900
26.1	0.980	67.2	0.850

3. 糖的抗氧化作用

氧的溶解度随着溶液中糖浓度的增加而下降，20 ℃下60%的蔗糖溶液的氧溶解度仅为纯水的1/6。因此，食糖具有一定的抗氧化作用，这对于糖制品的色泽、风味和维生素等营养成分的保持和阻止需氧菌的生长都起着很重要的作用。

(二) 食糖的种类

1. 白砂糖

白砂糖是加工糖制品的主要用糖。白砂糖的纯度高、色泽淡、风味好、保藏性好，糖制果蔬用量最大。

2. 饴糖

饴糖是用淀粉水解酶水解淀粉生成的麦芽糖和糊精的混合物。其中麦芽糖的含量为53%~60%，糊精为13%~23%，其余为杂质。麦芽糖的含量决定饴糖的甜味，糊精的含量决定饴糖的黏稠度。淀粉水解越彻底，麦芽糖生成量越多，则甜味越浓。当淀粉水解不完全，则糊精偏多，黏稠度大而甜味淡。糖制时加适量饴糖可以有效地防止糖制品发生晶析。

3. 淀粉糖浆

淀粉糖浆又名葡萄糖浆，俗称化学糖稀。淀粉糖浆的品质优于饴糖，其糖度相当于蔗糖的60%，淀粉糖浆是由淀粉经酸水解或酶解而得，主要成分为葡萄糖，也含有部分麦芽糖和糊精，为无色或淡黄色透明浓稠液体，还原糖含量为35%~40%，总固形物不低于80%，糖制时适量加入，可调整糖液中还原糖与蔗糖的比例，以防糖制品晶析。

4. 蜂蜜

蜂蜜的主要成分为葡萄糖和果糖，占66%~77%，还有少量的蔗糖、糊精和蛋白质等营养物质。蜂蜜的品种很多，但以浅白色质量最好。糖制时适量加入，可以增进风味，增加营养，防止结晶。

(三) 食糖的有关性质

与糖制有关系的糖的性质主要有以下几个方面。

1. 糖的甜度

食糖是食品的主要甜味剂，食糖的甜度影响着糖制品的甜度和风味。甜度是以口感来判断，即能感觉到甜味的最低含糖量——"味感阈值"来表示，味感阈值越小，甜度越高。比如果糖的味感阈值为0.25%，蔗糖为0.33%，葡萄糖为0.55%。若以蔗糖的甜度为基础，其他糖的相对甜度顺序：果糖最甜，转化糖次之，而蔗糖甜于葡萄糖、麦芽糖和淀粉糖浆。以蔗糖与转化糖做比较，当糖浓度低于10%时，蔗糖甜于转化糖，高于10%时，转化糖甜于蔗糖。

温度对甜味也有一定影响。以10%的糖液为例，低于50 ℃时，果糖甜于蔗糖，高于50 ℃时，蔗糖甜于果糖。这是因为不同温度下，果糖的异构物间的相对比例不同，温度较低时，较甜的β-异构体比例较大。

葡萄糖有二味，先甜后苦、涩带酸。蔗糖风味纯正，能迅速达到最大甜度。蔗糖与食盐共用时，能降低甜味和咸味，而产生新的特有风味，这也是南方凉果制品的独特风格。在番茄酱的加工中，也往往加入少量的食盐，使制品的总体风味得到改善。

2. 溶解度与晶析

糖的溶解度与晶析对糖制品的保藏性影响很大。当糖制品中液态部分的糖分达到过饱和时即析出结晶，由此降低了液态部分含糖量，也就削弱了产品的保藏性，制品的品质也因此而受到破坏。在蜜饯加工中有些产品为了提高其保藏性，正是利用了糖的晶析这一性质，适当控制过饱和率，给干态蜜饯上糖衣。如冬瓜条、琥珀核桃仁等。

各种糖的溶解度见表13-9。当达到过饱和后便会发生晶析，蔗糖发生晶析时称为"返砂"。糖的溶解度随温度升高而增大。10 ℃时蔗糖的溶解度为65.8%，约等于糖制品所要求的含糖量。因此，糖煮时糖浓度过大，糖煮后贮藏温度低于10 ℃，则会出现晶析而影响品质。由表13-9看出，60 ℃时蔗糖与葡萄糖的溶解度相等。当高于60 ℃时葡萄糖的溶解度高于蔗糖，而低于60 ℃时则蔗糖溶解度高于葡萄糖。果糖的溶解度远大于蔗糖和葡萄糖，高浓度的果糖一般以浆体存在。转化糖的溶解度受本身葡萄糖和果糖含量的制约，故低于果糖而高于葡萄糖，30 ℃以下低于蔗糖，30 ℃以上高于蔗糖。

表13-9　不同温度下食糖的溶解度

种类	不同温度下食糖的溶解度/%									
	0 ℃	10 ℃	20 ℃	30 ℃	40 ℃	50 ℃	60 ℃	70 ℃	80 ℃	90 ℃
蔗糖	64.2	65.5	67.1	68.7	70.4	72.2	74.2	76.2	78.4	80.6
葡萄糖	35	41.6	47.7	54.6	61.8	70.9	74.7	78.0	81.3	84.7
果糖			78.9	81.5	84.3	86.9				
转化糖		56.6	62.6	69.7	74.8	81.9				

纯粹的葡萄糖溶液其渗透压大于同浓度的蔗糖溶液，具有很好的保藏性，但在室温下其溶解度很小，容易结晶，故不适宜单独使用。糖制品在糖煮时，如果蔗糖过度转化，形成多量的葡萄糖，则同样会发生葡萄糖的晶析。因此，一些含酸过高的原料须先脱酸，后糖煮，或者要控制适当的糖煮时间，不要过长，以防止蔗糖的过度转化而引起葡萄糖的结晶。

为了避免糖制品中蔗糖的晶析或返砂，糖制时常加一定量的饴糖、淀粉糖浆或蜂蜜等。因为这些食糖含有多量的转化糖或麦芽糖和糊精，这些物质在蔗糖结晶过程中，有抑制晶核形成与长大的作用，可以降低结晶速度，增加糖溶液的饱和度。糖制时还可以加少量果胶或动物胶、蛋清等非糖物，以增大糖液的黏度，起到阻止蔗糖晶析和提高糖液饱和度的作用。

3. 吸湿性

糖制品吸湿后降低了产品的糖浓度，因而削弱了糖制品的保藏作用，容易引起制品的变质和败坏。糖的种类不同，其吸湿性亦不同，见表13-10。

表 13-10　25 ℃不同空气相对湿度下糖 7 d 的吸湿量　　　　单位:%

种类	空气相对湿度		
	62.7%	81.8%	91.8%
蔗糖	0.05	0.05	13.53
麦芽糖	9.77	9.80	11.11
葡萄糖	0.04	5.19	15.02
果糖	2.61	18.58	30.74

含有一定数量转化糖的糖制品,必须有适宜的严密包装,以防吸湿变质。各种结晶糖吸水量达到 15% 时便开始失去晶形而形成液态。糖制品在吸湿达一定程度时会发生所谓的"流汤"而变质,因此对那些包装不太好或散装上市的糖制品,尤其要控制转化糖的含量。

蔗糖吸湿后会潮解结块,给使用带来不便,甚至变质。纯蔗糖结晶体的吸湿性很弱,在相对湿度为 60% 以下时,是一种不潮解的物质。商品蔗糖因含有少量灰分,而且晶体表面存在少量的非糖杂质,这会引起蔗糖在整个相对湿度范围内的平衡湿度上升,增加蔗糖的潮解机会。蔗糖贮藏的相对湿度条件要求为 40%~60%。

在生产中常利用转化糖吸湿性强的特点,让糖制品含适量的转化糖,这样便于防止产品发生结晶(或返砂)。但也要防止因转化糖含量过高,引起制品流汤变质。

4. 糖液的沸点

糖液的沸点温度随浓度的增加而升高;随着海拔高度的增加而降低,糖的浓度与沸点的关系见表 13-11 和表 13-12。

表 13-11　在 101 325 Pa 下不同含糖量蔗糖溶液的沸点

不同含糖量蔗糖溶液的沸点/ ℃								
10%	20%	30%	40%	50%	60%	70%	80%	90%
100.4	100.6	101.0	101.5	102	103.6	105.6	112	113.8

表 13-12　不同海拔高度下不同可溶性物质蔗糖溶液的沸点

可溶性物质	不同海拔高度下蔗糖溶液的沸点/ ℃			
	0 m	305 m	610 m	915 m
50%	102.2	101.2	100.1	99.1
60%	103.7	102.7	101.6	100.6
64%	104.6	103.6	102.5	101.4
65%	104.8	103.8	102.6	101.7
66%	105.1	104.1	102.7	101.8
70%	106.4	105.4	104.3	102.3

糖制品糖煮时常利用糖液的沸点温度上升数来控制煮制终点，估计出制品的可溶性固形物含量。比如果脯煮制糖液沸点达 107~108 ℃ 时，其可溶性固形物含量可达 75%~76%，含糖量可达 70%。

由于在糖制过程中，蔗糖部分被转化，加之果蔬所含的可溶性固形物也较复杂，其溶液的沸点并不能完全代表制品中的含糖量，只是大致表示可溶性固形物的多少。因此，在生产之前要做必要的试验，或者还须结合其他的方法来确定煮制的终点。

5. 蔗糖的转化

蔗糖经酸或转化酶的作用，水解成转化糖即生成等量葡萄糖和果糖，这个转化过程称之为转化反应。转化反应在糖制中用于提高蔗糖溶液的饱和度，抑制蔗糖的结晶，增大制品的渗透压，提高其保藏性。还能赋予制品较紧密的质地，并提高甜度。但制品中蔗糖转化过度会增强其吸湿性，使制品吸湿回潮而变质。

蔗糖在较低 pH 值和高温下转化较快。糖制品中的转化糖量达到 30%~40% 时，蔗糖就不会结晶。蔗糖转化的最适 pH 值为 2.5。一般水果都含有适量的酸分，糖煮时能转化 30%~35% 的蔗糖，并在保藏期继续转化而达到 50% 左右。对于含酸量少的原料，可加用少量柠檬酸或酒石酸，以使蔗糖发生转化。对于含酸量偏高的原料则避免糖煮时间过长而形成过多的转化糖，发生葡萄糖结晶或出现流汤。

蔗糖长时间处于酸性介质和高温条件下，其水解产物会生成少量羟甲基呋喃甲醛，这种物质有抑制细菌生长的作用，但它会使制品轻度褐变。在糖制中和贮藏期间也存在着转化糖与氨基酸的黑蛋白反应，这是引起制品非酶褐变的主要原因。由于蔗糖不参与美拉德反应，所以食品加工上对于淡色制品，须不使蔗糖过度转化。

生产中制取转化糖时，可按 100 份蔗糖、33.6 份水、90 份酒石酸或 118 份柠檬酸，一同加热煮沸维持 30 min，然后迅速冷却即得到转化糖浆。

二、蜜制的工艺分类

糖制作为糖制品加工的主要工艺部分，制约着制品质量的优劣及生产效率的高低。糖制的目的就是使糖能均匀地进入坯料组织或酱料之中。下面分别介绍果脯蜜饯类和果酱类制品的糖制机理。果脯蜜饯类制品的糖制方法大致可分为加糖腌制（蜜制）、加糖煮制（糖煮）和两种方法交叉进行 3 种。

（一）蜜制

蜜制是我国蜜饯加工的传统方法，适宜组织柔嫩不耐煮制的原料及一些特殊产品的制作。如蜜制樱桃、枇杷、青梅、杨梅、杏等以及大多数凉果。其特点是分次加糖腌制，不加热，逐步提高糖的浓度，使糖分缓缓扩散至内部组织。除青梅外，均可结合日晒提高糖的浓度。蜜制中将糖液取出，经浓缩后再回加到坯料中，使晾凉的坯料与热糖液接触，利用温差加速糖向坯内渗透。

真空蜜制可以克服传统蜜制时间长的缺点。将坯料与浓糖液置于真空锅内，抽空至一定真空度，降低坯料内部的压力，当恢复常压后，由坯料内外所形成的压力差，促使糖液加入坯料内部，缩短蜜制时间。

由于蜜制不需加热或加热时间很短，因而能较好地保存新鲜原料原有的色、香、味，保持原形的完整和松脆的质地，维生素 C 的损失较小；也不会使坯料失水干缩，糖分内外平衡一致。

（二）糖煮

加糖煮制适宜于组织紧密较耐煮的原料。此法糖制的过程需时较短，但由于坯料较长时间处于高温下，色、香、味及维生素 C 等损失较多。加糖煮制可分为常压煮和真空煮两种方法，常压煮又分为一次煮成、多次煮成、快速煮成等方法。

1. 常压煮制法

（1）一次煮成法　是将蜜饯原料加糖后经过一次煮制的糖制方法。因持续较长时间的加热，原料易被煮烂，而且糖分的渗透容易出现不平衡，引起原料组织一时的失水，造成干缩现象。因为加热过程中，原料组织细胞汁尚未沸腾时，糖分的渗透虽然随着温度的上升而加快，但当糖液温度达到 101~102 ℃时，果实组织内的水汽压因细胞汁达到沸点而剧烈地增大，而此时原料周围的糖液尚未沸腾，原料内部强大的水汽压就阻碍了糖分的继续渗透，致使糖分渗透在原料内外不能平衡，原料内部过分失水而出现干缩现象。

实际生产中，质地紧密的苹果、桃坯、枣和无花果等常采用一次煮成法。这些原料都比较耐煮，并且都预先进行了切分、刺孔或预煮等前处理，同时还配合采用较小的煮制容器，采用接近细胞汁沸点的温度进行煮制，糖煮前先用部分食糖腌制，糖煮时分次加糖及采取真空煮制等措施，故可以使糖分渗透迅速和均匀，不至于发生干缩现象。

（2）多次煮成法　分 3~5 次完成煮制过程。一般第一次煮制的糖液浓度约 40%，以煮到果肉转软为度，然后冷放 24 h 再行煮制，每次增加糖浓度约 10%，煮制时间仅为沸腾 2~3 min，而后放冷 8~24 h。对于不耐煮的原料，第 1 次至第 3 次煮制时可以单独煮沸糖液，再以该糖液浸渍坯料。多次煮成法每次煮制时间短，坯料不易软烂，色、香、味及营养成分的损失较少。并且糖浓度逐步提高，放冷期间坯料内部的水汽压逐步下降，因此，糖分能顺利扩散和渗透，坯料不易干缩。

多次煮成法的加工时间太长，而且煮制操作仍然不能连续化。针对这些缺点，经过改进产生了快速煮制法和连续扩散法。

（3）快速煮成法　是以原料在糖液中交替进行加热和冷却，使原料内部水汽压迅速消除，糖分得以迅速渗透而达到平衡，从而完成煮制工艺。操作时，将准备就绪的坯料装入网袋，先在热糖液中煮制 4~8 min，然后取出立即置入 15 ℃糖液内冷却，如此交替进行 4~5 次，并逐次提高糖液的浓度，直至完成煮制工艺。该法在 40~60 min 内完成煮制，并且可以连续操作。

2. 真空煮制法

真空煮制法因糖液在减压条件下强烈沸腾和原料组织内不存在大量空气，所以，糖分能迅速扩散和渗透。真空煮制温度低，糖液浓缩快，制品的色、香、味及外形状态都比敞煮制品为佳。真空煮制前，一般先将果实敞煮片刻，使组织软化，而后再行真空煮制。对于肉质紧密的原料煮制应慢，以利糖分充分渗入；对于肉质较柔软的原料则煮制应快，以免长时间剧烈沸腾引起破碎。真空煮制时真空度约 83 545 Pa，煮制温度为

55~70 ℃。用高真空度煮制草莓蜜饯，所取温度为 32~37 ℃，煮制时间仅为十几分钟，效果良好，草莓花色素的保存率高达 90%，而常压煮制的保存率仅为 10%~50%。

3. 连续扩散法

连续扩散法是用由低到高浓度的糖液，对一组真空扩散容器内的坯料进行连续多次的浸渍，以逐步提高坯料内糖液浓度的方法。操作时先将坯料密闭在真空扩散容器内，排除坯料组织内的空气，而后加入 95 ℃的热糖液，当糖分扩散平衡后，将糖液顺序转入另一扩散容器内，再在原来的扩散容器内加入较高浓度的热糖液，如此连续进行几次，直至坯料达到所要求的糖浓度。此法煮制效果较好，且能连续作业。

三、糖制品的分类

糖制品按其加工方法和状态分为两大类，即果脯蜜饯类和果酱类。果脯蜜饯类属于高糖食品，保持果实或果块原形，大多含糖量在 50%~70%；果酱类属高糖高酸食品，不保持原来的形状，含糖量多在 40%~65%，含酸量约在 1%。

（一）果脯蜜饯类

根据果脯蜜饯类的干湿状态可分为干态果脯和湿态蜜饯。干态果脯是在糖制后进行晾干或烘干而制成表面干燥不粘手的制品；也有的在其外表裹上一层透明的糖衣或形成结晶糖粉，如各种果脯、某些凉果、瓜条及藕片等。湿态蜜饯是糖制后，不进行烘干，而是稍加沥干，制品表面发黏，如某些凉果；也有的糖制后，直接保存于糖液中制成罐头，如各种带汁蜜饯或糖浆水果罐头。

（二）果酱类

果酱类主要有果酱、果泥、果糕、果冻及果丹皮等。果酱呈黏稠状，也可以带有果肉碎块，如杏酱、草莓酱等；果泥呈糊状，即果实必须在加热软化后要打浆过滤，所以酱体细腻，如苹果酱、山楂酱等；果糕是将果泥加糖和增稠剂后加热浓缩而制成的凝胶制品；果冻是将果汁和食糖加热浓缩而制成的透明凝胶制品；果丹皮是将果泥加糖浓缩后，刮片烘干制成的柔软薄片；山楂片是将富含酸分及果胶的一类果实制成果泥，刮片烘干后制成的干燥的果片。

果糕、果冻、凝胶态的果酱和果泥等都是利用果胶的凝胶作用来制取的。果胶形成的凝胶有两种，一种是高甲氧基果胶的"果胶-糖-酸"凝胶，另一种是低甲氧基果胶的离子结合型凝胶。果品所含的果胶是高甲氧基果胶，蔬菜所含的果胶是低甲氧基果胶。用果汁和糖制成的果冻属于前一种凝胶；用低甲氧基果胶和钙盐制成的果冻属后一种凝胶。

浓度为 0.3%~0.4% 的果胶溶液，在冷却的条件下也不能胶凝，但当该溶液的 pH 值调整到 2.0~3.5，并且溶液中糖分达到 60%~65% 时，在较高的温度下也可以很快胶凝。此种"果胶-糖-酸"凝胶是由于胶态分散的高度水合的果胶附聚物或胶束聚集体的脱水作用及电性中和所致。果胶胶束在一般溶液中是带负电荷的，当溶液的 pH 值低于 3.5 和脱水剂含量达 50% 以上时，果胶即能脱水，并因电性中和而胶凝。果胶胶凝时，果胶分子因氢键结合而相互连接成网状结构。此种氢键的结合主要发生在果胶分子链上各半乳糖醛酸的 C_2 和 C_3 位置的羟基上。影响果胶胶凝的主要因子有溶液的 pH 值、食糖浓度、温度及果胶的种类和性质等。溶液的 pH 值影响着果胶所带的电荷数，适当增加氢离子的浓度，能降低果胶的负电荷，从而使果胶分子借氢键结合而胶凝。当电性中和时，凝胶的硬度最大。pH 值过低会引起果胶水解，过高则不能发生胶凝。只有在 pH 值 2.0~3.5 时果胶才会胶凝。pH 值 3.6 时果胶不能胶凝，此值称之为果胶的胶凝临界 pH 值。

果胶是一种亲水胶体，食糖则具有很高的脱水能力而使高度水合的果胶脱水，而发生氢键结合引发胶凝。果胶溶液含糖量达到 50% 以上时，食糖才有脱水作用，脱水作用随糖的浓度增加而加大，胶凝的速度也随之而加速。

果胶、糖、酸和水的比例适当时，果胶混合液能胶凝于较高温度下，但在较低的温度下其胶凝速度较快。一般来讲，胶凝温度在 50 ℃ 以下时对凝胶强度无大影响，当高于 50 ℃ 时，凝胶强度则下降。果胶混合液中的果胶含量越高越易胶凝。果胶相对分子质量越大，则其甲氧基含量越高，胶凝力就越强。果胶含量要求在 0.5%~1.5%，一般在生产中取 1% 的果胶含量。对于甲氧基含量较高的果胶，或糖浓度较高时，则果胶含量可以相应减少。例如，糖浓度为 50% 时，甲氧基含量为 7.8% 的果胶约需 1.2%；在同样糖浓度下，甲氧基含量为 9.8% 的果胶仅需 0.9%；糖浓度在 55% 时，两种果胶的用量分别可减少至 0.8% 和 0.7%。

果胶的离子结合型凝胶是低甲氧基果胶和钙离子或其他多价金属离子结合所形成的。此种凝胶同样具有网状结合，原因是邻近的果胶分子链上的羧基与多价金属离子相结合所致。由于低甲氧基果胶约有半数以上的羧基未被酯化，故对金属离子比较敏感，少量的钙离子即可使之胶凝。影响此种果胶胶凝的因子主要有钙离子的用量、pH 值和温度。钙离子用量是依据果胶的羧基数量而定。一般酶法制得的低甲氧基果胶，每克果胶的钙离子用量为 4~10 mg；碱法制得的果胶，用量为 15~30 mg/g；酸法制得的果胶用量为 30~60 mg/g。虽然此种凝胶的胶凝并不依赖于酸分，pH 值 = 2.5~6.5 都可胶凝，但 pH 值对凝胶的强度仍有一定影响，pH 值 = 3.5 和 5.0 时凝胶的强度最大，pH 值 = 4.0 时强度最小。同样，其胶凝作用也不依赖于糖分，糖的用量对胶凝无影响。因此，在果冻生产上常加糖 30% 左右，其目的是赋予制品适度的甜味。

胶凝温度对这种凝胶的强度影响较大。在 0~58 ℃，温度越低强度越大。58 ℃ 时凝胶强度近于零，0 ℃ 时强度最大。30 ℃ 为胶凝的临界点，因此，这种凝胶或由其制成的产品贮藏须在低于 30 ℃ 的条件下，一般不超过 25 ℃。

四、糖制工艺技术

（一）果脯蜜饯类

果脯蜜饯类制品是将经预处理的原料与糖液合煮（蜜）而成，要求形态完整饱满，糖分充分渗透至组织内部，透明或半透明，本色或染色，质地柔嫩无硬渣，含糖 60%~70%，具有本品种或稍有本品种应有的风味。

工艺流程：选料→预处理（去皮、切分、刺孔、划缝、去核、硬化、硫处理等）→预煮

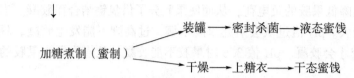

操作要点：为了有利于糖煮时的渗糖效果，还往往对原料进行划缝和刺孔等操作。以下仅就蜜饯加工中特有的预处理方法及糖煮操作要点进行叙述。

1. 原料的预处理

（1）坯料的腌制　腌制坯料主要是用食盐进行，有时加入适量明矾或石灰以使其适度硬化。腌制的目的是固定新鲜原料的成熟度，脱去部分水分使组织紧密，并改变组织细胞的透性，利于糖制时糖分的渗入。腌制常用于坯料的长期保存。

坯料作为蜜饯的一种半成品，腌制后其原有的成分有很大的变化，此法只适用于一些特殊制品的加工，主要用于凉果的制造。

坯料的腌制过程：腌制→暴晒→回软→复晒。个别品种腌制前也须适当处理。例如柑橘类宜刺孔或切缝或压扁，桃一般对切，橄榄和李宜用干盐擦皮等。

腌渍有干盐腌和盐水腌两种。前者用于成熟度高或果汁较多的品种，用盐量以原料品种和贮存期长短而定。后者用于未成熟或汁液较少、组织紧密以及酸味、苦涩味较重的原料品种类型。盐水浓度约为10%，盐水用量以淹没坯料为准，上加竹帘和重物，以防上浮。盐水腌制过程中所发生的轻度乳酸和酒精发酵，有利于糖分和部分果胶物质的水解，使原料组织易于渗透，同时也可促使苦涩味物质的分解。腌渍以原料呈半透明为度，取出晒制成干坯，可以长期保存。

（2）保脆和硬化　果脯蜜饯既要求质地柔嫩、饱满透明，又要求保持形态完整。然而许多原料均不耐煮制，容易在煮制过程中破碎，故在糖煮之前，须经硬化保脆处理，以增强其耐煮性。

硬化处理是将整理后的原料浸泡于石灰（CaO）或氯化钙（$CaCl_2$）、明矾$[Al_2(SO_4)_3,K_2SO_4]$、亚硫酸氢钙$[Ca(HSO_3)_2]$等溶液中，浸渍适当时间，达到硬化的目的。所使用的这些盐类都有钙和铝，钙和铝离子能与果胶物质形成不溶性的盐类，使组织硬化耐煮。明矾还有触媒作用，使某些需要染色的制品容易着色。如樱桃湿蜜饯，常用苋菜红或胭脂红染成红色，青梅常用靛蓝与柠檬黄染成绿色，增进成品的色泽与亮度。亚硫酸氢钙有护色与保脆作用。易变色的藕、荸荠、苹果、梨等制作果脯蜜饯时，常在0.1%氯化钙与0.2%~0.3%亚硫酸氢钠（$NaHSO_3$）溶液中浸30~60 min，以达到护色和保脆效果。亚硫酸盐还能起到防腐的作用。用含0.75%~1.0% SO_2的亚硫酸与0.4%~0.6%消石灰的混合液浸泡4周，可防止樱桃和草莓等坯料的腐败并且起到硬化作用。

硬化剂的选择及用量和处理时间必须适当。用量过度，会生成过多的果胶酸钙盐，或引起部分纤维素钙化，从而降低原料对糖的吸入量，并且使产品粗糙，品质低劣。凡干态果脯蜜饯原料需要脱酸者选用石灰处理。如冬瓜和橘饼的坯料常用0.5%石灰水浸

泡 1~2 h，除硬化外，兼有中和酸分和降低苦味的作用。凡含酸量低的原料则用氯化钙和亚硫酸盐为宜，如苹果、胡萝卜蜜饯等一般用 0.1% $CaCl_2$ 溶液处理 8~10 h，以达到硬化的目的。蜜枣、蜜姜片等原料本身就比较耐煮，一般不做硬化处理。

（3）染色　作为配色用的果脯（如红绿丝、红云片等），常需人工染色，以加强制品的感官品质。染色用的色素有天然色素和人工色素两类，天然色素有姜黄、胡萝卜素和叶绿素等。由于天然色素的着色效果较差，在实际生产中多使用人工色素。我国允许作为食品着色剂的人工色素有苋红素（苋紫）、胭脂红、柠檬黄、靛蓝和苏丹黄等，用柠檬黄 6 份与靛蓝 4 份可配制出绿色色素。这些色素的用量不超过万分之一。

染色时，将原料浸于色素液中，或将色素溶于糖液中，使原料在糖制的同时染色，为了增进染色效果，常以明矾作媒染剂。

湿态西洋樱桃蜜饯是欧美的传统产品，加工时宜选用无色品种，有色品种应于成熟度较低时采摘并染色。樱桃经去核和脱硫后在 0.02%~0.05% 赤藓红溶液中煮沸数分钟，静置 1 d，注意维持 pH 值 ≥4.5。次日加柠檬酸约 0.25% 煮沸，使色素固定在果肉中。我国的樱桃蜜饯常用苋红素或胭脂红染色。方法是先将樱桃制成新鲜水坯，经漂洗脱盐后加糖 60%，同时加入色素，蜜制 3~4 d，完成着色。

糖青梅呈翠绿色，是用柠檬黄和靛蓝以 6：4 的配比染色而成。做法是将刺孔腌渍的梅子漂洗脱盐后，加糖 30%，同时加入配好的色素，使其在煮制过程中着色，色素的用量为果实重量的 0.02%。红绿丝和红云片等是由柚子幼果制得。经刨丝或切片、烫漂、漂洗、明矾浸渍后的原料，用约 60% 糖液和少量色素进行染色，剂量为原料重的 0.01%。凉果中除山楂、杨梅和三稔等使用红色素外，其余一般使用柠檬黄进行染色。

（4）预煮　无论新鲜的或经过保藏的原料，都可以预煮。预煮可以软化原料组织，使糖制时糖分易于渗入，这对真空煮制尤为必要。经硬化的原料可通过预煮使之回软。预煮可以抑制微生物侵染，防止败坏，钝化或破坏酶活性，固定品质，防止氧化等。也有利于腌坯的脱盐和脱硫，起到漂洗的效果。

2. 加糖煮制（蜜制）

加糖煮制的目的是通过各种工艺操作，使糖分渗入原料组织并能达到所要求的含糖量。而要实现这一目的必须在原料和糖液之间建立温差、浓度差和压力差等 3 种差异，否则就不能完成好糖制这一工艺操作。

凉果类制品在蜜制时采用的配料除糖外，还有甘草、精盐和各种有机酸，香料一般选用各种天然香料。常用的有丁香、肉桂、茴香、陈皮、降香、杜松、厚朴、排草、檀香、南香、蜜桂花和蜜玫瑰等，有时还配用适量的酸味果汁。

苹果脯真空蜜制时，先配 80% 的浓糖液，加入柠檬酸调整 pH 值到 2，加热煮沸 1~2 min，使部分蔗糖转化，以防返砂。用时取该糖液稀释。抽空处理分 3 次进行，第一次抽空母液含糖量为 20%~30%，第二次抽空母液含糖量为 40%~50%，第三次母液的含糖量为 60%~65%。前两次母液中要加 0.1% 山梨酸钾或 0.1% 的二氧化硫，用以杀菌和防止褐变。第二次抽空处理可改用 40% 糖液热烫 1~2 min 后浸泡，能更有效地抑制酶的活性并促进糖的渗透。

抽空和浸泡处理同时在真空罐内进行，每次抽空的真空度为 98 658~101 325 Pa，保持 40~60 min，待原料不再产生气泡时为止。然后缓慢破除真空，使罐内外压力达到平衡，糖分迅速渗入坯料，抽空后的浸泡时间不少于 8 h，之后糖制工序结束。

糖制完成后，湿态蜜饯即行罐装、密封和杀菌等工艺处理成为成品。其工艺操作同罐藏（参阅有关章节）。而干态蜜饯的加工则须进入干燥脱水工序。

3. 干燥、上糖衣

干态蜜饯在糖制后须脱水干燥，水分不超过 18%~20%，要求制品质地紧密，保持完整饱满，不皱缩、不结晶、不粗糙，传统制品的含糖量近 72%。干燥的方法一般是烘烤或晾晒。

烘晒前先从糖液中取出坯料，沥去多余的糖液，必要时可将表面的糖液擦去，或用清水冲掉表面糖液，然后将其铺于烘盘中烘烤或晾晒。烘干温度宜在 50~60 ℃，不宜过高，以免糖分焦化。若生产糖衣（或糖粉）果脯，可在干燥后进行。所谓上糖衣，即是用过饱和糖液处理干态蜜饯，当糖液干燥后会在表面形成一层透明状的糖质薄膜的操作。糖衣蜜饯外观好看，保藏性也因此提高，可以减少蜜饯保藏期间的吸湿、黏结等不良现象。上糖衣的过饱和糖液，常以 3 份蔗糖、1 份淀粉糖浆和 2 份水配成，混合后煮沸到 113~114.5 ℃，离火冷却到 93 ℃ 即可使用。操作时将干燥的蜜饯浸入制好的过饱和糖液中约 1 min，立即取出散置于 50 ℃ 下晾干，此时就会形成一层透明的糖膜。另外，将干燥的蜜饯在 1.5% 的果胶溶液中蘸一下取出，在 50 ℃ 下干燥 2h，也能形成一层透明胶膜。以 40 kg 蔗糖和 10 kg 水的比例煮至 118~120 ℃ 后将蜜饯浸入，取出晾干，可在蜜饯表面形成一层透明的糖衣。

所谓上糖粉，即在干燥蜜饯表面裹一层糖粉，以增强保藏性，也可改善外观品质。糖粉的制法是将砂糖在 50~60 ℃ 下烘干磨碎成粉即可。操作时，将收锅的蜜饯稍稍冷却，在糖未收干时加入糖粉拌匀，筛去多余糖粉，成品的表面即裹有一层白色糖粉。上糖粉可以在产品回软后，在进行烘干之前进行。

4. 整理、包装

干态蜜饯在干燥过程中常出现收缩变型，甚至破碎，须经整形和分级之后，使产品外观整齐一致、形态美观再行包装。蜜枣是在烘烤过程中进行整形操作的。许多品种则是在烘干之后进行整形的。在整形的同时可以剔除在制作工艺中被遗漏而留在制品上的疤痕、残皮、虫蛀品以及其他杂质。在整形的同时按产品规格质量的要求进行分级。

干态蜜饯的包装主要应防止吸湿返潮、生露，湿态蜜饯则以罐头食品的包装要求进行。

（二）果酱类

果酱类制品包括果酱、果泥、果丹皮、果冻及果糕等，下面分述其工艺。

1. 果酱（果泥）的加工工艺

（1）工艺流程　原料→预处理→软化打浆→加糖浓缩→装罐→排气密封→杀菌→冷却→成品。

（2）操作要点　原料预处理包括清洗、去皮、切分、破碎、软化打浆等。

a. 软化打浆。原料在打浆前要进行预煮，以使其软化便于打浆，同时也可以消灭酶活性，防止变色和果胶水解等。预煮时加入原料重 10%~20% 的水进行软化，也可以用蒸汽软化，软化时间一般为 10~20 min。软化后用打浆机打浆或为使果肉组织更加细腻，还可以再过一遍胶体磨。但果肉肉质柔软的原料可直接进行煮制如草莓等果实。

b. 配料及准备。果酱的配方按原料种类及成品标准要求而定，一般果肉（汁）占配料量的 40%~50%，砂糖占 45%~60%（其中可用淀粉糖浆代替 20% 的砂糖）。当原料的果胶和果酸含量不足时，应添加适量的柠檬酸、果胶或琼脂，使成品的含酸量达到 0.5%~1%。果胶含量达到 0.4%~0.9%。

所有固体配料使用前都应配成浓溶液后过滤备用。砂糖：配成 70%~75% 的溶液。柠檬酸：配成 50% 的溶液。果胶粉：果胶粉不易溶于水，可先与果胶粉重量的 4~6 倍的砂糖充分混合均匀，再以 10~15 倍的水在搅拌下加热溶解。琼脂：用 50 ℃ 左右的水浸泡软化，洗净杂质，加热溶解后过滤，加水量为琼脂的 20 倍。

c. 加糖浓缩。浓缩是制作果酱类制品最关键的工艺，常用的浓缩法有常压浓缩法和减压浓缩法。

常压浓缩：将原料置于夹层锅内，在常压下加热浓缩。浓缩过程中，糖液应分次加入。这样有利于水分蒸发，缩短浓缩时间，避免果浆变色而影响制品品质。糖液加入后应不断搅拌，防止锅底焦化，促进水分蒸发，保持锅内各部分温度的均匀一致。开始加热时蒸汽压力为 0.294~0.392 MPa，浓缩后期，压力应降至 0.196 MPa。

浓缩初期，由于物料中含有大量的空气，在浓缩时会产生大量泡沫，为防止外溢，可加入少量冷水或植物油，以消除泡沫，保证正常蒸发。

浓缩时间要恰当掌握，不宜过长或过短。过长，则造成转化糖含量高，以致发生焦糖化或美拉德反应，直接影响果酱的色、香、味。过短，则转化糖生成量不足，易使果酱在贮藏期间产生蔗糖的结晶现象，且酱体胶凝不良。因而应通过火力大小或其他措施严格控制浓缩时间。需添加柠檬酸、果胶或淀粉糖浆的制品，当浓缩达到可溶性固形物为 60% 以上时，再依次加入。对于含酸量低的品种，可加果肉重 0.06%~0.2% 的柠檬酸。

常压浓缩的主要缺点是温度高、水分蒸发慢，芳香物质和维生素 C 损失严重，制品色泽差。欲制优质果酱，应采用减压浓缩法。

减压浓缩：又称真空浓缩，有单效浓缩和双效浓缩两种。以单效浓缩为例，该机是一个带搅拌器的夹层锅，配有真空装置。工作时，先通入蒸汽于锅内赶走空气，再开动离心泵，使锅内形成真空，当真空度达 0.053 MPa 以上时，才能开启进料阀，待浓缩的物料靠锅内的真空吸力将物料吸入锅中，达到容量要求后，开启蒸汽阀门和搅拌器进行浓缩。加热蒸汽压力保持在 0.098~0.147 MPa 时，锅内真空度为 0.087~0.096 MPa，温度 50~60 ℃。浓缩过程若泡沫上升激烈，可开启锅内的空气阀，使空气进入锅内抑制泡沫上升，待正常后再关闭。浓缩过程应保持物料超过加热面，防止焦锅。当浓缩至接近终点时，关闭真空泵开关，破坏锅内真空，在搅拌下将果酱加热升温至 90~95 ℃，然后迅速关闭进气阀出锅。

番茄酱宜用双效真空浓缩锅，该机是由蒸汽喷射泵使整个设备装置造成真空，将物料吸入锅内，由循环泵强制循环，加热器进行加热，然后由蒸发室蒸发，浓缩泵出料。整个设备由电器仪表控制，生产连续化、机械化、自动化，生产效率高，产品质优，番茄酱固形物浓度可高达 22%~28%。浓缩终点的判断，主要靠取样用折光计测定可溶性固形物浓度，或凭经验控制。

2. 果糕、果冻的加工工艺

（1）工艺流程

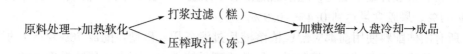

原料处理→加热软化 打浆过滤（糕）／压榨取汁（冻） 加糖浓缩→入盘冷却→成品

（2）操作要点

a. 加热软化。加热软化时，依原料种类加水或不加水，多汁的果蔬可不加水，而肉质致密的果实，如山楂、苹果等则需适量加水。软化时间依原料种类而异，一般在 20~60 min 不等，以煮后便于打浆或压榨取汁为准，若加热时间过久，果胶分解，不利于制品的凝固。

b. 打浆、压榨取汁。制作果糕时经软化后的果实用打浆机打浆。制作果冻时则软化后用压榨机榨出汁液待用。

c. 加糖浓缩。在添加配料之前，需对所得到的果浆和果汁测定 pH 值和果胶含量，形成果糕（冻）适宜的 pH 值为 3~3.3，果胶含量为 0.5%~1.0%，如果含量不足，可适当加入果胶或柠檬酸进行调整。一般果浆（或果汁）与糖的比例是 1：（0.6~0.8）。煮制浓缩时，水分不断地蒸发，糖的浓度逐渐提高，沸点的温度也随之上升，这时需不断搅拌，防止焦糊。当可溶性固形物含量达 66%~69%、沸点温度达 103~105 ℃时，用搅拌的木浆从锅中挑起浆液少许，若浆液呈片状脱落时即可停止煮制。

d. 冷却。将达到终点的黏稠浆液倒入容器中，冷却后即成为果糕或果冻。

3. 果丹皮的加工工艺

（1）工艺流程　原料处理→软化打浆→浓缩→刮片→烘烤→揭皮→整形→包装→成品。

（2）操作要点

a. 原料处理、软化及打浆同果酱。

b. 浓缩。经打浆过滤而得的果浆一般含水量偏多，需要进行适当浓缩。可采用常压浓缩，也可用真空浓缩法进行，后者效果更佳。浓缩后的果浆置贮罐内待用。

c. 刮片。将果浆在钢化玻璃板上用模具及刮板制成均匀一致、厚度为 3~4 mm 的酱膜，四边整齐，不流散。

d. 烘烤。将刮片后的玻璃板置烘房内，65~70 ℃下烘烤 8 h。烘烤过程中要随时排潮，促进制品中的水分排出。当烘至不黏手、韧而不干硬时即可结束烘烤。

e. 揭皮。烘烤结束后趁热用铲刀将果丹皮的四周铲起，然后将整块果丹皮从玻璃板上揭起，置适宜散热处进行冷却。之后即可切分整形，包装后即成成品。

（三）鲜花（玫瑰、桂花）蜜制类

a. 把采摘回来的桂花花瓣清理干净，摘去花茎。

b. 清理干净的花瓣用淡盐水浸泡 20 min，以除去花瓣里的杂质及消毒，浸泡好捞出来。

c. 捞起的花瓣风干到没有水分通常放在通风口风干，但暴晒后香味会流失很多。

d. 准备干净无水无油的玻璃瓶，在玻璃瓶底层先铺层糖，再把风干的桂花花瓣一层糖一层花瓣地装（罐）瓶，最后封口。2 周后可以食用，制作好的糖桂花放冰箱保存。

五、糖制品常见质量问题及控制

（一）变色

糖制品在加工过程及贮存期间都可能发生变色，在加工期间的前处理中，变色的主要原因是氧化引起酶促褐变，其控制办法必须做好护色处理，即去皮后要及时浸泡于盐水或亚硫酸盐溶液中，有的含气高的还需进行抽空处理，在整个加工工艺中尽可能地缩短与空气接触时间，防止氧化。而非酶促褐变则伴随在整个加工过程和贮藏期间，其主要影响因素是温度，即温度越高变色越深。因此控制办法是在加工中要尽可能缩短受热处理的过程；而果脯类加工要配合使用好足量的亚硫酸盐；在贮存期间要控制温度在较低的条件下如 12~15 ℃；对于易变色品种最好采用真空包装；在销售时要注意避免阳光暴晒，减少与空气接触的机会。

另外微量的铜、铁等金属的存在（0.001%~0.003%）也能使产品变色，因此，加工用具一定要用不锈钢制品。

（二）返砂和流汤

有关返砂和流汤产生的原因及控制办法，在贮藏时一定要注意控制恒定的温度，且不能低于 12 ℃，否则由于糖液在低温条件下溶解度下降引起过饱和而造成结晶。同时对于散装糖制品一定要注意贮藏环境湿度不能过低，即要控制在相对湿度为 70%左右。如果相对湿度太低则易造成结晶（返砂），如果相对湿度太高则又会引起吸湿回潮（流汤）。糖制品一旦发生返砂或流汤将不利于长期贮藏，也影响制品外观。

（三）微生物败坏

糖制品在贮藏期间最易出现的微生物败坏是长霉菌和发酵产生酒精味，这主要是由于制品含糖量没有达到要求的浓度即 65%以上。控制办法即加糖时一定按要求糖度添加。但对于低糖制品一定要采取防腐措施如添加防腐剂，采用真空包装，必要时加入一定的抗氧化剂，保证较低的贮藏温度。对于罐装果酱一定要注意封口严密，以防表层残氧过高为霉菌提供生长条件，另外杀菌要充分。

第七节　果蔬罐头

果蔬罐头是食品罐藏的一部分，食品罐藏是将经过一定处理的食品装入一种包装容器中，经过密封杀菌，使罐内食品与外界环境隔绝而不被微生物再污染，同时使罐内绝大部分微生物杀死并使酶失活，从而获得在室温下长期保存的保藏方法。这种密封在容器中，并经过杀菌而在室温下能够较长期保存的食品称为罐藏食品，俗称罐头。

作为一种食品的保藏方法，罐藏具有以下优点：①罐头食品经久耐藏；②因经过密封和杀菌处理，已无致病菌和腐败菌且没有微生物再污染的机会，故食用安全卫生；③食用方便，无须另外加工，虽然食味稍逊于新鲜食品，但基本上能保持原有风味和营养价值，有的罐头风味如菠萝罐头还胜过鲜食；④携带方便，不易损坏，因此更是军需、航海、勘探及长途旅游等的方便食品。

一、罐头食品的分类

（一）水果类

1. 糖水类水果罐头

把经预处理好的水果原料装罐，加入不同浓度的糖水而制成的罐头产品称为糖水类水果罐头，如糖水橘子、糖水菠萝、糖水荔枝等罐头。

2. 糖浆类水果罐头

处理好的原料经糖浆熬煮至可溶性固形物达 60%～65% 后装罐，加入高浓度糖浆而制成的罐头产品称为糖浆类水果罐头。此类罐头又称为液态蜜饯罐头，如糖浆金橘等罐头。

3. 果酱类水果罐头

按配料及产品要求的不同可将果酱类水果罐头分为下列几种。

（1）果冻　处理过的水果加水或不加水煮沸，经压榨、取汁、过滤、澄清后加入砂糖、柠檬酸（或苹果酸）、果胶等配料，浓缩至可溶性固形物达 65%～70% 后装罐而制成的罐头产品称为果冻。

（2）果酱　果酱分成块状和泥状两种产品，其为去皮（或不去皮）、核（心）的水果软化，磨碎或切块（草莓不切），加入砂糖（含酸或果胶量低的水果需加适量酸和果胶）熬制成可溶性固形物达 65%～70%，再装罐而制成的罐头产品。如草莓酱、桃子酱等罐头。详细分类见第十一章糖制保藏分类。

4. 果汁类罐头

果汁类罐头是将符合要求的果实经破碎、榨汁、筛滤等处理后装入罐头容器中的罐头产品。

（二）蔬菜类

1. 清渍类蔬菜罐头

选用新鲜或冷藏良好的蔬菜原料，经加工处理、预煮漂洗（或不预煮）、分选装罐后加入稀盐水或糖盐混合液（或沸水、或蔬菜汁）而制成的罐头产品称为清渍类蔬菜罐头，如青刀豆、清水笋、蘑菇等罐头。

2. 醋渍类蔬菜罐头

选用鲜嫩或盐腌蔬菜原料，经加工修整、切块装罐，再加入香辛配料及醋酸、食盐混合液而制成的罐头称为醋渍类蔬菜罐头，如酸黄瓜、甜酸荞头等罐头。

3. 调味类蔬菜罐头

选用新鲜蔬菜及其他小料，经切片（块）、加工烹调（油炸或不油炸）后装罐而制成的罐头产品称为调味类蔬菜罐头，如油焖笋、八宝斋等罐头。

4. 盐渍（酱渍）类蔬菜罐头

选用新鲜蔬菜，经切块（片）（或腌制）后装罐，再加入砂糖、食盐、味精等汤汁（或酱）而制成的罐头产品称为盐渍类蔬菜罐头，如雪菜等罐头。

（三）其他类

1. 坚（干）果类罐头

以符合要求的坚果、干果为原料，经挑选、去皮（壳），油炸拌盐（糖或糖衣）后装罐而制成的罐头产品称为坚（干）果类罐头，如花生米、核桃仁等罐头。

2. 汤类罐头

以符合要求的蔬菜原料，经切块（片或丝）、烹调等加工后装罐而制成的罐头产品称为汤类罐头，如海带汤、蘑菇汤等罐头。

二、罐藏容器

罐藏容器对于罐头食品的长期保存起着重要的作用，而容器材料又是关键。供作罐头食品容器的材料，要求无毒、耐腐蚀、能密封、耐高温高压、与食品不起化学反应、质量轻、价廉易得、能耐机械化操作等。完全符合上述这些条件的材料是很难得到的。当前国内外普遍使用的罐藏容器是马口铁罐和玻璃罐，此外，还有铝合金罐和塑料复合薄膜袋（亦称蒸煮袋）等。

（一）马口铁罐

马口铁罐是由两面镀锡的低碳薄钢板（俗称马口铁）制成。由罐身、罐盖、罐底三部分焊接密封而成，称为三片罐。也有采用冲压而成的罐身与罐底相连的冲底罐，称作二片罐。马口铁镀锡的均匀与否影响到铁皮的耐腐蚀性。镀锡可采用热浸法和电镀法，热浸法生产的马口铁称为热浸铁，所镀锡层较厚，一般为 $(1.5 \sim 2.3) \times 10^{-3}$ mm（$22.4 \sim 44.8$ g/m²），耗锡量较多；用电镀法生产的称电镀铁，所镀锡层较薄，一般为 $(0.4 \sim 1.5) \times 10^{-3}$ mm（$5.6 \sim 22.4$ g/m²），且比较均匀一致，不但能节约用锡量，而且有完好的耐腐蚀性，故生产上得到大量使用。有些罐头品种因内容物 pH 值较低，或含有较多的花色苷，或含有丰富的蛋白质，故在马口铁与食品接触的一面涂上一层符合食品卫生要求的涂料，这种马口铁又称涂料铁。根据使用范围一般含酸量较多的果蔬采用抗酸涂料铁，含蛋白质丰富的食品采用抗硫涂料铁。抗酸涂料常用油树脂涂料，此涂料色泽金黄，抗酸性好，韧性及附着力良好；抗硫涂料常用环氧酚醛树脂，色泽灰黄，抗硫、抗油、抗化学性能好。在罐头生产中选用何种马口铁为好，要根据食品原料的特性、罐型大小，食品介质的腐蚀性能等情况综合考虑来决定。

（二）玻璃罐

玻璃罐是用石英砂、纯碱和石灰石等按一定比例配合后，在 1 500 ℃高温下熔融，再缓慢冷却成型而成。在冷却成型时使用不同的模具即可制成各种不同容积、不同形状的玻璃罐。原料成分影响到玻璃的性质和色泽。

质量良好的玻璃罐应呈透明状，无色或微带青色，罐身应平整光滑，厚薄均匀，罐口圆而平整，底部平坦，罐身不得有严重的气泡、裂纹、石屑及条痕等缺陷。要具有良好的化学稳定性和热稳定性，通常应在加热或加压杀菌条件下不破裂。但玻璃罐机械性能差，易破碎，抗冷热性能差，一般温差在 40~60 ℃ 即破裂，因此升温和降温处理时要平缓。另外玻璃罐重量大，相应会增加运输费用。

玻璃罐的形式很多，但目前使用最多的是四旋罐，曾大量使用的卷封式的胜利瓶，即 500 mL 玻璃瓶现在已基本淘汰。玻璃罐制造的关键部位是密封部分，包括金属罐盖和玻璃罐口。四旋罐由马口铁制成的罐盖、橡胶或塑料垫圈及罐上有螺纹线的玻璃罐组成。当罐盖旋紧时，则罐盖内侧的盖爪与螺纹互相吻合而压紧垫圈，即达到密封的目的。

（三）蒸煮袋

蒸煮袋是由一种耐高压杀菌的复合塑料薄膜制成的袋状罐藏包装容器，俗称软罐头。这种包装袋首先由美国研究出来，1980 年起大量投入生产。日本于 1965 年开始了工业化生产，是目前生产和应用最多的一个国家。我国已于 20 世纪 70 年代开始生产。

蒸煮袋的特点是重量轻、体积小，易开启，携带方便，热传导快，可缩短杀菌时间，能较好地保持食品的色香味，可在常温下贮存，质量稳定，取食方便等。

蒸煮袋包装材料一般是采用聚酯、铝箔、尼龙、聚烯烃等薄膜借助胶黏剂复合而成，一般有 3~5 层，多者可达 9 层。常用的蒸煮袋外层是 12 μm 的聚酯，起加固及耐高温作用。中层为 9 μm 的铝箔，具有良好的避光性，防透气、防透水。内层为 70 μm 的聚烯烃（早期用聚乙烯，目前大多用聚丙烯），有良好的热封性能和耐化学性能，能耐 121 ℃ 高温，又符合食品卫生要求。

三、罐头保藏理论

罐头食品之所以能长期保藏主要是借助于罐藏条件（排气、密封和杀菌）杀灭罐内引起败坏、产毒、致病的微生物，破坏原料组织中自身的酶活性，并保持密封状态使罐头不再受外界微生物的污染。

（一）罐藏机理

食品腐败变质主要是微生物的生长繁殖和食品原料中含有酶的活动导致的。而微生物的生长繁殖及酶的活动必须具备一定的环境条件，食品罐藏机理就是要创造一个不适合微生物生长繁殖及酶活动的基本条件，从而达到能在室温下长期保藏不坏的目的。

1. 高温处理对罐头保藏的影响

（1）高温对酶活性的影响　酶是有生命机体内的一种特殊蛋白质，负有生物催化剂的使命。果蔬原料中都含有各种酶，它参加并能加速果蔬中有机物质的分解变化，如对酶不加控制，就会使原料或制品产生质变。因此，必须加强对酶的控制，使其不对原料及制品产生不良作用而造成品质变坏和营养成分损失。

酶的活性和温度有着密切的关系。在一定的温度范围内，随温度升高，酶催化的反应加快，一般说来，温度每增加 10 ℃，反应速度会增加 1 倍。大多数酶适宜的活动温度为 30~40 ℃，如果超过适宜活动温度时，酶的活性就开始下降，当温度达到 80~90 ℃时，受热几分钟后，几乎所有的酶的活性都遭到破坏，它们所催化的各种反应速度也会随之下降。其原理是以蛋白质为主要成分的酶受高温处理后，蛋白质分子内会出现键断裂和环断开等情况，其结构分裂而发生变性从而导致酶活性的破坏。

然而生产实践中发现，有些酶还会导致罐藏的酸性或高酸性食品的变质，甚至某些酶经热力杀菌还能促使其再度活化，过氧化物酶就是一例。这一问题是在超高温热力杀菌（121~150 ℃瞬时处理）时才发现。微生物虽全被杀死但某些酶的活力却依然存在。因此加工处理中，要完全破坏酶活性，防止或减少由酶引起的败坏，还应综合考虑采用不同的措施。如酸渍食品原料中的过氧化酶能忍受 85 ℃以下的热处理；加醋可以加强热对酶的破坏力；热力钝化时高浓度糖液对桃、梨中的酶有保护作用；又如酶在干热条件下难于钝化，在湿热条件下易于钝化等。所以，不论是烫漂处理，还是高温杀菌工序，必须使园艺产品组织内部的酶活性达到完全破坏，只有这样才能确保罐头产品有一个安全稳定的保质期。

（2）**高温对微生物的影响**　温度对于微生物的生命活动有着极重要的影响，每一种微生物的生长和繁殖都有其最适宜的温度范围，在此范围内活动的结果就是导致食品的腐败变质，但若温度超过或低于此最适范围，其生长活动就会受到抑制甚至死亡。而罐头食品之所以能长期贮存不坏，就是利用了加热法促使微生物死亡。加热促使微生物死亡的原因，目前认为是由于微生物细胞内蛋白质受热凝固而失去了新陈代谢的能力。

食品中常见的微生物主要有霉菌、酵母菌和细菌。霉菌和酵母菌广泛存在于大自然中，耐低温的能力强，但不耐高温，一般在加热杀菌后的罐头食品中不能生存，加之霉菌又不耐密封条件，因此，这两种菌在罐头生产中是比较容易控制和杀死的。导致罐头败坏的微生物主要是细菌，因此，热杀菌的标准都是以杀死某类细菌为依据的。

细菌一般依据对氧的需求情况不同分为好气性、嫌气性和兼性厌氧细菌，在罐藏方面杀菌的主要目的是杀死厌氧或兼性厌氧细菌。然而细菌根据其适宜生长的温度不同，又分为以下几类。

嗜冷性细菌：生长最适温度在 10~20 ℃，抗热性不强，它们对食品罐头的安全性影响不大。

嗜温性细菌：生长最适温度在 20~36.7 ℃，这个范围内的细菌是引起食品原料和罐头制品败坏的主要细菌，如肉毒杆菌等，对食品罐头安全性影响较大，还有很多不产毒素的腐败菌也适应这种温度。

嗜热性细菌：生长最适温度在 50~55 ℃，有的可以在 76.7 ℃下缓慢生长。这类细菌的孢子是最耐热的，有的能在 121 ℃下幸存 60 min 以上，这类细菌在食品败坏中不产毒素。

显然嗜温（热）性细菌对罐头的威胁很大，因此，在罐头的热杀菌中，一定要杀死这类细菌，尤其是它们的孢子。因为孢子含水分少，菌体蛋白质不易凝固，本身又有较厚且致密的细胞壁，热量不易透入，因此孢子抗性很强，不仅抗热，也抗各种逆境。一般70 ℃左右可杀死某些细菌，但不能杀死孢子，只有 100 ℃甚至更高的温度下才可杀死孢子。

在食品加工过程中经常会发现孢子，造成了加工的麻烦，食品沾染孢子的主要来源是土壤，因此某些蔬菜（如叶菜类、根菜类等）含孢子数目更多。所以为防止或减轻罐头食品的腐败，原料必须彻底清洗，同时还一定要有杀菌条件，足以杀死细菌的孢子。

因此，罐头食品的杀菌主要以杀死嗜温（热）厌氧细菌及其孢子为目的。一般认为罐头杀菌主要考虑杀灭的就是肉毒杆菌和平酸菌这两类细菌及孢子。

由于在实验室中取得肉毒杆菌的芽孢液较困难，一般也可采用 P. A. 3679 菌代替肉毒杆菌进行加热致死试验。P. A. 3679 菌全称梭状产芽孢杆菌，是一种不产毒的带芽孢的嗜温厌氧菌，生长的 pH 值在 4.8~9.0，培养特性与肉毒杆菌相似，在实验室条件下易于制取，且耐热性较肉毒杆菌更强，如果能杀死 P. A. 3679 菌，也同样能保证杀死肉毒杆菌等有害细菌。所以，国际上常以此菌作为低酸性食品罐头杀菌试验的标准菌。

平酸菌分为凝结芽孢杆菌（也称嗜热酸芽孢杆菌）和嗜热脂肪芽孢杆菌两大类。嗜热脂肪芽孢杆菌能引起低酸性食品的腐败，称酸腐败，由凝结芽孢杆菌引起酸性食品的腐败，称为平酸腐败。凝结芽孢杆菌耐热性比嗜热脂肪芽孢杆菌差些，凝结芽孢杆菌适宜生长温度为 45~55 ℃，最高生长温度达 54~65 ℃。但凝结芽孢杆菌比嗜热脂肪芽孢杆菌耐酸性强，它能在 pH 值<4 的酸性条件下生长，它是番茄制品中常见的重要腐败菌，而嗜热脂肪芽孢杆菌在 pH 值为 5 或低于 5 时就不能生长。凝结芽孢杆菌和嗜热脂肪芽孢杆菌对碳水化合物产酸不产气，引起罐头食品腐败而不胀罐，所以有平酸菌之称。由于平酸菌能引起罐头腐败，且耐热性较强，因此，罐头的杀菌也必须考虑杀死这类菌。

2. 排气对罐头保藏的影响

罐头在保藏期间发生的腐败变质、品质下降以及罐内壁的腐蚀等不良变化，很大程度上是由于罐内残留了过多的氧气所致，所以在罐头生产工艺中排气处理对罐头产品质量好坏也有着重要的影响，尤其是对一些原料组织内含气较多的园艺产品，在烫漂、抽空处理及真空封罐时工艺参数选取的正确与否，将直接影响到罐头产品保藏期间质量的好坏，因此，排气在罐头生产上具有重要的意义。

（1）排气对微生物的影响　罐头食品的微生物要求是达到商业无菌，所以在杀菌后的罐头中仍有活菌存在。从各类罐头中所检出的微生物来看，以好气性芽孢菌为最多。好气性菌、霉菌必须有足够的氧气才能生长，而在罐头生产工序中，由于采取了一些排气的操作工序，将罐内空气排除，降低了氧气含量，因而有效地阻止了需氧菌特别是其芽孢的生长发育，从而使罐内食品不易腐败变质而得以能较长时间的贮藏。

（2）排气对食品色、香、味及营养物质保存的影响　当食品与空气接触时，其表面很容易发生氧化而使食品的色、香、味及营养成分发生变化或破坏，如苹果、蘑菇及马铃薯等果蔬的果肉组织与氧气接触特别容易产生酶促变色；就维生素而言，温度在 100 ℃以上加热时，如有氧存在，它就会缓慢地分解，而无氧存在时就比较稳定。氧存在于食品组织中，也溶解于水和汁液中，罐头经过排气，排除了罐内的空气使罐头形成了一定的真空，同时也减少了罐内各成分的氧气含量，罐内的食品在这样的真空条件下保藏，能减轻或防止氧化作用，使食品中的色、香、味及营养物质得以较好的保存。

（3）排气对罐头内壁腐蚀的影响　　罐内和食品内如有空气存在，则罐内壁常会在其他食品成分的影响下出现腐蚀现象，从而影响了保藏性。罐内壁的腐蚀为电化学反应，是由阳极和阴极反应决定的。腐蚀的速度受许多因素的影响。当氧存在时，氧作为阴极去极化剂而使腐蚀速度大大加快。尤其对于含酸较高的水果罐头，氧的存在会加快铁皮的腐蚀甚至穿孔。因此，密封前应尽量将罐内及食品组织中的空气排除干净，减少氧气含量，以防止或减轻罐头在贮藏过程中内壁的腐蚀。

3. 密封措施对罐头保藏的影响

罐头食品之所以能长期保存不坏，除了充分杀灭了能在罐内环境生长的腐败菌和致病菌外，主要是依靠罐头的密封，使罐内食品与罐外环境完全隔绝，不再受到外界空气及微生物污染而引起腐败。由于罐头密封性的好坏也直接影响着罐头保藏期的长短，不论何种包装容器，如果未能获得严格的密封，就不能达到长期保存的目的，因此，罐头生产过程中严格控制密封的操作，保证罐头的密封效果是十分重要的。

（二）杀菌机理

罐头的杀菌主要是指通过加热手段杀灭罐内食品中的微生物，但罐头杀菌不同于微生物学上的杀菌。微生物学上的杀菌是指绝对无菌，而罐头的杀菌只是杀灭罐藏食品中能引起疾病的致病菌和能在罐内环境中引起食品败坏的腐败菌，并不要求达到绝对无菌。如果罐头杀菌也达到无菌的程度，那么就要提高杀菌的温度或延长杀菌时间，这将影响到食品的品质，使色、香、味和营养价值等都大大下降，所以这种罐头工艺上的杀菌称之为"商业无菌"。同时罐头在杀菌时也破坏了食品中的酶活性，从而保证了罐内食品在保质期内不发生腐败变质。此外罐头加热杀菌时还具一定的烹调作用，能增进风味及软化组织。

食品杀菌技术主要有热杀菌和非热杀菌：热杀菌主要有湿热杀菌、干热杀菌、微波杀菌、电热杀菌和电场杀菌等；非热杀菌主要有化学与生物杀菌、辐照杀菌、紫外线杀菌、脉冲杀菌、超高静压杀菌、脉冲电场（PEF）杀菌以及振动磁场杀菌等。但目前生产上应用最多的仍然是加热杀菌。罐头食品的热杀菌是借热处理杀死造成罐头食品败坏的微生物。试验证明，热杀菌超过适温范围以上时，温度越高则效率越增加，如在121 ℃杀菌的效率约为在100 ℃时的100倍，但在实际应用中不能无限制地提高温度，这样会使食品受到严重破坏；另外也要考虑到所有的杀菌温度必须是对食品内有害细菌起致死效应的温度。而要完成好加热杀菌就必须考虑杀菌的温度和时间的关系，这两个条件控制的好坏将直接影响到罐藏食品的质量和保质期的安全性。如何采取合适的杀菌工艺条件，必须从影响罐头加热杀菌的两方面的因素考虑，即影响微生物耐热性和罐头传热性的因素，只有彻底了解了影响杀菌效果的这些因素，才能设计出既能杀灭罐内的致病菌和腐败菌，使酶失活，又能最大限度地保持食品原有品质的正确的热杀菌工艺。

1. 影响罐头热杀菌的因素

（1）影响微生物耐热性的因素

a. 微生物的种类和数量。不同的微生物抗热能力有很大差别，这个问题前面已经述及，即嗜热性细菌耐热性最强，芽孢又更具有抗热性。而食品中所污染的细菌数量，尤其是芽孢数越多，在同样致死温度下所需时间就越长，如表13-13所示。

表13-13　孢子数量与致死时间的关系

每毫升的孢子数/个	在100 ℃的致死时间/min	每毫升的孢子数/个	在100 ℃下的致死时间/min
72 000 000 000	230~240	650 000	80~85
1 640 000 000	120~125	16 400	45~50
32 800 000	105~110	328	35~40

食品中细菌数量的多少取决于原料的新鲜程度和杀菌前的污染程度。所以采用的原料要求新鲜清洁，从采收到加工要及时，加工的各工序之间要紧密衔接，尤其是装罐以后到杀菌过程中不能积压，否则罐内微生物数量将大大增加而影响杀菌效果。工厂要注意卫生管理、用水质量以及与食品接触的一切机械设备和器具的清洗和处理，使食品中的微生物减少到最低限度，否则都会影响罐头食品的杀菌效果。

b. 食品的酸度。食品的酸度对微生物耐热性的影响很大，对于绝大多数微生物来说，在中性范围内耐热性最强，pH值升高或降低都可以减弱微生物的耐热性。特别是在偏向酸性时，促使微生物耐热性减弱作用更明显。根据相关研究，好气菌的芽孢在pH值=4.6的酸性培养基中，121 ℃ 2 min就可杀死，而在pH值=6.1的培养基中则需要9 min才能杀死。

酸度不同，对微生物耐热性的影响程度不同。表13-14为肉毒杆菌在不同pH值的各种果蔬中其芽孢致死条件。

表13-14　肉毒杆菌芽孢在不同pH值时的致死条件

品种	pH值	不同温度下致死时间/min				
		90 ℃	95 ℃	100 ℃	110 ℃	115 ℃
玉米	6.45	555	465	255	30	15
菠菜	5.10	510	465	225	20	10
四季豆	5.10	510	345	225	20	10
南瓜	4.21	195	120	45	15	10
梨	3.75	135	75	30	10	5
桃	3.60	60	20	—	—	—

从表13-14中可以看出，肉毒杆菌芽孢在不同温度下致死时间的缩短幅度随pH值的降低而增大，在pH值=5~7时，耐热性差异不太大，时间缩短幅度不大。而当pH值降至3.5时，芽孢的耐热性显著降低，即芽孢的致死时间随着pH值的降低而大幅度缩短。

由于食品的酸度对微生物及其芽孢的耐热性的影响十分显著，所以食品酸度与微生物耐热性这一关系在罐头杀菌的实际应用中具有相当重要的意义。酸度高、pH 值低的食品杀菌温度可低一些，时间也可相应缩短；而酸度低、pH 值高的食品杀菌温度要高一些，时间可适当延长。所以在罐头生产中常根据食品的 pH 值将其分为酸性食品和低酸性食品两大类，一般以 pH 值 4.5 为界限，pH 值<4.5 的为酸性食品，pH 值>4.5 的为低酸性食品。低酸性食品一般应采用高温高压杀菌，即杀菌温度高于 100 ℃；酸性食品则可采用常压杀菌，即杀菌温度不超过 100 ℃。

c. 食品中的化学成分。除了上述酸度对微生物耐热性有较大影响外，其他成分如糖、盐、蛋白质及植物杀菌素等对微生物的耐热性也有不同程度的影响。如糖的浓度越高，杀灭微生物芽孢所需的时间越长；浓度很低时，对芽孢耐热性的影响也很小。糖对微生物芽孢的这一保护作用一般认为是由于糖吸收了微生物细胞中的水分，导致了细胞内原生质脱水，影响了蛋白质的凝固速度，从而增强了细胞的耐热性。例如，大肠杆菌在 70 ℃加热时，在 10% 的糖液中致死时间比无糖溶液增加 5 min，而浓度提高到 30% 时致死时间要增加 30 min。但砂糖的浓度增加到一定程度时，由于造成了高渗透压的环境而又具有了抑制微生物生长的作用。

而食品中的盐类，一般认为低浓度的食盐对微生物的耐热性有保护作用，高浓度的食盐对微生物的耐热性有削弱的作用。这是因为低浓度食盐的渗透作用吸收了微生物细胞中的部分水分，使蛋白质凝固困难从而增强了微生物的耐热性。高浓度食盐的高渗透压造成微生物细胞中蛋白质大量脱水变性导致微生物死亡；食盐的 Na^+、K^+、Ca^{2+} 和 Mg^{2+} 等金属离子对微生物有致毒作用；食盐还能降低食品中的水分活度，使微生物可利用的水分减少，新陈代谢减弱。

另外，某些植物的汁液和它所分泌出的挥发性物质对微生物具有抑制和杀灭的作用，这种具有抑制和杀菌作用的物质称之为植物杀菌素。植物杀菌素的抑菌和杀菌作用因植物的种类、生长期及器官部位等不同。例如红辣洋葱的成熟鳞茎汁比甜辣洋葱鳞茎汁有更高的活性，经红辣洋葱鳞茎汁作用后的芽孢残存率为 4%，而经甜辣洋葱鳞茎汁作用后的芽孢残存为 17%。

含有植物杀菌素的蔬菜和调味料很多，如番茄、辣椒、胡萝卜、芹菜、洋葱、大葱、萝卜、大黄、胡椒、丁香、茴香和花椒等。如果在罐头食品杀菌前加入适量的具有杀菌素的蔬菜或调料，可以降低罐头食品中微生物的污染率，就可以使杀菌条件适当降低。

d. 罐头杀菌温度。罐头的杀菌温度与微生物的致死时间有着密切的关系，因为对于某一浓度的微生物来说，它们的致死条件是由温度和时间决定的。试验证明，微生物的热致死时间随杀菌温度的提高而表现为指数关系缩短。

（2）影响罐头传热的因素　在罐头的加热杀菌过程中，热量传递的速度受食品的物理性质、罐头包装容器的种类、食品的初温、杀菌温度、杀菌釜的形式等因素的影响，这些因素也会影响罐头的杀菌。

a. 罐内食品的物理性质。与传热有关的食品物理特性主要是形状、大小、浓度、黏度、密度等，食品的这些性质不同，传热的方式就不同，传热速度自然也不同。

热的传递有传导、对流和辐射 3 种方式，罐头加热时的传热方式主要是传导和对流。传热的方式不同，罐内热交换速度最慢一点的位置就不同，传导传热和对流传热的传热情况及其传热最慢点（常称其为冷点）的位置也不同。

对流传热的速度比传导传热快，冷点温度的变化也较快，因此加热杀菌需要的时间较短；传导传热速度较慢，冷点温度的变化也慢，需要较长的传热杀菌时间。

流体食品的黏度和浓度不大，如果汁、清汤类罐头等，加热杀菌时产生对流，传热速度较快；固体食品呈固态或高黏度状态，如果酱类罐头等，加热杀菌时不可能形成对流，或者流动性很差，杀菌时则主要靠传导传热，传热速度很慢；流体和固体混装食品，这类罐头食品中既有流体又有固体，传热情况较为复杂，如糖水水果罐头、浸渍类蔬菜罐头等。这类罐头加热杀菌时传导和对流同时存在。

b. 罐藏容器。罐头容器种类不同，其热阻也各不相同，对传热速度也就有一定影响。玻璃罐热阻大，铁皮罐热阻小，因而玻璃罐传热比铁皮罐慢，杀菌时间较铁皮罐要长。罐型小，单位体积有较大的热接触面，有利于热传递，因此杀菌时间较大型罐短。

c. 罐内食品的初温。罐内食品的初温是指杀菌开始时，也即杀菌釜开始加热升温时罐内食品的温度。根据 FDA 的要求，加热开始时，每一釜杀菌的罐头其初温以其中第一密封完的罐头的温度为计算标准。一般说，初温越高，初温与杀菌温度之间的温差越小，罐中心加热到杀菌温度所需要的时间越短，这对于传导传热型的罐头来说更为重要。

d. 杀菌釜的形式和罐头在杀菌釜中的位置。目前，我国罐头工厂多采用静止式杀菌釜，即罐头在杀菌时静止置于釜内。静止式杀菌釜又分为立式和卧式两类。传热介质在釜内的流动情况不同，立式杀菌釜传热介质流动较卧式杀菌釜相对均匀。杀菌釜内各部位的罐头由于传热介质的流动情况不同而传热效果相差较大。尤其是远离蒸汽进口的罐头，传热较慢。如果杀菌釜内的空气没有排除净，存在空气袋（气阻），那么处于空气袋内的罐头，传热效果就更差。所以，静止式杀菌必须充分排净杀菌釜内的空气，使釜内温度分布均匀，以保证各位置上罐头的杀菌效果。

罐头工厂除使用静止式杀菌釜外，还使用回转式或旋转式杀菌釜。这类杀菌釜由于罐头在杀菌过程中处于不断的转动状态，罐内食品易形成搅拌和对流，故传热效果较静止式杀菌要好得多。回转式杀菌的杀菌效果对于导热-对流结合型的食品及流动性差的食品，如糖水、水果、番茄酱罐头等更为明显。表 13-15 为 3 kg 装茄汁黄豆罐头采用静止杀菌和回转杀菌的比较，这说明回转杀菌的传热速度比静止杀菌要快得多。

e. 罐头的杀菌温度。杀菌温度是指杀菌时规定杀菌釜应达到并保持的温度。杀菌温度越高，杀菌温度与罐内食品温度之差越小，热的穿透作用越强，食品温度上升越快。由表 13-15 数据可知，杀菌温度提高，罐内升温时间就缩短。

表 13-15　静止杀菌和回转杀菌的比较

杀菌温度/℃	杀菌方式	罐内达到温度所需时间/min			
		107 ℃	110 ℃	113 ℃	116 ℃
116	静止	200	235	300	—
	回转（4r/min）	12	13.5	17	—

（续表）

杀菌温度/℃	杀菌方式	罐内达到温度所需时间/min			
		107 ℃	110 ℃	113 ℃	116 ℃
121	静止	165	190	220	260
	回转（4r/min）	10	11.5	13	16

2. 微生物耐热性的常见参数值

（1）F 值　即在恒定的加热标准温度条件下（121 ℃或 100 ℃），杀灭一定数量的细菌营养体或芽孢所需要的时间（min），也称为杀菌效率值、杀菌致死值或杀菌强度。在制定杀菌规程时，要选择耐热性最强的常见腐败菌或致病菌作为主要杀菌对象，并测定其耐热性。如肉毒梭状芽孢杆菌在 pH 值＝7 的磷酸盐缓冲液中，致死温度 121.1 ℃时，其致死时间为 2.45 min。

F 值通常以 121.1 ℃的致死时间表示，如 $F_{121.1}^{20}=5$，表示 121.1 ℃时对 Z 值为 20 的对象菌，其致死时间为 5 min。F 值越大，杀菌效果越好。F 值大小还与食品的酸碱度有关，低酸性食品要求 F 值大于 4.5，中酸性食品一般要求 F 值大于 2.45，酸性食品的 F 值可以确定在 0.5~0.6。为了方便起见提出一个参考 F 值（F_0 值），即在 121 ℃下杀灭某一指定数量的微生物 Z 值为 10 ℃所需要的时间。F_0 值是热处理致死效率的一个衡量标准。

（2）D 值　即在指定的温度条件下（如 121 ℃、100 ℃等），杀死 90%原有微生物芽孢或营养体细菌数所需要的时间（min）。杀灭某一对象菌，使之全部死灭的时间随温度不同而异，温度越高，时间越短。从实验中测定对象菌在一定浓度的芽孢数时，致死温度与时间的关系描绘在半对数坐标纸（横坐标为热力致死温度，纵坐标为热力致死时间）上，则呈一条直线，即热力致死温度曲线。

$D_{121.1}^{16}=1.16$，表示 121.1 ℃时对 Z 值为 16 的生芽孢梭状芽孢杆菌，使其死灭率达到 90%时所需要的时间为 1.16 min。D 值大小与该微生物的耐热性有关，D 值越大，它的耐热性能越强，杀灭 90%微生物芽孢所需的时间就越长。

（3）Z 值　表示使加热致死时间变化为 10 倍时所需的温度。$Z=10$，表示杀菌温度提高 10 ℃的话，则加热致死时间就减为 1/10。Z 值越大，说明该微生物的抗热性越强。如用热力致死温时曲线来表示，其斜率绝对值的倒数为 Z 值。

（4）TDT 值　表示在一定的温度下，使微生物全部致死所需的时间。如 121.1 ℃下肉毒梭状芽孢杆菌致死时间为 2.45 min。

3. 罐头热杀菌公式

罐头热杀菌过程中杀菌的工艺条件主要是温度、时间和反压力 3 项因素，在罐头厂通常用"杀菌公式"的形式来表示，即把杀菌的温度、时间、所采用的反压力排列成公式的形式。

热杀菌工艺条件的确定，也就是确定其必要的杀菌温度、时间。工艺条件制定的原则是在保证罐藏食品安全性的基础上，尽可能地缩短加热杀菌的时间，以减少热力对食品品质的影响。换句话说，正确合理的杀菌条件应该是既能杀灭罐内的致病菌和能在罐内环境中生长繁殖引起食品变质的腐败菌，使酶失活，又能最大限度地保持食品原有的品质。

四、罐藏工艺技术

（一）工艺流程

选料→预处理→装罐→排气→密封→杀菌→冷却→保温检验→包装→成品。

（二）操作要点

1. 装罐

（1）空罐准备　罐藏容器在加工、运输和存放中常附有灰尘、微生物、油脂等污物，因此，使用前必须对容器进行清洗和消毒，以保证容器的卫生，提高杀菌效率。

金属罐空罐一般先用热水冲洗，玻璃罐应先用清水（或热水）浸泡，然后用毛刷刷洗或用高压水喷洗。尤其对于回收、污染严重的容器还要用 2%~3% NaOH 液加热浸泡 5~10 min，或者也可以加入洗涤剂或漂白粉清洗，不论哪类容器清洗，反复冲洗后，都要用 100 ℃沸水或蒸汽消毒 30~60 min，然后倒置沥干水分备用。罐盖也进行同样处理，或用 75%酒精消毒。洗净消毒后的空罐要及时使用，不宜长期搁置，以免生锈或重新污染微生物。

（2）灌注液配制　果蔬罐藏时除了液态（果汁、菜汁）和黏稠态食品（如番茄酱、果酱等）外，一般都要向罐内加注液汁，称为罐液或汤汁。果品罐头的罐液一般是糖液，蔬菜罐头多为盐水。加注罐液能填充罐内除果蔬以外所留下的空隙，目的在于增进风味、排除空气、提高初温，并加强热的传递效率。

a. 糖液配制。所配糖液的浓度，依水果种类、品种、成熟度、果肉装量及产品质量标准而定。我国目前生产的糖水果品罐头，一般要求开罐糖度为 14%~18%。

生产中常用折光仪或糖度表来测糖液浓度。由于液体密度受温度的影响，通常其标准温度多采用 20 ℃，若所测糖液温度高于或低于 20 ℃，则所测得的糖液浓度还需加以校正。

配制糖液的主要原料是蔗糖，其纯度要在 99%以上。配糖液有两种方法，直接法和稀释法两种。直接法就是根据装罐所需的糖液浓度，直接按比例称取砂糖和水，置于溶糖锅加热搅拌溶解并煮沸，过滤待用。例如，直接法配 30%的糖水，则可按砂糖 30 kg、清水 70 kg 的比例入锅加热配制。稀释法就是先配制高浓度的糖液，也称之为母液，一般浓度在 65%以上，装罐时再根据所需浓度用水或稀糖液稀释。例如，用 65%的母液配 30%的糖液，则以母液∶水 =1∶1.17 混合，就可得到 30%的糖液。

配糖液时注意事项。煮沸过滤：使用硫酸法生产的砂糖中或多或少会有 SO_2 残留，糖液配制时若煮沸一定时间（5~15 min），就可使糖中残留的 SO_2 挥发掉，以避免 SO_2 对果蔬色泽的影响。煮沸还可以杀灭糖中所含的微生物，减少罐头内的原始菌数。糖液必须趁热过滤，滤材要选择得当。糖液的温度：对于大部分糖水水果罐头而言都要求糖液维持一定的温度（65~85 ℃），以提高罐头的初温，确保后续工序的效果。而个别产品如梨、荔枝等罐头所用的糖液，加热煮沸过滤后应急速冷却到 40 ℃以下再行装罐，以防止果肉红变。糖液加酸后不能积压；糖液中需要添加酸时，注意不要过早加入，应在装罐前加入为好，以防止或减少蔗糖转化而引起果肉变色。

b. 盐液配制。所用食盐应选用精盐，食盐中氯化钠含量在98%以上。配制时常用直接法按要求称取食盐，加水煮沸过滤即可。一般蔬菜罐头所用盐水浓度为1%~4%。

c. 调味液的制备。调味液的种类很多，但配制的方法主要有两种：一种是将香辛料先经一定的熬煮制成香料水，然后再与其他调味料按比例制成调味液；另一种是将各种调味料、香辛料（可用布袋包裹，配成后连袋去除）一起一次性配成调味液。

（3）装罐工艺要求　装罐速度要快，半成品不应堆积过多，以减少微生物污染机会，同时趁热装罐，还可提高罐头中心温度，有利于杀菌。装罐前要进行必要的分选，以保证每个罐头的质量，力求大小、色泽、形态大致均匀，及时剔除变色、软烂及带病斑的果块。

装罐时一定要留顶隙，即指罐头内容物表面和罐盖之间所留空隙的距离，一般要求为3~8 mm。罐内顶隙的作用很重要，但须留得适当。顶隙若过大，会造成罐内食品装量不足，或因排气不足残留空气多，促使罐内食品变色变质；或因排气过足，使罐内真空度过大，杀菌后出现罐盖（体）过度凹陷，影响外观。顶隙若过小，则会在杀菌时罐内食品受热膨胀，内压过大，而造成罐盖外凸，甚至造成密封性不良，或者形成物理性胀罐。

另外，装罐时要注意卫生，严格操作，防止杂物混入罐内，保证罐头质量。

（4）装罐方法　园艺产品罐头，因其原料及成品形态不一，大小、排列方式各异，所以多采用人工装罐，对于流体或半流体制品（果汁、果酱）可用机械装罐。装罐时一定要保证装入的固形物达到规定重量，因此，装罐时必须每罐称重。

2. 排气

排气是指食品装罐后，密封前将罐内顶隙间的、装罐时带入的和原料细胞组织内的空气尽可能从罐内排出的一项技术措施，从而使密封后罐头顶隙内形成部分真空的过程。

（1）排气的作用

a. 防止或减轻因加热杀菌时内容物的膨胀而使容器变形，影响罐头卷边和缝线的密封性，防止玻璃罐的跳盖。

b. 减轻罐内食品色、香、味的不良变化和营养物质的损失。

c. 阻止好气性微生物的生长繁殖。

d. 减轻马口铁罐内壁的腐蚀。

因此，排气是罐头食品生产中维护罐头密封性和延长贮藏寿命的重要措施。

（2）罐头真空度　罐头真空度是指罐外大气压与罐内残留气压的差值，一般要求在26.7~40 kPa。罐内残留气体越多，它的内压越高，而真空度就越低，反之则越高。罐内残留气体的多少，主要决定于排气工艺。罐头真空度的形成是利用罐内气体受热逸出罐外，代之以水蒸气充满顶隙，食品受热膨胀暂时缩小顶隙，当罐头经过杀菌冷却后，罐内食品体积收缩，水蒸气凝结成液体，这样罐内顶隙间就出现了部分真空状态。

罐头内保持一定的真空状态，能使罐头底盖维持平坦或向内陷的状态，这是正常良好罐头食品的外表特征，常作为检验识别罐头好坏的一个指标。

（3）影响罐头真空度的因素　无论采用哪一种排气方法，其排气效果的好坏都以杀菌冷却后罐头所获得的真空度大小来评定。排气效果的好坏决定罐头真空度，排气效果越好，罐头的真空度越高。影响排气效果的因素主要有以下几方面。

a. 排气温度和时间。对加热排气而言，排气温度越高，时间越长，最后罐头的真空度也越高。因为温度高，罐头内容物升温快，可以使罐内气体和食品充分受热膨胀易于排除罐内空气；时间长，可以使食品组织内部的气体得以比较充分地排出。但要注意排气的温度若过高或排气时间过长，会引起果肉软烂及糖液溢出，同时封罐后真空度过高，易引起瘪罐。

b. 罐内顶隙的大小。顶隙是影响罐头真空度的一个重要因素，顶隙与罐头真空度的关系见表 13-16。

表 13-16　100 ℃排气时罐内顶隙对真空度的影响

顶隙/mm	不同排气时间罐内真空度/kPa		
	30 min	60 min	90 min
3. 18	17. 0～19. 6	20. 3～23. 3	21. 6～24. 9
6. 25	45. 3～47. 5	49. 6～50. 7	52. 8～53. 7
9. 53	62. 9～66. 7	69. 3～70. 7	73. 3～74. 7
12. 70	82. 7～83. 3	85. 3～86. 7	88～90. 7
15. 88	90. 7～92	95. 3～96. 7	97. 3～99. 3

表 13-16 说明顶隙越大，罐头的真空度越高。以蒸馏水为对象进行顶隙与罐头真空度的试验结果表明，在每个确定的温度下存在着一个临界顶隙，在小于临界顶隙时，真空度随着顶隙的增加而增大；大于临界顶隙时，真空度则随着顶隙的增加而减少。当罐头顶隙为临界顶隙时，可获得最高的真空度。临界顶隙随温度升高而逐渐增大。可见加热排气时，顶隙对于罐头真空度的影响随顶隙的大小而异。但是否每种罐头食品都存在一个临界顶隙，有待进一步研究。

c. 食品原料的种类和新鲜度。原料种类不同，含气量也不同，虽经排气但排除的程度不同，尤其是采用真空密封排气和蒸汽密封排气时，原料组织内的空气更不易排除。罐头经杀菌冷却后组织中残存的空气在贮藏过程会逐渐释放出来，而使罐头的真空度降低，原料的含气量越高，真空度降低越严重。

原料的新鲜程度也影响罐头的真空度。因为不新鲜的原料，其某些组织成分已经发生变化，高温杀菌时将促使这些成分的分解而产生各种气体，如含蛋白质的食品分解放出 H_2S、NH_3 等，果蔬类食品产生 CO_2 气体，均会使罐内压力增大，真空度降低。

d. 食品的酸度。食品中含酸量的高低也影响罐头的真空度。园艺产品的酸度高时，易与金属罐内壁作用而产生氢气，使罐内压力增加，真空度下降。因而对于酸度高的原料最好采用涂料罐，以防止酸对罐内壁的腐蚀，保证罐头真空度。

e. 外界气温的变化。罐头的真空度是大气压力与罐内实际压力之差。当外界温度升高时，罐内残存气体受热膨胀，压力提高，真空度降低。因而外界气温越高，罐头真空度越低。气温与真空度的关系见表13-17。

表13-17 气温与真空度的关系

温度/℃		罐内真空度或压力/kPa						
1.6	真空度	0.64	1.02	1.46	1.96	2.47	3.05	3.66
11.1		0.34	0.75.	1.22	1.69	2.27	2.85	3.45
16.7		0.00	1.02	1.46	1.96	2.47	3.05	3.66
22.2	表压	4.12	0.00	0.47	0.88	1.59	2.23	2.87
27.8		9.60	5.19	0.00	0.54	1.12	1.78	2.50
33.3		15.88	10.98	5.04	0.00	0.60	1.29	2.04
38.9		23.42	18.62	10.72	6.86	0.00	0.71	1.46
44.1		33.03	27.54	17.44	14.50	7.55	0.00	0.81
50.0		43.41	37.93	25.28	24.11	16.56	8.92	0.00

f. 外界气压的变化。罐头的真空度还受大气压力的影响。大气压降低，罐内真空度也降低。而大气压又随海拔高度而异，海拔越高气压越低，所以罐头的真空度又受海拔高度的影响，海拔越高，罐头真空度越低。

（4）排气方法 目前，我国罐头食品厂常用的排气方法有热力排气、真空排气和蒸汽排气3种。热力排气是使用最早也是最基本的排气方法，至今仍有工厂采用。真空排气法是后来才发展起来的，是目前应用最广泛的一种排气方法。蒸汽排气法是近些年发展的，在我国也已开始采用，但没有前两种那么普遍。

a. 热力排气法。热力排气法利用食品和气体受热膨胀的原理，通过对装罐后罐头的加热，使罐内食品和气体受热膨胀，罐内部分水分气化，水蒸气分压提高来驱赶罐内的气体。排气后立即密封，这样罐头经杀菌冷却后，由于食品的收缩和水蒸气的冷凝而获得一定的真空度。

热力排气法有热装罐排气和排气箱加热排气两种。

热装罐排气：热装罐排气就是先将食品加热到一定温度，然后立即趁热装罐并密封的方法。这种方法适用于流体、半流体或食品的组织形态不会因加热时的搅拌而遭到破坏的食品，如番茄汁、番茄酱、糖浆苹果等。采用此法时，必须保证装罐密封时食品的温度，绝不能让食品的温度下降，若密封时食品的温度低于工艺要求的温度，成品罐头就得不到预期的真空度，同时要注意密封后及时杀菌。

排气箱加热排气：加热排气就是将装罐后的食品（经预封或不经预封）送入排气箱，在具有一定温度的排气箱内经一定时间的排气，使罐头中心温度达到工艺要求温度（一般在80℃左右），罐内空气充分外溢，然后立即趁热密封、杀菌、冷却后罐头就可得到一定的真空度。

加热排气所采用的排气温度和排气时间视罐头的种类、罐型的大小、容器的种类、罐内食品的状态等具体情况而定，一般为90~100 ℃，5~20 min。加热排气能使食品组织内部的空气得到较好的排除，能起到部分杀菌的作用，但对于食品的色、香、味等品质多少会有一些不良影响，且排气速度慢，热量利用率低。

加热排气的设备有链带式排气箱和齿盘式排气箱。链带式排气箱其箱底两侧装有蒸汽喷射管，由阀门调节喷出的蒸汽量，使箱内维持一定的温度。待排气的罐头从排气箱的一端进入排气箱，由链带带动行进，从排气箱的另一端出来。罐头在排气箱中通过的时间就是排气处理的时间，这一时间通过调节链带的行进速度来实现。齿盘式排气箱与链带式排气箱的不同只是输送罐头方式的不同，它通过箱内几排齿盘的转动输送罐头。

b. 真空排气法。这是一种借助于真空封罐机将罐头置于真空封罐机的真空仓内，在抽气的同时进行排气的方法。采用此法排气，可使罐头真空度达到33.3~40 kPa，甚至更高。

真空排气法具有能在短时间内使罐头获得较高的真空度、能较好地保存维生素和其他营养素（因为减少了受热环节）、适用于各种罐头的排气以及封罐机体积小、占地少的优点，所以被各罐头厂广泛使用。但这种排气方法由于排气时间短，故只能排除罐头顶隙部分的空气，食品内部的气体则难以排除。因而对于食品组织内部含气量高的食品，最好在装罐前先对食品进行抽空处理，否则排气效果不理想。采用此法排气时还需严格控制封罐机真空仓的真空度及密封时食品的温度，否则封口时易出现暴溢现象。

除上述两种排气法外，还有一种蒸汽喷射排气法，这种方法是在罐头密封前的瞬间，向罐内顶隙部位喷射蒸汽，用蒸汽将顶隙内的空气排除，并立即密封。这种方法目前国内尚未普及。

3. 密封

罐头食品之所以能长期保存而不变质，除了充分杀灭了能在罐内环境生长的腐败菌和致病菌外，主要是依靠罐头的密封，使罐内食品与外界完全隔绝而不再受到微生物的污染。为保持这种高度密封状态，必须借助于封罐机将罐身和罐盖紧密封合，称为密封或封口。显然，密封是罐头生产工艺中极其重要的一道工序。罐头密封的方法和要求视容器的种类而异。

（1）金属罐的密封　金属罐的密封是指罐身的翻边和罐盖的圆边在封口机中进行卷封，使罐身和罐盖相互卷合，压紧而形成紧密重叠的卷边的过程。所形成的卷边称之为二重卷边。

a. 封口机封口的主要部件及封口过程。封口机完成罐头的封口主要靠压头、托盘、头道滚轮和二道滚轮四大部件，在四大部件的协同作用下完成金属罐的封口。

压头：压头用来固定和稳住罐头，不让罐头在封口时发生任何滑动，以保证卷边质量。压头的尺寸是严格的，误差不允许超过25.4 μm。压头突缘的厚度必须和罐头的埋头度相吻合，压头的中心线和突缘面必须成直角，压头的直径随罐头大小而异。压头必须由耐磨的优质钢材制造以经受滚轮压槽的挤压力。

托盘：托盘也称下压头、升降板，它的作用是托起罐头使压头嵌入罐盖内，并与压头一起固定稳住罐头，避免滑动，以利于卷边封口。

滚轮：滚轮是由坚硬耐磨的优质钢材制成的圆形小轮，分为初滚轮（也称头道滚轮）和复滚轮（也称二道滚轮），两者的作用、结构不同。初滚轮的转压槽构深，且上部的曲率半径较大，下部的曲率半径较小；复滚轮的转压槽构浅，上部的曲率半径较小，下部的曲率半径较大。初滚轮的作用是将罐盖的圆边卷入罐身翻边下并相互卷合在一起，复滚轮的作用是将初滚轮已卷合好的卷边压紧。

b. 二重卷边的形成过程。封口时，罐头进入封罐机作业位置托盘上，托盘即刻上升使压头嵌入罐盖内并固定住罐头，压头和托盘固定住罐头后，头道滚轮首先工作，围绕罐身做圆周运动和自转运动，同时做径向运动逐渐向罐盖边靠拢紧压，将罐盖盖钩和罐身翻边卷合在一起形成卷边，即行退回；紧接着二道滚轮围绕罐身做圆周运动，同时做径向运动逐渐向罐盖边靠拢紧压，将头道滚轮完成的卷边压紧形成卷边，随即退出。卷边操作有两种形式：一种是上述的在操作时罐头自身不转动的形式；另一种形式是在封口过程中罐头做自身旋转，滚轮则只做径向运动，不做圆周运动。

（2）玻璃罐的密封　玻璃罐与金属罐不同，它的罐身是玻璃的，而罐盖是金属的，一般为镀锡薄钢板，它的密封是靠镀锡薄钢板和密封圈紧压在玻璃瓶口而形成密封的。

目前生产上主要使用的玻璃罐是旋开式玻璃瓶。旋开式玻璃瓶有单螺纹型和多螺纹型，后者是使用最广泛的一种玻璃瓶，它的瓶口上有 3 条、4 条或 6 条斜螺纹，每两条斜螺纹首尾交错衔接，瓶盖上有相应数量的"爪"，密封时只需将"爪"与斜螺纹始端对准拧紧即完成封口。瓶盖内注有塑料溶胶形成密封胶垫，以保证玻璃瓶的密封性。这一密封操作可以由手工完成，也可以由玻璃瓶拧盖机来完成。

（3）复合塑料薄膜袋的密封　软罐头的密封方法与金属、玻璃罐头的密封方法完全不同，要求复合塑料薄膜边缘上内层薄膜熔合在一起，从而达到密封的目的。通常采用热熔封口，热熔强度取决于复合塑料薄膜袋的材料性质及热熔合时的温度、时间和压力。

a. 电加热密封法。由金属制成的热封棒，表面用聚四氟乙烯作保护层。通电后热封棒发热到一定温度，袋内层薄膜熔融，加压粘合。为了提高密封强度，热熔密封后再冷压一次。

b. 脉冲密封法。通过高频电流使加热棒发热密封，时间为 0.3 s，自然冷却。这一密封的特点是即使接合面上有少量的水或油附着，热封下仍能密切接合，操作方便，适用性广，其接合强度大，密封强度也胜于其他密封法。这一密封法是目前使用最普遍的方法。

4. 杀菌

罐头加热杀菌的方法很多，根据其原料品种的不同、包装容器的不同等采用不同的杀菌方法。罐头的杀菌可以在装罐前进行，可以在装罐密封后进行。装罐前进行杀菌，即所谓的无菌装罐，需先将待装罐的食品和容器均进行杀菌处理，然后在无菌的环境下装罐、密封。我国各罐头厂普遍采用的是装罐密封后杀菌。罐头的杀菌根据各种食品对温度的要求不同分为常压杀菌（杀菌温度不超过 100 ℃）、高温高压杀菌（杀菌温度高于 100 ℃ 而低于 125 ℃）和超高温杀菌（杀菌温度在 125 ℃ 以上）三大类，依具体条件确定杀菌工艺，选用杀菌设备。

(1) 静止间歇式杀菌　静止批量式杀菌技术与设备因杀菌压力的不同而分为静止高压杀菌和静止常压杀菌两种。

a. 静止高压杀菌。静止高压杀菌是肉禽、水产及部分蔬菜等低酸性罐头食品所采用的杀菌方法，根据其热源的不同又分为高压蒸汽杀菌和高压水浴杀菌。

高压蒸汽杀菌：大多数低酸性金属罐头常采用高压蒸汽杀菌。其主要杀菌设备为静止高压杀菌釜，通常是批量式操作，并以不搅动的立式或卧式密闭高压容器进行。这种高压容器一般用厚度为 6.5mm 以上的钢板制成，其耐压程度至少能达到 0.196 MPa。

合理的杀菌装置是保证杀菌操作完善的必要条件。对于高压蒸汽杀菌来说，蒸汽供应量应足以使杀菌釜在一定的时间内加热到杀菌温度，并使釜内热分布均匀；空气的排放量应该保证在杀菌釜加热到杀菌温度时能将釜内的空气全部排放干净；在杀菌釜内冷却罐头时，冷却水的供应量应足以使罐头在一定时间内获得均匀而又充分的冷却。

高压水浴杀菌：高压水浴杀菌就是将罐头投入水中进行加压杀菌。一般低酸性大直径罐、扁形罐和玻璃罐常采用此法杀菌，因为此法较易平衡罐内外压力，可防止罐头的变形、跳盖，从而保证产品质量。高压水浴杀菌的主要设备也是高压杀菌釜，其形式虽与高压蒸汽杀菌的设备相似，但它们的装置、方法和操作却有所不同。

b. 静止常压杀菌。静止常压杀菌是水果和番茄等酸性罐头食品采用的杀菌方法，一般常采用水浴杀菌，即沸水杀菌。操作时将罐头用铁笼装好，投入杀菌釜（池）内，将水没过罐头，待水沸腾时计时。但对于玻璃罐杀菌时，要注意罐头与水之间的温差，防止破裂。

(2) 连续杀菌　连续杀菌同样有高压和常压之分，必须配以相应的杀菌设备。常用的连续杀菌设备主要有以下几种。

a. 常压连续杀菌器。常压连续杀菌器以水为加热介质，多采用沸水，在常压下进行连续杀菌。杀菌时，罐头由输送带送入连续作用的杀菌器内进行杀菌。杀菌时间通过调节输运带的速度来控制，按杀菌工艺要求达到时间后，罐头由输送带送入冷却水区进行冷却，整个杀菌过程连续进行。我国现有的常压连续沸水杀菌器有单层、三层和五层。

b. 水封式连续杀菌器。水封式连续杀菌器是一种旋转杀菌和冷却联合进行的装备，可以用于各种罐型的铁罐、玻璃罐以及塑料袋的杀菌。杀菌时，罐头由链式输送带送入，经水封式转动阀门进入杀菌器上部的高压蒸汽杀菌室内，然后在该杀菌室内水平地往复运动，在保持稳定的压力和充满蒸汽的环境中杀菌。杀菌时间可根据要求调整输送带的速度进行控制。杀菌完毕，罐头经分隔板上的转移孔进入杀菌釜底部的冷却水内进行加压冷却，然后再次通过水封式转动阀门送往常压冷却，直至罐温达到 40 ℃左右。

c. 静水压杀菌器。静水压杀菌器是利用水在不同的压力下有不同沸点而设计的连续高压杀菌器。杀菌时，罐头由传送带携带经过预热水柱进入蒸汽加热室进行加热杀菌，经冷却水柱离开蒸汽室，再接受喷淋冷水进一步冷却。蒸汽加热室内的蒸汽压力和杀菌温度通过预热水柱和冷却水柱的高度来调节。如果水柱高度为 15 m，蒸汽加热室内的压力可高达 0.147 MPa，温度相当于 126.7 ℃。杀菌时间根据工艺要求可通过调整传送带的传送速度来调节。

静水压杀菌器具有加热温度调节简单，省汽、省水且时间均匀等优点，但存在外形尺寸大、设备投资费用高等不足，故对大量生产热处理条件相同的产品的工厂最为适用。

(3) 其他杀菌技术

a. 回转式杀菌器。回转式杀菌器是运动型杀菌设备，在杀菌过程中罐头不断地转动，转动的方式有两种，一种是作上下翻动旋转，另一种是作滚动式转动。罐内食品的转动加速了热的传递，缩短了杀菌时间，也改善了食品的品质，特别是以对流为主的罐头食品效果更显著。回转式杀菌器根据放入罐头的连续程度不同可分为批量式和连续式两种。批量式回转杀菌器的热源是处于高压下的蒸汽或水。连续式回转式杀菌器能连续地传递罐头，同时使罐头旋转，适合于多种食品的杀菌。

b. 火焰杀菌器。火焰杀菌是使罐头在常压下直接通过煤气或丙烷火焰而杀菌，适用于以对流为主的罐头，如青豆、玉米、胡萝卜、蘑菇等。火焰杀菌器由三部分组成，即蒸汽预热区、火焰加热区和保温区。罐头在蒸汽预热区加热至 100 ℃ 后滚动进入火焰加热区，罐头滚动，传热很快，在直接火焰加热下罐头的温度每 3 s 约可升高 1.5 ℃，一般 2 min 左右就能升至规定的杀菌温度，进入保温区保温一定时间后进行冷却。

c. 无菌装罐设备。无菌装罐是食品在装罐前先进行高温短时杀菌随即冷却，在无菌条件下装入无菌容器后密封。整个操作必须是在一个密闭的蒸汽加热室中于无菌条件下完成。它适用于对热较敏感，加热时间不宜过长的食品。

d. "闪光 18" 杀菌法。"闪光 18" 杀菌法需用 "闪光 18" 设备来完成，它也属于无菌灌装设备。这种设备有个圆柱形的加压室供装罐和封罐用，两端有加压和减压气阀，食品和空罐的入口都有气闸装置。操作时将食品高温短时杀菌后直接送入加压室，加压室内的压力控制在液体不致沸腾的水平下，在此气压下装罐和密封，然后在装罐温度下维持 4~5 min，使食品在冷却前充分杀菌煮熟。加压室内可采用常规的装罐、密封和其他设备。此外，由于此法密封是在高温下完成的，因此空罐不必预先杀菌，装罐、密封也无须采用无菌条件。

e. 超高压杀菌法。超高压杀菌是将密封在容器中的食品，经 100 MPa 以上加压处理后，达到抑制或杀灭微生物的生长繁殖，从而获得长期保藏食品的目的。一般是采用液体压缩装置产生高压，而不用高压气体装置。液压又分为泵加压式和活塞加压式。生产规模目前仍以泵加压式分批处理的装置为主，当液状食品处理量大时，就需要使用连续式批量处理的高压容器，通过进料、加压、保压、减压、出料的工序反复循环进行，达到连续批量生产，其最高生产能力可达 4 000 kg/h 的产品。用于高压处理食品的包装材料及容器，必须适应高压工艺的要求，如能在受压下变形，材料具有良好的可挠性，容器灌装后残留空隙要小，加压处理及减压后能恢复容器原形状；通过试验研究证明，采用塑料袋抽真空后加热熔封袋口较好。用于高压处理的塑料袋和软包装罐头蒸煮袋或无菌包装所用复合铝箔塑料薄膜袋基本相近，外层用聚酯薄膜或尼龙定向膜，中间层用铝箔、聚偏二氯乙烯薄膜，内层用非定向聚丙烯或聚乙烯。

5. 冷却

（1）冷却的目的　罐头加热杀菌结束后应迅速进行冷却，因为热杀菌结束后的罐内食品仍处于高温状态，仍然受着热的作用，如不立即冷却，罐内食品会因长时间的热作用而造成色泽、风味、质地及形态等的变化，使食品品质下降；同时，不急速冷却，较长时间处于高温下，还会加速罐内壁的腐蚀作用，特别是对含酸高的食品来说；较长时间的热作用为嗜热性微生物的生长繁殖创造了条件。冷却的速度越快，对食品的品质越有利。

（2）冷却的方法　罐头冷却的方法根据所需压力的大小可分为加压冷却和常压冷却两种。

a. 加压冷却。加压冷却也就是反压冷却。杀菌结束后的罐头必须在杀菌釜内在维持一定压力的情况下冷却，主要用于一些在高温高压杀菌，特别是高压蒸汽杀菌后容器易变形、损坏的罐头。通常是杀菌结束关闭蒸汽阀后，在通入冷却水的同时通入一定的压缩空气，以维持罐内外的压力平衡，直至罐内压力和外界大气压相接近方可撤去反压。此时罐头可继续在杀菌釜内冷却，也可从釜中取出在冷却池中进一步冷却。

b. 常压冷却。常压冷却主要用于常压杀菌的罐头。罐头可在杀菌釜内冷却，也可在冷却池中冷却，可以泡在流动的冷却水中浸冷，也可采用喷淋冷却。喷淋冷却效果较好，因为喷淋冷却的水滴遇到高温的罐头时受热而汽化，所需的汽化潜热使罐头内容物的热量很快散去。

冷却时应注意的问题：罐头冷却所需要的时间随食品的种类、罐头大小、杀菌温度、冷却水温等因素而异。但无论采用什么方法，罐头都必须冷透，一般要求冷却到38~40 ℃，以不烫手为宜。此时罐头尚有一定的余热，以蒸发罐头表面的水膜，防止罐头生锈。

用水冷却罐头时，要特别注意冷却用水的卫生。因为罐头食品在生产过程中难免受到碰撞和摩擦，有时在罐身卷边和接缝处会产生肉眼看不见的缺陷，这种罐头在冷却时因食品内容物收缩，罐内压力降低，逐渐形成真空，此时冷却水就会在罐内外压差的作用下进入罐内，并因冷却水质差而引起罐头腐败变质。一般要求冷却用水必须符合饮用水标准，必要时可进行氯化处理，处理后的冷却用水的游离氯含量控制在 3~5 mg/kg。

玻璃瓶罐头应采用分段冷却，并严格控制每段的温差，防止玻璃罐炸裂。

五、新含气调理加工技术

1993 年由日本小野食品兴业株式会社开发出的新含气调理，食品加工技术是针对目前普遍使用的真空包装、高温高压灭菌等常规加工方法存在的不足所开发的一种加工新技术。此技术可使食品在常温下保存和流通达 6~12 个月，同时能较完善地保存食品的品质和营养成分，且食品原有的口感、外观和色香味几乎不会改变。

新含气调理食品加工的设备主要包括万能自动烹饪锅、新含气制氮机、包装机和调理灭菌锅等，其加工工艺技术介绍如下。

（一）初加工

包括原料的选择、洗涤、去皮及切分等。

（二）预处理

一是结合蒸、煮、炸、烤、炒等必要的烹饪对食品进行调味；二是在上述调味过程中减少微生物的数量（减菌化处理），如蔬菜每 1 g 原料中有 $10^5 \sim 16^6$ 个细菌，经过减菌化处理之后，可使物料中的细菌降至 10~100 个。通过这样的预处理，可以大大降低和缩短最后的灭菌温度和时间，从而将食品承受的热损伤限制在最小程度。

（三）气体置换包装

将预处理后的物料及调味汁装入耐热性强和高阻隔性的包装袋中，以惰性气体（通常使用氮气）置换其中的空气，然后密封。气体的置换有 3 种方式：一是先抽真空，再注入氮气，其置换率一般可达 99% 以上；二是直接向容器内注入氮气，置换率一般为 95%；三是在氮气的环境中包装，置换率在 97% ~ 98.5%。通常采用第一种方式。

（四）调理灭菌

调理灭菌是在调理灭菌锅内采用波浪状热水喷淋、均一性加热、多阶段升温、二阶段急速冷却的温和方式进行灭菌。在灭菌锅两侧设置的众多喷嘴向被灭菌物喷射波浪状热水，可形成十分均匀的灭菌温度。多阶段升温灭菌是为了缩短食品表面与食品中心之间的温差。第一阶段为预热期，第二阶段为调理入味期，第三阶段为灭菌期。每一阶段温度的高低和时间长短，均取决于食品种类和调理的要求。新含气调理灭菌与高温高压灭菌相比，高温域相当窄，从而改善了高温高压灭菌锅因一次性升温及高温高压时间过长而对食品造成的热损伤以及出现蒸煮异味的弊端。一旦灭菌结束，冷却系统迅速启动，5~10 min 之内，被灭菌物的温度就会降至 40 ℃ 以下，从而尽快解脱高温状态。

六、罐头食品常见质量问题及控制

（一）罐头胀罐

合格罐头其底盖中心部位略平或呈凹陷状态。当罐头内部的压力大于外界空气的压力时，底盖鼓胀，形成胀罐，或称胖听。从罐头的外形看，可分为软胀和硬胀，软胀包括物理性胀罐及初期的氢胀或初期的微生物胀罐。硬胀主要是微生物胀罐，也包括严重的氢胀罐。

1. 物理性胀罐

（1）原因　罐头内容物装得太满，顶隙过小，加热杀菌时内容物膨胀，冷却后即形成胀罐；加压杀菌后，消压过快，冷却过速；排气不足或贮藏温度过高；高气压下生产的制品移置低气压环境里等，都可能形成罐头两端或一端凸起的现象，这种罐头的变形称为物理性胀罐。此种类型的胀罐，内容物并未坏，可以食用。

（2）防止措施　①应严格控制装罐量，切勿过多。②注意装罐时，罐头的顶隙大小要适宜，要控制在 3~8 mm。③提高排气时罐内的中心温度，排气要充分，封罐后能形成较高的真空度，即达 3 999~5 065 Pa。④加压杀菌后的罐头消压速度不能太快，使罐内外的压力较平衡，切勿相差过大。⑤控制罐头制品适宜的贮藏温度（0~10 ℃）。

2. 化学性胀罐（氢胀罐）

（1）原因　高酸性食品中的有机酸（果酸）与罐头内壁（露铁）起化学反应，放出氢气，内压增大，从而引起胀罐，这种胀罐虽然内容物有时尚可食用，但不符合产品标准，以不食为宜。

（2）防止措施　①防止空罐内壁受机械损伤，以防出现内壁露铁现象。②空罐宜采用涂层完好的抗酸全涂料钢板制罐，以提高对酸的抗腐蚀性能。

3. 细菌性胀罐

（1）原因　由于杀菌不彻底或罐盖密封不严细菌重新侵入而分解内容物，产生气体，使罐内压力增大而造成胀罐。

（2）防止措施　①对罐藏原料充分清洗或消毒，严格注意加工过程中的卫生管理，防止原料及半成品的污染。②在保证罐头食品质量的前提下，对原料的热处理（预煮、杀菌等）必须充分，以消灭产毒与致病的微生物。③在预煮水或糖液中加入适量的有机酸（如柠檬酸等），降低罐头内容物的 pH 值，提高杀菌效果。④严格封罐质量，防止密封不严而造成泄漏，冷却水应符合食品卫生要求，或用经消毒处理的冷却水更为理想。⑤罐头生产过程中，及时抽样保温处理，发现染菌问题，要及时处理。

（二）罐壁的腐蚀

1. 影响因素

（1）氧气　氧对金属是强烈的氧化剂。在罐头中，氧在酸性介质中显示很强的氧化作用。因此，罐头内残留氧的含量对罐头内壁腐蚀是个决定性因素。氧含量越多，腐蚀作用越强。

（2）酸　水果罐头一般属酸性或高酸性食品，含酸量越多，腐蚀性越强。当然，腐蚀性还与酸的种类有关。

（3）硫及含硫化合物　果实在生长季节喷施的各种农药中含有硫，如波尔多液等。硫有时在砂糖中作为微量杂质而存在。当硫或硫化物混入罐头中也易引起罐壁的腐蚀。此外，罐头中的硝酸盐对罐壁也有腐蚀作用。

（4）温度　环境相对湿度过高，则易造成罐外壁生锈、腐蚀乃至罐壁穿孔。

2. 防止措施

a. 对采前喷过农药的果实，加强清洗及消毒，可先用 0.1% 盐酸浸泡 5~6 min，再用清水冲洗，以便脱去农药。

b. 对含空气较多的果实，最好采取抽空处理，尽量减少原料组织中空气（氧）的含量，进而降低罐内氧的浓度。

c. 加热排气要充分，适当提高罐内真空度。

d. 注入罐内的糖水要煮沸，以除去糖中的 SO_2。

e. 对于含酸或含硫高的内容物，则容器内壁一定要采用抗酸或抗硫涂料。

f. 罐头制品贮藏环境相对湿度不应过大，以防罐外壁锈蚀，所以，罐头制品贮藏环境的相对湿度应保持在 70%~75%。此外，要在罐外壁涂防锈油。

（三）变色及变味

许多果蔬罐头在加工过程或在贮藏运销期间，常发生变色、变味的质量问题，这是果蔬中的某些化学物质在酶或罐内残留氧的作用下或长期贮温偏高而产生的酶褐变和非酶褐变所致。

罐头内平酸菌（如嗜热性芽孢杆菌）的残存会使食品变质后呈酸味，而从罐头外表很难辨别罐头的好坏。

橘络及种子的存在，使制品带有苦味。

防止措施如下。

a. 选用含花青素及单宁低的原料制作罐头。如加工桃罐头时，核洼处的红色素应尽量去净。对绿色蔬菜原料，应尽量减少工艺过程的受热时间。

b. 加工过程中，对某些易变色的品种如苹果、梨等，去皮、切块后，迅速浸泡在稀盐水（1%~2%）或稀酸中护色。此外，果块抽空时，防止果块露出液面。

c. 装罐前根据不同品种的制罐要求，采用适宜的温度和时间进行烫漂处理，破坏酶的活性，排除原料组织中的空气。

d. 加注的糖水中加入适量的抗坏血酸等食品抗氧化剂，对苹果、梨、桃等有防止变色效果。但需注意抗坏血酸脱氢后，存在对空罐腐蚀及引起非酶褐变的缺点。

e. 苹果酸、柠檬酸等有机酸的水溶液，既能对半成品护色，又能降低罐头内容物的 pH 值，从而降低酶褐变的速率。因此，原料去皮、切分后应浸泡在 0.1%~0.2% 柠檬酸溶液中，另外糖水中加入适量的柠檬酸有防褐变作用。

f. 配制的糖水应煮沸，随配随用。如需加酸，加酸的时间不宜过早，避免蔗糖的过度转化，否则过多的转化糖遇氨基酸等易产生非酶褐变。

g. 加工中，防止果实（果块）与铁、铜等金属器具直接接触，所以要求用具为不锈钢制品，并注意加工用水中金属离子含量不宜过多。

h. 加工前要注意原料的新鲜卫生，并充分清洗干净。尽量缩短工艺流程，防止半成品积压和污染。杀菌要充分，以杀灭平酸菌之类的微生物，防止制品酸败。

i. 加工橘子罐头时，其橘瓣上的橘络及种子必须去净，选用无核橘为原料更为理想。

第八节　花卉产品加工

一、花（茉莉花）茶制作

1. 茉莉花采收

茉莉花具有晚间开放吐香的习性，鲜花一般在当天 14:00 以后采摘为宜，此时段采摘花蕾大、产量高、质量好。采收后，装运时不要紧压，用通气的箩筐装花为好，切忌用塑料袋装，容易挤压，不通气，易造成"火烧花"。

2. 茶坯的选择

选择优质茶树的芽叶，如用福鼎大白茶树或福鼎大毫茶树的幼嫩的芽叶（也可用其他芽头肥壮茶树品种）制作形成的圆、扁、弯、瓜子、针、蝴蝶、耳环、束形（花形、球形、梅花形等）等茶叶品种。

3. 制作流程

（1）窨花拌和　先把茶胚总量 1/5～1/3，平摊在干净窨花场地上，厚度为 10～15 cm，然后根据茶、花配比用量，同样分出 1/5～1/3 鲜花均匀的撒铺在茶胚面上，这样一层茶一层花，相间 3～5 层，再用铁耙从横断面由上至下扒开拌和。茶、花拌和后，投放在木箱中（木箱规格 46cm×43cm×43cm 即二号标准茶箱）窨花叫箱窨。每箱窨茶量约 5 kg，厚度 20～30 cm。箱平放排列或交叉叠放，以利空气流通。用高 40～60 cm 竹帘围成圆圈，把茶、花拌和后堆放在圆圈内窨花叫囤窨，囤直径 150～200 cm，每囤窨茶量 200～300 kg。把茶、花拌和后直接堆放在地上成块状窨花叫块窨或堆窨，适用于大批量生产，堆成长方形，宽 1～1.2 m，长根据场地和窨量而定，每堆 600～1 000 kg。此外，在窨品的堆面都要以本批的茶胚薄薄地散布一层，厚度约 1 cm，达到鲜花不外露，以减少花香散失，这一操作称为盖面。

在自然条件和正常温度（32～37 ℃）下茉莉花吐香持续时间一般可达 24 h。鲜花和茶叶拌和窨制时，由于花在茶中被压，正常呼吸作用受到一定阻碍，鲜花生机缩短，吐香持续时间一般在 12 h 左右，从观察和测试可以看出，茉莉花开始吐香以后 5 h 内为吐香旺盛期，此时，呼吸作用强度大，干物质损耗也多，芳香油的挥发也猛烈，所以吐香浓烈时，花和茶一定要及时拌和窨制，以免香气大量散失。因此，掌握好茉莉花开放度，迅速拌和窨制，让茶胚充分吸收花香是整个窨制工艺技术的关键。窨花拌和六要素：花开放度、配花量、温度、水分、厚度、时间。

（2）起花　起花操作要迅速，起花后做到茶叶中无花蒂、花叶；花渣中无茶叶。停机后，筛网必须清扫干净，起花后的湿茶要薄摊散热防止水焖味。

（3）烘焙　窨后茶叶含水量增加，烘焙到一定的干度，以便有利于成品品质，同时促进花香和茶香更好的结合。制作 50 kg 需要 325～350 kg 茉莉花来窨香。

（4）质量鉴定　①观形：一般上等茉莉花茶所选用的茶坯，以嫩芽者为佳，形条紧细匀整，外形秀美。越是往下，芽越少，叶居多，低档茶则以叶为主，几乎无嫩芽或根本无芽。②闻香：好的花茶，其茶叶之中散发出的香气应浓而不冲，闻之无丝毫异味。观色茉莉花茶的汤色应以黄而明亮为佳，若深暗泛红，往往是品质有弊病的表现。③尝味：滋味是否醇厚爽口，口感柔和、不苦不涩、没有异味为最佳。

二、水果花茶的制作

1. 配方

杧果 30～70 份、猕猴桃 20～60 份、香蕉 20～40 份、蓝莓 10～30 份、菊花 5～20 份、荷花 5～20 份、玫瑰 5～20 份、金银花 5～20 份。

2. 材料准备

①杧果用盐水浸泡，清水浸泡，去皮，冻干备用；②猕猴桃、香蕉、蓝莓分别去皮，切片，喷洒溶液，冻干备用；③菊花、荷花清洗，加入水浸泡，加热，冻干，低温烘焙，备用；④玫瑰、金银花冷冻干燥，备用。

3. 制作流程

（1）混合 将准备好的材料混合，加入质量浓度为 4%～8% 的盐水。

（2）板框过滤机 将料液通过过滤级别为 0.5～5 μm 的板框过滤器过滤。

（3）离心 料液通过转速为 5 890 r/min 的离心机，把不溶于水的杂质一并分离并从料液中排出。

（4）灭菌 灭菌温度 137 ℃，2～4 s。

（5）装罐 用三合一灌装机自动装罐。

（6）杀菌 封盖后在 82～92 ℃的条件下，消毒 40 s。

（7）喷淋降温 喷淋出温水、凉水冲洗灌装过程中附着在瓶体上的料液，同时降温。

三、花卉饮料制作

1. 配方

金银花、野生菊花、蒲公英、桑叶、白茅根、甘草、白砂糖、纯净水、食品添加剂等。

2. 中草药原汁的制备

将配方额定的漂洗干净的金银花、野生菊花、蒲公英、桑叶、白茅根（切段）、甘草（切片）放入萃取罐中，加入适量的纯净水，用蒸汽加热到 85～90 ℃。恒温 30 min 取萃取液过滤后备用。再往萃取罐中加入第一次萃取时 85% 的水量，加热到 85～90 ℃，恒温 30 min 取滤液过滤后，与第一次的滤液混合后待用。

3. 制作流程

（1）化糖 加入适量纯净水，通入蒸汽加热到 75 ℃，将白砂糖投放到锅内溶化，再加入白砂糖用量 1% 的化糖用粉末状活性炭，充分搅拌，并通过硅藻土过滤机过滤，完成糖浆的浓度 45 °Bx。

（2）调配罐 注入额定用水量的 60% 的纯净水加热到 80 ℃，将萃取液和完成糖浆分别加入，同时开启搅拌。

（3）板框过滤机 将配料罐内的料液通过过滤级别为 0.5～5 μm 的板框过滤器过滤，料液应为透明、无味、无肉眼可视物。

（4）高速分离 料液通过转速为 5 890 r/min 的离心机，把不溶于水的杂质一并分离并从料液中排出。

（5）瞬时灭菌 灭菌温度 137 ℃，2～4 s。料液通过灭菌机时可把料液中绝大部分微生物杀死，处于商业无菌状态。杀菌温度一定要控制好，过高则易使料液产生褐变，过低则影响杀菌的效果，加入适量的 β-环糊精可以有效地防止高温杀菌引起的料液颜色变化及香气劣变的产生。

（6）装罐 用冲瓶、灌装、旋盖三合一灌装机自动装罐。要求料液的灌装温度不低于 87 ℃。

（7）倒瓶杀菌 封盖后的半成品，迅速通过倒瓶系统杀菌，82～92 ℃，时间为 40 s 左右。

（8）喷淋降温　分段喷淋出温水、凉水冲洗灌装过程中附着在瓶体上的料液，同时由于喷淋降温引起的温度骤变还能起到再次杀菌的功效。

四、花（桂花）糕制作

1. 原料配方

蜜桂花 2.5 kg、白糖 16 kg、提糖 4 kg、糯米粉 4 kg、熟油 4 kg、熟粉 20 kg。

2. 制作流程

（1）制熟粉　将面粉装入蒸笼蒸熟（时间 20 min），取出冷却后，用粉碎机打细，即成熟粉。

（2）制糕粉　将糯米以 50~60 ℃温水淘洗 4~5 min，捞起摊在簸箕内滤干水分，次日以河沙（用菜油制过的河沙）炒（不能炒黄），然后用电磨磨成粉子，即为糕粉，再将糕粉摊在簸箕上晾 2~3 d，用手捏粉子成团不散即可。

（3）制提糖　白糖 50 kg、饴糖 2~2.5 kg、水 7.5 kg，煮开后下化油 1 kg，熬至 120 ℃，将糖液滴入水中能成块时，即可舀起放入冰锅搅拌至翻砂，成为提糖。

（4）制心子　按配料将白糖、熟粉、熟油糕粉、蜜桂花拌均匀，过筛，除去杂质，即成心子。

（5）装盆、成型　以木制框具为好。先将拌好的底、面料，用 1/5 放入框内，熬薄薄的一层作为底子，中间放上心子，再以 4/5 的底、面料铺上作糕面皮，擀平，压紧，薄刀划成长方形条状，然后包装。

五、鲜花（玫瑰）酱制备方法

能食用的花均可制酱，如玫瑰、茉莉、菊花、桂花、栀子花、白兰花、荷花、山茶花、丁香花、梨花、桃花、百合花、芙蓉花等。

1. 鲜花预处理

于日出后 3 h 内采摘刚开放的带露食用玫瑰，并在采摘后 3 h 以内均匀摊开晾晒 4 h，然后清除花瓣中的花蒂、花梗、叶片、花萼、异物、虫子、腐花、质次花等杂质。

2. 配料

花瓣 10 份、水 50 份、变性淀粉 6 份、白砂糖 24 份、柠檬酸 0.5 份和食盐 0.1 份。

3. 制作流程

（1）搅拌混合　备水加热至 80 ℃后，与变性淀粉混匀呈黏稠清透状，再加入花瓣后加热至 92 ℃，并在搅拌下保温 10 min，然后加入白砂糖、柠檬酸和食盐，待搅拌均匀后保持在 92 ℃下 10 min 直至变性淀粉完全透明化，得到混合物料。

（2）灭菌　将混合物料装罐，在 85 ℃下加热 20 min 进行常规巴氏杀菌法杀菌，再降温至室温，即得到鲜花酱。

第九节　果蔬冷冻

食品的低温保藏是利用低温技术将食品的温度降低并维持食品低温状态来阻止食品

腐败变质，延长食品贮藏期的保藏方法。根据低温保藏中食品是否冻结，可以将其划分为冷藏和冻藏。冷藏是指保藏温度高于物料冻结点温度下的保藏，其温度范围一般为 $-2\sim16\ ℃$，常用冷藏温度为 $4\sim8\ ℃$。对大多数食品而言，冷藏只能起到延缓食品腐败变质速度的作用，因此，适合于短期贮藏，其保藏期约为几天到几个星期。冻藏是指食品处于冻结状态下进行的贮藏。一般冻藏范围为 $-30\sim-12\ ℃$，常用的冻藏温度为 $-18\ ℃$。冻藏可以阻止食品腐败变质，因而冻藏适合于食品的长期贮藏，其贮藏期可达几个月甚至几年。

由于冷冻保藏成本较低、保存时间较长且速冻食品又能更好地保持食品的鲜度、风味和营养价值，所以低温冻藏方法越来越受到人们的关注，近年来冷冻保藏技术得到普及应用。食品冻结与冻藏是食品冷加工的主要内容之一，目前在国内外发展都很快，冻结食品的消费量逐年递增。关于如何提高冻结食品的质量，降低食品冻结加工与冻藏成本，同时减少加工与贮藏中对大气环境的破坏是目前人们研究的重点。

一、冷冻保藏理论

冷冻保藏是利用低温将经过处理的果蔬产品中的热量（或称能量）排出去，使其中绝大部分液态水分迅速冻结成固态的冰晶体，然后将其在低温下保持冻结状态。冻藏实质是利用低温效应抑制腐败微生物的活动和果蔬本身酶的活性，从而使果蔬得以长期保藏。冷冻保藏包括冻结和冻藏两个过程，冻结是利用低温迅速将果蔬产品水分冻结，是个短时间的加工过程。而冻藏是利用低温将冻结后的果蔬一直保持冻结状态，达到久藏不变质的目的，这是个长时间的保存过程。

（一）果蔬冻藏机理

目前，在众多食品保藏方法中，利用低温冻藏方法应用最为广泛。引起果蔬产品腐烂变质的主要原因是微生物作用和生理衰老（即酶的催化作用），而其作用的强弱均与温度紧密相关。一般来讲，温度降低均使其作用减弱，从而阻止或延缓园艺产品腐烂变质的速度。

1. 低温抑制了微生物活动

食品冷冻保藏中主要涉及的微生物有细菌、霉菌和酵母菌，它们的生长、繁殖和危害活动都有其适宜的温度范围，降低温度就能减缓微生物的生长和繁殖速度。温度降低到最低生长点时，它们就会停止生长、活动，甚至出现死亡；许多微生物在低于 $0\ ℃$ 的温度下生长活动可被抑制。低于冰点保藏时，果蔬食品内部水分结成冰晶，降低了微生物生命活动和进行各种生化反应所必需的液态水的含量，使其失去了生长活动的第一个基本条件。果蔬中的水被冻结成冰后，可供微生物繁殖活动所必需的水分活度大大降低。从表 13-18 几种温度下水与冰的蒸气压和水分活度可以看出，在 $-20\ ℃$ 的温度时，水分活度是 0.823，低于许多细菌存活的最低水分活度值。所以冷冻保藏果蔬是最为有效的保藏方法之一，例如，菜豆采用不发生冷害的 $10\ ℃$ 低温冷藏，仅可保鲜 $20\sim30\ d$，而采用 $-30\ ℃$ 以下低温速冻后，在 $-18\ ℃$ 低温下冻藏，可保藏 1 年以上时间。

表 13-18　几种温度下水与冰的蒸气压和水分活度

温度/℃	水蒸气压/mm Hg	冰蒸气压/mm Hg	水分活度	温度/℃	水蒸气压/mm Hg	冰蒸气压/mm Hg	水分活度
0	4.578	4.579	1.000	-25	0.670	0.476	0.784
-5	3.163	3.013	0.953	-30	0.383	0.286	0.750
-10	2.149	1.950	0.907	-40	0.142	0.097	0.680
-15	1.463	1.241	0.864	-50	0.048	0.030	0.620
-20	0.943	0.776	0.823				

注：1 mm Hg≈133.322 Pa。

冷冻保藏果蔬除可抑制微生物的生长活动，还会促使微生物死亡；低温冻结破坏了果蔬体内各种生化反应的协调一致性，温度降得越低，失调程度也越大，从而破坏了微生物细胞内的新陈代谢过程，以致它们的生活机能达到完全终止的程度。冷冻条件下，微生物细胞内原生质黏度增加，胶体吸水性下降，蛋白质分散度改变，最后导致了蛋白质不可逆的凝固变性。冻结时还会促使微生物细胞内胶体脱水，从而使胶体内溶质浓度增加，也会促使其蛋白质变性。同时水分冻结成的多角形冰晶体还会使微生物的细胞遭受机械性破坏损伤。这一切都可能对微生物细胞造成严重的破坏作用，最终导致其死亡。果蔬冻结后，仅是部分对低温忍耐力较差的细菌营养体死亡，一些嗜冷性的微生物如灰绿青霉菌、圆酵母和灰绿葡萄球菌的孢子体能忍受极低的温度，甚至在-44.8～-20 ℃低温下，也仅对其起到抑制作用。尤其值得注意的是肉毒杆菌和葡萄球菌的耐低温性。据研究报道：在-16 ℃下肉毒杆菌能存活达 12 个月之久，其毒素可保持 14 个月，在-79 ℃下其毒素仍可保持 2 个月。在速冻蔬菜中经常能检出产生肠毒素的葡萄球菌，它们对速冻低温的抵抗力比一般细菌要强。但研究也同时发现，适当的解冻温度却能控制肠毒素的产生。所以说低温冻藏只是抑制腐败微生物的生长繁殖，并阻止果蔬腐败变质，主要作用还不是杀死微生物。一旦解冻，升高温度，微生物的生长繁殖又会逐渐恢复，仍然要使果蔬产品腐败。这和高温热杀菌处理致死微生物的有效作用相比并不相同。

除了低温对微生物的影响之外，低温冻结速度的影响也不容忽视。果蔬冻结前的降温阶段，降温速度越快，微生物的死亡率越高。因为在迅速降温时，微生物细胞对其不良环境条件来不及适应。在冻结过程中情况就有不同，若是缓慢冻结将导致微生物大量死亡。因为缓冻会形成大颗粒的冰晶体，对微生物细胞产生的机械性破坏损伤作用及促使蛋白质变性作用大，导致死亡率增加。而速冻时形成的冰晶体颗粒小，对细胞的机械性破坏作用也小，所以微生物很少死亡。一般速冻果蔬的微生物死亡率仅为原菌数的50%左右。

冷冻保藏时微生物数量一般总是随着冻藏期的延长而有所减少，以冻藏初期减少的速度最快。但是，冻藏过程中温度越低，减少的数量越少，有时甚至没有减少。一般冻藏 12 个月后微生物总数将达原菌数的60%~90%。

2. 低温抑制了酶的活性

酶是一种生物催化剂，是生物体内的特殊蛋白质，它能促使生物化学反应变化的发生而不消耗其自身。生物体内各种复杂的生化反应均需要微量酶的催化作用来加速其反应速度。酶的活性与温度关系密切，大多数酶的适宜活性温度为 30~40 ℃。超出这一温度范围，酶的活性将受到抑制，当温度达到 80~90 ℃ 时，几乎所有酶的活性都遭到了破坏。

大多数酶活性的 Q_{10} 值为 2~3，即温度每降低 10 ℃，酶活性就会减弱 1/3~1/2。大多数酶作用的最适温度为 30~40 ℃。−18 ℃ 以下低温冷冻保藏会使果蔬体内酶活性明显减弱，从而减缓了因酶促反应而导致的各种衰败，如颜色的改变、风味的降低、营养的损失等。

低温冷冻只能降低酶活性导致的反应速度，起到一定的抑制作用，冻结并不能完全抑制酶的活性。实际上酶仍能保持部分活性，果蔬体内的生化反应只是进行得非常缓慢，并未完全停止。果蔬冻藏一段时间后仍会感到风味上的不良变化。冷冻并不能破坏酶的活性，冻结不能替代杀酶处理。冻藏果蔬一旦解冻，其酶活性仍将加速导致变质的各种生化反应。为使冷冻保藏果蔬在冻结、冻藏和解冻过程中的不良变化降低到最小范围，需要经过烫漂（对蔬菜适用）、糖水浸渍（对果品适用）等前处理来破坏或抑制酶的活性，再进行冻结。由于过氧化物酶的耐热性较强，生产中常以其被破坏程度作为烫漂时间长短的依据。

3. 低温抑制了非酶引起的氧化变质

果蔬加工保藏中引起产品变质的化学反应大部分是由于酶的作用，但也有一部分不是与酶直接有关的化学反应可引起变质。植物性的果蔬产品冷冻保藏中的这类质变主要是维生素 C、番茄红素和花青素等氧化。维生素 C 很容易被氧化成脱氢维生素 C。脱氢维生素 C 继续分解，生成二酮基古洛糖酸，则失去维生素 C 的生理功能。番茄红素由 8 个异戊二烯结合而成，由于其中有较多的共轭双键，故易被空气中的氧所氧化而变色。冻藏的果蔬由于均采取了塑料薄膜袋密封包装（多数在冻结之后），隔绝了空气，对控制上述氧化变质非常有效。

因此，无论是细菌、霉菌、酵母等微生物引起的食品变质，或者由酶引起的变质以及非酶引起的变质，在低温环境下，可以延缓、减弱它们的作用，但低温并不能完全抑制它们的作用，即使在冻结点以下的低温，食品进行长期贮藏，其质量仍然会持续下降。

（二）果蔬冻结机理

果蔬冻结技术对其冻结质量及耐藏性有相当大的影响，果蔬的冻结是在尽可能短的时间内将其温度降低到它的冻结点（即冰点）以下的预期冻藏温度，使它所含的大部分水分随着果蔬内部热量的外散形成冰晶体，以减少生命活动和生化反应所必需的液态水分，并在相适应的低温下进行冻藏，抑制微生物的活动和酶活性引起的生化变化，从而保证果蔬质量的稳定性。

1. 果蔬冻结

冰结晶是表现冻结过程最基本的实质。当食品中所含水分结成冰结晶时，即有热量从食品中传出，同时食品的温度也随之降低。冻结果蔬是要除去其组织中的热量，其热量通常是通过冷冻介质（空气）来传递的。果蔬除去热量是先从表面开始的，果蔬表面与冷冻介质之间是通过对流形式传递热量，而果蔬内部是通过传导形式传递热量。果蔬冻结过程要经过如下几个阶段。

（1）预冻阶段　预冻阶段即果蔬物料由冷冻初温降低到冰点温度的降温过程。此期是果蔬冻结前的预备阶段。

（2）冰晶核形成阶段　冰晶核形成阶段是果蔬物料中的水分由冰点温度到形成冰晶核的过程。冰晶核是冰结晶的中心，是果蔬组织内极少一部分水分子以一定规律结合形成的微细颗粒。此阶段被冻果蔬由于释放的热量将水转化为冰而保持品温几乎不变。

（3）冰结晶形成阶段　冰结晶形成阶段是由冰晶核到形成冰结晶的过程，水分子有规律地聚集在冰晶核的周围，排列组成体积稍大些的冰结晶。此期是从冰点温度降低到大部分水分冻结成冰结晶的过程。

2. 冻结点和冻结过程的特征

（1）冻结点　冰结晶开始出现的温度即所谓的冻结点。水的冰点为 0 ℃，可是，冰结晶实际上并不在 0 ℃时开始出现，将要冻结的水首先要经历一个过冷状态，即温度先要降到冰点以下才发生从液态的水向固态冰的相变。降温过程中使得水分子的运动逐渐减慢，以致它的内部结构在定向排列的引力下逐渐趋向于形成结晶体的稳定性集体，当温度降到低于冰点一定程度时，开始出现稳定性冰晶核，并放出潜热，促使温度回升到水的冰点。降温过程中开始形成稳定性晶核时的温度或在开始回升的最低温度称为过冷点温度。水的冻结过冷温度总是低于冰点。过冷温度不是一个定值。

果蔬中所含的水分可分为两种：一种是自由水（也称游离水），即果蔬汁液和细胞中含有的水分，这些水分子能够自由地在液相区域内移动，其冻结点在冰点温度（0 ℃）以下；另一种是胶体结合水，即构成胶粒周围水膜的水，这部分水分子被大分子物质（如蛋白质、碳水化合物等）规整地吸附着，其冻结点比自由水要低得多。

（2）冻结过程的特征　由于果蔬中的水分不是纯水，而是溶有各种有机物及无机物（包括盐类、糖类、酸类以及更复杂的有机分子）的溶液，根据拉乌尔第二法则，冻结点降低与其物质的浓度成正比，每增加 1 mol/L，冻结点温度要下降 1.86 ℃。所以，果蔬产品的初始冻结点温度总是低于 0 ℃，这是冻结过程的特征之一。表 13-19 为各种果蔬的冻结点温度。

果蔬冻结过程的另一个特征是，果蔬中的水分不会像纯水那样在一个冻结温度下全部冻结成冰。主要是由于水以水溶液形式存在，一部分水先结成冰后，余下的水溶液浓度随之升高，导致其残留溶液的冰点不断下降。因此，即使在温度远低于初始冻结点的情况下，仍有部分自由水还是未冻结的。少数未冻结的高浓度溶液只有当温度降低到低共熔点时，才会全部凝结成冰。食品的低共熔点范围大致在 -65 ~ -55 ℃。冻藏果蔬的温度仅在 -18 ℃左右，所以，冻藏果蔬中的水分实际上并未完全冻结成固体冰。

表 13-19 各种果蔬的冻结点

种类	含水量/%	冰点/℃	种类	含水量/%	冰点/℃
苹果	85	-2.8~-1.4	甘蓝	92.4	-0.5
葡萄	82	-4.6~-3.3	芹菜	94	-1.2
梨	84	-3.2~-1.5	菠菜	92.7	0.9
桃	87	-2.0~-1.3	马铃薯	77.8	-1.7
李子	86	-2.2~-1.6	胡萝卜	83	-2.4~-1.3
杏	85.4	-3.2~-2.1	洋葱	87.5	-1.1
樱桃	82	-4.5~-3.4	番茄	94.1	-1.6~-0.9
草莓	90	-1.2~-0.9	青椒	92.4	-1.9~-1.1
西瓜	92.1	-1.6	茄子	92.7	-1.6~-0.9
甜瓜	92.7	-1.7	黄瓜	96.4	-0.8~1.5
柑橘	86	-2.2	南瓜	96.4	-0.8~1.5
香蕉	75.5	-3.9	芦笋	93	-2.2
菠萝	85.3	-1.6	花椰菜	91.7	-1.9
杨梅	90	-1.3	萝卜	93.6	-1.1
柠檬	89	-2.1	韭菜	88.2	-1.4
椰子	83	-2.8	甜菜	72	-2.0
青豆	83.4	-2.0~-1.1	甜玉米	73.9	-1.7~-1.1
青刀豆	88.9	-1.3	蘑菇	91.1	-1.8

3. 冻结过程和最大冰结晶生成带

（1）冻结过程　在冻结过程中，温度的下降可分为以下 3 个阶段。

第一阶段：从冻结初温到冰点温度。此期是冻结前产品降温最快区段，放出的是产品自身的显热，这部分热量在冻结全过程除热中所占比值较小，故降温速度快，曲线较陡，直到降低至冻结温度为止。

第二阶段（即冰结晶形成阶段）：此阶段是产品中水分大部分形成冰结晶区段，即最大冰结晶生成区段，曲线较平坦，近于水平。这阶段的温度在-5~-1℃，水变为冰，同时放出相变热即潜热。由于冰的潜热大于显热 50~60 倍，整个冻结过程中绝大部分热量在此阶段放出。这时食品内部的 80%以上水分都已冻结成冰。这种大量形成冰结晶的温度范围，称为冰结晶的最大生成带。在冰结晶形成时所放出的潜热相当大，通过最大冰结晶生成带时，热量不能大量及时导出，故温度下降减缓，曲线呈平坦，相对地需要较长的时间。

第三阶段：从冻结点温度继续下降到规定的最终温度，此阶段一部分是冰的降温，一部分是使食品内部还没结冰的水继续结冰，但结冰量要比第二阶段少，放出的热量主要是显热。在这一阶段，开始时温度下降比较迅速，以后随着果蔬与周围介质之间温度差的缩小，降温速度即不断减慢。冰的比热容比水小，照理曲线更陡，但因还有残留水结冰容，所以曲线呈陡缓，不及初阶段那样陡峭。为了保证冻结果蔬的质量，必须采用快速冻结，这样能使冻结果蔬在解冻时有最大的可逆性。

食品冻结过程的三阶段，在生产上应注意以下几点。

第一阶段在此温度范围内微生物和酶的作用不能被抑制。若在此阶段操作停留时间过长，则食品冻前的品质就会下降，故必须迅速通过。

第二阶段食品从冰点降到中心温度-5 ℃时，食品内80%以上的水分将冻结。必须采用双级压缩制冷循环，快速冻结使通过时间缩短，在最大冰晶生成带中产生的不良影响就能避免。

第三阶段从-5 ℃降至要求-15 ℃终温，由于微生物和酶一般在-15 ℃以下才能被抑制，故亦必须调整好双级压缩制冷系统，加速通过此阶段。

（2）最大冰结晶生成带　对许多食品来说，当其温度为-5 ℃时，结冰率已经达到80%，亦即食品中绝大部分水分已经变成冰。从感官上看，-5 ℃的食品已经处于冻结状态，具有很高的硬度。从-5 ℃继续降温，即使降低到使全部自由水分冻结的极低温，结冰量也只占食品全部自由水分的20%左右。因此，食品冻结时绝大部分冰是在-5 ~ -1 ℃这一温度带中形成的，习惯上称它为最大冰结晶生成带。

在最大冰结晶生成带，单位时间内的结冰量最多，热负荷最大，在选择食品冻结装置时要考虑到最大冰结晶生成带的热负荷。此外，最大冰结晶生成带对于冻结食品的质量也有很大影响，大量的研究表明，通过最大冰结晶生成带的时间越短，食品的质量就越好。

4. 冷冻量的要求

冷冻食品的生产，首先是在控制条件下，排除物料中热量达到冰点，使其内部的水分冻结凝固；其次是冷冻保藏。两者都涉及热的排放和防止外来热源的影响。冷冻的控制、制冷系统的要求以及保温建筑的设计，都要依据产品的冷冻量要求进行合理规划和设计。因此设计时应考虑以下三方面热量的负荷。

一是产品由原始初温降到冻藏温度应排除的热量。

由初温降到冰点温度释放的热量：产品在冰点以上的比热容×产品的质量×降温度数（由初温降到冰点的度数）。

由液态变为固态冰时释放的热量：产品的潜热×产品的质量。

由冰点温度降到冻藏温度时释放的热量：冻结产品的比热容×产品质量×降温的度数。

二是维持冻藏库低温贮藏需要消除的热量。包括墙壁、地面和天花板的漏热。例如墙壁漏热计算如下：墙壁漏热量=（热导率×24×外墙面积×冻库内外温差）/绝热材料的厚度。

三是其他热源。包括照明、马达和操作管理人员工作时释放的热量。

上述三方面的热源数据是冷冻设计规划的基本参考资料。实际应用时，一般还将上述总热量增加10%比较妥当。

5. 冻结速度与产品质量

（1）冻结速度　冻结过程中存在一个外部冻结层与此层向内部非冻结区扩张推进的过程，从而可用两者之间界面位移速度来表示食品的冻结速度。冻结速度通用的定量表示方法有如下两类。

以时间划分：按最新划分法，把食品中心温度从-1 ℃降到-5 ℃所需的时间，在3~20 min 内的称快速冻结（速冻），在21~120 min 内的称中速冻结，超过 120 min 的即为慢速冻结。之所以把速冻时间定为 20 min，是因为在这样的条件下，冰结晶对食品组织影响最小。

以推进距离划分：推进距离即单位时间（h）内，-5 ℃的冻结层从食品表面向内部延伸的距离（cm）。目前把冻结速度分为四类：① $v > 15$ cm/h 为超速冻结（一般指在液氮或液态二氧化碳中冻结）；② $v = 5.1 \sim 15$ cm/h 为快速冻结；③ $v = 1.1 \sim 5$ cm/h 为中速冻结；④ $v = 0.1 \sim 1.0$ cm/h 为缓慢冻结。

根据上述划分，对厚度或直径为 10 cm 的食品，快速冻结时，其中心温度至少必须在 1 h 内降到-5 ℃。

（2）冻结速度对产品质量的影响　冻结速度的快慢与冻结过程中形成的冰晶颗粒的大小有直接的关系，采用速冻是抑制冰晶大颗粒的有效方法。当冻结速度快到使食品组织内冰层推进速度大于水的移动速度时，冰晶分布接近天然食品中液态水的分布状态，且冰晶呈无数针状结晶体。当慢冻时，由于组织细胞外溶液浓度较低，因此首先在细胞外产生冰晶，而此时细胞内的水分还以液相残留着。同温度下水的蒸气压总是大于冰的蒸气压，在蒸气压差的作用下细胞内的水便向冰晶移动，进而形成较大的冰晶体，且分布不均。同时由于组织死亡后其持水力降低，细胞膜的透性增大，使水分的转移作用加强，会使细胞外形成更大颗粒的冰晶体。冰晶体的大小对细胞组织的伤害是不同的。冻结速度越快，形成的冰晶体就越小、越均匀，而不至于刺伤组织细胞造成机械伤。缓慢冻结形成的较大的冰晶体会刺伤细胞，破坏组织结构，对产品质量影响较大。

食品速冻是指运用适宜的冻结技术，在尽可能短的时间内将食品温度降低到其冰点以下的低温，使其所含的全部或大部分水分随着食品内部热量的散失而形成微小的冰晶体，最大限度地减少生命活动和生理变化所需要的液态水分，最大限度地保留食品原有的天然品质，为低温冻藏提供一个良好的基础。

优质速冻食品应具备以下 5 个要素。

一是冻结要在-30~-18 ℃的温度下进行，并在 20 min 内完成冻结。

二是速冻后的食品中心温度要达到-18 ℃以下。

三是速冻食品内水分形成无数针状小冰晶，其直径应小于 100 μm。

四是冰晶体分布与原料中液态水分状态接近，不损伤细胞组织。

五是当食品解冻时，冰晶体融化的水分能迅速被细胞吸收而不产生汁液流失。

6. 果蔬冻结和冻藏期间的变化

（1）速冻时的变化

a. 物理变化。体积膨胀龟裂：0 ℃时冰的体积比水的体积增大约 9%，含水多的果蔬冻结时体积会膨胀。当内部的水分因冻结而膨胀时，会受到外部冻结层的阻碍，结果产生内压，即所谓的冻结膨胀压，根据理论计算冻结膨胀压可达到 8.5 MPa。冻结过程中的膨胀压的危害是产生龟裂，当食品外层承受不了内压时，便通过破裂的方式来释放内压。食品含水量高、厚度厚、表面温度下降极快时易产生龟裂。

比热容下降：冰的比热容是水的 1/2，预冷却对提高冻结效率意义重大，含水多的果蔬食品比热容大。比热容大的食品速冻时需要的制冷量大。果蔬食品一般含水率在 75%~95%，冷却状态比热容为 3.36~3.78 kJ/（kg·K），速冻状态比热容下降为 1.68~2.10 kJ/（kg·K）。

热导率增加：冰的热导率是水的 4 倍。由于速冻时冰晶层向内推进使热导率提高，从而加快了速冻过程。

体液流失：冻结食品解冻后，因内部冰晶融化成水，有一部分不能被细胞组织重新吸收回复到原来状态而造成体液流失。流失液中包含溶于水的各种营养、风味成分，会使其质和量两方面都受损失。所以流失液的产生率是评定速冻食品质量的重要指标。一般流失液量的多少与含水率有关，含水量多的叶菜类比豆类、薯类流失液量多。原料冻结前经加盐或加糖处理，则流失液量少。原料切分越细，流失液量越多。速冻比慢冻的流失液量少。

干耗：冻结过程会有一些水分从食品表面蒸发出来，从而引起干耗。干耗不仅会造成产品质量损失，也影响产品外观质量。冻结过程温度较高（蒸气压差大）、湿度低、风速大、食品表面积大等，都会使冻结时干耗增大。

b. 组织学变化。冻结时果蔬食品组织损伤要比其他食品大，因为植物组织细胞含水量较高，水冻结时组织受冻结膨胀压损伤大；植物细胞壁比动物细胞膜缺乏弹性，冻结时易胀破。

c. 化学变化。蛋白质变性，冰结晶时，无机盐浓缩，盐析作用或盐类直接作用可使蛋白质变性。冰结晶生成时，蛋白质失去部分结合水，会使其互相凝聚变性；变色，速冻果蔬由于酶活性抑制得不够，会发生酶促褐变。还可能因其他种种原因引致的变化，降低其质量。

（2）**冻藏期间的变化**　冻结食品一般在 -18 ℃以下的冷冻室中保藏，由于食品中90%以上的水分已冻结成冰，微生物已无法生长繁殖，食品中的酶也已受到很大的抑制，故可作较长时间的贮藏。但是在冻藏过程中，由于冻藏温度的波动，冻藏期又较长，在空气中氧的作用下还会缓慢地发生一系列的变化，使冻藏食品的品质有所下降。

a. 干耗与冻结烧。在冷冻室内，由于冻结食品表面的温度、室内空气温度和空气冷却器蒸发管表面的温度三者之间存在着温度差，因而也形成了水蒸气压差。冻结食品表面的温度如高于冷冻室内空气的温度，冻结食品进一步被冷却，同时由于存在水蒸气压差，冻结食品表面的冰结晶升华，跑到空气中去。这部分含水蒸气较多的空气，吸收了冻结食品放出的热量，密度减小向上运动，当流经空气冷却器时，就在温度很低的蒸发管表面水蒸气达到露点，凝结成霜。冷却并减湿后的空气因密度增大而向下运动，当遇到冻结食品时，因水蒸气压差的存在，食品表面的冰结晶继续向空气中升华。

这样周而复始，以空气为介质，冻结食品表面出现干燥现象，并造成质量损失，俗称干耗。冻结食品表面冰晶升华需要的升华热是由冻结食品本身供给的，此外还有外界通过围护结构传入的热量、冷冻室内电灯、操作人员散发的热量等也供给热量。当冷冻室的围护结构隔热不好、外界传入的热量多、冷冻室内收容了品温较高的冻结食品、冷冻室内空气温度变动剧烈、冷冻室内蒸发管表面温度与空气温度之间温差太大、冷冻室内空气流动速度太快等时都会使冻结食品的干耗现象加剧。

冻结食品表面层发生的冰晶升华，使其出现脱水多孔层，冻藏期间逐渐向里推进，使内部的脱水多孔层加深，大大增加了与空气的接触面积，使其容易吸收外界空气及库内的各种气味，引起较多的氧化反应，变色、变味，这就是所谓的冻结烧。冻结烧部位的含水率非常低（仅2%～3%），冻结食品质量将明显降低。

为了减少和避免冻结食品在冻藏中的干耗与冻结烧，在冷藏库的结构上要防止外界热量的传入，提高冷库外墙围护结构的隔热效果。同时减少开门的时间和次数，库内操作人员离开时要随手关灯，减少外界热量的流入。在冷库内要减少库内温度与冻品温度及空气冷却器之间的温差，合理地降低冷冻室的空气温度和保持冷冻室较高的相对湿度，温度和湿度不应有大的波动。

对于食品本身来讲，其性质、形状、表面积大小等对干耗都会产生直接的影响，但很难使它改变。从工艺控制角度出发，可采用加包装或镀冰衣和合理堆放的方法。

b. 冰结晶成长和重结晶。重结晶是冻藏期间反复解冻和再结晶后出现的一种结晶体积增大的现象。刚冻结完的果蔬食品，它的冰结晶大小并不完全一致，但在长时间冻藏过程中，微细的冰结晶会逐渐合并成长为大的冰结晶，这种现象称为冰结晶成长。其原因是冰结晶周围的水和水蒸气向冰结晶移动，附着并冻结在其上面。冻结食品内的水存在有固相、液相和气相三相，它们的饱和水蒸气压之间有下述关系：液相水蒸气压＞固相冰水蒸气压；气相水蒸气压＞固相冰水蒸气压；小冰晶水蒸气压＞大冰晶水蒸气压。由于压差的存在，水蒸气总是从高的一方向低的一方移动，并不断附着、凝固到冰结晶上面，使大冰晶越长越大，而小冰晶逐渐减小、消失。从而加大了细胞的机械损伤，蛋白质变性和体液流失。

冷冻室内的温度变化是产生重结晶的原因。重结晶的程度直接取决于单位时间内温度波动次数和程度，波动幅度越大，次数越多，重结晶的情况也越剧烈，其中细胞间隙中的重结晶现象最为明显。因此，即使冻结工艺良好，冰结晶微细均匀，但是冻藏条件不好，经过重复解冻和再结晶，就会促使冰晶体颗粒迅速增大，其数量则迅速减少，以致严重破坏了组织结构，使食品解冻后失去了弹性，口感风味变差，营养价值下降。为防止冰结晶成长和重结晶所造成的不良影响，可以采取深度低温速冻方式，使其冻结率提高，残留液相水少；冻藏温度尽量低，且少波动、小波动。

c. 变色。果蔬在速冻前一般要将原料进行烫漂处理，破坏过氧化酶，使速冻果蔬在冻藏中不变色。如果烫漂的温度与时间不够，过氧化酶失活不完全，绿色蔬菜在冻藏过程中会变成黄褐色；如果烫漂时间过长，绿色蔬菜也会发生褐变，这是因为蔬菜叶子中含有叶绿素而呈绿色，当叶绿素变成脱镁叶绿素时，叶子就会失去绿色而呈黄褐色，酸性条件会促进这个变化。果蔬在热水中烫漂时间过长，果蔬中的有机酸溶入水中使其变成酸性的水，会促进发生上述变色反应。所以正确掌握果蔬烫漂的温度和时间，是保证速冻果蔬在冻藏中不变颜色的关键。

二、果蔬冻结的方法及设备

目前，生产中应用的果蔬冻结的方法很多，但按使用的冷冻介质与食品接触的方式可分成空气冻结、间接接触冻结和直接接触冻结三大类。

（一）空气冻结

在空气冻结法中，冷空气以自然对流或强制对流的方式与食品换热，强制对流冻结也称送风冻结法又称鼓风冻结法，是利用流动空气作冷冻介质的冻结方法。它适用的冻结原料种类和规格较宽，应用范围广泛。空气作为冷冻介质既经济又卫生，且容易实现冻结机械化。当冻结间内空气静止时，冻结缓慢，达不到速冻要求。送风冻结法是利用低温和高速流动的空气，促使果蔬食品快速散热，可达到速冻要求。此类速冻设备的关键是使高速流畅的低温空气与果蔬物料充分接触，要求所用的空气温度往往为（-35±2）℃。因为需要的温度低，所以，须采用二段压缩冷机械，空气流速要达到 10~15 m/s（慢冻流速则为 3~5 m/s）。送风速冻法的缺点：一是冻结初期食品表面会发生明显的脱水干缩现象，即所谓的表面冻伤；二是速冻设备中蒸发管经常出现结霜现象，须经常除霜。

由于空气的导热性能差，与食品间的换热系数小，故所需的冻结时间较长。但是，空气资源丰富，无任何毒副作用，其热力性质早已为人们熟知，因此，用空气作介质进行冻结仍是目前应用最广泛的一种冻结方法。

1. 流态化冻结装置

（1）食品流态化冻结原理　流化床是流体与固体颗粒复杂运动的一种形态，固体颗粒受流体的作用，其运动形式变成类似流体状态。在流态化速冻中，低温空气气流自下而上，使网带上的颗粒物料在其作用下形成类似沸腾状态，像流体一样运动，并在运动中被快速冻结。根据低温气流的速度不同，物料的状态可分为固定床阶段、临界流化床阶段、正常流化床阶段三类。

（2）流态化冻结装置的结构形式　食品流态化冻结装置，按其机械传送方式可分为：斜槽式流态化冻结装置；带式流态化冻结装置（其中又可分为一段带式和两段带式流态化冻结装置）；振动流态化冻结装置（其中包括往复振动和直线振动流态化冻结装置两种）。如果按流态化形式可分为：全流态化和半流态化冻结装置。

2. 隧道式冻结装置

隧道式冻结装置，由于它不受食品形状的限制，所以在我国肉类加工厂和水产冷库中被广泛使用，专门用来冻果菜的很少。冻结果蔬的多数是在传送带式或流化床式冻结装置中附加一条冻结隧道，专供冻结体积较大的茄子、甜玉米、整番茄、桃瓣等果蔬产品。将处理过的物料装入托盘，放到下带滚轮的载货架车上，从隧道一端陆续送入，经一定时间（几个小时）冻结后，从另一端推出。蒸发器和冷风机装在隧道的一侧，风机使冷风从侧面通过蒸发器吹到果蔬物料，冷风吸收热量的同时将其冻结。吸热后的冷风再由风机吸入蒸发器被冷却，如此不断反复循环。所使用的风机大都是轴流式的，风速增高产品干耗亦有所增大。这种装置的总耗冷量较大。优点是适用于不同形状的果蔬食品冻结。隧道式冻结装置共同的特点：冷空气在隧道中循环，食品通过隧道时被冻结。根据食品通过隧道的方式，可分为传送带式、吊篮式、护盘式冻结隧道等几种。

3. 螺旋式连续冻结装置

为了克服传送带式隧道冻结装置占地面积大的缺点，可将传送带做成多层，由此出现了螺旋式冻结装置，这是一种较新型的冻结装置。这种装置由转筒、蒸发器、风机、传送带及一些附属设备等组成。其主体部分为一转筒，传送带由不锈钢扣环组成，按宽度方向成对地接合，在横、竖方向上都具有挠性。当运行时，拉伸带子的一端就压缩另一边，从而形成一个围绕着转筒的曲面。借助摩擦力及传动机构的张力，传送带随着转筒一起转动，由于传送带上的张力小，故驱动功率不大，传送带的寿命也很长。传送带的螺旋升角约2°，转筒直径较大，所以传送带近于水平，食品不会下滑。由于传送带缠绕的圈数可以任意确定，所以，冻结时间、速度、进出料方向都可以自由选择。

被冻结食品可以直接放在传送带上，也可以用冻结盘，食品随传送带进入冻结装置后，由下盘旋而上，冷风则由上向下吹，与食品逆向对流换热，提高了冻结速度。食品在传送过程中逐渐冻结，冻好的食品从出料口排出。当初温30 ℃、终温−18 ℃、食品厚25 mm时，40 min左右的时间就可以冻结好。

螺旋式冻结装置适用于冻结单体不大的食品，如饺子、烧卖、对虾，以及经加工整理的果蔬等。螺旋式冻结装置的特点如下。

一是紧凑性好。由于采用螺旋式传送，整个冻结装置的占地面积小，其占地面积仅为一般水平输送带面积的25%。

二是在整个冻结过程中，产品与传送带相对位置保持不变，冻结易碎食品所保持的完整程度较其他形式的冻结装置好，这一特点也允许同时冻结不能混合的产品。

三是食品的冻结时间可以通过调整传送带的速度来改变，这就使得该装置可以用于冻结不同种类或品质的食品。

四是进料、冻结等在一条生产线上连续作业，自动化程度高。

五是冻结速度快，干耗小，冻结质量高。

（二）间接接触冻结

间接接触冻结是指把食品放在由制冷剂（或载冷剂）冷却的板、盘、带或其他冷壁上直接接触，但与制冷剂（或载冷剂）间接接触。对于固态食品，可将食品加工为具有平坦表面的形状，使冷壁与食品的一个或两个平面接触；对于液态食品，则用泵送方法使食品通过冷壁热交换器，冻成半融状态。

1. 平板冻结装置

平板主要由以下几个部分组成：角铁或槽形钢制成的骨架、铝合金制成的蒸发板、液压装置、外部的隔热层等。

平板冻结装置的工作原理是将食品放在各层平板中间，用液压系统移动平板，以便进出货操作和冻结时使平板与食品密切接触。该装置的主体部分平板蒸发器是内部具格栅的空心平板，制冷剂或不冻液在管内流动，平板两面均可传热，由于铝合金制的平板具有良好的导热性能，故其传热系数大、冻结时间短、占地面积小，可以放在船上或陆上车间内使用。平板冻结装置分卧式和立式两种。

2. 回转式冻结装置

回转式冻结装置是一种新型的连续直接接触式冻结装置。该装置的主体为一回转筒，由两层不锈钢筒壁组成，外壁为转筒的冷表面，与内壁之间的空间可供制冷剂或载冷剂直接蒸发进行制冷，制冷剂或载冷剂由空心轴一端输入筒内，从另一端排出。冻品呈散开状由入口被送到回转筒的表面，由于转筒表面温度很低，食品立即粘在上面，进料传送带再给结冻品稍施加压力，使它与回转筒表面接触得更好。转筒回转一周，完成食品的冻结过程。冻结食品转到刮刀处被刮下，刮下的食品由传送带输送到包装生产线。

3. 钢带式冻结装置

钢带式冻结装置是一种连续流动式冻结装置，其主体是钢带传输机。传送带由不锈钢制成，在传送带下侧有低温不冻液（氯化钙盐水或丙二醇溶液）喷淋，或使传送带滑过固定的冷却面（蒸发器）使食品降温，同时，食品上部装有风机，用冷风补充冷量，风的方向可与食品平行、垂直、顺向或逆向。传送带移动速度可根据冻结时间进行调节。不冻液和上部冷风温度为-40～-35 ℃。由于不锈钢传送带能完全接触被冻结的食品，因此热传导效率高。因为产品只有一边接触金属表面，食品层以较薄为宜。

该装置适于冻结调理食品、未包装的鱼片、小虾等食品。

该装置的主要优点：①冻结速度快，实践表明，冻结 20～25 mm 厚的食品约需 30 min，而 15 mm 厚的食品只需 12 mm；②可以连续流动运行；③干耗较少；④能在几种不同的温度区域操作；⑤同平板式、回转式相比，该装置结构简单、操作方便，改变带长和带速，可以大幅度地调节产量。

（三）直接接触冻结

直接接触冻结是指食品与不冻液直接接触，食品在与不冻液换热后，温度迅速降低而冻结。食品与不冻液接触的方法有喷淋、浸渍法，或两种方法同时使用。该法和间接接触冻结法的区别在于食品或其包装是否直接与不冻液接触。直接接触法要求食品与不冻液直接接触，因此，对不冻液有一定限制，特别是与未包装的食品接触时尤其如此。这些限制包括要求不冻液无毒、纯洁、无异味和异样气体、无外来色泽或漂白剂、不易燃、不易爆等。此外，不冻液与食品接触后，不应改变食品原有的成分和性质。直接接触冻结装置主要有盐水浸渍冻结装置和低温液体冻结装置。

低温液氮冻结装置具有以下特点。

一是冻结速度快。由于液氮与食品间存在 200 ℃以上的温度差，使得两者之间产生强烈的热交换，所以冻结速度极快，比平板冻结装置快 5～6 倍，比空气冻结装置快 20 多倍。

二是冻结质量高。由于冻结速度快，食品中结冰速度大于水分移动速度，细胞内外同时产生细小、分布均匀的冰结晶，对细胞无损伤，故解冻时汁液流失少，可逆性大，解冻后能恢复到冻前的新鲜状态和保持营养成分。

三是冻结干耗小。用一般冻结装置冻结的食品，其干耗率在 3%，而用液氮冻结装置冻结，干耗率仅为 0.6%～1%。所以，适于冻结一些含水量较高的食品，如杨梅、番茄等。

四是冻结食品抗氧化。用液氮冻结食品时，由于液氮无毒，且对食品成分呈惰性，另外，由于替代了从食品中出来的空气，所以可在冻结和带包装贮藏过程中使氧化变化降低到最低限度。

五是占地面积小，初投资低，装量效率高。

三、果蔬速冻加工技术

（一）工艺流程

1. 速冻蔬菜工艺流程

原料→分级→清洗→去皮或切分等整理→烫漂→预冷却→速冻→包装→冻藏。

2. 速冻水果工艺流程

原料→分级→清洗→去皮或切分等整理→烫漂或糖液浸渍→预冷却→速冻→包装→冻藏。

（二）操作要点

1. 预处理

果蔬速冻前相关原料预处理方法（分级、清洗、去皮或切分、烫漂）已在前文述及，在此从略。

2. 糖液浸渍

有些水果需要在速冻前进行加糖浸渍处理。水果加糖渍液可以降低水果的冻结点，并在渗透压作用下可除去水果的部分水分，可以减少冻结时形成的冰晶对水果组织的破坏。同时，由于糖水也一定程度上隔绝了空气的氧化，削弱了氧化酶活性，有助于保持水果的色、香、味和维生素 C 含量。一般糖水浓度为 30% ~ 50%，用量配比是（2 ~ 3）：1，糖液过浓会造成果肉收缩，影响品质。水果中加入糖水后，应先在 0 ℃库房中存放 8~10 h，使糖分渗入水果中，然后再送去速冻。糖浸渍处理时应淹没水果。

另外，有些水果，如桃、苹果等，即使经过糖液浸泡，冻藏期间仍会变色，因此可在糖液中同时加入 0.1% ~ 0.5% 的维生素 C，或者在糖液中添加 0.5% 柠檬酸来降低溶液的 pH 值，控制氧化酶活性，防止褐变。

3. 预冷却

经过前处理的物料，可预冷至 0 ℃，这样有利于加快冻结，许多速冻装置设有预冷段的设施，或者在进入速冻前先在其他冷库预冷，等候陆续进入冻结。

4. 速冻

冻结速度往往由于果蔬的品种不同、块形大小、堆料厚度、进入速冻设备时品温、冻结温度等因素而有差异，必须在工艺条件上及工序安排上考虑紧凑配合。

果蔬产品的速冻温度在 -35 ~ -30 ℃，风速应在 3 ~ 5 m/s，这样才能保证冻结以最短的时间通过最大冰晶生成区，使冻品中心温度尽快达到 -18 ~ -15 ℃，能够达到这样的标准要求，才能获得具有新鲜品质且营养和色泽保存良好的速冻果蔬。

果蔬速冻生产以采用半机械化或机械化连续作业生产方式为宜，速冻装置以螺旋式或链带式连续速冻器或流态床速冻器为好。

5. 包装

通过对速冻果蔬进行包装，可以有效控制速冻果蔬在长期贮藏过程中发生冰晶升华，即水分由固体状态蒸发而形成干燥状态；防止产品长期贮藏接触空气而氧化变色，便于运输、销售和食用；防止污染，保持产品卫生。

包装材料的选择，最重要的是尽量降低水蒸气和气体的透过性，以减少冻结蔬菜中的水分逸散而产生干耗和与空气接触而发生氧化。其次是在低温时，包装材料的物理耐冲击性要强。在低温时，包装材料变脆，易受物理冲击而破损，失去包装效果。另外，包装袋内部的空隙越大，果蔬的干耗就越高，氧化就越严重。所以，最好采用真空包装，使包装材料紧贴产品。如果是冻结前包装，则应留适量空隙，以防果蔬冻结后产品体积膨胀而胀破包装袋。目前内包装多采用聚乙烯薄膜袋。外包装用瓦楞纸箱，内衬清洁蜡纸防潮，外用胶带纸封口。所有包装材料在包装前须在-10 ℃以下低温间预冷。

包装必须保证在-5 ℃以下低温环境中进行，温度在-4 ℃以上时速冻水果会发生重结晶现象，造成品质降低。由于速冻水果是解冻后直接食用的即食食品，卫生要求严格，包装间在包装前1 h必须开紫外线灯灭菌，所有包装用工器具，工作人员的工作服、帽、鞋、手均要定时消毒。工作场地及工作人员必须严格执行食品卫生标准，非操作人员不得随意进入，以防止污染，确保卫生。

6. 冻藏

完成包装的冻品，要贮藏在-18 ℃以下的冷库内，温度波动范围应尽可能小，一般控制在1 ℃以内，相对湿度在95%以上。最好采用专用冷库贮存，不应与其他有异味的食品混藏。速冻果蔬产品的冻藏期一般可达10~12个月，条件好的可达两年。

7. 运输销售

在运输时，要应用有制冷及保温装置的车、船及集装箱专用设施，运输时间长的要控制在-18 ℃以下，一般可控制在-18 ℃。销售时也应有低温货架或货柜。整个产品供应程序采用冷链系统，使冻藏、运输、销售及家庭贮存始终处于-18 ℃以下，才能保证速冻果蔬的品质。

四、解冻

（一）解冻及快速解冻概念

解冻就是使冻结品在食用前融化恢复到冻前新鲜状态的工艺过程。解冻是速冻果蔬在食用前或进一步加工前必经的步骤。对于小包装的速冻果蔬，家庭中常用自然放置下融化的解冻方式。但对于食品工业大量处理，为了保证用高质量的原料，使之在解冻时仍保持良好的品质，就必须重视解冻方法及了解解冻方式对解冻果蔬食品质量的影响。

解冻是指冻结时果蔬组织中形成的冰结晶还原融化成水，可视为冻结的逆过程。解冻时冻结品处在温度比其高的介质中，冻品表层的冰首先融化成水，随着解冻过程的进行，冰层融化逐渐向内延伸。由于水的热导率为0.58 W/（m·K），冰的热导率为2.33 W/（m·K），冻品已解冻的部分的热导率比冻结部分小3/4倍，因此解冻速度随着解冻过程的进行而逐渐减慢，这恰好与冻结过程相反。即使是快速解冻，所需时间也比速冻时长得多。通常解冻食品在-1~5 ℃温度区中停留的时间长，会使食品变色，产生异味。所以解冻时亦希望能快速通过此温度区。过去曾有快速冻结，缓慢解冻的见解，其理由是细胞间隙中冰融化的水需要一定时间才被细胞吸收。近年来由显微镜观察发现，细胞吸收过程是极快的。而且缓慢解冻常常出现汁液流失、质地和色泽变化等质量问题，所以目前一致观点是快速解冻有利于质量。

解冻终温由解冻食品的用途所决定。用作加工原料的冻品，半解冻即其中心温度达到−5 ℃就可以了，以能用刀切断为准。此时体液流失亦少。一般解冻介质的温度不宜过高，以不超过15 ℃为宜。使用外部加热法解冻时，应采用热传导性能好的介质（如水等）。用同种解冻介质，一般流动的介质比静止的热传导性要好。

（二）解冻方法及装置

1. 外部加热法

由温度较高的介质向冻结品表面传递热量，热量由表面逐渐向中心传递，即所谓外部加热法，常用的外部加热解冻方法包括：①空气解冻法，一般采用25~40 ℃空气和蒸气混合介质解冻；②水（或盐水）解冻法，一般采用15~20 ℃的水介质浸渍解冻；③水蒸气凝结解冻法；④热金属面接触解冻法。

2. 内部加热法

在高频或微波场中使冻结品各部位同时受热，即所谓的内部加热法。常用的内部加热解冻方法有欧姆加热、高频或微波加热、超声波、远红外辐射等。一般来说，解冻时低温缓慢解冻比高温快速解冻流失少。但蔬菜在热水中快速解冻比自然缓慢解冻流失液少。

速冻蔬菜在解冻食用时，一般可直接烹饪。烹饪时火力要猛，加热要均匀，蒸煮时间要短，不可解冻后在室温下放置过夜再烹饪。速冻水果都是供鲜食用，因此不宜采用加热法解冻，宜采用低温全解冻方法。零售包装的冻结水果可在2~5 ℃的解冻间内经2~6 h解冻。据报道，在0~10 ℃的温度范围内解冻可以获得最好的外观、质地和风味。如果将冻水果缓慢解冻并达到室温，则存在溃烂的危险，顶层会变色和失去原有的风味。产量1 t/h的单体快速冻结水果或块状冻结水果使用连续的流动解冻器，解冻时间不超过1 h。在真空蒸汽冻结装置中，解冻12 kg的水果块大约只需要30 min。

冻结水果解冻时，可以撒上糖或浸渍在糖浆中，能缩短解冻时间，并增进水果风味。容易发生褐变的水果可以再添加0.1%~0.3%的抗坏血酸溶液。

第十节　园艺产品其他加工

一、果蔬轻度加工

近年来，人民生活水平快速提高，生活节奏加快，家务劳动社会化进程也随之加快，营养、方便、新鲜的食品日益受到消费者的青睐。在大中城市，越来越多的人，特别是年轻一代，更希望直接从超市购买经轻度加工的果蔬，以减少家务劳动时间。轻度加工果蔬可直接供应餐馆和大中型超市。随着旅游业的快速发展，轻度加工果蔬还可作为旅游休闲食品或餐后甜点提供给消费者。这些为我国轻度加工果蔬发展提供了好的机遇。

轻度加工果蔬是新鲜果蔬经清洗、修整、去皮去核、切分、包装等步骤处理后，供消费者立即食用或餐饮业使用的一种新式果蔬加工产品，其可食率接近100%。国外称为即食果蔬、即烹果蔬，国内常称作半加工果蔬、最少加工果蔬、鲜切果蔬、调理果蔬及生鲜袋装果蔬等。经过轻度加工的蔬菜，常常被称为净菜。轻度加工果蔬包括非切割果蔬和切割果蔬。非切割果蔬是经过修整后仍保持原有形态的各种果蔬产品；切割果蔬是在修整后，又通过简易加工形成的块、条、丝、片等形状的新鲜果蔬产品。

轻度加工果蔬具有新鲜、营养、方便、安全、可食率100%的特点。其加工与传统的果蔬加工如罐藏、速冻、干制、腌制等不同。新鲜果蔬经过一系列处理后仍为活体，具有呼吸作用及其他的生理代谢活动。但轻度加工果蔬与其完整状态的产品有所不同。在它的加工过程中，切割等环节破坏了果蔬的组织结构和保护系统等，刺激了产品代谢，如呼吸速率增强，产生大量的伤乙烯，发生酶促褐变和营养损失等，而且在切口部位容易受微生物侵入，这些变化的加快会导致产品变色和变味，并促进果蔬组织的衰老腐败，从而缩短货架期。

（一）轻度加工果蔬的变化

与完整果蔬组织相比，轻度加工果蔬因受到机械伤害，保护组织丧失，其生理、代谢以及对微生物的抵抗力都发生了很大改变，具体变化如下。

1. 呼吸速率加快

轻度加工果蔬与其他加工果蔬不同，其本身仍是具有生命的活体，具有呼吸作用。由于切割造成组织的机械伤害而刺激呼吸作用加快，呼吸速率的提高又容易使产品发热，使其组织老化速度比新鲜和洗净的果蔬快得多。

切割可使组织呼吸速率提高3～5倍。随着组织的老化，呼吸速率还会再增加2～3倍。这取决于蛋白质和RNA的合成。目前对这种呼吸增加的原因尚不清楚。但是，切割马铃薯在衰老过程中，使用呼吸抑制剂能抑制许多生物化学过程，如软木脂形成和酚类物质的合成。

2. 乙烯合成增加

乙烯是刺激果实成熟衰老的一种植物激素，环境中微量的乙烯就会刺激果实和蔬菜的呼吸作用，并导致绿叶菜褪绿和菜叶脱落。植物在遇到逆境和伤害时会产生乙烯。切割使果蔬产品的组织产生伤乙烯，乙烯合成的增加将会进一步加强呼吸作用，使产品寿命缩短。伤乙烯还会加速绿色蔬菜丧失叶绿素，使产品很快黄化。因此，切割蔬的贮藏期或货架期比完整果蔬大大缩短。

3. 失水程度增大

完整果蔬具有保护组织，表皮完整的保护组织使得产品内部的水分得以较好的保持。果蔬切割后，保护组织不完整，体积变小而蒸散面积增大，水分容易从切口蒸散出来，而且切分的体积越小，表面水分蒸散就越快，失水就越严重。同时，由于切割加快了呼吸速率，也使水分更加容易散失。因此，与完整果蔬相比，切割产品就更易出现萎蔫，不易保持新鲜挺拔的状态。

4. 发生酶促褐变

果蔬发生的褐变主要是酶促褐变。在植物的细胞中，这些生化反应的酶与底物在正常的状态下处于细胞的不同部位，由于细胞膜系统的区域分割作用，使它们不能发生反应；同时，这些反应需要氧气的参与。轻度加工果蔬（如马铃薯、香蕉、苹果等）最显著的劣变是当其放置在空气中后，切口会很快褐变。这是由于细胞受到机械伤后，有关的酶类和底物之间的区域化结构被破坏，酶和底物直接接触，在氧气的参与下，酚类物质经酶的作用生成复杂聚合物褐色素，酶促褐变迅速进行，导致产品褐变，影响外观品质，降低甚至失去商品价值和食用价值，其中多酚氧化酶起着关键性的作用。

5. 代谢异常造成异味

切割产品经常出现风味的变化，一般是造成异味。一方面，产品受到伤害时，细胞结构破坏，一些形成风味的前体物质将与酶发生反应，引起与风味物质代谢有关的化学反应，出现风味的变化。一般情况下，在切割初期产生的挥发性物质与果蔬特有的风味有关，随着时间的推移，这些物质挥发散失，或在组织细胞内被分解，风味丧失或出现不良气味。另一方面，切割所引起的伤害、加工过程中的水洗使果蔬内的一些化学物质流失，在包装不当时可能出现供氧的不足，都将导致切割产品代谢异常，使产品变味，甚至产生一些异味。例如，切割甘蓝在供氧不足时出现的臭味，就是无氧呼吸造成的乙醇发酵引起的。

6. 微生物引起的腐败

微生物的感染是轻度加工果蔬败坏的重要原因。完整果蔬表皮的保护组织是防止微生物感染的天然屏障。切割时，造成大量的机械伤，不但使微生物的侵染有机可乘，而且伤口积累大量的营养物质更促进了微生物的繁殖。大部分蔬菜属于低酸性食品，加上高湿和较大的切割面积，都为微生物生长提供了有利的条件。轻度加工果蔬中的微生物主要是细菌，同时有少量霉菌和酵母菌。不同蔬菜上的细菌群落差别很大，新鲜叶菜类蔬菜上的主要微生物是假单胞菌属和欧文氏菌属，新鲜番茄上的微生物主要为黄杆菌属和假单胞菌属。大多数蔬菜中都有胡萝卜软腐欧文氏菌和荧光假单胞菌。这些细菌不仅能分解果胶，而且在低温下仍能繁殖存活。切割也提供了多种微生物共同侵染的机会，如果几种果蔬切割后混合包装，则微生物的种类会更复杂，数量也会更大。另外，果蔬自身从田间带来的寄生菌或病原菌则利用伤口的营养物质快速繁殖，也是重要的污染途径。

（二）轻度加工果蔬的工艺技术

1. 原料选择要求

作为轻度加工果蔬的原料必须是品质优良、鲜嫩、大小均匀、成熟度适宜、易于清洗去皮的原料，不得使用腐烂、有病虫、有斑疤的不合格原料。

2. 原料采收及采后处理

原料采收及预冷处理详见前文。

3. 分级、清洗、去皮、切割

原料挑选、分级、清洗、去皮、切割及相关护色措施详见第九章。需要强调的是切割后的果蔬在清洗后包装前，一定要进行脱水处理，否则比不洗的更容易变坏或老化。

通常脱水使用离心机即可。

4. 包装、预冷

经脱水后的果蔬，立即用塑料薄膜袋进行真空包装或普通包装。包装后尽快送至冷却装置冷却到规定的温度，即 3~5 ℃。

5. 冷藏、运销

预冷后的果蔬产品装箱后，送至 5~6 ℃ 的冷库贮存或在 5~6 ℃ 的环境下进行销售。

（三）轻度加工果蔬的保护技术

轻度加工果蔬如是不完整的、受到伤害的植物组织，则需要专门的保护技术，以延长货架期和防止腐烂变质。

1. 冷藏保护

低温是保持果蔬品质最重要的一个方面，对轻度加工果蔬的生产更显突出。为了能使轻度加工果蔬在色泽、质地、风味、营养价值等方面获得最大限度保持，需要从采摘后到销售期间全过程的低温，即采摘后立即在低温下运输或预冷（在 2 h 内使原料的温度降至 7 ℃ 以下），清洗用水需 10 ℃ 以下，分级切割包装等的环境温度也在 7 ℃ 以下，运输和货架需要 0~3 ℃。轻度加工果蔬在贮存、流通和零售期间的冷藏，既可减慢大多数微生物生长，又可有效降低酶活性。不同果蔬的最适冷藏温度因产品的不同而有差别。轻度加工果蔬的主要问题是在产品保护和包装后的配送、运输、贮藏、零售期间的温度大幅度变化。一般认为，-2.2~4.4 ℃ 的冷藏温度能够控制微生物的生长，但对轻度加工果蔬还不够，需要配合一定的保护措施。

2. 化学保护

轻度加工果蔬在去皮切割后，最易发生的外观变化就是褐变，也是影响其产品货架期品质的主要因素，因此在果蔬去皮切割后常用一些化学保护剂进行处理，以防止或抑制果蔬褐变的发生。化学保护剂主要包括食品添加剂中的酸度调节剂、抗氧化剂和防腐剂。酸度调节剂主要有柠檬酸、乙酸等。它能抑制褐变，减轻腐烂变质。抗氧化剂主要有抗坏血酸、异抗坏血酸钠等。其作用主要是防止产品的褐变。防腐剂主要有苯甲酸（盐）、山梨酸（盐）、对羟基苯甲酸（酯）、丙酸（盐）等。在化学保护处理时，所采用的保护物质必须是国家允许使用的食品添加剂，其用法和用量必须符合国家食品添加剂使用标准的规定。

3. 辐射保护

红外线的穿透力差，可在食物表面迅速加热，导致产品表面封闭与褐变。因此，除非谨慎地加以控制，否则红外线不能应用于轻度加工果蔬产品；但如果应用得当，表面封闭作用将有助于保持产品的水分和风味物质。微波加热会对产品造成深度加热，使其在轻度加工果蔬产品中的使用上受到很大限制。紫外光的穿透力相当差，仅能对食物表面起作用，只适宜包装前的杀菌。离子辐射在 1 kGy（100 krad）以下一般认为是安全的，也允许使用；但要抑制多数酶的活性，处理剂量就要在 110~1 000 kGy 的范围内。若对轻度加工果蔬产品应用辐照处理，须与其他处理相配合。不同种类产品对离子辐射的耐受力不同，大多数果实比蔬菜的耐受力要强。此外，其他因素也会影响辐射果蔬产品的品质，如产地、品种、季节或气候、采收成熟度、处理时的成熟度或品质、处理方式、贮藏等。

4. 包装保护

轻度加工果蔬产品仍是活的组织，还在进行包括呼吸在内的分解代谢。切割加工增加了呼吸速率、水分损失速率、微生物利用和生长所需要的细胞营养物质的渗漏，这些都加剧了产品品质的损失；同时，随着组织的成熟或后熟，组织开始衰老，对植物病原菌的感染或侵染的抵抗力逐渐下降。因此，必须进行合理包装。

(1) 渗透性聚合膜包装　利用渗透性聚合膜可修饰包装内的气体浓度，对延长产品的货架期有巨大潜力。当轻度加工果蔬放入气体透过性相对较低的塑料膜包装内，组织的呼吸作用导致 O_2 浓度下降，CO_2 浓度升高，最后 O_2 浓度减少到组织产生厌氧呼吸的水平，伴随 CO_2 的增加，又强化了包装内的厌氧环境，这就引起产品的厌氧呼吸、组织降解、乙醇和乙醛积累、异味产生，从而导致产品质量的迅速下降。在厌氧呼吸过程中，葡萄糖经过糖酵解途径（EMP）转化为丙酮酸，然后进一步代谢为乙醇和乙醛。使用透气性好的聚合膜可逆转这一变化，可使包装内 O_2 浓度达8%以上、CO_2 低于1%，对抑制呼吸和延长货架期有一定的作用，但要找到适于所有产品的、能在封闭包装内达到理想 O_2 和 CO_2 浓度的塑料包装材料还不大可能。也就是说，要通过试验研究，对不同产品选用不同的包装膜。

(2) 调节气体包装　这种包装是仅次于降低温度的最有效的延长轻度加工果蔬产品货架期的方法，但仍不能替代温度调节的作用，温度才是控制呼吸的最重要因素。气调包装（MAP）是轻度加工产品加工和保护中的综合措施之一。在 MAP 时，存在着气体动态变化过程，即气体组成逐步趋于平衡，使产品的呼吸减弱、对乙烯的敏感性降低、水分蒸发减少以及延长微生物生长的对数期、增加微生物菌群繁殖时间。

MAP 的两类模式：即被动调节式和人工调节式。被动调节 MAP 是将产品放入气体可透气的包装内并密封，产品呼吸降低了包装内的氧含量，增加了二氧化碳浓度，直至达到一个所需要的稳态平衡。人工调节 MAP 是将产品放入气体可透气的包装内，排出包装内气体，用预先调配好的 O_2、CO_2、N_2 的混合气体清洗并填充，立即密封。所充入的替代气体通常含有最适浓度的 O_2、CO_2，能立即减弱产品的有氧呼吸速率。人工 MAP 还可以利用气体吸收剂，清除包装环境内的 O_2、CO_2、C_2H_4 和水蒸气，还可使用国家允许使用的抗菌剂。

5. 涂膜保护

涂膜保护就是将可食性膜涂于果蔬表面而形成涂层，达到改善产品质量的目的。因为涂膜包装处理后可以使食品不受外界氧气、水分及微生物的影响，因而可以提高产品的质量和稳定性，用于轻度加工果蔬的涂膜包装材料主要有多聚糖、蛋白质及纤维素衍生物。由于其方便、卫生且可食用等特点，近年来应用比较多。不同的涂膜材料有不同的特点，如多聚糖有良好的阻气性，能附在切面；蛋白质成膜性好，能附在亲水性切面上，但不能阻止水的扩散。根据不同的涂层物质的特点，在配置涂膜配方时，通常进行复配，在涂膜中有时加入防腐剂（如山梨酸钾）和抗氧化剂（如叔丁基对羟基茴香醚）等。

二、淀粉的制取

马铃薯、甘薯、木薯、魔芋等根茎中，含有丰富的淀粉。常用这些原料提取淀粉并生产酒精、饴糖、葡萄糖、淀粉糖浆及改性淀粉等，作为食品、医药及其他工业的原料或辅料。还用淀粉生产粉皮、粉丝等副食品满足社会需要。

淀粉是以淀粉粒形态存在于各种植物根、茎、种子的薄壁细胞的细胞液中。淀粉粒不溶于水，相对密度 1.4~1.5，易于沉淀，因而可利用该特性达到分离淀粉的目的。先将原料磨碎，使组织遭到破坏，用水将其中的淀粉粒洗出，经精制除杂，即得精制淀粉。

马铃薯淀粉含量为 15%~20%，制取淀粉的出粉率为 11%~13%。其制取方法主要有两种，即沉淀法和流槽法。

1. 沉淀法

这是我国传统方法，也称自然沉淀法。欲分离的淀粉乳在沉淀槽（缸或池）中静置沉淀。其工艺操作要点如下。

（1）选料　原料宜选高产抗病、薯大、淀粉含量高、皮薄、蛋白质和纤维少的品种，如东北男爵、山西黄山药、山东城阳红皮、四川红窝眼、西北白发财等。

（2）清洗　用手动或电动的转筒式洗涤机（鼓式或笼式均可）清洗，除尽泥沙和杂质。

（3）磨碎及筛滤　磨碎机械有磨盘、磨辊或齿轮式磨碎机（也称破碎机）。为尽可能磨碎，提高出粉率，需磨 2~3 次，每磨一次用筛子筛滤一次，除去纤维、杂质和磨碎组织。磨碎和筛滤时，需喷水淋洗，用水量为原料的 2 倍，筛滤时用水为原料的 4 倍，所得筛下物即淀粉乳。筛下物进入下一道磨碎机，筛滤的筛子有筒筛和振动平筛两种。第一道用筒筛和平筛，筛面积为 50~60 W* 号钢丝布，第二、第三道为平筛，筛面为 70~100 W 号钢丝布或 43~55 W 号绢布。

（4）沉淀与分离　过筛分离出来的淀粉乳含有淀粉粒、粗纤维、蛋白质以及糖酸等物质。当淀粉乳入槽静置 8~12 h，淀粉粒便沉淀下来，在淀粉层之上积存的黄褐色黏稠液（浆水），可用槽侧的出料管或槽内的浮管吸出。然后将中层的粗淀粉挖出，加水搅拌后移入沉淀槽中，放置 30~50 h，使之沉淀。将形成的湿淀粉（一级粉）层，切块取出。浆水和下层的垢淀粉（含泥沙）经多次沉淀回收，即得二级湿淀粉。

（5）脱水干燥　上述所得的湿淀粉（生淀粉）含水量约 45%。将湿淀粉分割成小块进行干燥脱水。自然干燥（日晒）需 4~6 d，人工干燥的温度不宜超过 60 ℃。干燥后的淀粉含水量为 18%~20%。

（6）粉碎与包装　干燥后取出摊晾，用粉碎机粉碎，再通过孔径为 0.11 mm 的绢筛过筛。除去小粉块，再进行包装。

2. 流槽法

近年来流槽法被广泛采用（特别是在日本）。该法是令淀粉乳以一定流速流入倾斜槽中，由于淀粉粒大小，相对密度不同，粒子流动的速度有异，从而达到淀粉粒与杂质

---

* 1 W：每英寸（25.4 mm）筛网长度上有 1 个筛孔的筛网。

分离的目的。

斜槽是木制并涂上水泥而成，其宽度 0.5 ~ 0.6 m，长度 30 ~ 60 m，倾斜度为（1/500 ~ 1/200）。当淀粉乳流经斜槽时，相对密度最大的泥沙、碎石及大淀粉首先沉积于斜槽前段，其次在中段沉积的中等大小的淀粉粒，是最优质的淀粉，最后沉积下来是细小的淀粉粒和纤维、蛋白质等混合物即垢淀粉，相对密度最小的纤维、糊精等微粒则随浆流出斜槽而入浆液池中。

淀粉经斜槽沉淀后，定时刮取淀粉和垢淀粉，分别送往洗涤工段，加水搅拌、沉淀、分离出湿淀粉。由斜槽流出的浆水（相对密度不超过 1），可用来提取其他产品。

流槽法的最大优点是缩短沉淀时间，并可连续地除去废液，提高劳动生产率，降低成本。

有些国家已采用效率高的机械来生产淀粉。如用离心力代替振动筛；用离心分离机代替静置沉淀和流槽分离淀粉；而且用高效率的热风干燥机进行干燥，使生产连续化。

三、果胶的制取

果胶是食品工业的重要添加剂，又是制药、纺织等工业中被广泛应用的辅料。果胶是无色、无味、不溶于水的白色胶体。溶液状态时遇酒精或某些金属盐类（钙、铝盐类），则生成凝胶体沉淀，使之从溶液中分离出来，这就是果胶提取的基本原理。

（1）原料处理　柑橘类果实的果胶含量为 1.5% ~ 3%，其中以柚皮含量最高（6% 左右），其次为柠檬（4% ~ 5%）和橙（3% ~ 4%），用压榨法提取过香精油的果皮，在罐头与果汁加工中清除出来的果皮和残渣，果园里的落果和残次果等，都是良好的原料。有些柑橘种子（如柚子）的外种皮中也含有果胶，只要用温水浸渍一定时间即可析出。苹果果皮的果胶含量为 1.24% ~ 2%，果心则为 0.43%，榨汁后的苹果渣果胶含量是 1.5% ~ 2.5%，梨为 0.5% ~ 1.4%，李为 0.2% ~ 1.5%，杏为 0.5% ~ 1.2%，桃为 0.25%，山楂则高达 6% 左右，都可以作原料。

提取果胶的原料要新鲜，积存时间过长会使果胶分解而导致损失。因此，如果不能及时进入浸提工序，原料应迅速进行热处理，目的是钝化果胶酶以免果胶分解，通常是将原料加热至 95 ℃ 以上，保持 5 ~ 7 min 可达到要求，还可以将原料干制后保存。在干制前也应及时进行热处理，干制保存的原料，其果胶提取率一般会低些。

在浸提果胶前，要将原料洗涤，目的是除去其中的糖类及杂质，以提高果胶的质量，通常是将原料破碎成 0.3 ~ 0.5 cm 的小块，然后加入水进行热处理（条件同上），接着用清水洗几次，为了提高淘洗效率，可以用 50 ~ 60 ℃ 的温水进行，最后压干备用。上述洗涤方法会造成原料中有的可溶性果胶流失，因而也有用酒精来洗涤的。

（2）浸提　按原料的重量，加入 4 ~ 5 倍的 0.15% 盐酸溶液，以原料全被浸渍为度，并将酸碱值调至 pH 值 = 2 ~ 3，加热至 85 ~ 95 ℃，保持 1 ~ 1.5 h。随时搅拌，后期温度宜降低。在保温浸提的过程中，控制好浸提的条件，即酸度、温度和时间。

幼果及未成熟的果实，其原果胶含量较多，可适当增加盐酸用量，延长浸提时间，但以增加浸提次数为宜，并应分次及时将浸提液加以处理。

（3）过滤和脱色　以上所得的浸提液约含果胶 1%，先用压滤机过滤，除去其中的杂质碎屑。再加入活性炭 1.5%~2%，80 ℃保温约 20 min，然后压滤，目的是脱色，改善果胶的商品外观。

（4）浓缩 将浸提液浓缩至 3%~4%，浓缩的温度宜低，时间宜短，以免果胶分解。最好减压真空浓缩，以 45~50 ℃进行，将浓度提高至 6%以上，这种果胶浓缩液可以在食品工业上直接应用。但应注意果胶浓缩液的含水量大，容易变质，不宜长期贮存，如需保存，可用氨或碳酸钠将其酸碱值调整至 pH 值=3.5，然后装瓶、密封、杀菌（70 ℃，保持 30 min）。

浓缩或杀菌后的果胶液要注意迅速冷却，以免果胶分解。如用喷雾干燥装置，可将 7%~9%浓度的果胶浓缩液喷雾干燥成粉状，果胶粉可以长期保存。

没有喷雾干燥设备的可用沉淀法。沉淀法的优点是除果胶物质外，其他水溶性及醇溶性的杂质可分离出来，所得的果胶制品较纯洁，缺点是须用沉淀剂，成本较高。

（5）沉淀和洗涤 沉淀法最简易的做法是以 95%的酒精加入抽提液中，使液内的酒精含量达到 60%以上，即见果胶浸提液中成团的絮状凝结析出，过滤得团块状的湿果胶，然后将其中的溶液压出。再用 60%的酒精洗涤 1~3 次，并用清水洗涤几次，最后经压榨除去过多的水分。

酒精可以重新蒸馏回收，提高浓度后再进行应用。沉析的方法耗费酒精很多，应该和上述浓缩措施结合，用较浓的果胶液进行沉淀，则可节省酒精用量，降低成本。

或者应用明矾 [KAl (SO$_4$)$_2$·12H$_2$O] 与酒精结合的沉淀法，先用氨水将浸提液的酸碱值调整至 pH 值 4~5，随即加入适量饱和明矾溶液，然后重新用氨水调整酸碱值，保持 pH 值 4~5，即见果胶沉淀析出，可以加热至 70 ℃，以促使其沉淀。此时可取少量上层清液，以少量明矾液检验果胶是否已完全沉淀。沉淀完全后即滤出果胶，用清水冲洗数次以除去其中的明矾。压干后用少量稀盐酸（0.1%~0.3%的浓度）将果胶溶解，再按上述步骤用酒精重新将果胶沉析出来，并再加以洗涤。这样，酒精的用量可以减少很多。

（6）成品 压榨除去水分的果胶，在 60 ℃以下的温度（最好用真空干燥）烘干，要求含水量在 16%以下，然后用球磨机将其粉碎，过筛（40~120 目）即为果胶粗制成品。果胶干粉的贮存，要注意密封防潮。

四、蛋白酶的提取

提取方法分为吸附法和单宁法两种。

1. 吸附法

（1）压榨 把加工后的菠萝皮洗净，用压榨机压出汁液，然后按汁液体积加入 0.05%的苯甲酸钠（防腐剂），置 4 ℃冰箱或冷库中保存备用。

（2）吸附 将汁液移入搪瓷缸中，搅拌下加入 4%的白陶土（又称高岭土），在 10 ℃左右吸附 30 min，然后静置过夜。次日吸去上层清液，收集下层白陶土吸附物。

（3）洗脱 在上述白陶土吸附物中加入 7%氢氧化钠溶液，调节 pH 值至 7.0 左右，再加入吸附物重 50%的硫酸铵粉末，搅拌 40 min 进行洗脱，然后压滤，弃去杂物，收集滤液。

（4）盐析 将压滤液收集到搪瓷桶中，用 1:3 的盐酸（即 1 份浓盐酸加 3 份水），调节 pH 值至 5.0 左右，搅拌下加入压滤液重 25% 的硫酸铵粉末，待硫酸铵完全溶解后，置 4 ℃过夜，于离心机上分出上层清液，收集下层盐析物，得粗品。

（5）溶解　将粗品放入另一搪瓷桶中，加入 10 倍量的自来水，用 16% 的氢氧化钠溶液调节 pH 值至 7.0~7.5，搅拌使其溶解，然后过滤，除去杂质，收集滤液。

（6）沉淀、干燥　在搅拌下用 1∶3 的盐酸调节上述滤液的 pH 值至 4.0，然后静置使酶析出，于离心机上分出沉淀物，弃去离心液，沉淀冷冻干燥即得菠萝蛋白酶精品。

2. 单宁法

（1）压榨　取菠萝去皮，收集菠萝茎，切成小块用压榨机压出汁液。

（2）去杂质　将汁液移入搪瓷缸中，搅拌下加入汁液重 10% 的固体氯化钠，然后于 10 ℃放置 13 h 左右，过滤分出滤液。残渣加入等量水后，用柠檬酸调节 pH 至 4.5 左右（先加 10% 固体氯化钠），搅拌均匀，浸泡 40 min，过滤分离出滤液（合并两次滤液）。

（3）沉淀　将澄清液移入搪瓷桶中，在搅拌条件下，按澄清液体积加入 0.05% EDTA-2Na、0.06% 的二氧化硫、0.02% 的维生素 C（作稳定剂）及 0.6% 左右的鞣酸，放置于 4 ℃条件下静置，于离心机上分出沉淀物，弃去上清液。

（4）洗脱、干燥　将沉淀物放入搪瓷桶中，加入 2~3 倍量的 pH 值=4.5 的抗坏血酸溶液，搅拌洗脱 40 min，然后过滤，收集滤液，减压干燥，即得菠萝蛋白酶精品。

五、辣根过氧化物酶的提取

（1）处理　选取洗干净的鲜辣根或辣根皮，用刀切成小块，在粉碎机中粉碎成渣浆，将渣浆移入搪瓷缸中。

（2）浸提　在搪瓷缸中，加入 1 倍于渣浆体积的清水，在 10 ℃左右搅拌提取 8~10 h，然后以 3 000 r/min 的速度离心 20 min，弃去残渣，收集上清液备用。

（3）盐析　将离心后的上清液移入另一搪瓷桶中，在搅拌条件下，缓慢加入硫酸铵粉（按每 1 L 离心液加 226 g 硫酸铵计算），然后置室温下过夜，翌日吸取上清液，再按每 1 L 上清液加 258 g 硫酸铵粉末，随加随搅拌，待硫酸铵完全溶解后，置 10 ℃处过夜，次日吸取上清液，收集沉淀在冷冻离心机中（13 000 r/min）离心 30 min（也可吊滤至干），弃去上清液，收集盐析物。

（4）透析　把盐析物先用少量去离子水溶解，装入透析袋中，在流动的水中透析 2 d 左右，直至透出的水中加入氯化钡溶液无白色沉淀为止。然后再用无离子水透析 10 h，收集透析液，在 4 000 r/min 下离心 20 min，除去杂质，收集上清液。

（5）丙酮分级分离　将以上离心清液移入搪瓷桶中并置于冷处或冰浴中，在搅拌下，用滴管沿桶壁加入等体积-15 ℃的丙酮，在 4 000 r/min 下离心 20 min，收集上清液。在上清液中再加原上清液体积 0.8 倍的-15 ℃丙酮，按同样条件离心，弃去上清液，收集沉淀。将沉淀用蒸馏水溶解，装入透析袋中对蒸馏水透析除去丙酮，收集透析液即为粗 HRP。

（6）精制、透析、干燥　将透析液倒入玻璃烧杯中，加入 1 mol/L 的硫酸锌溶液（每 1 L 透析液加 1 mL），搅拌均匀，以 6 000 r/min 离心 20 min，弃去杂物，收集上清液分装于透析袋中，于流水中透析 24 h 左右，最后在蒸馏水中透析 8~9 h。将冷冻液干燥即得精制辣根过氧化物酶。

六、风味物质的提取

风味是一种感觉，包括味感、嗅感等。风味物质的种类及比例决定原料的风味品质。风味物质成分种类繁多、结构复杂，其化学成分有些已被研究清楚，有些正在探索和研究之中，有些则完全不了解。如生姜中仅香味物质成分已检测出240余种，但研究清楚的却极少。但这并不影响人们提取及利用它们。

根据风味物质提取方法的不同，一般将其分为精油（又称挥发油、芳香油、香精油等）、精油树脂等。精油是指采用蒸馏方法所获得的挥发性芳香物质，而精油树脂除含有挥发油外，还含有一些非挥发性的风味物质。

（一）蒸馏法

精油系由多种有机物质构成的混合物，在常压下，沸点一般在150～300 ℃之间，它存在于果蔬的果、茎、叶等不同组织器官中，因为具有挥发性和不溶于水的特性，经适当破碎之后，一般可采用水蒸气蒸馏法提出。该法设备和操作比较简单，投资少，产品基本符合天然香料的提取要求。

1. 蒸馏原理

将原料切碎放在水中进行水蒸气蒸馏，实质上等于不相混溶的两相混合液，即水和精油的两相混合液的水蒸气蒸馏。两相液体处于不断搅拌混合之中，在液面的任何地方，精油的分散是完全均等的，精油和水分子受热后都会不断汽化产生蒸汽，汽化产生的蒸汽和单独受热时情况一样，彼此各不妨碍。但在某一温度下，受热汽化达到液气平衡时混合液的蒸汽总压力与两者各自蒸汽压力的总和相等。这与混合液中它们彼此数量的多少并无关系。一般的蒸馏是在常压下进行的，蒸馏与大气相通。如果水和精油的混合物继续进行加热，当混合液的蒸汽压力等于外界的大气压时，整个混合液就开始沸腾，此时的温度就是该混合液的沸点。因此，混合液的沸点比精油和水原有各自的沸点均低。即在低于100 ℃的温度下，精油就能与水蒸气一起被蒸馏出来，这就是蒸馏法提制精油的基本原理，也是蒸馏法能在比较低的温度下提制精油的优点。

2. 蒸馏方法

可将蒸馏方法分为水中蒸馏法、水上蒸馏法、水蒸气蒸馏法、加压水蒸气蒸馏法、减压水蒸气蒸馏法、发酵蒸馏法等。

（二）萃取法

采用蒸馏法提取的精油，只含挥发性成分的香气成分，味觉成分未能提取出来；另外一些热敏性香气成分易受热分解，为了避免这些缺点，可采取低沸点溶剂萃取香料原料，萃取液经澄清、过滤、常压回收溶剂制成浓萃取液，再经减压浓缩脱除溶剂，制成油树脂产品。

1. 溶剂选择

在选择中要注意溶剂的挥发性、溶解力、毒性、气味、化学性质以及黏度、安全性、易燃性、成本等。常用的溶剂有丙酮、乙醇、氯化烃类、二氧化碳等。其中以 CO_2 所获产品质量好、安全性高。

2. 影响萃取效果的因素

（1）加大浓度差　可在萃取器中进行翻动，萃取溶剂进行循环或将原料搅拌。也可以更新溶剂，增大溶剂量和增加萃取次数。比较有效的是逆流萃取的办法。

（2）增大接触面　切碎原料以增大接触面。但鲜花不宜切断或粉碎。否则，由于酶系活动会导致产品颜色、香气变劣。

（3）提高萃取温度　鲜花原料只适于常温和较低温度下萃取。较高温度的萃取对热敏性成分含量较高的植物原料不适合。

（4）延长萃取时间　延长萃取时间可增加浸提效率，但鲜花萃取时间不能无限延长，萃取时间长不仅会影响产品质量，而且对工厂经济指标也很不利。

叶、花中含有芳香的植物都宜用萃取法。其中以橙花最好，原料宜新鲜，收集后尽快进行萃取，用酒精萃取一般要 3~5 h，获得率 0.13%~0.35%。

3. 超临界二氧化碳萃取（CO_2-SF）

（1）技术原理　超临界流体萃取分离过程的原理是利用超临界流体的溶解能力与其密度的关系，即利用压力和温度对超临界流体溶解能力的影响而进行的。在超临界状态下，将超临界流体与待分离的物质接触，使其有选择性地把极性大小、沸点高低和相对分子质量大小不同的成分依次萃取出来。当然，对应各压力范围所得到的萃取物不可能是单一的，但可以控制条件得到最佳比例的混合成分，然后借助减压、升温的方法使超临界流体变成普通气体，被萃取物质则完全或基本析出，从而达到分离提纯的目的，所以在超临界流体萃取过程中由萃取和分离组合而成。

（2）萃取装置　超临界萃取装置从功能上大体可分为八部分：萃取剂供应系统、低温系统、高压系统、萃取系统、分离系统、改性剂供应系统、循环系统和计算机控制系统。具体包括二氧化碳注入泵、萃取器、分离器、压缩机、二氧化碳贮罐、冷水机等设备。由于萃取过程在高压下进行，所以对设备以及整个管路系统的耐压性能要求较高，生产过程实现微机自动监控，可以大大提高系统的安全可靠性，并降低运行成本。

（3）超临界流体萃取的特点　超临界流体萃取与化学法萃取相比有以下突出的优点。

a. 可以在接近室温及 CO_2 气体笼罩下进行提取，有效地防止了热敏性风味物质的氧化和逸散。因此，在萃取物中保持着风味物质的全部成分，而且能把高沸点、低挥发物、易热解的物质在其沸点温度以下萃取出来。

b. 使用 CO_2-SF 是极其卫生的提取方法，由于全过程不用有机溶剂，因此萃取物无残留溶媒，同时也防止了提取过程对人体的毒害和对环境的污染，符合安全、卫生、环保的要求。

c. 萃取和分离合二为一，当饱含溶解物的 CO_2-SF 流经分离器时，由于压力下降使得 CO_2 与萃取物迅速成为两相（气液分离）而立即分开，不仅萃取效率高而且能耗较少，节约成本。

d. CO_2 是一种不活泼的气体，萃取过程不发生化学反应，且属于不燃性气体，无味、无臭、无毒，故安全性好。

e. CO_2 价格便宜，纯度高，容易取得，且在生产过程中循环使用，从而降低成本。

f. 压力和温度都可以成为调节萃取过程的参数。通过改变温度或压力达到萃取目的。压力固定，改变温度可将物质分离；反之，温度固定，降低压力可使萃取物分离，因此工艺简单易掌握，而且萃取速度快。

（三）压榨法

压榨法是提取芳香精油的传统方法，主要用于柑橘类精油的提取。现以柑橘为例：柑橘类精油的化学成分都为热敏性物质，如甜橙油，除含有大量易于变化的萜烯类成分外，其主香成分醛类（癸醛、柠檬醛）受热也容易氧化、变质，因此柑橘的提油适宜用冷压和冷磨法。

柑橘类果皮中精油位于外果皮的表层，油囊直径一般可达 0.4~0.6 mm，较大，无管腺，周围无包壁，是由退化的细胞堆积包围而成。如果不经破碎，无论减压或常压油囊都不易破坏，精油不易蒸出。但橘皮在水中浸泡一定时间后，取出用手压挤，会有一股橘油喷射而出。这是因为水能渗入油囊中，使油囊内压增加，施加外压时，油囊破裂，精油从而射出。因此，无论手工的海绵法、锉榨法，还是机械的整果冷磨法、碎散果皮的螺旋压榨法，其原理基本相同，都是利用尖刺的突起物刺伤橘皮外果皮，使油囊破裂，精油释放出来，连同喷淋水，经澄清、分离、过滤，除去部分胶体杂质，最后高速离心，利用油水相对密度的不同将油分出。

（四）吸附法

在香料的加工中，吸附法的应用远较蒸馏法、浸提法为少。在水蒸气蒸馏时，馏出水常常溶解一部分精油，这部分精油的回收可以用活性炭吸附法。处于气体状态香气成分的回收也可采用吸附法。常用的吸附剂有硅胶和活性炭。活性吸附剂吸附的精油达饱和以后，再用溶剂浸提脱附，蒸去溶剂，即得吸附精油。

经上述 4 种方法所得粗油，均须进行澄清、脱水，必要时还可以适当加温、澄清、分水和放出杂质，也可以加入少量脱水剂进行脱水。一般黏度小、杂质少、易过滤的粗油常采用常压过滤的方法而得到精制。对于较难过滤的油要减压过滤。精制时，加入脱色剂（酒石酸、柠檬酸、活性炭等）以除去重金属离子和植物色素等。

精油应选择温度较低和阴暗、通风而且干燥的地方贮存，以避潮、光和热的作用，加强对酶的抑制作用，使成品保持较长时间不变或变得较少。

七、食用香料的制备

（一）香辛调味料

香辛调味料均可以粉末状态使用。主要包括姜、胡椒、辣椒、花椒、葱、蒜、芹菜籽、芫荽籽、芥末籽等。

（二）复合调味料

咖喱粉（%）：姜粉56、白胡椒13、桂皮12、茴香7、芫荽籽7、八角2、花椒2、丁香1。

苏士粉（%）：洋葱20、大蒜20、干姜14、辣椒4、胡椒4、芥末4、砂糖23、焦糖6、食盐3、柠檬酸2。

五香粉（％）：八角 20、小茴香 8、陈皮 6、干姜 5、桂皮 43、花椒 18。

香辣粉（％）：辣椒 60、陈皮 10、干姜 10、胡椒 8、丁香 4、八角 2、花椒 2、小茴香 2、桂皮 2。

（三）香花型糖浆

晴天 9：00 以前采集鲜花，然后除梗、去蒂，每 1 kg 花瓣加砂糖 5 kg，搅拌至花瓣半透明，使砂糖溶成糖浆，得香花糖浆。

（四）快餐食品调味料

制作快餐食品的调味料，如洋葱粉末香料、大蒜粉末香料等，比较简单的方法是将这些精油与乳糖、葡萄糖或者与精制食盐混合，制成干溶物粉末香料。但这种方法在制造中常被细菌污染，而且制成的粉末不能将精油完全包埋，粒度也不一致，保存性也很差。

利用果胶酶和纤维素酶的作用使之分解的方法：将去皮后的鲜洋葱 3 kg 同 1.5 L 水一起粉碎打浆，随即加入纤维素酶 5 g，在 30 ℃下分解 12h。接着加入 270 g 阿拉伯胶溶解在 600 mL 水的胶体溶液中充分搅拌，然后进行喷雾干燥。进料口温度为 135 ℃，出口温度为 75 ℃，得到约 420 g 洋葱粉末香料。

洋葱和大蒜混合调味粉末香料：将去皮后的鲜洋葱 5 kg、大蒜 1 kg，在 4 L 的 80～90 ℃热水中浸渍 0.5 h。冷却至 35 ℃后与水一起粉碎打浆，随后加入果胶酶、纤维素酶各 8 g，在 35 ℃下反应 5 h。经均质后再加入 400 g 精盐和 500 g 阿拉伯胶溶解在 750 mL 水的溶液，如此获得喷雾干燥乳液。以进口温度为 135 ℃、出口温度 75 ℃进行喷雾干燥，即得 1 200 g 左右的具有甜味的洋葱、大蒜混合调味粉。

（五）柠檬油微胶囊的制备

微胶囊方法比较容易操作，利用明胶在凝固点温度下冷却凝胶化的特性使囊芯物进行凝胶化，然后把它分散在混合的亲水性胶体中分散悬浊，最后在碱土金属离子作用下进行相分离，从而形成分散的凝胶颗粒制成微胶囊。其操作方法如下。

原料配方：芯材为香料柠檬油；壁材有明胶（凝固点 25.5 ℃）10 g、海藻酸钠 2 g、羧甲基纤维素钠 2 g、氯化钙 2 g，硫酸铝少量。

制法：称取明胶 10 g，放入 200 mL 40 ℃温水中溶解。然后在搅拌下加入 50 g 柠檬油乳化分散。在另一容器中将 1 g 海藻酸钠和 2g 羧甲基纤维素钠在 100 mL 冷水中溶解制成混合聚合物胶体溶液。

将上述在明胶中分散的柠檬油，在 5 ℃温度下进行凝胶化之后，加入配好的混合聚合物胶体溶液中，在凝胶化温度以下搅拌分散悬浊。随后在继续搅拌下，加入氯化钙水溶液，再将硫酸铝溶解于少量水中，并在搅拌下加入其中，分 3 次缓慢添加使之发生相分离，全部成为微细凝胶的分散性悬浊液。然后再继续搅拌 30 min，放置 30min 则制成柠檬微胶囊溶液。这一胶囊溶液除可直接应用之外，亦可经过滤、水中分散、脱水干燥制成颗粒状微胶囊。

八、天然色素的提取

天然色素色调自然、安全，有一定保健功能，近年来从植物中提取天然色素用于食品加工业越来越受到重视，用天然色素逐渐取代人工合成色素，以减少人工合成色素对人体的危害已是大势所趋。

（一）果蔬色素提取工艺

为了保持果蔬色素固有的优点和产品的安全性、稳定性，一般提取工艺大多采用物理方法，较少使用化学方法。目前提取色素的工艺主要有浸提法、浓缩法和先进的超临界流体萃取法等。

（1）浸提法　原料→清洗→浸提→过滤→浓缩→干燥成粉或添溶媒制成浸膏→产品。

（2）浓缩法　原料→清洗→压榨果汁→浓缩→干燥→成品。

（3）超临界流体萃取法　原料→清洗→萃取器萃取→分离→干燥→成品。

（二）果蔬色素的精制纯化

用果蔬提取的色素，由于果蔬本身成分十分复杂，使得所提色素往往还含有果胶、淀粉、多糖、脂肪、有机酸、无机盐、蛋白质、重金属离子等非色素物质。经过以上的提取工艺得到的仅仅是粗制果蔬色素，这些产品色价低、杂质多，有的还含有特殊的臭味、异味，直接影响着产品的稳定性、染色性，限制了它们的使用范围。所以必须对粗制品进行精制纯化。精制纯化的方法主要有以下几种。

1. 酶法纯化

利用酶的催化作用使得色素粗制品中的杂质通过酶的反应而被除去，达到纯化的目的。如由沙蚕中提取的叶绿素粗制品，在 pH 值＝7 的缓冲液中加入脂肪酶，30 ℃下搅拌 30 min，以使酶活化，然后将活化后的酶液加入 37 ℃的叶绿素粗制品中，搅拌反应 1 h，就可除去令人不愉快的刺激性气味，得到优质的叶绿素。

2. 膜分离纯化技术

膜分离技术特别是超滤膜和反渗透膜的产生，给色素粗制品的纯化提供了一个简便又快速的纯化方法。孔径在 0.5 nm 以下的膜可阻留无机离子和有机低分子物质；孔径 1~10 nm，可阻留各种不溶性分子，如多糖、蛋白质、果胶等。让色素粗制品通过一特定孔径的膜，就可阻止这些杂质成分的通过，从而达到纯化的目的。黄酮类色素中的可可色素就是在 50 ℃、pH 值＝9、入口压力 490 kPa 的工艺条件下，通过管式聚矾超滤膜分离而得到的纯化产品，同时也达到浓缩的目的。

3. 离子交换树脂纯化技术

利用阴阳离子交换树脂的选择吸附作用，可以进行色素的纯化精制。葡萄果汁和果皮中的花色素就可以用磺酸型阳离子交换树脂进行纯化，除去其粗制品浓缩液中所含的多糖、有机酸等杂质，得到稳定性高的产品。

4. 吸附、解吸纯化

选择特定的吸附剂，用吸附、解吸法可以有效地对色素粗制品进行精制纯化处理。意大利对葡萄汁色素的纯化，中国对萝卜红色素的纯化都应用此法，取得了满意的效果。

（三）几种果蔬色素提取工艺

1. 葡萄皮红色素的提取工艺流程

葡萄皮→浸提→粗滤→分离→沉淀→浓缩→干燥→成品。

2. 类胡萝卜素色素的提取工艺流程

胡萝卜→洗涤→切分→软化→浸提→浓缩→干燥→成品。

3. 苋菜红色素的提取工艺流程

苋菜→清洗→切分→热浸提→粗滤→真空浓缩→沉淀→过滤→真空浓缩→干燥→成品。

4. 番茄红色素的提取工艺流程

番茄→破碎→浸提→过滤→浓缩→干燥→成品。

九、有机酸（柠檬酸）的提取

1. 榨汁

将原料捣碎后用压榨机取汁，残渣加清水浸湿，进行第二次甚至第三次压榨，以充分榨出所含的柠檬酸。

2. 发酵

榨出的果汁因含有蛋白质、果胶、糖等，故十分混浊，经发酵有利于澄清、过滤、提取柠檬酸。方法是：将混浊果汁加酵母液1%，经4~5 d发酵，使溶液变清，酌情加少量的单宁物质，并搅拌均匀加热，促使胶体物质沉淀。再过滤，得澄清液。

3. 中和

这一步是提取柠檬酸的最重要工序，直接关系到柠檬酸的产量和质量，要严格按操作规程做。柠檬酸钙在热水中易溶解，所以要将澄清果汁加热煮沸，中和的材料为氧化钙、氢氧化钙或碳酸钙。中和时，将石灰乳慢慢加热，不断搅拌，终点以柠檬酸钙完全沉淀后汁液呈微酸性时为准。鉴定柠檬酸钙是否完全沉淀，可以加少许碳酸钙于汁液中，如果不再起泡沫说明反应完全。将沉淀的柠檬酸钙分离出来，沉淀分离后，再将溶液煮沸，促进残余的柠檬酸钙沉淀，最后用虹吸法将上部黄褐色清液排出。余下的柠檬酸钙用沸水反复洗涤，过滤后再次洗涤。

4. 酸解及晶析柠檬酸

将洗涤的柠檬酸钙放在有搅拌器及蒸汽管的木桶中，加入清水，加热煮沸，不断搅拌，再缓缓加入 1.26 g/cm^3（30°Bé）硫酸（每50 kg柠檬酸钙干品用40~43 kg 1.26 g/cm^3 的硫酸进行酸解），继续煮沸，搅拌30 min以加速分解，使生成的硫酸钙沉淀。然后用压滤法将硫酸钙沉淀分离，用清水洗涤沉淀，并将洗液加入溶液中。滤清的柠檬酸溶液用真空浓缩法浓缩至相对密度为1.26时冷却。如有少量硫酸钙沉淀，再经过滤，滤液继续浓缩至相对密度为1.38~1.41，将此浓缩液倒入洁净的缸内，经3~5 d结晶即析出。

5. 离心干燥

上述柠檬酸结晶还含有一定的水分与杂质，用离心机进行清洗处理，在离心时每隔5~10 min喷一次热蒸汽，可冲掉一部分残存杂质，甩干水分，得到比较洁净的柠檬酸结晶，随后以75 ℃以下的温度进行干燥，直到含水量达10%以下时为止。最后将成品过筛、分级，即可包装。

十、鞣质的提取

鞣质的有机溶剂提取：可用乙醚-乙醇混合液，含乙醇和水的乙醚、醋酸乙酯、丙酮等为溶剂。如原料中含有较多的色素、油酯类杂质，可先用苯、氯仿、乙醚依次提取，除去大部分杂质后，再用乙醚-乙醇（4∶1）混合液为溶剂，抽提出鞣质，置分液漏斗中加水振摇混合，则鞣质转溶于水液层，放置分层后，分去乙醚层，于水液层再加入乙醚振摇数次，尽可能多地溶除杂质，分出水液层，减压蒸干得粗鞣质。也可以用加热水提取法提鞣质。

可以用醋酸铅、碳酸铜作为沉淀剂，精制鞣质。操作时可将沉淀剂分次加入，弃去最初和最后的沉淀（通常含有色物和外来物），取中部沉淀（鞣酸盐），加水洗净后，悬浮于水中，通入硫化氢气体，以分解金属盐，滤除沉淀。必要时可再加乙醚振摇，以溶除杂质，然后再用醋酸萃取，萃取液脱水，减压蒸干后即得精制品。

十一、活性炭的制造

核桃、椰子的外壳和核果类果实中的果壳及板栗的种壳，组织坚硬致密，是制造活性炭的优质原料，而且是节约木材的途径之一。有的种壳如椰子壳产的活性炭，质量超过木材制造的。美国在 20 世纪 70 年代曾研究用苹果渣制活性炭。他们将干燥的苹果渣在 160~200 ℃ 的温度下加热，然后粉碎，使其通过 40 目的筛子后，再压制成型。这种炭块的发热量约为商业出售的炭块热量的 90%。

活性炭对气体和液体都有良好的吸附作用，广泛用于食品、医药、化工等工业，作为除臭、脱色、净化等之用，还有防毒面具、气调库吸收二氧化碳或其他有害挥发性物质都需活性炭作吸附剂。

（一）炭化

将果壳或核壳洗净、晒干，装入炭化炉内封闭后烧炭，温度控制在 400~600 ℃，炭化时间需 5~6 h，以果壳发松为度，若温度低，炭化时间延长。为了能够均匀地进行活化，原料炭要进行破碎和筛选，通常采用双辊式破碎机破碎，再用双层筛网的振动筛筛选，当采用鞍式炉（即斯利普炉）活化时，应用 20~30 目筛选，当采用沸腾炉（即流态化炉）活化时，应用 120 目筛选。然后用 3% 的盐酸浸煮 1.5~2 h，并用清水漂洗数次，除去水溶性杂质，最后干燥到水分含量小于 10%。

（二）活化

原料炭的活化在活化炉中进行，对强度较大的果壳炭常用鞍式炉和沸腾炉活化，采用流态化技术制取活性炭是目前较先进的方法，国内使用的是单级立式间歇沸腾炉，沸腾炉活化时，常用高温烟道气或空气与水蒸气的混合气体作为活化剂，操作时，气体活化剂以一定的流速使原料炭颗粒在活化室内呈流态化状态完成活化作用。燃烧炉温度为 1 000~1 100 ℃，流化活化温度为 800~900 ℃，反应时间为 20~60 min，水蒸气用量为原料炭重的 2 倍左右。

（三）酸洗与水洗

目的是降低活性炭中的杂质含量，提高活性炭的纯度，并调整 pH 值到规定的范围。酸洗操作时，将经过活化后的原料炭加入耐酸材料制的酸洗桶内，加入其量 8% ~ 10%的工业盐酸，并加水浸没炭层，而后直接通蒸汽煮沸 1.5 ~ 2 h 进行酸洗，并不断搅拌，酸洗后用清水继续漂洗，除去水溶性杂质，直到漂洗到杂质含量达到标准、漂洗液的 pH 值为 5 ~ 6 时为止，然后脱水干燥。

（四）干燥与包装

经真空脱水或离心脱水后的湿炭，含水率通常为 55% ~ 60%，需要进行干燥。用热空气在干燥器中进行，干燥到规定的含水率后，进行包装即得粉状活性炭成品。

十二、籽油的提取

果蔬的种子中，含有丰富的油脂和蛋白质。如柑橘种子含油量达 20% ~ 25%，杏仁为 51%以上，桃仁为 37%左右，葡萄种子为 12%以上，番茄种子达 22% ~ 29%。这些油都可榨取供食用或工业上需要。

下面以葡萄籽油的提取与精炼为例介绍。

（一）提取

将葡萄籽用风力或人力分选，基本不含杂质后用双对辊式破碎机破碎，对所有成熟种子必须破细。然后进行软化，条件是：水分 12% ~ 15%，温度 65 ~ 75 ℃，时间 30 min，必须全部达到软化。

用平底炒锅炒坯，火候必须均匀，料温 110 ℃，水分 8% ~ 10%，出料水分为 7% ~ 9%，不焦煳，炒熟炒透，时间 20 min；炒后立即倒入压饼圈内进行人工压饼，动作迅速，用力均匀，中间厚，四周稍薄，趁热装入榨油机，饼温在 100 ℃为好。上榨时动作迅速，饼垛必须装直，预防倒垛，应轻压勤压，使油流不断线，车间温度保持在 35 ℃左右，避免因冷风吹入降低品温而影响出油率，同时在出油口处安装一个 2 ~ 3 层的滤布以清除油饼渣等杂物。

（二）精炼

上述毛油经过滤后采用高温水化，即当油温升至 50 ℃时加入 0.5% ~ 0.7%煮沸的食盐水，用量为油量的 15% ~ 20%，随加随搅拌，终温为 80 ℃左右，直至出现胶粒均匀分散为止，约 15 min。保温静置 6 ~ 8 h，油水分离层明显时进行分离。然后使用水浴锅以油代水，使油温达 105 ~ 110 ℃，直至无水泡为止。

碱炼时采用双碱法，预热油温达 30 ~ 35 ℃时，首先按用碱量的 20% ~ 25%加入 30°Bx 纯碱，防止溢锅，以 60 r/min 搅拌，待泡沫落下再加入 20 ~ 22°Bx 烧碱，终温 80 ℃。碱炼完毕后保温静置，当油、皂分离层清晰、皂脚沉淀时分离。用 80 ~ 85 ℃软水雾状喷于油面，用量为油质量的 10% ~ 15%，并不断搅拌，可洗涤 1 ~ 3 次，洗净为止。干燥时采用间接加温至 90 ~ 105 ℃的方法，10 ~ 15 min，水分蒸发完毕为止。采用吸附法，用混合脱色剂（活性白土或活性炭等）在常压、80 ~ 95 ℃条件下充分搅拌，持续 30 min。在 70 ℃下过滤或自然沉降后再过滤。在脱臭罐中进行脱臭处理。间接蒸汽加热至100℃，喷入直接蒸汽，真空度800~1 000 Pa，时间4~6 h，蒸汽量为40 kg/t油。最后加入适量抗氧化剂即得成品精油。

十三、酒石酸氢钾的提取

在葡萄酒发酵池或陈酿池四周贴着一层类似长三角形的晶体——酒石，其主要成分是酒石酸氢钾（$C_4H_4O_6HK$），同时混有酒精、苹果酸、琥珀酸、果胶、磷酸盐、单宁、蛋白质及碱土金属盐类等，是复杂的混合物，可作为提取酒石酸氢钾的原料。

（一）酒石酸氢钾的特性

纯酒石酸氢钾为白色透明结晶体，当含有酒石酸钙时，呈乳白色。其特性如下。

一是溶于水，达饱和时即晶析。

二是在不同温度下溶解度随温度的下降而降低，当温度降至一定程度时，酒石酸氢钾就结晶析出，从酒石中分离出来。

三是在不同酒度下溶解度不同。酒石酸氢钾在不同酒度的溶液中，其溶解度随酒度的提高而降低。在高酒度与低温下，酒石酸氢钾易结晶析出，经分离可得到纯度高的酒石酸氢钾结晶，这是该产品提取的基本理论依据。

（二）酒石酸氢钾的提取方法

1. 粗酒石酸氢钾的制取

将收集的酒石置于带蒸汽管的大木桶中，加入酒石质量20倍的水，搅拌通蒸汽加热至100℃，30~40 min，使酒石酸溶解（若加用1%~1.5%盐酸可提高溶解度）。经粗滤除去杂物，再将滤液注入结晶槽中，冷却结晶。24 h后将母液自槽中放出备用（可供下批原料作溶解水）。从槽底刮出的结晶物，即为粗酒石酸氢钾。

2. 精制

粗酒石酸氢钾按前法加水再结晶一次，即为精制酒石酸氢钾。然后将精制品再用蒸馏水洗涤后，烘干，即为成品。

酒石酸氢钾可作为面包的发酵粉，医药上用作利尿剂及泻剂，金属镀锡也少不了它。

十四、化妆品的生产

（一）银耳雪花膏

硬脂酸50份、银耳甘油15份、碳酸氢钠5份、茉莉香精5份、乙醇10份、水250份。取银耳5g，浸入95 mL60%的甘油中，一周后，即为银耳甘油。

配制时，将碳酸氢钠加入水中，加热至80℃左右，搅拌溶化，再加入乙醇和银耳甘油，搅匀。维持80℃左右。把硬脂酸加热到80℃左右，溶化后，在搅拌条件下缓缓加入碳酸氢钠水溶液，沿同一方向搅拌，直至成乳色软膏。当温度降至40℃左右时，加入茉莉香精，搅拌均匀后装瓶。

（二）银耳奶液

硬脂酸5份，苯甲酸钠适量，羊毛脂2~4份、白矿油11份、银耳甘油2份、硼砂0.65份、香精3份、水20份。

奶液为流汁水雪花膏，制法与上一配方相同。

（三）美容化妆水

葫芦科植物（丝瓜、西瓜、黄瓜等）的果实液汁和茎浸出液在添加有机酸（柠檬酸、乳酸、苹果酸）后，可长期保存。能使皮肤柔软、保持润泽。

配方实例：丝瓜汁 89.7%（按重量计），柠檬酸 0.2%，山梨醇液 10%，脱氢醋酸钠 0.1%。

十五、饲料的加工

多种果实及蔬菜残渣可供加工饲料，其中尤以柑橘类、苹果、菠菜等残渣广为利用。此类废物成分含糖类很多。据报道，苹果残渣作为乳牛的饲料，其效果与玉米饲料相当，而且这些残渣的消化率高。表 13-20 中为干燥果渣的组分和消化率（百分含量）。

果渣除做饲料外，还可以提取单宁等多种有机化合物，也可以发酵成为有机肥料，也可以作为种植栽培食用菌的代用料。

表 13-20　干燥果渣的组分和消化率　　　　　　　　　　单位:%

副产物	干物质	粗蛋白	粗纤维	无蛋物	粗脂肪	灰分
组分						
橙渣	87.50	7.70	7.81	66.96	1.68	3.35
柠檬渣	92.90	6.39	15.00	65.24	1.23	5.04
葡萄渣	88.68	9.58	19.32	45.57	10.54	3.67
菠萝渣	83.60	3.81	13.88	61.94	0.71	3.26
苹果渣	86.58	4.31	17.03	69.76	5.13	3.77
消化率						
橙渣	89.33	78.54	83.73	95.40	48.89	—
柠檬渣	81.43	46.18	60.33	92.01	27.44	—
葡萄渣	44.78	24.13	18.54	52.01	90.16	—
菠萝渣	74.56	20.75	69.62	79.75	0	—
苹果渣	67.00	37.00	54.00	80.00	32.00	—

复习题

1. 果汁制作流程。

2. 葡萄酒制作方法。

3. 果醋加工技术。

4. 果干制品质量要求。

5. 园艺产品腌制机理。

6. 园艺产品腌制品的分类。

7. 园艺产品腌制过程中化学物质的变化。

8. 微生物发酵的类型。

9. 影响乳酸发酵的主要因素。

10. 盐渍蔬菜工艺流程。

11. 酱菜工艺流程。

12. 泡菜工艺流程。

13. 糖醋黄瓜工艺流程。

14. 蔬菜腌制品常见的败坏及控制。

15. 园艺产品糖制机理。

16. 食糖的种类。

17. 园艺产品糖制品的分类。

18. 糖制品常见质量问题及控制。

19. 罐头常见质量问题及控制。

20. 花卉加工产品的主要种类。

21. 速冻蔬菜工艺流程。

22. 速冻水果工艺流程。

23. 园艺产品其他加工主要提取物质的种类。

附录　园艺产品贮藏加工实验

实验一　果蔬一般物理性状的测定

一、实验目的

掌握测定果蔬的重量、大小、硬度、性状、色泽、可溶性固形物等物理性状的方法。

了解研究物理性状的意义：可判断化学性状，即进行化学测定和品质分析的基础；判断品质特性，判断标准化；确定加工贮藏的条件，了解加工适应性与拟定加工技术条件的依据。

通过自己的实际操作，培养测定实验需要的细心与准确测量的能力。

二、实验原理

可溶性固形物测定原理：可溶性固形物是指液体或流体食品中所有溶解于水的化合物的总称。包括糖、酸、维生素、矿物质等。主要是指可溶性糖类。果蔬汁液成分复杂，故测定的实为可溶性固形物的含量。手持糖量计是根据不同浓度的液体具有不同的折射率这一原理设计而成的。

三、实验材料与仪器

材料：苹果、黄瓜、香蕉。

仪器：天平、游标卡尺、可溶性固形物计、硬度计、水果刀、切物板材料。

四、实验步骤

单果重：取果实 5 个，分别放在托盘天平上称重，记载单果重（g），并求出其平均果重（g）。

果型指数（纵径/横径）：取果实 5 个，用卡尺测量果实的横径和纵径（cm），求果型指数，以了解果实的形状和大小。

果面特征：观察记载果实的果皮粗细，底色和面色状态。果实底色可分深绿、浅绿、绿黄、浅黄、黄、乳白等，也可用特制的颜色卡片进行比较，分成若干级。果实因种类不同，显出的面色也不同，如紫、红、粉红等，记载颜色的种类和深浅，占果实表面积的多少。

果肉比率（%）：取果实5个，除去果皮、果心、果核或种子，分别称各部分的重量。以求果肉的百分率。

可溶性固形物：将果实挤压，得到待测样品，将样品滴在折光棱镜上，测定并读数。

果实硬度：取果实5个，用水果刀在果实的侧面切掉一小片，注意切面一定要平整，用硬度计垂直于切面进行测定。

【注意事项】

（1）使用硬度计等仪器时须轻拿轻放，用完仪器后应及时清洗或擦拭干净。

（2）使用电子硬度计时应根据不同的果蔬选择不同粗细度的针头，以达到准确测量的目的。

五、实验报告

实验二　果蔬产品感官评定

一、实验目的

掌握对果蔬产品感官的一般方法和步骤。

二、实验原理

果蔬的大小、形状、颜色、光泽等感官性状的测定是进行化学测定和品质分析的基础，是确定采收成熟度、识别品种特性、进行产品标准化的必要措施。

三、实验材料与仪器

材料：苹果、梨、桃子、葡萄、黄瓜、茄子或当地主要的果蔬。

仪器设备：游标卡尺、比色卡、光泽度计等。

四、实验步骤

大小：直径用游标卡尺或测微仪测定。个体质量用电子分析天平进行测定；群体质量用台秤测定。体积可以采用排水法进行测定。

形状：用果形指数（纵径与横径之比），也可以采用形状图或模型来表示，不同的果蔬产品有不同的形状特征。

颜色：通常采用目测法（比色卡）来描述果蔬产品的颜色，也可以采用反射计等设备来测定。

光泽：用目测法或进行测定。

缺陷：缺陷就是缺乏完好性，果蔬产品很少能够保持完美无缺，销售时要按缺陷的程度进行分级，依照级别来定价位。其根据缺陷的发生和严重程度可以分为五级：1为无症状；2为轻度症状；3为中度症状；4为严重症状；5为极重症状。为了减少评价者之间的误差，对一定的缺陷要有详细的描述和照片作为评价的指南。

感官质地品质：通过咀嚼来评价咀嚼性、油分、脆性、粉质性等国家标准分级标准进行评价。

芳香性：根据品种的特点对芳香性进行分级，一般分为五级：极浓、浓、一般、淡、无。

结果记录：记录果蔬名称、大小、形状、颜色、光泽、缺陷、感官质地、芳香性，根据每种果蔬的评分结果进行鉴定评比，感官指数越高，说明该种果蔬产品的感官质量越好。

五、实验报告

实验三　果蔬冷害实验

一、实验目的

了解和掌握果蔬存在冷害。

二、实验原理

不同果蔬发生冷害的温度不同。

三、实验材料与仪器

材料：黄瓜、青椒、绿番茄、未催熟的香蕉；柑橘、桃、杏。
仪器设备：冰箱、温度计。

四、实验步骤

1. 分组

将黄瓜、青椒、绿番茄、未催熟香蕉分成两组，一组贮藏于冰箱内，将温度调至6 ℃，另一组贮藏于 13~16 ℃温度条件下，贮藏 10~15 d，比较不同温度下贮藏效果及冷害发生情况。

将柑橘、桃、杏分为两组，一组贮藏于 0 ℃，另一组贮藏于 8 ℃，时间都为 1 个月，比较不同温度贮藏效果及冷害情况。

2. 记录冷害情况

冷害记录

产品名称	贮藏温度/ ℃	贮藏天数/d	好果		病果		病害症状描述	风味
			个	%	个	%		

3. 常见冷害症状

常见园艺产品的冷害症状

产品名称	冷害临界温度/ ℃	冷害症状
香蕉	11~13	表皮有黑色条纹，不能正常后熟，中央胎座硬化
柠檬	10~12	表面凹陷，有红褐色斑
杧果	5~12	表面无光泽，有褐斑甚至变黑，不能正常成熟
菠萝	6~10	果皮褐变，果肉水渍状，异味
西瓜	4.5	表皮凹陷，有异味
黄瓜	13	果皮有水渍状斑点，凹陷
绿熟番茄	10~12	褐斑，不能正常成熟，果色不佳
茄子	7~9	表皮呈烫伤状，种子变黑
食荚菜豌豆	7	表皮凹陷，有赤褐色斑点
柿子椒	7	表皮凹陷，种子变黑，萼上有斑
番木瓜	7	表皮凹陷，果肉水渍状
甘薯	13	表面凹陷，异味，煮熟发硬

五、实验报告

实验四　果蔬催熟

一、实验目的

掌握果菜催熟的方法。

二、实验原理

番茄为了提早上市，或是由于夏季温度过高，果实在植株上难以着色，常需在绿熟期采收，食用前进行人工催熟。催熟后色泽变红，质量也得到进一步的改善。

三、实验材料与仪器

材料：番茄（香蕉）。
药品：酒精、乙烯利。
仪器：空调、果箱、塑料薄膜。

四、实验步骤

将番茄（香蕉）放入 500~800 mg/kg 的乙烯利水溶液中，然后用塑料薄膜密封，于 20~24 ℃环境中观察其色泽变化。

用同样成熟的番茄（香蕉），不加处理，置于同样的环境条件下，观察色泽变化。

【注意事项】

（1）二氧化碳累积会抑制催熟效果：乙烯合成最后一步是需 O_2，低 O_2 可抑制乙烯产生；提高环境中 CO_2 浓度能抑制 ACC 向乙烯的转化和 ACC 的合成，CO_2 还被认为是乙烯作用的竞争性抑制剂，因此，适宜的高 CO_2 从抑制乙烯合成及乙烯作用两方面都可推迟果实后熟。

（2）温度过高会影响某些果蔬的正常催熟：如香蕉催熟时，一般于 20~22 ℃下即可变黄；但当温度高于 28 ℃时，便可抑制有关酶的活性，使果皮颜色难以转黄。长期贮藏的番茄一般于绿熟期采收，在正常温度下，半个月左右就可以达到完熟；而在 30 ℃以上催熟时，番茄红素的形成将受到抑制而影响其脱绿变红。

五、实验报告

实验五　果蔬碱液去皮

一、实验目的

掌握果蔬碱液去皮的方法。

二、实验原理

碱液使果皮和果肉分离。

三、实验材料与仪器

材料：苹果（马铃薯、胡萝卜）。

药品：氢氧化钠、盐酸（柠檬酸）。

仪器：温度计、不锈钢锅、刀、烧杯、胶手套、盆、勺、托盘天平等。

四、实验步骤

热碱液的准备：在不锈钢锅内加水 1 000 mL 煮沸，称取氢氧化钠，配成 10%的溶液，维持 95 ℃左右温度。

原料预热：在另一不锈钢锅中，加入 1 500~2 000 mL 水，加热至 60~70 ℃，将要去皮的原料放入，均匀受热，处理 2~5 min。

碱液处理：将苹果放入大烧杯中，倒入碱液，浸没处理 1~2 min，温度 95 ℃左右。

漂洗：每次处理完迅速用冷水浸泡、漂洗、搓擦表皮、淘洗，并反复换水，直至去皮。亦可用 0.1%~0.2%盐酸或 0.25%~0.5%柠檬酸液浸泡（除碱、护色）。

【注意事项】

（1）碱液去皮处理不当，不是去皮不彻底就是去皮过度：解决的办法就是要掌握好碱液的浓度、温度、时间。

（2）烫漂处理不好，造成加工品变褐或软烂：解决的办法就是要掌握好标准，根据不同果蔬的块形、大小等条件而定。

（3）去核、去心不彻底有残留：只要耐心、细致、认真并严格检查就可以避免。

五、实验报告

实验六　果蔬含糖量的测定

一、实验目的

果蔬含糖量是果蔬贮藏保鲜过程中的重要品质指标。通过实验，掌握折光仪的使用和含糖量的测定方法，为贮藏期果实品质的鉴定提供依据。

二、实验原理

折光仪的读数反映出含糖的数值。

三、实验材料与仪器

材料：橘子、葡萄、苹果、梨、青瓜、白菜等。

仪器：折光仪（糖度计）、小刀、烧杯、滴管、榨汁机等。

四、实验步骤

将样品洗净、晾干、切碎、打浆、过滤（用4层纱布滤液）、收集滤液，然后用糖度计测量，重复3次，求平均值。

【注意事项】

（1）手持式糖度计用之前需调零。操作方法：使用时掀开照明棱镜盖板，用柔软的绒布仔细将折光棱镜拭净，取蒸馏水数滴，置于折光棱镜的镜面上，合上照明棱镜盖板，使蒸馏水遍布于折光棱镜的表面。将仪器进光窗对向光源或明亮处，调节视度圈，使视野内分划刻度清晰可见，并观察视野中明暗分界线是否对准刻度0，若有偏离，可旋动校正螺丝，使分界线指示于0处。最后把蒸馏水拭净，进行试样测定。

（2）使用手持测糖仪等仪器时须轻拿轻放，用完此仪器后应清洗或擦拭干净。

五、实验报告

列表记录实验结果并对实验数据进行分析。

实验七　果蔬中可溶性固形物含量的测定

一、实验目的

通过本实验学会果蔬中可溶性固形物含量的测定原理及方法。

学习掌握折光计的使用方法。

二、实验原理

折光计测量待测样液的折光率，从折光计上直接读出可溶性固形物的含量。

三、实验材料与仪器

材料：苹果、梨、萝卜、白菜等。

仪器：组织捣碎机、可溶性固形物测定仪（折光计：测量范围 0% ~ 85%，精确度 ± 0.1%）。

四、实验步骤

1. 试样制备

将待测果蔬样品置于组织捣碎机中捣碎，用 4 层纱布挤出滤液，弃去最初的几滴，收集滤液供测试用。

2. 分析步骤

（1）测定前按使用说明书的要求校正折光计。

（2）分开折光计的两面棱镜，用脱脂棉蘸乙醇擦净。

（3）用末端熔圆的玻璃棒蘸取试液 2 ~ 3 滴，滴于折光计棱镜面中央，注意不要使玻璃棒触及镜面。

（4）迅速闭合棱镜，静置 1 min，使试液均匀无气泡出现，并充满视野。

（5）对准光源，通过目镜观察接物镜。先使视野分明暗两部分，再旋转微调螺旋，使明暗界限清晰，并使其分界线恰在接物镜的十字交叉点上。读取目镜视野中的百分数或折光率，并记录棱镜温度。

（6）记录结果。

五、实验报告

实验八　果蔬中含酸量的测定

一、实验目的

了解果蔬总酸量的测定原理。

学会并掌握果蔬含酸量测定的方法，重点掌握酸碱滴定法。

二、实验原理

根据酸碱中和原理，用碱液滴定试液中的酸，以酚酞为指示剂确定滴定终点。按碱液的消耗量计算果蔬中的总酸含量。

三、实验材料与仪器

材料：苹果。

试剂及溶液：0.1 mol/L 氢氧化钠标准溶液、1%酚酞溶液。

仪器设备：组织捣碎机、水浴锅、研钵、冷凝管。

四、实验步骤

1. 试样的制备

取苹果 200 g，置于研钵或组织捣碎机中，加入与样品等量的煮沸过的水，用研钵研碎或用组织捣碎机捣碎，混匀后置于密闭的玻璃容器中。对于总酸不大于 4 g/kg 的试样直接快速过滤，收集滤液，待测。

对于总酸含量大于 4 g/kg 的试样，称取 10~50 g 试样，置于 100 mL 烧杯中，用约 80 ℃煮沸过的水将烧杯中的内容物转移至 250 mL 容量瓶中，置于水浴锅中煮沸 30 min（摇动 2~3 次，使试样中的有机酸全部溶解于溶液中），后冷却至室温，用煮沸过的水定容至 250mL，用快速滤纸过滤，收集滤液，待测。

2. 分析步骤

（1）量取 25~50 mL 待测试液，使之含有 0.035~0.070 g 酸，置于 250 mL 三角瓶中。加入 40~60 mL 水及 0.2 mL 1%酚酞指示剂，用 0.1 mol/L 氢氧化钠标准滴定溶液滴定至微红色 30 s 不褪色，记录消耗的 0.1 mol/L 氢氧化钠标准滴定溶液的体积。

（2）空白试验：用水来代替试样。其他按上述步骤操作。记录消耗的 0.1 mol/L 氢氧化钠标准滴定溶液的体积。

（3）结果计算。果蔬中总酸含量以质量分数 X 计，按公式计算：

$$X = C \times (V_1 - V_2) \times K \times F / M \times 1\,000$$

式中：C——氢氧化钠标准滴定溶液浓度的准确数值，mol/L；

$\quad\quad V_1$——滴定试液时消耗氢氧化钠标准滴定溶液的体积，mL；

$\quad\quad V_2$——滴定空白时消耗氢氧化钠标准滴定溶液的体积，mL；

$\quad\quad K$——酸的换算系数，苹果酸 0.067、乙酸 0.060、酒石酸 0.075、柠檬酸（含 1 分子结晶水）0.070、乳酸 0.090、盐酸 0.036、磷酸 0.049；

$\quad\quad F$——试液的稀释倍数；

$\quad\quad M$——试样的质量，g。

五、实验报告

实验九　果蔬中果胶物质含量的测定

一、实验目的

了解果蔬中果胶含量的测定原理。

学会并掌握果蔬中果胶含量测定的方法及操作。

二、实验原理

果胶物质是一种植物胶，用乙醇作为沉淀剂，可使其沉淀分离，全部沉淀用作果胶总量的测定。果胶的水解产物——半乳糖醛酸在强酸中与咔唑发生缩合反应，然后对其紫红色溶液进行比色定量。

三、实验材料与仪器

材料：苹果。

药品：1 mol/L 氢氧化钠溶液、乙醇、浓硫酸、指示剂咔唑、无水半乳糖醛酸。

仪器：组织捣碎机、分光光度计、电动离心机、水浴锅、电动搅拌器。

四、实验步骤

1. 试样的制备

取苹果 200 g，置于研钵或组织捣碎机中，用研钵研碎或用组织捣碎机捣碎，取 4 g 浓缩浆和 12 mL 水置于 50 mL 刻度离心管中，加入约 75 ℃的 95%的乙醇溶液 25 mL，然后在 85 ℃水浴中加热 10 min，充分摇匀。再加 95%乙醇至 50 mL，离心 15 min，弃去上清液。在 85 ℃水浴上再用 63%乙醇洗涤沉淀。离心分离，弃去上清液，重复操作，直至上清液中不再产生糖反应为止。

将上述制得的果胶沉淀，全部洗入 100 mL 容量瓶中，加入 5 mL 1mol/L 氢氧化钠溶液，加水至刻度。放置 15 min 以上，中间要不断振荡。过滤后，滤液用于比色用。

2. 分析步骤

（1）吸取上述待测滤液 1 mL 于大试管中，后加入 0.5 mL 0.1%咔唑乙醇溶液，产生白色絮状沉淀，不断摇动，再加入 6 mL 浓硫酸。立即将试管放入 85 ℃水浴中约 5 min，冷却 15 min 然后立即用分光光度计在 525 nm 波长处，用 2 cm 比色皿测量吸光值。用试剂空白调零。

（2）准确称取半乳糖醛酸 100 mg，用水溶解，加入 0.5 mL 1 mol/L 氢氧化钠溶液，并定容至 100 mL，混匀，制得 1 mg/mL 的半乳糖醛酸原液。

根据吸光度情况，分别吸取上述半乳糖醛酸原液 1.0mL、2.0mL、3.0mL、4.0mL、5.0mL、6.0mL、7.0mL，分别加入 100 mL 容量瓶中，稀释至刻度，即得一标准溶液系列。然后将标准系列按"取 15 mL 匀浆——用空白调零"操作测定。以测得的吸光度为纵坐标，每毫升标准溶液中的半乳糖醛酸的含量为横坐标，绘制标准曲线。

（3）结果计算。果蔬中果胶含量以 X 表示，按公式计算：

$$X = C \times 100 / 4$$

式中：X——果蔬中果胶总量，mg/kg；

      C——由标准曲线查得或回归方程算的试样溶液浓度，mg/mL；

      100——溶液的定容体积，mL；

      4——称取的样品质量，mg。

五、实验报告

实验十　果蔬呼吸强度的测定

一、实验目的

了解和掌握果蔬呼吸强度的测定方法。

二、实验原理

将不含二氧化碳的气流通过果蔬呼吸室，果蔬呼吸时释放的二氧化碳带入吸收管，被管中定量的碱液所吸收，碱液用酸滴定，计算出二氧化碳量。

呼吸作用是果蔬采收后进行的重要生理活动，是影响贮运效果的重要因素。测定呼吸强度可衡量呼吸作用的强弱，了解果蔬采后生理状态，为低温和气调贮运以及呼吸热计算提供必要的数据。因此，在研究或处理果蔬贮藏问题时，测定呼吸强度是经常采用的手段。呼吸强度反应如下：

$$2NaOH + CO_2 \longrightarrow Na_2CO_3 + H_2O$$

$$Na_2CO_3 + BaCl_2 \longrightarrow BaCO_3 + 2NaCl$$

$$2NaOH + H_2C_2O_4 \longrightarrow Na_2C_2O_4 + 2H_2O$$

三、实验材料与仪器

材料：苹果、梨、柑橘、番茄、黄瓜、青菜等。

试剂：钠石灰、20%氢氧化钠、0.4 mol/L 氢氧化钠、0.2 mol/L 草酸、饱和氯化钡溶液、酚酞指示剂、凡士林、正丁醇。

仪器设备：真空干燥器、大气采样器、台秤等。

四、实验步骤

（1）按下图连接好大气采样器，同时检查不得有漏气现象，打开大气采样器中的气泵，如果在装有 20%氢氧化钠溶液的净化瓶中有连续不断的气泡产生，说明整个系统气密性良好，否则应检查各接口是否有漏气现象。

（2）用台秤称取果蔬材料 1 kg，放入呼吸室，先将呼吸室与安全瓶连接，调节开关，将空气流量调节在 0.4 L/min；定时 30 min，先使呼吸室抽空平衡约 0.5 h，然后连接吸收管开始正式测定。

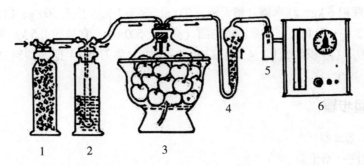

1-钠石灰；2-20%氢氧化钠溶液；3-呼吸室；4-吸收管；5-缓冲瓶；6-大气采样器
大气采样器

（3）空白滴定用移液管吸取 0.4 mol/L 的氢氧化钠溶液 10 mL 于一支吸收管中；加一滴正丁醇，稍加摇动后再将碱液移到三角瓶中，用煮沸过的蒸馏水冲洗 5 次，直至显中性为止。加少量饱和氯化钡溶液和 2 滴酚酞指示剂，然后用 0.2 mol/L 草酸溶液滴定至粉红色消失即为终点。记下滴定量，重复测定取平均值，即为空白滴定量（V_1）。同时取另一支吸收管装好同量碱液和 1 滴正丁醇，放在大气采样器的管架上备用。

（4）当呼吸室抽空 0.5 h 后，立即接上吸收管定时 30 min，调整流量保持 0.41 L/min。30 min 后，取下吸收管将碱液移入三角瓶中，加 5 mL 饱和氯化钡溶液和 2 滴酚酞指示剂，用草酸滴定，记下滴定量（V_2）。

（5）结果计算。

【注意事项】

（1）滴定前要检查滴定管的气密性。

（2）滴定时一管草酸如不够用，要注意不要在滴净后再添加。

（3）滴定同时要充分摇匀吸收液，注意观察滴定终点。

五、实验报告

实验十一　泡菜的制作方法

一、实验目的

了解和掌握泡菜制作原理和泡菜生产基本工艺，以及泡菜的风味。

二、实验原理

根据微生物耐受渗透压的不同，利用一定浓度的食盐产生一定的渗透压，以选择性地抑制腐败微生物的生长繁殖和生理作用、维护有益菌（乳酸菌等）的生长繁殖和生理作用，从而达到保藏蔬菜、同时改进蔬菜风味的目的。

三、实验材料与仪器

材料：红辣椒 6 kg、红米椒（指天椒）500 g、蒜头 1 kg、生姜 500 g、白萝卜 3 kg、莴笋 3 kg、西芹 3 kg、豆角 2 kg、米酒或白酒（高度）500 mL、食盐约 1.5 kg 等。

仪器：酸坛（容积约 5 L）4 个、砧板 2~4 块、菜刀 2~4 把、塑料盆或不锈钢盆（容积约 3 L）8 个。

四、实验步骤

1. 基本工艺流程

酸坛→清洗→沥干。

原料选择→预处理→装坛腌制→成品。

注：本实验是泡菜制作的特殊工艺，即不用制备盐水，用蔬菜吸盐后本身析出的水分来泡制，这样制作的泡菜色泽更鲜艳、风味更香浓。

2. 操作要点

（1）原料选择：选择新鲜无腐烂、脆嫩（粗纤维含量少）、无不良风味的蔬菜。本实验选用新鲜的红辣椒、红米椒、莴笋、白萝卜、西芹、豆角、蒜头、生姜。白萝卜要求不糠心，莴笋要求不空心，豆角要求脆嫩饱满，西芹要求脆嫩。

（2）预处理：预处理包括清洗、去头去尾去皮去虫咬部位、分切、拌盐等。

①莴笋：去叶去皮→水清洗→纵向均切分为二→圆弧面网切→切成约 15 cm 的莴笋段→置于干净盆中待盐腌。

②白萝卜：去头去尾→水清洗→纵向均切分为二→圆弧面网切→再纵向均切分为二→置于干净盆中与①料混合待盐腌。

③西芹：去叶去过老部位→水洗→斜切约 4 cm 西芹段→置于干净盆中与①②料混合待盐腌。

④豆角：去头去尾→水洗→切分约 10 cm 豆角段→置于干净盆中与①②③料混合一起盐腌。用盐量为①②③④总量的 5%。

⑤红辣椒、红米椒：去柄→清洗→切碎→置于干净盆中待盐腌。

⑥蒜头：蒜头去皮去蒂→切碎→置于干净盆中与⑤料混合待盐腌。

⑦生姜：清洗→切碎→置于干净盆中与⑤⑥料混合一起盐腌。用盐量为⑤⑥⑦总量的 5%。

（3）酸坛清洗、沥干：用水润湿酸坛→用不锈钢刷刷洗酸坛里外→用水冲洗酸坛里外→倒立沥干酸坛里面水分。

（4）装坛：先将盐腌好的①②③④料入坛，一起把它们填充得紧实，然后再装入⑤⑥⑦混合料盖在①②③④料上面，再后洒入约 100 mL 米酒或白酒，最后盖上坛盖，装上坛沿水即完成。

【注意事项】

（1）用盐总量为净料总量的 4.5%~5.5%，不宜过高或过低。

（2）制作过程和以后食用过程切忌与油接触。

（3）保持坛沿水的卫生和水位。为使坛沿水卫生，可使用 5% 的盐水。

质量要求：清洁卫生、色泽美观、鲜香脆嫩、咸酸适口开胃，盐含量 3%～5%，酸含量（以乳酸计）0.5%～1%。

五、实验报告

实验十二　果汁的制作

一、实验目的

了解果蔬汁饮料的一般生产过程；掌握各步骤的作用原理及常用方法。

掌握果蔬汁饮料的糖酸调配方法。

掌握果蔬汁饮料糖度、酸度的测定方法。

二、实验原理

水果通过榨汁、护色、调酸、调甜、消毒等方法，使果汁达到合适的口感。

三、实验材料与仪器

材料：苹果（1 000 g）。

药品：蔗糖、柠檬酸、抗坏血酸、果胶酶。

实验仪器：电磁炉、刀、盆、榨汁机、电子天平、滤布、玻璃瓶（6个）、玻璃棒、漏勺、pH 计、烧杯（6个）、糖度计、碱式滴定管、铁架台。

四、实验步骤

1. 工艺流程

预处理→切分→榨汁→粗滤→酶处理→过滤→调配→杀菌→灌装。

2. 操作要点

（1）原料预处理：剔除原料中的病虫果和腐败果，先用清水洗去苹果表面的污渍。

（2）切分：称量苹果重量，将苹果去皮、去核，然后切分成 2 cm 左右的小块。将切好的苹果小块分成两组，留待后续护色实验对照处理。

（3）榨汁：放入榨汁机，合理控制榨汁时原料的添加速度和前切力以提高原料的出汁率。护色剂在压榨取汁时均匀加入。

（4）过滤：将榨出的苹果汁先用纱布粗滤，然后再用 100 目滤布细过滤。

（5）酶处理：果胶酶用量 0.15%，酶解 2 h，并进行相应的原果汁检测。

（6）过滤：过滤除去沉淀和悬浮物。

（7）调配：添加适量蔗糖、柠檬酸，将糖度调至 12%，酸度调至 0.25%～0.3%。调配完成后需要进行相应的理化及感官检测。

（8）杀菌：将果汁迅速加热到 78～93 ℃，保持 3 min 进行杀菌。

（9）灌装：果汁杀菌后趁热灌装密封。

实验十三　果酒制作

一、实验目的

以杧果、香蕉等为原料，进行果酒制作，学习并掌握果酒制作的方法和步骤。通过实验，进一步掌握折光仪的使用和果蔬含糖量的测定方法。

二、实验原理

糖经过发酵产生酒精。

三、实验材料与仪器

材料：杧果、香蕉。
药品：硫片、蔗糖、酒石酸、酵母等。
仪器：破碎机、糖度计、水果刀、搅拌机、纱布等。

四、实验步骤

(1) 挑选与清洗。
(2) 原料去皮、去核。
(3) 用捣碎机将果肉破碎打浆。
(4) 配制（破碎的果肉、蔗糖 25%、酒石酸调整 pH 值为 3.5、加硫片消毒）。
(5) 消毒 12 h 后加入酵母。
(6) 14 d 后过滤澄清。
(7) 窖藏测量指标。

五、实验报告

完成实验报告，定期观察澄清实验结果，分析实验结果。

实验十四　果醋制作

一、实验目的

学会果醋酿造的基本方法和工艺。
学会果醋酿造中两项发酵技术（酒精发酵和醋酸发酵）的发酵方法。
能够发现果醋酿造过程中出现的主要问题，找出解决的途径。

二、实验原理

利用酵母菌的酒精发酵将原料中可发酵型糖转化为酒精，酒精发酵是厌氧发酵；利用醋酸菌的醋酸发酵将酒精转化为醋酸，醋酸发酵是好氧发酵；利用陈酿改善果醋风味，并起到果醋澄清作用；利用杀菌密封保藏制品。

三、实验材料与仪器

材料：苹果、杧果、柿子。

药品：亚硫酸钠、蔗糖、甲壳素、葡萄酒酵母、醋酸菌种等。

仪器用具：台秤、榨汁机、水果刀、搅拌机、纱布、温度计、糖度计、酒精计、酸度计、发酵罐。

四、实验步骤

流程：原料选择→清洗榨汁→澄清、过滤→成分调整→酒精发酵→醋酸发酵→压榨过滤→陈酿→澄清→杀菌→成品。

（1）原料选择：选择新鲜成熟苹果为原料，要求糖分含量高，香气浓，汁液丰富，无霉烂果。

（2）清洗榨汁：将分选洗涤的苹果榨汁、过滤，使皮渣与汁液分离。

（3）不溶性固形物：粗滤榨汁后的果汁可采用离心机分离，除去果汁中所含的浆渣等不溶性固形物。

（4）澄清：可用明胶—单宁澄清法，明胶、单宁用量通过澄清实验确定或用加热澄清法，将果汁加热到 80~85 ℃，保持 20~30 s，可使果汁内的蛋白质絮凝沉淀。

（5）过滤：将果汁中的沉淀物过滤除去。

（6）成分调整：澄清后的果汁根据成品所要求达到的酒精度调整糖度，一般可调整到 17%。

（7）酒精发酵：用木桶或不锈钢罐进行，装入果汁量为容器容积的 2/3，将经过三级扩大培养的酵母液接种发酵（或用葡萄酒干酵母，接种量为 150 mg/kg），一般发酵 2~3 周，使酒精浓度达到 9%~10%。发酵结束后，将酒泥去掉，然后放置 1 个月左右，以促进澄清和改善质量。

（8）醋酸发酵：将苹果酒转入木桶、不锈钢桶中。装入量为 2/3，接入醋种 5%~10% 混合，并不断通入氧气，保持室温 20 ℃，当酒精含量降到 0.1% 以下时，说明醋酸发酵结束。将菌膜下的液体放出，尽可能不使菌膜受到破坏，再将新酒放到菌膜下面。醋酸发酵可继续进行。

（9）陈酿常温陈酿 1~2 个月。

（10）澄清及杀菌将果醋进一步澄清。澄清后将果酒用蒸汽间接加热到 80 ℃，趁热装瓶。

【注意事项】

（1）感官指标：琥珀色，色浅，清晰，气味纯正有水果香味。

（2）理化指标：醋酸含量（以醋酸计）≥4.0 g/100mL，乙醇含量（体积）≤0.5%，铜＜5.0 mg/kg，铁≤10.0 mg/kg，重金属≤1.0 mg/kg。

（3）微生物指标：细菌总数≤500 个/mL，大肠杆菌不得检出，致病菌不得检出。

五、实验报告

实验十五　苹果脯加工

一、实验目的

了解和掌握果脯加工的原理和技术。

二、实验原理

糖能产生高渗透压、提高抗氧化性、降低水分活性。

三、实验材料与仪器

材料：苹果 30 kg（可制作果脯 10 kg）。

药品：白糖 40 kg 等。

仪器：夹层锅、加热设备、烘盘、烘箱。

四、实验步骤

1. 预处理

（1）切分、去皮、去心：用手工或机械去皮后，根据大小分成 2~4 瓣，用挖核器去掉果心。

（2）硬化和硫处理：将果块放入 0.1% 的氯化钙或葡萄糖酸钙与 0.2%~0.3% 的亚硫酸氢钠混合液浸泡 4~8 h，进行硬化和硫处理。肉质较硬的品种只需要进行硫处理。浸泡后用清水漂洗 2~3 次备用。

2. 糖制

在夹层锅内把配成 40% 的糖液 25 kg 煮沸，将处理好的果块 30 kg 倒入锅内，用旺火煮沸后，再添加 50% 的冷糖液 5 kg，重新煮沸。反复进行 3 次，用时 30 ~40 min。待果块发软膨胀开始有微小的裂纹出现时，开始撒入白糖。每次煮沸后撒一次，加糖次数 5~6 次，前两次可加入 3~4 kg 白糖，再加入 60% 的冷糖液 12 kg；中间两次加糖为 4~5 kg，再加入 60% 的冷糖液 1 kg；最后 1~2 次加 6~10 kg 白糖，用文火加热维持 20 ~30 min，然后加入 65% 的冷糖液，并立即出锅，在缸中浸泡 24~48 h 后捞出沥干进行烘烤。

3. 烘烤、整形和包装

将果块捞出，沥干糖液，摆盘使果碗朝上。先在 60 ℃ 下烘烤 6 h，再升温到 70 ℃ 烘烤 6 h，然后再降到 60 ℃ 烘烤 6 h，共用时 20 h。

将苹果脯放于 25 ℃ 的室内 24 h 回潮，剔除果脯上的斑疤、黑点等，将合格产品用手捏成扁圆形，并用无毒玻璃纸单块包装，装入包装盒中。

【注意事项】

（1）色泽浅黄色至金黄色，鲜艳透明有光泽，色度一致。

（2）块形整齐有弹性，无生心、无杂质。

（3）不返砂、不结晶、不流糖、不干瘪。

（4）保持原果味道，甜酸适宜，无杂味。

（5）总糖含量68%~75%，含水量16%~18%。

五、实验报告

实验十六　草莓酱制作

一、实验目的

了解和掌握草莓酱加工的原理和技术。

二、实验原理

糖能产生高渗透压、提高抗氧化性、降低水分活性。

三、实验材料与仪器

材料：以生产100 kg产品为例，需原料草莓100 kg、白糖100 kg。

仪器设备：罐头瓶120个、不锈钢锅、夹层锅、排气箱、杀菌锅等。

四、实验步骤

1. 原料选择及处理

原料在流动水槽中漂洗，洗净后去梗、萼片，去除青果、烂果。

2. 加糖及配料

草莓与糖的重量比为1：1，根据料的含量适当加入柠檬酸和山梨酸调整。

3. 浓缩

（1）常压浓缩将糖配成糖浆，与原料一同加入锅中。待将要达到浓缩终点时加入柠檬酸、山梨酸，浓缩至可溶性固形物达到60%~65%时出锅。

（2）真空浓缩将草莓于糖水吸入真空锅内，浓缩至可溶性固形物达到60%~65%，加入溶化的柠檬酸、山梨酸，进一步浓缩可溶性固形物到65%~70%。解除真空，继续加热，待酱温达100 ℃时出锅。

4. 装罐、密封、杀菌

出锅后立即装罐，最好装罐前空罐加温。装罐时酱温在85 ℃以上，杀菌温度为100 ℃，10~15 min，用玻璃罐包装可采用分段降温冷却。

五、实验报告

实验十七 酱黄瓜的制作

一、实验目的

了解和掌握酱黄瓜制作的原理和技术。

二、实验原理

食盐能产生高渗透压、提高抗氧化性、降低水分活性。

三、实验材料与仪器

材料：黄瓜 24 kg。

药品：食盐 10 kg、碱面 20 g、酱油 10 kg、面酱 7~9 kg 等。

仪器设备：玻璃缸或瓷罐。

四、实验步骤

流程：原料选择→盐腌→脱盐→酱渍→复酱→成品。

（1）原料选择：选取 5~7 cm 长鲜嫩小黄瓜，瓜条匀直、颜色深绿、无籽带刺的嫩瓜作原料，洗净备用。

（2）盐腌：初期时用食盐 15~18kg，碱面 80 g，每天倒缸一次；2~3 d 后，换空缸，加盐 20~25 kg；复腌，复腌期间同样要每天倒缸一次；10~15 d 后即可腌成，加盖后贮存备用。盐腌时卤水要没过瓜面；腌菜缸要避免日晒、雨淋；倒缸时要仔细，不能折断瓜条，并扬汤散热，促使盐粒溶化。

（3）脱盐：腌制后将黄瓜取出，用清水浸泡脱盐 5~6 h，沥干水分。

（4）酱渍：将腌好的黄瓜放入缸内，用清水浸泡，漂洗脱盐，浸泡时每天换水一次。冬季浸泡 3 d，夏季浸泡 2 d，泡后沥干水分进行两次酱渍。

（5）初酱：每 100 kg 腌黄瓜，用二道酱 100 kg。每天早晚由下到上搅翻两次，2~3 d 后进行复酱。

（6）复酱：复酱用新酱，每 100 kg 腌黄瓜需甜面酱 55~75 kg、豆酱 20 kg。复酱前要用清水将黏附在瓜条上的二道酱冲洗净。复酱期间，每天要搅翻 3~4 次。一般冬季约 20 d、夏季 10 d 左右即可酱成。

（7）成品质量标准：成品颜色黑绿，质地脆嫩，酱香浓厚，甜香可口。

五、实验报告

实验十八 糖醋大蒜

一、实验目的

了解和掌握糖醋大蒜制作的原理和技术。

二、实验原理

糖能产生高渗透压、提高抗氧化性、降低水分活性。

三、实验材料与仪器

材料：嫩蒜头 14 kg（生产 10 kg 成品）。
药品：食盐 1、4 kg、白醋 7 kg、砂糖 3.2 kg，八角等香料。
仪器：玻璃缸或瓷罐。

四、实验步骤

流程：原料选择→剥衣→盐腌→换缸→晾晒→配料→腌制→包装。

（1）原料选择：选鳞茎整齐、肥大、皮色洁白、肉质鲜嫩的大蒜头为原料。

（2）剥衣：用刀切除根部和茎部，剥去包在蒜头外面的蒜皮，于清水中洗净，沥干水分。

（3）盐腌：在腌制的缸内先撒一层底盐，然后按一层蒜头一层盐的方法，腌制大半缸为止，再在面上撒一层盐。

（4）换缸：备同样容量的清洁空缸作为换缸之用，每天早晚各换缸一次，直至卤水能淹到全部蒜头为止。同时还需将蒜头中央部位刨一个小洞，以使卤水流入洞中，经常用瓢舀出洞中的卤水浇淋在蒜头的表面。如此管理 15 d 后，即为咸蒜头。

（5）晾晒：从缸中捞出咸蒜头置于竹席上晾晒，晾至比原重减少 30%～35% 时为宜。日晒时每天翻动一次，夜间放入室内或覆盖防雨布以防雨淋。

（6）配料：每 100 kg 晾晒过的咸蒜头用白醋 70 kg、砂糖 32 kg。配料时先将白醋加热至 80 ℃，再加砂糖使其溶解，加入少许八角等香料。

（7）腌制：将咸蒜头装入坛中，轻轻压紧，装至坛子的 3/4 时，将以上配好的糖醋液注入坛内，加满为止，蒜头与料液重量基本相等。在坛颈处横挡几根竹片，以免蒜头上浮，然后用塑料薄膜或油纸捆严坛口，并加一木板，再用三合土涂敷坛口，使其密封。经 3 个月后，蒜头即成熟。

【注意事项】

（1）成品要求呈乳白色或乳黄色，甜酸适口，肉质脆嫩。

（2）有光泽，具有蒜香，颗粒饱满，质脆少渣。

（3）糖醋大蒜的配方有很多，可以根据自己的口味灵活调整。

五、实验报告

参考文献

曹德玉，2014. 园艺产品贮藏与加工 [M]. 北京：中国质检出版社.

樊明涛，张文学，2014. 发酵食品工艺学 [M]. 北京：科学出版社.

顾国贤，2007. 酿造酒工艺学 [M]. 北京：中国轻工业出版社.

华景清，2009. 园艺产品贮藏与加工 [M]. 苏州：苏州大学出版社.

李华，王华，袁春龙，等，2007. 葡萄酒工艺学 [M]. 北京：科学出版社.

林海，郝瑞芳，2017. 园艺产品贮藏与加工 [M]. 北京：中国轻工业出版社.

卢锡纯，2012. 园艺产品贮藏加工学 [M]. 北京：中国轻工业出版社.

罗云波，蒲彪，2011. 园艺产品贮藏加工学：加工篇 [M]. 北京：中国农业大学出版社.

陶兴无，2016. 发酵产品工艺学 [M]. 北京：化学工业出版社.

余有贵，2018. 生态酿酒新技术 [M]. 北京：中国轻工业出版社.

赵丽芹，张子德，2009. 园艺产品贮藏加工学 [M]. 北京：中国轻工业出版社.